海洋分析化学

何文英　史载锋　编著

科学出版社

北京

内 容 简 介

本书系统介绍了海洋分析化学的相关内容、方法及技术。全书共分为6章，第1章介绍海洋分析化学的发展历程等；第2章介绍海洋分析化学的主要分析化学方法，包括分析化学概论、定量分析法概论、分析试样的采集及预处理、色谱分离分析、光谱学分析、电化学分析；第3章介绍海洋中水体的化学分析及测定，包括：海洋水体分析的意义和特点、海洋水体的化学组成及海水中的金属与非金属元素的测定等；第4章介绍海洋微生物的测定方法，包括海水中微生物分析的意义和特点，海洋细菌、古菌及真核微生物的分类和测定意义，典型海洋微生物如海洋细菌、脂溶性藻毒素、软骨藻酸、膝沟藻毒素、短裸甲藻毒素、弧菌种类、海水真菌等的测定方法；第5章介绍海洋污染物的检测分析，包括抗生素、农药、石油烃类、微塑料、放射性物质及其他有机污染物的测定方法；第6章对海洋分析化学领域的研究前景进行了展望。

本书有较强的可读性和参考价值，可作为高等院校和科研院所分析化学相关专业以及生命科学、海洋科学、环境分析监测等领域的本科生、研究生及科研人员的教学参考书，也可供相关分析检测领域的管理人员和科技工作者参考。

图书在版编目(CIP)数据

海洋分析化学 / 何文英，史载锋编著. —北京：科学出版社，2022.6

ISBN 978-7-03-072429-8

Ⅰ. ①海… Ⅱ. ①何… ②史… Ⅲ. ①海洋化学 Ⅳ. ①P734

中国版本图书馆CIP数据核字(2022)第092878号

责任编辑：张 析 / 责任校对：杜子昂
责任印制：吴兆东 / 封面设计：东方人华

科学出版社 出版
北京东黄城根北街16号
邮政编码: 100717
http://www.sciencep.com

天津市新科印刷有限公司 印刷
科学出版社发行 各地新华书店经销

*

2022年6月第 一 版 开本：720 × 1000 1/16
2023年1月第二次印刷 印张：29
字数：584 000

定价：150.00 元

（如有印装质量问题，我社负责调换）

序

我国大陆海岸线长约为1.8万千米，海洋面积约为300万平方千米，2021年我国海洋生产总值已达9万多亿元。海洋具有丰富的生物多样性，同时含有人类生存及可持续发展的多种需求资源。例如，深海含有人类需要的Ni, Co, Cu, Mn等金属结核矿，是绿色能源转型所需的金属，且在海洋某些深海海域聚集，专家预测2030年这一深海采矿业产值将达150亿美元；水产养殖的可持续发展已在迅速展开，全球每年海鲜消费量约为1.55亿吨，约占全球所有肉类消费量的1/3，预计到2050年将翻一番；海洋生物通过进化，可在陆地上无法获得的极端压力、极端温度、极端化学环境和极端黑暗环境下生存，使它们具有某些生物特有的能力，已从865个海洋生物种中提取了1.3万个海洋基因序列，并已被授予了专利，这可能在生物医学和工业应用中发挥潜在的巨大作用。这些海洋资源的研发所形成的高质量发展的经济都不同程度地源于分析化学的技术方法和原理的应用、渗透及一定的支撑作用。

何文英、史载锋二位教授长期生活、工作和实践创新在海南师范大学，并从事分析化学的教学、科研、人才培养和社会服务，深感发展高质量的海洋经济及相关科技的重要性，结合所从事的分析化学工作，为改善人民生活，建设“健康中国”“美丽中国”做一点工作。作为分析化学工作者，二位作者通过思考、沟通、实践，合作编著成《海洋分析化学》。

编著者细心筛选出对海洋经济和相关科技近乎绿色无污染或少污染、实用、方便、精准的、经济的、经实践验证的优良方法，如微生物显微镜方法、放射性元素及海洋微塑料测定方法、UHPLC-MS联用、各类分离与GC或LC-MS联用、SPME-GC-MS等高新技术、新方法相结合，用于海洋中有益或有害成分的分析，是其特点。

该书具有系统性、综合性、多学科交叉性和集成性，可作为从事高质量海洋经济发展、科技开发与管理人员及相关专业科技工作者和高校师生的参考书。

胡之德

2022年5月6日

前　言

海洋化学是海洋学与化学相结合的一门边缘科学，主要是对海洋与海洋化学资源应用技术以及与海洋具有关联性的一些化学物质的组成、转化规律、分布进行全面研究。而海洋分析化学可看成隶属海洋化学的一个分支，其为基于海洋资源，发展和应用各种理论、方法、仪器和策略，以获取有关海洋物质在相对时空内的组成和性质的信息，及测定和利用海洋物质的一门学科。其具体内容可表述为：通过建立涉及海洋各物质化学组成的测定方法，提供被测物质，即试样的元素或化合物组成，包括试样成分分离、鉴定和测定相对含量等定性定量的信息。

海洋分析化学作为一门交叉性及新型学科，其研究与发展对于人类应对资源与环境问题具有重要的指导及现实意义。结合目前我国教育及科研工作者在海洋分析化学领域的认识和发展，针对新的历史时期海洋分析化学的主要任务：海洋分析化学课程及学科系统化的建立健全与完善，基于解决与海洋资源与环境问题相关的海洋分析化学研究内涵的确定，系统性地将海洋分析化学基本原理及方法技术介绍给相关领域的教育与科学研究工作者，是我们撰写《海洋分析化学》的主要目的。通过建立能够给海洋科学研究带来很大影响、重大创新的一批海洋化学分析方法，不仅对于支持我国未来海洋化学的发展具有极其重要的意义，也对保护海洋生态环境是事关人类共同命运的重要议题有更好的理解，为形成全球海洋生态环境保护和可持续发展的解决方案提供有力支持，尽可能为人类的进步做出其贡献。

本书的撰写和出版工作得以顺利开展，要衷心感谢兰州大学的胡之德教授，作为恩师，在我们成长的道路上一直给予莫大的指引和教导，是他认真严谨的工作作风和科研态度激励我们写好本书，值此书即将出版之际，谨向恩师胡老师表达我们深深的敬意！也非常感谢胡之德教授为本书作序。

本书主要由海南师范大学化学与化工学院的何文英教授和史载锋教授撰写，海南师范大学化学与化工学院副院长孙伟教授参与本书第 3 章部分内容的撰写。此外，兰州大学胡之德教授给予了写作指导，海南师范大学化学与化工学院院长陈光英教授及其他领导也提出了许多宝贵的修改意见，海南师范大学化学与化工学院的何璇、杨紫睿、吴茂霞、王妮、焦晚琪、黄宇昕、刘意亿、汤佳璇及符清柔等同学查阅部分文献资料，海南师范大学初等教育学院的李少龙老师、化学与化工学院的何璇同学参与了校稿，在此一并表示感谢。感谢海南省高等学校教育教学改革研究项目（Hnjg 2020-29）的支持。

由于作者学识及水平有限，书中难免有疏漏和不妥之处，敬请读者批评指正。

最后，谨向广大读者朋友们致以最美好的祝愿！

何文英　史载锋

2022年3月

目　　录

中英文缩写对照表

ABS（acrylonitrile butadiene styrene） 丙烯腈-丁二烯-苯乙烯
AIBA[2,2′-azobis（2-methylpropionamidine） dihydrochloride] 2,2′-偶氮二（2-甲基丙基脒）盐酸盐
AMS（accelerator mass spectrometry） 加速器质谱法
AODC（acridine orange direct count） 吖啶橙直接镜检计数法
APDC（ammonium pyrrolidinecarbodithioic acid） 吡咯烷二硫代甲酸铵
A.R（analytical reagent） 分析纯
ATP（adenosine triphosphate） 三磷酸腺苷
ATR（attenuated total reflection） 衰减全反射
AUFS（absorbance unit of full scale） 满刻度光吸收单位
AZA（azaspiracid） 氮杂螺环酸
AZM（azithromycin） 阿奇霉素
BBP（benzyl butyl phthalate） 邻苯二甲酸苄基丁酯
BBT（6-bromo-2-benzothiazolinone） 6-溴 2-苯并噻唑啉酮
BBZ（benzyl benzoate） 苯甲酸苄酯
BIT[1,2-benzisothiazol-3（2*H*）-one] 1,2-苯并异噻唑-3（2*H*）-酮
BMPP[bis（4-methyl-2-pentyl）phthalate] 邻苯二甲酸二（4-甲基-2-戊基）酯
BTX（brevetoxin） 短裸甲藻毒素
CAP（chloramphenicol） 氯霉素
CBT（5-chloro-2-benzothiazolinone） 5-氯-2-苯并噻唑啉酮
CI（cyclic imine） 环亚胺类毒素
CIP（ciprofloxacin） 环丙沙星
CLM（clarithromycin） 克拉霉素
COD（chemical oxygen demand） 化学需氧量
CPS（cationic polystyrene） 阳离子聚苯乙烯
CT（cholera toxin） 霍乱毒素
CTAB（cetyl trimethyl ammonium bromide） 十六烷基三甲基溴化铵
CTC（chlortetracycline） 金霉素
CV（cross-validation） 交叉验证
DA（domoic acid） 软骨藻酸

DAC (Department of Analytical Chemistry)　分析化学部
DBEP[bis (2-butoxyethyl) phthalate]　邻苯二甲酸二(2-丁氧基乙基)酯
DBP (dibutyl phthalate)　邻苯二甲酸二正丁酯
DCHP (dicyclohexyl phthalate)　邻苯二甲酸二环己酯
DCOIT (4,5-dichloro-2-*n*-octyl-4-isothiazolin-3-one)　4,5-二氯-2-正辛基-4-异噻唑啉-3-酮
DDT (dichlorodiphenyltrichloroethane)　双对氯苯基三氯乙烷，滴滴涕
DEEP[bis (2-ethoxyethyl) phthalate]　邻苯二甲酸二(2-乙氧基乙基)酯
DEHP (bis ethylhexyl phthalate)　邻苯二甲酸二(乙基己基)酯
DEP (diethyl phthalate)　邻苯二甲酸二乙酯
DiBP (diisobutyl phthalate)　邻苯二甲酸二异丁酯
DIC (dissolved inorganic carbon)　溶解无机碳
DiNP (diisononyl phthalate)　邻苯二甲酸二异壬酯
DIP (dissolved inorganic phosphorus)　溶解无机磷
DLLME (dispersive liquid-liquid micro-extraction)　分散液液微萃取
DLLME-SFO (dispersive liquid-liquid micro-extraction based on solidification of floating organic droplets)　基于凝固漂浮有机液滴的分散液液微萃取
DLS (dynamic light scattering)　动态光散射
DMEP (dimethylglycol phthalate)　邻苯二甲酸二甲氧乙酯
DMP (dimethyl phthalate)　邻苯二甲酸二甲酯
DMSO (dimethyl sulfoxide)　二甲基亚砜
DNHP (di-*n*-hexyl phthalate)　邻苯二甲酸二己酯
DnOP (di-*n*-octyl phthalate)　邻苯二甲酸二辛酯
DO (dissolved oxygen)　溶解氧
DOC (dissolved organic carbon)　溶解有机碳
DOC (doxycyeline)　强力霉素
DOP (dissolved organic phosphorus)　溶解有机磷
DPhP (diphenyl phthalate)　邻苯二甲酸二苯酯
DPP (di-*n*-pentyl phthalate)　邻苯二甲酸二正戊酯
DSC (differential scanning calorimetry)　差示扫描量热分析
DTX (dinophysistoxin)　鳍藻毒素
DVC (direct viable count)　活菌直接镜检计数
ECD (electron capture detector)　电子捕获检测器
EDTA (ethylene diamine tetraacetic acid)　乙二胺四乙酸
EF (enhancement factor)　增强因子

EN (enrofloxacin) 恩诺沙星
ERY (erythromycin) 红霉素
ESI-MS (electrospray ionization mass spectrometry) 电喷雾电离质谱
ETS (electronic transfer system) 电子传递系统
FECS (Federation of European Chemical Societies) 欧洲化学学会联合会
FF (florfenicol) 氟甲砜霉素，氟苯尼考
FID (flame ionization detector) 火焰离子化检测器
FITC (fluorescein isothiocyanate) 异硫氰酸荧光素
FRM (flurithromycin) 氟红霉素
FTIR (Fourier transform infrared spectroscopy) 傅里叶变换红外光谱
GC (gas chromatography) 气相色谱
GCFPD (gas chromatography flame photometry detector) 气相色谱火焰光度法
GEOSECS (geochemical ocean section studies) 海洋地球化学断面研究
GOOS (global ocean observing system) 全球海洋观测系统
GPY (glucose peptone and yeast broth) 葡萄糖蛋白胨酵母膏
GTX (gonyautoxin) 膝沟藻毒素
GYM (gymnodinium) 裸甲藻毒素
HABs (harmful algal blooms) 有害藻华
HCB (hexachlorobenzene) 六氯苯
HCHs (hexachlorocyclohexane) 六六六
HDPE (high density polyethylene) 高密度聚乙烯
HMATs (hydrophilic marine algal toxins) 水溶性藻毒素
HPLC (high performance liquid chromatography) 高效液相色谱法
IC-ICP-MS (ion chromatography-inductively coupled plasma-mass spectrometer) 离子色谱和电感耦合等离子体质谱仪
ICP (inductively coupled plasma) 电感耦合等离子体
ICP-AES (inductively coupled plasma-atomic emission spectroscopy) 电感耦合等离子体-原子发射光谱
IDL (instrument detection limit) 仪器检出限
iGBP (international geosphere-biosphere programme) 全球变化研究计划
i-Trap MA (ion trap analyzer) 离子阱分析器
JSM (josamycin) 交沙霉素
LC-MS (liquid chromatogram-mass spectrometer) 液相色谱-质谱联用仪
LED (light-emitting diode) 发光二极管
LLE (liquid-liquid extraction) 液液萃取

LMATs (lipophilic marine algal toxins) 脂溶性藻毒素
LOD (limit of detection) 最低检测限
LOICZ (land ocean interactions in the coastal zone) 海岸带海陆相互作用计划
LOL (limit of linear) 线性响应限
LOP (labile organic phosphorus) 活性有机磷
LOQ (limit of quantitation) 定量限
LPME (liquid phase micro-extraction) 液相微萃取
LSC (liquid scintillation counting) 液体闪烁计数仪
MAE (microwave-assisted extraction) 微波辅助萃取
MBT (3-methyl-2-benzothiazolinone hydrazone hydrochloride) 3-甲基-2-苯并噻唑啉酮腙盐酸盐
MDA (minimum detectable amount) 最低检测量
MDL (method detection limit) 方法检测限
MEA (malt extract agar) 麦芽提取物琼脂
MIBK (methylisobutylketone) 甲基异丁酮
MIPs (molecularly imprinted polymers) 分子印迹聚合物
MISPE (molecularly imprinted solid-phase extraction) 分子印迹固相萃取
MLSA (multilocus sequence analysis) 多位点序列分析技术
MRM (multiple reaction monitoring) 多反应监测
NaDDTC (sodium diethyldithiocarbamatre) 二乙基二硫代氨基甲酸钠
NF (norfloxacin) 诺氟沙星
NR (nile red) 尼罗红
OA (okadaic acid) 大田软海绵酸
OH-PAHs (hydroxyl polycyclic aromatic hydrocarbons) 羟基多环芳烃
OIT (2-octyl-4-isothiazol-3-one) 2-正辛基-4-异噻唑啉-3-酮
OLM (oleandomycin) 竹桃霉素
OTC (oxytetracycline) 土霉素
PA (piromidic acid) 吡咯酸
PA (polyamines) 多胺
PA (polyacrylate) 聚丙烯酸酯
PAEs (phthalic acid esters) 邻苯二甲酸酯
PAHs (polycyclic aromatic hydrocarbons) 多环芳烃
PBQ (2,6-di-*tert*-butyl-*p*-benzoquinone) 2,6-二叔丁基对苯醌
PC (polycarbonate) 聚碳酸酯
PCB103 (2,2′,4,5′,6-pentachlorobiphenyl) 2,2′,4,5′,6-五氯联苯

PCBs (polychlorinated biphenyls) 多氯联苯
PCN (polychloro naphthalene) 多氯化萘
PCR (polymerase chain reaction) 聚合酶链反应
PDA (potato dextrose agar) 马铃薯葡萄糖琼脂
PDMS (polydimethylsiloxane) 聚二甲基硅氧烷
PE (polyethylene) 聚乙烯
PET (polyethylene-glycol terephthalate) 聚对苯二甲酸乙二醇酯
PFA (perfluoroalkoxy) 可熔性聚四氟乙烯
PMMA (polymethyl methacrylate) 聚甲基丙烯酸甲酯
POC (particle organic carbon) 颗粒有机碳
POM (polyformaldehyde) 聚甲醛
POP (particle organic phosphorus) 颗粒有机磷
POPs (persistent organic pollutants) 持久性有机污染物
PP (polypropylene) 聚丙烯
PPA (pipemidic acid) 吡哌酸
PS (polystyrene) 聚苯乙烯
PTX (pectenotoxin) 扇贝毒素
Put (putrescine) 腐胺
PVC (polyvinyl chloride) 聚氯乙烯
Pyr-GC/MS (pyrolysis gas chromatography-mass spectrometry) 热解气相色谱-质谱法
QCM (quartz crystal microbalance) 石英晶体微天平
QMA (quadrupole mass analyzer) 四极质量分析器
ROM (roxithromycin) 罗红霉素
RRF (relative response factor) 相对响应因子
RSD (relative standard deviation) 相对标准偏差
SCP (sulfachloropyridazine) 磺胺氯哒嗪
SD (sulfadiazine) 磺胺嘧啶
SDS (sodium dodecyl sulfonate) 十二烷基磺酸钠
SEM-EDS (scanning electron microscope and X-ray energy dispersive spectrum) 扫描电子显微镜-能量色散 X 射线谱
SERS (surface-enhanced Raman spectroscopy) 表面增强拉曼光谱法
SFD (sulfadoxine) 磺胺邻二甲氧嘧啶，磺胺多辛
SFM (sulfadimethoxine) 磺胺间二甲氧嘧啶
SI (international system of units) 国际单位制
SIM (sulfisomidin) 磺胺二甲异嘧啶

SIZ (sulfisoxazole)　磺胺二甲异噁唑

SM1 (sulfamerazine)　磺胺甲基嘧啶

SM (sulfametoxydiazine)　磺胺对甲氧嘧啶

SM2 (sulfamethazine)　磺胺二甲基嘧啶

SMM (sulfamonomethoxine)　磺胺间甲氧嘧啶

SMP (sulfamethoxypyridazine)　磺胺甲氧哒嗪

SMR (sulfamerazine)　磺胺甲基嘧啶

SMT (sulfamethythiadiazole)　磺胺甲噻二唑

SMX (sulfamethoxazole)　磺胺甲噁唑

Spd (spermidine)　亚精胺

SPD (sulfapyridine)　磺胺吡啶

SPE (solid phase extraction)　固相萃取

Spm (spermine)　精胺

SPME (solid phase micro-extraction)　固相微萃取

SPME-GC-MS (solid phase micro-extraction-gas chromatography-mass spectrometer)　固相微萃取-气相色谱-质谱联用

SPX (spirolide)　罗环内酯毒素

SQX (sulfaquinoxaline)　磺胺喹噁啉

SRB (sulphate reducing bacteria)　硫酸盐还原细菌

SRM (select reaction monitoring)　选择反应监测

STX (saxitoxin)　石房蛤毒素

STZ (sulfathiazole)　磺胺噻唑

TA (total alkalinty)　总碱度

TAP (thiamphenicol)　甲砜霉素

TC (tetracycline)　四环素

TD-GC/MS (thermal desorption-gas chromatography mass spectrometry)　热解吸与气相色谱/质谱联用

TDH (thermostable direct hemolysin)　耐热性直接溶血素

TEM (transmission electron microscopy)　透射电子显微镜

TF (triphenyl formazan)　2,3,5-三苯基甲臜

TGA (thermogravimetric analysis)　热重力分析

TISAB (total ionic strength adjustment buffer)　总离子强度调节缓冲溶液

TLS (tylosin)　泰乐霉素

TMC (tilmicosin)　替米考星

TOF MA (time-of-flight mass analyzer)　飞行时间质量分析器

TRH（TDH related hemolysin） 与耐热性直接溶血素相关的溶血素
TTC（2,3,5-triphenyl tetrazolium chloride） 氯化 2,3,5-三苯基四氮唑
UHPLC-MS（ultra high pressure liquid chromatography-mass spectrometer） 超高压液相色谱-质谱联用仪
UV（ultra violet） 紫外线
VBNC（viable but non-culturable） 活的非可培养
VHC（volatile halocarbon） 挥发性卤代烃
VOC（volatile organic carbon） 挥发性有机碳
YTX（yessotoxin） 虾夷扇贝毒素

第1章 概 论

1.1 海洋分析化学的发展

海洋化学是海洋学与化学相结合的一门边缘科学。随着海洋化学的深入发展和高度综合促使一系列新兴边缘学科的形成。一般情况下，海洋化学学科包括 2 个分支，即海洋化学应用研究和化学海洋学研究。

海洋化学学科主要是对海洋与海洋化学资源应用技术以及与海洋具有关联性的一些化学物质的组成、转化规律、分布进行全面研究。从化学的角度看，由化学中的二级学科：无机化学、分析化学、物理化学、有机化学、同位素化学、环境化学、资源化学、生物化学、地球化学等与海洋科学相结合，产生新的学科：海洋无机(或元素)化学、海洋分析化学、海洋物理化学、海洋有机化学、海洋同位素化学、海洋环境化学、海洋资源化学、海洋生物化学、海洋地球化学等，由此可以认为海洋分析化学是隶属海洋化学的一个分支。

对“海洋化学”和“化学海洋学”的概念，不同的著作有不同的看法。根据《中国大百科全书(大气科学、海洋科学、水文科学)》中定义：海洋化学(Marine Chemistry)是研究海洋各部分的化学组成、物质分布、化学性质和化学过程，并研究海洋化学资源在开发利用中所涉及的化学问题的科学。而化学海洋学(Chemical Oceanography)是研究海洋各部分的化学组成、物质分布、化学性质和化学过程的科学，是海洋化学的主要组成部分。另根据联合国教科文组织 1974 年颁发的《大学课程研讨会的报告》，定义化学海洋学是研究海水的化学组成、物理、地质和生物的性质和反应，或是由于人类活动影响海洋发生的化学性质改变；研究海洋及其界面间的化学反应；或利用化学反应来研究所有有关海洋的科学以及发展新的化学技术以解决海洋科学界所产生的不同科学问题[1]。

尽管对“海洋化学”和“化学海洋学”迄今还未有统一的定义，但由于海洋化学包括多方面的化学知识，且和很多化学方面的知识有关联，其研究方法的发展总与化学分析的发展紧密相关。在海洋科学领域中，海洋化学虽然是发展较晚的一门科学，但随着时代的进步和科学技术的发展，国内外对海洋及海洋资源的状况有了更多的分析了解，已开展了多方面、详细的研究分析工作。

1.1.1 经典海洋分析化学

化学海洋学是一门新兴的学科，纵观国际相关的海洋化学分析学研究历程，可归纳为孕育、早期探索及现代分析三个明显的发展阶段。孕育阶段包括从公元前 4 世纪的亚里士多德关注海水的来源和性质，到罗伯特·波义耳采集及用 $AgNO_3$ 滴定法测定分析海水的盐度（约 1627～1691 年）、艾德蒙·哈雷对海水的化学分析（约 1656～1742 年）、路易斯·F.马赛利首次测定不同海域的含盐量（约 1658～1730 年）、安东尼·纳瓦西尔首次分析出海水的苦味是来自 $MgSO_4$ 或 $MgCl_2$（约 1743～1794 年），以及杰斯福·路易斯·盖-吕萨克提出的盖-吕萨克法则，首次建立测定海水化学组成的滴定方法（约 1778～1850 年）[2,3]。

早期探索阶段，国外对此一般以英国“挑战者”号船于 1872 年进行的世界上第一次环球海洋考察调查分析为起点，堪称近代海洋科学的开端，当时其开展的与化学分析相关的研究主要为测定海水的化学组成，包括含盐量、溶解气体、有机物质及悬浮颗粒物等的性质。“挑战者”号航行期间所采集的水样，主要由德国化学家威廉姆·迪特马进行化学组分的分析，也是人类第一次真正了解了海水的化学组成。到 20 世纪 50～60 年代，以 1955 年英国学者哈维出版的《海水的化学和肥力》为代表作，该书详细描述了科学家如何应用化学手段解决海洋生物生产力的问题，集中探讨了营养元素氮、磷、硅等的地球化学循环与浮游生物的关系等问题。在此期间，随着科学家对海洋资源中化学元素兴趣的增加及需要对不同数据进行对比，逐步建立了有关海洋对象的分析方法，可认为是海洋分析化学的雏形。英国学者巴勒斯撰写的《海水分析》，我国学者陈国珍撰写的《海水分析化学》均是此阶段的代表作[1-4]。

伴随着海洋物理化学的发展，到 20 世纪 70～80 年代，国际海洋界进行了为期 10 年的“海洋地球化学断面研究”（GEOSECS），获得了各大营养要素、放射性同位素、痕量金属元素等含量的多种海洋学信息，取得了丰硕的研究成果。美国科学家华莱士·史密斯·布罗克撰写的《海洋中示踪物》，为化学海洋学乃至海洋分析化学的进一步发展奠定了良好的基础；随后英国科学家 J.P.赖利和 G.斯基罗撰写的《化学海洋学》（1～10 卷）；美国地球化学家 E.D.戈德堡应用“稳态原理”研究海水中元素的逗留时间；瑞士科学家 W.斯塔姆撰写的《水化学》，这些均称为化学海洋学的经典名著[1-5]。

在我国，对海洋化学的研究众多学者均认为起步于 20 世纪 50～60 年代，此后形成较系统的代表著作如：郭锦宝撰写的《化学海洋学》、宋金明等撰写的《中国的海洋化学》、张正斌等撰写的《海洋化学原理和应用——中国近海的海洋化学》、陈令新等编著的《海洋环境分析监测技术》等，对我国海洋化学的发展研究进行了很好的阐述[1-6]。

早期海洋研究和化学分析的基本研究工作，其内容主要集中在分析海水的组成与性质，以及与海洋生物有关的海水化学成分的分布变化方面；从研究深度看，仅对海水化学成分的分布变化、海水中的各种化学平衡及其生物间的作用关系做了初步研究，对海洋化学的分析研究几乎没有应用，更谈不上系统地从空间和时间角度进行全方位研究；研究方法方面也非常不完善，比如对海水的分析，主要采用容量法（现称为重量法）和比色法，不仅方法单一且误差较大。因此，经典的海洋分析化学又称“海水分析化学”，是研究海水中各组分含量及测试方法的一门学科，其主要的研究内容包括：海洋中常量元素（钠、钙、钾、镁等）、营养元素（氮、磷、硅）、微量元素（铁、锰等）、放射性同位素（铀、锶等）、有机质及海水中溶解氧等方面的测试。由于以往的条件所限及海洋化学工作的特点，很多样品的分析需在船上实验室中进行，且某些样品由于细菌、化学的作用等而难以保存，既不能满足应用近代分析仪器的需求，又不能达到适时、原位、在线、快速、准确的分析结果[1-6]。

1.1.2　现代海洋分析化学

自20世纪90年代起，随着海洋技术研究的快速发展，海洋科学各分支学科的进一步交叉和渗透，海-陆-空全球循环，数理化天地生海的结合，国内外的科学家对化学海洋学的重点关注转变到海洋的碳循环及其调控机制，以探索海洋对全球气候变化的响应与反馈。在此期间实施了一系列的国际合作研究计划，例如全球变化研究计划（iGBP）、海岸带海陆相互作用计划（LOICZ）、全球海洋观测系统（GOOS）等，其中的化学海洋学均是核心的研究内容，获得的研究成果使海洋科学的实践过程达到了新的高度，也使得海洋化学沿着“深”“广”度辩证统一的方向发展[1-6]。

“深”表现在：目前对海洋化学中的海洋分析化学研究已经变得系统化，从最开始的描述性化学已进入对海洋物质来源、元素组成及生物地球化学相关过程等的分析，从海洋物质简单的化学定性研究逐渐发展到定量分析研究。“广”体现为海洋分析化学与海洋科学其他分支学科的渗透、交叉和结合。例如海洋分析化学、海洋生物分析和地球分析化学等的综合发展可形成目前的海洋生物地球分析化学这一新的分支学科。

借用分析化学的定义，海洋分析化学可以泛指基于海洋资源，发展和应用各种理论、方法、仪器和策略以获取有关海洋物质在相对时空内的组成和性质的信息，及测定和利用海洋物质的一门学科。

近几十年来，我国在海洋化学分析方法的研究取得了诸多成果，建立了能够给海洋科学研究带来很大影响的一批海洋化学分析方法，对于支持我国未来海洋化学的发展具有极其重要的意义。比如，通过利用人工海盐建立了一套全新的锌镉还原法用于硝酸盐分析；采用自动分析测定水样中的磷酸盐与硝酸盐；利用紫外消化和水浴装置以及连续流动分析系统进行海水中的溶解态总磷测定；建立了我国第一台营养盐连续监测分析仪，专门对盐的氨氮含量进行检测；通过对海水样品的特殊酸化将其中的 DIC 合理转变成为 CO_2，再利用 LI-COR 6262 非色散红外检测仪器对 CO_2 体系进行碳系统参数检测；采用光纤传感器测定海洋站位 PO_2 和 PCO_2 参数。在测定海水系统中的有机碳循环研究过程中，建立了高准确度和全面定性、定量分析超痕量的溶解态有机物新方法。合理利用放射性同位素钍-234 和铀-238 进行测定深海循环类型与速率的研究[7]。

迄今为止，围绕有关海洋分析的一些尚未解决的基础问题，典型的小问题比如：海水为什么又咸又苦？海水元素的组成问题？为什么河水中的 Ca 浓度高于 Na 浓度,而海水中的 Ca 浓度却低于 Na 浓度等等？对有关海洋分析化学存在的典型的大问题，可以结合我国学者张正斌总结的 21 世纪海洋化学的五大难题的观点，其中的一个与分析化学相关的“海洋中元素物种的化学存在形式的理论和实验测定”问题，即如何测定不同海域、不同空间、时间条件下元素的静态及动态存在形式是解决问题的方法：通过将分析化学中的络合作用、酸碱作用、沉淀-溶解作用、氧化还原作用等化学平衡理论应用于海洋，解决实际样品的海水起源、解释海水 pH 为 8.1、海水活度系数等一系列重要问题；通过建立海水化学模型和海洋中元素物种化学存在形式的研究方法，测定元素的无机配体存在形式→有机配体存在形式→胶体(或固体配体)存在形式，以丰富海洋化学的内容。但是由于海水中多数元素的浓度低于“纳米尺度”，要真正快速、准确、现场试验测定其化学存在形式，需要做到：在线化(on-line)；实时化(real time)；原位化(*in situ*)；在体化(*in vivo*)和同时同步测定(synchronization)；微型化、芯片化、仿生化；智能化和信息化；高灵敏度化和高精确化；高选择化；单分子化、单原子化监测，并联合搬运和调控技术；合成、分离和分析联用技术等等。诸如此类的问题现在仍然是化学海洋学重点关注的科学问题，也是海洋分析化学的主要研究范畴。

我国部分高校和大型科研院所也在积极开展研究，中国科学院海洋研究所、厦门大学都在开展关于海洋化学的研究，取得了巨大的成果，对我国的海洋建设起到了巨大的推动作用，相应建立的海洋分析方法为我们今后海洋资源的开发提供了保障。随着科技的高速发展和研究方法的不断创新，海洋化学被多国所关注并倾力研究，已涌现出大量有关海洋化学新的研究方向和成果；在我国相应高校开设的海洋化学课程也越来越完善，但基于化学分析和仪器分析来系统研究海洋化学的方法教材却鲜有，尤其针对海洋化学的实验课程教材更是稀少短缺。海洋分析化学不仅是海洋化学的一个组成部分，而且是研究和发展海洋科学的基础之一。本书针对国内外文献并结合我国在海洋分析化学方面的研究现状，将新的化学分析方法加以总结介绍，为我国海洋化学分析方法的进一步发展提供有力的支持保障[6-12]。

1.2 海洋分析化学在国民经济及社会发展中的任务和作用

21世纪是海洋的世纪。海洋是人类所在的这颗蓝色星球的决定性特征，也是地球上一切生命来源的关键所在，有许多尚未开发的广袤区域和众多谜团等待我们的发掘和揭秘，这不仅是人类了解地球的需要，更是关系到人类未来的福祉。海洋化学被当今多国所关注并倾力研究，新的研究方向和成果不断推出，国内外科学家及学者对研究海洋化学方方面面的兴趣与日俱增。

从目前实际情况来看，地球上的陆地资源不断地被消耗，海洋将成为人类赖以生存与社会实现可持续发展的非常重要的资源，海洋化学也成为重点关注的新学科领域。由于海洋分析化学包括多方面的化学知识，且和很多方面的知识有关联，其研究方法在不断发展中。虽然我国的海洋化学发展和应用在一千多年前就有历史记载，但是系统的发展仅有五十年，对海洋分析化学的研究则更为滞后。总的来说，海洋分析化学在新的历史条件下其主要任务为：对海洋分析化学课程及学科系统化的建立健全与完善；基于解决与海洋资源与环境问题相关的海洋分析化学研究内涵的确定。

近30年来，随着我国的化学海洋学研究在生源要素的海洋生物地球化学过程、微/痕量元素和同位素的海洋化学以及生物过程作用下的物质迁移转化等领域取得的重要进展，海洋化学分析的新技术、新方法和在营养盐测定、CO_2系统参数分析、痕量有机物分析、化学示踪及同位素分析等方面的研究及应用，为我国海洋化学分析方法与技术的发展起到了奠基和建设性的推动作用。

但涉及海洋分析化学课程及学科系统化建立存在的具体问题非常值得思考，主要表现在：①海洋分析化学课程的教材稀缺，相应理论课与实验课无成熟的教学大纲；②教学及研究内容没有明确界定，其研究的水平总体处于跟踪和跟跑状态，在重大创新上有明显不足，无法引领国际海洋分析化学的发展；③我国开设海洋分析化学的高校中，教师队伍偏少，虽然近年海洋化学的研究队伍中青年人数剧增，但研究大多沿原先攻读博士学位或博士后研究的领域及思路开展，缺乏对海洋分析化学的创新思维和探索的动力。因此要彻底改变这种局面，建立健全海洋分析化学课程及学科体系，尽快使我国海洋分析化学研究领先于世界先进水平国家。

海洋分析化学的发展与海洋科学技术一样，对于解决人类社会当前所面临的全球性资源环境问题有着重要的现实意义。进入21世纪，世界海洋科学发展总体趋势主要表现在四个方面：一是研究方法趋向于多学科交叉、渗透和综合；二是研究重点趋向于资源、环境、气候等人类生存与发展密切相关的重大问题；三是研究方式趋向于全球化和国际化；四是研究不断高新技术化。

毋庸置疑，海洋化学的分支学科海洋分析化学在国民经济的可持续发展、国防力量的壮大、科学技术的进步及海洋自然资源的开发与综合利用等方面的作用是举足轻重的。例如，海水的水质检测、各种营养盐的化学检测、各种金属离子的提取利用、海水中有机物质的定性定量测定、海水中微量物质的分析、海洋动植物活性物质的提取测定、海洋污染物的归属分析测定等等。

海洋分析化学在近些年来已经成为社会研究的热点，一方面是对海洋资源的开发利用，包括海洋石油及其化工、海盐工业和海水综合利用、海洋矿物资源等，均需要海洋分析化学的方法和技术；另一方面针对海洋环境问题的解决，主要包括：海洋环境的化学污染，比如工业污水、有机污染物、重金属、油类等；海洋生态问题，比如近海氮或磷营养盐的富集、水体富营养化、有害赤潮等等，这些不仅是化学海洋学的重要研究内容，也是海洋分析化学的主要任务。因此，海洋分析化学作为一门交叉性新型学科，其研究与发展对于人类应对资源与环境问题具有重要的指导及现实意义。

但是目前还有很多亟待我们解决的海洋化学分析的问题，例如如何现场取样并进行检测；如何进行超痕量的元素和有机物的检测；如何提高各种检测的准确性和可靠性；如何能解决无污染的检测等等。相信在今后各种技术都飞速发展的时代，有全面的知识作为海洋化学的研究基础，海洋分析化学方法也会有突飞猛进的进步，会为人类的进步做出巨大的贡献[6-15]。

本书对一些文献提出的化学分析方法进行解读，将新的化学分析方法加以详细介绍，对我国今后海洋分析化学方法的发展方向进行思考。

1.3 海洋分析化学方法的分类与特点

海洋化学是研究海洋各部分的化学组成、物质分布、化学性质和化学过程，以及海洋化学资源在开发利用中的化学问题的科学。相应地，海洋分析化学可以涉及海洋各物质化学组成的测定方法，提供被测物质，即试样的元素或化合物组成，包括试样成分分离、鉴定和测定相对含量的一门学科。定性分析方法获得试样中原子、分子或官能团是什么的有关信息；定量分析方法则是测定试样中一种或多种组分有多少的相对含量信息。

根据分析要求、分析对象、测定原理、试样用量及工作性质等，海洋分析化学可分为化学分析和仪器分析两大类方法。化学分析又称经典分析化学，主要特点是基于四大滴定方法(酸碱滴定、络合滴定、氧化还原滴定和沉淀滴定)和重量分析法的定量分析；而仪器分析则是随着较大型仪器的出现，以物质的某些物理性质为基础，借助对应仪器，对待测物质进行定性、定量及结构分析和动态分析的一类方法。它涉及物理、机械、计算机、化学等多学科知识的交叉运用，使该门课程的理论知识具有很高的综合性和抽象性，同时实验操作具有较高的技术性和精密性。随着科技进步、社会和经济的不断发展，大量新型仪器不断涌现，从化学分析到仪器分析是一个逐步发展、演变的过程，二者之间不存在清晰界线，仪器分析在分析化学中占的比重越来越大，仪器种类越来越多，功能越来越强大，从以前的托盘天平发展到电子天平，再到现在万分之一的电子天平已经完全进入本科生的日常实验操作中。越来越多的人工分析操作由仪器完成，如从酸/碱式滴定管逐渐发展到依靠电位滴定计、电荷滴定计等小型仪器来完成分析任务。同时，越来越多的大型精密分析仪器进入普通本科教学实验室，例如气相色谱、高效液相色谱、质谱等。化学分析需要使用简单仪器，仪器分析中也包含某些化学分析技术。依托分析化学学科的快速发展，海洋分析化学迫切需要建立系统性、完善性的学科课程体系，以满足其对海洋科学研究起到突破性地支持和推动作用。

以下结合本书的主要内容，做简单介绍。

1. 基于化学滴定的定量分析方法

滴定分析法是定量化学分析的一个重要部分，是将已知准确浓度的试剂溶液(标准溶液)，由滴定管滴加到欲测物质的溶液中，直到所加试剂与欲测物质按化学计量定量反应为止，由试剂溶液的浓度和测定所消耗的体积求出欲测组分的含量。依据反应类型不同又可分为酸碱滴定法、络合滴定法、氧化还原滴定法及沉淀滴定法等。

2. 光谱学分析方法

光学分析或光谱学方法是基于电磁辐射能量与待测物质相互作用后所产生的辐射信号与物质组成及结构关系所建立起来的分析方法。其电磁辐射范围可以从 γ 射线到无线电波；电磁辐射能量与待测物质相互作用的方式有发射、吸收、反射、折射、散射、干涉、衍射等；光学分析方法可以研究物质组成、结构表征、表面分析等方面。光谱学方法依据发生能级跃迁的类型又可分为原子光谱和分子光谱、非光谱法。典型的分子光谱有紫外吸收光谱、红外光谱、荧光光谱等；原子光谱有原子吸收光谱、原子发射光谱、拉曼光谱、原子荧光光谱等。

非光谱法一般指的是波谱分析法，波谱法是待测物质在光(电磁波)的照射下，引起分子内部某种运动，从而吸收或散射某种波长的光，将入射光强度变化或散射光的信号记录下来，得到一张信号强度与光的波长或波数(频率)或散射角度的关系图，用于物质结构、组成及化学变化的分析。不同于光谱分析，波谱分析主要是以光学理论为基础，以待测物质与光相互作用为条件，建立物质分子结构与电磁辐射之间的相互关系，主要针对物质分子几何异构、立体异构、构象异构和分子结构分析和鉴定的方法。典型的波谱分析方法有核磁共振及质谱分析等。

3. 放射化学法

放射化学是研究放射性物质及其辐射效应的一门化学分支学科。在海洋化学中应用较多的是中子活化分析技术或化学同位素示踪法。中子活化分析是用反应堆、加速器或同位素中子源产生的中子作为轰击粒子的活化分析方法，可对待测物质元素的成分进行定性和定量分析。其特点是灵敏度、精密度和准确度较高，常被用作仲裁分析方法。对元素周期表中大多数元素的分析灵敏度可达 10^{-6}～10^{-13}g/g。多应用在环境、生物、地学、材料、考古、法学等微量元素分析工作中。

同位素示踪法是利用放射性核素或稀有稳定核素作为示踪剂对研究对象进行标记的微量分析方法。其特点是灵敏度较高、方法简便、定位定量准确、符合生理条件。在医学及生物学实验中应用广泛。

4. 电化学分析方法

利用物质的电学及电化学性质来进行分析的方法。其原理为：使待分析的试样溶液构成一化学电池（原电池或电解池），再依据此化学电池的物理量（如两极间的电位差，电解质溶液的电阻，通过电解的电流或电量）与其化学量（如浓度）之间的内在联系进行测定。根据测量的电化学参数不同，一般分为以下几类：电导分析法、电位分析法、电解与库仑分析法、伏安法和极谱分析法等。

5. 分离分析方法

这类分析方法是指分离和测定一体化的仪器分离分析法，主要是以气相色谱、高效液相色谱、毛细管电泳等为代表的分离分析方法及其与其他仪器联用的分离分析技术。色谱分离的原理是基于物质在吸附剂、分离介质或分离材料上的吸附、解附、蒸气压、溶解度、疏水性、离子交换、分子体积等多种物理化学性质的差异来进行的。色谱分析包括分离和检测两部分，但色谱检测器不同于一般的分析仪器检测器，在设计、结构方面相差较大。分离分析主要用于分离混合物，特别是各种复杂混合物的分离测定[8-10,16-18]。

1.4 海洋分析化学研究的内容

海洋分析化学是利用分析化学的观点、理论和方法来研究海洋及海洋资源中物质的科学，是海洋化学的分支学科之一。海洋作为地球决定性的特征，通过加深对海洋与地球系统相互作用的了解，终极目标是将这一理解用于造福人类社会，因此这对海洋科学各分支检测项目和水平提出了新的要求，同时也对海洋分析化学学科系统化的建立健全提出了迫切要求。

针对海洋及海洋资源中存在的多种物质，可以分类进行分析测定，其主要内容包括：

① 海洋中水体的化学分析：海水氯度的测定方法；海水盐度的测定方法；海水密度的测定方法；海水中溶解氧等的测定方法；海水 pH 的测定方法；海水常量金属元素(钠、钾、钙、镁等)的测定方法；海水中微量金属元素(铬、锰、铁、铜、锌、银、镉、锑、汞、锶、铅等)的测定方法；海水中非金属元素(氮、磷、硅、硼、硫、砷、碘、溴等)的测定方法；海水中碳酸盐各存在形态的浓度计算方法；海水中有机质的测定方法；海水中放射性同位素(铀、锶等)的测定方法；水体中叶绿素的测定方法。

② 海水中微生物的测定方法：海洋细菌、脂溶性藻毒素、软骨藻酸、膝沟藻毒素、短裸甲藻毒素、弧菌种类、海水真菌等的测定方法。

③ 海洋化学污染物的分析：抗生素、农药、石油烃类、放射性物质、微塑料及其他有机污染物六类化学物质。

参考文献

[1] 陈敏. 化学海洋学[M]. 北京：海洋出版社, 2009.
[2] 张正斌. 海洋化学[M]. 青岛：中国海洋大学出版社, 2004.
[3] 张正斌, 刘莲生. 海洋化学进展[M]. 北京：化学工业出版社, 2004.
[4] 陈国珍. 海水分析化学[M]. 北京：科学出版社, 1965.
[5] 中国科学院海洋研究所海洋化学小组. 海洋化学及其发展[J]. 科学通报, 1959, 4: 116-117.
[6] 陈令新, 王巧宁, 孙西艳. 海洋环境分析监测技术[M]. 北京：科学出版社, 2018.
[7] 陈浩昌. 浅谈海洋化学分析方法的发展[J]. 化工管理, 2017, 7: 52.
[8] 武汉大学. 分析化学(上册)[M]. 第六版. 北京：高等教育出版社, 2016.
[9] 朱明华, 胡坪. 仪器分析[M]. 第四版. 北京：高等教育出版社, 2008.
[10] 武汉大学. 分析化学(下册)[M]. 第五版. 北京：高等教育出版社, 2007.
[11] 胡耀强. 关于海洋化学专业《仪器分析》课程实施的一些思考[J]. 广东化工, 2019, 46(398): 170-171.
[12] 王晶. 试析海洋化学分析方法的发展[J]. 吉林广播电视大学学报, 2015, 8: 29-32.
[13] 唐琳. WHOI: 一切只为了解海洋[J]. 科学新闻, 2015, 20: 42-43.
[14] 倪国江, 韩立民. 世界海洋科学研究进展与前景展望[J]. 太平洋学报, 2008, 12: 78-84.
[15] 宋金明, 王启栋, 张润, 等. 70年来中国化学海洋学研究的主要进展[J]. 海洋学报, 2019, 41(10): 65-80.
[16] 刘培. 中国放射化学的发展历程(1934—2000)[D]. 合肥：中国科学技术大学, 2015.
[17] 刘广山, 纪丽红. ^{129}I 的海洋放射年代学及其他应用研究进展[J]. 台湾海峡, 2010, 29(1): 140-147.
[18] 左伯莉, 刘国宏. 化学传感器原理及应用[M]. 北京：清华大学出版社, 2007.

第 2 章 海洋分析化学的主要分析化学方法

2.1 分析化学概论

2.1.1 现代分析化学的定义、任务和作用

根据欧洲化学学会联合会(FECS)的分析化学部(DAC)定义：分析化学是发展和应用各种方法、仪器和策略以获得有关物质在空间和时间方面组成和性质信息的一门学科，主要包括定性分析、定量分析和结构分析。

现代分析化学方法一般包括经典分析方法和仪器分析方法。经典分析方法也称为湿化学方法或化学分析方法，已有长久历史，主要涉及定性分析、定量分析。定性分析是物质化学组成的测定方法，提供被测物质，即试样的元素或化合物组成，包括试样成分分离、鉴定和测定相对含量。定性分析可将分离后的组分用试剂处理，然后通过颜色、沸点、熔点以及一系列溶剂中的溶解度、气味、光学活性或折射率等来鉴别它们，比如重量法是测定被分析物质量或由被分析物通过化学反应测定某种组分的质量。而定量分析指主要基于溶液中四大平衡(沉淀-溶解平衡；酸-碱平衡；氧化-还原平衡；络合反应平衡)理论，在滴定操作中，测定与被分析物完成化学反应所需标准试剂的体积或质量，利用化学反应和它的计量关系来确定被测物质一种或多种成分和含量的一类分析方法。因此，经典分析方法也称化学分析，组分分离通常是定性和定量分析的必需步骤，通过测量与待测组分有关的某种化学和物理性质获得物质定性和定量结果。

而仪器分析则是随着较大型仪器出现而发展起来的方法。从化学分析到仪器分析是一个逐步发展、演变的过程，两者之间不存在清晰界线，化学分析需要使用简单仪器，仪器分析中也包含某些化学分析技术。仪器分析是通过测物质某些物理或物理化学性质、参数及其变化来确定物质的组成、成分含量及化学结构的分析方法。仪器分析的产生与生产实践、科学技术发展的迫切需要、方法核心原理发现及相关技术产生等密切相关。分析化学的许多分支学科都是从某种重要仪器装置研制成功而建立和发展起来。例如，光谱仪的发明产生了光谱学；极谱仪的发明产生了极谱学；色谱仪的发明产生了色谱学；质谱仪的发明产生了质谱学等。

随着仪器分析的发展，分析化学的定义、基础、原理、方法、技术、研究对象、应用等均发生了根本性变化。与经典分析化学密切相关的范畴是定性、定量

分析、重量法、容量法、溶液反应、四大平衡、化学热力学、动力学等；而与现代分析化学相关的范畴是化学计量学、传感器和过程控制、专家系统、生物技术和生命科学、微电子学、微光学和微工程学等。分析化学已超越化学领域，与物理学、数学、统计学、电子科学与技术、计算机科学与技术、信息科学与技术、机械科学与技术、资源学、材料科学与技术、生物医学、药学、农学、环境科学、天文学、宇宙科学等学科交叉、渗透，发展成以多学科为基础的综合性分析科学。

总的来说，化学分析包括重量分析和滴定分析；仪器分析包括光学分析、电化学分析、色谱分析、质谱分析、核磁共振和各种联用技术等[1-4]。

2.1.2　分析化学方法的分类

2.1.2.1　经典分析化学(化学分析)方法的分类

根据分析要求、分析对象、测定原理、试样用量与待测成分含量的不同及工作性质等，化学分析方法可分为许多种类。

第一种分类方法为定性分析、定量分析和结构分析。定性分析的任务是鉴定物质由哪些元素、原子团或化合物组成；定量分析的任务是测定物质中有关成分的含量。

第二种依据分析原理，以物质的化学反应及其计量关系为基础的分析方法，又称经典分析法，主要有重量分析(称重分析)法和滴定分析(容量分析)法等。重量分析法和滴定分析法主要用于高含量和中含量组分(又称常量组分,即待测组分的质量分数为 1%以上)的测定。重量分析法的准确度很高，至今仍是一些组分测定的标准方法，但其操作烦琐，分析速度较慢。滴定分析法操作简便、条件易于控制、快速省时且测定结果的准确度高(相对误差约为±0.2%)，是重要的例行分析方法。

第三种根据被测样品的性质分为无机分析和有机分析。无机分析的对象是无机物质，有机分析的对象是有机物质。两者分析对象不同，对分析的要求和使用的方法也不同。针对不同的分析对象，还可以进一步分类，如冶金分析、地质分析、环境分析、药物分析、材料分析和生物分析等。

第四种依据样品的含量分为常量分析、半微量分析、微量分析和超微量分析。根据被分析组分在试样中的相对含量的高低，可把分析方法分为常量组分(＞1%)分析、微量组分(0.01%～1%)分析、痕量组分(＜0.01%)分析和超痕量组分(约0.0001%)分析。

第五种为例行分析和仲裁分析。一般分析实验室对日常生产流程中的产品质量指标进行检查控制的分析称为例行分析。不同企业部门间对产品质量和分析结果有争议时，请权威的分析测试部门进行裁判的分析称为仲裁分析。

对以上分析方法的选择通常应考虑以下几个方面的因素：测定的具体要求、

待测组分及其含量范围、待测组分的性质；共存组分的性质及对测定的影响、待测组分的分离富集；测定准确度、灵敏度的要求与对策；现有条件、测定成本及完成测定的时间要求等。通过综合考虑、评价各种分析方法的灵敏度、检出限、选择性、标准偏差、置信概率及分析速度、成本等因素，再查阅有关文献，拟定有关方案并进行条件试验，借助标准样检测方法的实际准确度与精密度，进行试样的分析并对分析结果进行统计处理[1-3]。

2.1.2.2　仪器分析方法的分类

仪器分析方法很多，其方法原理、仪器结构、操作技术、适用范围等差别很大，多数形成相对较为独立的分支学科，但它们都是分析化学的测量和表征方法。基于这些物理、化学特征性质形成的仪器分析方法一般包括下列几类(表 2-1)。

表 2-1　仪器分析方法中使用的化学和物理性质[2,5]

特征性质	仪器分析方法
辐射的发射	发射光谱(X 射线、紫外、可见、电子能谱、俄歇电子能谱)，荧光，磷光和化学发光(X 射线、紫外、可见)
辐射的吸收	分光光度法和光度法(X 射线、紫外、可见、红外)，光声光谱，核磁共振，电子自旋共振谱
辐射的散射	比浊法，浊度测定法，拉曼光谱
辐射的折射	折射法，干涉衍射法
辐射的衍射	X 射线，电子衍射法
辐射的旋转	偏振测定法，旋光散射法，圆二色谱
电位	电位法，计时电位分析法
电荷	库仑法
电流	安培法，极谱法
电阻	电导法
质量	重量法(石英晶体微天平)
质荷比	质谱法
反应速率	动力学方法
热性质	热重量和热滴定法，差示扫描量热法，差热分析法，热导法
放射性	放射化学分析法

第一类为光学分析法。光学分析法或光分析法是基于分析物和电磁辐射相互作用产生辐射信号变化，可分为光谱法和非光谱法。前者测量信号是物质内部能级跃迁所产生的发射、吸收和散射的光谱波长和强度；后者不涉及能级跃迁，不以波长为特征信号，通常测量电磁辐射某些基本性质(反射、折射、干涉和偏振等)

变化。电子能谱是以光电子辐射为基础的方法，从广义辐射概念考虑也可将其归为光学分析法。

第二类为电分析化学法。电分析化学或电化学分析法是根据物质在溶液中的电化学性质及其变化规律进行分析的方法，测量电位、电荷、电流和电阻等电信号。

第三类为分离分析法。是指分离与测定一体化的仪器分离分析法或分离分析仪器方法，主要是以气相色谱、高效液相色谱、毛细管电泳等为代表的分离分析方法及其与上述仪器联用的分离分析技术。色谱分析包括分离和检测两部分。色谱分离基于物质在吸附剂、分离介质或分离材料上的吸附、吸着、蒸气压、溶解度、疏水性、离子交换、分子体积等多种物理化学性质差异；其检测可基于物质的物理化学性质，尽管色谱检测器与一般分析仪器原理相似，但设计、结构相差很大。分离分析法用于混合物，特别是各种复杂混合物的分离测定。

其他仪器分析方法主要基于表 2-1 中的最后四个特征性质，包括质谱法，即物质在离子源中被电离形成带电离子，在质量分析器中按离子质荷比(m/z)进行测定；热分析法，基于物质的质量、体积、热导或反应热等与温度之间关系的测定方法；利用放射性同位素进行分析的放射化学分析法等。

从样品的含量分析要求，一般化学分析主要用于常量分析，而仪器分析更有利于微量分析[2-5]。

2.1.3　化学分析的过程及结果表示

2.1.3.1　化学分析的过程

化学分析的定量分析过程通常包括：分析任务的确定，试样的采集、处理与分解，试样的分离与富集，分析方法的选择与分析测定，分析结果的计算，必要的数理统计、评价和分析报告的撰写等。

(1)分析任务的确定

对于化学测量所要回答的确切疑问或所要解决的确切问题，化学试验数据的使用者(用户)与具有广泛分析技术知识的有经验的分析工作者一起研究才能确定。综合他们各自的长处，才能确定正确的分析任务。其所确定的分析任务不但包括分析过程，还必须包括重现性、可比性及真实性。

可靠而准确的分析需要有一个清楚而适当的要求明细表，特别是规定那些涉及数据解释有效性要求时，同时这些质量要求也都必须转换成具体技术要求。假定时间和费用固定，加上现有的测量和数据解释的不确定性(可靠性)及存在虚假结果的可能危险性，分析工作者必须制订一些可追溯性的要求。在欲进行分析的准备阶段，每一个选用的测量过程都必须仔细审查以防引入系统误差。从实验人员(有经验、有专门知识)的配备，实验室环境(洁净和特殊要求)到仪器设备(规格和效率)及试剂(合乎要求)都应该满足分析的要求，尽量避免错误和大误差的出现。

(2)试样的采集、处理与分解

原则上必须保证所得到的是具有代表性的试样，即分析试样的组成能代表整批物料的平均组成。如果实验样品并不能代表原始材料，无论分析再好同时也不管分析进行得如何仔细，都不能把分析结果与原始材料相关联，原始样品材料的均匀性影响着最终的结果。取样计划应包括一些准备工作(样品容器的清洗，为防止储存和运送到实验室期间发生变化而需加入试剂的准备；足够数量的容器、试剂和容器空白等)的安排和时间计划。对于各类试样采集的具体操作方法可参阅有关的国家标准或行业标准。

实际取样必须严格按上述取样计划所规定的步骤进行。取样还应按分析任务进行并考虑送到实验室样品的代表性。在实际取样过程中，待测物的性质也应加以考虑。在设计取样方案和做取样技术的最佳选择时，挥发性、对光的敏感性、热稳定性、生物可降解性和化学活性等都是一些重要的考虑因素。所有用于取样、样品细分、样品处理、制备和萃取的仪器和工具都应与相应空白和控制值的结果一起记录下来。固体样品一般要求粉碎、研磨、过筛以获取均匀的样本。如果没有待测样品的制样标准，应该选用近似样品的标准，自行建立的方法必须经过检验，确保其合理性。

(3)试样的分离与富集

复杂试样中常含有多种组分，在测定其中某一组分时，共存的其他组分通常会产生干扰，因而应设法消除干扰。首先采用掩蔽剂消除干扰，若无合适的掩蔽方法，就需要对被测组分与干扰组分进行分离(常同时伴有富集)。常用的分离方法有沉淀分离法、萃取分离法、离子交换分离法和色谱分离法等。分离与测定又常常是连续或同步进行的。

另外，分离与富集技术的质量控制受个人和问题等特有因素的影响。视实际分析任务而定，一个高质量的标准方法则要求把待测物从基体中定量分离和富集。所有空白、参比或标准物质(待测物或一种行为与待测物类似的内标物)也都要用与原始试样完全一样的分离过程，在相同的时间间隔(平行或稍后)内加以处理。分离过程中要充分认识到样品的性质变化及其带来的误差，选择分离富集方法的原则是简单、价廉快速，不影响后续的测定和环境保护。

(4)分析方法的选择与分析测定

对于一个确定的分析目标，根据被测组分的性质、含量及对分析结果准确度的要求等，首先要选择合适的分析仪器，建立合适的分析方法并考证方法的准确性和适用范围，必须进行准确度、精密度、回收率实验等验证；再通过分析各种方法的原理、准确度、灵敏度、选择性和适用范围等，确定选择合适的分析方法进行分析测定。

(5)分析结果的计算与评价

根据试样质量、测量所得信号(数据)和分析过程中有关反应的计量关系，计算试样中有关组分的含量或浓度，可用下面几种分析结果表示方法[1,6]。

2.1.3.2　化学分析的结果表示

根据样品中待测组分的不同，可分为如下几种分析结果表示方法。

(1)待测组分的化学表示形式

通常以待测组分实际存在形式的含量表示。例如，测得海水试样中氮的含量后，根据实际情况，以 NH_3、NO_3^-、N_2O_5 等形式的含量表示分析结果。若待测组分的实际存在形式不清楚，则分析结果最好以氧化物或元素形式的含量表示。例如，在矿石分析中，分析结果常以各种元素的氧化物形式(如 K_2O、Na_2O、CaO、P_2O_5 和 SiO_2 等)的含量表示，或者用所需要组分的含量表示分析结果。

(2)待测组分含量的表示方法

对固体试样通常以质量分数表示。试样中待测物质 A 的质量以 m_A 表示，试样的质量以 m_S 表示，它们的比值称为物质 A 的质量分数，以符号 ω_A 表示，即：$\omega_A=m_A/m_S$。在实际工作中常使用百分比符号“%”表示质量分数；当待测组分含量非常低时，可采用 μg/g(或 10^{-6})、ng/g(或 10^{-9})或 pg/g(或 10^{-12})来表示。

对液体试样可用不同的方式表示：物质的量浓度，指单位体积试液中所含待测组分的物质的量，常用单位为 mol/L；质量摩尔浓度，指单位质量溶剂中所含待测组分物质的量，常用单位为 mol/kg；质量分数，指单位质量试液中所含待测组分的质量，量纲为 1；体积分数，指单位体积试液中所含待测组分的体积，量纲为 1；摩尔分数，指单位物质的量试液中所含待测组分的物质的量，量纲为 1；质量浓度，指单位体积试液中所含待测组分的质量，以 g/L、mg/L、μg/L 或 μg/mL、ng/mL、pg/mL 等表示。

对气体试样，通常以体积分数或质量浓度表示气体试样中的常量或微量组分的含量[1,6]。

2.1.4　仪器分析的基本结构单元

物质的某些性质或内在结构不能被直接观察到，因此，分析仪器可看成被研究体系与研究者之间的通讯器件。分析仪器基于分析物质或体系的物理或化学性质、结构在外场作用下产生可收集、处理、显示并能为人们解释的信号或信息。现代分析仪器品种繁多、型号多变、结构各异、计算机应用和智能化程度等差别很大，但一般都包括如图 2-1 所示的五个基本结构单元或系统，且每个单元都或多或少与计算机控制有关[2,4-6]。

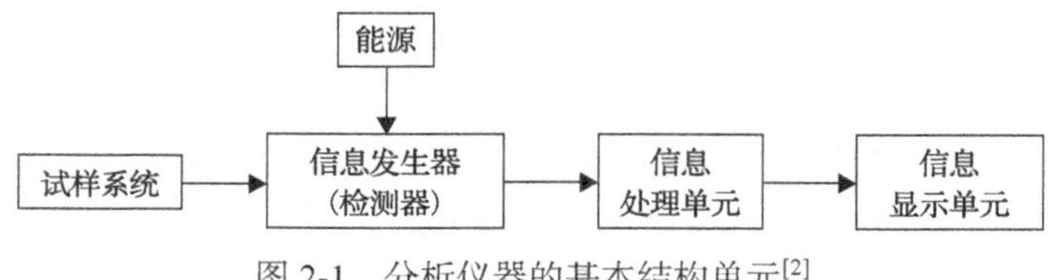

图 2-1 分析仪器的基本结构单元[2]

(1) 试样系统

其功能是适应检测要求，将分析试样引进或放置，也可能包括物理、化学状态改变、成分分离等，但试样性质不得改变。不同仪器类型的试样系统差别很大；有些没有试样系统，如在线分析仪器。

(2) 能源

用来提供与分析物或系统发生作用的探测能源，通常为电磁辐射或场、电能、机械能或核能等。如光分析仪器的光源、X 射线衍射仪的 X 射线管等。

(3) 信息发生器

通常称为检测器、转换器或传感器。检测器或检测系统成为整个仪器的接收装置，指示或记录物理或化学量，分析物或系统环境中存在某个变量或它的变化，例如，UV 检测器指示或记录色谱淋洗液中存在 UV 吸收的组分及浓度变化。最普遍的检测器是一个机械、电或化学装置，外能作用下，基于检测物质的物理、化学性质产生检测信息或信号，如电信号(电压、电流)、发射电磁波、电磁辐射的衰减、核辐射、电子流、离子流、热能、压力、粒子或分子等。

转换器是一个将非电信号转换成电信号或相反的特殊装置。一般电信号可直接被处理单元接收，非电信号需通过转换器装置转变成电信号，如光电倍增管、光电二极管、光电池或其他光电检测器等，产生的电流或电压正比于落在其表面的电磁辐射强度。其他有热敏电阻、热电堆、应变仪、霍尔效应磁场强度变换器等。

传感器指一类能连续、可逆地监测特殊化学成分的分析装置或器件，能将某些化学成分感应转变成电信号，比如玻璃电极、基于压电特性的石英晶体微天平(QCM)等，有些传感器可检测甲醛、硫化氢及化学毒气等气相成分。

(4) 信息处理单元

涉及模量信号和数字信号两种类型，借助计算机在分析仪器中的应用，模量信号均需通过模/数变换转变成数字信号，以适应程序控制、自动化、信息化仪器分析需要。其功能是信号或信息接收、放大、衰减、相加、差减、积分、微分、数字化、变换、存储等。

(5) 信息显示单元

也称为读出装置，将电信号或信息转变成能直接观察和理解的信息，主要包括表头、记录仪、示波器、显示器、打印机等。通常这种信号转换采用阴极射线管以阿拉伯数字或图形输出，或可直接给出分析物组分和相对浓度等[2,4-6]。

2.1.5　分析化学的方法学评价

2.1.5.1　分析化学中的误差与数据处理

在分析样品的过程中，通过一系列分析步骤来准确测定试样中待测组分的含量，达到定量分析的目的。但由于受某些主观因素和客观条件的限制，分析过程及结果会存在误差，且它是不可能完全避免或消除的。因此，在进行定量测定时，必须了解分析过程中可能产生误差的原因及其特点，提前采取相应措施尽量减少误差，对分析结果的可靠性和准确度做出合理的判断和正确的表达，使分析结果达到一定的准确度。

1. 误差与偏差

误差有两种表示方法：绝对误差(absolute error，E)和相对误差(relative error，E_r)。绝对误差是测量值(measured value, χ)与真实值(true value, χ_T)之间的差值，即：绝对误差的单位与测量值的单位相同，误差越小，表示测量值与真实值越接近，准确度越高；反之，误差越大，准确度越低。

所谓真值就是指某一物理量本身具有的客观存在的真实数值。在分析化学中常将下面的值当作真值来处理：理论真值，如某化合物的理论组成等；计量学约定真值，如国际计量大会上确定的长度、质量、物质的量的单位等；相对真值，采用各种可靠的分析方法，使用最精密的仪器，经过不同实验室、不同人员进行平行分析，用数理统计方法对分析结果进行处理，确定各组分相对准确的含量，此值称为标准值，一般用标准值代表该物质中各组分的真实含量。这种真值是相对而言的，如实验中使用的标准试样中组分的含量等。

相对误差是指绝对误差相对于真实值的百分率。

$$E_r = \frac{E}{\chi_T} \times 100\% = \frac{\chi - \chi_T}{\chi_T} \times 100\% \tag{2-1}$$

相对误差有大小、正负之分。相对误差反映的是误差占真实值的比例大小，因此在绝对误差相同的条件下，待测组分含量越高，相对误差越小；反之，相对误差越大。

2. 偏差、平均偏差及标准偏差

在实际分析工作中，一般要对试样进行多次平行测定，以求得分析结果的算术平均值。在这种情况下，通常用偏差来衡量所得结果的精密度。偏差(deviation，d)表示测量值与平均值($\overline{\chi}$)的差值：$d = \chi - \overline{\chi}$。

若 n 次平行测定数据为 χ_1、χ_2、…、χ_n，则 n 次测量数据的算术平均值 $\overline{\chi}$ 为

$$\overline{\chi}=\frac{\chi_1+\chi_2+\cdots+\chi_n}{n}=\frac{1}{n}\sum_{i=1}^{n}\chi_i \tag{2-2}$$

为了表明分析结果的精密度(precision)，将各单次测定偏差的绝对值平均，称为单次测定结果的平均偏差($\overline{d}$)。

$$\overline{d}=\frac{1}{n}(|d_1|+|d_2|+\cdots|d_n|)=\frac{1}{n}\sum_{i=1}^{n}|d_i| \tag{2-3}$$

平均偏差$\overline{d}$代表一组测量值中任何一个数据的偏差，没有正负号。因此，它最能表示一组数据间的重现性。在一般分析工作中平行测定次数不多时，常用平均偏差来表示分析结果的精密度。

当测定次数较多时，常使用标准偏差(standard deviation，s)或相对标准偏差(relative standard deviation，RSD，s_{r})来表示一组平行测定值的精密度。

单次测定的标准偏差的表达式为

$$\overline{d}_{\mathrm{r}}=\frac{\overline{d}}{\overline{\chi}}\times 100\% \tag{2-4}$$

相对标准偏差也称变异系数，表达式为

$$s_{\mathrm{r}}=\frac{s}{\overline{\chi}}\times 100\% \tag{2-5}$$

标准偏差通过平方运算，能将较大的偏差更显著地表现，因此，标准偏差能更好地反映测定值的精密度。实际工作中，通常用相对标准偏差表示分析结果的精密度。

3. 系统误差和随机误差

在定量分析中，对于各种原因导致的误差，根据误差的来源和性质的不同，可以分为系统误差和随机误差两大类。

(1)系统误差

系统误差是由某种固定的原因造成的，具有重复性、单向性的特点。理论上，系统误差的大小、正负是可以测定的，所以系统误差又称可测误差。根据系统误差产生的具体原因，可将其分为：

① 方法误差：由于不适当的实验设计或所选择的分析方法不恰当造成的。例如，在重量分析中，沉淀的溶解损失、共沉淀和后沉淀、灼烧时沉淀的分解或挥发等；在滴定分析中，反应不完全、有副反应发生、存在干扰离子影响、滴定终

点与化学计量点不一致等，都会引起测定结果系统偏高或偏低。

② 仪器和试剂误差：由于来源于仪器本身不够精确，如天平砝码质量、容量器皿刻度和仪表刻度不准确等；或试剂和蒸馏水中含有少量的被测组分或干扰物质，会使分析结果系统偏高或偏低等。

③ 操作误差：由于分析人员在进行分析测定时操作不够正确所引起的误差。例如，对样品的预处理不当；实验控制温度过高或过低；滴定终点判断不当等。

④ 主观误差：由于分析人员本身的一些主观因素造成的。在滴定分析中辨别滴定终点颜色时有偏差；在读滴定管刻度时个人习惯性地偏高或偏低等。

(2)随机误差

也称偶然误差，它是由某些难以控制且无法避免的偶然因素造成的。例如，测定过程中环境条件(温度、湿度、气压等)的微小变化；分析人员对各份试样处理时的微小差别等。由于随机误差是由一些不确定的偶然原因造成的，其大小和正负不定，有时大，有时小，有时正，有时负，因此，随机误差是无法测量的，是不可避免的，也是不能加以校正的。

随机误差的产生难以找出确定的原因，似乎没有规律性，但是当测量次数足够多时，从整体看随机误差是服从统计分布规律的，因此可以用数理统计的方法来处理。

除了以上两种误差，还有一种称为过失误差，是指在分析过程中往往会遇到由于疏忽或差错引起的误差，其实质就是一种错误，不能称为误差。例如，称样时试样洒落在容器外；试样溶解或转移时不完全或损失；操作过程中有沉淀的溅失或沾污；读错刻度；记录和计算错误；不按操作规程加错试剂等，一旦发生过失误差，只能重做实验，这种结果决不能纳入平均值的计算中。

4. 提高分析结果准确度的方法

要减少分析过程中的误差，可从以下几个方面来考虑。

(1)选择合适的分析方法

由于各种分析方法在准确度和灵敏度两方面各有侧重，互不相同，在实际工作中要根据具体情况和要求正确选择分析方法。化学分析法中的滴定分析法和重量分析法的相对误差较小，故准确度高，但灵敏度较低，适于高含量组分的分析；而仪器分析法的相对误差较大，故准确度较低，但灵敏度高，适于低含量组分的分析。因此，选择分析方法时要考虑试样中待测组分的相对含量。

此外，还要考虑试样的组成情况，有哪些共存组分，选择的分析方法干扰要尽量少，或者能采取措施消除干扰以保证一定的准确度。在此前提下再考虑分析方法尽量步骤少，操作简单、快速，及所用试剂是否易得，价格是否便宜等因素。

（2）减少测量误差

鉴于不同的分析方法准确度要求不同，应根据具体情况，来控制各测量步骤的误差，使测量的准确度与分析方法的准确度相适应，可针对测量对象的量进行合理地选取，就会减少测量误差，提高分析结果的准确度。

（3）消除系统误差

由于系统误差是由某种固定的原因造成的，检验和消除测定过程中的系统误差，通常采用如下方法：

① 对照试验：对照试验一般可分为两种。一种是用该分析方法对标准试样进行测定，将所得到的标准试样的测定结果与标准值进行对照，用显著性检验判断是否有系统误差。进行对照试验时，应尽量选择与试样组成相近的标准试样进行对照分析。另一种是用其他可靠的分析方法进行对照试验以判断是否有系统误差。作为对照试验所用的分析方法必须可靠，一般选用国家颁布的标准分析方法或公认的经典分析方法来对照，这样得出的结论才可信。

当对试样的组成不清楚时，对照试验也难以检查系统误差的存在，这时可采用“加入回收法”进行试验，这种方法是向试样中加入已知量的待测组分，然后进行对照试验，看看加入的待测组分是否被定量回收，以判断分析过程是否存在系统误差。对回收率的要求主要根据待测组分的含量而定，对常量组分回收率要求高，一般为99%以上，对微量组分回收率可要求为90%～110%。

② 空白试验：就是在不加待测组分的情况下，按照与待测组分分析同样的分析条件和步骤进行试验，把所得结果作为空白值，从试样的分析结果中扣除空白值后，就得到比较可靠的分析结果。可用来检查蒸馏水、试剂是否有杂质，所用器皿是否被沾污等造成的系统误差。当空白值较大时，应找出原因，加以消除。如对试剂、水、器皿进一步提纯、处理或更换。在做微量分析时空白试验是必不可少的。

③ 校准仪器：校准仪器可以减少或消除由仪器不准确引起的系统误差。例如砝码、移液管、滴定管、容量瓶等，在要求精确的分析中，必须对这些计量仪器进行校准，并在计算结果时采用校正值。

④ 分析结果的校正：对分析过程的系统误差，有时可采用适当的方法进行校正。例如，用电重量法测定纯度为 99.9%以上的铜，因电解不很完全而引起负的系统误差，可用光度法测定溶液中未被电解的残余铜量，将用光度法得到的结果加到电重量分析法的结果中去，即可得到试样中铜较准确的结果。

（4）减少随机误差

在消除系统误差的前提下，增加平行测定次数可以减少随机误差，平行测定次数越多，平均值就越接近真值，因此，增加测定次数，可以提高准确度。在一般化学分析工作中平行测定 3～5 次即可[1]。

2.1.5.2　有效数字及其运算规则

1. 有效数字定义及特点

在定量分析中，分析结果所表达的不仅仅是试样中待测组分的含量，同时还反映了测量的准确程度。因此，在实验数据的记录和结果的计算中，要根据测量仪器、分析方法的准确度来决定保留几位数字，这就涉及有效数字及其运算规则的概念。

在科学实验中，任何一个物理量的测定，其准确度都是有一定限度的。用来表示量的多少，同时反映测量准确程度的各数字称为有效数字。具体说来，有效数字就是指在分析工作中，实际上能从测量仪器上直接读出的数字，只有最后一位是估计得到的(可疑值)。如用分析天平称量得到 3.6432g，前面的“3.643”是准确数字，后面的“2”是估计值。因为分析天平能准确到 0.0001g，所以该物质量也可表示为(3.6432±0.0001)g，即为五位有效数字。若用台秤称量物质，得到的结果是 5.7g，后面的“7”是估计值，因为台秤只能称准至 0.1g，故该物质量可表示为(5.7±0.1)g，即两位有效数字。

有效数字的位数，直接影响测定的相对误差。在测量准确度的范围内，有效数字位数越多，表明测量越准确；但一旦超过了测量准确度的范围，则过多的位数是没有意义的，而且是错误的。确定有效数字位数时应遵循以下几条原则：

① 实验过程中测量数据时，应注意其有效数字的位数。用分析天平称量时，要求记录到 0.0001g；滴定管及吸量管的读数，应记录至 0.01mL；用分光光度计测量溶液的吸光度时，如吸光度在 0.6 以下，应记录至 0.001 的读数，大于 0.6 时，则要求记录至 0.01 的读数。

② 有效数字与仪器的精确度有关，其最后一位数字是估读的(可疑值)，其他的数字都是准确的。所以在记录测量数据时，任何超过或低于仪器精确度的有效位数的数字都是不恰当的。例如用台秤称得 5.7g 的物质，不可记为 5.7000g；而用分析天平称得物质量即使恰为 3.6000g，也不可记为 3.6g。因为前者夸大了仪器的精确度，后者缩小了仪器的精确度。

③ 在 0～9 中，只有 0 既是有效数字，又是无效数字。小数点前的 0 不算有效数字，如 0.863，“0”只起到定位作用，可认为三位有效数字；如果在小数点前，除 0 以外无其他数字，则小数点后其他数字之前的“0”都不是有效数字，如 0.0026，“0”也只起到定位作用，这个数据只有两位有效数字；如果 0 在数字中间或数字末端，则都是有效数字，如 0.3070，这个数有四位有效数字。

2. 有效数字的修约规则

在数据处理过程中，涉及的各测量值的有效数字位数可能不同，因此需要按下面所述的计算规则，确定各测量值的有效数字位数。修约指当数据与数据之间发生运算关系时，常需将某些数据按一定的规则确定有效数字的位数后，弃去多余的尾数。修约的原则是既不因保留过多的位数使计算复杂，也不因舍掉任何位数使准确度受损。舍弃多余数字的过程称为数字修约(rounding data)，按照国家标准采用“四舍六入五成双”规则，一般包括以下几个方面：

① 四舍六入五成双：若测量数值中被修约的那个数≤4 时，该数应舍去；若测量数值中被修约的那个数≥6，则进位；若测量数值中被修约的那个数为 5 时，分两种情况：一是如果 5 后无数或 5 后为 0 时，若 5 前面是偶数，则舍去；反之，若 5 前面是奇数则进一。二是如果 5 后面还有不为零的数，不论 5 前面是偶数或是奇数，则一律进一。例：0.37456, 0.3745 均修约至三位有效数字，分别为 0.375, 0.374。

② 只能对数字进行一次性修约，不能分次修约。例：6.549, 2.451 一次修约至两位有效数字，分别为 6.5, 2.5。

③ 单位变换不影响有效数字位数。例：10.00[mL]修约为 0.001000[L]均为四位。

④ pH、pM、pK、lg$c$、lg$K$ 等对数值，其有效数字的位数取决于小数部分(尾数)数字的位数，整数部分只代表该数的方次。例如 pH=11.20 修约为两位 $[H^+]=6.3\times10^{-12}$mol/L。

⑤ 结果首位为 8 和 9 时，有效数字可以多计一位。例：90.0%，可示为四位有效数字。又例：99.87%进位修约为 99.9%。

⑥ 表示准确度或精密度时，多数情况下，只取一位有效数字便可，特殊情况下最多取两位。例如：滴定管的读数，必须记录到小数点后两位有效数字，如果溶液体积为 22mL，应写成 22.00mL。

3. 有效数字的运算法则

不同位数的几个有效数字在进行运算时，所得结果应保留几位有效数字与运算的类型有关。

(1) 加减法

几个数据相加减时，有效数字位数的保留，应以小数点后位数最少的数据为准(即以绝对误差最大的数为准)，其他的数据均修约到这一位。其根据是小数点后位数最少的那个数的绝对误差最大。如

例：$50.1 + 1.45 + 0.5812 = 52.1$

δ ±0.1 ±0.01 ±0.0001 保留三位有效数字

在加和的结果中总的绝对误差取决于该数，所以有效数字位数应以它为准，先修约再计算。

(2) 乘除法

几个数据相乘除时，有效数字的位数应以几个数中有效数字位数最少的那个

数据为准(即以相对误差最大的数为准)。其根据是有效数字位数最少的那个数的相对误差最大。如

例：$0.0121 \times 25.64 \times 1.05782 = 0.328$

δ　±0.0001　±0.01　±0.00001

RE　±0.8%　±0.4%　±0.009%　　保留三位有效数字

在计算过程中，为提高计算结果的可靠性，可以暂时多保留一位数字，而在得到最后结果时，舍弃多余的数字，使最后计算结果恢复到与准确度相适应的有效数字位数。若使用计算器运算，不必对每一步的计算结果进行修约，但应注意根据其准确度要求，正确保留最后计算结果的有效数字位数。

在计算分析结果时，高含量(＞10%)组分的测定，一般要求四位有效数字；含量为 1%～10%的一般要求三位有效数字；含量小于 1%的组分只要求两位有效数字。分析中的各类误差通常取 1～2 位有效数字[1,3]。

2.1.5.3　分析化学中的质量控制

分析化学的任务是确定物质的化学组成、测定各组分的量及表征物质的化学结构，为评价材料和产品的质量、控制生产过程及产品和生产过程对环境的影响、诊断疾病、指导研究和改进生产过程提供重要依据。从质量保证和质量控制的角度出发，要求分析数据具有代表性、准确性、精密性、可比性和完整性，能够准确地反映实际情况，这些表达了分析结果的可靠性。准确度及精密度已在本章前面介绍，以下从分析方法的可靠性介绍另外几个质量控制的性能指标。

1. 灵敏度

是指某分析方法对单位浓度或单位量待测物质变化所产生响应量的变化程度。一种分析方法的灵敏度可因实验条件的变化而改变。在一定的实验条件下，灵敏度具有相对的稳定性。

通常，化学分析方法的校准曲线可以将仪器响应值与待测物质的浓度定量地联系起来，用式(2-6)表示它的直线部分：

$$s = kc + a \tag{2-6}$$

式中，s 为仪器响应值；k 为方法的灵敏度，即校准曲线的斜率；c 为待测物质的浓度；a 为校准曲线的截距。

对仪器分析来说，其灵敏度是指区别具有微小浓度差异分析物能力的度量。灵敏度决定于两个因素：即校准曲线的斜率和仪器设备的重现性或精密度。如分光光度法常以校准曲线的斜率度量灵敏度。在相同精密度的两种方法中，校准曲线斜率越大，方法越灵敏。同样，在校准曲线斜率相等的两种方法中，精密度好的有较高灵敏度。一般通过一系列不同浓度标准溶液来测定校准曲线。

根据 IUPAC 规定，灵敏度用校准灵敏度表示。即测定浓度范围内校准曲线斜率（S），如式(2-7)。

$$R = Sc + S_{b1} \tag{2-7}$$

式中，R 是测定响应信号；S 为校准灵敏度；c 是分析物浓度；S_{b1} 为仪器的本底空白信号，是校准曲线在纵坐标上的截距。用这种校准曲线，校准灵敏度不随浓度改变。各种仪器方法通常有自己习惯使用的灵敏度概念，如原子吸收光谱中，常用“特征浓度”，即所谓 1%净吸收灵敏度表示；原子发射光谱中也常采用相对灵敏度表示不同元素分析灵敏度，它是指某元素的最低检出浓度。

另外，考虑对仪器放大系数相对不敏感，提出分析灵敏度的概念[式(2-8)]

$$S_a = \frac{S}{s_S} \tag{2-8}$$

式中，S 仍为校准曲线斜率；s_S 为测定标准偏差。例如，用放大系数为 5 提高仪器增益，可产生 5 倍的 S 增加，虽会使 s_S 增加，但可保持分析灵敏度相对恒定；且与测定 S 的单位无关；其缺点是与浓度有相关性，因 s_S 可能随浓度变化。

2. 检出限

检出限又称检测下限或最低检出量等，为某特定分析方法在给定的置信度内可从试样中检出待测物质的最小浓度或最小量。它取决于分析物产生信号与本底空白信号波动或噪声统计平均值之比。所谓“检出”是指定性检出，即判定试样中存有浓度高于空白的待测物质。检出限除了与分析中所用试剂和水的空白有关外，还与仪器的稳定性及噪声水平有关。

分析化学的检出限有仪器检出限和方法检出限两类：一类是仪器检出限，指产生的信号比仪器噪声大 3 倍的待测物质的浓度，但不同仪器的仪器检出限定义有所差别；另一类是方法检出限，指当用一完整的方法，在 99%置信度内，产生的信号不同于空白时被测物质的浓度。

对仪器分析方法，通常指当分析物信号大于空白信号随机变化值一定倍数 k 时，分析物才可能被检出。检出限的分析信号 S_m 和它的标准差接近空白信号 S_{b1} 及它的标准差 s_{b1}。最小可鉴别的分析信号 S_m 至少应等于空白信号平均值 S_{bla} 加 k 倍空白信号标准差之和[式(2-9)]

$$S_m = S_{bla} + ks_{b1} \tag{2-9}$$

测定 S_m 的实验方法是通过一定时间内 20～30 次空白测定，统计处理得到 S_{bla} 和 s_{b1}，然后，按检出限定义可得最低检测浓度 c_m 或最低检测量 q_m[式(2-10)及式(2-11)]

$$c_m = \frac{S_m - S_{bla}}{S} = \frac{ks_{b1}}{S} = \frac{3s_{b1}}{S} \tag{2-10}$$

或

$$q_m = \frac{3s_{b1}}{S} \tag{2-11}$$

式中，S 表示被测组分的质量或浓度改变一个单位时分析信号的变化量，即灵敏度。一般 k 合理值为 3，此时大多数情况下检测置信水平为 95%，若 k 值进一步增加，难以获得更高检测置信水平。因此，最低检测浓度或检测量表示能得到相当于三倍空白信号波动标准差或噪声信号的最低物质浓度或最小物质质量。

灵敏度和检出限是两个从不同角度表示检测器对测定物质敏感程度的指标，前者越高、后者越低，说明检测器性能越好。但两者含义不同，检出限与空白信号波动或仪器噪声有关，具有明确统计含义；而灵敏度指分析信号随组分含量变化的大小，与仪器信号放大倍数有关。提高精密度，降低噪声，可以降低检出限。

3. 线性范围

也称有效测定范围，指定量限(LOQ)扩展到校准曲线偏离线性响应限(LOL)的浓度范围(图 2-2)。测定限为定量范围的两端，分别为测定上限与测定下限。在测定误差能满足预定要求的前提下，用特定方法能准确地定量测定待测物质的最小浓度或量，称为该方法的测定下限。在测定误差能满足预定要求的前提下，用特定方法能够准确地定量测定待测物质的最大浓度或量，称为该方法的测定上限。定量测定下限一般取等于 10 倍空白重复测定标准差，或$10s_{b1}$；检测上限，相对标准偏差是 100%。

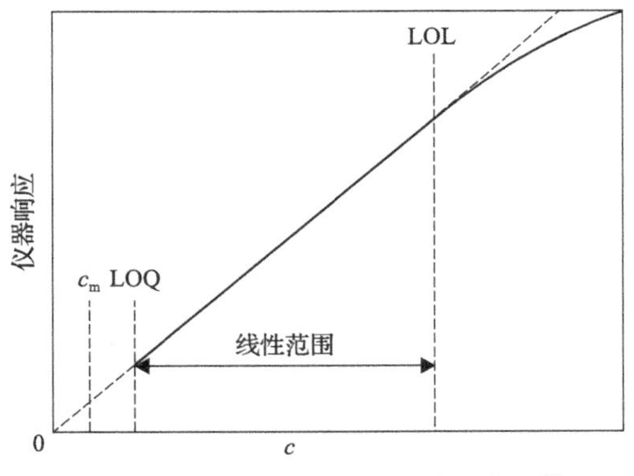

图 2-2　仪器分析方法适用线性范围[2]

LOQ 为定量限，LOL 为线性响应限

对测量结果的精密度要求越高，相应最佳测定范围越小。各种仪器线性范围相差很大，实用分析方法动态范围至少为两个数量级，有些方法适用浓度范围为

5～6 个数量级。

4. 校准曲线

表示待测物质浓度或量与相应的测量仪器响应或其他指示量之间的定量关系曲线。校准曲线包括标准曲线和工作曲线，前者用标准溶液系列直接测量，没有经过试样的预处理过程，对于基体复杂的试样往往造成较大误差；而后者所使用的标准溶液经过了与试样相同的消解、净化、测量等全过程，误差较小。校准曲线不仅可确定方法的测定范围，而且在试样测得信号值后，从校准曲线上查得其含量(或浓度)。因此，绘制准确的校准曲线，直接影响到试样分析结果的准确性。

5. 加标回收率

指在测定试样的同时，于同一试样的子样中加入一定量的标准物质进行测定，将其测定结果扣除试样的测定值，计算加标回收率。当按照平行加标进行回收率测定时，所得结果既可以反映分析结果的准确度，也可判断其精密度。在实际测定过程中，不能直接将标准溶液加入经过处理后的待测试样溶液中，这样不能反映预处理过程中的沾污或损失情况，虽然回收率较好，但不能完全说明数据准确。

进行加标回收率测定时，还应注意以下几点：

① 加标物的形态应该与待测物的形态相同。

② 加标量应与试样中所含待测物的量控制在相同的范围内，主要包括：加标量应尽量与试样中待测物含量相等或相近，并应注意对试样容积、环境的影响；当试样中待测物含量接近方法检出限时，加标量应控制在校准曲线的低浓度范围；在任何情况下加标量均不得大于待测物含量的 3 倍；加标后的测定值不应超出分析方法测量上限的 90%；当试样中待测物浓度高于校准曲线中间浓度时，加标量应控制在待测物浓度的半量。

③ 由于加标样和试样的分析条件完全相同，其中干扰物质和不正确操作等因素所导致的效果相等。故以其测定结果的差计算回收率时，常不能准确反映试样测定结果的实际差错。

6. 干扰试验

干扰试验是针对实际试样中可能存在的共存物，检验其是否对测定有干扰，并了解共存物的最大允许浓度。干扰可能导致正或负的系统误差，与待测物浓度和共存物浓度大小有关。因此，干扰试验应选择两个(或多个)待测物浓度值和不同水平的共存物浓度的溶液进行试验测定。

7. 分辨率

指仪器鉴别由两相近组分产生信号的能力。不同类型仪器分辨率指标各不相同。比如光谱仪器指将波长相近两谱线(或谱峰)分开的能力；质谱仪器指分辨两相近质量组分质谱峰的分辨能力；色谱指相邻两色谱峰的分离度；核磁共振波谱有它独特的分辨率指标，以邻二氯甲苯中特定峰，在最大峰的半宽度(以 Hz 为单位)为分辨率大小。

一般不同类型仪器、不同厂家生产的同一类型仪器，乃至同一厂家生产的同一类型不同型号仪器也可能提供不同性能指标或参数。如质谱仪一般给出质量范围、分辨率、扫描速率、灵敏度等；红外光谱仪一般给出波长范围、波长精度、波长分辨率、信噪比等；而高效液相色谱仪分别提供高压输液泵的流速范围和流速精度及检测器。如紫外-可见光检测器的噪声、稳定性(漂移)、波长范围(nm)、测量范围(满刻度光吸收单位，AUFS)等，故在分析过程中，对仪器参数的优化实验必不可少[2,4-6]。

2.2　定量分析法概论

2.2.1　滴定分析的基本概念与特点

1. 滴定分析法的定义与特点

在化学分析中，滴定分析法是定量化学分析的一个重要部分。依据反应类型不同又可分为酸碱滴定法、配位滴定法、氧化还原滴定法及沉淀滴定法等。严格说，滴定分析法是将已知准确浓度的试剂溶液(标准溶液)，由滴定管滴加到欲测物质的溶液中，直到所加试剂与欲测物质按化学计量定量反应为止，由试剂溶液的浓度和测定所消耗的体积求出欲测组分的含量。例如白云石中钙的测定，将白云石溶解后的 Ca^{2+}，在 pH 为 12 的溶液中加入钙指示剂，用已知浓度的 EDTA 溶液滴定，当 Ca^{2+}被定量配位后，稍过量的 EDTA 就使溶液变为纯蓝色，以此为终点，根据 EDTA 溶液的浓度和滴定消耗的体积便可求出白云石中钙的含量。

滴定分析法的特点是，比重量分析操作简便、快速，易掌握且有足够的准确度。通常用于测定含量在 1%以上的常量组分，有时也可以用于测量微量组分。测定的相对误差约为 2‰。因此滴定分析法可用于测定很多元素，在化学分析中是用得最广也是最重要的一种分析方法。

2. 滴定分析法中常用的几个术语

滴定：将滴定剂从滴定管中逐滴加入盛有待测物质溶液的锥形瓶(或烧杯)中进行测定的过程。

滴定剂：已知准确浓度的试剂溶液。

化学计量点：加入滴定剂的物质的量(摩尔)与待测物的物质的量(摩尔)正好符合化学反应式所表示的化学计量关系的时刻，即反应达到了化学计量点。化学计量点通常依据指示剂的变色来确定。

滴定终点：在滴定过程中，指示剂恰好发生颜色变化的转变点。

终点误差：滴定终点与化学计量点不一定一致，由此而引起的分析误差为终点误差。终点误差是滴定分析误差的主要来源之一，化学反应越完全，指示剂选择得越恰当，终点误差就越小。

若被测物质 A 与试剂 B 按下列方程式进行化学反应：$aA+bB = cC+dD$，则其化学计量关系是：$n_A = \frac{a}{b}n_B$ 或 $n_B = \frac{b}{a}n_A$

即 A 与 B 反应的物质的量比为 $a : b$。n_A 为物质 A 的物质的量；n_B 为试剂 B 的物质的量。上述关系式是滴定分析定量测定的依据。

2.2.2　滴定分析法的分类

根据滴定反应类型的不同，可将滴定分析法分为酸碱滴定法、配位滴定法、氧化还原滴定法及沉淀滴定法。大多数滴定分析法都在水溶液中进行，当在水以外的溶剂中进行时，则为非水滴定法。

1. 酸碱滴定法

以质子转移反应为基础的滴定分析法称为酸碱滴定法。一般酸碱及能与酸碱直接或间接发生定量反应的物质都可以用此法滴定。例如：

强酸(碱)滴定强碱(酸)　$H_3O^+ + OH^- \rightleftharpoons H_2O+H_2O$

强碱滴定弱酸　$OH^- +HA \rightleftharpoons A^- +H_2O$

强酸滴定弱碱　$H_3O^+ +A^- \rightleftharpoons HA+H_2O$

2. 配位滴定法

以配位反应为基础的滴定分析法称为配位滴定法，也称络合滴定法，常用乙二胺四乙酸二钠盐(EDTA，以 H_2Y^{2-}表示)作滴定剂，滴定金属离子 M^{2+}。例如：

$$M^{2+} + H_2Y^{2-} \rightleftharpoons MY^{2-} + 2H^+$$

3. 氧化还原滴定法

以氧化还原反应为基础的滴定分析法称为氧化还原滴定法。如高锰酸钾法滴定过氧化氢：

$$2MnO_4^- + 5H_2O_2 + 6H^+ \rightleftharpoons 2Mn^{2+} + 5O_2\uparrow + 8H_2O$$

4. 沉淀滴定法

以沉淀反应为基础的滴定分析法称为沉淀滴定法(又称容量沉淀法)。以生成难溶性银盐为基础的沉淀滴定法称为银量法，可用于测定 Ag^+、Cl^-、Br^-、I^-、SCN^- 等离子。例如：

$$Ag^+ + X^- \rightleftharpoons AgX\downarrow \quad (X 表示 Cl^-、Br^-、I^-、SCN^-)$$

2.2.3　滴定分析对化学反应的要求

滴定分析法是以化学反应为基础的，可以进行的化学反应虽然很多，但能作为滴定分析用的反应，需要满足下列要求：

① 反应必须定量地完成：化学反应按一定的反应方程式进行，即反应具有确定的化学计量关系，且进行得相当完全(通常要求达到 99.9%左右)，不存在副反应，才能进行定量计算。

② 反应必须迅速地完成：整个滴定过程必须在很短的时间内完成，若反应速率比较慢，可用加热或加入催化剂等措施来加快反应速率。

③ 有合适的指示剂或仪器分析法确定反应的化学计量点：通常需借助指示剂的颜色变化来指示化学计量点。有的反应达到化学计量点，靠滴定剂本身就可以确定。例如用 $KMnO_4$ 滴定还原剂时，过量一滴 $KMnO_4$ 溶液就会使无色溶液显出淡红色；有些反应也可利用溶液受电能或光能作用所产生的性质变化来指示化学计量点[1,3]。

2.2.4　几种滴定分析方式

1. 直接滴定法

是指可以用标准溶液直接滴定被测物质的一种方法。凡是能同时满足 2.2.3 节中 3 个条件的化学反应，都可以采用直接滴定法。直接滴定法是滴定分析法中最常用和最基本的滴定方法。例如用 HCl 滴定 NaOH，用 $K_2Cr_2O_7$ 滴定 Fe^{2+}等。

但是有些化学反应不能同时满足 2.2.3 节中滴定分析的 3 个条件，这时可选用下列几种方法之一进行滴定。

2. 返滴定法

返滴定法指先准确地加入一定量、过量的标准溶液，使其与试液中的被测物质或固体试样进行反应，待反应完成后，再用另一种标准溶液滴定剩余的标准溶液。

当遇到下列几种情况下，不能用直接滴定法，通常都采用返滴定法。

① 当试液中被测物质与滴定剂的反应慢，如 Al^{3+}与 EDTA 的反应，被测物质有水解作用时，可先加入已知过量的 EDTA 标准溶液，待 Al^{3+}与 EDTA 反应完成后，剩余的 EDTA 则利用标准 Zn^{2+}、Pb^{2+}或 Cu^{2+}溶液返滴定。

② 用滴定剂直接滴定固体试样时，反应不能立即完成。如对于固体 $CaCO_3$ 的滴定，先加入已知过量的 HCl 标准溶液，待反应完成后，可用标准 NaOH 溶液返滴定剩余的 HCl。

③ 某些反应没有合适的指示剂或被测物质对指示剂有封闭作用时，如对于酸性溶液中 Cl^-的滴定，可先加入已知过量的 $AgNO_3$ 标准溶液使 Cl^-沉淀完全后，再以三价铁盐作指示剂，用 NH_4SCN 标准溶液返滴定过量的 Ag^+，出现$[Fe(SCN)]^{2+}$淡红色即为终点。

3. 置换滴定法

对于某些不能直接滴定的物质，可以使其先与另一种物质起反应，置换出一定量能被滴定的物质来，再用适当的滴定剂进行滴定，称为置换滴定法。

例如，硫代硫酸钠($Na_2S_2O_3$)不能用来直接滴定重铬酸钾($K_2Cr_2O_7$)和其他强氧化剂，这是因为在酸性溶液中氧化剂可将 $S_2O_3^{2-}$氧化为 $S_4O_6^{2-}$或 SO_4^{2-}等混合物，没有一定的计量关系。但由于 $Na_2S_2O_3$ 是一种很好的滴定碘(I_2)的滴定剂，故可在酸性 $K_2Cr_2O_7$ 溶液中加入过量的碘化钾(KI)，用 $K_2Cr_2O_7$ 置换出一定量的碘，再用 $Na_2S_2O_3$ 标准溶液直接滴定碘，计量关系很明确。

4. 间接滴定法

不能与滴定剂直接进行化学反应，但可以通过别的滴定反应来测定化学物质的方法称为间接滴定法。例如高锰酸钾法测定钙就属于间接滴定法。由于 Ca^{2+}在溶液中没有可变价态，所以不能直接用氧化还原法滴定。但若先将 Ca^{2+}沉淀为 CaC_2O_4，过滤洗涤后用 H_2SO_4 溶解，再用 $KMnO_4$ 标准溶液滴定与 Ca^{2+}结合的 $C_2O_4^{2-}$，便可间接测定钙的含量[1,3]。

2.2.5 滴定分析中常用的化学量及其单位

1. 体积的容量单位

根据国际单位制(SI)的要求，体积的符号用 V 表示，体积的单位为立方米(m^3)。化学分析中常使用其分量：立方分米(dm^3)、立方厘米(cm^3)、立方毫米(mm^3)等。升(L)是立方分米(dm^3)的一个别名，即 $1L=1dm^3$。当涉及玻璃容器的容量时，体积的单位大多用立方厘米，即 $1mL=1cm^3$。微升(μL)则作为立方毫米的别名，即 $1\mu L=1mm^3$。其基本关系为：$1mL=10^{-3}L$；$1\mu L=10^{-3}mL=10^{-6}L$。

2. 浓度表示法

溶液的浓度是指在一定量的溶液或溶剂中，所含溶质的量。各种浓度的溶液用有效数字来表示。根据对准确度的不同要求，溶液浓度值的有效数字可以是不同的。常用的试剂、沉淀剂、指示剂、缓冲溶液等，通常只需要一位有效数字，如 5% $(NH_4)_2C_2O_4$、0.5% 酚酞、2mol/L H_2SO_4 等；而滴定分析中用的标准溶液浓度值，则一般需要准确到四位有效数字，如 0.2500mol/L HCl 标准溶液。

根据 SI 单位制，常用的几个基本概念有：

质量：以 m 表示，单位为 kg。如 0.5kg 的 Zn，即 m_{Zn}=0.5kg。

摩尔：1 摩尔所包含的基本单元数就是阿伏伽德罗常数 6.023×10^{23} 个，基本单元可以是原子、分子、离子、电子或其他粒子，使用时应予说明。如 1 摩尔 Cu 原子=6.023×10^{23} 个 Cu 原子。

摩尔质量：1 摩尔某物质的质量。用 M 表示，单位为 kg/mol。例如 NaOH 的摩尔质量是 40.00×10^{-3}kg/mol，即 M_{NaOH}=40.00×10^{-3}kg/mol 或 M_{NaOH}=40.00g/mol。

物质的量：用 n 表示。n_A 代表 A 物质的量，也就是物质 A 的摩尔数。即表示基本单元数 N(分子、离子等)除以阿伏伽德罗常数 N_A，$n_A=\dfrac{m_A}{M_A}$。

例如：对于 58.44g 的 NaCl，其物质的量为：

$$n_{NaCl}=\frac{m_{NaCl}}{M_{NaCl}}=\frac{58.44\times10^{-3}\,kg}{58.44\times10^{-3}\,kg/mol}=1.000mol$$

溶液浓度的表示方法，大致有以下几种：

① 物质的量浓度：指每立方分米溶液中所含溶质的量，称为该溶质的物质的量浓度。以 c 表示或以[ ]表示。单位为 mol/dm^3 或 mol/L。例如 c_{NaOH}=0.1mol/L，表示 1 立方分米或 1 升溶液中所含 NaOH 的量 n_{NaOH}=0.1mol。若配制此溶液，则称取 4g NaOH 溶于水后稀释至 1L。

② 质量摩尔浓度：指 1kg 溶剂中所含溶质物质的量，称为质量摩尔浓度。以 m 或 b 表示。单位为 mol/kg。例如 m_{NaCl}=0.01000mol/kg，表示 1kg 水中所含 NaCl 物质的量 n_{NaCl}=0.01000mol。若配制此溶液，则称取 0.5844g NaCl 溶于 1kg 水中即可。

③ 质量分数：指单位质量的溶液中所含溶质的质量，或者说溶液中某一组分的质量占各组分质量之和的分数。以 W 表示。单位可以是%、μg /g、ng /g 等。若写成 x %(m /m)即表示 100g 溶液中含有溶质 xg。(m /m)表示溶质和溶液都用质量单位。市售的酸、碱通常大多数用这种方法表示。如 70%的硝酸，是指在每 100g 的硝酸溶液中含有 70 克 HNO_3 和 30g 水，即 W=70%。

当浓度很稀时，如工业废水中 Hg^{2+}的浓度为 0.0005%，则表示成 5μg /g 即可。若浓度再小 1000 倍，还可用 ng /g 表示。

④ 体积分数：指单位体积溶液中所含溶质的体积，或者说溶液中各组分的体积比。例如，王水是由 3 体积浓盐酸和 1 体积浓硝酸混合而成的。当液体试剂互相混合或用水稀释时，常用这种表示法。

⑤ 质量浓度：指单位体积溶液中所含溶质的质量，以 ρ 表示。单位为 kg/dm^3

或 g /L。例如 25.06g/L 的 Na_2CO_3 溶液，是指 1L 溶液中含有 $Na_2CO_3$25.06g。若须配制此溶液，则称取 25.06g Na_2CO_3，溶于水后稀释至 1L。即 ρ=25.06g/L。当浓度很稀时，可采用 μg/mL、ng /mL 表示。

⑥ 滴定度：指每毫升标准溶液相当于被测物质的克数，以 $T_{M1/M2}$ 表示，M_1 为溶液中溶质的分子式，M_2 为被测物质的分子式，单位为 g /mL。例如用 $K_2Cr_2O_7$ 容量法测定铁时，若每毫升 $K_2Cr_2O_7$ 标准溶液可滴定 0.005000g 铁，则此 $K_2Cr_2O_7$ 溶液的滴定度是 $T_{Fe/K_2Cr_2O_7} = 0.005000\text{g/mL}$。若某次滴定用去此标准溶液 22.00mL，则此试样中 Fe 的质量为

$$m_{Fe} = 0.005000\text{g/mL} \times 22.00\text{mL} = 0.1100\text{g}$$

这种浓度表示法常用于生产单位的例行分析，可简化计算[1,3]。

2.2.6 基准物质

滴定分析离不开标准溶液。能用于直接配制标准溶液或标定溶液准确浓度的物质称为基准物质，基准物质属于标准物质的一种，也称滴定分析标准物质。

作为基准物质应符合下列要求：

① 物质的组成应与化学式完全相符。若含结晶水，其结晶水的含量也应与化学式相符。如草酸 $H_2C_2O_4·2H_2O$，硼砂 $Na_2B_4O_7·10H_2O$ 等。

② 试剂的纯度要足够高，一般要求其纯度应为 99.9%以上，而杂质含量应少到不至于影响分析的准确度。

③ 试剂在一般情况下应该很稳定。例如不易吸收空气中的水分和 CO_2，也不易被空气所氧化等。

④ 试剂最好有比较大的摩尔质量。对相同摩尔数的物质而言，称量时取量较多，称量相对误差减小。

⑤ 试剂参加反应时，应按反应方程式定量进行而没有副反应。

最常用的基准物质有以下几类：

① 用于酸碱反应：无水碳酸钠(Na_2CO_3)，硼砂($Na_2B_4O_7·10H_2O$)，邻苯二甲酸氢钾($KHC_8H_4O_4$)，恒沸点盐酸，苯甲酸[H($C_7H_5O_2$)]，草酸($H_2C_2O_4·2H_2O$)等。

② 用于配位反应：硝酸铅[Pb$(NO_3)_2$]，氧化锌(ZnO)，碳酸钙($CaCO_3$)，硫酸镁($MgSO_4·7H_2O$)及各种纯金属如 Cu、Zn、Cd、Al、Co、Ni 等。

③ 用于氧化还原反应：重铬酸钾($K_2Cr_2O_7$)，溴酸钾($KBrO_3$)，碘酸钾(KIO_3)，碘酸氢钾[KH$(IO_3)_2$]，草酸钠($Na_2C_2O_4$)，氧化砷(Ⅲ)(As_2O_3)，硫酸铜($CuSO_4·5H_2O$)和纯铁等。

④ 用于沉淀反应：银(Ag)，硝酸银($AgNO_3$)，氯化钠(NaCl)，氯化钾(KCl)，溴化钾(从溴酸钾制备的)等。

基准物质的含量一般为 99.9%以上，甚至可达 99.99%以上。对有些超纯物质和光谱纯试剂，虽然纯度很高，但这只说明其中金属杂质的含量很低而已，却并不表明它的主成分含量在 99.9%以上。有时候因为其中含有不定组成的水分和气体杂质，以及试剂本身的组成不固定等原因，会使主成分的含量达不到 99.9%，也就不能用作基准物质，因此不得随意选择基准物质。最常用基准物质的干燥条件和应用如表 2-2 所示。

表 2-2　最常用基准物质的干燥条件和应用[1,3]

基准物质		干燥后的组成	干燥条件/℃	标定对象
名称	分子式			
碳酸氢钠	$NaHCO_3$	Na_2CO_3	270～300	酸
碳酸钠	$Na_2CO_3 \cdot 10H_2O$	Na_2CO_3	270～300	酸
硼砂	$Na_2B_4O_7 \cdot 10H_2O$	$Na_2B_4O_7 \cdot 10H_2O$	密闭器皿	酸
碳酸氢钾	$KHCO_3$	K_2CO_3	270～300	酸
草酸	$H_2C_2O_4 \cdot 2H_2O$	$H_2C_2O_4 \cdot 2H_2O$	室温空气干燥	碱或 $KMnO_4$
邻苯二甲酸氢钾	$KHC_8H_4O_4$	$KHC_8H_4O_4$	110～120	碱
重铬酸钾	$K_2Cr_2O_7$	$K_2Cr_2O_7$	140～150	还原剂
溴酸钾	$KBrO_3$	$KBrO_3$	130	还原剂
碘酸钾	KIO_3	KIO_3	130	还原剂
铜	Cu	Cu	室温干燥器中保存	还原剂
三氧化二砷	As_2O_3	As_2O_3	同上	氧化剂
草酸钠	$Na_2C_2O_4$	$Na_2C_2O_4$	130	氧化剂
碳酸钙	$CaCO_3$	$CaCO_3$	110	EDTA
硝酸铅	$Pb(NO_3)_2$	$Pb(NO_3)_2$	室温干燥器中保存	EDTA
氧化锌	ZnO	ZnO	900～1000	EDTA
锌	Zn	Zn	室温干燥器中保存	EDTA
氯化钠	NaCl	NaCl	500～600	$AgNO_3$
氯化钾	KCl	KCl	500～600	$AgNO_3$
硝酸银	$AgNO_3$	$AgNO_3$	220～250	氯化物

2.2.7　标准溶液的配制与标定

标准溶液是指具有准确浓度的溶液，用于滴定待测试样。其配制方法有直接法和标定法两种[1,3]。

1. 直接法

准确称取一定量基准物质，溶解后定量转入容量瓶中，用蒸馏水（去离子水或超纯水等）稀释至刻度。根据称取物质的质量和容量瓶的体积，计算出该溶液的准确浓度。例如，称取 1.471g 基准 $K_2Cr_2O_7$，用水溶解后，置于 250mL 容量瓶中，用水稀释至刻度，即得 $K_2Cr_2O_7$ 物质的量浓度为 0.02000mol/L。

2. 标定法

有些物质若不具备作为基准物质的条件，便不能直接用来配制标准溶液，这时可采用标定法。用基准物质或标准试样来校正所配制标准溶液浓度的过程称为标定。

具体做法为：先将该物质配成一种近似于所需浓度的溶液，然后用基准物质（或已知准确浓度的另一份溶液）来标定它的准确浓度。例如 HCl 试剂易挥发，欲配制物质的量浓度 c_{HCl} 为 0.1mol/L 的 HCl 标准溶液时，就不能直接配制，而是先将浓 HCl 配制成浓度大约为 0.1mol/L 的稀溶液，然后称取一定量的基准物质如硼砂对其进行标定，或者用已知准确浓度的 NaOH 标准溶液来进行标定，从而求出 HCl 溶液的准确浓度。

在实际工作中，有时选用与被测试样组成相似的“标准试样”来标定标准溶液，以消除共存元素的影响，提高标定的准确度。无论是使用直接法还是标定法，正确地配制标准溶液，准确地标定其浓度，妥善地保存和正确地使用标准溶液，对提高滴定分析的准确度是非常重要的[1,3]。

2.2.8　标准溶液的保存

配制后经标定的标准溶液，往往不是短时期就能用完的，因而存在一个如何保存的问题。通常根据其不同性质选择合适的容器，或采取防光、防吸水等必要的措施。这样有些标准溶液便可以长期保持其原浓度不变，或很少改变。例如，密闭的 $K_2Cr_2O_7$ 标准溶液的浓度可保存 20 年之久不发生明显改变。但是，如果容器不够严密，任何溶液的浓度都会因溶剂的蒸发而改变。即使在严密的容器中，往往也会因溶剂的蒸发和在器壁上重新凝聚后流下而使溶液浓度不匀，因此在使用时应先摇动。还需注意的是，有许多标准溶液是不稳定的。例如，还原性物质容易被氧化，强碱性溶液会与玻璃瓶作用或从空气中吸收 CO_2 等。因此，储存碱性标准溶液的容器最好用聚乙烯类制品。若使用的是玻璃瓶，则可在瓶的内壁涂上石蜡来防止碱的作用。有时在容器和滴定管口上连接含有烧碱和石灰混合物的干燥管装置，这样可防止 CO_2 的入侵。其他如对见光分解的 $AgNO_3$ 溶液，应储存在棕色瓶中或放在暗处。尚需指出，对不稳定的标准溶液还需定期进行标定。

2.2.9　几种常用标准溶液的配制与标定

2.2.9.1　酸碱滴定用标准溶液

1. 0.1mol/L HCl 溶液的配制

配制：用洁净的量杯(或量筒)量取 9mL 浓盐酸，注入盛有 1000mL 水的试剂瓶中，盖上玻璃塞，摇匀。

标定：基准物不同，其标定的方法也有所不同，下面分别介绍。

(1)用无水碳酸钠作基准物质

称量法：用差减法准确称取无水碳酸钠三份，每份约 0.15～0.20g，分别放入 250mL 锥形瓶内，加 50mL 水溶解，摇匀，加 1 滴甲基橙指示剂，用 HCl 溶液滴定至溶液刚好由黄色变橙色即为终点。由 Na_2CO_3 的质量及消耗的 HCl 体积，计算 HCl 溶液的浓度[式(2-12)]

$$c_{HCl} = \frac{2m_{Na_2CO_3}}{V_{HCl} \times 0.1060}(mol/L) \tag{2-12}$$

式中，0.1060 为 Na_2CO_3 的毫摩尔质量，g/mmol；$m_{Na_2CO_3}$ 为准确称取 Na_2CO_3 的质量，g；因该试剂吸水性强，通常采用移液管法。

移液管法：用差减法准确称取无水碳酸钠 1.2～1.5g，置于 250mL 烧杯中，加 50mL 水搅拌溶解后，定量转入 250mL 容量瓶中，用水稀释至刻度，摇匀，作为标准溶液备用。

用移液管移取 25.00mL 上述 Na_2CO_3 标准溶液，于 250mL 锥形瓶中，加入 1 滴甲基橙指示剂，用 HCl 溶液滴定至溶液刚好由黄色变为橙色即为终点，记下所消耗的 HCl 溶液体积，来计算 HCl 溶液的浓度[式(2-13)]

$$c_{HCl} = \frac{2m_{Na_2CO_3}}{10V_{HCl} \times 0.1060}(mol/L) \tag{2-13}$$

式中，0.1060 为 Na_2CO_3 的毫摩尔质量，g/mmol；$m_{Na_2CO_3}$ 为准确称取 Na_2CO_3 的质量，g。

(2)用硼砂作基准物质

用差减法准确称取 0.4～0.5g $Na_2B_4O_7 \cdot 10H_2O$ 溶于 50mL 水中，加入 2 滴甲基红溶液，用 HCl 溶液滴定至溶液由黄色变为微红色即为终点，记下所消耗的 HCl 溶液体积，计算 HCl 溶液的浓度[式(2-14)]

$$c_{HCl} = \frac{2m_{Na_2B_4O_7 \cdot 10H_2O}}{V_{HCl} \times 0.3814}(mol/L) \tag{2-14}$$

式中，0.3814 为 $Na_2B_4O_7 \cdot 10H_2O$ 的毫摩尔质量，g/mmol；$m_{Na_2B_4O_7 \cdot 10H_2O}$ 为准确称取 $Na_2B_4O_7 \cdot 10H_2O$ 的质量，g。

2. 0.1mol/L NaOH 溶液的配制

配制：称取 4.0g 固体 NaOH，加适量水溶解，倒入具有橡皮塞的试剂瓶中，加水稀释至 1000mL，摇匀。

标定：

(1) 用邻苯二甲酸氢钾作基准物质

用差减法准确称取邻苯二甲酸氢钾三份，每份约 0.4～0.5g，分别放入 250mL 锥形瓶中，加入 50mL 热水，加 4 滴酚酞指示剂，用 NaOH 溶液滴定至溶液刚好由无色呈现粉红色，并保持 30s 不褪。记下所消耗的 NaOH 溶液体积，计算 NaOH 溶液浓度[式(2-15)]

$$c_{NaOH} = \frac{m_{KHC_8H_4O_4}}{V_{NaOH} \times 0.2042} (mol/L) \tag{2-15}$$

式中，0.2042 为 $KHC_8H_4O_4$ 的毫摩尔质量，g/mmol；$m_{KHC_8H_4O_4}$ 为准确称取 $KHC_8H_4O_4$ 的质量，g。

(2) 用草酸作基准物质

用差减法准确称取草酸($H_2C_2O_4 \cdot 2H_2O$)三份，每份约为 0.1～0.2g，分别放入 250mL 锥形瓶中，加 25mL 经沸腾后冷却了的水中，加酚酞 4 滴，用 NaOH 溶液滴定至微红色 30s 不褪。记下所消耗的 NaOH 溶液体积，计算 NaOH 溶液浓度[式(2-16)]

$$c_{NaOH} = \frac{2m_{H_2C_2O_4 \cdot 2H_2O}}{V_{NaOH} \times 0.1261} (mol/L) \tag{2-16}$$

式中，0.1261 为 $H_2C_2O_4 \cdot 2H_2O$ 的毫摩尔质量，g/mmol；$m_{H_2C_2O_4 \cdot 2H_2O}$ 为准确称取 $H_2C_2O_4 \cdot 2H_2O$ 的质量，g。

(3) 配制不含 CO_3^{2-} 的 NaOH 标准溶液

若分析要求较高，需要配制不含 CO_3^{2-} 的 NaOH 标准溶液，常用下列三种配制方法：

① 在前面已配好的 NaOH 溶液中，加入 1～2mL 20%$BaCl_2$ 溶液，用橡皮塞塞好，摇匀，静置过夜。用虹吸管将上层清液吸入另一试剂瓶中，塞好备用。

② 在塑料容器中配制适量 50% NaOH 溶液，静置，待沉淀(Na_2CO_3 不溶于浓 NaOH 溶液中)下沉后，吸上层清液，用新煮沸并冷却了的蒸馏水稀释至一定

体积。

③ 如果标准碱溶液中略含一些碳酸盐并无妨碍时，可用下述简单的方法配制。称取较多的固体 NaOH，例如配制 1L 0.1mol/L 的 NaOH 溶液，可称取 5～6g NaOH，置于烧杯中，以新煮沸并冷却了的蒸馏水迅速洗涤 2～3 次，每次用水少许，倾去洗涤液，留下固体 NaOH，溶于水，稀释至 1L。由于固体 NaOH 常常只在表面形成一薄层碳酸盐，故在洗涤时大部分可以除去。

标定方法同上。

3. 0.05mol/L H_2SO_4 溶液的配制

配制：量取 3mL 浓 H_2SO_4，缓缓注入盛有 1000mL 水的试剂瓶中，摇匀。

标定：标定的方法完全同盐酸的标定。

① 若用 Na_2CO_3 作基准物质，则 H_2SO_4 溶液浓度为

$$c_{H_2SO_4}=\frac{m_{Na_2CO_3}}{V_{H_2SO_4}\times 0.1060}(\text{mol/L}) \tag{2-17}$$

② 若用硼砂作基准物质，则 H_2SO_4 溶液浓度为

$$c_{H_2SO_4}=\frac{m_{Na_2B_4O_7\cdot 10H_2O}}{V_{H_2SO_4}\times 0.3814}(\text{mol/L}) \tag{2-18}$$

2.2.9.2　配位滴定用标准溶液

1. 配制 0.02mol/L EDTA 标准溶液

在台秤上称取 EDTA 3.5～4.0g，溶解于 500mL 水中。然后转移至 500mL 试剂瓶中，摇匀，贴上标签。

2. 配制 0.02mol/L 钙标准溶液

准确称取干燥的 $CaCO_3$ 基准试剂 0.4～0.5g(注意容量瓶与移液管的体积比)于 250mL 烧杯中，用少量水润湿，盖上表面皿。从杯嘴内缓缓加入 1∶1 的 HCl 溶液约 5 mL，使之溶解。溶解后将溶液转入 250mL 容量瓶中，定容，摇匀，计算其准确浓度。

3. EDTA 标准溶液的标定

用移液管移取 25mL 标准钙溶液，加入 250mL 锥形瓶中，加入约 25mL 水，2mL 镁盐溶液，5mL 40g/L NaOH 和少量钙指示剂(可以用药匙的把挑上一点即可，注意不可以多加)，摇匀，使指示剂溶解，溶液呈红色，用 EDTA 标准溶液滴定溶液由酒红色变为蓝色，即为终点。

2.2.9.3　氧化还原滴定用标准溶液

1. 0.02mol/L $KMnO_4$ 溶液的配制

配制：用台秤称取 3.3g $KMnO_4$，溶于 1000mL 水中，盖上表面皿，加热煮沸 1h，煮时要及时补充水。待静置一周后，用 4 号玻璃砂芯漏斗过滤，保存于棕色瓶中待标定。

标定：用差减法准确称取 0.15～0.20g $Na_2C_2O_4$ 三份，分别置于 250mL 烧杯中，加入 150mL 蒸馏水溶解，加热近沸，加入 1∶2 H_2SO_4 10mL，此时溶液温度为 70～85℃，立即用上述 $KMnO_4$ 溶液滴定，开始时 $KMnO_4$ 溶液加入后褪色很慢，待前一滴溶液褪色后再加入第二滴。当接近计量点时，反应也较慢。应始终保持溶液的温度不低于 60℃，继续滴定至溶液出现微红色并保持 30s 不褪色即为终点，记下所消耗的 $KMnO_4$ 溶液体积，计算 $KMnO_4$ 溶液的浓度[式(2-19)]。

$$c_{KMnO_4} = \frac{2}{5} \times \frac{m_{Na_2C_2O_4}}{V_{KMnO_4} \times 0.1304} (mol/L) \tag{2-19}$$

式中，0.1304 为 $Na_2C_2O_4$ 的毫摩尔质量，g /mmol；$m_{Na_2C_2O_4}$ 为准确称取 $Na_2C_2O_4$ 的质量，g。

2. 0.008mol/L $K_2Cr_2O_7$ 溶液的配制

配制：用差减法准确称取 2.4～2.6g $K_2Cr_2O_7$ 溶于水中，定量转入 1000mL 容量瓶中，用水稀释至刻度，摇匀。

因 $K_2Cr_2O_7$ 是基准物质，直接计算其浓度[式(2-20)]

$$c_{K_2Cr_2O_7} = \frac{m_{K_2Cr_2O_7}}{294.2} (mol/L) \tag{2-20}$$

式中，294.2 为 $K_2Cr_2O_7$ 的摩尔质量，g /mol；$m_{K_2Cr_2O_7}$ 为准确称取 $K_2Cr_2O_7$ 的质量，g。

3. 0.05mol/L 硫代硫酸钠溶液的配制

配制：用台秤称取 $Na_2S_2O_3 \cdot 5H_2O$ 12.5g 和 Na_2CO_3 0.5g，溶于 1000mL 经煮沸后冷却了的蒸馏水中，转移至试剂瓶中，摇匀，静置一周后，过滤备用。

标定：利用上述 2.中配制的 $K_2Cr_2O_7$ 标准溶液来进行标定，用移液管移取 25.00mL 该 $K_2Cr_2O_7$ 标准溶液三份，分别置于 250mL 锥形瓶中，加入 5mL 3mol/L HCl，1g KI，摇匀，置于暗处 5min。待反应完全后，用蒸馏水稀释至 50mL。用 $Na_2S_2O_3$ 溶液滴定至黄绿色，加入 2mL 淀粉溶液，继续滴定至溶液蓝色消失呈现浅绿色即为终点，记下所消耗的 $Na_2S_2O_3$ 溶液体积，计算 $Na_2S_2O_3$ 溶液的浓度[式

(2-21)]。

$$c_{Na_2S_2O_3}=\frac{6m_{K_2Cr_2O_7}}{V_{Na_2S_2O_3}\times 0.2942}(mol/L) \tag{2-21}$$

式中，0.2942 为 $K_2Cr_2O_7$ 的毫摩尔质量，g /mmol；$m_{K_2Cr_2O_7}$ 为准确称取 $K_2Cr_2O_7$ 的质量，g。

4. 0.05mol/L 碘溶液的配制

配制：用台秤称取 12.7g I_2，另称 25g KI，溶于 150mL 水中，用水稀释至 1L，转入试剂瓶中。必要时，可用玻璃棉过滤。

标定：其方法有两种，分别是：

(1)用 $Na_2S_2O_3$ 标准溶液

用移液管移取上述 0.05mol/L $Na_2S_2O_3$ 标准溶液 25.00mL 于 250mL 锥形瓶中，加入 0.5%淀粉溶液 2mL，用碘溶液滴定至出现微蓝色即为终点，记下所消耗的碘溶液体积，计算碘溶液的浓度[式(2-22)]。

$$c_{I_2}=\frac{c_{S_2O_3^{2-}}\times 25.00}{2V_{I_2}}(mol/L) \tag{2-22}$$

式中，$c_{S_2O_3^{2-}}$ 为上述 $Na_2S_2O_3$ 标准溶液物质的量浓度。

(2)用 As_2O_3 作基准物质

用差减法准确称取 As_2O_3 0.2g，置于碘瓶中，加 1mol/L 的 NaOH 溶液 4mL，低温溶解后加 50mL 水，再加 2 滴酚酞溶液，用 1mol/L 的 H_2SO_4 中和，然后加 3g $NaHCO_3$ 及 3mL 淀粉溶液，用碘溶液滴定至蓝色即为终点，记下所消耗的碘溶液体积，计算碘溶液的浓度[式(2-23)]。

$$c_{I_2}=\frac{2m_{As_2O_3}}{V_{I_2}\times 0.1978}(mol/L) \tag{2-23}$$

式中，0.1978 为 As_2O_3 的毫摩尔质量，g /mmol；$m_{As_2O_3}$ 为准确称取 As_2O_3 的质量，g。

5. 0.05mol/L 硫酸亚铁(或硫酸亚铁铵)溶液的配制

配制：用台秤称取 14g $FeSO_4\cdot 7H_2O$[或 20g $(NH_4)_2Fe(SO_4)_2$]，加 1∶1 H_2SO_4 和水各 50mL，溶解后稀释至 1000mL。如果浑浊，可用脱脂棉过滤。

标定：具体方法如下。

(1)用 0.008mol/L 的 $K_2Cr_2O_7$ 标准溶液

用移液管移取 25.00mL 待标定的溶液，加 10mL 硫磷混酸(将 150mL 浓 H_2SO_4

缓慢加入 700mL 水中，冷却后，再加入 150mL 磷酸，混匀)，用水稀释至 100mL，加 4 滴二苯胺磺酸钠，用 0.008mol/L $K_2Cr_2O_7$ 标准溶液(上述 2.)滴定至呈亮紫色即为终点。记下所消耗 $K_2Cr_2O_7$ 溶液的体积，计算硫酸亚铁溶液的浓度[式(2-24)]。

$$c_{FeSO_4}=\frac{6c_{K_2Cr_2O_7}V_{K_2Cr_2O_7}}{25.00}(\text{mol/L}) \tag{2-24}$$

式中，6 为 $FeSO_4$ 与 $K_2Cr_2O_7$ 反应的计量比。

(2)用 0.02mol/L 的 $KMnO_4$ 标准溶液

用移液管移取 50.00mL 待标定的溶液，加 25mL 水和 10mL 硫磷混酸，用上述 1.中配制的 0.02mol/L 的 $KMnO_4$ 标准溶液滴定至溶液呈现微红色且 30s 不褪色即为终点，记下所消耗 $KMnO_4$ 溶液的体积，计算 $FeSO_4$ 溶液的浓度[式(2-25)]。

$$c_{FeSO_4}=\frac{5c_{KMnO_4}V_{KMnO_4}}{50.00}(\text{mol/L}) \tag{2-25}$$

6. 0.05mol/L 硫酸铈(或硫酸铵)溶液的配制

配制：用台秤称取 17～18g $Ce(SO_4)_2$ 或 32～33g $(NH_4)_4[Ce(SO_4)_4·2H_2O]$，加 1∶1 H_2SO_4 56mL，分几次加水，并缓缓加热使其溶解，稀释至 1000mL，转入试剂瓶中，摇匀。

标定：具体方法如下。

(1)用 As_2O_3 作基准物质

用差减法准确称取 0.2g As_2O_3，加 2 mol/L 的 NaOH 溶液 20mL，微热，使其完全溶解，冷却，加 100mL 水，25mL 2.5mol/L 的 H_2SO_4，再加 3 滴 0.01mol/L OsO_4(0.25g OsO_4 溶于 100mL 0.05mol/L 的 H_2SO_4 中)作催化剂，0.5mL 邻氨基苯甲酸(或 1～2 滴邻二氮菲亚铁)，用待标定的溶液滴定至黄绿色变为紫色(或橙红色至淡蓝色)即为终点，记下所消耗的待标定溶液体积，计算其浓度[式(2-26)]。

$$c_{Ce(SO_4)_2}=\frac{4m_{As_2O_3}}{V_{Ce(SO_4)_2}\times 0.1978}(\text{mol/L}) \tag{2-26}$$

式中，0.1978 为 As_2O_3 的毫摩尔质量，g/mmol；$m_{As_2O_3}$ 为准确称取 As_2O_3 的质量，g。

(2)用 $FeSO_4$ 标准溶液

用移液管移取上述 5.中配制的 $FeSO_4$ 标准溶液 25.00mL 于 250mL 锥形瓶中，加 5mL 的 H_3PO_4，加邻二氮菲亚铁 1～2 滴，用待标定的溶液滴定至溶液由橙红色变为淡蓝色即为终点，记下所消耗的硫酸铈溶液体积，计算硫酸铈溶液浓度[式

(2-27)]。

$$c_{Ce(SO_4)_2}=\frac{c_{FeSO_4}\times 25.00}{V_{Ce(SO_4)_2}}(mol/L) \tag{2-27}$$

式中，c_{FeSO_4} 为上述5.中 $FeSO_4$ 标准溶液的物质的量浓度。

2.2.9.4　沉淀滴定用标准溶液

1. 0.1mol/L 氯化钠溶液的配制

配制：用差减法准确称取5.0g NaCl(电炉上炒至无爆炸声，于干燥器中冷却)，置于小烧杯中，用蒸馏水溶解后，定量转入1000mL容量瓶中，加水稀释至刻度，摇匀。因NaCl是基准物质，无须标定，计算NaCl溶液的浓度[式(2-28)]。

$$c_{NaCl}=\frac{m_{NaCl}}{58.44}(mol/L) \tag{2-28}$$

式中，58.44为NaCl的摩尔质量，g /mol。

2. 0.1mol/L 硝酸银溶液的配制

用台秤称取17.5g $AgNO_3$ 溶于1000mL不含氯离子的蒸馏水中，保存于棕色瓶中，放在暗处，以防见光分解。

标定：用移液管移取25.00mL 0.1mol/L的NaCl标准溶液三份，分别置于250mL锥形瓶中，加水15mL，加入5% K_2CrO_4 1mL，在不断摇动下用 $AgNO_3$ 溶液滴定至呈现砖红色即为终点，记下所消耗的 $AgNO_3$ 溶液体积，计算其浓度。

本方法需做空白校正：加1mL指示剂至相当于滴定终点时体积的水中，用0.1mol/L的 $AgNO_3$ 滴定至空白的颜色与标定时终点的颜色相同。空白的量不应大于0.03～0.10mL，计算 $AgNO_3$ 溶液的浓度[式(2-29)]。

$$c_{AgNO_3}=\frac{c_{NaCl}\times 25.00}{V_{AgNO_3}-V'_{AgNO_3}}(mol/L) \tag{2-29}$$

式中，c_{NaCl} 为NaCl标准溶液物质的量浓度，mol/L；V'_{AgNO_3} 为指示剂空白的体积。

3. 0.1mol/L 硫氰酸钾(或硫氰酸铵)溶液的配制

配制：用台秤称取10g KSCN(或8g NH_4SCN)溶于1000mL水中，转入试剂瓶中，摇匀。

标定：用移液管移取25.00mL上述 $AgNO_3$ 标准溶液三份，分别置于250mL锥形瓶中，加20%硫酸高铁铵5mL，用硫氰酸钾溶液滴定至呈现微红色即为终点，记下所消耗的KSCN溶液的体积，计算其浓度[式(2-30)]。

$$c_{KSCN} = \frac{c_{AgNO_3} \times 25.00}{V_{KSCN}} (mol/L) \tag{2-30}$$

式中，c_{AgNO_3} 为 $AgNO_3$ 标准溶液物质的量浓度，mol/L。

也可直接准确称取纯银 0.400g 于烧杯中，用 1∶1 HNO_3 10mL 溶解，加水至 100mL，加 20%硫酸高铁铵 5mL，用待标定溶液滴定至微红色，记下待标定溶液所消耗的体积，计算其浓度[式(2-31)]。

$$c_{KSCN} = \frac{m_{Ag}}{V_{KSCN} \times 0.1079} (mol/L) \tag{2-31}$$

式中，0.1079 为 Ag 的毫摩尔质量，g /mmol；m_{Ag} 为准确称取 Ag 的质量，g。

2.3　分析试样的采集及预处理

分析试样的采集与处理是分析工作中的重要环节，它们直接影响试样的代表性和分析结果的可靠性。因此，要想所得分析结果能反映原始物料的真实情况，除了要根据试样的性质和分析要求选择合适的分析测定方法和仔细操作外，还要注重前期的试样采集与处理，并消除共存组分的干扰，才能得到适于测定的组分形态和浓度；并且样品是分析工作的对象，采集的样品必须具有充分的代表性，而且在操作和处理过程中还要防止变化和污染。

样品包括原始样品、平均样品和实验样品三类：一是原始样品，即科学获得的最初样品。二是平均样品，将原始样品平均地分出一部分样品，供实验室分析用的样品叫作平均样品。为使样品具有代表性，平均样品也应有一定的数量保证。三是实验样品，从平均样品中分出一小部分样品，供分析测试用的样品叫作实验样品或简称试样[6]。

本章结合书中涉及的样品预处理方法，仅就常见的一些试样采集和处理方法做简单介绍[1,6]。

2.3.1　试样的采集

试样的采集是指从大批物料中采取少量具有高度代表性的样本作为原始样品。原始样品再经加工处理后用于分析，其分析结果被视作反映原始物料的实际情况。为保证采样的代表性(有时也称准确性)，又不致花费过多的人力和物力，采样时应依照一定的原则和方法进行。不同类型物料的采样方法不太一样，具体可参阅相关的国家标准和各行业制定的行业标准。

1. 固体试样

由于固体物料的成分分布不均，因此应按一定方式选择在不同点采样，然后混合(有时不混合，而分别处理和分析)以保证所采试样的代表性。采样点的选择方法有多种，如随机地选择采样点(即随机采样法)；根据有关分析组分分布信息等，并结合一定规则选择采样点(即判断采样法)；根据一定规则(如在同一平面均匀布点，每隔一定深度选取一个采样面)选择采样点(即系统采样法)等。

2. 液体试样

对于体积较小的物料，通常可在搅匀后用试剂瓶或取样管采一份样用于分析。但当物料的量较大时，应在不同的位置和深度分别采样后混合，以保证它的代表性。

对于水样，应根据具体情况，采用相应的方法采样，主要分为以下几种情况：

① 如采集水管中或有泵水井中的水样，采样前需让水龙头或泵先放水 10～15min，然后再用干净试剂瓶收集水样。

② 在采集江、河、池、湖中的水样时，先要根据分析目的及水系的具体情况选择好采样地点，然后用采样器在不同采样点、不同深度各取一份水样，分别混合均匀后作为分析试样。

③ 对于管网中的水，一般需定时收集 24h 水样，混合后作为分析试样。

液态物料的采样器常为塑料或玻璃瓶，一般情况下两者均可使用。但当要检测试样中的有机物时，宜选用玻璃器皿，而要测定试样中微量的金属元素时，则宜选用塑料采样器，以减少容器吸附和产生的微量被测组分的影响。

液体试样的化学组成易因溶液中的化学、生物和物理作用而发生变化。因此，试样一旦采好，除非马上对其进行测试，不然都应采取适当保存措施，以防止或减少存放期间试样的变化。

常用的保存措施有：控制溶液的 pH、加入化学稳定试剂、冷藏和冷冻、避光和密封等。采取这些措施旨在减缓生物作用、化合物的水解、氧化还原作用及减少组分的挥发。保存期长短与待测物的稳定性及保存方法有关。

3. 生物试样

采样时应注意有群体代表性外，还应有适时性和部位典型性，应根据研究或分析需要选取适当部位和生长发育阶段进行，并须保证试样经处理、制备后，还有足够数量以满足需要。

对于植物试样，采集好后需用清洁水洗净，并及时用滤纸吸干或置干燥通风处晾干，或者用干燥箱烘干。用于鲜样分析的试样，应立即进行处理(如切细、捣碎、研磨等)和分析。当天未分析完的鲜样，应暂时置冰箱内保存。若需进行干样分析，可先将风干或烘干后的试样粉碎，再根据分析方法的要求，分别通过 40～

100 号的筛，然后混匀备用。处理过程中应避免所用器皿带来的污染。

2.3.2 试样的分解

在分析工作中，除少数干法分析(如光谱分析等)外，其余的分析方法基本上都要求试样为溶液，因此，若试样不是溶液，则需通过适当方法将其转化成溶液，这个过程称为试样的分解。分解试样的方法较多，可根据试样的组成和特性、待测组分性质及分析目的，选择合适的方法进行分解。

试样的分解是分析工作的重要组成部分，它不仅关系到待测组分是否转变为合适的形态，也关系到后续的分离和测定。因此，在分解试样时必须注意使试样分解完全，得到的溶液中不应残留原试样的细屑或粉末；若为部分分解试样，则应确保被测组分完全转入溶液中。此外，试样分解过程中待测组分不应挥发损失，不应引入被测组分和干扰物质。常见的分解方法有溶解法、熔融法、半熔法、干式灰化法、湿式消化法、微波辅助消解法等[1,6]。

2.3.3 测定前的预处理

试样测定前一般经分解后常还需进一步处理，试样的预处理方法很多，针对具体的试样应根据实验或参考资料采取适用的方法。处理得当，不仅可简化操作手续，还可提高分析结果的准确性。因此，试样的预处理在分析工作中非常重要。

处理的方法应根据试样的组成和采用的测定方法而定，一般包括以下几个方面的内容。

1. 试样的状态

根据分析任务的要求，将试样转化成固态、水溶液、非水溶液等形式，以适于待测组分的结构、形态和含量等的测定。处理的方法有蒸发、萃取、离子交换、吸附等。一般化学分析和仪器分析在水溶液中进行；但红外光谱、光电子能谱表征等要求试样为固态或非水溶液。

2. 被测组分的存在形式

可采用适当的化学方法将其转变为所需形式。被测组分的氧化数、存在形式(如游离态、配位化合物、盐等)应适当。

3. 被测组分的浓度或含量

对于含量低的组分，应采取分离、富集的方法使其含量提高；对于含量很高的试样，可适当稀释，然后再进行测定，以减少测定误差。并且被测组分的浓度或含量应在所用分析方法的检测范围内，以保证测定结果的准确性。

4. 共存物的干扰

测定前可采取化学掩蔽和沉淀、萃取、离子交换等分离方法消除干扰组分的影响。具体方法可查阅相关文献资料。

5. 辅助试剂的选择

有时在测定前需向被测试样中加入一些辅助试剂，如催化剂、增敏剂、显色剂等，以便较好地检测被测组分。可根据相关分析手册或具体实验确定。

此外，介绍几种新型萃取技术，包括：固相萃取、固相微萃取、液相微萃取和微波辅助萃取[6]。

固相萃取(solid phase extraction，SPE)：作为一种试样预处理技术，由液固萃取和柱液相色谱技术相结合发展而来。SPE 是一个柱色谱分离过程，在分离机理、固定相和溶剂的选择等方面与高效液相色谱(HPLC)有许多相似之处。不同点是 SPE 柱的填料粒径(＞25μm)要比 HPLC 填料(1.8～10μm)大，故其柱效比 HPLC 色谱柱低得多，用 SPE 只能分开保留性质有很大差别的化合物，即分离效率较低的 SPE 技术主要应用于处理试样。另一个差别为 SPE 柱是一次性使用。但 SPE 柱本身的这个特点决定了其应用的范围，可借助 SPE 达到的目的是：从试样中除去对以后的分析有干扰的物质；富集痕量组分，提高分析灵敏度；变换试样溶剂，使之与分析方法相匹配；原位衍生；试样脱盐；便于试样的储存和运送。

与传统的液液萃取法相比较，SPE 具有如下优点：分析物有高回收率；更有效地将分析物与干扰组分分离；不需要使用超纯溶剂，有机溶剂低消耗，减少对环境的污染；能处理小体积试样；无相分离操作，容易收集分析物；操作简单、易于自动化。

柱构型 SPE 的装置由 SPE 柱、SPE 盘和固相微量萃取三部分组成。SPE 可以离线和在线方式操作，SPE 的离线操作与分析分别独立进行，SPE 仅为以后的分析提供合适的试样；在线 SPE 又称在线净化和富集技术，主要用于高效液相色谱分析。SPE 的操作步骤包括：柱预处理、加样、洗去干扰物和回收分析四个步骤。目前已经建立了许多 SPE 方法，应用于试样的预处理。一些柱制造厂家编辑出版了文献目录，帮助研究人员检索相关应用的资料。SPE 在环境分析、药物分析、临床分析和食品饮料分析中得到了最广泛的应用。

当 SPE 应用于处理环境和生物液试样时，最能体现出该技术的特点。环境试样，如地表水中分析物的浓度很低，在分析前必须富集分析物，传统处理环境水样的方法用液液萃取法，存在若干缺点，例如，为测定水中的油脂，首先用氟利昂或正己烷萃取，前者由于破坏臭氧层已被禁止使用，后者比水轻容易形成乳浊液。若用 SPE 处理试样，操作步骤简单，同时可节省溶剂。

固相微萃取(solid phase microextraction，SPME)：是在固相萃取技术上发展起来的一种微萃取分离技术，简化了试样预处理过程，是一种集采样、萃取、浓缩和进样于一体，并且几乎不消耗溶剂样品的一种微萃取新技术。与固相萃取技术相比，固相微萃取操作更简单，携带更方便，操作费用也更加低廉；另外克服了固相萃取回收率低、吸附剂孔道易堵塞的缺点。因此成为目前所采用的样品前处理技术中应用最广泛的方法之一。

SPME 技术中萃取的选择性主要取决于涂层材料的性能。按照分析物易被与其极性相似的固相萃取的原则，可选择合适的 SPME 涂层。最常用作固相涂层的物质是聚二甲基硅氧烷(PDMS)和聚丙烯酸酯(PA)，均可用于气相色谱和液相色谱。前者多应用于非极性化合物如挥发性化合物、多环芳烃和芳香烃，而后者多应用于极性化合物如三嗪和苯酚类化合物。固相层可以非键合、键合或部分交联的形式涂敷在石英纤维上。将一些聚合物，如聚二乙烯基苯和碳分子筛加到涂层中，可以增大涂层的表面积，改进 SPME 的效率。目前合成了大量新型微萃取涂层用于特殊的富集，如碳纳米管、二氧化钛纳米管、石墨烯、温敏材料等得到了广泛的应用。

SPME 操作中优化条件的因素包括采样时间、温度、纤维浸入深度等，重要的是保持采样条件的一致性，并不一定要达到完全的萃取或平衡。

液相微萃取(liquid phase micro-extraction，LPME)：是一种新的样品前处理方法。与液液萃取相比，有更高的灵敏度和更佳的富集效果。LPME 的特点是集采样、萃取和富集于一体，灵敏度高，操作简单，而且还具有快捷、廉价等特点；且分析所需要的有机溶剂也仅仅是几微升至几十微升，特别适合于环境样品中痕量、超痕量污染物和生物样品中低浓度药物的测定，是一项环境友好的样品前处理新技术。液相微萃取与固相微萃取相比，不需要解析步骤，不需要合成涂层材料，操作更简单，有大量有机溶剂可供选择。

从外在形式进行划分，LPME 可分为单滴溶剂微萃取和中空纤维液相微萃取两种模式。其中单滴溶剂微萃取仅仅依靠进样器的针头支撑液滴，液滴体积小并且不稳定，使得两相间接触面有限和难以自动化，后来发展的动态连续液相微萃取，可以自动化并且增大了萃取试剂与试样的接触面积；而中空纤维液相微萃取方法的建立，使纤维管中可以较大量的萃取剂形成更大的萃取界面，以提高传质速率和萃取效率。在操作模式上，既可以两相微萃取也可以三相微萃取。两相微萃取是指萃取液存在于管内腔，而三相微萃取是指除内腔内有溶剂，在管壁的孔道内有另外一种溶剂协助萃取的方法。

微波辅助萃取(microwave-assisted extraction，MAE)：物质与微波作用有吸收微波、反射微波和透过微波三种形式。吸收微波的物质可将微波吸收后转化为热能，使自身温度升高，并使共存的其他物质一起受热，如水、乙醇、酸、碱和盐类；透过微波的物质很少吸收微波能，微波穿过这些物质时，其能量几乎没有损失，通常是一些非极性物质，如烷烃、聚乙烯等；反射微波的物质是当微波接触这些物质时会发生反射，根据一定的几何形状，这些物质可把微波传输、聚焦或限制在一定的范围内，一般是金属类物质，MAE 方法就是根据不同化合物具有这三个不同的特点进行萃取分离。

微波辅助萃取的高效性主要表现在以下三个方面：一是微波与被分离物质的直接作用，又称微波的激活作用。由于微波具有穿透能力，因而可以直接与样品中有关物质分子或分子中的某个基团作用，被微波作用的分子或基团，很快与整个样品基体或其大分子上的周围环境分离开，从而使分离速率加快并提高萃取率。二是由于极性溶剂吸收微波能，从而提高溶剂的活性，使溶剂和样品间的相互作用更有效，故微波辅助萃取使用极性溶剂比用非极性溶剂更有利。三是应用密闭容器，使微波辅助萃取可在比溶剂沸点高得多的温度下进行，从而显著地提高微波萃取的速率，非常明显地提高了微波辅助萃取的萃取率并减少了制样所需的时间。但是使用微波辅助萃取时，一定要注意规范安全地操作，错误的操作或不适宜的操作条件容易造成爆炸。

微波辅助萃取应用最多的微波萃取装置有多模腔体式和单模聚焦式两种，工作频率均为 2450MHz。微波辅助萃取设备的主要部件是特殊制造的微波加热装置、萃取容器和根据不同要求配备的控压、控温装置，对于密闭式微波萃取系统最少应具有控压装置，有控温和挥发性溶剂监测附件最好。

常规的微波辅助萃取方法是把极性溶剂(如丙酮)或极性溶剂和非极性溶剂混合物(如丙酮+正己烷，或甲醇+乙酸等)，与被萃取样品混合，装入微波制样容器(一般为 PFA 杯，它是一种具有优良的抗化学腐蚀性和耐高温的特种纸塑料制品)中，在密闭状态下，放入微波制样系统中加热。根据被萃取组分的要求，控制萃取压力或温度和时间；加热结束时，把样品过滤，滤液直接进行测定，或做相应处理后进行测定。一般情况下，微波萃取加热时间约为 5～10min。萃取溶剂和样品总体积不超过制样容器体积的 1/3。

分析样品的微波辅助萃取法有萃取时间短、选择性好、回收率高、试剂用量少、污染低、可用水作萃取剂和可自动控制制样条件等优点[1,6]。

2.4　色谱分离分析

色谱分离法简称色谱法(chromatography)，也称层析法和色层法，是混合物最有效的分离、分析方法。其原理基于被分离物质分子在两相，其中的一相固定不动，称为固定相，另一相是携带试样混合物流过此固定相的流体(气体或液体)，称为流动相，当两相做相对移动时，被测物质在两相之间进行反复多次分配，使原来微小的分配差异进一步扩大，使各组分分离，是一种多级分离技术。这一分离方法分离效率高，能将各种性质极相似的物质彼此分离。色谱分离法可分为多种类型，主要分为气相色谱和液相色谱两种。

根据固定相和液体流动相相对极性的差别，有正相色谱和反相色谱两种色谱体系或方法，其主要区别是流动相和固定相的相对极性。早期液相色谱工作者以强极性的水、三乙二醇等涂渍在硅胶或氧化铝上为固定相，以相对非极性的正己烷、异丙醚为流动相，常称为正相色谱；在反相色谱中，固定相是非极性的，通常是烃类，而流动相是相对极性的水、甲醇、乙腈。正相色谱中极性最小的组分最先洗出，因为大部分情况下是溶于流动相中，流动相极性增加，溶质洗出时间减少。相反地，反相色谱中极性最强的组分首先洗出，流动相极性增加，溶质洗出时间增加。正反相色谱概念对预测溶质洗出顺序、评价色谱固定相性能、分离方法选择和分离操作条件优化具有重要实用价值[2]。

色谱的定性参数是保留值，它是表示试样中各组分在色谱柱中滞留时间的数值，通常用时间或用将组分带出色谱柱所需载气的体积来表示，被分离组分在色谱柱中的滞留时间，主要取决于在两相间的分配过程，因而保留值是由色谱分离过程中的热力学因素所控制的，在一定的固定相和操作条件下，任何一种物质都有一确定的保留值，这样就可以作为定性参数。

色谱的定量方法主要依据色谱峰高或峰面积。在一定操作条件下，分析组分 i 的质量(m_i)或其在载气中的浓度与检测器的响应信号(色谱图上表现为峰面积 A_i 或峰高 h_i)成正比[式(2-32)]

$$m_i = f_i' \cdot A_i \tag{2-32}$$

式中，f_i' 为定量校正因子。由式中可见，在定量分析中准确测量峰面积；准确求出比例常数 f_i' (称为定量校正因子)；根据式(2-32)正确选用定量计算方法，将测得组分的峰面积换算为质量分数。这就是色谱定量分析的依据。几种常用的定量计算方法有归一化法、内标法、内标标准曲线法、外标法(又称标准曲线法)等[5]。

色谱定性方法主要有三种：

① 根据色谱保留值进行定性分析，用已知纯物质对照定性，在相同的色谱条件下，对未知样品和已知纯样品分别进行色谱分析，得到各自的色谱图，比较两色谱图的保留时间或保留体积；利用相对保留值定性，只要保持柱温不变，测定未知组分与基准物质的调整保留值之比；用保留指数定性，又称科瓦茨(Kovats)指数，是一种重现性优于其他保留指数的定性参数，可根据所用固定相和柱温直接与文献对照而不需要基准物质。

② 与其他方法结合的定性分析方法，比如与质谱、红外等仪器联用化学方法配合进行定性分析。

③ 利用检测器的选择性进行定性分析。

色谱法的特点：高分离效能，可以反复多次地利用被分离各组分性质上的差异，产生很大的分离效果；能在较短的时间内对组成极为复杂，各组分性质极为相近的混合物同时进行分离和测定；灵敏度高，可检测 10^{-11}～10^{-13}g 的物质，做痕量分析，且色谱分析需要的试样量极少，一般以 μg 计，有时以 ng 计；分析速率快，一般只需几分钟或几十分钟便可完成一个分析周期，而且一次分析可同时测定多种组分；应用范围广，可分析气体、液体和固体物质，即使不适于色谱分离或检测的物质，可通过化学衍生等方法转化为适合于色谱分离、分析的物质，色谱法几乎能分析所有的化学物质。

本节仅介绍现今常用的气相色谱、高效液相色谱及液液萃取反相色谱(反相分配色谱)方法[2,6]。

2.4.1　气相色谱

气相色谱的流动相为气体(称为载气)。其原理是：以气体作为流动相的一种色谱技术。它首先将试样溶于流动相并加到色谱柱的顶端，然后让流动相连续均匀地流过色谱柱，由于各组分在固定相中的吸附或溶解能力不同，被流动相冲洗出的次序不同，从而使各组分得到分离，被分离的组分在柱尾得到检测。与液相色谱不同，在常温下试样无论是固体还是液体，当其被注入色谱柱进行分离时必须是处于“气化”状态。

气相色谱的固定相有两种：气-固色谱固定相为吸附剂，气-液色谱固定相为担体+固定液。

气相色谱仪的主要组成部分为：载气系统(包括气源、气体净化、气体流速控制和测量)常用的载气为氦气或氮气；进样系统；分离系统，其中的色谱柱类似色谱仪的心脏部分；检测系统；记录系统。有两个关键部件，一是色谱柱，决定组分分离优劣；二是检测器，决定测定灵敏度高低。

气相色谱分离操作条件的优化因素主要包括：

① 载气及其流速的选择：可在不同流速下以塔板高度 H 对流速 u 作图而得，曲线的最低点，塔板高度 H 最小。此时，柱效最高。该点所对应的流速为最佳流速 u。

② 载气种类的选择：理论上，载气种类的选择应考虑对柱效的影响、检测器要求及载气性质这三个方面。

③ 作为担体的条件：比表面积大，孔径分布均匀；化学惰性，表面无吸附性或吸附性很弱，与被分离组分不发生反应；具有较高的热稳定性和机械强度，不易破碎；颗粒大小均匀、适度。

④ 对固定液的要求：根据“相似相溶”的基本原则，选择与试样性质相近的固定液。

⑤ 柱温选择的原则：在使最难分离的组分能尽可能好分离的前提下，尽可能采取较低的柱温，但以保留的时间为宜，峰形不脱尾为度。具体操作时，温度一般选择在接近或略低于组分平均沸点时的温度；对于组分复杂，沸程宽的试样，

采用程序升温；在满足分离度要求下，提高柱温，有利于缩短分析时间，提高分析效率。

⑥ 分离柱长的选择：在能满足分离目的的前提下，尽可能选用较短的柱，有利于缩短分析时间。

⑦ 进样时间的选择：一般采用注射器或进样阀；快速进样。

⑧ 进样量的选择：一般液体试样为 0.1～5μL；气体试样为 0.1～10mL。若进样量过大造成峰重叠，分离效果差；若进样量过小导致不出峰或检测信号低。

⑨ 气化温度的要求：达到液体样品的气化温度；可适当提高气化温度，有利于分离效果；常用的气化温度范围比柱温高 30~700℃[5,6]。

2.4.2 高效液相色谱

高效液相色谱法(high performance liquid chromatography，HPLC)是色谱法的一个重要分支，以液体为流动相，其解决了早期液相色谱柱效低的缺点，采用高压泵加快液体流动相的流动速率，将具有不同极性的单一溶剂或不同比例的混合溶剂、缓冲液等流动相泵入装有固定相的色谱柱，采用微粒固定相以提高柱效，在柱内各成分被分离后，进入死体积小的检测器进行检测，从而实现对试样的分析。HPLC 主要有液-液色谱、液-固色谱两类[6]。

高效液相色谱法的特点主要包括：

① 高压。液相色谱法以液体作为流动相(称为载液)，液体流经色谱柱时，受到的阻力较大，为了能迅速地通过色谱柱,必须对载液施加高压，一般可达到 $(150\sim350)\times10^5$Pa。

② 高速。高效液相色谱法所需的分析时间较经典液体色谱法少得多。例如分离苯的羟基化合物七个组分，只需要 1min 就可完成。

③ 高效。气相色谱法的分离柱效约为 2000 塔板/米，而高效液相色谱法的柱效可达 3 万塔板/米以上。

④ 高灵敏度。高效液相色谱已广泛采用高灵敏度的检测器，进一步提高了分析的灵敏度。如紫外检测器的最小检测量可达纳克(10^{-9}g)数量级；荧光检测器的灵敏度可达 10^{-11}g。高效液相色谱的高灵敏度还表现在其所需试样很少，微升数量级的试样就足以进行全分析。

⑤ 对于高沸点、热稳定性差、分子量大(大于 400 以上)的有机物原则上都可用高效液相色谱法来进行分离、分析，而且可用于无机物、离子的分离鉴定。

由于高效液相色谱分离机理多种多样，根据色谱固定相和色谱分离的物理化学原理或分离机理，主要有下列四种类型：

① 吸附色谱：用固体吸附剂为固定相，以不同极性溶剂为流动相，依据试样各组分在吸附剂上吸附性能的差异实现分离。

② 分配色谱：用涂渍或化学键合在载体基质上的固定液为固定相，以不同极性溶剂为流动相，依据试样各组分在固定相中溶解、吸收或吸着能力差异，即在两相中分配性能差异实现组分分离。

③ 离子交换色谱：使用含离子交换基团的固定相，以具有一定 pH、含离子的溶液为流动相，基于离子性组分与固定相离子交换能力差异而实现组分分离。

④ 体积排阻色谱：用化学惰性的多孔凝胶或材料为固定相，按组分分子体积差异，即分子在固定相孔穴中体积排阻作用差异实现组分分离，也称为凝胶色谱。

典型的高效液相色谱仪的结构系统一般都具备储液器、高压泵、梯度洗脱装置、进样器、色谱柱、检测器、恒温器和色谱工作站等主要部件。类似气相色谱分离操作条件的所有优化因素(除了不用考虑气化温度的要求)，HPLC 的操作条件注意事项主要为：

① 流动相对分离选择性的影响：高效液相色谱分离温度通常为室温，分离在液相中进行，且液相分子间作用力强，液相色谱分离过程流动相与分离溶质分子间也存在相互作用，改变流动相的类型和组成是提高分离选择性的重要手段。

② 柱外效应：液体高黏度导致柱管中心溶质迁移比管壁附近高，使色谱系统连接管柱外效应增大，控制色谱系统连接管内径≤0.25mm，降低柱外效应比气相色谱更为重要。

③ 操作压力：HPLC 在高压下操作，柱前压一般为(50～350)×10^5Pa，超高效柱已使用≥800×10^5Pa 柱前压。

2.4.3　液液萃取反相色谱

萃取色谱是将溶剂萃取与色谱分离技术相结合的液相分配色谱，一般在柱上进行，为柱色谱。以涂渍或吸留于多孔、疏水的惰性载体的有机萃取剂为固定相，以含有合适的无机化合物的水溶液为流动相，即用水溶液反萃取有机相中的分析物，故又称反相分配色谱。把含有待分离组分的试液置于色谱柱上层，加入流动相，被分离组分从柱顶随流动相逐渐向下移动的同时，它们不断地在两相之间进行萃取和反萃取多次分配。最终根据各分离组分的洗脱曲线判定分离优劣。

影响萃取色谱分离的因素主要有：固定相、载体和流动相，下面分别做说明。

① 固定相为有机萃取剂，或为有机分子以化学键与硅胶表面的硅羟基反应获得的化学键合固定相。有机萃取剂种类很多，可根据分离对象不同选择适当的萃取剂。作为固定相的萃取剂能被载体牢固吸附，在流动相中不溶解。

② 载体：具有惰性、多孔、孔径分布均匀、比表面积大、物理和化学稳定性良好的特点；在流动相中不溶胀、不吸附水溶液中的离子，耐热，不为酸碱侵蚀。载体材料有：硅藻土、硅胶、聚四氟乙烯及聚乙烯-乙酸乙烯酯共聚物、泡沫塑料、

活性碳纤维等。将载体置于含有萃取剂的有机溶剂中浸泡，然后晾置，有机溶剂挥发后装柱。

③ 流动相：萃取色谱多以无机酸溶液为流动相，所用无机酸的种类及浓度对分离因数影响较大，有时加入无机盐类以改变分离效果。常用的有硝酸、盐酸、硫酸及这些酸与无机盐的混合溶液。由于流动相为水溶液，可以通过改变流动相的酸度和加入配体提高分离效果。特别是含有某些配体的流动相，会使一些组分容易被反萃取而实现分离。

液液萃取反相色谱的操作方法主要包括：用浸渍法制备固定相并平衡；进样；洗涤；洗脱分离；色谱柱的再生等[5,6]。

2.5　光谱法分析

凡是基于检测能量与待测物质相互作用后产生的光辐射信号或所引起变化的分析方法，均属于光分析法。光分析法的基础包括两个方面：一是能量作用于待测物质后产生光辐射，该能量形式可以是光辐射和其他辐射能量形式，也可以是声、电、磁或热等能量形式；二是光辐射作用于待测物质后发生某种变化，这种变化可以是待测物质物理化学特性的改变，也可以是光辐射光学特性的改变。随着学科的发展，除光辐射外，基于检测 γ 射线、X 射线以及微波和射频辐射等作用于待测物质而建立起来的分析方法，也归类于光分析法。任何光分析法均包含三个主要过程：能源提供能量；能量与被测物质相互作用；产生被检测的信号。

光分析法通常分为光谱法和非光谱法两大类。光是一种电磁波，由电磁波按波长或频率有序排列的光带(图谱)称为光谱。凡是基于待测物质对不同波长光的吸收、发射等现象而建立起来的一类光分析法称为光谱分析法。物质的光谱是光的不同波长成分及其强度分布按波长或波数次序排列的记录，它描述了物质吸收或发射光的特征，可以给出物质的组成、含量以及有关分子、原子聚集态结构的信息。除了光谱法以外的光分析法，统称为非光谱法。它是利用光与物质作用时所产生的折射、干涉、衍射和偏振等基本性质的变化来达到分析测定的目的，主要有折射法、干涉法、衍射法、旋光法和圆二色性法等[2,3,7]。

本书涉及海洋分析化学的研究方法，以下主要简要介绍相关的光谱分析方法，包括：分光光度法、紫外-可见吸收光谱法、原子发射光谱法、原子吸收光谱法、分子荧光法、红外吸收光谱法、拉曼光谱法、质谱法。

2.5.1　分光光度法

分光光度法又称吸光光度法，是建立在物质对光的选择性吸收基础上的分析方法。分子电子能级之间的跃迁，引起可见光的吸收。电子跃迁时，不可避免地要同时发生振动能级和转动能级的跃迁，这种吸收产生的是电子振动-转动光谱，具有一定的频率范围，故形成吸收带。物质的颜色是因其对不同波长光的选择性吸收作用而产生的[1]。

利用有色溶液对可见光的吸收进行定量测定，称为比色法。随着分光光度计发展为灵敏、准确、多功能的仪器，光吸收的测量从混合光的吸收进展为单波长光的吸收及其集合，并从可见光区扩展到紫外和红外光区域，比色法发展成为吸光光度法。有些化合物与某些特异显色剂可发生显色反应，利用分光光度计对其进行定性定量测定。如果测量某种物质对不同波长单色光的吸收，并加以集合，以波长为横坐标，吸光度为纵坐标作图，可得到物质的吸收光谱，又称吸收曲线，它能清楚地描述物质对一定波长范围光的吸收情况。分光光度计的基本部件包括光源、单色器及检测系统。

光吸收的基本定律符合朗伯-比尔(Lambert-Beer)定律。当一束强度为 I_0 的平行单色光垂直照射到液层厚度为 b、浓度为 c 的溶液时，由于溶液中分子对光的吸收，通过溶液后光的强度减弱为 I_t，则用式(2-33)表示：

$$A = \lg \frac{I_0}{I_t} = Kbc \tag{2-33}$$

式中，A 为吸光度；K 为比例常数；I_0 为入射光强度；I_t 为吸收光强度。A 越大，表明溶液对光的吸收越强。测定某种物质时，如果待测物质本身有较深的颜色，那么就可以直接进行测定。当待测物质无色或只有很浅颜色时，则需要选用适当的试剂与被测物质反应生成有色化合物再进行测定，这是吸光光度法测定无机离子的最常用方法。将无色或浅色的无机离子转变为有色离子或配位化合物的反应称为显色反应，所用的试剂称为显色剂。

按显色反应的类型可将其分为氧化还原反应和配位反应两大类，而配位反应是最主要的。显色反应一般应满足下列要求：

① 灵敏度足够高，有色物质的摩尔吸收系数应大于 10^4，选择性好，干扰少，或干扰容易消除。

② 有色化合物的组成恒定，符合一定的化学式。对于形成不同配比的配位反应，必须注意控制实验条件，使生成组成一定的配位化合物，以免引起误差。

③ 有色化合物的化学性质应足够稳定，至少应保证在测量过程中溶液的吸光度基本恒定。尽量避免受外界环境条件的影响，如日光照射、空气中的氧和二氧化碳的作用及受溶液中其他化学因素的影响。

④ 有色化合物与显色剂之间的颜色差别要大，即显色剂对光的吸收与有色化合物的吸收有明显区别，一般要求二者的吸收峰波长之差 $\Delta\lambda > 60$nm。

2.5.2 紫外-可见吸收光谱法

紫外吸收光谱法是利用紫外吸收光谱来研究物质的性质和含量的方法，又称紫外分光光度法，与可见分光光度法一样，紫外分光光度法都是基于分子中电子能级的跃迁而吸收特定波长的光，不同的是它使溶液的吸收光谱保持在紫外光波段(200～400nm)。多原子分子的外层电子或价电子(即成键电子、非键电子和反键电子)的跃迁而产生的分子光谱称为电子光谱。电子光谱在紫外及可见光区，故又称为紫外及可见光谱。紫外分光光度法可用于不饱和碳氢化合物和具有不对称电子的化合物(包括一些无机化合物)，特别是含有共轭体系化合物的分析和研究[7]。

紫外-可见吸收光谱法的理论基础也是光的吸收定律，即物质对光的吸收有选择性，一部分光不被吸收而透过溶液，一部分光被溶液吸收，溶液对单色光的吸收遵守朗伯-比尔定律。如果以不同波长的光依次射入被测溶液，并测出不同波长时溶液的透光度或吸光度值，然后以波长为横坐标，以透光度或吸光度为纵坐标，所得的曲线称为吸收曲线或吸收光谱(图 2-3)。

紫外-可见吸收光谱仪器的构造原理与可见光分光光度计(如 721 型分光光度计)相似，但为适应紫外光的性质，它与后者的不同之处包括：光源有钨丝灯及氘灯两种，可见光区(360～1000nm)使用钨丝灯，紫外光区则用氘灯；由于玻璃要吸收紫外线，因此盛溶液的吸收池用石英制成；检测器使用两只光电管，一为氧化铯光电管，其光谱响应范围为 625～1000nm，另一是光谱响应范围为 200～625nm 的锑铯光电管。光电倍增管也为常用的检测器，其灵敏度比一般的光电管高 2 个数量级。

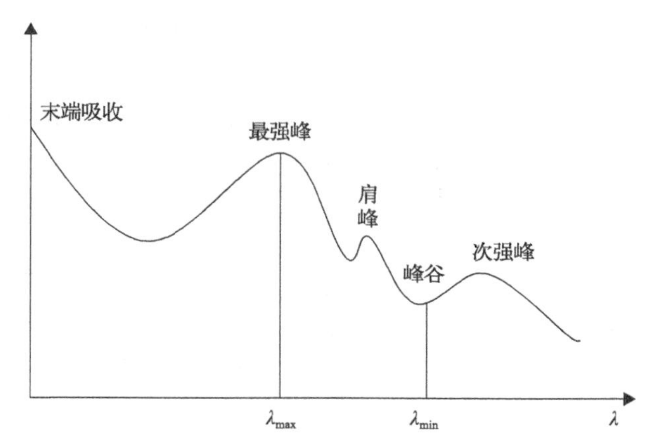

图 2-3 紫外-可见吸收光谱示意图[3]

紫外-可见吸收光谱的定性依据是不同物质其分子结构不同，则吸收光谱曲线不同，λ_{max} 不同，故可依据吸收光谱曲线对待测物质进行定性鉴定和结构分析。若用最大吸收峰或次强峰所对应的波长为入射光，测定物质的吸光度值，根据光吸收定律也可对物质进行定量分析。影响有机化合物紫外吸收光谱的因素有内因（分子内的共轭效应、位阻效应、助色效应等）和外因（溶剂的极性、酸碱性等溶剂效应）。

由于有些有机化合物的紫外-可见吸收光谱图较简单，也存在吸收光谱图大体相似的情况，因此，仅依据紫外-可见吸收光谱不能完全确定某一物质的分子结构，必须结合如红外吸收光谱、质谱或核磁共振波谱等分析技术的结果，这样得到的结论才更可靠、更科学[1,3,7]。

2.5.3　原子发射光谱法

原子发射光谱法，是依据每种化学元素的原子或离子在热激发或电激发下发射特征的电磁辐射，进行元素定性、半定量和定量分析的方法。原子发射光谱法分析的具体过程可表述为：使试样在外界能量的作用下转变成气态原子，并使气态原子的外层电子激发至高能态。当从较高的能级跃迁到较低的能级时，原子将释放多余的能量而发射出特征谱线。对所产生的辐射经过摄谱仪器进行色散分光，按波长顺序进行记录，就可呈现出有规则的谱线条，即光谱图。然后根据所得光谱图进行定性鉴定或定量分析。

原子发射光谱法的特点：多元素同时检测；分析速度快；选择性好；检出限低，一般光源可达 g/g（或 g/mL）级，如采用电感耦合等离子体（ICP）作为光源，则可降低至 10^{-3}～10^{-4}g/mL（或 g/g）；精密度好，一般光源为±10%左右，线性范围约 2 个数量级。采用 ICP 作光源，精密度可达到±1%以下，线性范围可扩大至 4～6 个数量级，可有效地用于同时测量高、中、低含量的元素且试样消耗少，但缺点是测定非金属元素困难。

原子发射光谱分析的仪器设备主要由光源、分光系统（光谱仪）及观测系统组成，尤其是电感耦合等离子体（inductively coupled plasma，ICP）光源的引入，大大推动了发射光谱分析的发展。作为发射光谱分析激发光源的等离子体焰炬有多种，ICP 是其中最常用的一种。ICP 形成的原理与高频加热的原理相似，其特点主要包括以下几点：

① ICP 是无极放电，没有电极污染。

② ICP 一般以氩气作工作气体，由此产生的光谱背景干扰较少。

③ ICP 的工作温度比其他光源高，在等离子体核处达 10000K，在中央通道的温度也有 6000～8000K，且在惰性气体条件下，原子化条件极为良好，有利于难熔化合物的分解和元素的激发，故对大多数元素都有很高的分析灵敏度。

④ 由于 ICP 形成过程是涡流态的，且在高频发生器频率较高时，等离子体因

趋肤效应而形成环状，不会出现光谱发射中常见的因外部冷原子蒸气造成的自吸现象，扩展了测定的线性范围(通常可达 4～5 个数量级)。

⑤ ICP 中电子密度很高，所以碱金属的电离在 ICP 中不会造成很大的干扰。

⑥ ICP 的载气流速较低(通常为 0.5～2L/min)，有利于试样在中央通道中充分激发，而且耗样量也较少。

以上这些分析特性，使得 ICP-AES 具有灵敏度高，检出限低，精密度好(相对标准偏差一般为 0.5%～2%)，工作曲线线性范围宽，因此同一份试液可用于从常量至痕量元素的分析，试样中基体和共存元素的干扰小，甚至可以用一条工作曲线测定不同基体试样中的同一元素。

原子发射光谱的分析方法主要包括：光谱定性分析、光谱半定量分析、光谱定量分析。定性的依据是由于各种元素原子结构的不同，在光源的激发作用下，可以产生许多按一定波长次序排列的谱线组——特征谱线，其波长是由每种元素的原子性质所决定的。通过检查谱片上有无特征谱线来确定该元素是否存在，称为光谱定性分析。

原子发射光谱的定量分析，是根据被测试样光谱中欲测元素的谱线强度来确定元素浓度。可用式(2-34)[赛伯-罗马金(Schiebe-Lomakin)公式]表示。

$$\lg I = b\lg c + \lg a \tag{2-34}$$

式中，I 为元素的谱线强度；c 为该元素在试样中浓度；a 及 b 是两个常数，常数 a 是与试样的蒸发、激发过程和试样组成等有关的一个参数，常数 b 称为自吸系数，它的数值与谱线的自吸收有关。所以只有控制在一定的条件下，在一定的待测元素含量的范围内，a 和 b 才是常数。也是光谱定量分析依据的基本公式。

在原子发射光谱中的干扰类型可分为光谱干扰和非光谱干扰两大类。最重要的光谱干扰是背景干扰，如带光谱、连续光谱以及光学系统的杂散光等，都会造成光谱的背景干扰，从而使校准曲线发生弯曲或平移，因而影响光谱分析的准确度，须进行背景校准。校准背景的基本原则是，谱线的表观强度 I_{1+b} 减去背景强度 I_b。

常用的校准背景的方法有校准法和等效浓度法。非光谱干扰主要来源于试样组成对谱线强度的影响，这种影响与试样在光源中的蒸发和激发过程有关，也被称为基体效应。在实际工作中，特别是采用电弧光源时，常常向试样和标准试样中加入一些添加剂以减小基体效应，提高分析的准确度，这种添加剂有时也被用来提高分析的灵敏度。添加剂主要有光谱缓冲剂和光谱载体[2,5]。

2.5.4 原子吸收光谱法

原子吸收光谱法是基于气态和基态原子核外层电子对共振发射线的吸收进行

元素定量的分析方法。其基本原理为：原子在两个能态之间的跃迁伴随着能量的发射和吸收。原子可具有多种能级状态，当原子受外界能量激发时，其最外层电子可能跃迁到不同能级，因此可能有不同的激发态；当电子从基态跃迁到能量最低的激发态(称为第一激发态)时要吸收一定频率的光，它再跃迁回基态时，则发射出同样频率的光(谱线)，这种谱线称为共振发射线(简称共振线)。使电子从基态跃迁至第一激发态所产生的吸收谱线称为共振吸收线(也简称为共振线)。由于各种元素的原子结构和外层电子排布不同，不同元素的原子从基态激发至第一激发态(或由第一激发态跃迁返回基态)时，吸收(或发射)的能量不同，因而各种元素的共振线不同而各有其特征性，故这种共振线是元素的特征谱线。这种从基态到第一激发态间的直接跃迁又最易发生，因此对大多数元素来说，共振线是元素的灵敏线。原子吸收分析就是利用处于基态的待测原子蒸气对从光源辐射的共振线的吸收来建立方法进行分析的。

原子吸收光谱法的优点主要有如下几点：

① 选择性好。由于原子吸收谱线比原子发射谱线少，并采用了空心阴极灯作为锐线光源，因此谱线重叠概率小，光谱干扰比原子发射光谱小得多。

② 灵敏度高。采用火焰原子化法可测定 70 多种元素，其分析灵敏度可达 mg/L 或 mg/kg 水平；如采用石墨炉原子化法，其绝对灵敏度可达 10^{-10}～10^{-14} 水平。故多适用于微量和痕量的金属与类金属元素的定量分析。

③ 精密度高。火焰原子化法的 RSD 为 3%左右；若采用自动进样器进样，石墨炉原子化法的 RSD 可以控制为 5%左右。

④ 操作方便和快速。与紫外-可见分光光度法相比，可省略掉烦琐与复杂的显色反应，分析操作较方便，分析速率也较快。

⑤ 应用范围广。从不同原子化方式或从分析对象不同含量而言，既可分析主量元素，又可以分析微量、痕量甚至超痕量元素；从分析不同性质元素而言，既可分析金属元素和类金属元素，也可间接分析有机物；从试样不同状态而言，可分析液态试样、气态试样，甚至可以直接分析固态试样。

原子吸收分光光度分析的定量基础是比尔定律(Beer law)，即在一定实验条件下，吸光度与浓度成正比关系。所以通过测定吸光度就可以求出待测元素的含量。实际分析要求测定的是试样中待测元素的浓度，而此浓度是与待测元素吸收辐射的原子总数成正比的。因此在一定浓度范围和一定火焰宽度 L 的情况下，可用式(2-35)表示

$$A = k'c \tag{2-35}$$

式中，c 为待测元素的浓度；k' 在一定实验条件是一个常数。通过测量试样的原子吸收光度值，可定量获得浓度值。常用的定量方法有标准曲线法、标准加入

法等。

原子吸收分光光度计一般由光源、原子化系统、光学系统及检测系统四个主要部分组成。原子吸收光谱法的局限性是通常采用单元素空心阴极灯作为锐线光源，分析一种元素就必须选用该元素的空心阴极灯，因此不适用于多元素混合物的定性分析；并对于高熔点、形成氧化物、形成复合物或形成碳化物后难以原子化元素的分析灵敏度低。

原子吸收分析中的干扰主要有光谱干扰、物理干扰和化学干扰三种类型，次要干扰因素有电离干扰和有机溶剂干扰等[2,5]。

2.5.5　分子荧光法

当用一种波长的光(通常波长较短，如紫外光)照射到某物质上时，该物质会在极短的时间内发出另一波长(通常波长较入射光要长)的光，这种现象即为荧光，该物质为荧光物质。该过程中物质吸收的光称为激发光，而发出的光称为发射光。

荧光产生的原理简单说就是：当物质分子吸收入射光子的能量后，发生了价电子从较低的能级到较高能级的跃迁，这时分子被激发而处于激发态，称为电子激发态分子。这一电子跃迁过程经历的时间约为 10^{-15}s。跃迁所涉及的两个能级间的能量差，等于所吸收光子的能量。激发态分子不稳定，它可能通过辐射跃迁和非辐射跃迁的衰变过程而返回基态。来自最低激发单重态的辐射跃迁过程所伴随的发光现象就是荧光，其发光过程的速率常数大，激发态的寿命短。

由于有些分子对光的吸收具有选择性，因此不同波长的入射光就具有不同的激发效率。如果固定荧光的发射波长(即测定波长)，不断改变激发光(即入射光)波长，以所测得的该发射波长下的荧光强度对激发光波长作图，即得到荧光化合物的激发光谱。如果使激发光的强度和波长固定不变(通常固定在最大激发波长处)，测定不同发射波长下的荧光强度，即得到发射光谱，也称为荧光光谱。

任何荧光物质都具有激发光谱和发射光谱这两种特征光谱，它们可以用于鉴别荧光物质，也可作为进行荧光定量分析时选择合适的激发波长和测定波长的依据。同时，根据荧光发生的机理可知，溶液的荧光强度 I_f 和该溶液的吸收光强度 I_a 及荧光效率 φ 成正比，据此可以进行荧光定量分析。荧光强度和溶液浓度的关系(荧光定量关系式)如式(2-36)

$$I_f = 2.3\varphi I_0 Kbc \tag{2-36}$$

式中，I_f 是溶液的荧光强度；I_0 是入射光强度；K 是摩尔吸收系数；b 是试样池光程；c 是试样浓度。

环境对荧光强度有一定的影响，除物质本身结构的影响外，影响分子发光的环境因素如溶剂的种类、温度、溶液的 pH 等。此外，各种散射光的影响、激发光照射的影响、荧光猝灭等也会影响分子的荧光强度。一般荧光测定的仪器有荧光光度计和荧光分光光度计，它们一般由激发光源、单色器、试样池、光检测器及读数装置等部件所组成。

荧光分析法最大的特点是灵敏度高，比紫外-可见分光光度法通常高 2～4 个数量级，这是因为荧光分析法是在入射光的直角方向测定荧光强度，即在黑背景下进行检测，因此可以通过增加入射光强度 I_0 或增大荧光信号的放大倍数来提高灵敏度，并且测定用的试样量很少；第二是荧光分析法的选择性优于紫外-可见分光光度法，可同时用激发光谱和荧光发射光谱定性，且提供的信息丰富，如激发光谱、发射光谱、荧光强度、荧光效率、荧光和磷光寿命等，这些参数反映了分子的各种特性。缺点是由于本身能发荧光的物质不多，增强荧光的方法有限，因此作为常规试样的定量分析方法不及紫外-可见分光光度法应用广[2,4,5]。

2.5.6　红外吸收光谱法

红外吸收光谱法是利用物质分子对红外辐射的特征吸收，来鉴别分子结构或定量的方法。红外光谱属于分子振动光谱，由于分子振动能级跃迁伴随着转动能级跃迁，为带光谱。其原理是当试样受到频率连续变化的红外光照射时，试样分子选择性地吸收某些波数范围的辐射，引起偶极矩的变化，产生分子振动和转动能级从基态到激发态的跃迁，并使相应的透射光强度减弱。红外光谱中，吸收峰出现的频率位置由振动能级差决定，吸收峰的个数与分子振动自由度的数目有关，而吸收峰的强度则主要取决于振动过程中偶极矩的变化以及能级的跃迁概率。

根据红外光的波长及其应用范围又可将其分成近红外(780～2526nm)、中红外(2526～25000nm)和远红外(25000～100000nm)三个波段，这三个波段在光谱分析领域都有应用，其中近红外波段则是红外光中比较靠近可见光的部分，中红外光谱又被简称为红外光谱，其能量对应着分子的振动和转动吸收，因此能够反映分子特别是有机分子的结构特性，被广泛应用于有机分子的结构鉴定。

红外吸收光谱法测定的原理是：当一定频率的红外光照射分子时，如果分子中某个基团的振动频率与红外光相同，二者就会产生共振，此时光的能量通过分子偶极矩的变化而传递给分子，这个基团就吸收一定频率的红外光，产生振动跃迁；如果红外光的振动频率与分子中各基团的振动频率不符合，该部分的红外光就不会被吸收。因此若用连续改变频率的红外光照射某试样，由于该试样对不同频率红外光的吸收与否，使通过试样后的红外光在一些波长范围内变弱(被吸收)，在另一些范围内则较强(不吸收)。将分子吸收红外光的情况用仪器记录，就得到该试样的红外吸收光谱图。

红外光谱的最大特点是具有特征性，这主要是由于以下几个原因：

① 由于研究对象是分子振动时伴随偶极矩变化的有机及无机化合物，而除了

单原子分子及同核的双原子分子外，几乎所有的有机化合物都有红外吸收，因此应用广泛。

② 除光学异构体、分子量相差极小的化合物及某些高聚物外，化合物结构不同，其红外光谱不同，具有特征性。

③ 红外吸收只有振动-转动跃迁，能量低。

④ 不受试样的某些物理性质如相态(气、液、固)、熔点、沸点及蒸气压的限制。

⑤ 可用于物质的定性、定量分析及化合物键力常数、键长、键角等物理常数的计算。

⑥ 试样用量少且可回收，属非破坏性分析，分析速度快。

⑦ 与其他近代结构分析仪器如质谱、核磁共振波谱等比较，红外光谱仪构造简单，操作方便，价格较低，更易普及。其缺点是色散型红外光谱仪分辨率低、灵敏度不高，不适于弱辐射的研究。

一般来说，红外吸收光谱法不太适用于水溶液及含水物质的分析。复杂化合物的红外光谱极其复杂，据此难以做出准确的结构判断，还需结合其他波谱数据加以判定。

红外吸收光谱主要用于分子的定性分析。由于多原子分子的红外光谱与其结构的关系，一般是通过比较大量已知化合物的红外光谱，从中总结出各种基团的吸收规律而得到的。研究表明，组成分子的各种基团，如 O—H、N—H、C—H、C═C、C—O 和 C═C 等，都有自己的特定的红外吸收区域，分子的其他部分对其吸收位置影响较小。通常把这种能代表基团存在、并有较高强度的吸收谱带称为基团频率，通常是由基态(v=0)跃迁到第一振动激发态产生的，其所在的位置一般又称为特征吸收峰。红外谱图有两个重要区域。4000～1300cm^{-1} 的高波数段官能团区和 1300cm^{-1} 以下的低波数段指纹区。

红外吸收光谱的定量依据与紫外-可见光谱法一样，也是基于朗伯-比尔定律，通过对特征吸收谱带强度的测量来求出组分含量。但因为红外谱图复杂，相邻峰重叠多，难以找到合适的检测峰，且红外谱图峰形窄，光源强度低，检测器灵敏度低，测定时必须使用较宽的狭缝，从而导致对朗伯-比尔定律的偏离。一般通过记录物质红外光的百分透射比与波数或波长关系的曲线，即红外吸收光谱计算其吸收值，其纵坐标为透射比 T，横坐标为波长 λ(μm)或波数 σ(cm^{-1})。红外吸收光谱图一般采用波数等间隔分度的横坐标(称为线性波数标尺)表示。

仪器结构方面，红外吸收光谱仪与紫外-可见分光光度计类似，也是由光源、单色器、吸收池、检测器和记录系统等部分所组成。但由于红外吸收光谱仪与紫外-可见分光光度计工作的波段范围不同，因此，光源、透光材料及检测器等都有很大的差异。比如傅里叶变换红外光谱仪(Fourier transform infrared spectrometer,

FTIR）是由红外光源、干涉仪、试样插入装置、检测器、计算机和记录仪等部分构成[2,4,5]。

2.5.7 拉曼光谱法

拉曼光谱法是建立在拉曼散射效应基础上的光谱分析方法。拉曼（Raman）散射现象由印度的物理学家 C.V. Raman 于 1928 年首先发现并提出其光谱分析方法。

拉曼光谱产生的原理是：当用波长比试样粒径小得多的单色光照射气体、液体或透明试样时，大部分的光会按原来的方向透射，另外一小部分则按不同的角度散射，产生散射光。在这些散射光中，除了与原入射光相同频率的部分外，还有一系列对称分布、很弱地与入射光频率发生位移的谱线，该频率的改变与产生散射物质的化学结构相关，相对应的发生频率位移的这种非弹性散射也就称为拉曼散射。

拉曼散射光谱通过散射线的频率与分子结构之间的关系进行研究，其主要特点如下：

① 光谱法分辨率高，重现性好。

② 试样可直接通过光纤探头或通过玻璃、石英、蓝宝石窗和光纤进行测量。

③ 拉曼光谱所需试样量少，μg 级即可。

④ 可以进行无损、原位测定以及时间分辨测定。

⑤ 由于水的拉曼散射极弱，拉曼光谱法更适合水体系的研究，尤其对生物试样和无机物的研究远较红外吸收光谱方便。

⑥ 相比用红外光谱必须改变光栅、光束分离器、滤波器和检测器分别测定，更简单快速，拉曼光谱测定一次可同时覆盖 50～4000cm^{-1} 波数的区间。

⑦ 拉曼光谱谱峰清晰尖锐，更适合定量研究。尤其是共振拉曼光谱，灵敏度高，检出限可达 10^{-6}～10^{-8}mol/L。

⑧ 由于共振拉曼光谱中谱线的增强是选择性的，因此可用于研究发色基团的局部结构特征。

拉曼光谱与红外吸收光谱同属于分子振动光谱，二者相似点为：对某一给定的化合物，某些峰的红外吸收波数与拉曼位移完全相同，均在红外光区，并反映分子的结构信息；对于一个给定的化学键，其红外吸收频率与拉曼位移应相等，均对应于第一振动能级与基态之间的跃迁。

二者的主要区别在于产生的基本原理，如拉曼光谱是由分子对入射光的散射引起的，而红外吸收光谱则是分子对红外光的吸收而产生的；红外光谱的入射光及检测光均位于红外光区，而拉曼光谱的入射光大多为可见光，相应的散射光也为可见光等；另外，红外吸收光谱法研究的是会引起偶极矩变化的极性基团和非对称性振动，而拉曼光谱法则以会引起分子极化率变化的非极性基团和对称性振动为研究对象。因此，红外吸收光谱适于研究不同原子构成的极性键振动，如—OH、—C=O、—C—X 等的振动；而拉曼光谱适于研究由相同原子构成的非极性键，如 C—C、N—N、S—S 等的振动，以及对称分子，如 CO_2、CS_2 的骨架振动。尽管如此，两种方法更多的是起到相互补充的作用，拉曼光谱目前已经成为检测分子结构信息方面的一种常规分析手段。

由于拉曼位移 $\Delta \nu$ 可表征分子中不同基团振动的特性，故可以通过测定 $\Delta \nu$ 对分子进行定性和结构分析，还可通过退偏比 ρ_P 的测定确定分子的对称性。已在有机化合物结构分析、高分子聚合物的研究、生物大分子的研究方面有诸多应用。另外，与荧光光谱类似，根据拉曼散射光强度与活性成分的浓度成正比，可利用拉曼光谱进行定量分析。但由于拉曼光谱信号弱，仪器价格较贵，激光拉曼光谱法在定量分析中不占太大优势，直到出现共振拉曼光谱法、表面增强拉曼光谱法及激光显微拉曼光谱法等。拉曼光谱仪主要由光源、试样池、单色器及检测器组成。

表面增强拉曼光谱简介：将试样吸附在金、银、铜等金属的粗糙表面或胶粒上可大大增强其拉曼光谱信号，基于这种具有表面选择性的增强效应而建立的方法为表面增强拉曼光谱法。该法可使某些拉曼线的增强因子达 10^4～10^8。其特点是灵敏度高；定量分析检出限可达纳克或亚纳克级；若它与电化学方法联用，可以研究许多生物物质，如蛋白质、核酸等[2,4,5]。

2.5.8 质谱法

质谱法是通过对被测试样离子的质荷比进行测定的一种分析方法。质谱和其他谱学技术如原子光谱、分子光谱、核磁共振、电子顺磁共振以及晶体衍射等有本质的不同，虽然所有谱学的工作原理都是基于物质和电磁辐射之间的相互作用，但质谱则与此不同，它研究的只是荷电粒子在磁场或电场中由于受到磁力或静电力的作用而改变运动轨迹，并且这种改变与其质量与荷电量相关。

质谱的分析过程可简单表述为：首先将被分析的混合物或单体试样离子化，然后利用不同离子在电场或磁场中运动行为的不同，将形成的离子按质量，确切地讲按质荷比（m/z）分离而得到质谱，通过试样的质谱和相关信息，可以得到试样的定性定量结果。

质谱仪器能使物质粒子（原子、分子）电离成离子，并利用电磁学原理，使带电的试样离子按质荷比分离、检测而进行物质分析的装置。质谱仪器一般由四个系统组成：电子学系统、真空系统、分析系统和计算机系统。其中分析系统是质谱仪器的核心，它包括离子源、质量分析器和质量检测器三个重要部分。基于研究对象、仪器结构、原理和技术、应用等不同，质谱法涉及学科范围和应用领域很广，也有很多的分类：

① 从研究对象来看，有原子质谱法和分子质谱法，两者所用的质量分析器和检测器相同，只是离子源不同。

② 从质谱仪器设计原理看，主要是质量分析器类型，可分为静态仪器和动态仪器两大类，静态仪器的质量分析器采用稳定的或变化慢的电、磁场，按照空间位置将不同质荷比的离子分离，主要包括扇形磁场单聚焦和电场、磁场串联双聚焦质谱等；动态仪器分为磁式和非磁式，采用变化的电、磁场或无磁场而按时间、空间分离不同质荷比的离子，如回旋质谱、飞行时间质谱和四极滤质器等。

③ 按离子源或离子化技术分类，如高频火花电离质谱、电喷雾电离源质谱、离子探针质谱、电子轰击质谱、快原子轰击质谱等。

④ 从研究试样性质或应用领域看，可分为同位素质谱、无机质谱、有机质谱，此外还有用于表面分析的二次离子质谱，用于高真空检漏的氦质谱等。

结合本书所用到的质谱方法，重点简单介绍电喷雾电离源质谱、电感耦合等离子体质谱法及高效液相色谱-质谱联用方法。

电喷雾技术作为质谱的一种进样方法，其电喷雾电离(electron spray ionization, ESI)的应用，大大拓宽了分析化合物的分子量范围。ESI 主要应用于液相色谱-质谱联用仪，既作为液相色谱和质谱仪之间的接口装置，同时又是电离装置。ESI 容易形成多电荷离子，由于它是一种软电离方式，即使是分子量大、稳定性差的化合物也不会在电离过程中发生分解，它适合于分析极性强的大分子有机化合物如蛋白质、肽、糖等，目前采用电喷雾电离可以测量分子量在 300000Da 以上的蛋白质。ESI 技术的特点是：可以生成高度带电的离子而不发生碎裂，可将质荷比降低到各种不同类型的质量分析器都能检测的程度，通过检测带电状态可计算离子的真实分子量；解析分子离子的同位素峰也可确定带电数和分子量；可以很方便地与其他分离技术连接，如液相色谱、毛细管电泳等；可方便地纯化样品用于质谱分析。其主要优点是离子化效率高、离子化模式多；正负离子模式均可以分析；对热不稳定化合物能够产生高丰度的分子离子峰，可与大流量的液相联机使用，通过调节离子源电压可以控制离子的断裂，给出结构信息[2,4,5]。

电感耦合等离子体质谱法(inductively coupled plasma mass spectrometry, ICP-MS)简介：ICP-MS 属于原子质谱方法。以电感耦合等离子体(ICP)焰炬作为原子化器和离子化器，结合质谱法测定样品。其特点是：试样在常温下引入；气体的温度很高，使试样完全蒸发和解离；试样原子离子化的百分比很高，产生的主要是一价离子；离子能量分散小；外部离子源，即离子并不处在真空中；离子源处于低电位，可配用简单的质量分析器；溶液试样经过常规或超声雾化器雾化后可以直接导入 ICP 焰炬，而固体试样也可以采用火花源、激光或辉光放电等方法气化后导入；对大多数元素，能够得到很低的检出限、高选择性及相当好的精密度和准确度的结果。并且由于 ICP-MS 谱图比常规的 ICP 光学光谱简单许多，仅由元素的同位素峰组成，可用于试样中存在元素的定性和定量分析。定量分析一般采用标准曲线法，也可采用同位素稀释法。自 20 世纪 80 年代以来，电感耦合等离子体质谱法(ICP-MS)已经成为元素分析中最重要的技术之一[2]。

与一般的液相色谱相同，高效液相色谱的作用是将混合样品分离。液相色谱-质谱联用的关键是液相色谱和质谱仪器之间的接口装置，接口装置的主要作用是去除溶剂并使样品离子化。液相色谱-质谱联用(liquid chromatography-mass spectrometer，LC-MS)仪主要由高效液相色谱、接口装置(经常是电离源)、质谱仪组成。目前几乎所有的液相色谱-质谱联用仪都使用大气压电离源作为接口装置和离子源，大气压电离源包括电喷雾电离源和大气压化学电离源两种，以电喷雾电离源应用最为广泛。作为液相色谱-质谱联用仪的质量分析器种类很多，最常用的是四极质量分析器(quadrupole mass analyzer，QMA)，其次是离子阱分析器(ion trap analyzer，i-Trap MA)和飞行时间质量分析器(time-of-flight mass analyzer，TOF MA)。由于液相色谱-质谱主要提供分子量信息，为了增加结构信息，液相色谱-质谱大多采用具有串联质谱功能的质量分析器，串联方式很多，如 Q-Q-Q、Q-TOF 等[2,4,5]。

2.6　电化学分析

电化学分析法是指利用物质的电学及电化学性质来进行分析的方法。通过使待分析的试样溶液构成一化学电池(电解池或原电池)，然后根据所组成电池的某些物理量(如两电极间的电动势，通过电解池的电流或电荷量，电解质溶液的电阻等)与其化学量之间的内在联系来进行测定。

电化学分析法一般分为三种类型：第一类是通过试液的浓度在某一特定实验条件下与化学电池中某些物理量的关系来进行分析的，包括电极电位(电位分析等)、电阻(电导分析等)、电荷量(库仑分析等)、电流-电压曲线(伏安分析等)等；第二类是电容量分析法，以上述这些电物理量的突变作为滴定分析中终点的指示，包括电位滴定、电流滴定、电导滴定等；第三类是电重量分析法，也称电解分析法，是将试液中某一个待测组分通过电极反应转化为固相(金属或其氧化物)，然后由工作电极上析出的金属或其氧化物的质量来确定该组分的量。以下结合本书所涉及的电化学分析方法，重点简单介绍电位分析法及伏安分析法(极谱分析法)[5]。

2.6.1　电位分析法

电位分析法是电化学分析方法的重要分支，它的实质是通过在零电流条件下测定两电极间的电位差(即所构成原电池的电动势)进行分析测定，主要包括电位测定法和电位滴定法。

电位分析法的测定原理为：测量体系都需要有两个电极与测量溶液直接接触，其相连导线又与电位计连接构成一个化学电池通路。其中一支电极称为指示电极，响应被测物质活度，其结果能在毫伏电位计上读得。另一支电极称为参比电极，其电极电位值恒定，不随被测溶液中物质活度变化而变化。将两支电极与待测溶液组成工作电池（原电池），通过测定电动势，获得待测物质的含量。再利用电极电位与组分浓度的关系实现定量测量。

电位分析法一般使用专用的指示电极，如离子选择电极，把被测离子的活（浓）度通过毫伏电位计显示为电位（或电动势）读数，由 Nernst 方程求算其活（浓）度。也可以把电位计设计为有专用的控制挡，能直接显示活度相关值，如 pH。其主要特点是：准确度较高；灵敏度高（10^{-8}～10^{-4}mol/L）；选择性好（排除干扰）；应用广泛；仪器设备简单，易于实现自动化。

电位测定法中应用最早、最广泛的是测定溶液的 pH。其原理是基于 pH 玻璃电极对氢离子活度有较好的选择性响应。用于测量溶液 pH 的典型电极体系中，玻璃电极是作为测量溶液中氢离子活度的指示电极，而饱和甘汞电极则作为参比电极，两电极同时插入待测液组成如下原电池：

Ag|AgCl，0.1mol/L HCl|玻璃膜|试液||KCl（饱和），Hg_2Cl_2（固）|Hg

得到上述原电池的电动势为

$$E = K' + \frac{2.303RT}{F}\text{pH}_{\text{试}} \tag{2-37}$$

式中，K' 在一定条件下为一常数；$\text{pH}_{\text{试}}$ 为试液的 pH；E 为测得的电位值，mV，故原电池的电动势与溶液的 pH 之间呈线性关系，其斜率为 $2.303RT/F$，此值与温度有关，这就是以电位法测定 pH 的依据。实际操作时，利用如下公式

$$\text{pH}_{\text{试}} = \text{pH}_{\text{标}} + \frac{E - E_{\text{标}}}{2.303RT / F} \tag{2-38}$$

式中，$\text{pH}_{\text{试}}$ 为试液的 pH；$\text{pH}_{\text{标}}$ 为标准缓冲溶液的 pH；$E_{\text{标}}$ 为标准缓冲溶液的电位值，mV；E 为试液的电位值，mV。因此用电位法以 pH 计测定时，先用标准缓冲溶液定位，然后可直接在 pH 计上读出 pH。

另外一种广泛使用的电位分析法是离子选择性电极法。离子选择性电极是一种以电位法测量溶液中某些特定离子活度的指示电极。或者说，离子选择性电极是对某种离子具有选择性效应，其电位值与离子活度之间的关系符合能斯特公式的一类重要电极。其实质是一种电化学传感器，基于内部溶液与外部溶液之间产生的电位差（膜电位）来测定有关离子。

各种离子选择性电极的主要组成部分为敏感膜(用来分开两种电解质溶液)。其构造随薄膜(敏感膜)不同而略有不同，但一般都由薄膜及其支持体、内参比溶液(含有与待测离子相同的离子)、内参比电极(Ag/AgCl 电极)等组成。用离子选择性电极测定有关离子，一般都是基于内部溶液与外部溶液之间产生的电位差，即所谓膜电位。

玻璃电极就是一种典型的离子选择性电极。与玻璃电极类似，各种离子选择性电极的膜电位在一定条件下遵守能斯特公式。对阳离子有响应的电极，膜电位为

$$\Delta E_{\mathrm{M}} = K + \frac{2.303RT}{nF}\lg \alpha_{\text{阳离子}} \tag{2-39}$$

式中，K 是一定条件下的常数，不同的电极，其 K 值不相同，它与感应膜、内部溶液等有关；$\alpha_{\text{阳离子}}$ 为被测阳离子的活度。对阴离子有响应的电极电位为

$$\Delta E_{\mathrm{M}} = K - \frac{2.303RT}{nF}\lg \alpha_{\text{阴离子}} \tag{2-40}$$

式中，$\alpha_{\text{阴离子}}$ 为被测阴离子的活度。以上两式说明，在一定条件下膜电位与溶液中欲测离子活度的对数呈线性关系，即离子选择性电极法测定离子活度的基础。

离子选择性电极的种类繁多，且与日俱增。主要有：晶体膜电极、非晶体膜电极、敏化电极等。比如玻璃电极属于非晶体膜电极中的刚性基质电极，氟离子属于晶体膜电极中的单晶膜电极等[2,5]。

2.6.2　伏安分析法

以测定电解过程中的电流-电压曲线(伏安曲线)为基础的这一大类电化学分析法称为伏安分析法。通常将使用滴汞电极的伏安分析法称为极谱法，因此极谱分析也属于伏安分析法。伏安分析法与极谱法的共同点都是一种特殊形式的电解分析方法，不同于近乎零电流下的电位分析法，也不同于溶液组成发生很大改变的电解分析法，其以小面积的工作电极与参比电极组成电解池，电解被分析物质的稀溶液，根据所得到的电流-电位曲线来进行分析。两者的差别主要是工作电极不同，传统上极谱法的工作电极为滴汞电极；而伏安法使用固态或表面静止电极作工作电极。

从测定原理上，极谱分析是在特殊条件下进行的电解分析。极谱分析条件是使用大量的支持电解质(KCl 溶液)下，使用一支极化电极和另一支去极化电极作为工作电极，在溶液静止的情况下进行的非完全的电解过程；通过使溶液中待测离子的浓度产生浓差极化，在电流密度较大、不搅拌或搅拌不充分的情况下，出

现极限电流，并测定此极限电流值，从而建立极限电流-离子浓度的关系，达到测定被测离子浓度的目的。

$$i_d = kc \tag{2-41}$$

式中，i_d为平均极限扩散电流，A；k为与滴汞电极的扩散电流常数和毛细管特性常数相关的常数，一定实验条件下为定值；c为待测溶液的浓度。

在极谱分析中，影响测定的因素主要是扩散电流，此外还有其他原因所引起的电流，这些电流虽与被测物质的浓度无关，但它们的存在将干扰测定，这些干扰电流主要包括残余电流、迁移电流、极谱极大、氧波、氢波、前波、底液等。

利用极谱方法可进行定量定性分析。在极谱分析过程中，当电压增加到一定值后，物质由溶液扩散到电极表面才能发生电解反应。平衡时，电解电流仅受扩散运动的控制，形成极限扩散电流 i_d，这是极谱定量分析的基础。定量方法主要有直接比较法、工作曲线法及标准加入法。在极谱曲线的中点($i_d/2$)处，电流随电压变化的比值最大，此点对应的电位称为半波电位 $E_{1/2}$，半波电位的值与被还原离子的浓度无关。对某一可还原物质或可氧化物质，在一定底液和实验条件下，它们的半波电位应为常数。这是极谱定性分析的基础。一般情况下，不同金属离子具有不同的半波电位，且不随浓度改变，分解电压则随浓度改变而有所不同，故可利用半波电位进行定性分析。

伏安分析法的实际应用相当广泛，凡能在电极上发生还原或氧化反应的无机、有机物质或生物分子，一般都可用伏安法测定；并且常用来研究电化学反应动力学及其机理，测定络合物的组成及化学平衡常数等[2,5]。

参 考 文 献

[1] 武汉大学. 分析化学(上册)[M]. 第六版. 北京: 高等教育出版社, 2016.

[2] 武汉大学. 分析化学(下册)[M]. 第五版. 北京: 高等教育出版社, 2007.

[3] 何文英. 分析化学实验指导[M]. 呼和浩特: 远方出版社, 2009.

[4] 屠一锋, 严吉林, 龙玉梅, 等. 现代仪器分析[M]. 北京: 科学出版社, 2011.

[5] 朱明华, 胡坪. 仪器分析[M]. 第四版. 北京: 高等教育出版社, 2011.

[6] 张海霞, 王春明. 仪器分析[M]. 兰州: 兰州大学出版社, 2018.

[7] 何文英, 舒火明. 小分子与蛋白质作用的谱学及应用[M]. 北京: 科学出版社, 2012.

第3章　海洋中水体的化学分析及测定

3.1　海洋水体分析的意义和特点

海洋科学是一门以具体空间地区为研究对象，研究发生在该空间地区的有关水文、气象、物理、化学、生物和地质的现象及其变化规律。从化学的角度看，整个海洋是一个巨大的化学体系，体系中各方面的性质、变化和现象都是相互联系和相互制约的，因此，海洋科学是一门具有高度实践性和综合性的学科。而海洋化学又是海洋科学界重点关注的新学科领域之一，海洋化学的深入发展和高度综合促使一系列新兴边缘学科的形成。由化学中的二级分支学科：无机化学、分析化学、有机化学、物理化学、环境化学、同位素化学、资源化学、地球化学、生物化学等与海洋科学相结合，产生一系列新的三级分支学科：海洋无机化学、海洋分析化学、海洋有机化学、海洋物理化学、海洋环境化学、海洋同位素化学、海洋资源化学、海洋地球化学、海洋生物化学等。

海洋中水体的化学分析是利用各种分析方法，研究及测定海水中各组分的化学物质种类及含量，它不仅是海洋化学的一个重要组成部分，也是研究和发展其他海洋学科的重要基础之一，主要体现在以下几个方面：

① 由于海水的密度对海水水体的运动规律起决定性作用，只有准确掌握海水的运动规律，人类才会更进一步地认识海洋结构，从而提高利用海洋、征服和改造自然的能力。通过测定海水氯度进而可以计算出海水的盐度和密度，最早的这些工作始于17世纪，多应用物理的液体比重法测定海水氯度，经过几百年的发展，现在有沉淀滴定、电化学法及比色法等多种化学分析方法，可以准确、简单快速地测定海水中氯度和盐度的值。

② 在海洋工作中常采用测定声波的反射时间来测量海洋的深度，再进行水下通讯、探测鱼群或潜艇等位置的确定，而声波在海水中的传播速度与海水的盐度及海水中的一些化学成分含量等有紧密的关联，因此通过分析测定某一海区的化学物质及结构，方可较准确掌握声波的传播状况。

③ 海洋水体为海洋生物提供了适宜的生存环境，不论是对远海野生还是近海养殖的水产研究，如鱼群预报、水产养殖的科学管理及海区生产力的变化规律等，均和水体中所含营养盐的分布、含量及转移循环规律的调研测定紧密相关，故海水中多种营养盐的种类确定及含量测定也是海洋分析化学研究的一个主要内容。

④ 从分析手段和技术的发展看，不论是最初的经典化学分析方法(包括酸碱

滴定、络合滴定、氧化还原滴定及沉淀滴定)或者简单的比色法，还是使用仪器进行各种分析，大多是对海洋中某单一参数值的测量，但随着近年科学技术的飞速进步，针对海洋环境的复杂性，已经形成了完善的海洋环境立体检测体系，能够使用具有小型、快速、灵敏及自动化等特点的设备，进行微型、现场、原位、多参数化的在线监测，尤其是多样传感器技术比如光纤化学传感器、生物传感器及无线传感器等的普及应用，实现了对海洋中目标待测物信息的传输、处理、显示、记录和控制[1-3]。

3.2　海洋水体的化学组成

海洋面积占全球面积的 70%，平均深度达 3800 米，且海水处于一种动态运动，同时世界各大洋的海水也在不断地交融混合，因此分析的工作量非常巨大，对分析方法的准确性和灵敏性也有很高的要求。尽管海水组成复杂多样，但其化学组成还是具有一定的稳定性，至少在几亿年内是基本恒定的，其证据主要来自贝壳元素组成和海洋沉积的记录。

从化学本身来看，海水包括多种无机和有机的可溶和悬浮性物质，是一种浓的电解质溶液，其离子强度值大约为 0.7，在大洋中的含盐量一般为 33%～37.5%，其中主要成分为：Cl^-、Na^+、Mg^{2+}、Ca^{2+}、K^+、Sr^{2+}、Br^-、SO_4^{2-}、HCO_3^-、H_3BO_3 等，总含量大约为含盐量的 99.8%～99.9%。海水中除含有多种溶解物质外，还有胶体微粒、微生物及有机化合物等，依据不同组分的含量差异，一般可分为以下几组。

常量元素：早期的海水分析化学将 Cl^-、Na^+、Mg^{2+}、Ca^{2+}、K^+、Sr^{2+}、Br^-、SO_4^{2-}、$HCO_3^-(CO_2)$ 9 种离子及 H_3BO_3 归属为常量元素；现代海洋化学对海水中常量元素的种类主要界定为：Cl^-、Na^+、K^+、Mg^{2+}、Ca^{2+}、Sr^{2+}、Br^-、Cl^-、SO_4^{2-}、$HCO_3^-(CO_2)$ 和 F^-这 11 种离子和 H_3BO_3 分子，这些常量元素在海水中的浓度一般高于 0.05mmol/kg，它们构成了海水溶解态组分的 99%以上。

微量元素：先前划分到本组的元素种类较多，但总量仅占总盐量的 0.1%左右，包括：Al、As、Sb、Ba、Bi、Cd、Cs、Ce、Cr、Co、F、Ga、Ge、Au、I、La、Pb、Li、Hg、Mo、In、Nb、Ni、Rn、Ra、Rb、Sc、Se、Ag、Ti、Th、Sn、Tl、W、U、V、Y、Zn、Zr 及 Be；现代海洋化学认为 Li、Ni、Fe、Mn、Zn、Pb、Cu、Co、U、Hg 等金属元素为微量元素，在海水中的浓度一般小于 0.05μmol/kg。

营养元素：是与海洋生物生长密切相关的一系列元素，也被称为营养盐，属于本组的有 N、P、Si、Mn、Fe、Cu 及 Zn 等，它们的含量随生物的繁殖和死亡活动而有很大的变化，一般根据这些元素的含量高低将其再分为主要营养盐(N、P、Si)和微量营养盐(Mn、Fe、Cu 及 Zn)，主要存在形式为 NO_3^-、NO_2^-、NH_4^+、PO_4^{3-}、H_4SiO_4。

溶解气体：海水中溶有大气中含有的多种气体，含量较高的有 CO_2、O_2 及 N_2，其中 CO_2 的含量最高，多以碳酸盐和碳酸氢盐的形式存在，这些气体随温度、深度、盐度及经纬度的不同其含量也产生差异，且受到海流运动或生物作用等因素的影响较大。此外，海水中也含有少量诸如氡(Rn)、氩(Ar)、氦(He)、氖(Ne)等稀有气体和 H_2，在某些海区或孤立的海盆水域中也能发现游离的 H_2S 存在。

有机物质：指海水中含氨基酸的鲜活生物体或含腐殖酸的死去生物体中的溶解有机物及悬浮有机物等，其浓度范围为 ng/L～mg/L，主要存在形式为碳水化合物、脂肪、蛋白质及元素有机化合物等，对它们的含量和组成与盐度一样可作为区别海水性质的基本要素。一般通过测定耗氧量或总有机碳量间接测定溶解和悬浮有机质的总量；其他的测定项目包括：脂质碳水化合物、有机磷、有机氮、蛋白质及甲壳质等。有机物不仅对海水的水色、透明度、物理性质、表面活性和波的形成均有明显的影响，而且对海水中的气体、难溶化合物和一些金属盐类的溶解度和存在形式等也均有一定的影响[1-5]。

以下结合海洋水体中存在的各种组分，利用现代分析化学的多种手段技术，通过已建立的、较成熟的实验，分别做详细阐述。

3.3 海水盐度的测定

3.3.1 海水盐度定义及在海洋学上的意义

盐度是指海水单位体积中所含盐分的数量，是海水的重要特性。海水的盐度涉及海水发电、水产养殖、海洋渔业、海水化工及海上工程等多个方面，它与温度和压力三者，都是研究海水的物理过程和化学过程的基本参数。海洋中发生的许多现象和过程，常与盐度的分布和变化有关。盐度的概念经过几次修订，目前普遍认可的是：海水绝对盐度指单位体积(1L)中所含盐分的数量[1,3]。

海水盐度一般为 32%～37.5%，世界海洋的平均盐度为 35%，表层海水盐度分布由于地理上的差异变化较大，一般近海岸较远洋的低些，寒带较温带低些。中国近海的盐度平均值约为 32.1%，纬度较高而半封闭性的渤海区海水盐度较低，黄海、东海一般为 31%～32%，而纬度较低的南海盐度较高，平均为 35%左右；在长江、黄河等河口海区盐度较低，变化也较大。

海水盐度在海洋学上的意义主要体现在以下两个方面：

① 从海洋化学的角度看，由于海水中主要元素间存在一定的恒比关系，故可利用盐度来估计其他主要离子的含量。虽然海水包含复杂的多组分电解质溶液，只要盐度固定，则主要离子比值一定，由此可通过盐度的变化来判断它对海水许

多物理化学性质的影响。例如海水中微量元素、pH 的比色测定、海水对氧的溶解度和海水中各种化学反应的平衡常数等都和盐度有一定的函数关系。此外，海水化学资源的利用以及沉积化学方面的研究也都需要盐度的相关资料。

② 从海洋生物的角度看，海水的物理化学性质直接影响海洋生物的生态，盐度与海水渗透压有直接关系，其变化是维持生物细胞原生质与海水之间渗透关系的一项重要因素。各种海洋水产的繁殖及鱼类的洄游也和盐度大小有直接关系，因此海水盐度的分布变化资料对于海洋生物学研究也是极重要的。

早期的海水盐度分析检测用化学分析法（$AgNO_3$ 滴定法）直接检测，或用蒸发结晶法进行测定，但这些方法操作复杂、耗时，不能进行精确测定。后来多用间接检测盐度值，目前常用的检测方法有电导率法、声学法、遥感法及光学分析法等，最常用还是电导法测定海水盐度。实用盐度是指相对盐度，在一定的温度压力条件下，由海水样品与盐度为 32.4356×10^{-3} 的标准海水的电导率的比值来确定。本书的特点是基于分析化学，故仅介绍电导率法[1,3]。

3.3.2　海水盐度的测定方法

1. 测定原理

电导率法是利用溶液的成分和电导率间关系的特性来分析介质溶液的导电现象及其规律进行分析检测的方法。

测定方法是利用海水电导盐度计，通过测量海水试样与标准海水的电导率比 K，再查看国际海洋常用表，得出海水试样的实用盐度。

用式(3-1)计算盐度：

$$S=\sum_{i=0}^{5}a_iK_{15}^{i/2}=a_0+a_1K_{15}^{0.5}+a_2K_{15}+a_3K_{15}^{1.5}+a_4K_{15}^{2}+a_5K_{15}^{2.5} \tag{3-1}$$

式中，a_0=0.0080；a_1= –0.1692；a_2=25.385；a_3=14.0941；a_4=7.0261；a_5=2.7081。K_{15}=0.0162，为相对电导率，即在 15℃和 1.01325×10^5Pa 下，水样的电导率和质量比为 32.4356×10^{-3}KCl 溶液的电导率之比，简称间接电导比[4,6]。

2. 仪器和试剂

(1)仪器

① 盐度计：SYC2-2 型电极式盐度计(北京恒奥德科技有限公司)，主要技术指标：测量范围为 3～42S；测量准确度为±0.01S；测量精密度为±0.001S；盐度分辨率为±0.001S。

② 容量瓶、烧杯等玻璃仪器，及其他实验室常用设备和器皿。

(2) 试剂及其配制

① 除非特殊说明，实验中所用其他试剂均为分析纯或优级纯，所用水为去离子水。

② 实验中所用溶液按照要求配制。

3. 测定步骤

(1) 校准

① 启动水浴搅拌，将盐度约为 35%(即 R_{15} 近似为 1) 的标准海水注入并充满校准池和试样电导池，清洗 1～2 次，保证在电导池的两个电极间无气泡存在。

② 将试样单元 R_1 的 5 个旋钮设置为标准海水的 R_{15}，调整校准单元 A 的 5 个旋钮，依次将检测增益设置为×1～×10k 挡，再调节校准单元 A 的相应旋钮使得平衡指示器μA 的读数最小，记录此时的校准单元 A 的读数。

③ 重复操作至第 5 个旋钮相差不大于 5 个单位。

④ 打开显示开关，记录 R_1、水浴温度、校准单元的读数及盐度数据，关闭显示开关。

⑤ 放尽试样电导池的标准海水。

(2) 水样测定

① 启动水浴搅拌，将被测海水注入并充满试样的电导池中，清洗 1～2 次，保证在电导池的两个电极间无气泡存在。

② 依次将检测增益设置为×1～×10k 挡，再调节测量单元 R_1 的×1～×0.00001 挡旋钮使得平衡指示器μA 的读数最小。

③ 打开显示开关，记录 R_1、水浴温度及盐度数据，关闭显示开关。

④ 等待仪器自动计算和显示水试样的盐度。

⑤ 记录仪器显示的盐度结果，要求数据至少保留至小数点后第三位。

4. 注意事项

① 实验室常用的盐度计有感应式和电导式两种类型，在此仅介绍 SYC2-2 型电导式盐度计的测定方法。

② 盐度计的测定误差主要来源于电极间有无气泡或其他异物、海水由盐度瓶转移到电导池中浓度变化及平衡时间。若有气泡，测定读数一般会偏小，此时应重新冲洗干净后再测定。

③ 样品瓶及瓶塞必须经同一水样清洗至少 3 次后，再移取测试水样；使用后的样品应存有部分海水，在下次取样时排出，否则会污染水样。

④ 连续测量时，必须用标准海水对盐度计进行定时检验，并准确记录数据；若间断测样，则按需要随时检验校准仪器，确保测定数据的可靠准确性，也需将相应数据做详细记录在案，以便分析参考[4,6]。

3.4 海水氯度的测定

根据 Knudsen 和 Jacobsen 在 1940 年提出的定义：沉淀 0.3285233 千克海水中全部卤素所需银原子的克数，即为氯度。它指海水中所有卤素离子(Cl^-、Br^-、I^-)的含量标度，用 Cl 表示，无量纲单位为 1×10^{-3}。此外，在海洋学上还常用“体积氯度”这一术语，其含义为在 20℃时 1 升海水中所含的溴和碘由同物质量的氯置换后所含氯的总克数，单位为克/升，符号为 $Cl/L_{(20)}$[5]。

测定海水中氯度的方法主要采用经典的沉淀滴定化学分析法，包括莫尔(Mohr)法直接滴定和法扬斯(Fajans)荧光黄法测定海水氯度。

3.4.1 莫尔法直接滴定测定海水氯度

1. 测定原理

在中性或弱碱性溶液中，用 $AgNO_3$ 标准溶液滴定水样。以 K_2CrO_4 为指示剂，由于 AgCl 的溶解度比 Ag_2CrO_4 小，因此溶液中首先析出 AgCl 沉淀，当 AgCl 定量沉淀后，过量的 $AgNO_3$ 溶液可与 CrO_4^{2-} 生成砖红色 Ag_2CrO_4 沉淀，根据 $AgNO_3$ 溶液的消耗量可计算出氯离子的含量。

主要反应式如下：

$$Ag^+ + Cl^- \longrightarrow AgCl\downarrow\text{（白色）}\quad K_{sp} = 1.8\times10^{-10}$$

$$2Ag^+ + CrO_4^{2-} \longrightarrow Ag_2CrO_4\downarrow\text{（砖红色）}\quad K_{sp} = 2.0\times10^{-12}$$

指示剂的适宜浓度：Ag_2CrO_4 沉淀出现的早晚与[CrO_4^{2-}]有关。若[CrO_4^{2-}]过大，则终点提早出现，使分析结果偏低，若[CrO_4^{2-}]过小，则终点拖后，使分析结果偏高。为了使测定结果准确，必须控制适当的[CrO_4^{2-}]，以减少滴定误差。

实验证明：[CrO_4^{2-}]=5.8×10^{-3}mol/L 左右时，终点误差就很小，测定结果已经准确。

酸度条件：滴定必须在中性或碱性溶液中进行，最适宜 pH 范围为 6.5～10.5。若 pH＜6.5 时，Ag_2CrO_4 不易生成，终点拖后，结果偏高。因为在酸性条件下，CrO_4^{2-}会双聚、脱水生成 $Cr_2O_7^{2-}$，降低了 CrO_4^{2-}的平衡浓度，使得 Ag_2CrO_4 不易生成：

$$2CrO_4^{2-} + 2H^+ \longrightarrow Cr_2O_7^{2-} + H_2O$$

若 pH＞10.0，Ag^+会水解生成 Ag_2O 沉淀：

$$2Ag^{+}+2OH^{-}=\!=\!=Ag_2O\downarrow+H_2O$$

指示剂的用量对滴定有影响，一般以 5×10^{-3}mol/L 为宜。凡是能与 Ag^{+}生成难溶性化合物或配合物的阴离子都干扰测定，如 PO_4^{3-}、AsO_4^{3-}、AsO_3^{3-}、S^{2-}、SO_3^{2-}、CO_3^{2-}、$C_2O_4^{2-}$等。其中 H_2S 可通过加热煮沸除去，将 SO_3^{2-}氧化成 SO_4^{2-}后不再干扰测定。大量的 Cu^{2+}、Ni^{2+}、Co^{2+}等有色离子将影响终点的观察。凡是能与 CrO_4^{2-}指示剂生成难溶化合物的阳离子也干扰测定，如 Ba^{2+}、Pb^{2+}能与 CrO_4^{2-}分别生成 $BaCrO_4$ 和 $PbCrO_4$ 沉淀。Ba^{2+}的干扰可加入过量 Na_2SO_4 消除。Al^{3+}、Fe^{3+}、Bi^{3+}、Sn^{4+}等高价金属离子在中性或弱碱性溶液中易水解产生沉淀，也不应存在。

本方法适用于海水中氯化物浓度的测定，测定范围为 0.28～200mg/L。

2. 仪器和试剂

1）仪器

① 瓷坩埚、干燥器，及其他实验室常用设备和器皿。

② 移液管、滴定管、烧杯、250mL 锥形瓶、容量瓶、棕色试剂瓶等。

2）试剂及其配制

（1）试剂级别

除非特殊说明，实验中所用其他试剂均为分析纯或优级纯，所用水为去离子水。

（2）NaCl 基准试剂的配制

在 500～600℃灼烧半小时后，放置干燥器冷却。也可将 NaCl 置于带盖的瓷坩埚中，加热，并不断搅拌，待爆炸声停止后，将坩埚放入干燥器中冷却后使用。

（3）NaCl 标准溶液（0.0141mol/L）的配制

称取 824.0mg 经 140℃干燥的 NaCl（光谱纯），置于烧杯中，加水溶解后转移至 1000mL 容量瓶中，用水稀释至刻度，摇匀备用。

（4）0.1mol/L $AgNO_3$ 的配制

将 8.5g $AgNO_3$ 溶解于 500mL 不含 Cl^{-}的蒸馏水中，溶液转入棕色试剂瓶中，置暗处保存，以防见光分解。

（5）$AgNO_3$ 溶液（0.1mol/L）的标定

① 准确称取 1.4～1.6g 基准 NaCl 置于小烧杯中，用蒸馏水溶解后，定量转入 250mL 容量瓶中，用水稀释至刻度，摇匀。

② 准确移取 25.00mL NaCl 标准溶液于锥形瓶中，加入 25mL 水，5%K_2CrO_4 1mL，在不断摇动下，用 $AgNO_3$ 溶液滴定至呈现砖红色即为终点。

③ 根据 NaCl 标准溶液的浓度和滴定中所消耗的 $AgNO_3$ 毫升数，计算 $AgNO_3$ 的浓度（mol/L）。重复标定 3 份。同时量取 10mL 水，进行双份空白滴定。

④ 按照式（3-2）计算 $AgNO_3$ 标准溶液的浓度：

$$c_{AgNO_3} = \frac{c_{NaCl} \times 10}{V_2 - V_1} \tag{3-2}$$

式中，c_{AgNO_3} 为 $AgNO_3$ 标准滴定溶液的浓度，mol/L；c_{NaCl} 为 NaCl 标准溶液的浓度，mol/L；V_2 为 NaCl 标准溶液消耗的 $AgNO_3$ 标准滴定溶液的体积平均值，mL；V_1 为空白滴定消耗的 $AgNO_3$ 标准滴定溶液的体积平均值，mL。

(6) K_2CrO_4 (50g/L) 溶液的配制

称取 50g K_2CrO_4 溶于少量水中，滴加 $AgNO_3$ 溶液至生成明显的红色沉淀；静置 12h 后，过滤；并用蒸馏水稀释至 1000mL，待用。

3. 测定步骤

① 准确量取 10.00mL 水样，用蒸馏水在容量瓶中稀释至 250mL。

② 再量取稀释过的海水样品 10.00mL 于 250mL 锥形瓶中，加入 3～4 滴 K_2CrO_4 指示剂，用 $AgNO_3$ 标准溶液滴定至出现砖红色沉淀为终点。

③ 依据式(3-3)计算海水中的氯化物含量：

$$\rho_{Cl} = \frac{c \times (V_2 - V_1) \times 35.45 \times 1000}{V} \tag{3-3}$$

式中，ρ_{Cl} 为海水中氯化物的浓度，mg/L；c 为 $AgNO_3$ 标准溶液的浓度，mol/L；V_1 为滴定水样消耗的 $AgNO_3$ 标准滴定溶液的体积，mL；V_2 为滴定空白溶液消耗的 $AgNO_3$ 标准滴定溶液的体积，mL；V 为量取水样的体积，mL。

4. 注意事项

① 如有铵盐存在，为了避免生成 $Ag(NH_3)_2^+$，溶液的 pH 最好控制在 6.5～7.2。当 NH_4^+ 的浓度大于 0.1mol/L 时，便不能直接用莫尔法测定 Cl^-。

② 5% K_2CrO_4 1mL 溶液的加量要准确，可用吸量管吸取。

③ 滴定管用完后，要先用蒸馏水洗涤。因为自来水中含有 Cl^- 离子，容易生成 AgCl 沉淀而附在管壁上不易洗涤。

④ 用莫尔法测定时，溶液颜色刚刚变化即为终点，不能真正滴定到 Ag_2CrO_4 砖红色出现[5,7,8]。

3.4.2 法扬斯荧光黄法测定海水氯度

1. 测定原理

法扬斯原理：在沉淀滴定中，用吸附指示剂指示滴定终点的银量法。在一定量的海水样品中，加入荧光黄钠盐作指示剂，用标准 $AgNO_3$ 溶液进行滴定，由于生成物 AgX（X 代表 Cl^-、Br^-、I^-）沉淀的表面可以吸附带电荷的粒子，在化学计量点（等当点）之前，沉淀表面吸附 X^- 而带负电荷；但在化学计量点（等当点）之后，

沉淀的表面吸附 Ag^+离子，变成带正电荷的沉淀微粒。

荧光黄钠盐属弱酸盐，其阴离子可被吸附在带正电荷的沉淀表面上，使得沉淀由黄绿色转变为浅玫瑰色，从而指示滴定终点的到达。以同样的方法滴定标准海水的氯度，根据 $AgNO_3$ 溶液的消耗量可计算出水样中氯离子的含量。

此法的优点：由于加入淀粉保护胶体，AgCl 微粒分散度较大，因共沉淀现象而产生的等当点与终点不符的情况大为减少，故比莫尔法直接滴定测定海水氯度误差小[4,6,8]。

2. 仪器和试剂

1）仪器

① 磁力搅拌器，及其他实验室常用设备和器皿。

② 移液管、滴定管、烧杯、容量瓶、棕色试剂瓶等玻璃仪器。

2）试剂及其配制

（1）试剂级别

除非特殊说明，实验中所用其他试剂均为分析纯或优级纯，所用水为去离子水。

（2）$AgNO_3$ 标准溶液的配制及标定

同 3.4.1.2 节中方法。

（3）荧光黄钠盐指示剂的配制

① 配制 0.1%荧光黄钠盐溶液：称取 0.1g 荧光黄溶于 10mL 0.1mol/L 的 NaOH 溶液中，再用稀的 HNO_3 溶液（约 0.1mol/L）中和，然后用去离子水稀释至 100mL，储存于棕色试剂瓶备用。

② 1%淀粉溶液：称取 2.5g 可溶性淀粉（A.R），先用少量去离子水调成糊状，再倒入 250mL 沸水中，冷却至室温。

③ 量取 12.5mL 0.1%荧光黄钠盐溶液和 250mL 1%淀粉溶液，混合均匀后加入 0.25g 苯甲酸钠，防止受霉菌感染变质，一般可保质 1 个月左右。

3. 测定步骤

（1）$AgNO_3$ 溶液的标定

① 用移液管分别移取三份海水样品于 150mL 烧杯中，分别加入 2mL 荧光黄钠盐指示剂。

② 再放入搅拌子后在磁力搅拌器上进行滴定。

③ 开始的 $AgNO_3$ 溶液滴定速率需要快速，当水样局部出现乳红色时，减慢滴定速率，待乳红色褪色后补加 2 滴荧光黄钠盐指示剂，此时已快接近终点。

④ 用去离子水冲洗烧杯内壁，继续滴定到出现浅玫瑰红色，即指示终点到达。

⑤ 记录数据，用 A 表示。

⑥ 平行操作 3 次，滴定结果绝对误差应小于 0.02mL。

(2) 水样的测定

① 将采集好的水样提前放在实验室的环境中，以保持稳定的实验条件；取样前需充分摇动海水样品瓶以达到均匀。

② 用海水移液管平行移取三份海水样品，分别置于 150mL 烧杯中，依据上面 $AgNO_3$ 溶液标定的实验步骤进行滴定，记录滴定数据，用 a 表示。

4. 数据处理及计算

(1) 数据处理

根据海水样品及标准海水样品 3 次滴定的平均值，再对照标准海水氯度值 N，用氯度尺计算海水样品的氯度。

(2) 技术指标

① 此法的检测下限为 0.2。

② 准确度：氯度为 2.0 时，相对误差为±1.0%；氯度为 18 时，相对误差为±0.15%。

③ 精密度：氯度为 2.0 时，相对标准偏差为±0.10%。

5. 注意事项

① 氯度尺的使用方法：其范围为 11.3～20.1，相应的氯度范围为 21.3～36.3，计算尺为Ⅰ、Ⅱ、Ⅲ、Ⅳ 4 段。Ⅰ、Ⅱ段在尺子的正面，Ⅲ及Ⅳ段在尺子的反面。每段有三行对应的 a、Cl、S 值，其中的 a 尺都在滑尺上。使用时，依据标准海水的 N 值及滴定标准海水的读数 A 移动滑尺，使得 A 值[Ⅰ段 a(A) 尺上]对准 N 值[Ⅰ段 Cl(N) 尺上]后，移动游标，在 a 尺上找出 a 值相对应的 Cl 尺读数，即可得到水样的 Cl 值。

② 一般海水的酸度为 pH 7.0～9.0，对分析结果的影响不显著。

3.5　海水 pH 的测定

3.5.1　pH 定义及海水 pH 在海洋学上的意义

pH 是表示溶液中氢离子活度(a_{H^+})的一种标度，其定义为：pH 代表溶液中氢离子活度的负对数，即 $pH=-\lg a_{H^+}$，是界定溶液酸性大小的标度。pH 是海水中重要的物理化学参数之一，对海水的化学反应速率、物理化学性质、生成物的组分、性质及微生物的生长和新陈代谢等均有显著的影响，也是海水碳酸盐体系研究的关键参数。海水通常呈弱碱性，其 pH 一般为 7.5～8.6，表层或近表层海水的 pH 一般较高。

由于海水中所含酸离子以碳酸离子为最多，因此，根据酸碱平衡的基本原理，海水的 pH 与海水中碳酸的几种存在形式（CO_3^{2-}、HCO_3^-和游离 CO_2）的含量有直接的关系。此外，海水的温度、盐度、海生生物的呼吸作用、海生植物的光合作用等均可影响海水的 pH。在缺氧的情况下，海水中所含的游离 O_2 较高，pH 可接近于 7.5，这被认为是海水 pH 的一个界限值，一般认为海水中游离 CO_2 的含量已经不可能再增加。

pH 也随海洋深度而改变，在海面以下、对流影响较小的水层中，海水中的 CO_2 不能与大气发生直接的交换作用，pH 的大小主要取决于海生生物的活动和底质的化学作用。季节也是影响 pH 的一个因素，夏季温度较高，植物的光合作用强烈，消耗大量 CO_2 使 pH 最大；而在冬季，光合作用较弱，则 pH 最小。

另外，海生生物的新陈代谢作用，也影响海水中 pH 的分布。海生生物自身部分有机碳分解成各种形式的碳酸盐回入海水中，当海生生物死亡后，其在微生物和尸体菌的作用下，将有机成分分解为碳酸盐回入海水中；且由于地球化学的过程，例如碳酸盐的沉积和某些含碳酸盐矿物和岩石的溶解，以及水体的混合和涡动扩散，海流的辐聚和辐散等现象，都能使海水中 CO_2 的含量发生变化，从而引起 pH 变化。

pH 在海洋学上的意义主要包括以下几点：

① 海水的 pH 是研究海水碳酸平衡体系时所能直接测定的一项最重要的参数，pH 的测定早就成为海洋普查中的重要项目之一。它在一定条件下反映了游离 CO_2 含量的变化，根据测定的 pH、碱度、水温及盐度等数据，可以计算海水中的总碳酸量，或者计算海水碳酸几种存在形式（CO_3^{2-}、HCO_3^-和游离 CO_2）的比例，从而得到不同海区各水层中碳酸平衡体系比较清楚的情况，有助于水化学问题的研究。

② 通过测定海水的 pH，有助于研究海水对某些岩石和矿物的溶解情况、元素搬运及沉淀条件等。

③ 获得 pH 的分布资料，有助于人类进一步认识各种海生动植物的生活环境和特点，进而掌握海生动植物的生长繁殖规律，这在国民经济中都具有很大实用价值。

④ 海水 pH 的大小也直接影响元素在海洋中的存在形式和各反应过程的进行，与氧化还原电位一样，是海洋中一些元素地球化学过程的一个主要影响因素。

较常用的 pH 检测方法有试纸法和 pH 计测定法，但试纸法误差较大，故通常采用 pH 计测定 pH。目前常用的 pH 计主要是基于电位测定的电化学电极，有玻璃电极、锑电极或离子敏感场效应晶体管 pH 电极等，锑电极一般适用于 pH＜4 的溶液，离子敏感场效应晶体管 pH 电极不易受化学腐蚀，但对海水 pH 多使用简易、经济及灵敏的玻璃电极测定[4,5,9]。

3.5.2 海水 pH 的测定方法

1. 测定原理

电位法测定溶液的 pH，是以玻璃电极为指示电极(–)，饱和甘汞电极为参比电极(+)组成原电池：

Ag|AgCl(s)·HCl(0.1mol/L)|玻璃膜|待测溶液||SCE

在同一温度下，分别测定同一玻璃-甘汞电极对在标准缓冲溶液和水样中的电动势，则水样的 pH 为：

$$pH_x = pH_s + \frac{E_x - E_s}{2.3026RT/F} \tag{3-4}$$

式中：pH_x 为水样的 pH；pH_s 为标准缓冲溶液的 pH；E_x 为玻璃-甘汞电极对插入水样的电动势；E_s 为玻璃-甘汞电极对插入标准缓冲溶液的电动势；R 为摩尔气体常数；F 为法拉第常数；T 为热力学温度，K。

测定水样之前，用两种不同 pH 的缓冲溶液校正[两点定位法：先用 pH 为 6.86(25℃)标准缓冲溶液定位(温度补偿)，再用 pH 为 4.01(25℃)或 pH 为 9.18 的标准缓冲溶液标定斜率]。

25℃时，溶液的 pH 变化 1 个单位时，电池的电动势改变 59.0mV。实际测量中，选用 pH 与样品 pH 接近的标准缓冲溶液，校正 pH 计，并保持溶液温度恒定，以减少由于液接电位、不对称电位及温度等变化而引起的误差。

校正后的 pH 计，可以直接测定水样或溶液的 pH[7,10,11]。

2. 仪器和试剂

(1)仪器

① pHS-3C 型酸度计、pH 复合电极 1 支、滤纸若干，及其他实验室常用设备和器皿。

② 容量瓶(250mL)、烧杯等玻璃仪器。

(2)试剂及其配制

① 袋装 pH 标准缓冲溶液(粉剂)(pH 为 4.01，6.86，9.18)、未知 pH 溶液、饱和 KCl 溶液。除非特殊说明，实验中所用其他试剂均为分析纯或优级纯，所用水为超纯水。

② 实验中所用溶液按照要求配制。

3. 测定步骤

1)pHS-3C 型酸度计的结构和安装

仪器由 pHS-3C 主机、pH 复合电极、升降架、电极夹等组成。

2) 仪器安装和使用方法

(1) 使用前准备

① 把仪器平放于桌面上，旋上升降杆，固定好电极夹。

② 将已活化 24h 的测量电极，标准缓冲溶液和待测溶液准备就绪。

③ 接通电源，打开电源开关 10，仪器预热 10min，然后进行测量。

(2) mV 测量

① 将功能选择开关 5 拨至“mV”挡，仪器进入测量电压值(mV)状态，此时仪器定位调节器 2、斜率调节器 3 和温度补偿调节器 4 均不起作用。

② 将短路插头旋入后面板上的插座 6，并旋紧，用螺丝刀调节底面板上“调零”电位器，使仪器显示“000”。

③ 待仪器稳定数分钟后，仪器显示值即为所测溶液的 mV 值。

(3) pH 测量

在测量溶液的 pH 前，需先对仪器进行标定，通常采用两点定位标定法，操作步骤如下：

① 功能选择开关 5 置在“mV”挡，操作步骤按上面“(2) mV 测量”中的①、②步进行，仪器调零后，再将功能选择开关 5 拨至“℃”挡，调节温度补偿调节器 4，使显示器显示被测液的温度(注：调节好后不要再动此旋钮，以免影响精度)。

② 将功能选择开关 5 拨至“pH”挡，将活化后的测量电极旋入后面板的插座 6，并将它浸入 pH_1=4.01 的标准 pH 缓冲溶液中，待仪器响应稳定后，调节定位调节器 2，使仪器显示 pH 为“4.01”。

③ 取出电极，用去离子水冲洗，滤纸吸干，再插入 pH_2=9.18 标准 pH 缓冲液中，待仪器响应稳定后，调节斜率调节器 3，使仪器显示为 $\Delta pH = pH_2 - pH_1 = 5.18$，此后不要再动斜率调节器 3，重新调节定位调节器 2，使仪器显示 pH_2=9.18(注：以上所显示的 pH 均为标准缓冲液在 25℃情况下的显示值)。

④ 仪器标定结束，将电极浸入被测溶液即可测其 pH。

⑤ 若被测溶液与标准缓冲溶液温度不一致时，需将功能选择开关 5 拨至“℃”挡，调节温度补偿调节器 4 使显示值为试液温度值，即可测量(注：如果测量 pH 精度要求高时，需修正标准缓冲溶液在当时温度下的 pH)。

3) 水样 pH 测量

定位完毕后，将电极冲洗干净并吸干水分，放入待测水样品中，调节温度补偿调节器的刻度与溶液温度一致；不时地轻轻摇动盛溶液的烧杯，加速平衡到达，重复测定，并使电极定位充分平衡后读数。

4) 测试后工作

测试结束后，用蒸馏水将电极淋洗干净，并用滤纸吸干水分，再放入存有饱和 KCl 溶液的套头中，下次备用。

4. 数据处理及计算

将实验室测定的 pH_m 数据校准到现场条件下的 pH_w(温度、盐度、压力的影响)，可按照式(3-5)进行校正。

$$pH_w = pH_m + \alpha(t_m - t_w) - \beta d \tag{3-5}$$

式中，pH_w 和 pH_m 分别代表校正后的现场 pH 和实验室测定的 pH；t_w 和 t_m 值分别代表校正后的现场和实验室测定的温度，℃；d 为水样深度，m；α 为温度校正系数(表 3-1)；β 为压力校正系数(表 3-2)，如果采样深度小于 500m，可忽略压力的影响。

表 3-1　pH 测定的温度校正系数 $\alpha(t_m-t_w)$ [6]

(t_m-t_w)/℃	pH											
	7.5	7.6	7.7	7.8	7.9	8.0	8.1	8.2	8.3	8.4	8.5	8.6
1	0.01	0.01	0.01	0.01	0.01	0.01	0.01	0.01	0.01	0.01	0.01	0.01
2	0.02	0.02	0.02	0.02	0.02	0.02	0.02	0.02	0.02	0.02	0.02	0.02
3	0.03	0.03	0.03	0.03	0.03	0.03	0.03	0.03	0.03	0.03	0.03	0.04
4	0.03	0.03	0.04	0.04	0.04	0.04	0.04	0.04	0.04	0.05	0.05	0.05
5	0.04	0.04	0.04	0.05	0.05	0.05	0.05	0.05	0.06	0.06	0.06	0.06
6	0.05	0.05	0.05	0.06	0.06	0.06	0.06	0.06	0.07	0.07	0.07	0.07
7	0.06	0.06	0.06	0.07	0.07	0.07	0.07	0.07	0.08	0.08	0.08	0.08
8	0.07	0.07	0.07	0.07	0.08	0.08	0.08	0.08	0.09	0.09	0.09	0.09
9	0.07	0.07	0.08	0.08	0.09	0.09	0.09	0.10	0.10	0.10	0.10	0.11
10	0.08	0.08	0.09	0.09	0.10	0.10	0.10	0.11	0.11	0.11	0.12	0.12
11	0.09	0.09	0.10	0.10	0.11	0.11	0.11	0.12	0.12	0.12	0.13	0.13
12	0.10	0.10	0.11	0.11	0.12	0.12	0.12	0.13	0.13	0.14	0.14	0.14
13	0.11	0.11	0.12	0.12	0.12	0.13	0.13	0.14	0.14	0.15	0.15	0.16
14	0.12	0.12	0.13	0.13	0.13	0.14	0.14	0.15	0.15	0.16	0.16	0.17
15	0.13	0.13	0.14	0.14	0.14	0.15	0.15	0.16	0.16	0.17	0.17	0.18
16	0.13	0.14	0.14	0.15	0.15	0.16	0.16	0.17	0.18	0.18	0.19	0.19
17	0.14	0.15	0.15	0.16	0.16	0.17	0.18	0.18	0.19	0.19	0.20	0.20
18	0.14	0.15	0.16	0.17	0.17	0.18	0.19	0.19	0.20	0.20	0.21	0.22
19	0.15	0.16	0.17	0.18	0.18	0.19	0.20	0.20	0.21	0.21	0.22	0.23
20	0.16	0.17	0.18	0.19	0.19	0.20	0.21	0.21	0.22	0.23	0.23	0.24
21	0.17	0.18	0.19	0.20	0.20	0.21	0.22	0.22	0.23	0.24	0.24	0.25
22	0.18	0.19	0.20	0.20	0.21	0.22	0.23	0.23	0.24	0.25	0.26	0.26
23	0.19	0.20	0.21	0.21	0.22	0.23	0.24	0.24	0.25	0.26	0.27	0.28
24	0.20	0.21	0.22	0.22	0.23	0.24	0.25	0.25	0.26	0.27	0.28	0.29
25	0.21	0.22	0.22	0.23	0.24	0.25	0.26	0.26	0.28	0.28	0.29	0.30

表 3-2　pH 测定的压力校正系数β[6]

pH_m	$\beta/10^{-6}$
7.5	35
7.6	31
7.7	28
7.8	25
7.9	23
8.0	22
8.1	21
8.2	20
8.3	20
8.4	20

5. 注意事项

① 电极用于海水样品的 pH 测定前，需放入海水中浸泡约 10min 以上，更容易达到稳定。

② 海水 pH 主要受海水中 CO_2 平衡的影响，故当采水器取水样后，立即将样品盖好瓶塞，放在实验室内平衡温度。

③ 打开海水样品插入电极测定 pH 时，应尽量在短时间内完成测定，以减少空气中 CO_2 的影响。

3.6　海水碱度的测定

3.6.1　海水碱度的定义及在海洋学上的意义

海水中含有相当数量的碳酸根、碳酸氢根和硼酸根等弱酸阴离子，这些阴离子在海水中与相应的弱酸分子保持一定的酸碱电离平衡。它们之间的比例和浓度大小可调节海水的 pH。

早期“碱度”的定义为：在温度为 20℃、体积为 1L 的水样中弱酸阴离子全部被释放时所需氢离子的毫克当量数，单位为“毫克当量/升”。现在将海水中氢离子接受体的净浓度总和称为“碱度”或“总碱度”，用符号 TA 或 Alk 表示，单位为 mol/L 或 mol/kg。根据上述定义，Dickson 给出了海水中总碱度（TA）的计算式：

$$TA=[HCO_3^-]+2[CO_3^{2-}]+[B(OH)_4^-]+[OH^-]+[HPO_4^{2-}]+2[PO_4^{3-}]$$

$$+[H_3SiO_4^-]+[NH_3]+[HS^-]-[H^+]_F-[HSO_4^-]-[HF]-[H_3PO_4]$$

式中，$[H^+]_F$ 为 H 自由离子的浓度。海水的“碱度”是用来衡量海水中所含弱酸根离子的多少，它与海水的 pH(酸度，或称酸碱度)有直接的关系，但二者却是两个截然不同的概念。海水中的总碱度与质量、盐度等参数相似，是一个具有保守性质的参数。比如，若总碱度以单位 mol/kg 来表示，则海水总碱度不随温度、压力的变化而变化。在外海海水中碱度与氯度之间的比例关系大致上为一常数，通常称为“碱氯系数”，或称“比碱度”。

海水总碱度的分布与盐度非常类似，总体上看，大西洋的表层总碱度高于太平洋，这与大西洋较强蒸发导致的高盐度有关。另外，在某些上升存在的海区，由于深层高盐水的输送，也造成表层总碱度较高。

由于海水总碱度是海洋学研究的重要参数之一，海洋中的一些环境因子和生物地球化学过程均对其产生影响，主要包括以下特点。

① 由于水总碱度与盐度密切相关，海水中保守性阳离子和保守性阴离子的电荷数差随盐度的变化而变化，而海洋盐度主要受控于降雨、蒸发、淡水输入、海冰的形成与融化等，因而这些过程也会导致海水总碱度的变化。

② 海洋中的一些生物，如珊瑚虫、琥螺、有孔虫、球石藻等，可形成 $CaCO_3$ 的壳体或骨骼；它们死亡后部分 $CaCO_3$ 壳体或骨骼也会溶解，这些均会影响海水总碱度的变化。此外，$CaCO_3$ 的沉淀会导致海水中 Ca^{2+} 浓度的降低，由此导致保守性阳离子与保守性阴离子之间的电荷数差减少，海水总碱度降低。

③ 海洋生物对氮的吸收以及有机物再矿化过程中释放的溶解无机氮对海水总碱度有一定程度的影响。

研究海水总碱度的意义在于：由于在大洋中不同水域的碱度系数不同，可通过碱度系数来划分水域，比如在河口滨海区，河水的碱度系数较海水高得多，故可作为河口滨海区水系混合的良好化学标志之一；此外，利用总碱度资料及水温、盐度及 pH，可直接对海水的总 CO_2 与碳酸各分量进行理论计算，从而得到不同水层及在海区中碳酸平衡体系较清楚的情况[3,4]。

3.6.2　海水碱度的测定方法

海水碱度的测定方法可以分为以下几种：电位滴定法测 pH；基于酸碱滴定的直接滴定和返滴定中和法；基于氧化还原反应的碘量法；借助比色法测定 pH；感应电导仪的电导测定法。其中，作为最古老的测定方法，碘量法因其实验过程操作烦琐、条件要求苛刻而不太常用；比色法测定 pH 获得海水碱度的人为视觉误差也较大，故在准确测定海水碱度时一般不采用此法；利用电导测定法进行测定使用较少；现在较多使用、误差较小的方法是结合酸碱滴定原理的电位滴定法来测海水碱度，这种方法具有较高的准确度和精密度，是研究碳酸盐体系所采纳的常用测定方法，以下做详细介绍。

3.6.3 电位法测定海水碱度

1. 测定原理

(1)利用酸碱反应的原理，采用 pH 法测定总碱度

向海水水样中，加入过量的盐酸标准溶液，中和水样中弱酸根离子；再用 pH 计，测定混合溶液的 pH；由测得 pH 可计算出混合溶液中剩余的盐酸量；从加入盐酸总量中减去此值便可以求出水样中弱酸阴离子浓度，以 mmol/L 为单位[式(3-6)]

$$\mathrm{Alk}=\frac{1000}{V_{\mathrm{s}}}V_{\mathrm{a}}\times M_{\mathrm{a}}-\frac{1000}{V_{\mathrm{s}}}(V_{\mathrm{s}}+V_{\mathrm{a}})\times c_{\mathrm{H^+}}\cdots \tag{3-6}$$

式中，V_a为外加标准盐酸溶液的体积；V_s为水样体积；M_a为标准盐酸溶液浓度；c_{H^+}为混合溶液中氢离子浓度，$c_{H^+}=\frac{a_{H^+}}{f_{H^+}}$，可由所测定的 pH 求得，$f_{H^+}$代表活度系数[4]。

(2)电位滴定法利用电极电位的“突跃”指示滴定终点

当以标准盐酸溶液滴定碱试液时，在化学计量点附近可以观察到 pH 的突跃；以玻璃电极与饱和甘汞电极插入试液即可组成如下的工作电池：

$$\mathrm{Ag|AgCl(s)\cdot HCl(0.1mol/L)|}玻璃膜|待测溶液||\mathrm{KCl}(饱和),\mathrm{Hg_2Cl_2|Hg}$$

该工作电池的电动势在酸度计上反映出来，并表示为滴定过程的 pH，记录加入盐酸标准溶液的体积 V 和相应的 pH，然后由 pH-V 曲线或（ΔpH/ΔV)-V 曲线求得终点时消耗的盐酸标准溶液体积。也可用二级微商法，用内插法于 $\Delta^2\mathrm{pH}/\Delta V^2=0$ 处确定终点。根据盐酸标准溶液的浓度、消耗的体积和试液的体积，即可求得试液中碱的浓度或含量[7]。

2. 仪器和试剂

1)仪器

① pHS-2C 型酸度计(上海雷磁)、复合电极，及其他实验室常用设备和器皿。

② 烧杯(50mL)6 个、移液管(25mL)10 只、其他玻璃仪器、洗瓶 2 个。

2)试剂及其配制

(1)试剂级别

市售商品化的袋装 pH 标准缓冲溶液(粉剂)。除非特殊说明，实验中所用其他试剂均为分析纯或优级纯，所用水为去离子水。

(2) 盐酸标准溶液 (0.0067mol/L) 的配制

移取 8.4mL 浓盐酸于 1000mL 容量瓶中，用去离子水定容至刻度，摇匀备用；再另取上述溶液 61mL，于 1000mL 容量瓶中，用去离子水定容至刻度，摇匀，即为 0.0067mol/L 的盐酸标准溶液。

(3) 碳酸钠标准溶液 (0.0050mol/L) 的配制

① 准确称取 0.530g Na_2CO_3，在 (285±10)℃下烘 2h，再放置于干燥器中冷却至室温备用。

② 将上述 Na_2CO_3 放入 100mL 烧杯中，用少量去离子水溶解，再转移于 1000mL 容量瓶中，用去离子水定容至刻度。

(4) 标准缓冲溶液的配制

对市售商品化的袋装 pH 标准缓冲溶液 (粉剂)，根据说明书分别配制好 pH 为 4.01 及 pH 为 6.86 的标准缓冲溶液。

(5) 甲基红次甲基蓝混合指示剂的配制

称取 0.32g 甲基红溶于 80mL 95%的乙醇中；加入 6.0mL 次甲基蓝乙醇溶液 (0.01g 次甲基蓝溶于 100mL 95%乙醇中)，混合后加入 1.2mL 氢氧化钠溶液 (ρ_{OH}= 40.0g/mL)，溶液呈暗色；储存于棕色瓶中备用。

3. 测定步骤

(1) pH 酸度计的定位与斜率调节

① 按照 pHS-2C 型酸度计操作步骤调试仪器。将 pH 为 4.01 (20℃) 的标准缓冲溶液置于 100mL 小烧杯中，放入搅拌子，并使电极浸入标准缓冲溶液中，开动搅拌器，进行酸度计定位。

② 再以 pH 为 6.86 (20℃) 的标准缓冲溶液校核，所得读数与测量温度下的缓冲溶液的标准值 pH_s 之差应为±0.05 之内。

(2) 电位滴定法对盐酸溶液的标定

① 准确吸取碳酸钠标准溶液 10.00mL 于 100mL 容量瓶中，并用去离子水稀释至刻度，混匀。

② 准确吸取稀释后的碳酸钠标准溶液 5.00mL 于 100mL 烧杯中，加去离子水至约 30mL，放入搅拌子。

③ 将待标定的盐酸溶液装入微量滴定管中，使液面在 0.00mL 处。

④ 粗测。开动搅拌器，调节至适当的搅拌速率，进行粗测，即测量在加入盐酸溶液 0mL、1mL、2mL … 8mL、9mL、10mL 时各点的 pH。初步判断发生 pH 突跃时所需的盐酸体积范围 (ΔV_{ex})。

⑤ 细测。重复步骤③和④操作，然后进行细测，即在化学计量点附近取较小的等体积增量，以增加测量点的密度，并在读取滴定管读数时，读准至小数点后

两位。如在粗测时 ΔV_{ex} 为 8～9mL，则在细测时，在加入 8.00mL NaOH 后，以 0.10mL 为体积增量，测量加入 NaOH 8.00mL、8.10mL、8.20mL … 8.90mL 和 9.00mL 时各点的 pH。

⑥ 平行测定 2 份，用二阶微商方法准确求出盐酸的滴定体积，mL。

(3)滴定法对盐酸溶液的标定

① 准确移取 15.00mL 标准碳酸钠溶液于 100mL 干燥的三角瓶中，加甲基红次甲基蓝混合指示剂 6 滴，用稀盐酸溶液滴定。

② 当溶液由橙色转变为稳定浅紫红色即为终点，mL。

③ 平行测定 3 份,用酸碱反应的化学计量关系准确求出盐酸的滴定体积,mL。

(4)海水样品总碱度的测定

① 用移液管准确移取海水样品试液 10.00mL 于 100mL 容量瓶中，并用去离子水稀释至刻度，混匀；再吸取稀释后的海水样品溶液 5.00mL 于 100mL 烧杯中，加去离子水至约 30mL，放入搅拌子。

② 仿照标定标准盐酸溶液时的粗测和细测步骤，打开搅拌器，测定 pH，对海水样品进行测定。在细测时于 $1/2\Delta V_{ex}$ 处，也应适当增加测量点的密度，如 ΔV_{ex} 为 4～5mL，可测量加入溶液 2.00mL、2.10mL、2.20mL … 2.40mL 和 2.50mL 盐酸溶液时各点的 pH。

③ 平行测定两份，两次误差小于 0.02pH。

4. 数据处理及计算

(1)盐酸溶液浓度的标定

① 粗测实验数据记录填入表中，根据实验数据，计算 ΔV_{ex}，mL。

V/mL	pH
1	
2	
3	
4	
5	
6	
7	
8	
9	
10	

② 细测实验数据记录。根据实验数据，计算 $\Delta pH/\Delta V$ 和化学计量点附近的 $\Delta^2 pH/\Delta V^2$，填入表中。

V/mL	pH	ΔpH/ΔV	Δ^2pH/ΔV^2

③ 于方格纸上作 pH-V 曲线和(ΔpH/ΔV)-V 曲线，找出终点体积 V_{ep}。

④ 用内插法求出 Δ^2pH/ΔV^2=0 处的盐酸溶液的体积 V_{ep}。

⑤ 依据式(3-7)，计算盐酸溶液浓度。

$$V_{HCl} = V_0 + \frac{\left|\frac{\Delta^2 pH}{\Delta V_1^2}\right|}{\left|\frac{\Delta^2 pH}{\Delta V_1^2}\right| + \left|\frac{\Delta^2 pH}{\Delta V_2^2}\right|} \times \Delta V \tag{3-7}$$

⑥ 根据所得的 V_{ep}，依据式(3-8)计算盐酸标准溶液的浓度。

$$M_a = \frac{2M_{Na_2CO_3} \times V_{Na_2CO_3}}{V_{HCl}} \tag{3-8}$$

式中，M_a为已知数，约为 0.006mol/L 左右。

(2)海水总碱度的测定

① 同以上盐酸溶液浓度的标定实验步骤，及数据处理方法，画出曲线，求出终点 V_{ep}。

② 根据 Alk-a_{H^+} 的关系曲线，由式(3-9)求得 Alk 值。

$$\text{Alk}=\frac{1000}{V_s}V_a \times M_a - \frac{1000}{V_s}(V_s + V_a) \times \frac{a_{H^+}}{f_{H^+}} \tag{3-9}$$

式中，V_a=10mL；V_s=25mL；f_{H^+} 为 H^+的活度系数，可由实验测得，若海水的氯度为 6～12，pH 为 3.00～4.00，可认为 f_{H^+} 的变化不大，其值为 0.753。

③ 由测得海水混合液的 pH，在 Alk-a_{H^+} 关系曲线上，查得对应的总碱度，可求出海水总碱度值，要求平行测定两份水样的差值不大于 0.03mmol/L。

5. 注意事项

① 测定溶液应按由稀到浓顺序测定，每滴定完一个溶液，电极必须用蒸馏水冲洗，再用滤纸吸干，方可进行下一个溶液测定。

② 测量电位应在搅拌下动态读数，且读数稳定，搅拌速率应适宜。

③ 电极浸入溶液的深度应合适，搅拌磁子不能碰到电极。

④ 注意观察化学计量点的到达，在计量点前后应等量小体积加入盐酸标准溶液。

3.7 海水中溶解氧的测定

3.7.1 海水中溶解氧的定义及在海洋学上的意义

溶解于水中的分子态氧称为溶解氧，通常记作 DO，用每升水里氧气的毫克数表示。氧饱和度(%)是指测得的溶解氧含量与现场水温、盐度条件下氧的饱和含量的百分比。水中溶解氧的含量与空气中氧的分压、水的温度都有密切关系。在自然情况下，空气中的含氧量变动不大，故水温是主要的因素，水温越低，水中溶解氧的含量越高。日常生活中，水中溶解氧的多少是衡量水体自净能力的一个指标。而海水中的溶解氧和海水中动植物生长有密切关系，其分布特点又是海水运动的一个重要的间接标志，故溶解氧的含量及分布变化如同温度、盐度和密度一样，是海洋水文的重要特征之一。

海洋中溶解氧的来源主要包括两个途径，其一为大气，其二为海洋生物的光合作用。由于海洋表面与大气紧密接触，大气中的氧可以通过海-气界面的交换进入海洋表层，而后通过水体的平流与扩散作用，将表层富含溶解氧的水体带到深层，因此，大气中的氧是海洋溶解氧的来源之一。生物光合作用产生的氧气经常导致在海洋次表层水体中观察到溶解氧的极大值。

不同海区含氧量也各不相同，高纬度地区整年温度和盐度比较低，故含氧量较大；而低纬度地区则相反，比如赤道附近含氧量约为 4.0～4.8mL/L，亚热带地区含氧量增至 6.0mL/L 附近，而南极洲个别地区则高达 8.2mL/L。

周日变化和周年变化也对海洋中含氧量有一定影响，当温度和盐度日变量不大时，含氧量的日变化取决于光合作用的强度，而光合作用取决于海水的光照度，所以在受到光照的水层中可以观察到中午最高、黎明前最低的日变化情况。即使对同一海区，含氧量也随该地区温度和盐度的变化、生物活动、氧化过程等而变化。

另外，在一般情况下，表层海水中的含氧量受温度、盐度和压力的影响较大，其中温度的影响最大；不同深度的海洋中，氧含量的垂直分布也不均匀，在表层和近表层含氧量最丰富，一般接近或达到饱和；尤其在光合作用强烈的海区，近表层有可能出现过饱和状态的现象；但在一般外海中，最小含氧量是在海洋的中层出现，这是由于一方面中层由于生物的呼吸及海水中无机和有机物的分解氧化而耗用了大量的氧，另一方面依靠海流补充到中层的氧也不够多，造成氧垂直分布上的含量最小层在中层；深层因温度变低，氧化过程的强度减弱以及海流的补充，含氧量比中层有所增加。

总之，含氧量的时间变化与整个水文条件及生物生长周期有关。海水溶解氧的研究在海洋学上的意义主要体现在以下三个方面。

① 海水中溶解氧的含量与分布可以提供诸多的海洋学信息，通过研究大洋中含氧量在时间上和空间上的分布，不仅可以用来研究海洋环流情况，而且还可以用来了解大洋各个深度上生物生存的条件，例如，利用溶解氧的分布可揭示海水的平流过程、海洋生物的光合作用以及海洋有机物质的氧化降解作用等。

② 一般情况下，含氧量的特征是从表面下沉海水的"年龄"的鲜明标志，由此还可能确定出各个深度上的海水与表层水之间的关系。

③ 海水中微小气泡的形成，也与海水氧含量有关，这可为海洋物理工作者提供一定的参考数据[4-6]。

溶解氧的测定方法有化学分析的容量法、气体分析法、光学分析法及电化学法等，以容量法最为普遍多用，在此做主要介绍。

3.7.2　海水溶解氧的测定方法

1. 测定原理

基于氧化还原滴定的碘量法原理，水样中溶解氧与 $MnCl_2$ 和 NaOH 反应，生成高价锰的棕色沉淀。加酸溶解后，在碘离子存在下即释放出与溶解氧含量相当的游离碘。然后用硫代硫酸钠（$Na_2S_2O_3$）标准溶液滴定游离碘，换算成溶解氧的含量[6]。

具体的反应过程为：在一定量的水样中，加入适量 $MnCl_2$ 及碱性 KI 溶液，$MnCl_2$ 与 NaOH 生成白色、不稳定的 $Mn(OH)_2$ 沉淀，能被水中溶解氧氧化为四价锰褐色沉淀。在酸性条件下，四价锰与碘离子反应，生成与氧等剂量的游离碘，以淀粉作指示剂，用 $Na_2S_2O_3$ 标准溶液进行滴定，主要反应式如下：

$$MnCl_2 + 2NaOH \longrightarrow Mn(OH)_2\downarrow(白) + 2NaCl$$

$$2Mn(OH)_2\downarrow + O_2 \longrightarrow 2MnO(OH)_2\downarrow(褐)$$

$$MnO(OH)_2\downarrow + 4H^+ + 2I^- \longrightarrow Mn^{2+} + I_2 + 3H_2O$$

$$I_2 + 2S_2O_3^{2-} \longrightarrow S_4O_6^{2-} + 2I^-$$

2. 仪器试剂

1）仪器

容量瓶、烧杯等玻璃仪器，及其他实验室常用设备和器皿。

2）试剂

（1）试剂级别

除非特殊说明，实验中所用其他试剂均为分析纯或优级纯，所用水为超纯水。

（2）$MnCl_2$ 溶液的配制

称取 210g 氯化锰（$MnCl_2 \cdot 4H_2O$）溶于去离子水中，并稀释至 500mL，储存于试剂瓶中。

（3）碱性 KI 溶液的配制

称取 250g 氢氧化钠，在搅拌下溶于 250mL 水中，冷却后，加 75g KI（A.R），稀释至 50mL，盛于具橡皮塞的棕色试剂瓶中备用。

（4）0.01mol/L KI 标准溶液的配制

称取预先在 120℃烘干 2h 后置于硅胶干燥器中冷却的优先级纯碘酸钾（KIO_3）3.567g，溶于水中，再全部转移至 1000mL 棕色容量瓶中，用蒸馏水定容。置于冷暗处，可保质一个月。

（5）硫酸溶液（1∶1）的配制

将 1 体积浓硫酸倒入 1 体积去离子水中，冷却，储存于试剂瓶中备用。

（6）硫酸溶液（2mol/L）的配制

将 100mL 浓硫酸倒入 800mL 去离子水中，冷却，储存于试剂瓶中备用。

（7）淀粉溶液（5g/L）的配制

称取 0.5g 可溶性淀粉，用少量水调成糊状，慢慢加入沸腾的 100mL 蒸馏水中，继续煮沸至溶液透明为止。为了防止分解，可加入 0.1g 水杨酸钠。

（8）$Na_2S_2O_3$ 溶液（0.01mol/L）的配制

称取 25g 硫代硫酸钠，用刚煮沸冷却的蒸馏水溶解；转移至棕色试剂瓶中，稀释至 10L 混匀；置于阴凉处，8～10 天后标定其浓度。

（9）碘酸钾溶液（0.001667mol/L）的配制

精确称取 0.3567g 碘酸钾（预先在 120℃下烘 2h 后，置于硅胶干燥器中冷却）；溶于去离子水中，再转移至 1000mL 容量瓶中，用去离子水稀释至标线；混匀待用。

（10）0.01mol/L 重铬酸钾标准溶液的配制

用差减法准确称取 0.7～0.8g 干燥的（180℃烘 2h）分析纯 $K_2Cr_2O_7$ 固体于 100mL 烧杯中；加 50mL 水使其溶解；定量转入 250mL 容量瓶中，用水稀释至刻度，摇匀。

3. 测定步骤

（1）$Na_2S_2O_3$ 溶液的标定

① 用移液管移取 25.00mL $K_2Cr_2O_7$ 溶液置于 250mL 锥形瓶中，加入 3mol/L HCl 5mL，1g 碘化钾，摇匀后放置暗处 5min。

② 待反应完全后，用蒸馏水稀释至 50mL。

③ 用 $Na_2S_2O_3$ 溶液滴定至草绿色。

④ 加入 2mL 淀粉溶液，继续滴定至溶液自蓝色变为浅绿色即为终点。

⑤ 平行标定三份，计算 $Na_2S_2O_3$ 溶液物质的量浓度。

(2)水样测定

① 打开水样瓶塞，立即用定量加液器(管尖插入液面)依序注入 1.0mL $MnCl_2$ 溶液和 1.0mL 碱性 KI 溶液，塞紧瓶塞(注意此时瓶内不能有气泡)，按住瓶盖，将瓶上下颠倒不少于 20 次。

② 样品静置后约 1h 或沉淀完全后打开瓶塞(若水样瓶中全部滴定，则勿摇动沉淀，小心地虹吸出上部澄清液)，立即用定量加液器注入 1.0mL(1∶1)H_2SO_4。塞好瓶塞，反复颠倒样品瓶至沉淀全部溶解。

③ 再静置 5min，小心打开溶解氧瓶塞，量取 100mL(或适量)经上述处理后的水样，移入锥形瓶中(若全滴定，可不移入锥形瓶)，并顺瓶壁轻轻放入一个玻璃磁转子，将锥形瓶置入滴定台上。

④ 开动磁力搅拌器，用已标定的 $Na_2S_2O_3$(0.01mol/L)进行滴定。

⑤ 待溶液呈淡黄色时，加 1mL 5g/L 淀粉溶液，继续滴定至蓝色刚刚褪去。

⑥ 记录滴定管中消耗的 $Na_2S_2O_3$ 溶液体积。

⑦ 平行实验至少 3 次，记录数据。

4. 数据处理及计算

(1)水样中溶解氧的质量浓度计算[式(3-10)]

$$\rho_{O_2}=\frac{c\times V\times f_1\times 8}{V_1}\times 1000 \tag{3-10}$$

式中，ρ_{O_2} 为水样中溶解氧的质量浓度，mg/L；V 为滴定水样时用去 $Na_2S_2O_3$ 标准溶液的体积，mL；c 为 $Na_2S_2O_3$ 标准溶液的浓度；V_1 为滴定用全部或部分固定水样的体积，mL；$f_1=\frac{V_2}{V_2-2}$，其中 V_2 为固定水样(即水样瓶)的总体积，mL，2 为加入 $MnCl_2$ 溶液和碱性 KI 溶液的体积，mL。

(2)氧饱和度的计算[式(3-11)]

$$\text{氧饱和度}=\frac{\rho_{O_2}}{\rho'_{O_2}}\times 100\% \tag{3-11}$$

式中，ρ_{O_2} 为测得的含氧量，mg/L；ρ'_{O_2} 为现场的水温及氯度条件下，水样中氧的饱和含量，mg/L。

5. 注意事项

① 水样采取应在采水器自海中去上后立即进行，延迟时间不可超过 15min，并应避免强烈阳光照射；要同时记录水温和气压，以防水样因温度、压力改变及有机物的存在和细菌活动等的影响而使得含量发生变化。

② 采样时，如果水样中含有大于 0.1mg/L 的游离氯，则应预先加 $Na_2S_2O_3$ 去除。如果含有藻类、悬浮物或活性污泥之类的生活絮凝体，则必须进行预处理；否则会干扰测定的准确性。

③ 注意控制滴定终点，当溶液蓝色刚刚消失即为滴定终点。滴定临近终点，速度不宜太慢，否则终点变色不敏锐。滴定终点应由蓝色变为无色，不应呈现紫色；如终点变化不灵敏，终点前溶液呈紫红色，说明淀粉溶液变质，应重新配制。

④ 若海水较浑浊，可用锥形瓶取同样的海水，供滴定终点比较用[4-6]。

3.8 海水化学需氧量的测定

3.8.1 海水化学需氧量的定义及在海洋学上的意义

化学需氧量(chemical oxygen demand，COD)是在一定条件下，基于氧化还原反应为基础，以化学方法测量水样中需要被氧化的还原性物质的量，或指用一定的强氧化剂，将水样中的还原性物质加以氧化，然后从剩余氧化剂的量计算出氧的消耗量，以氧的毫克/升(O_2 mg/L)表示。

水体中的有机污染物组成复杂、种类繁多，化学需氧量不代表某特定种类有机物，它是反映水体受有机污染程度的综合指标。一般来说，海水中被氧化的物质包括少量还原性无机物和耗氧有机物，还原性无机物主要包括亚硝酸盐、硫化物和亚铁盐；耗氧有机物主要包括水体中常见的叶绿素、糖类、维生素、氨基酸、脂肪酸、腐殖质及蛋白质腐解产物等。

海水化学需氧量是海水水质常规监测项目之一，通常用于表征海水综合有机污染程度，并在海域生态环境质量评价、海区富营养化研究等方面得到广泛应用。其在海洋学上的意义在于：由于水体有机污染物的一个显著特点是其降解过程需要氧气，大量有机物降解消耗海水中的溶解氧，会干扰或破坏海洋生态平衡，从而引起水质恶化、厌氧菌滋生，甚至发生溶解氧的完全消耗，造成水体发臭变黑，因此海水化学需氧量是评价有机污染物浓度的一个重要参数。另外，作为传统水质监测项目，有关化学需氧量的历史资料丰富、实验操作简单、数据积累时间长，可通过 COD 检测数据获得水质在较长时期内的变化特征，故 COD 是评价水体综合有机污染程度的一个重要参数。

COD 的测定方法主要按氧化剂的类型来分类，常见的有重铬酸钾法和高锰酸盐法，其通用的基本原理为：向一定量的水样中加入已知量且过量的氧化剂(如 $KMnO_4$、$K_2Cr_2O_7$ 或 KIO_3)，在一定条件(沸水浴或加热至沸腾)下消解水样，然后把所消耗氧化剂的量换算成 O_2 的毫克数。高锰酸钾法用于测定清洁水中耗氧量比较简便、快速。但用于测定污水或工业废水时不太令人满意，因为这些水中含有许多复杂的有机物质，用高锰酸钾很难氧化，不易严格控制操作条件。因此在测定污染严重的水时不如重铬酸钾法好。重铬酸钾能将大部分有机物质氧化，适用于污水和工业废水分析。其他相关的 COD 测定方法有电化学法、光度法和流动注射分析法等[4-7]。

以下对海水化学需氧量的重铬酸钾法和高锰酸盐法分别进行介绍。

3.8.2　化学需氧量的重铬酸钾法测定方法

1. 测定原理

一定量的重铬酸钾在强酸性溶液中将还原性物质(有机的和无机的)氧化，过量的重铬酸钾以试亚铁灵作指示剂，用硫酸亚铁铵[$(NH_4)_2Fe(SO_4)_2$]回滴；由消耗的重铬酸钾量即可计算出水样中有机物质被氧化所消耗氧的 mg/L 数。

主要化学反应如下：

$$Cr_2O_7^{2-}(\text{过})+\text{还原性物质}+H^+ \longrightarrow Cr^{3+}+\text{还原性物质氧化产物}+H_2O$$

$$Cr_2O_7^{2-}(\text{余})+6Fe^{2+}+14H^+ = 2Cr^{3+}+6Fe^{3+}+7H_2O$$

本法可将大部分的有机物质氧化，但仍不能氧化直链烃、芳香烃、苯等化合物；若加硫酸银作催化剂时，直链化合物可被氧化，但对芳香烃类无效。

氯化物在此条件下也能被重铬酸钾氧化生成氯气，消耗一定量重铬酸钾，因而干扰测定。所以水样中氯化物高于 30mg/L 时，须加硫酸汞消除干扰[4-6]。

2. 仪器和试剂

1)仪器

磨口三角(或圆底)烧瓶、回流冷凝管(250mL)、锥形瓶(500mL)、烧杯等玻璃仪器，及其他实验室常用设备和器皿。

2)试剂及其配制

(1)试剂级别

浓硫酸(分析纯)、硫酸银(分析纯)、硫酸汞(分析纯)。除非特殊说明，实验中所用其他试剂均为分析纯或优级纯，所用水为去离子水。

(2)重铬酸钾($K_2Cr_2O_7$)标准溶液(0.04mol/L)的配制

准确称取 5.9～6.1g 的重铬酸钾(预先在 150～180℃烘干 2h)；置于 250mL 烧杯中，加 100mL 水搅拌至完全溶解；然后定量转移至 500mL 容量瓶中，用水稀释至刻度，摇匀。

(3)试亚铁灵指示剂的配制

准确称取 1.485g 化学纯邻菲咯啉($C_{12}H_8N_2 \cdot H_2O$)与 0.695g 化学纯的硫酸亚铁溶于蒸馏水，稀释至 100mL。

(4) $(NH_4)_2Fe(SO_4)_2$标准溶液(0.25mol/L)的配制

称取 98g 分析纯硫酸亚铁铵；溶于蒸馏水中，加 20mL 浓硫酸；冷却后，稀释至 1000mL；使用时每日用重铬酸钾标定。

(5) $(NH_4)_2Fe(SO_4)_2$标准溶液(0.25mol/L)的标定

准确移取 25.00mL $K_2Cr_2O_7$标准溶液；稀释至 250mL，加 20mL 浓硫酸，冷却后加 2～3 滴试亚铁灵指示剂，用$(NH_4)_2Fe(SO_4)_2$溶液滴定至溶液由绿蓝色刚好变成红蓝色为终点；平行标定三份；计算$(NH_4)_2Fe(SO_4)_2$溶液的浓度。

3. 测定步骤

① 准确移取 50.00mL 水样(或适量水样稀释至 50mL)于 250mL 磨口三角(或圆底)烧杯中；加入 25.00mL 重铬酸钾标准溶液，慢慢地加入 75mL 浓硫酸，随加随摇动(若用硫酸银作催化剂，此时需加 1g 硫酸银)；再加数粒玻璃珠，加热回流 2h(比较清洁的水样加热回流的时间可以短一些)。

② 若水样含较多氯化物，则取 50.00mL 水样，加硫酸汞 1g、浓硫酸 5mL，待硫酸汞溶解后，再加 $K_2Cr_2O_7$溶液 25.00mL、浓硫酸 70mL、硫酸银 1g，加热回流。

③ 冷却后，先用约 25mL 蒸馏水沿冷凝管冲洗；然后取下烧瓶将溶液移入 500mL 锥形瓶中，冲洗烧瓶 4～5 次；再用蒸馏水稀释溶液至约 350mL(溶液体积不得大于 350mL，因酸度太低，终点不明显)。

④ 冷却后加入 2～3 滴试亚铁灵指示剂，用$(NH_4)_2Fe(SO_4)_2$标准溶液滴定至溶液由黄色到绿蓝色变成红蓝色。记录消耗$(NH_4)_2Fe(SO_4)_2$标准溶液的体积(V_1)。

⑤ 同时做空白实验，即以 50.00mL 蒸馏水代替水样，其他步骤同样品同时操作。记录消耗的$(NH_4)_2Fe(SO_4)_2$标准溶液的体积(V_0)。

⑥ 平行操作 3 次，记录数据。

4. 数据处理及计算

用式(3-12)计算耗氧量。

$$\text{耗氧量}(O_2\text{mg/L}) = \frac{(V_0 - V_1)\times c \times \text{式量}(O_2)\times 100}{V_2} \tag{3-12}$$

式中，c 为硫酸亚铁铵标准溶液物质的量浓度，mol/L；V_0 指空白消耗$(NH_4)_2Fe(SO_4)_2$标准溶液的体积，mL；V_1 指水样消耗$(NH_4)_2Fe(SO_4)_2$标准溶液的体积，mL；V_2 为水样体积，mL。

5. 注意事项

① 本实验如果水样中易挥发性化合物含量较高，则必须加热氧化水样，故使用回流冷凝装置，以防结果偏低。

② 水样中Cl^-在酸性$K_2Cr_2O_7$溶液中能被氧化，使结果偏高。

3.8.3 碱性高锰酸钾法测定海水化学需氧量的方法

1. 测定原理

在碱性条件下，用已知量且过量的高锰酸钾($KMnO_4$)溶液，将海水中的还原性物质氧化；再在有硫酸溶液的酸性条件下，加入过量的碘化钾(KI)，将剩余的$KMnO_4$和四价锰还原，生成相应量的游离碘后，用$Na_2S_2O_3$溶液滴定，根据滴定体积计算COD值，每个水样均取双样测定。

主要反应式如下：

$$4MnO_4^- + 3C + 2H_2O = 4MnO_2 + 3CO_2 + 4OH^-$$

$$2MnO_4^-\text{（剩余）} + 10I^- + 16H^+ = 2Mn^{2+} + 5I_2 + 8H_2O$$

$$MnO_2 + 2I^- + 4H^+ = Mn^{2+} + I_2 + 2H_2O$$

$$2S_2O_3^{2-} + I_2 = S_4O_6^{2-} + 2I^-$$

2. 仪器和试剂

1)仪器

① 玻璃砂芯漏斗1套、1800W电热板1个、电磁搅拌器1套。

② 溶解氧滴定管(25mL)1只、碘量瓶(250mL)3只、移液管(1mL,5mL,15mL)各1只、容量瓶(1000mL)、棕色试剂瓶(2.5L，10L)各1个、滴瓶(150mL)、烧杯等玻璃仪器，及其他实验室常用设备和器皿。

2)试剂及其配制

(1)试剂级别

碘化钾(分析纯)、碘酸钾(优级纯)。除非特殊说明，实验中所用其他试剂均为分析纯或优级纯，所用水为蒸馏水。

(2)氢氧化钠溶液(25%)的配制

称取250g氢氧化钠固体，溶于1000mL蒸馏水中，储存于试剂瓶中待用。

(3)硫酸溶液(1∶3)配制

在搅拌条件下,将1体积浓硫酸慢慢加入3体积蒸馏水中,趁热滴加0.02mol/L高锰酸钾溶液，至溶液略呈微红色20s不褪色为止，储存于试剂瓶中。

(4)碘酸钾溶液(0.001667mol/L)的配制

准确称取0.3567g碘酸钾，预先在120℃下烘2h，置于干燥器中冷却后，再溶于蒸馏水中，转移至1000mL容量瓶中，用蒸馏水定容至标线，混匀。

(5)$KMnO_4$溶液(0.002mol/L)的配制

称取 3.2g 高锰酸钾，溶于 100mL 蒸馏水中，加热煮沸 10min，冷却；再转移至棕色试剂瓶中，稀释至 10L 混匀；放置 7 天后，用玻璃砂芯漏斗过滤，或用虹吸管将上清液转移至另一个棕色试剂瓶中备用。

(6) $Na_2S_2O_3$ 溶液（0.01mol/L）的配制

称取 25g $Na_2S_2O_3$，用刚煮沸冷却的水溶解，转移至棕色试剂瓶中；用蒸馏水稀释至 10L 混匀，再置于阴凉处，8～10 天后标定其浓度。

(7) 淀粉溶液（0.5%）的配制

称取 1g 可溶性淀粉，用少量蒸馏水搅拌成糊状；加入 200mL 沸水中，使淀粉溶解。为防止其分解，可加入 0.1g 水杨酸钠。

3. 测定步骤

(1) 硫代硫酸钠（$Na_2S_2O_3$）溶液的标定

① 准确移取 15.00mL 的 KIO_3 标准溶液，转移至 250mL 碘量瓶中，加入 0.5g 的 KI 固体，再加入 1mL 1∶3 H_2SO_4 溶液，盖好瓶塞，混匀后加水封口，放暗处 2min。

② 打开瓶塞，加入 50mL 蒸馏水，在不断振摇或电磁搅拌下，用 $Na_2S_2O_3$ 溶液滴定至淡黄色，再加入 1mL 的 0.5%淀粉溶液，继续用 $Na_2S_2O_3$ 溶液滴定至蓝色刚刚消失为止，记录读数。

③ 平行测定 3 次，记录数据。

(2) 海水样品的测定

① 量取 100mL 混匀的水样（两份），分别移至 250mL 三角瓶中，再分别依次加入 3 粒玻璃珠、1mL 的 25% NaOH 溶液、10.00mL 的 $KMnO_4$ 溶液，混匀。

② 将三角瓶置于电热板上加热至沸，从冒出第一个气泡时开始计时，准确煮沸 10min，或在沸腾水浴中加热 30min。

③ 取下三角瓶，冷却至室温，分别加 5mL 1∶3 的 H_2SO_4 溶液，再加 0.5gKI，混匀后放暗处 5min；在不断振摇或电磁搅拌下，用 $Na_2S_2O_3$ 溶液滴定至淡黄色，加入 1mL 的 0.5%淀粉溶液，继续用 $Na_2S_2O_3$ 溶液滴定至蓝色刚刚消失为止。

④ 平行测定 3 次，记录数据，两次滴定误差小于 0.10mL。

(3) 空白测定

另取 100mL 重蒸馏水代替水样，按照步骤(2)中的内容测定空白滴定读数 V_2 的值。

4. 数据处理及计算

(1) $Na_2S_2O_3$ 标准溶液的浓度[式(3-13)]

$$c_{Na_2S_2O_3} = \frac{6c_{KIO_3} \times 15.00}{V_{Na_2S_2O_3}} \tag{3-13}$$

式中，c_{KIO_3} 为 KIO_3 溶液的浓度，mol/L；$V_{Na_2S_2O_3}$ 为分析空白值所消耗的 $Na_2S_2O_3$ 溶液的体积，mL。

(2) 样品的含量[式(3-14)]

$$COD(mg/L) = \frac{c(V_1 - V_2) \times 8}{100} \times 1000 = c(V_1 - V_2) \times 80 \tag{3-14}$$

式中，c 为 $Na_2S_2O_3$ 溶液的浓度，mol/L；V_1 为分析空白值所消耗的 $Na_2S_2O_3$ 溶液的体积，mL；V_2 为滴定样品时所消耗的 $Na_2S_2O_3$ 溶液的体积，mL。

5. 注意事项

① 当水样中含有悬浮物时，应摇匀后过滤分取。

② 水样加热完毕，应冷却至室温，再加入硫酸和 KI，否则会因游离碘的挥发而造成误差；另外，水样加热完毕后，溶液应保持淡红色，如变浅或全部褪色，说明 $KMnO_4$ 的用量不够，应将水样稀释后测定。

③ 用本法测定化学需氧量只是表示在规定条件下海水中可被氧化物质的需氧量总和，是在一定反应条件下实验的结果，是相对值，所以测定时应严格控制条件，如试剂的浓度、加入试剂的顺序及加热时间、加热前溶液的总体积等都必须保持一致。

④ 淀粉指示剂应新鲜配制，若放置过久，则与 I_2 形成的配合物不呈蓝色而呈紫色或红色，这种紫红色配合物在用 $Na_2S_2O_3$ 滴定时褪色慢，终点不敏锐，有时甚至看不见显色效果。

⑤ 以淀粉作指示剂时，应先用 $Na_2S_2O_3$ 的标准溶液滴定至溶液呈淡黄色后，再加入淀粉溶液，继续滴定至蓝色刚褪去为止，且淀粉指示剂不宜过早加入。

⑥ 用于制备 KIO_3 标准溶液的纯水和玻璃器皿须经煮沸处理，否则 KIO_3 溶液易分解。

⑦ 可用重铬酸钾标准溶液标定 $Na_2S_2O_3$ 的浓度，除放置时间改为 5min 外，其余步骤与碘酸钾标准溶液方法相同[4-6]。

3.9 海水碳及其化合物的测定

3.9.1 总有机碳的定义及在海洋学上的意义

碳以多种形式广泛存在于大气、海洋、地壳和生物之中。碳在海洋圈、大陆岩石圈及海底沉积物圈、生物圈及大气圈中的循环，是物质全球循环的重要成分之一，而碳全球循环的中心是海洋中的碳循环。海水中的有机物，与海洋初级生产力、海洋动物、海洋微生物等生物群体，在海洋生态系统中也形成循环，产生大量的溶解有机碳和颗粒碳，它们或参与海洋中的碳循环，或储存在海洋沉积物中，相关的主要化学平衡如下(图 3-1)。

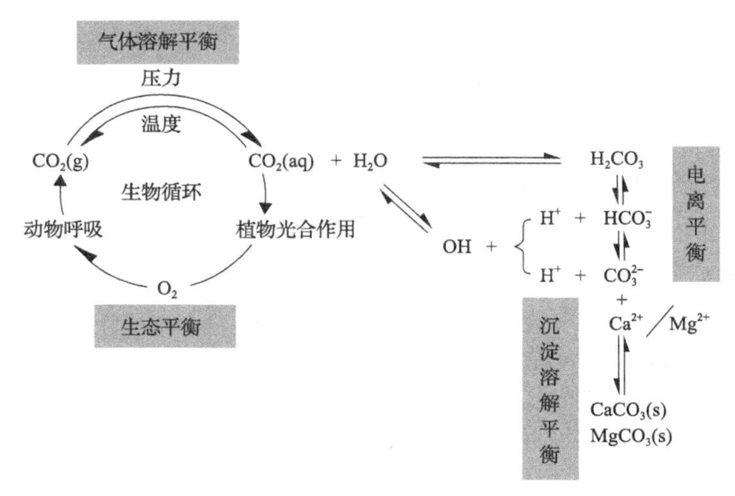

图 3-1　海洋碳循环中的化学平衡

众所周知，碳的一系列化合物(包括无机和有机物)是生命的根本，生物体内绝大多数分子都含有碳元素。生物体生命的基本单元氨基酸、核苷酸均是以碳元素做骨架变化而来的，通过一节碳链一节碳链地接长，最终演变成为蛋白质和核酸。蛋白质是组成人体一切细胞、组织的重要成分，而核酸与蛋白质一样，也是生物大分子，在蛋白质的复制和合成中起着储存和传递遗传信息的作用。碳在自然界中的流动构成了碳循环。例如，植物从环境中吸收二氧化碳(CO_2)用来储存生物质能，如碳呼吸和卡尔文循环(一种碳固定的过程)。一些生物质能通过捕食而转移，而一些碳以 CO_2 的形式被动物呼出。此外，一些 CO_2 会溶解在海洋中，死去的植物或动物的遗骸可能会形成煤、石油和天然气，这些可以通过燃烧释放碳。

海水中的碳以多种形态存在。由于碳与生命活动密切相关，碳会以无机态和有机态存在。而就其溶解性质看，碳在海水中以溶解态和颗粒态存在。碳在海水中的存在形态，直接影响生命活动并受其反作用，因此，了解碳的存在形态在海洋化学上具有重要的作用。海洋中的碳主要包含于二氧化碳-碳酸盐系统中，从分析化学的角度看，该系统包括如下几个反应平衡：

$$CO_2+H_2O \rightleftharpoons H_2CO_3$$

$$H_2CO_3 \rightleftharpoons HCO_3^- +H^+$$

$$HCO_3^- \rightleftharpoons CO_3^{2-} +H^+$$

$$CO_3^{2-} + Ca^{2+} \rightleftharpoons CaCO_3(s)$$

由于海洋中的碳酸盐体系可调控海水的 pH，直接影响碳在生物圈、岩石圈、大气圈和海洋圈之间的流动，由此带来的 CO_2 温室效应也越发引起了人们对海洋碳酸盐体系的关注。尤其是近几十年来，人类活动的频繁和社会发展的需要，矿物燃料(煤、石油、天然气等)的燃烧以及混凝土的生产，造成地球大气中 CO_2 浓度的增加，并且由于 CO_2 可吸收长波辐射，导致极地冰川逐渐消融，使地球的温度逐渐升高，而海洋在调节大气中的 CO_2 浓度升高方面起着非常关键的作用。因此，对海洋中的二氧化碳-碳酸盐体系的研究显得越来越紧迫和重要。

此外，研究海洋二氧化碳-碳酸盐体系的重要性主要体现在海洋学的如下几个方面：第一，从海洋进化的历史看，海水 pH 的变化，很大程度上主要受控于二氧化碳-碳酸盐体系中各组分的变化，这是由于在天然海水正常的 pH 范围内，其酸-碱缓冲容量的 95%均是由二氧化碳-碳酸盐体系贡献的；第二，海洋生物的光合作用和代谢作用是海水中总 CO_2 浓度短期变化的主要原因，故研究海洋二氧化碳-碳酸盐体系可获得有关海洋生物体活动的信息；第三，大气中的 CO_2 浓度对地球气候有显著的影响，而调节大气 CO_2 浓度的重要因素之一是海洋二氧化碳-碳酸盐体系；第四，由于溶解在海水中的 CO_2 能通过形成碳酸钙沉淀或者通过海洋浮游植物和大型海藻的光合作用转变为固态的有机碳，故对海洋二氧化碳-碳酸盐体系的了解有助于研究海洋中碳酸钙沉淀与溶解；第五，因海洋 CO_2 储容量比大气 CO_2 储容量大得多，即使影响海洋碳储库的各种过程有微弱变化，也可能带来大气 CO_2 浓度的显著变化，这也是海洋在调节大气中的 CO_2 浓度升高方面能起关键作用的主要原因。

海洋中有机物质大致可分为：溶解有机物质、颗粒有机物质(碎屑)、浮游植物、浮游动物和细菌。在表征海水中有机物的含量时，不可能分别测定有机物的含量再求和得到，通常是用碳元素的含量来表示有机物含量的高低，称为有机碳含量。而有机碳又依据其物理性质的差异，简单分为挥发性有机碳(VOC)、溶解有机碳(DOC)和颗粒有机碳(POC)三种形式。大洋水中 DOC 和 POC 的含量相差较大，DOC 占有机物总量的 90%左右，POC 仅占 10%。VOC 因易挥发、含量低，未找到统一可靠的取样、保存、分离等方法，故一般未进行广泛深入的研究。对后两种形式的研究较为普遍，主要判断依据为能否通过一定孔径的微孔滤膜。

DOC 的含义为：通过一定孔径玻璃纤维滤膜(0.7μm)或银滤器(0.45μm)的海水中所含有机物中碳的数量。DOC 是表征水体中有机物含量和生物活动水平的重要参数之一，可对海洋生产力、海洋化学的研究提供基本的参数；海水中 DOC 也是有关污染和生物活动水平的综合指标之一；在研究总有机碳的通量、分布、作用和循环中占重要的部分，不仅对研究整个海洋有机物具有重要的意义，而且对碳的整个地球化学循环起着重要的作用。

测定海水中的 DOC 一般分为以下三个步骤：第一，对海水样品进行预处理，通常需要向水样中加入磷酸，将海水样品过滤酸化，使 pH 为 2～3，再通高纯氮气驱赶 CO_2 以除去无机碳；第二，将海水中的 DOC 氧化为 CO_2 并检测其含量，或继续将 CO_2 还原为 CH_4，检测产物 CH_4 的浓度或含量；第三，选择合适的方法，测定氧化或还原的产物，多用非色散红外气体分析仪检测氧化产物 CO_2 的含量，用火焰离子化检测器（FID）检测还原产物 CH_4 的含量。根据不同的氧化原理，DOC 的测定比较典型的方法有过硫酸钾氧化法、紫外/过硫酸钾氧化法和高温燃烧法三种方法。其中，后两种方法由于可以实现自动分析，是目前主要采用的测定海水中有机碳的方法。

海洋中颗粒有机碳（POC）一般是指直径大于 0.45μm 的有机碳，包括海洋中有生命和无生命的悬浮颗粒和沉积物颗粒。海洋中的 POC 通常是以与大量无机物质相结合的形式存在，而大洋水中的无机物质约占总 POC 量的 40%～70%。沿岸环境中的无机物质灼烧后的优势组分为二氧化硅、氧化铁、氧化铝和碳酸钙。与溶解有机物类似，POC 中也含有如碳水化合物和叶绿素等与生命息息相关的有机物。随着深度的增加，这些物质的性质和分布有所不同。因此 POC 不仅在全球碳循环与海洋碳通量中起着关键的作用，而且对于研究海洋生态系统结构与功能、正确估计海域生产力是必需的。

海洋中 POC 的测定方法主要包括两个步骤：分离和测定。其中分离方法主要有：适合于大体积水样的化学分析离心法，此法的特点是分离不完全、应用较少，但可提高回收率 30%左右；第二种是过滤法，一般采用玻璃滤器或聚四氟乙烯滤器，滤膜通常为玻璃纤维滤膜或银滤膜，用荷电离子轰击而产生孔洞的膜滤器也是一种较高效率的过滤法，在通量研究中也常使用沉积物捕捉器，以收集通过过滤法不能得到的大颗粒物质。就 POC 的测定方法，早期是采用重量分析方法，将过滤收集的颗粒物质在马弗炉中灰化，从灰化前后的质量之差值测得的，该法需要相对大量的水样，不适合微量或痕量分析，现代多采用湿式氧化法或干式燃烧法这两种方法，能用于测定微克量级的海水样品，是一种较为灵敏的方法[3-5,10]。

以下介绍海水中碳的存在形态和总有机碳的两种测定分析方法。

3.9.2　总有机碳分析仪测定海水中碳的存在形态

1. 测定原理

将海水中颗粒态和溶解态的碳分离之后，用总有机碳分析仪分别测定各形态的碳浓度。溶解有机碳（DOC）和溶解无机碳（DIC）用总有机碳分析仪的液态部分测定，颗粒有机碳（POC）用固体测定单元测定[10]。

总有机碳分析仪的工作原理介绍如下：

① 水在加热后，可产生激发态羟基 OH^*，反应机理如下：

$$4H_2O \xrightarrow{\triangle} 3H_2 + O_2 + 2OH^*$$

② 在催化剂的存在下，OH^*与含碳化合物反应生成 CO_2 和 H_2O，反应机理如下：

$$C_xH_{y(\text{总碳})} + (4x+y)OH^* \longrightarrow xCO_2 + (2x+y)H_2O$$

③ 使用铂催化剂，在高温(900～1000℃)催化燃烧含碳物质，使其完全氧化为 CO_2。

④ 将生成的 CO_2 用非色散红外 CO_2 检测器分析，其信号值与碳浓度成正比，即可计算出水样中的有机碳浓度[10]。

2. 仪器和试剂

1)仪器

① 日本岛津 TOC-VCPH 总有机碳分析仪、滤膜(Whatman GF/F，直径 47mm 和 25mm)、全玻滤器，及其他实验室常用设备和器皿。

② 容量瓶(100mL)14 个、容量瓶(500mL)2 个、移液器若干。

③ 磨口玻璃瓶(60mL)：预先浸泡在 10%的盐酸溶液中 24h 以上，再用高纯水淋洗后，在 450℃灼烧 4h。

2)试剂及其配制

(1)试剂级别

邻苯二甲酸氢钾($KHC_8H_4O_4$，基准试剂)。除非特殊说明，实验中所用其他试剂均为分析纯或优级纯，所用水为超纯水。

(2)总碳标准储备溶液(10g C/L)的配制

准确称取 10.6250g 邻苯二甲酸氢钾(预先在 105～120℃加热约 1h，在干燥器内冷却)；在 Milli-Q 水中溶解后转入 500mL 容量瓶中，用 Milli-Q 水定容，混合均匀。

(3)无机碳标准储备溶液(10g C/L)的配制

分别准确称取 17.5000g 碳酸氢钠($NaHCO_3$，预先在硅胶干燥器中干燥 2h)和 2.0500g 碳酸钠(Na_2CO_3，预先在 280～290℃下加热 1h 后，在干燥器中冷却)；在 Milli-Q 水中溶解后转入 500mL 容量瓶中，用 Milli-Q 水定容至 1L，混合均匀。

(4)HCl 溶液(2mol/L)的配制

用优级纯盐酸试剂，按 1∶5 的比例，用 Milli-Q 水稀释。

(5)磷酸溶液(25%)的配制

用优级纯磷酸试剂，按 1∶4 的比例，用 Milli-Q 水稀释。

(6)饱和氯化汞溶液的配制

向试剂瓶中加入氯化汞($HgCl_2$，试剂纯)，用玻璃棒搅拌使之充分溶解，并保持瓶底有一定量的试剂固体。

3. 测定步骤

1)样品采集及预处理

(1)DOC 样品

① 用 Niskin 采水器采集海水样品。

② 立即用预先在 450℃灼烧 6h 的 Whatman GF/F 滤膜(Φ=47mm)，在全玻滤器上过滤。

③ 弃掉最先滤出的约 200mL 水样，再收集滤液，转入 60mL 磨口玻璃瓶中。

④ 在水样中加入 1 滴饱和 $HgCl_2$ 溶液以避免微生物影响，盖上瓶塞。

⑤ 用 Parafilm 膜封口后，在 4℃下保存。

(2)POC 样品

① 采集海水样品。

② 用预先在 450℃灼烧 6h 并称重的 Whatman GF/F 滤膜(Φ=25mm)过滤。

2)样品测定

(1)DOC 使用标准溶液的配制

准确移取 1.00mL 的 DOC 储备溶液于 100.00mL 容量瓶中；用 Milli-Q 水稀释定容至刻度，此溶液浓度为 100mg C/L。

(2)DOC 系列标准溶液的配制

分别准确移取 0mL、0.10mL、0.40mL、1.00mL、1.50mL、2.00mL DOC 使用标准溶液至 6 个 100.00mL 容量瓶中，用 Milli-Q 水稀释定容至刻度。此系列溶液的浓度分别为：0mg C/L、0.10mg C/L、0.40mg C/L、1.00mg C/L、1.50mg C/L 和 2.00mg C/L。

(3)DIC 使用标准溶液的配制

准确移取 10.00mL DIC 储备溶液于 100.00mL 容量瓶中，用 Milli-Q 水稀释定容至刻度，此溶液浓度为 1000mg C/L。

(4)DIC 系列标准溶液的配制

分别准确移取 0mL、0.50mL、1.00mL、1.50mL、2.00mL、3.00mL 使用标准溶液至 100.00mL 容量瓶中，用 Milli-Q 水稀释定容至刻度。此系列溶液的浓度分别为：0mg C/L、0.50mg C/L、10.00mg C/L、15.00mg C/L、20.00mg C/L 和 30.00mg C/L。

(5)POC 样品测定

① 将带有 POC 的 GF/F 膜在密闭干燥器内用浓盐酸熏蒸 12h，以除去无机碳。

② 再在 50℃温度下烘干，同时在烘干的过程中用 Milli-Q 水洗至中性。

③ 将处理好的样品放置在 TOC 自动分析仪的样品舟中，用 Shimadzu TOC-VCPH 固体试样燃烧装置(SSM-5000A)测定，用 c_{POC}(μmol/L)表示。

(6) 数据记录

用 TOC 自动分析仪分别测定标准和水样中 DOC、POC 和 DIC 的浓度值，分别用 c_{DOC}、c_{POC} 和 c_{DIC} 表示。平行 3 次实验，记录数据。

4. 数据处理及计算

(1) 绘制工作曲线

以标准溶液的浓度做横坐标，测得的相应信号值数据做纵坐标，分别绘制 DOC 和 DIC 的工作曲线。

(2) 计算样品中各种形态碳的浓度

① 利用工作曲线，查出或计算出待测样品中各种形态碳的浓度。

② 再利用式 (3-15) ～式 (3-18) 计算各种形态碳的百分含量，比较分析测定值与文献值的差异。

$$c_{\mathrm{TOC}} = c_{\mathrm{DOC}} + c_{\mathrm{POC}} \tag{3-15}$$

$$c_{\mathrm{DIC}}\% = \frac{c_{\mathrm{DIC}}}{c_{\mathrm{DIC}} + c_{\mathrm{TOC}}} \times 100\% \tag{3-16}$$

$$c_{\mathrm{DOC}}\% = \frac{c_{\mathrm{DOC}}}{c_{\mathrm{TOC}}} \times 100\% \tag{3-17}$$

$$c_{\mathrm{POC}}\% = \frac{c_{\mathrm{POC}}}{c_{\mathrm{TOC}}} \times 100\% \tag{3-18}$$

式中，c_{TOC}、c_{DOC}、c_{DIC} 和 c_{POC} 分别表示样品中总有机碳、溶解有机碳、溶解无机碳和颗粒有机碳的物质的量浓度。

5. 注意事项

① 由于无机碳标准储备溶液 DIC 标准溶液能吸收大气中的二氧化碳，可引起浓度变化，从而带来实验误差，故必须密封保存。

② 在采集 POC 样品时，过滤体积视颗粒物的量而定，一般为 500～2000mL，过滤后的滤膜置于−20℃冷冻保存至实验室分析。

③ 由于海水中 DOC 浓度较低，因此实验过程所用蒸馏水均为 Milli-Q 水。仪器所用载气为高纯氮气或高纯氧气。

④ 在配制 DOC 系列标准溶液时，由于天然海水中的 DOC 浓度为 1mg C/L 左右，因此，将标准系列的最高浓度设定为 2mg C/L。

⑤ 在配制 DIC 系列标准溶液时，由于天然海水中的 DIC 浓度为 20mg C/L 左右，故将标准系列的最高浓度设定为 30mg C/L。

⑥ 因 TOC 分析仪结构复杂，使用时必须在教师指导下操作[10]。

3.9.3 海水中溶解有机碳的测定方法

1. 测定原理

海水试样经酸化通氮气除去无机碳后，用过硫酸钾将有机碳氧化生成 CO_2 气体，再用非色散红外二氧化碳气体分析仪测定。

本方法适用于河口、近岸以及大洋海水中溶解有机碳的测定[6]。

2. 仪器和试剂

1）仪器

① 非色散红外二氧化碳气体分析仪、玻璃转子流量计（量程 0～500mL/min）、聚四氟乙烯密封通气夹具、全玻璃回流蒸馏装置、玻璃滤器、玻璃纤维滤膜（预先于 450℃灼烧 4h）、安瓿瓶（10mL，预先于 450℃灼烧 4h）、酒精喷灯、水浴锅等。

② 烧杯等玻璃仪器，及其他实验室常用设备和器皿。

2）试剂

(1) 试剂级别

高氯酸镁、氯化汞、磷酸均为优级纯或分析纯。除非特殊说明，实验中所用其他试剂均为分析纯或优级纯，所用水为去离子水。

(2) 分子筛（5A）、碱石棉、氮气（纯度 99.99%）

(3) 活性炭

在氮气氛围下，于 700℃活化 4h。

(4) 无碳水的制备

① 将蒸馏水盛于全玻璃回流装置中，并按每升水加入 10g $K_2S_2O_8$ 和 2mL H_3PO_4 的比例，投入少许沸石，加热回流 4h。

② 换上全玻璃磨口蒸馏接收装置，蒸出无碳水，收集中间馏分于充满氮气的玻璃具塞瓶中，临用时配制。

(5) 过硫酸钾溶液（40g/L）的配制

称取 4g 经重结晶处理的 $K_2S_2O_8$，溶于 100mL 无碳水中，加几滴 H_3PO_4，全程通氮气（99.99%）除二氧化碳，临用时配制。

(6) 盐酸羟胺溶液的配制

称取 17.4g $NH_2OH \cdot HCl$ 溶于 500mL HCl 溶液（0.5mol/L）中。

(7) 邻苯二甲酸氢钾标准储备溶液（1.00mL 含 1.00mg 碳）的配制

① 准确称取 106.3mg 邻苯二甲酸氢钾（$KHC_8H_4O_4$，基准试剂，预先在 105～120℃加热约 2～3h，在干燥器内冷却）。

② 溶于去离子水后移入 50mL 容量瓶中，用水稀释定容至刻度，加入少许 $HgCl_2$，摇匀。

③ 置于冰箱保存。

(8) $KHC_8H_4O_4$ 标准溶液（1.00mL 含 10.0μg 碳）的配制

准确移取 1.00mL $KHC_8H_4O_4$ 标准储备溶液，转移至 100mL 容量瓶中；用去离子水稀释定容至刻度，摇匀。此溶液有效期为一周。

3. 测定步骤

(1) 标准曲线制作

① 分别准确取 0.00mL、1.25mL、2.50mL、5.00mL、7.50mL、10.00mL $KHC_8H_4O_4$ 标准溶液于 6 个 25mL 容量瓶中，用去离子水稀释定容至刻度，摇匀。

② 分别加 1 滴 H_3PO_4，通氮气 5min 以除去二氧化碳（去除溶液无机碳的通氮管应插入液体底部）。

③ 再分别准确移取 4.00mL 上述溶液于 6 个 10mL 安瓿瓶中。

④ 加 1mL $K_2S_2O_8$ 溶液，通氮气（200mL/min）0.5min（去除盛有待测溶液安瓿瓶顶部空间无机碳的通氮管口应稍高于液面）。

⑤ 立即用酒精喷灯焰封上口。

⑥ 于沸水浴中加热氧化 2h 后取出，冷却至室温。

⑦ 将安瓿瓶与聚四氟乙烯密封夹具连接，待二氧化碳分析仪基线稳定后，用尖嘴钳夹破安瓿瓶瓶口，立即将不锈钢导管插入瓶底。

⑧ 通入流速为 200mL/min 的氮气，将 CO_2 气体带入分析仪，测定相对读数 A_i。其中标准空白吸光度为 A_0。

⑨ 以相应含碳量（mg/L）为横坐标，相对读数 $(A_i–A_0)$ 为纵坐标，绘制标准曲线。

(2) 样品测定

① 用玻璃或金属采样器采集海水样，储存于硬质玻璃瓶中。

② 采集后应立即用 Whatman GF/F 玻璃纤维滤膜过滤并立即进行分析。

③ 量取 25mL 上述处理的海水样于 25mL 样品瓶中，加几滴 H_3PO_4，使水样 pH 小于或等于 2。

④ 通氮气鼓泡 5min，除去样品中的无机碳（去除溶液无机碳的通氮管应插入液体底部）。

⑤ 依照绘制标准曲线的步骤测定相对读数 A_w 值。

⑥ 量取 25mL 去离子水，按海水操作步骤，测定试样分析空白吸光度 A_b。

4. 数据处理及计算

① 绘制标准曲线。

② 根据 $(A_w–A_b)$ 值，从标准曲线上查得海水样中有机碳的浓度，mg/L。

5. 注意事项

① 使用玻璃器皿前需用 H_2SO_4-$K_2Cr_2O_7$ 洗液浸泡 1～2d，先用自来水冲洗后

再用去离子水洗涤，最后用无碳水洗净。

② 采集海水样品后应立即进行分析。若不能立即分析，试样中应添加少许 $HgCl_2$ 并置于冰箱保存。

③ 制备无碳水时，蒸馏装置需接一个内装活性炭和钠石灰的吸收管，以吸收外界进入的二氧化碳和有机气体。且无碳水应在临用时制备。

④ 制作标准曲线安瓿瓶封口时，应将安瓿瓶瓶口与一装有碱石棉的玻璃三通管连接，避免外部二氧化碳气体沾污。

⑤ 每次测定前需更换 $NH_2OH·HCl$ 溶液和 $Mg(ClO_4)_2$，以防水气和氯气进入分析仪干扰测定。

⑥ 测定时要保持载气流量恒定。

⑦ 夹安瓿瓶和插入不锈钢导管的动作应迅速，以免影响测定精密度[6,12]。

3.10　海水水体中氮及其化合物的测定

3.10.1　营养盐的定义及在海洋学上的意义

海水中的无机氮和磷、硅元素是海洋浮游植物生长繁殖所必需的成分，而氮和磷是细胞原形质所不可缺少的组成元素，硅是硅藻等主要浮游植物的骨架和介壳的主要组成元素，因此，将这三种元素和锰、铁、铜等元素合称为“生原要素”或“营养盐”。现代海洋监测分析将营养盐又称为营养素，是指与生物生长密切相关的物质或元素，除非有特殊说明，一般所说的营养盐大多是指氮(N)、磷(P)、硅(Si)元素的无机盐类[1,2,5]。

海水中的营养盐主要来自两个方面：大陆径流的输入；及从海洋生物体的排泄或尸骸的分解氧化而得。有一部分氮、磷、硅在生物尸体沉降过程中没有完全再生，而与生物体一起沉积到海底。在沉积层中由于细菌的破坏分解，逐步得到再生而生成无机盐。研究营养盐的含量及分布的主要意义在于：针对富营养化海域(近海、河口等)，实时监测营养盐的含量及种类可以一定程度地反映海域污染状况，并对初级生产者的生长及暴发情况做出预判；针对贫营养海域(外海)，营养盐往往是影响初级生产力的限制因子，分析营养盐种类、含量及垂直分布，可以对海洋初级生产力及其限制因子进行判断，对研究海域的物质循环及短期或长期生态变化具有重要意义。另外，从国民经济的角度看，我国有广阔的浅海水域，不同的水系可以混合交换，形成养料丰富的渔场，通过对各海域营养盐分布的调查，及时掌握其含量分布变化的情况，可科学合理地掌握和预报鱼类生长繁殖及其洄游规律，从而针对不同海域，人为调节对生物生长起限制作用的要素，保证渔业的多产丰收。

氮元素广泛存在于海水之中，是所有生命体生长、代谢和繁殖所必需的营养元素，是合成氨基酸、核酸和其他细胞组织的必要物质。氮在海水中有很多存在形态，主要有硝态氮、亚硝态氮、氨氮、有机氮和颗粒态氮。其中溶解无机氮包括硝酸盐(NO_3^-)、亚硝酸盐(NO_2^-)和氨氮(NH_4^+)，最主要的、含量最大的存在形式为 NO_3^-，它较为稳定且易被生物体利用，可以在富氧条件下存在。NH_4^+的含量远低于 NO_3^-的含量，包含离子态铵(NH_4^+)和非离子态氨(NH_3)，海水中铵离子是总氨的主要存在形式，非离子态氨和离子态铵的比例受 pH 和温度的影响，pH 和温度升高，非离子态氨含量增加，非离子态氨对鱼类和海洋生物有毒害作用。

在有机氮氧化分解成无机氮的过程中，存在着 NH_4^+、N_2、NO_2^-和 NO_3^-四种形式的 N，NO_2^-是 NH_4^+和 NO_3^-相互转化的中间产物，稳定性差，因此在海水中的含量较低；有机氮大多是溶解态的氨基酸，其主要来源是动植物代谢和分解的产物及人为排放的有机废物/废水(图 3-2)。海水中的氨和铵盐主要来自生物体分解所产生的蛋白质和氨基酸，其转化过程需要酶的作用，转化速率比磷的再生过程要慢，除了海洋生物分解直接得到铵盐，河水也常输入一定数量的氨。氨在海水中主要以铵离子形式存在，也含有适当量的溶解 NH_3 和 NH_4OH，其比例随海水 pH 不同而不同。海水中的总氮包括氨氮、NO_2^-、NO_3^-及有机氮，在营养盐的检测中，通常只检测氨氮、NO_2^-和 NO_3^-这三种无机氮。

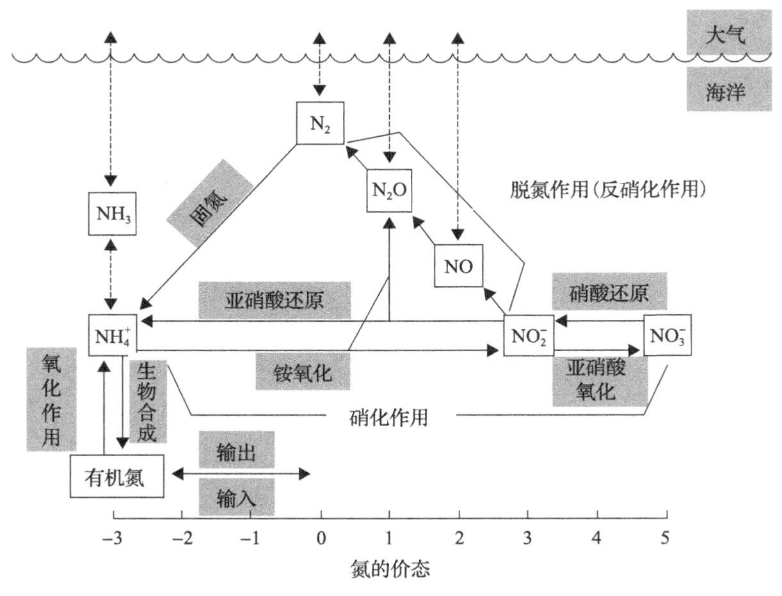

图 3-2　海洋中氮的化学循环

研究测定氮含量对海洋学的意义在于：氮是海洋生物必不可少的营养元素之一，在食物链的传递过程中从无机氮转化为有机氮，又从有机氮转化为无机氮，不断循环。

在化学方面，与水体中氧化、还原反应以及浮游生物的生长繁殖、生物分泌排泄物与死亡生物碎屑的氧化分解再生等因素密切相关；在不同的河口和海湾等沿岸水域，氮的分布变化在物理方面与沿岸城市污水排放、地面径流和大气等的入海通量以及海洋潮流、上升流和涡动扩散等的作用有关；通过测定海水中氮含量可获得海洋中各形态氮的相互转化信息，对了解海洋中氮的生物地球化学循环过程具有重要的意义。

海洋营养盐检测的常规方法是显色法，在《海洋监测规范》和《海洋调查规范第 7 部分：海洋调查资料交换》(GB/12763.7—2007)中对 NO_2^-、NO_3^-、铵盐、磷酸盐、硅酸盐的检测方法进行了明确规定，如靛酚蓝分光光度法测定铵盐、萘乙二胺分光光度法检测 NO_2^-、磷钼蓝分光光度法检测磷酸盐等。氨氮的测定方法一般主要有比色法和分光光度法两类。比色法是通过比较或测量有色物质颜色深度来确定待测组分含量的方法，它是基于朗伯-比尔定律。比色法有目视比色法和光电比色法两种，目视比色法操作方便快捷，不需要任何检测仪器，可快速判断环境中目标物质的大致浓度范围，多用于检测试纸和试剂盒等方面；而光电比色法可通过选择滤光片来消除干扰，有效消除主观误差，提高测量准确度及选择性[13]。

由于分光光度法对检测仪器的要求较低，具有设备简单、准确度高、重复性好、经济花费、操作简便、易于普及等优点，已在环境检测分析中有广泛应用。一般情况下，NO_2^-易与多种化合物发生显色反应，因此可通过分光光度法进行检测；而 NO_3^-不易发生显色反应，可先将 NO_3^-还原为 NO_2^-再进行测定。通常在样品分析时，将水样分成两份，一份利用适当的还原方法将 NO_3^-还原成 NO_2^-，再测定原溶液中 NO_2^-和还原的 NO_2^-总量；另一份则直接检测水样中 NO_2^-的浓度，前者总量减去后者即为 NO_3^-的量。NO_3^-还原为 NO_2^-的主要方法有酰肼还原法、硝酸还原酶法、酸性钒(III)溶液、锌还原法、铜镉还原法、光还原法等。其中，硝酸还原酶法、酰肼还原法、光还原法还原 NO_3^-的耗时较长；且镉柱还原的过程毒性较大；环境中羟胺和氨含量较高时也会对检测结果产生一定影响。另外，在酸性条件下，可利用 NO_2^-与重氮化合物(磺胺、硝基苯胺、对氨基乙酰苯等）反应生成含氮发色团的格里斯(Griess)反应，对其进行检测。但该方法不适合复杂培养基，容易受到抗氧化物的干扰。在我国《海洋监测规范第 4 部分：海水分析》中规定的 NO_2^-的检测方法为萘乙二胺分光光度法，酸性条件下 NO_2^-与磺胺反应生成重氮化合物，该重氮化合物与 α-萘乙二胺偶联生成一种紫红色化合物，在 543nm 波长处用分光光度法测定。NO_3^-的检测方法主要有镉柱还原法、锌镉还原法或基于紫外光解作用，将 NO_3^-还原成 NO_2^-，并利用分光光度法进行检测。NH_4^+的检测方法与 NO_3^-、NO_2^-的检测有所不同，在我国《海洋监测规范 第 4 部分：

海水分析》中规定的检测方法主要有两种：靛酚蓝分光光度法和次溴酸盐氧化法。靛酚蓝分光光度法是在弱碱性介质中，用亚硝酰铁氰化钠作为催化剂，通过氨离子与次氯酸盐生成一氯胺的反应，再与苯酚反应生成靛酚蓝衍生物，在 640nm 处测定吸光度的值。次溴酸盐氧化法是在碱性溶液中，次溴酸盐可将氨氧化成 NO_2^-，再利用重氮-偶氮分光光度法测总 NO_2^-浓度，测得结果扣除原有 NO_2^-浓度即可。由于苯酚和亚硝酰铁氰化钠的毒性很强，后期又发展出多种其他低毒试剂替代苯酚和亚硝酰铁氰化钠的方法，如用水杨酸、萘酚、百里香酚等代替苯酚；利用固相萃取技术，反应不需要亚硝酰铁氰化钠催化，通过富集生成的靛酚蓝，可对 NO_3^-、NO_2^-进行检测[1,2,5]。

近年来，研究者对于海水中营养盐的垂直分布和贫营养海域浮游植物生长繁殖机理较为关注，尤其是海洋中氮磷的含量随着地域或水层的变化会产生很大差异，对海水表层营养盐的检测已远远不能满足研究的要求，在水域分层的外海，氮磷的含量在不同水层能够达到 5 个数量级的差异，从表层的纳摩尔级到深层的微摩尔级。对于 1μg/L 以下的 NO_2^-和 NO_3^-（特别是外海透光层的海水），采用国标法进行检测时准确度较低，为了实时、准确地分析较深水层（100m 以下）、较低浓度（无机氮浓度小于 0.1μg/L）的营养盐浓度，国内外众多学者研发了许多改进的分光光度法，以提高测量的检出限和准确度，如催化分光光度法、富集分光光度法、液芯波导分光光度法等。此外，利用紫外光谱法、发光分析法、色谱法、电化学法及生物传感等已研究开发了多种检测 NO_2^-和 NO_3^-的新方法。表 3-3 为改进的分光光度法在海洋 NH_4^+、NO_2^-和 NO_3^-检测中的应用。

表 3-3　改进的分光光度法分析检测海水中 NH_4^+、NO_2^-和 NO_3^-的方法[2]

反应体系	检测波长/nm	线性范围/(μmol/L)	检出限/(μmol/L)	应用
NO_2^--亮甲酚蓝和溴酸-催化褪色	570	—	0.006	环境水样
NO_2^--苯胺蓝-溴酸钾-催化褪色	597	0.7～14.3	0.33	环境水样
NO_2^--甲基红-过硫酸钾-催化褪色	518	0.7～57.1	0.5	环境水样
NO_2^--1,3,5-三羟基苯-FIA NO_3^--镀铜镉柱还原	312	2.1～21.4 7.1～71	0.02 0.16	20 个样品/min 环境水样
NO_2^--硝基苯胺及二苯胺-微晶酚酞固相萃取	475	0.071～11.4	0.021	环境水样
NO_2^--番茄红-偶氮染料-浊点萃取	592	0～16.4	0.036	环境水样
NH_4^+-萘酚二氯异氰尿酸盐-靛酚蓝-SPE	725	—	0.18	海水
NH_4^+-次氯酸钠、苯酚-靛酚蓝-SPE	640	0.05～0.28	0.0035	海水
NO_2^--磺胺和α-萘乙二胺盐酸盐-5mL LCWC NO_3^--镉柱还原	540	0.0005～0.03 0.0005～0.03	0.0005 0.0015	海水

续表

反应体系	检测波长/nm	线性范围/(μmol/L)	检出限/(μmol/L)	应用
NO_2^--磺胺和α-萘乙二胺盐酸盐-rFIA-1.5mL LCWC NO_3^--镉柱还原	540	0.002～0.5 0.002～0.5	0.0006 0.0006	海水
NH_4^+-次氯酸钠、苯酚-靛酚蓝-2mL LCWC	640	0.01～0.1	0.005	海水
NO_2^--磺胺和α-萘乙二胺盐酸盐-FIA NO_3^--镀铜镉柱还原 NH_4^+-次氯酸钠氧化	543	1.4～114.3 1.4～114.3 3.6～100.0	0.93 3.3 3.4	海水
NO_2^--磺胺和α-萘乙二胺盐酸盐-SI-SPE	543	0.0007～0.043	0.0001	海水
NH_4^+-次氯酸钠、苯酚-靛酚蓝-SI	640	0～1071.1	1.43	海水

注：FIA (flow injection analysis)：流动注射分析；rFIA (reversed flow injection analysis)：反相流动注射分析；SI (sequential injection)：顺序注射；SPE (solid phase extraction)：固相萃取；LCWC (liquid core waveguide capillary)：液芯波导毛细管。

本节以我国《海洋监测规范》和《海洋调查规范第 7 部分：海洋调查资料交换》(GB/12763.7—2007) 中对 NO_2^-、NO_3^-、铵盐的检测方法为蓝本，介绍氨氮的三种测定方法，包括：靛酚蓝分光光度法、次溴酸钠氧化法及纳氏试剂光度法[13]。

3.10.2 海水中氨氮的测定方法

3.10.2.1 靛酚蓝分光光度法测定铵盐

1. 测定原理

在弱碱性介质中，以亚硝酰铁氰化钠为催化剂，海水中氨与次氯酸钠反应形成氯胺，它在酚、亚硝酰铁氰化钠和过量的次氯酸钠存在下形成靛酚蓝，在波长 640nm 处测定吸光度值。

2. 仪器和试剂

1) 仪器

① 分光光度计，及其他实验室常用设备和器皿。

② 比色皿 (5cm) 4 只、容量瓶 (100mL) 1 只、比色管 (50mL) 9 只、移液管 (1mL，5mL) 各 2 只、洗耳球 1 个、洗瓶 1 个、聚乙烯瓶等。

2) 试剂

(1) 试剂级别

除非特殊说明，实验中所用其他试剂均为分析纯或优级纯，所用水为去离子水。

(2) NaOH 溶液 (0.5mo/L) 的配制

称取 10.0g NaOH 溶于 1000mL 无氨去离子水中，加热蒸发至 500mL；置于聚乙烯瓶中。

(3) 柠檬酸钠溶液 (480g/L) 的配制

称取 240g 柠檬酸钠溶于 500mL 无氨去离子水中，加入 2mL 的 NaOH 溶液，加入数粒沸石，煮沸除氨直至溶液体积小于 500mL；冷却后用无氨去离子水稀释至 500mL；置于聚乙烯瓶中。此溶液可长期稳定。

(4) $Na_2S_2O_3$ 溶液 (0.10mol/) 的配制

称取 25.0g $Na_2S_2O_3$ 溶于少量无氨去离子水中，并用无氨去离子水稀释至 1000mL；再加 1g 碳酸钠 (Na_2CO_3)，混匀。转入棕色试剂瓶中保存。

(5) 苯酚溶液的配制

称取 38g 苯酚 (C_6H_5OH) 和 400mg 亚硝酰铁氰化钠溶于少量无氨去离子水中，稀释至 1000mL，混匀。置于棕色试剂瓶中，冰箱内保存。

(6) 次氯酸钠溶液 (3.54mg/mL 有效氯) 的配制及标定

① 购买有效氯含量不少于 5.2%的市售品。

② 取 31mL 次氯酸钠市售品，加入 1000mL 的 NaOH (0.5mol/L) 溶液中，此时得到含有效氯 0.15%的溶液，储存于聚乙烯瓶中，低温保存，有效期 14 天。

③ 标定：加 50mL 的 H_2SO_4 (0.5mol/L) 溶液至 100mL 锥形瓶中，加入约 0.5g KI，混匀。加 1.00mL NaClO 溶液，以 $Na_2S_2O_3$ 溶液滴定至淡黄色，加入 1mL 淀粉溶液，继续滴定至蓝色消失，记下 $Na_2S_2O_3$ 溶液的体积。1.00mL $Na_2S_2O_3$ 溶液相当于 0.354mg 有效氯。

④ 平行实验至少 3 次，记录数据。

(7) 次氯酸钠使用溶液 (1.50mg/mL 有效氯) 的配制

用 NaOH 溶液稀释一定量的 NaClO 溶液，使其 100mL 中含 150mg 有效氯。此溶液盛于聚乙烯瓶中，置冰箱内保存，可稳定数周。

(8) 淀粉溶液 (5g/L) 的配制

称取 1g 可溶性淀粉，加少量无氨去离子水搅成糊状，再加入 100mL 沸水，搅匀，电炉上煮至透明；取下冷却后加 1mL 冰醋酸，用无氨去离子水稀释至 200mL；盛于试剂瓶中。

(9) 铵标准储备溶液 (ρ_N=0.10mg/mL) 的配制

准确称取 0.4716g 预先在 110℃干燥过的硫酸铵 [$(NH_4)_2SO_4$]，溶于少量无氨去离子水中；全部转入 1000mL 容量瓶中加蒸馏水至标线，混匀；再加 1mL 三氯甲烷，振摇混合；储存于棕色试剂瓶中，冰箱内保存。此溶液有效期半年。

(10) 铵标准溶液 (ρ_N = 10.0μg/mL) 的配制

准确移取 10.00mL 铵标准储备溶液置于 100mL 容量瓶中，用无氨去离子水定容混匀。临用时配制。

3. 测定步骤

(1) 标准曲线的绘制

① 分别准确移取 0mL、0.30mL、0.60mL、0.90mL、1.20mL、1.50mL 铵标准溶液，转移至 6 个 100mL 容量瓶中，加无氨去离子水定容至标线，混匀。得到系列浓度为 0mg/L、0.030mg/L、0.060mg/L、0.090mg/L、0.12mg/L、0.15mg/L 的溶液。

② 分别准确移取 35.0mL 上述各溶液，分别置于 6 个 50mL 具塞比色管中；再依次加入 1.0mL 柠檬酸钠溶液、1.0mL 苯酚溶液及 1.0mL NaClO 使用溶液，每次均需要及时混匀。放置 6h 以上(淡水样放置 3h 以上)。

③ 用 5cm 比色皿，以无氨去离子水作参比溶剂，设置分光光度计在 640nm 波长处，测量吸光度 A_i，其中浓度为 0mg/L 时溶液吸光度设为 A_0。

④ 以氨-氮浓度(mg/L)为横坐标，吸光度(A_i–A_0)为纵坐标，绘制校准曲线。

(2) 水样测定

① 准确移取 35.00mL 已过滤的水样，置于 50mL 具塞比色管中。

② 参照上述绘制校准曲线步骤，测定水样的吸光度 A_w。

③ 试剂空白测定：准确移取 35.00mL 无氨去离子水两份，分别置于 50mL 具塞比色管中，按上述测定水样的步骤(其中一份加双份试剂)，测定分析空白吸光度 A_b。

④ 按以下不同情况计算水样氨氮的浓度：

i. 测定海水样时，若绘制校准曲线用盐度相近的无氨海水，可由(A_w–A_b)值查得标准曲线，直接得出氨氮浓度。

ii. 对于海水或河口区水样，若绘制校准曲线时用无氨去离子水，则水样的吸光度 A_w 扣除分析空白吸光度 A_b 后，还应根据所测水样的盐度乘上相应的盐误差校正系数 f(表 3-4)，即据 $f(A_w–A_b)$ 查校准曲线得水样中氨氮的浓度。

表 3-4 盐误差校正系数[6]

盐度/S	盐效应校正系数 f	盐度/S	盐效应校正系数 f
0～8	1.00	23	1.05
11	1.01	27	1.06
14	1.02	30	1.07
17	1.03	33	1.08
20	1.04	36	1.09

4. 数据处理及计算

(1) 绘制工作曲线

以吸光度值(A)为横坐标，所加入的次氯酸钠使用溶液的体积为纵坐标，绘制校准曲线，用式(3-19)计算 F[μmol/(L·A)]值。

$$F = \frac{V_2 - V_1}{A_2 - A_1} \times c_{使} \times \frac{1000}{V_{样}} \tag{3-19}$$

式中，V_1、V_2 分别是所加入标准溶液的体积，mL；A_1、A_2 分别是 V_1、V_2 所对应的吸光度；$c_{使}$ 为使用标准溶液的浓度，μmol/mL。

(2) 样品含量(μmol/L)的计算

用式(3-20)及式(3-21)进行计算。

$$c = F \times (A_{\mathrm{w}} - A_{\mathrm{b}}') \tag{3-20}$$

$$A_{\mathrm{b}}' = \frac{56}{53} A_{\mathrm{b}_2} - A_{\mathrm{b}_1} \tag{3-21}$$

式中，A_{b_1} 为加一份试剂的吸光光度值；A_{b_2} 为加双份试剂的吸光光度值。

5. 注意事项

① 测定中要严防空气中的氨对水样、试剂和器皿的沾污，玻璃仪器预先用浓硫酸洗涤。

② 水样经 0.45μm 滤膜过滤后盛于聚乙烯瓶中。须快速分析，不能延迟 3h 以上；若样品采集后不能立即分析，则应快速冷冻至–20℃。样品融化后立即进行分析。另外，对采集氨氮低于 0.8μg/L 的海水，用 0.45μm 滤膜过滤后储存于聚乙烯桶中，每升海水加 1mL 三氯甲烷，混合后即可作为无氨海水使用。

③ 所用水均为高纯水或无氨去离子水。

④ 温度对实验有一定影响，在制作校准曲线时，15℃以上一般放置 6h 以上；10℃以下应放置 10h。工作曲线与水样温差不应超过±2℃。

⑤ 海水中钙镁离子等在弱碱性溶液中生成氢氧化物沉淀并沉于瓶的底部，为此在形成靛酚蓝的同时加入柠檬酸三钠、酒石酸钾钠溶液络合钙镁等离子，以消除影响。

⑥ 若发现苯酚出现粉红色则必须重新精制。具体步骤为：取适量苯酚置蒸馏瓶中进行蒸馏，缓慢用空气冷凝管冷却，收集 182～184℃馏分(蒸馏过程中要注意暴防止沸和火灾)。精制后的苯酚应为无色结晶状。

⑦ 尽量保证样品标准溶液的显色时间保持一致，并避免阳光照射。

⑧ 该法重现性好，空白值低，有机氮化物不被测定；但反应慢，灵敏度略低[6,12]。

3.10.2.2　次溴酸钠氧化法测定海水中氨

1. 测定原理

在强碱性条件下，海水中的氨氮被次溴酸钠氧化为亚硝酸氮，然后在酸性条件下，用重氮-偶氮法测定亚硝酸氮的总含量，扣除海水中原有的亚硝酸氮的含量，即为海水中氨氮的含量。

主要化学反应如下：

$$BrO_3^- + 5Br^- + 6H^+ \longrightarrow 3Br_2 + 3H_2O$$

$$Br_2 + 2NaOH \longrightarrow NaBrO + NaBr + H_2O$$

$$3BrO^- + NH_4^+ + 2OH^- \longrightarrow NO_2^- + 3H_2O + 3Br^-$$

通常测定的海水中氨包括了 NH_4^+和 NH_3。习惯上所指的氨即为总氨，常用 NH_4^+-N 表示，单位为μmol/L[6,11]。

2. 仪器和试剂

1）仪器

① UNCO2000 分光光度计（美国尤尼柯公司），及其他实验室常用设备和器皿。

② 比色皿（3cm）4 只、容量瓶（100mL）1 只、比色管（50mL）9 只、移液管（1mL，5mL）各 2 只、洗耳球 1 只、洗瓶 1 个。

2）试剂

（1）试剂级别

除非特殊说明，实验中所用其他试剂均为分析纯或优级纯，所用水为去离子水。

（2）NaOH 溶液（40%）的配制

称取 400gNaOH（G.R），溶于 1000mL 无氨去离子水中，储存于试剂瓶中。

（3）次溴酸钠（NaBrO）氧化剂的配制

① NaBrO 储备溶液的配制：称取 20g 溴化钾及 2.5g 溴酸钾（A.R）溶于 1000mL 无氨去离子水中，储存于试剂瓶中，此试剂常年稳定。

② NaBrO 标准使用溶液的配制：取 1mL NaBrO 储备溶液于试剂瓶中，加无氨去离子水 50mL，再加 3mL 的 1∶1 盐酸溶液，混匀，放暗处 5min 后，加 50mL 40%NaOH 溶液，混匀。

（4）盐酸溶液（1∶1）的配制

1 体积浓盐酸与 1 体积水混合。

（5）磺胺溶液（1%）的配制

称取 10g 磺胺（A.R）溶于 100mL 的 1∶1 盐酸溶液中，储存于棕色瓶中。

（6）α-萘乙二胺溶液（0.1%）的配制

称取 1.0g 的α-萘乙二胺（A.R）溶于 1000mL 无氨去离子水中，储存于棕色试剂瓶中，有效期为 1 个月。

（7）氯化铵（NH_4Cl）溶液的配制

① NH_4Cl 标准储备溶液的配制：准确称取 NH_4Cl 2.6745g（须在 110～115℃预先干燥过），溶于无氨去离子水中，转移至 500mL 容量瓶中；用去离子水稀释至刻度，得到 100.00μmol/ mL 的标准储备溶液。

② NH_4Cl 使用标准溶液Ⅰ的配制：准确移取标准储备溶液5.00mL于100mL容量瓶中；用无氨去离子水定容至100mL，混匀，此溶液浓度为5.00000μmol/mL。

③ NH_4Cl 使用标准溶液Ⅱ的配制：准确移取使用标准溶液Ⅰ1.00mL于100mL容量瓶中；用无氨去离子水定容至100mL，混匀，此溶液浓度为0.0500μmol/mL。

3. 测定步骤

(1)标准 NH_4Cl 溶液的测定

① 分别移取使用标准溶液Ⅱ0.00mL、0.50mL、1.00mL、2.00mL、3.00mL、4.00mL于50mL比色管中，加无氨去离子水定容至50mL。

② 再分别依次加入5mL NaBrO标准使用溶液，混匀。

③ 氧化30min后，加5mL磺胺溶液，混匀。

④ 放置5min后，加1mL α-萘乙二胺溶液，混匀。

⑤ 放置15min后，以去离子水作参比(L=3cm)，测定各个溶液的吸光度值。

(2)水样测定(双样)

① 取50mL经0.45μm滤膜过滤的水样，转移至50mL比色管中，加入5mL NaBrO标准使用溶液，混匀。

② 氧化30min，加5mL磺胺溶液，混匀。

③ 放置5min后，加1mL α-萘乙二胺溶液，混匀。

④ 放置15min后，以去离子水作参比测定溶液的吸光度值(A_w)。

(3)水样空白的测定

① 取50mL无氨去离子水，转移至50mL比色管中，加入5mL磺胺溶液，混匀；再加5mL NaBrO标准使用溶液，混匀。

② 放置5min后，加1mL α-萘乙二胺溶液，混匀。

③ 放置15min后，以蒸馏水作参比测定溶液的吸光度值(A_b')。

4. 数据处理及计算

(1)绘制NaBrO法测定氨氮的标准曲线

以吸光度值(A)为横坐标，所加入的 NH_4Cl 使用标准溶液Ⅱ的体积为纵坐标，绘制标准曲线，用式(3-22)计算 F[μmol/(L·A)]值。

$$F=\frac{V_2-V_1}{A_2-A_1}\times c_{使}\times\frac{1000}{V_{样}} \tag{3-22}$$

式中，V_1、V_2 分别是所加入标准溶液的体积，mL；A_1、A_2 分别是 V_1、V_2 所对应的吸光度；$c_{使}$ 为使用标准溶液的浓度，μmol/mL。

(2)样品含量的计算[式(3-23)及式(3-24)]

$$c_{NH_3+NO_2}=F\times(A_w-A_b') \tag{3-23}$$

$$c_{NH_3+NO_2} = c_{NH_3+NO_2} - c_{NO_2} \tag{3-24}$$

5. 注意事项

① 测定中要严防空气中的氨对水样、试剂和器皿的沾污，玻璃仪器预先用浓硫酸洗涤。

② 所用水均为无氨去离子水。

③ 温度对氧化作用有影响，当水温高于 10℃时，氧化 30min 即可；若低于 10℃，氧化时间应适当延长；25℃以上 25min 可定量氧化；15℃时需 30min 才能定量氧化，工作曲线与水样温差不应超过±2℃。

④ 在条件许可下，最好用无氨海水绘制校准曲线。

⑤ 加入 α-萘乙二胺试剂进行氧化的过程，必须在 2h 内测定完毕，并避免阳光直接照射。

⑥ 样品的处理及保存。

醋酸纤维滤膜的预处理：先用 2mol/L 的盐酸溶液浸泡 30min，再用去离子水清洗干净后浸泡 24h 以上。

水样取上来后，立即用 0.45μm 醋酸纤维滤膜过滤，然后立即进行测定，如不能测定，需要冷冻保存或者加氯化汞保存。

⑦ 该法虽氧化率较高，快速、简便、灵敏，但部分氨基酸也被测定[6,12]。

3.10.2.3 纳氏试剂光度法测定海水中氨

1. 测定原理

在碱性溶液中，氨与纳氏试剂(K_2HgI_4)反应生成淡黄色至棕色的配合物($Hg_2O \cdot NH_2I$)，在一定的实验条件下，其发色强度与氨氮含量成正比[6,12]。

2. 仪器和试剂

1) 仪器

① 分光光度计、全磨口玻璃蒸馏器，及其他实验室常用设备和器皿。

② 容量瓶、烧杯等玻璃仪器。

2) 试剂及其配制

(1) 试剂级别

除非特殊说明，实验中所用其他试剂均为分析纯或优级纯，且所有试剂均为去离子水配制，所用水为无氨蒸馏水。实验环境应无氨气。

(2) 无氨蒸馏水的配制

取 1000mL 去离子水于蒸馏瓶中，加 1mL 的 H_2SO_4 和数粒 $KMnO_4$ 进行重蒸馏。

(3) 酒石酸钾钠溶液的配制

称取 50g 酒石酸钾钠固体，溶于上述无氨蒸馏水中。

(4)碘化汞钾溶液的配制

① 称取 5g KI 溶于 5mL 无氨蒸馏水中。

② 再称取 3.5g 氯化汞($HgCl_2$)溶于无氨蒸馏水中，加热至沸后将其慢慢倒入KI 溶液中，至生成的红色沉淀不再溶解为止。

③ 用玻璃棉过滤。

④ 向滤液中加入 30mL 的 KOH 溶液(500g/L)和 0.5mL $HgCl_2$ 溶液，用无氨蒸馏水稀释至 100mL，低温保存。

(5)铵离子标准储备溶液($\rho_{NH_4^+}$=0.500mg/mL)的配制

准确称取 1.4827g 氯化铵(NH_4Cl)固体(预先在 90℃烘干)；溶于无氨蒸馏水中，转移至 1000mL 容量瓶，用无氨蒸馏水定容。

(6)铵离子标准溶液($\rho_{NH_4^+}$=10μg/mL)的配制

准确移取 10.00mL 铵离子标准储备溶液，用无氨蒸馏水稀释定容至 500mL。

3. 测定步骤

(1)标准曲线制作

① 准确移取 0μg、20μg、30μg、40μg 的铵离子标准溶液，分别放入四个 25mL 比色管中，用无氨蒸馏水定容至刻度。

② 在 20℃左右的环境中保温 20min，再分别加 1.0mL 酒石酸钾钠溶液，摇匀。

③ 分别加 1.0mL 碘化汞钾溶液，摇匀。

④ 放置 10min；在分光光度计上，用 2cm 比色皿，设置波长 450nm 处，以空白溶液作参比，测量不同溶液的吸光度值，记录数据。

⑤ 以铵离子浓度为横坐标，吸光度为纵坐标，绘制校准曲线。

(2)水样测定

① 准确移取 25.00mL 海水样于 25mL 比色管中，按照以上制作校准曲线的步骤进行。

② 在同样条件下，用无氨蒸馏水做空白试验。

③ 测量样品的吸光度，从标准曲线上查得铵量。

4. 数据处理及计算

水样中氨的质量浓度的计算[式(3-25)]。

$$\rho_{NH_4^+}=\frac{m}{V} \tag{3-25}$$

式中，$\rho_{NH_4^+}$ 为水样中氨(以铵离子计)的质量浓度，mg/L；m 为从校准曲线上查得的铵离子的质量，g；V 为取样体积，mL。

5. 注意事项

① 本法最低检测限为 1g/L。若取 50mL 水样测定，检测下限为 0.02mg/L。最佳检测范围为 0.04～2.4mg/L。

② 测定中要严防空气中的氨对水样、试剂和器皿的沾污，玻璃仪器预先用浓硫酸洗涤。

③ 所用水均为高纯水或无氨蒸馏水。

④ 温度对氧化作用有影响，工作曲线与水样温差不应超过±2℃。

⑤ 若一般水样中干扰物含量甚微，可加入酒石酸钾钠后直接显色测定。

⑥ 若水样中存在干扰物含量较大时，应按照以下步骤预先蒸馏：

i. 取水样 250mL 于 500mL 蒸馏器中，按含 250mol/L Ca^{2+}的比例，加 10mL 磷酸盐缓冲溶液（14.3g KH_2PO_4和 68.8g K_2HPO_4溶于无氨蒸馏水中）。

ii. 再转移至 1000mL 容量瓶中，加无氨蒸馏水，此时 pH 为 7.4。

iii. 用 50mL 0.02mol/L 的 H_2SO_4作吸收液，将蒸馏器出水口导管插入吸收液中，检查蒸馏器各接口处不漏气后，加热蒸馏至体积约为 240mL，将溶液移入 250mL 容量瓶中定容[6,12]。

3.10.2.4 萘乙二胺光度法测定海水中亚硝酸盐

1. 测定原理

在酸性介质中，水样中的亚硝酸盐与磺胺进行重氮化反应，其产物能与 α-萘乙二胺偶合生成重氮-偶氮化合物（红色染料），其最大吸收波长为 543nm，可通过测定此波长下的吸光度，计算出亚硝酸盐的含量[6,12]。

2. 仪器和试剂

1）仪器

① 分光光度计，及其他实验室常用设备和器皿。

② 比色皿（5cm）4 只、容量瓶（100mL）1 只、比色管（50mL）8 只、移液管（1mL，5mL）各 2 只、洗耳球 1 只、洗瓶 1 个，及其他玻璃仪器。

2）试剂及其配制

（1）试剂级别

除非特殊说明，实验中所用其他试剂均为分析纯或优级纯，且所有试剂均为去离子水配制，所用水为无氨蒸馏水。实验环境应无氨气。

（2）磺胺溶液（1%）的配制

称取 10g 磺胺（A.R）溶于 1∶1 盐酸溶液中，用无氨蒸馏水稀释至 1000mL，盛于棕色试剂瓶中，有效期为 2 个月。

（3）盐酸萘乙二胺（或α-萘乙二胺）溶液（0.1%）的配制

称取 1.0g 盐酸萘乙二胺（或α-萘乙二胺）（A.R）溶于 1000mL 无氨蒸馏水中，

储存在棕色试剂瓶中于冰箱内保存，有效期为 1 个月。

(4) 亚硝酸盐氮标准储备溶液(ρ_N=0.10mg/mL)的配制

① 准确称取经 110℃烘干的 0.4926g 亚硝酸钠($NaNO_2$)，溶于少量无氨蒸馏水中后，全部转移至 1000mL 容量瓶中，加无氨蒸馏水至刻度，混匀。

② 加 1mL 三氯甲烷($CHCl_3$)，混匀。

③ 储存于棕色试剂瓶中，于冰箱内保存。有效期为 2 个月。

(5) 亚硝酸盐氮标准溶液(ρ_N=5.0μg/mL)的配制

准确移取 5.00mL 亚硝酸盐氮标准储备溶液于 100mL 容量瓶中；加无氨蒸馏水至刻度，混匀。临用前配制。

3. 测定步骤

(1) 校准曲线制作

① 分别准确移取 0.00mL、0.10mL、0.20mL、0.30mL、0.40mL、0.50mL 亚硝酸盐氮标准溶液于 6 个 50mL 具塞比色管中，用无氨蒸馏水定容至标线，得到系列浓度分别为 0mg/L、0.010mg/L、0.020mg/L、0.030mg/L、0.040mgL、0.050mg/L 的标准溶液。

② 依次各加入 1.0mL 磺胺溶液，混匀，放置 5min。

③ 再依次各加入盐酸萘乙二胺(或α-萘乙二胺)溶液，混匀，放置 15min。

④ 用 5cm 比色皿，以无氨蒸馏水作参比，于 543nm 波长处测定各个溶液的吸光度 A_i，其中浓度为 0mg/L 时溶液吸光度为 A_0。

⑤ 以亚硝酸盐氮标准溶液浓度(mg/L)为横坐标，吸光度(A_i–A_0)为纵坐标，绘制校准曲线。

(2) 水样测定(双样)

① 准确量取 50.00mL 经 0.45μm 滤膜过滤的水样于 50mL 具塞比色管中。

② 参照绘制校准曲线步骤测量水样的吸光度 A_w。

③ 准确量取 50.00mL 二次去离子水于具塞比色管中，参照上述步骤测量分析空白吸光度 A_b。

④ 水样中亚硝酸盐氮的吸光度 $A_n=A_w-A_b$。由 A_n 值查校准曲线，得水样中亚硝酸盐氮的浓度 $\rho_{(NO_2-N)}$ (mg/L)。

4. 数据处理及计算

(1) 绘制标准曲线

以亚硝酸盐氮标准溶液浓度(mg/L)为横坐标，吸光度(A_i–A_0)为纵坐标，用式(3-26)计算 F 值，μmol/(L·A)。

$$F=\frac{V_2-V_1}{A_2-A_1}\times c_{使}\times\frac{1000}{V_{样}} \tag{3-26}$$

式中，V_1、V_2分别是所加入标准溶液的体积，mL；A_1、A_2分别是 V_1、V_2所对应的吸光度；$c_{使}$为使用标准溶液的浓度，μmol/mL。

(2) 样品含量的计算[式(3-27)]

$$c_{样} = F \times A_{\mathrm{w}} \tag{3-27}$$

5. 注意事项

① 海水样品的采集、处理及保存：

i. 可用塑料或有机玻璃采水器采集水样，水样取上来后，立即用 0.45μm 醋酸纤维滤膜过滤，储存于聚乙烯瓶中，应快速分析，不能延迟 3h 以上，否则须快速冷冻至–20℃保存或者加氯化汞保存；且水样融化后应立即进行分析。

ii. 醋酸纤维滤膜的处理：先用 2mol/L 盐酸溶液浸泡 30min，然后用去离子水清洗干净，浸泡 24h 以上。

② 由于亚硝酸盐不稳定，应在取样过滤后立即测定，所用的玻璃仪器需用浓硫酸洗涤。

③ 若有大量硫化氢(H_2S)存在，会干扰测定，可在加入磺胺后用 N_2 驱除 H_2S。

④ 标准曲线每隔 1 周须重制一次，当测定水样的实验条件与制定校准曲线的条件相差较大时，如更换光源或光电管以及温度变化较大时，须及时重制标准曲线[6,12]。

3.10.2.5　镉铜还原法测定海水中硝酸盐

1. 测定原理

在中性或弱碱性条件下，海水样品通过镉还原柱，其中的硝酸氮被镉铜还原剂定量地还原为亚硝酸氮，然后按照亚硝酸氮重氮-偶氮光度法测定亚硝酸盐氮的总量，扣除海水中原有的亚硝酸氮含量，即得海水中硝酸氮的含量[6,12]。

2. 仪器和试剂

1) 仪器

① 分光光度计、镉还原柱，及其他实验室常用设备和器皿。

② 比色皿、容量瓶、比色管、移液管、洗瓶、洗耳球。

2) 试剂及其配制

(1) 镉屑

直径为 1mm 的镉屑、镉粒或海绵镉。

(2) 试剂级别

除非特殊说明，实验中所用其他试剂均为分析纯或优级纯，所用水为去离子水。

(3) 盐酸溶液（2mol/L）的配制

量取 83.5mL 浓盐酸，加去离子水稀释至 500mL。

(4) 硫酸铜溶液（10g/L）的配制

称取 10g 硫酸铜（$CuSO_4 \cdot 5H_2O$）溶于去离子水中，并稀释至 1000mL，混匀。盛于试剂瓶中。

(5) 硝酸钾标准储备溶液（0.10mg/mL）的配制

准确称取 0.7218g 硝酸钾（KNO_3）固体（预先在 110℃下烘干 1h），溶于少量去离子水中；再用水稀释至 1000mL，混匀；加 1mL 三氯甲烷，混匀。储存于 1000mL 棕色试剂瓶中，于冰箱内保存。此溶液有效期为半年。

(6) 硝酸钾标准使用溶液（0.01mg/mL）的配制

准确量取 10.00mL 硝酸钾标准储备溶液于 100mL 容量瓶中，加去离子水稀释至标线，混匀。临用前配制。

(7) 磺胺溶液（1%）的配制

称取 5.0g 磺胺溶于 700mL 的（1∶6）HCl 溶液中，用去离子水稀释至 1000mL，混匀。盛于棕色试剂瓶中，有效期为 2 个月。

(8) 盐酸溶液（2mol/L）的配制

量取 100mL 浓盐酸，加 500mL 去离子水。

(9) 氨性缓冲溶液的配制

称取 10g 氯化铵（NH_4Cl）溶于 1000mL 去离子水中，用约 1.5mL 的氨水调节 pH 约为 8.5（用精密 pH 试纸检验）。此溶液用量较大，可一次配制 5000mL。

(10) 盐酸萘乙二胺溶液（0.1%）的配制

称取 0.50g 盐酸萘乙二胺（A. R）溶于 500mL 水中，混匀。盛于棕色试剂瓶中，于冰箱内保存，有效期为 1 个月。

(11) 硫酸铜溶液（1%）的配制

称取 5g 硫酸铜溶于 500mL 去离子水中，混匀。

(12) 活化溶液的配制

量取 14mL 硝酸钾标准储备溶液于 1000mL 容量瓶中，加 NH_4Cl 溶液定容至刻度，混匀，储存于试剂瓶中。

(13) 镉还原柱的制备

① 镉屑镀铜：称取 35～40g 镉屑（或镉粒）于 250mL 带塞三角瓶中，用 2mol/L 盐酸洗涤镉粒除去表面氧化层，再用去离子水洗涤至中性，加入 100mL 硫酸铜溶液摇动 3min 左右。此时，镉粒表面镀上疏松铜层，弃去溶液层（废液），用去离子水洗涤（注意不可猛烈摇动）直到水中不含胶体铜为止。

② 装柱：将少许玻璃纤维塞入还原柱底部并注满水，再将镀铜的镉屑装入还原柱中；同时在还原柱的上部塞入少许玻璃纤维，已镀铜的镉屑要保持在水面之

下以防接触空气(在整个实验过程中不得低于镉屑)。

③ 还原柱的活化：量取 250mL 活化溶液，以 7～10mL/min 的流速通过还原柱使之活化；再用氨性缓冲溶液过柱洗涤 3 次，即可使用还原柱。

④ 还原柱的保存：每次用完还原柱后，需用氨性缓冲溶液至少洗涤 2 次，再注入氨性缓冲溶液保存。若长期不用，可注满氨性缓冲溶液后密封保存。

⑤ 镉柱还原率的测定：先配制 100μg/L 的硝酸盐氮和亚硝酸盐氮溶液；硝酸盐氮参照以下绘制校准曲线步骤测量其吸光度，记录双份平均吸光度[$A(NO_3^-)$]；同时测量分析空白吸光度，记录其双份平均吸光度[$A_b(NO_3^-)$]；亚硝酸盐氮的测定除了不通过还原柱外，其余各步骤均按硝酸盐氮的测定步骤进行，记录双份平均吸光度[$A(NO_2^-)$]；同时测定空白吸光度，其双份平均值记为 $A_b(NO_2^-)$。按式(3-28)计算硝酸盐还原率 R。

$$R = \frac{A(NO_3^-) - A_b(NO_3^-)}{A(NO_2^-) - A_b(NO_2^-)} \tag{3-28}$$

3. 测定步骤

(1) 校准曲线的制作

① 分别准确移取 0mL、0.25mL、0.50mL、1.00mL、1.50mL、2.00mL 硝酸盐标准溶液，加入 6 个 100mL 容量瓶中，用去离子水定容至标线，混匀。得到标准系列溶液的硝酸盐氮浓度分别为 0mg/L、0.025mg/L、0.050mg/L、0.100mg/L、0.150mg/L、0.200mg/L。

② 分别准确量取 50.00mL 上述各浓度溶液于相应的 125mL 具塞锥形瓶中，再各加 50.0mL 氨性缓冲溶液，混匀。

③ 将 30mL 混合后的溶液分别倒入还原柱中，以 68mL/min 的流速通过还原柱直至溶液接近镉屑上部界面，弃去流出液；再重复上述操作，收集流出液约 25.0mL 转移至 50mL 带刻度的具塞比色管中，用去离子水稀释至 50.0mL，混匀。

④ 在以上体系中，再各加入 1.0mL 的磺胺溶液，混匀后放置 20min；然后各加入 1.0mL 盐酸萘乙二胺溶液，混匀，放置 20min。

⑤ 在光电比色计上，用 5cm 比色皿，以二次去离子水作参比，使用绿色滤波片，设置波长为 543nm，测定其吸光度 A_i 和 A_0(标准空白)。

⑥ 以标准系列溶液的硝酸盐氮浓度(mg/L)为横坐标，吸光度(A_i–A_0)为纵坐标，绘制校准曲线。

(2) 水样测定

① 准确量取 50.00mL 已过滤的水样，转移至 125mL 具塞锥形瓶中，加入 50.00mL 氨性缓冲溶液，混匀。

② 过柱还原：将上述溶液分别过柱还原，先用约 40mL 溶液洗涤还原柱，截

取后 50mL 溶液于 50mL 比色管中。

③ 将还原后的溶液，分别加入 1mL 磺胺溶液，混匀；1min 后，加 1mL 盐酸萘乙二胺溶液，混匀；15min 后，以去离子水作参比液，按照上述绘制校准曲线步骤测量水样的吸光度 A_w。

④ 水样空白测定：准确量取 50.0mL 二次去离子水，转移至 125mL 的具塞锥形瓶中，加入 50.0mL 氨性缓冲溶液，混匀；参照上述步骤测量分析空白吸光度 A_b。

⑤ 由 (A_w-A_b)，查校准曲线得硝酸盐氮和亚硝酸盐氮总浓度。

4. 数据处理及计算

(1) 回收率计算[式(3-29)][4]

$$\text{回收率}=\frac{A_{NO_3^-}}{A_{NO_2^-}}\times\frac{2c_{NO_2^-}}{c_{NO_3^-}}\times 100\% \tag{3-29}$$

式中，$A_{NO_3^-}=A_{2.0}-A_0$，对应 NO_3^--N 校准曲线上的 0.00mL 及 2.00mL 吸光度值；$A_{NO_2^-}=A_{2.0}-A_0$，对应 NO_2^--N 校准曲线上的 0.00mL 及 2.00mL 吸光度值。

(2) 通过校准曲线计算 F 值[式(3-30)]

$$F=\frac{V_2-V_1}{A_2-A_1}\times c_{\text{使}}\times\frac{1000}{V_{\text{样}}} \tag{3-30}$$

式中，V_1、V_2 分别是所加入标准溶液的体积，mL；A_1、A_2 分别是 V_1、V_2 所对应的吸光度；$c_{\text{使}}$ 为使用标准溶液的浓度，μmol/L。

(3) 样品含量的计算[式(3-31)及式(3-32)]

$$c_{NO_3+NO_2}=F_{NO_3}\times\left(A_w-\frac{1}{2}A_b\right) \tag{3-31}$$

$$c_{NO_3}=c_{NO_3+NO_2}-c_{NO_2} \tag{3-32}$$

5. 注意事项

① 所用玻璃仪器须用浓硫酸洗涤。

② 所用去离子水均为高纯水。

③ 样品的处理及保存：

i. 0.45μm 醋酸纤维滤膜的处理：先用 2mol/L 盐酸溶液浸泡 30min；再用去离子水清洗干净，浸泡 24h 以上。

ii. 水样可用有机玻璃或塑料采水器采集，取上来后立即用 0.45μm 醋酸纤维滤膜过滤，储存于聚乙烯瓶中。

iii. 分析工作不能延迟 3h 以上，若样品采集后不能立即分析，应快速冷冻至 –20℃冰箱或加氯化汞保存。样品融化后应立即分析。

④ 已镀好的镉粒或镉屑不能暴露在空气中；油和脂会覆盖镉粒或镉屑的表面；用有机溶剂预先萃取水样可排除此干扰。

⑤ 还原柱的注意事项：

i. 可用蝴蝶夹固定在滴定台上，并配备可插比色管的塑料底座。在船上工作时可用自由夹固定比色管。

ii. 还原时流速最好控制在 4～6min 为 50mL。

iii. 水样通过还原柱时，液面不能低于镉屑，否则会引进气泡，影响水样流速；如流速达不到要求，可在还原柱的流出处用乳胶管连接一段细玻璃管，即可加快流速。

iv. 还原柱使用完时，用缓冲溶液洗涤浸泡；必要时先用去离子水洗涤，再用氨性缓冲溶液洗涤浸泡。

⑥ 水样加盐酸萘乙二胺溶液后，须在 2h 内测量完毕，并避免阳光照射。

⑦ 制作标准曲线注意事项：

i. 当测定样品的实验条件与制定标准曲线的条件相差较大时，如温度变化较大、更换电源或光电管等，需及时重新制作标准曲线。

ii. 标准曲线每隔 1 周须重新制作一次，但须每天测定一份标准溶液以核对曲线。

⑧ 还原率的注意事项：

i. 测定镉柱的还原率时，若 R<95%时，还原柱须按相应镉柱还原率的测定步骤重新进行活化或重新装柱。

ii. 水样中的悬浮物会影响水样的流速，比如悬浮物吸附在镉屑上，使硝酸盐的还原率降低，将水样预先通过 0.45μm 滤膜过滤即可解决此问题。

iii. 水样中的铁、铜或其他金属浓度过高时，会降低还原率，可向水样中加入 EDTA 消除此干扰[6,12]。

3.11　海水水体中磷及其化合物的测定

3.11.1　水体中磷的测定及在海洋学上的意义

磷在海洋圈、大陆岩石圈和海底沉积物圈、生物圈和大气圈中的循环，也是物质全球循环的重要成员之一。从海洋的角度，海洋磷循环是磷全球循环的中心（图 3-3）。

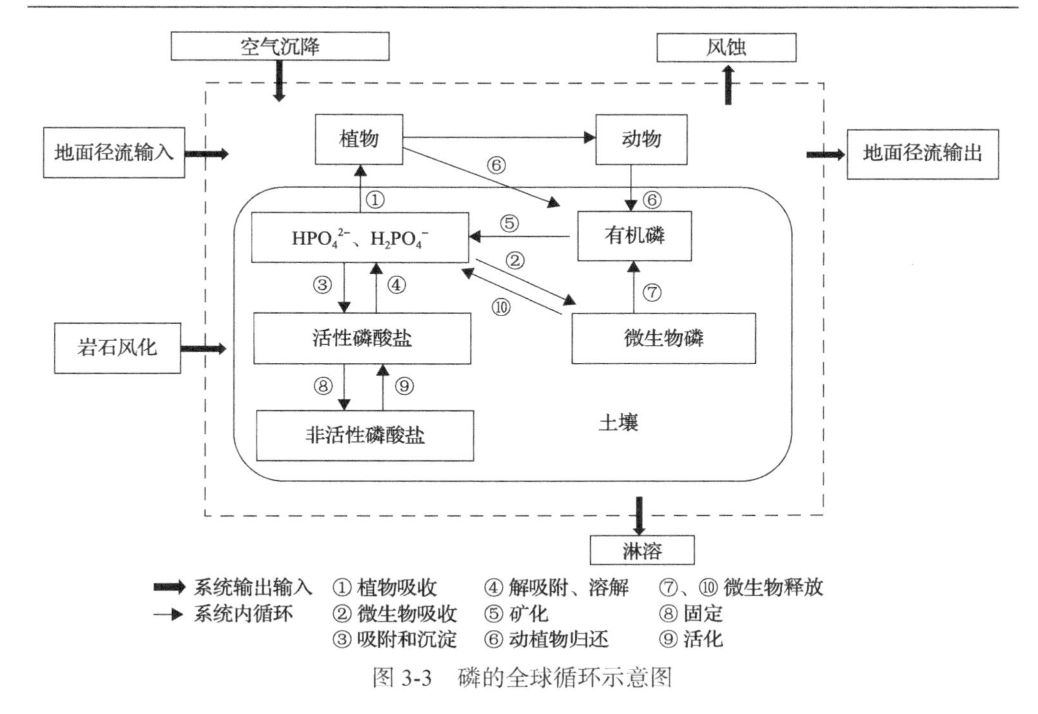

图 3-3　磷的全球循环示意图

磷在海水中以活性有机磷(LOP)、溶解无机磷(DIP)、溶解有机磷(DOP)和颗粒有机磷(POP)四种形态存在。如图 3-4 所示，在岩石-沉积物圈中主要是磷占主体成分的矿物或沉积物；在表面水体中，处于食物链底端的初级生产力吸收，造成 LOP 高而 DIP 低的现象；在浅海沉积层，由于浮游动物摄取浮游植物，使得被藻类固定的大量磷再生，如此反复，浮游动物中的磷又在渗出、死亡、尸解和细

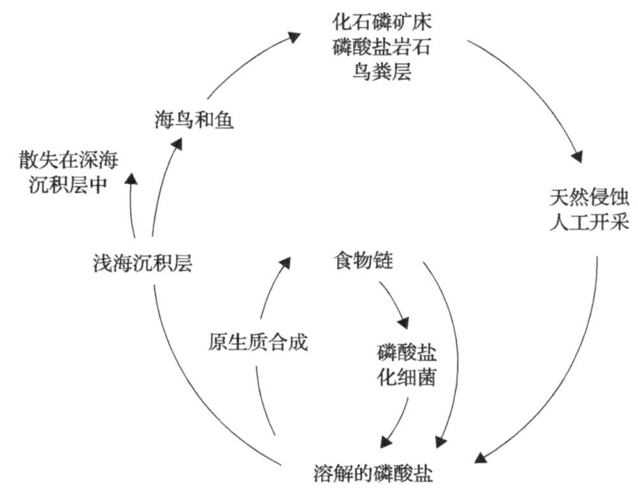

图 3-4　海洋磷的循环示意图[1]

菌分解(矿物化)过程中被逐渐释放，进而被浮游植物重新吸收，完成了海水水体中的磷循环；海鸟能将沉积的磷带到陆地，它们在繁殖群体时的排泄物(粪便)可以形成很有经济价值的化石磷矿床或磷酸盐岩石；再经天然侵蚀后的人工开采及处理，也可再次形成溶解的磷酸盐，从而完成海水或磷的全球循环(图 3-4)[1]。

磷是所有生命体生长所必需的营养元素，是合成核酸、磷脂质和三磷酸腺苷(ATP)必不可少的物质，也是海洋生命体营养盐中的一个重要元素。作为海洋初级生产力和食物链的基础，磷是维持海洋浮游植物生长的必需元素，也是海水发生富营养化的主要因素之一。一方面，由于农田施肥和陆地岩石风化，河水携带的磷酸盐含量一般高于海水，造成河流是近岸海域磷酸盐输入的主要途径；另一方面，海水中适量的营养盐会促进海洋微生物和植物的生长，但若营养盐过分富集，一般会使藻类异常增殖，导致水质恶化，最直观的后果是河口和近岸的藻华和赤潮现象，这已成为我国近海环境污染的重要问题之一。因此，对营养盐包括磷的研究是海洋环境检测的主要内容之一；同时营养盐的时空变化，对研究海洋生态系统也至关重要，比如海底沉积物中的吸附和再生平衡，对水体中磷的收支、循环动力学和初级生产力的维持都有极其重要的作用。

磷在海洋中除了存在于活体生物体内，海水中的磷主要以颗粒态和溶解态存在。颗粒态磷主要为含有机磷和无机磷的生物体碎屑及某些磷酸盐矿物颗粒；溶解态磷包括有机磷和无机磷，无机磷形态有正磷酸盐(orthophosphate)、焦磷酸盐(pyrophosphate)、偏磷酸盐(metaphosphate)和多聚磷酸盐(polyphosphate)，后三者统称为缩聚磷酸盐(condensed phosphates)，在一定温度和 pH 条件下可以水解为正磷酸盐。一般情况下，溶解态无机磷主要以 HPO_4^{2-}和 PO_4^{3-}的离子形式存在。其中，在检测过程中，未经预先水解或者消解，能够直接被磷钼蓝分光光度法检测的那部分磷，被称为可溶解性活性磷。该类磷绝大部分是正磷酸盐(海水中的主要形式是 HPO_4^{2-})，还有极少量的易水解有机磷和缩聚磷酸盐。活性磷是海洋浮游植物和微生物生长的关键物质。有机磷种类繁多，包括磷脂、磷酸糖类、磷胺和磷蛋白等。

磷的检测常规方法主要是显色法，根据我国《海洋监测规范第 4 部分：海水分析》中规定的磷检测方法为磷钼蓝分光光度法和磷钼蓝萃取分光光度法，经过多年的改进，已经成为精确度高、可靠的检测磷方法，但这些方法的缺点是不能达到快速、适时、样品量少的检测目的，无法满足现代海洋环境检测的要求。近年来，国内外研究者对传统显色方法进行了创新完善，已经开发了基于联用技术改进的分光光度法、荧光发光分析法、电化学法、色谱法等的新方法，使得方便、实时、快捷的检测方法已成为海洋环境检测系统中的新内容[1,2,12]。

结合本书的特点，主要介绍常规的磷钼蓝分光光度法和磷钼蓝萃取分光光度法测定磷。

3.11.2　磷钼蓝分光光度法测定海水中的可溶性磷酸盐

1. 测定原理

在水样中加入一定量混合试剂(硫酸-钼酸铵-抗坏血酸-酒石酸锑钾)，在酸性介质和酒石酸锑钾存在下，水样中的可溶性活性磷酸盐在硫酸介质中先与钼酸铵反应，生成磷钼黄杂多酸，然后在酒石酸锑钾的存在下，被抗坏血酸还原为磷钼蓝，此磷钼蓝络合物的最大吸收波长为 882nm，其蓝色深度与磷酸盐的含量成正比。于 882nm 波长处测定吸光度，可测得水样中的磷酸盐含量。该方法的检出限为 0.3μmol/L。

其中，若水样不经过滤直接检测，可测得水样中总活性磷含量；若加入硫酸水解后，测定的是总活性磷和总可酸解磷，消解后测得的是总磷，总磷扣除总活性磷和总可酸解磷后，所得的磷为水样中的总有机磷；若水样经过滤后再用不同方法进行预处理，则得到的是水样中可溶性活性磷、可溶性可酸解磷、总可溶性磷和可溶性有机磷含量。同理可以检测总颗粒磷、颗粒活性磷、颗粒可酸解磷和颗粒有机磷。本实验中的活性磷酸盐指的是溶解态的可与钼酸铵试剂发生反应的正磷酸盐(无机磷)，以其磷酸根中的磷原子来计量。

海水中溶解态磷酸盐是指以孔径为 0.45μm 的醋酸纤维滤膜为界，可通过的为溶解态磷酸盐，不通过的为颗粒态磷酸盐[6,12]。

2. 仪器和试剂

1)仪器

① 分光光度计，及其他实验室常用设备和器皿。

② 比色皿、容量瓶、比色管、移液管、洗瓶、洗耳球、聚乙烯塑料瓶。

2)试剂及其配制

(1)试剂级别

除非特殊说明，实验中所用其他试剂均为分析纯或优级纯，所用水为去离子水。

(2)硫酸溶液(3mol/L)的配制

取 100mL 浓硫酸溶液，缓缓加到 500mL 去离子水中，边加边搅拌；再冷却至室温，储存于聚乙烯塑料瓶中。

(3)钼酸铵溶液(3%)的配制

称取 3g 钼酸铵[$(NH_4)_6Mo_7O_{24}\cdot 4H_2O$，A.R]溶于 100mL 去离子水中，储存于聚乙烯塑料瓶中(低温)。若溶液变浑浊时，需重新配制。

(4)抗坏血酸溶液(5.4%)的配制

称取 5.4g 抗坏血酸(A.R)溶于 100mL 去离子水中，储存于棕色试剂瓶或聚乙烯塑料瓶中，在 4℃下避光保存，可稳定 1 个月。

(5) 酒石酸锑钾溶液(0.136%)的配制

称取 0.136g 酒石酸锑钾($C_4H_4KO_7Sb·1/2H_2O$，A.R)溶于 100mL 去离子水中，储存于聚乙烯塑料瓶中。

(6) 混合试剂的配制

分别量取 50mL 3mol/L H_2SO_4、20mL 3%钼酸铵、20mL 5.4%抗坏血酸、10mL 0.136%酒石酸锑钾溶液；依次顺序混合，每加入一种试剂，均须边加边搅拌，混合均匀；储存于棕色试剂瓶中；若溶液变浑浊时，需重新配制。此试剂在使用前配制，有效期为 6h。

(7) 磷酸盐标准储备溶液的配制

准确称取在 110～115℃干燥过的 KH_2PO_4(A.R) 1.088g；溶于 10mL H_2SO_4 及少量去离子水中，全部溶解后转移至 1000mL 容量瓶中；加 1mL 三氯甲烷($CHCl_3$)，用去离子水稀释定容至刻度，混匀，其浓度为 8.000μmol/mL。置于阴凉处，可稳定约半年。

(8) 磷酸盐标准溶液的配制

准确量取 0.50mL 磷酸盐标准储备溶液，转移至 100mL 容量瓶中；加 1mL 三氯甲烷($CHCl_3$)，用去离子水稀释定容至刻度，混匀，其浓度为 0.040μmol/mL。置于阴凉处，可稳定约半年。

3. 测定步骤

(1) 校准曲线的制作

① 分别准确移取磷酸盐标准溶液 0.0mL、0.50mL、1.00mL、2.00mL、3.00mL、4.00mL 于 50mL 比色管中，加去离子水定容至 50mL。

② 依次加入 5mL 混合试剂，混匀，放置 15min。

③ 以去离子水作参比溶液(L=5cm)，测定系列溶液的吸光度，记录数据。

④ 以标准系列溶液的磷酸盐氮浓度(μmol/L)为横坐标，吸光度(A_i-A_0)为纵坐标，绘制标准曲线。

(2) 水样测定(双样)

① 量取 50mL 经 0.45μm 滤膜过滤的水样，放于 50mL 比色管中，加去离子水定容至 50mL。

② 依次加入 5mL 混合试剂，混匀，放置 15min。

③ 以去离子水作参比溶液，测定样品溶液的吸光度(A_w)。

(3) 液槽校正(A_c)

将 4 个比色皿注入去离子水，以其中 1 个为参比溶液，测定其他 3 个液槽的吸光度，记录数值，要求 $A<0.005$。

4. 数据处理及计算

(1)绘制校准曲线，计算 F 值[式(3-33)]

$$F = \frac{V_2 - V_1}{A_2 - A_1} \times c_{使} \times \frac{1000}{V_{样}} \tag{3-33}$$

式中，V_1、V_2 分别是所加入标准溶液的体积，mL；A_1、A_2 分别是 V_1、V_2 所对应的吸光度；$c_{使}$ 为使用标准溶液的浓度，μmol/mL。

(2)样品含量的计算[式(3-34)]

$$c_{样} = F \times (A_w - A_c) \tag{3-34}$$

5. 注意事项

① 样品的处理及保存：

i. 醋酸纤维滤膜的处理：先用 2mol/L 的盐酸溶液浸泡 30min，再用去离子水清洗干净，浸泡 24h 以上。

ii. 水样采集后，立即用 0.45μm 醋酸纤维滤膜过滤，应快速分析。若不能立即测定，须快速置于冰箱中保存，但也须在 48h 内测定完毕。

② 测定中要严防水样、试剂和器皿的沾污，玻璃仪器预先用浓硫酸洗涤；按时用浓硫酸清洗比色管。

③ 温度影响实验结果，若测定时反应溶液的温度在 15℃以上，可在加入混合试剂 10～15min 后测定；若低于 15℃时，则需要在 20min 后测定。

④ 对一般的海洋例行调查，均不必考虑海水盐度及进行盐效应校正；若用于精确分析，则需要进行盐效应校正。

⑤ 在海上调查时，若更换混合试剂，需重新制作校准曲线。

⑥ 磷钼蓝的颜色须在 4h 内稳定不变，否则查找原因，重新进行测试。

⑦ 若海水样品中硫化物含量高于 2mg/L 时，会对测定有干扰。需提前将水样用 H_2SO_4 溶液酸化，通入氮气 15min，可将 H_2S 除去[6,12]。

3.11.3　磷钼蓝萃取分光光度法测定海水中的可溶性磷酸盐

1. 测定原理

在酸性介质中，活性磷酸盐与钼酸铵反应生成磷钼黄，用抗坏血酸还原为磷钼蓝，再用醇类有机溶剂萃取，于 700nm 波长处测定吸光度。

本法适用于测定海水中的活性磷酸盐，检出限为 0.2μg/L[6,12]。

2. 仪器和试剂

1)仪器

① 分光光度计，及其他实验室常用设备和器皿。

② 比色皿、容量瓶、比色管、移液管、洗瓶、洗耳球。

2）试剂及其配制

（1）试剂级别

正己醇、无水乙醇均为分析纯。除非特殊说明，实验中所用其他试剂均为分析纯或优级纯，所用水为去离子水。

（2）H_2SO_4溶液（1∶2）的配制

将30mL浓H_2SO_4缓缓加入600mL去离子水中，边加边搅拌。

（3）抗坏血酸溶液（100g/L）的配制

称取20g抗坏血酸（A.R）溶于200mL去离子水中，储存于棕色试剂瓶或聚乙烯塑料瓶中，在4℃下避光保存，可稳定1个月。

（4）钼酸铵溶液（140g/L）的配制

称取28g钼酸铵[$(NH_4)_6Mo_7O_{24}\cdot 4H_2O$，A.R]溶于200mL去离子水中，储存于聚乙烯塑料瓶中（低温）。若溶液变浑浊时，需重新配制。

（5）酒石酸锑钾溶液（30g/L）的配制

称取6g酒石酸锑钾（$C_4H_4KO_7\ Sb\cdot 1/2H_2O$，A.R）溶于200mL去离子水中，储存于聚乙烯塑料瓶中。若溶液变浑浊时，需重新配制。

（6）混合溶液的配制

分别量取以上配制好的H_2SO_4 200mL、钼酸铵45mL、0.136%酒石酸锑钾溶液5mL，依次顺序混合，每加入一种试剂，均须边加边搅拌，混合均匀。储存于棕色试剂瓶中；若溶液变浑浊时，需重新配制。此试剂在使用前配制，有效期为6h。

（7）磷酸盐标准储备溶液的配制

准确称取在110～115℃干燥过的KH_2PO_4（A.R）1.318g；溶于10mL H_2SO_4及少量去离子水中，全部溶解后转移至1000mL容量瓶中；加1mL三氯甲烷（$CHCl_3$），用去离子水稀释定容至刻度，混匀，其浓度为0.300mg/mL。置于阴凉处，可稳定约半年。

（8）磷酸盐标准溶液的配制

准确量取1.00mL磷酸盐标准储备溶液，转移至100mL容量瓶中；加2滴三氯甲烷（$CHCl_3$），用去离子水稀释定容至刻度，混匀，其浓度为3.00μg/mL。置于阴凉处，有效期为一周。

3. 测定步骤

（1）校准曲线的制作

① 分别准确移取磷酸盐标准溶液0.0mL、0.25mL、0.50mL、1.00mL、2.00mL于5个500mL分液漏斗中，得到系列浓度分别为0μg/L、3.00μg/L、6.00μg/L、12.0μg/L、24.0μg/L的含磷溶液。

② 分别依次加入5mL混合试剂和5mL抗坏血酸溶液，混匀，放置10min。

③ 再分别加入 25.0mL 正己醇，振荡 2min，静置 10min。

④ 弃去水相，把有机相分别转移至 25mL 具塞量筒中，各加 1.0mL 无水乙醇，混匀，放置 5min。

⑤ 将萃取液分别注入 5cm 的比色皿中，以正己醇作参比，在波长 700nm 处测量吸光度 A_i。其中 A_0 为 0.00μg/L 时的标准空白吸光度值。

(2) 水样测定（双样）

① 量取 250mL 经 0.45μm 滤膜过滤的水样，置于 500mL 分液漏斗中，依照上述绘制校准曲线步骤测定水样吸光度 A_w。

② 同时量取 250mL 去离子水于 500mL 锥形分液漏斗中，测定分析空白吸光度 A_b。

4. 数据处理及计算

① 以标准系列溶液的磷酸盐氮浓度（μg/L）为横坐标，吸光度（A_i–A_0）为纵坐标，绘制校准曲线。

② 根据（A_w–A_b）值，在校准曲线上查得水样中活性磷酸盐的质量浓度，μg/L。

5. 注意事项

① 样品的处理及保存：

i. 醋酸纤维滤膜的处理：先用 2mol/L 的盐酸溶液浸泡 30min，再用去离子水清洗干净，浸泡 24h 以上。

ii. 水样采集后，立即用 0.45μm 醋酸纤维滤膜过滤，应快速分析。若不能立即测定，须快速置于冰箱中保存，但也尽快在 48h 内测定完毕。

② 测定中要严防水样、试剂和器皿的沾污，玻璃仪器预先用浓硫酸洗涤；按时用浓硫酸清洗比色管。

③ 在海上调查时，若更换混合试剂，需重新制作标准曲线。

④ 若海水样品中硫化物含量高于 1mg/L 时，会对本方法实验结果带来较大误差，需提前将水样用 H_2SO_4 溶液酸化后，通入氮气 10min，可较好除去硫化物的干扰。

⑤ 若海水样品中砷酸钾含量大于 0.5mg/L（As）时，对本方法有明显的干扰，可设计实验将其除去。一般海水中砷含量（As）约为 0.003mg/L，对本方法影响极小，可忽略不计。

⑥ 若海水样品中硅酸盐含量大于 1.4mg/L（Si）时，对本方法影响较明显。通常河口水和大洋深层水中硅酸盐含量大于 1.4mg/L（Si），应预先进行校正。具体步骤为：

i. 首先由式（3-35），求出硅酸盐增加的吸光度 A_{Si}：

$$A_{Si} = F_{Si} \times \rho_{Si} \tag{3-35}$$

式中，F_{Si} 为用本方法测定硅酸盐校准曲线的斜率；ρ_{Si} 为水样中硅酸盐的质量浓度(Si), mg/L。

ii. 依据吸光度值的加和性，再根据($A_w-A_b-A_{Si}$)值，在测定活性磷酸盐的校准曲线上查得其浓度[6,12]。

3.12 海水水体中硅及其化合物的测定

3.12.1 水体中硅酸盐的测定及在海洋学上的意义

硅是整个地球中天然丰度排位第三的元素，也是地壳中丰度第二的元素，它占地壳物质的 28%。含硅矿物包括两类，一类为 SiO_2，如玻璃、石英、蛋白石；另一类为硅酸盐矿物，如黏土矿物[$Al_2Si_2O_5(OH)_4$]、长石[(Na,K)$AlSi_3$，$CaAl_2Si_2O_8$]等。与含氮化合物及磷酸盐一样，硅及硅酸盐也是海洋与陆地许多生物生长所必需的营养盐，它对于海洋中浮游生物的种类组成有重要的影响，尤其是对于硅藻类浮游生物、放射虫和硅质海绵来说，硅元素更是构成其机体不可缺少的组分，有些浮游生物中 SiO_2 的含量最多可占其干重的 60%～75%。

海洋中的硅主要来源有四部分：河流输入(84%)、风的传输(7%)、海底玄武岩侵蚀(6%)和海底热液喷发(3%)，其中，含硅岩石风化后，被水溶解成胶状的硅酸、铝硅酸或其盐类，随着大陆水不断被带入海中，河流输入成为海洋中硅的重要来源。而海洋中的溶解硅主要来自河流输送、沉积物间隙水的扩散作用和海底热液作用，其迁出途径为上层水体浮游生物硅质外壳的沉降及河口区颗粒物的吸附，其中前者是海洋中溶解态硅迁出的主要途径(图 3-5)[2,3,5]。

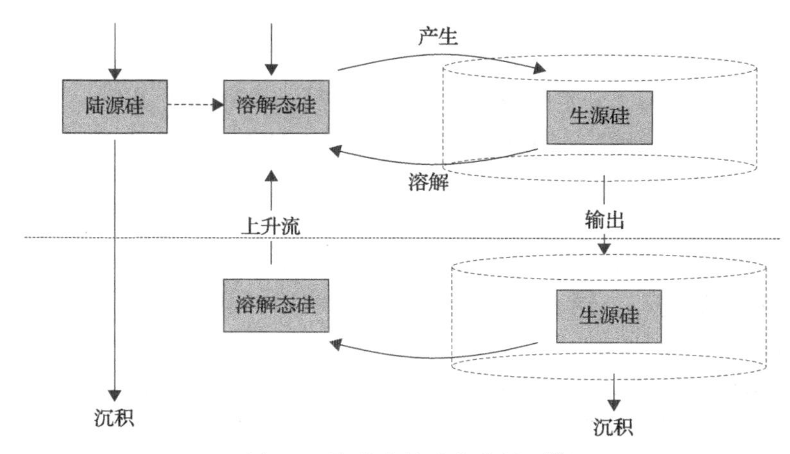

图 3-5 海洋中的硅化学循环[3]

海水中硅的存在形态颇多，有可溶性的硅酸盐、胶体状态的硅化合物、悬浮硅和作为海洋生物体组织一部分的硅等。其中以可溶性硅酸盐和悬浮二氧化硅两种为主。通常测定的仅是其中可溶性硅酸盐的一部分，即称为“活性硅酸盐”，其平均浓度为 36μmol/L，在大洋深水中可达 100～200μmol/L。

海水中的硅以溶解态和颗粒态存在，固体的溶解平衡为：

$$SiO_2(s)+2H_2O \rightleftharpoons Si(OH)_4(aq)$$

硅酸[H_4SiO_4或 $Si(OH)_4$]是一种两元弱酸，它在水中存在如下平衡：

$$H_4SiO_4 \rightleftharpoons H_3SiO_4^- + H^+$$

$$H_3SiO_4^- \rightleftharpoons H_2SiO_4^{2-} + H^+$$

在 25℃的 NaCl 溶液(0.5mol/L 或 0.6mol/L)中，上述硅酸的两个表观电离平衡常数分别为 K_{a_1} 3.9×10^{-10}，K_{a_2}为 1.95×10^{-13}，故其解离出氢离子的能力较弱。海水的 pH 通常为 7.7～8.3，结合运用这些表观电离平衡常数，可计算出：

$$\frac{[Si(OH)_4]}{[SiO_2]_T}=95.9\%$$

$$\frac{[Si(OH)_3O^-]}{[SiO_2]_T}=4.1\%$$

说明仅有约 5%的溶解硅以 $H_3SiO_4^-$形态存在，而海水中的溶解硅主要是以单分子硅(H_4SiO_4)的形态存在。通常把可通过超过滤器(滤膜孔径为 0.1～0.5μm 的硝化纤维膜)，并且可用硅钼黄络合比色法测定的低聚合度的溶解硅酸和单分子硅酸总称为“活性硅酸盐”，它容易被硅藻吸收。硅在海洋中的含量分布规律与氮、磷元素相似，海洋中硅酸盐含量随着海区和季节的不同而变化。但硅是海洋中浓度变化最大的元素，无论是丰度还是浓度，变化幅度都比 N、P 元素更大。因此，它在海水中的分布规律有其特别之处。

硅在海洋学中的意义主要体现在以下几个方面：第一是硅在生物地球化学循环方面，随着世界沿海地区赤潮、藻华的频繁暴发以及一些河流工程建设和全球气候变化，一方面硅藻赤潮暴发消耗大量海水中的溶解态硅酸盐，另一方面部分海域河流河水入海量大量减少，使得部分海域出现活性硅酸盐含量过低，导致浮游植物群落改变的现象。如果海洋中的硅酸盐浓度在现有水平下降低 100 倍，海洋的生产力有可能维持同样的水平，但将很难有硅藻和放射虫，换句话说，浮游生物的种类组成将发生明显的变化，在这种情况下，海洋中的碳输送也可能发生变化。第二是由于在海洋生物生活中，硅藻起着重要的作用，因此，硅酸盐在海水中的浓度，对于海洋生物的产量，具有直接或间接的影响。总之，对海水中硅酸盐含量及其变化的分析研究，将为海洋地质学、海洋生物学、地球化学等方面的研究工作开展提供有意义的理论根据。

在海水的酸度下，硅酸容易起聚合作用形成以下类型的聚合物：

$$4H_4SiO_4 \rightleftharpoons Si_4O_8(OH)_2^{2-} + 2H^+ + 6H_2O$$

在 25℃下，该反应的平衡常数为 $10^{-13.5}$，据报道，当海水的 pH 为 8.0 时，硅酸的平均浓度为 10^{-4}mol/L，而聚合态化合物的浓度仅为 $10^{-13.5}$mol/L，说明海水中硅酸的聚合态化合物不稳定，通常“活性硅酸盐”是指单链节和双链节的硅酸盐。

对海水中硅酸盐的测定，早期采用的是重量法，即在海水样品中加入铝离子，在适量的氨水作用下产生氢氧化铝，将海水硅酸盐共沉淀并进行富集，再按照一般硅的重量分析法进行测定，此法的特点是适用于高浓度硅的测定，且操作烦琐耗时，对于低浓度硅的测定准确度不高；现代测定海水中活性硅酸盐多用改进的比色测定法和分光光度法。我国《海洋监测规范第 4 部分：海水分析》中规定的活性硅酸盐检测方法是基于分光光度法的硅钼黄法和硅钼蓝法，前者是利用活性硅酸盐与钼酸铵-硫酸混合试剂反应，生成黄色的硅钼黄，通过在 380nm 波长下检测吸光度，获得活性硅酸盐浓度；后者是在生成硅钼黄后加入含有草酸的对甲替氨基酚-亚硫酸钠还原剂，将硅钼黄还原为硅钼蓝，于 812nm 波长下检测吸光度，其优点是通过还原剂的加入，可以消除磷和砷的干扰。后期发展出的流动注射/顺序注射-分光光度法检测海水中的活性硅酸盐，大多都是基于硅钼黄/硅钼蓝方法检测的。目前市面上出售的硅酸盐分析仪大多是基于硅钼蓝比色法研制而成的。此外，由于活性硅酸盐与磷酸盐的化学性质非常相近，为减少检测过程中磷酸盐对硅酸盐的干扰，有学者将离子色谱法用于硅酸盐的分析中，结合分光光度法、化学发光检测法、电导检测法等可以快速、准确、便捷地检测水样中的硅酸盐；利用电化学方法也是近年发展起来的一种新检测手段，其原理是依据硅钼蓝法可生成杂多酸，再通过伏安法进行检测的，虽然该法检测限较低，但缺点是难以准确区分硅酸盐和磷酸盐[2,3,5]。

3.12.2　硅钼黄法测定水体中硅酸盐

1. 测定原理

在水样中加入钼酸铵-硫酸混合试剂，水样中的活性硅酸盐在酸性介质中与钼酸铵反应，生成黄色的硅钼黄；利用分光光度计，在最大吸收波长 380nm 处测定吸光度值，测得水样中的硅酸盐含量。

本方法适用于硅酸盐含量较高的海水[6,12]。

2. 仪器和试剂

1) 仪器

① 分光光度计，及其他实验室常用设备和器皿。

② 比色皿、比色管、容量瓶、移液管、洗瓶、吸耳球等。

2)试剂及其配制

(1)试剂级别

除非特殊说明，实验中所用其他试剂均为分析纯或优级纯，所用水为去离子水。

(2)钼酸铵溶液(10%)的配制

称取10g钼酸铵[$(NH_4)_6Mo_7O_{24}\cdot4H_2O$，A.R]，溶于100mL去离子水中(如浑浊，应过滤)，储存于聚乙烯瓶中。

(3)硫酸溶液(1∶4)的配制

将50mL硫酸缓慢加入200mL去离子水中，边加边搅拌，冷却至室温，储存于聚乙烯瓶中。

(4)硫酸-钼酸铵混合试剂的配制

分别移取100mL的(1∶4)硫酸、200mL的10%钼酸铵溶液，混匀，储存于聚乙烯瓶中。此溶液可稳定一个星期。

(5)硅标准储备溶液的配制

① 将氟硅酸钠[Na_2F_6Si(A.R)]在110～115℃下烘干1h，取出置于干燥器中冷却至室温。

② 准确称取4.7000g的Na_2F_6Si置于塑料烧杯中。

③ 加入约600mL水，用磁力搅拌至完全溶解(需0.5h)。

④ 全部移入1000mL容量瓶中，用去离子水稀释定容至刻度，混匀。其浓度为25.00μmol/mL。储存于塑料瓶中，有效期为1年。

(6)人工海水(盐度为35)的配制

称取31g氯化钠(NaCl)和10g氯化镁($MgCl_2\cdot7H_2O$)溶于去离子水中，稀释定容至1000mL，储存于聚乙烯瓶中。

(7)硅酸盐标准使用溶液的配制

准确移取1.00mL的标准储备溶液于50mL容量瓶中，用人工海水定容至50mL，混匀，浓度为0.5000μmol/ mL，储存于聚乙烯瓶中。

3. 测定步骤

(1)制作校准曲线

① 向6个50mL比色管中，分别准确移取0.00mL、1.00mL、2.00mL、3.00mL、4.00mL、5.00mL硅酸盐标准使用溶液。

② 分别加入人工海水至50mL。

③ 再分别加入3mL混合试剂，混匀。

④ 放置15min后，待颜色稳定后(一般可稳定45min)，以去离子水为参比液，进行比色测定。

⑤ 平行实验 3 次，记录数据。

(2) 水样测定

① 移取 50mL 水样于 50mL 比色管中。

② 加入 3mL 混合试剂，混匀。

③ 放置 15min，待颜色稳定后(一般可稳定 45min)，以去离子水为参比液，进行比色测定(A_w)。

④ 平行实验 3 次，记录数据。

(3) 水样空白的测定

① 移取 50mL 去离子水于 50mL 比色管中。

② 加入 3mL 混合试剂，混匀。

③ 放置 15min 后，进行比色测定(A'_b)。

④ 平行实验 3 次，记录数据。

4. 数据处理及计算

(1) 绘制校准曲线

以系列标准溶液的硅酸盐浓度(μmol/L)为横坐标，吸光度(A_i–A_0)为纵坐标，绘制校准曲线。计算 F 值如式(3-36)。

$$F = \frac{V_2 - V_1}{A_2 - A_1} \times c_{使} \times \frac{1000}{V_{样}} \tag{3-36}$$

式中，V_1、V_2 分别是所加入标准溶液的体积，mL；A_1、A_2 分别是 V_1、V_2 所对应的吸光度；$c_{使}$ 为使用标准溶液的浓度，μmol/mL。

(2) 样品含量的计算[式(3-37)]

$$c_{样} = F \times (A_w - A'_b) \tag{3-37}$$

式中，F 为盐度校正系数，由表 3-5 可以查出。

表 3-5　盐度校正系数[6]

盐度	F
1～5	1.10
5～10	1.15
10～15	1.20
15～20	1.22
20～25	1.23
25～28	1.24
28～34	1.25

5. 注意事项

① 所有试剂、溶液及纯水等均用聚乙烯瓶或塑料瓶保存；选用含硅更低的试剂可降低空白值。本法中所用水均指无硅蒸馏水或等效纯水。

② 温度对反应速率影响较大，当溶液中加入混合试剂后，在5～10℃时颜色稳定需要20～30min；在10～20℃时，需要15min；在20℃以上只需10min。

③ 此方法的显色受酸度及钼酸铵浓度影响，因此要注意测定条件尽量一致。

④ 当海水试样中加混合液后，必须待颜色稳定后才可测定，一般45～60min内颜色稳定；但放置时间太久，颜色会逐渐变浅，所以应及时完成测定；否则，造成实验结果偏低。

⑤ 器皿和比色皿要及时清洗，必要时可用等体积HNO_3与H_2SO_4的混合酸或H_2CrO_4洗液短时间浸泡，清洗干净。

⑥ 校准曲线在水样测定实验室制定，工作期间每天加测一次标准溶液以检查校准曲线，并须每个站位至少测一份空白。曲线沿用的时间最多为一周。

⑦ 此方法受水样中离子强度的影响而造成盐误差，除用盐度校正表外，最好用接近水样盐度的人工海水制得硅酸盐校正曲线[6,12]。

3.12.3　硅钼蓝法测定水体中硅酸盐

1. 测定原理

在水样中加入酸性钼酸铵溶液，水样中硅酸盐与钼酸铵反应形成黄色的硅钼黄杂多酸，然后在草酸存在的条件下(草酸的作用可分解磷钼酸和砷钼酸，以消除干扰)，被对甲替氨基酚(硫酸盐)-亚硫酸钠还原为蓝色的硅钼蓝，其深度与硅酸盐含量成正比，利用分光光度计，选5cm比色皿，在最大吸收波长812nm处测定吸光度值，测得水样中的硅酸盐含量。

本方法适用于硅酸盐含量较低的海水[6,11]。

2. 仪器和试剂

1)仪器

① 分光光度计，及其他实验室常用设备和器皿。

② 比色皿、比色管、容量瓶、移液管、洗瓶、吸耳球等。

2)试剂及其配制

(1)试剂级别

除非特殊说明，实验中所用其他试剂均为分析纯或优级纯，所用水为去离子水。

(2)酸性钼酸铵溶液(2%)的配制

称取2.0g钼酸铵[$(NH_4)_6Mo_7O_{24}\cdot 4H_2O$, A.R]，溶于94mL去离子水中，加6mL浓盐酸，储存于聚乙烯瓶中。

(3) 草酸溶液(10%)的配制

称取 10g 草酸($H_2C_2O_4·2H_2O$，A.R)溶于去离子水并稀释至 100mL，过滤，储存于聚乙烯瓶中。

(4) 硫酸溶液(1∶3)的配制

将 1 体积浓硫酸缓慢加入 3 体积去离子水中，边加边搅拌，冷却至室温，储存于聚乙烯瓶中。

(5) 对甲替氨基酚(硫酸盐)-亚硫酸钠溶液的配制

称取 10g 对甲替氨基酚(米吐尔)溶于 480mL 去离子水中；加入 6g 无水亚硫酸钠溶解后，稀释至 50mL；再用定量滤纸过滤；储存于棕色瓶中。并密封保存于冰箱中，可稳定 1 个月左右。

(6) 混合试剂的配制

分别移取 100mL 米吐尔-亚硫酸钠、60mL 草酸、120mL 的(1∶3)硫酸，冷却后加去离子水稀释至 300mL，此溶液可稳定两个星期。

(7) 硅标准储备溶液的配制

① 将氟硅酸钠[Na_2F_6Si(A.R)]在 110～115℃下烘干 1h，取出置于干燥器中冷却至室温。

② 准确称取 4.7020g 的 Na_2F_6Si 置于塑料烧杯中。

③ 加入约 600mL 水，用磁力搅拌至完全溶解(需半小时)。

④ 全部移入 1000mL 容量瓶中，用去离子水稀释定容至刻度，混匀。其浓度为 25.00μmol/mL。储存于塑料瓶中，有效期为 1 年。

(8) 人工海水(盐度为 35)的配制

称取 31g 氯化钠(NaCl)和 10g 氯化镁($MgCl_2·7H_2O$)溶于去离子水，稀释定容至 1000mL，储存于聚乙烯瓶中。

(9) 硅酸盐标准使用溶液的配制

准确移取 1.00mL 的硅标准储备溶液于 50mL 容量瓶中，用人工海水定容至 50mL，混匀，浓度为 0.5000μmol/mL，储存于聚乙烯瓶中。

3. 测定步骤

(1) 制作校准曲线

① 向 6 个 50mL 比色管，分别加入 3mL 酸性钼酸铵溶液。

② 分别准确移取 0.00mL、0.10mL、0.20mL、0.40mL、0.60mL、0.80mL 硅酸盐标准使用溶液。

③ 再分别加人工海水至 25mL，混匀。

④ 放置 15min 后，依次分别加入 15mL 混合试剂，用去离子水定容至 50mL，混匀。

⑤ 放置 3h 后，以去离子水为参比液，进行比色测定。

⑥ 平行实验3次，记录数据。

(2) 水样测定

① 于50mL比色管中，加入3mL酸性钼酸铵溶液。

② 加入人工海水至25mL，混匀。

③ 放置15min后，加入15mL混合试剂，用去离子水定容至50mL，混匀。

④ 放置3h后，进行比色测定(A_w)。

⑤ 平行实验3次，记录数据。

(3) 水样空白的测定

① 于50mL比色管中，加入3mL酸性钼酸铵溶液。

② 加入去离子水至25mL，混匀。

③ 放置15min后，加入15mL混合试剂，用去离子水定容至50mL，混匀。

④ 放置3h后，进行比色测定(A_b')。

⑤ 平行实验3次，记录数据。

(4) 液槽校准(A_c)

将4个比色皿注入去离子水，以其中1个为参比溶液，测定其他3个液槽的吸光度，记录数值，要求$A<0.005$。

4. 数据处理及计算

(1) 绘制校准曲线

以系列标准溶液的硅酸盐浓度(μmol/L)为横坐标，吸光度(A_i–A_0)为纵坐标，绘制校准曲线，计算F值[式(3-38)]。

$$F=\frac{V_2-V_1}{A_2-A_1}\times c_{使}\times\frac{1000}{V_{样}} \tag{3-38}$$

式中，V_1、V_2分别是所加入标准溶液的体积，mL；A_1、A_2分别是V_1、V_2所对应的吸光度；$c_{使}$为使用标准溶液的浓度，μmol/mL。

(2) 样品含量的计算[式(3-39)]

$$c_{样}=F\times(A_w-A_b') \tag{3-39}$$

式中，A_w及A_b'均已经过液槽校准。

5. 注意事项

① 样品的处理及保存：

i. 醋酸纤维滤膜的处理：先用2mol/L盐酸溶液浸泡30min，再用去离子水清洗干净，浸泡24h以上。

ii. 水样取上来后，立即用0.45μm醋酸纤维滤膜过滤，然后储存于冰箱中(<

4℃），在 24h 内分析完毕。

iii. 水样最好在取上来后立即进行测定，如不能测定需要加氯化汞保存在聚乙烯瓶中。

② 温度对反应速率影响较大，测量水样时，硅酸盐溶液的温度与制定校准曲线时硅钼蓝溶液的温度之差不得超过 5℃。本法测量时最佳温度为 18～25℃。当水样温度较低时，可用水浴保持为 18～25℃范围。

③ 为取得最好的结果，可使用硅含量更低的试剂。试剂溶液及纯水用塑料瓶保存，可降低空白值。本法中所用水均指无硅蒸馏水或等效纯水。

④ 整个实验过程中，须按照操作步骤依次加入各种试剂，不得改变次序。

⑤ 海水中硅酸盐浓度低时，可改用 5～10mL 较长光程比色皿测定；若浓度高时，可改用 0.5～1.0mL 较短光程的比色皿，必要时将海水样品成倍稀释，但工作曲线也应用相近盐度的人工海水绘制。

⑥ 硅钼蓝颜色可稳定 3 天，但考虑到玻璃容器的影响，最好在显色后 3～24h 内测定完毕。

⑦ 本法采用盐度与水样相近的人工海水绘制工作曲线，故不必进行盐误差校正。

⑧ 标准曲线应在水样测定实验室制定，工作期间每天加测工作标准溶液，以检查曲线。标准曲线沿用的时间最多为一周。

⑨ 器皿和比色皿要及时清洗，必要时可用等体积 HNO_3 与 H_2SO_4 的混合酸或 H_2CrO_4 洗液短时间浸泡，清洗干净。

⑩ 由于水中含有的大量硫化物、磷酸盐、丹宁和铁质将干扰测定。故加入草酸以及硫酸，以清除磷酸盐的干扰和降低丹宁的影响，使其符合海洋生物采样的要求[6,12,13]。

3.13　海水中硫及硫化物的测定

3.13.1　海水中的硫化合物及其在海洋学上的意义

硫在海洋圈、生物圈、岩石和海底沉积物圈和大气圈中的循环，也是物质全球循环的重要组成之一。它包括了气体循环和沉积型循环两个重要的生物地球化学过程（图 3-6）。这是由硫的生物地球化学基本特征所决定的，也是其地球化学与生态化学过程（比如侵蚀、沉积、淋溶、降水和向上的提升作用）和生物学过程（包括合成、降解、吸收、代谢和排泄作用等）相互作用的结果[1]。

其中海洋硫循环是海洋化学的研究中心，包括了海洋物理、海洋生物、海洋地质和海洋化学等综合而成的海洋生物地球学过程（图 3-7）。其有两个主要特点：一是它由若干氧化-还原反应组成；二是微生物和细菌在硫循环过程中起着非常重

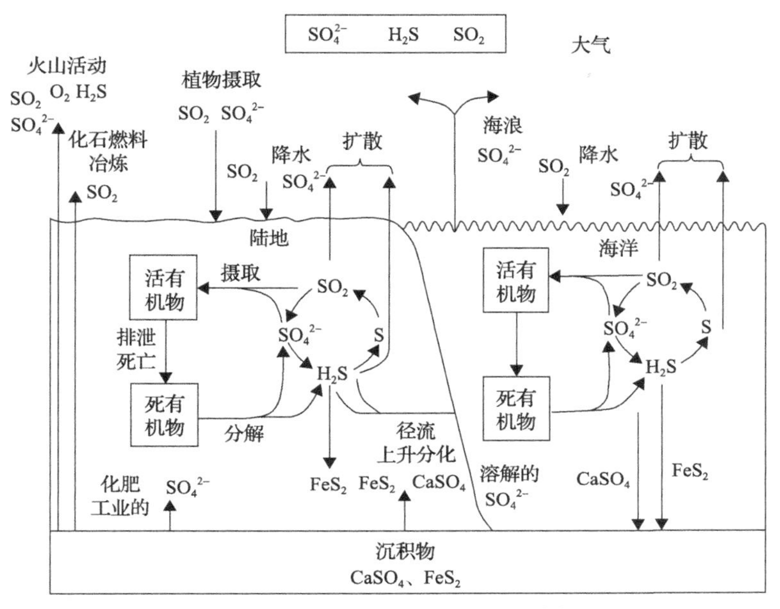

图 3-6　硫的生物地球化学循环[1]

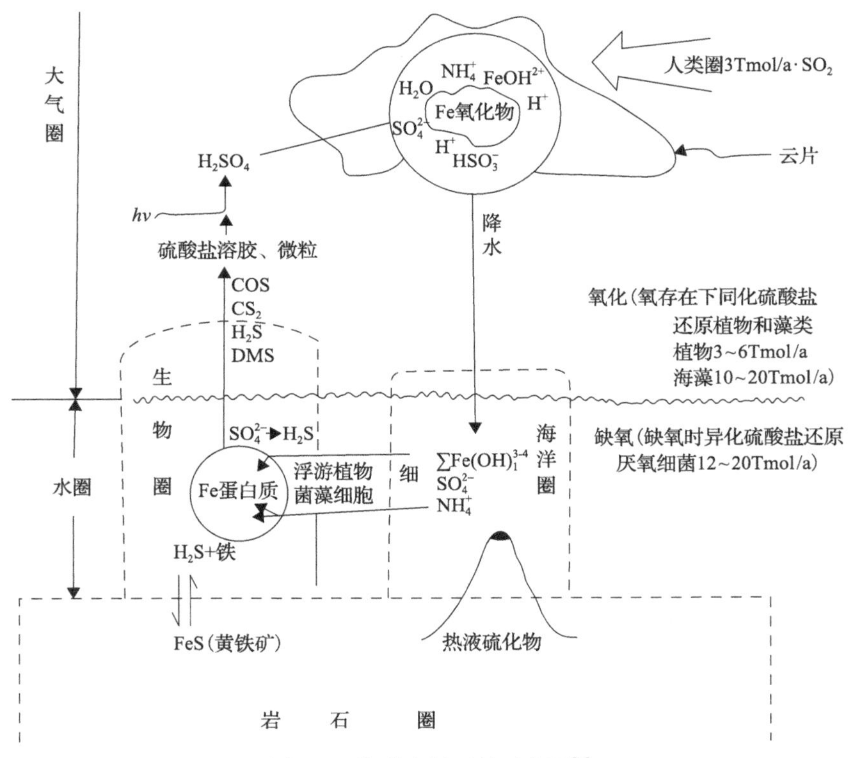

图 3-7　海洋硫循环的示意图[1]

要的作用。比如 H_2S 变为 SO_4^{2-}的氧化作用，就主要发生在富氧的大气圈和水圈中。硫酸根离子是海水中硫化合物的一种主要阴离子，其含量约为 2.65g/kg，仅次于海水中的钠离子和氯离子含量，约占海水盐分的 10.8%。

由于有生命的生物体需要硫酸根离子来合成有机大分子如蛋白质等，因此也被认为是海水中的营养盐。通过广泛存在的硫酸盐降解细菌，将硫酸盐变成硫化物。而海水中的同化和异化硫还原使硫酸盐还原为硫化物和有机物中的还原硫。其中，对许多生物体包括植物、藻类、真菌和细菌，可通过同化的硫酸盐还原，利用硫酸盐作为生物合成硫；相应地，可通过异化硫酸盐还原反应，在缺氧的条件下，厌氧细菌在有机物氧化时把硫酸盐作为电子变体，在电子沿着电子迁移系统移动时，合成 ATP。此外，专属的厌氧硫酸盐还原细菌对沉积物、厌氧性海洋生态系、厌氧性峡湾和海盆中的有机物质的矿化作用起着关键作用。而且不同种类的细菌在硫化合物的氧化过程中各自起着选择性高的作用，比如，有些硫细菌具有趋光性，在光作用下，作为给电子物质同化 CO_2，对硫化合物进行还原，完成缺氧光合作用；无色硫细菌用氧或硝酸盐将硫化合物氧化；一些氰化细菌在厌氧状况下，拥有一套缺氧光合作用系统。在暗处，这些生物体使用产生的元素硫来进行缺氧呼吸并将它还原为硫化氢。硫循环将空气、水和沉积物联系起来。一系列微生物协调的氧化和还原反应导致上覆水中硫酸盐与沉淀的硫化物(主要是硫化铁和黄铁矿)之间的主要交换。另外，作为人为因素，人类燃烧含硫矿物燃料和柴草、森林火灾、冶炼含硫矿石等，释放大量的 SO_2；石油炼制、化石燃料燃烧 H_2S 释放并氧化为 SO_2；化肥工业产生硫酸根等。这些均对硫的自然循环有不同程度的干扰，它们排放出大量硫氧化物(如 SO_2、SO_3)，是造成大气污染和形成酸雨的重要原因。通常将其与氯度的比值变化用来衡量评估大陆径流的冲淡作用、海水变质、脱硫细菌、结冰融冰等情况。此外，海水中的硫酸盐如硫酸镁对声波有很强的吸收能力；某些硫酸盐对混凝土有很严重的侵蚀作用；有时能生成难溶盐的金属离子可影响水体的分布和转移等，均对地球的化学行为产生一定的影响。

此外，硫化氢也是海水中存在的一种较典型的化合物，尤其在海水垂直交换和环流较微弱的封闭海区或深海海盆底层，一般认为海水中的硫化氢可能是海洋生物残体在贫氧条件下，由蛋白质分解而产生的，也可能是由硫酸盐经厌氧细菌的作用被有机碳还原产生的；有些海区的硫化氢来自温泉水或海底火山的喷射物。海水中硫化氢的测定对渔业有很重要的实际和理论意义，因为硫化氢的水层中含氧量极少，而导致一般生物不可能生存，故其含量与生物分布情况有互相逆反的关系；另一方面，从海洋水文的角度看，通过掌握海区硫化氢的分布，有助于研究该海区海水垂直交换及环流等动力学问题，及深层水系来源的问题等[5]。

测定硫酸盐的方法有重量法、容量法、光度分析法及电化学分析法等。重量法是通过加钡盐溶液($BaCl_2$)生成难溶的硫酸钡沉淀，再将沉淀洗涤、过滤、干燥、灼烧至恒重，根据最后的称量形式计算硫酸盐的含量，但此法操作烦琐、耗时较长，且海水试样中如有较大量碱金属时，易与 $BaSO_4$ 发生共沉淀，造成结果偏低，故不宜采用重量法。容量法测定硫酸盐的方法较常用的是以 $BaCl_2$ 溶液进行直接滴定，或加入过量的 $BaCl_2$ 后再用 SO_4^{2-} 溶液进行间接滴定，常用的指示剂有四羟基醌、玫瑰红酸钠或茜素磺酸钠等。此外，联苯胺法也是测定 SO_4^{2-} 含量的一种方法，联苯胺是一种弱碱，将其与 SO_4^{2-} 反应生成硫酸联苯胺沉淀，过滤后将沉淀溶解于热水中，以酚酞作指示剂，用 NaOH 标准溶液进行滴定。除了以上方法，浊度法和光度法有时也可用于海水中 SO_4^{2-} 的测定，但浊度法因沉淀生成条件主要是其沉淀颗粒的大小，故直接影响测定结果，仅作为一种近似的测定方法；光度法是基于 SO_4^{2-} 与玫瑰红酸钡反应而析出玫瑰红酸，可在 530nm 处测定其吸光度值，从而间接求出 SO_4^{2-} 含量。通过比较不同测定方法及海水分析的具体要求，通常认为 EDTA 络合滴定法和联苯胺法是测定海水中 SO_4^{2-} 含量较合适的两种方法。

海水中硫化氢含量的测定方法很少，由于 H_2S 在空气中很不稳定，会氧化成硫单体、硫的氧化物或硫酸盐，阳光和水蒸气也会促使 H_2S 的氧化分解，这些都会给 H_2S 的测定带来一定的困难。目前测定 H_2S 含量文献介绍较多的主要有亚甲基蓝分光光度法、碘量法、硝酸银比色法及色谱法等，但针对海水中硫化氢含量测定的文献却极少，根据其较强的还原性特点，一般采用碘量法测定[14]。

3.13.2　络合滴定法测定海水中 SO_4^{2-} 含量

1. 测定原理

在弱酸性溶液中，海水试样中的 SO_4^{2-} 可与适量、过量的 $BaCl_2$ 反应，生成难溶化合物 $BaSO_4$；过量的 Ba^{2+} 及水样中的 Ca^{2+}、Mg^{2+} 等离子，在 $NH_4OH\text{-}NH_4Cl$ 介质中（pH=10），以铬黑 T 和甲基红作为复合指示剂，用 EDTA 镁盐复合溶液进行滴定（为使 Ba^{2+} 滴定终点更为敏锐，故在 EDTA 溶液中加入镁盐）；另外分别滴定 $BaCl_2$ 溶液、海水硬度；由 $BaCl_2$ 溶液、海水硬度、过量的 $BaCl_2$（包括水样中的 Ca^{2+}、Mg^{2+} 等离子）三种滴定结果可计算出海水中的 SO_4^{2-} 含量[5]。

有关反应方程式如下：

$$SO_4^{2-} + Ba^{2+} \xlongequal{HCl} BaSO_4 \downarrow$$

(a) Ba^{2+}(过量)+Ca^{2+}(水样)+Mg^{2+}(水样)+$3H_2Y^{2-} \xlongequal{pH=10}$

$[BaY]^{2-} + [CaY]^{2-} + [MgY]^{2-} + 6H^+$

(b) Ca^{2+}(水样)+Mg^{2+}(水样)+$2H_2Y^{2-} \xlongequal{pH=10} [CaY]^{2-} + [MgY]^{2-} + 4H^+$

(c) $Ba^{2+} + H_2Y^{2-} \xrightarrow{pH=10} [BaY]^{2-} + 2H^+$

2. 仪器和试剂

1) 仪器

移液管、滴定管、烧杯、容量瓶等玻璃仪器，及其他实验室常用设备和器皿。

2) 试剂及其配制

(1) 试剂级别

浓盐酸、乙醇均为分析纯。除非特殊说明，实验中所用其他试剂均为分析纯或优级纯，所用水为超纯水或去离子水。

(2) 0.025mol/L 的 EDTA 镁盐复合溶液的配制

将 18.6g 的乙二胺四乙酸二钠盐及 5.1g $MgCl_2·6H_2O$ 溶于 1L 蒸馏水中；再用 50% NaOH 溶液调节至 pH 为 10 左右；用标准 Ca^{2+}溶液进行标定。

(3) 配制 0.05mol/L 的 $BaCl_2$ 溶液

(4) NH_4OH-NH_4Cl 缓冲溶液的配制

将 50g NH_4Cl 先溶解于少量蒸馏水中，然后加入 250mL NH_4OH(25%)；再用蒸馏水稀释至 1.25L，得到 pH 为 10 的缓冲溶液。

(5) 0.5%铬黑 T 指示剂溶液的配制

将 0.5g 铬黑 T 溶于 20mL NH_4OH-NH_4Cl 缓冲溶液中，加 80mL 乙醇，摇匀备用。

(6) 0.2%甲基红指示剂溶液的配制

将 0.2g 甲基红溶于 100mL 60%乙醇中，摇匀备用。

3. 测定步骤

① 准确移取海水试样 5.00mL，用蒸馏水稀释至 50.00mL；加入 1 滴浓 HCl 使呈酸性；在不断搅拌下加入 5.00mL $BaCl_2$ 溶液，使其生成白色的 $BaSO_4$ 沉淀；稍微放置后，再加入 2mL NH_4OH-NH_4Cl 缓冲溶液、铬黑 T 和甲基红指示剂溶液各 10 滴；以 EDTA 镁盐复合溶液滴定至溶液由酒红色经灰色最终变为鲜绿色为止。

② 准确移取同量水样，用蒸馏水稀释至 50.00mL；加入 2mL NH_4OH-NH_4Cl 缓冲溶液，铬黑 T 和甲基红指示剂溶液各 5 滴；以 EDTA 镁盐复合溶液滴定其总硬度。

③ 准确移取 $BaCl_2$ 溶液 5.00mL，用蒸馏水稀释至 50.00mL；加入 2mL NH_4OH-NH_4Cl 缓冲溶液，使其 pH 为 10 左右；加入铬黑 T 和甲基红指示剂溶液各 3 滴；以 EDTA 镁盐复合溶液滴定至终点。

④ 平行 3 次实验，记录数据。

4. 数据处理及计算

依据式(3-40)计算 SO_4^{2-}含量：

$$SO_4^{2-}(mg) = (b + c - a) \times 96 \times M_{EDTA} \tag{3-40}$$

式中，a 为返滴定过量 $BaCl_2$ 溶液及海水中 Ca^{2+}、Mg^{2+}等离子的 EDTA 镁盐复合溶液体积，mL；b 为滴定海水中 Ca^{2+}、Mg^{2+}等离子的 EDTA 镁盐复合溶液体积，mL；c 为滴定 $BaCl_2$ 沉淀剂的 EDTA 镁盐复合溶液体积，mL。

5. 注意事项

① 本实验采用铬黑 T 和甲基红复合指示剂，以 EDTA 溶液返滴定过量的 Ba^{2+}离子，终点敏锐，容易观察，滴定误差约为±0.5%。

② 当水样中的 SO_4^{2-}含量大于 20mg 以上时，生成的 $BaSO_4$ 沉淀较多，会影响终点的判断，需另加乙醇约 5mL，以增加终点的敏锐性。另外，pH 对终点的判断也非常重要，需要适当增加缓冲溶液的用量，以保证溶液的 pH 为 10 左右。

③ 由于 EDTA 镁盐复合溶液的反应速度较慢，故在滴定临近终点时，需再加入 1 滴甚至半滴溶液后剧烈摇动；待溶液颜色不变后，再加入 1 滴或半滴溶液继续剧烈摇动，否则会使 EDTA 镁盐复合溶液的用量过多而使得结果偏低[5]。

3.13.3　联苯胺法测定海水中 SO_4^{2-}含量

1. 测定原理

联苯胺是一种弱碱，可与 SO_4^{2-}反应生成硫酸联苯胺的微溶性化合物。通常以盐酸联苯胺溶液作为沉淀剂，相关反应如下：

$$C_{12}H_8(NH_2)_2 \cdot 2HCl + SO_4^{2-} = C_{12}H_8(NH_2)_2 \cdot H_2SO_4 + 2Cl^-$$

将生成的硫酸联苯胺沉淀过滤后，溶解在热水中，再以酚酞作指示剂，用 NaOH 标准溶液进行滴定，相关反应如下：

$$C_{12}H_8(NH_2)_2 \cdot H_2SO_4 + 2OH^- = C_{12}H_8(NH_2)_2 + 2H_2O + SO_4^{2-}$$

2. 仪器和试剂

1)仪器

① 万用电炉或酒精灯，及其他实验室常用设备和器皿。

② 移液管、滴定管、烧杯、容量瓶；漏斗、试剂瓶、表面皿、玻璃棒、量筒、洗瓶。

2)试剂及其配制

(1) 试剂级别

除非特殊说明，实验中所用其他试剂均为分析纯或优级纯，所用水为超纯水或去离子水。

(2) NaOH 标准溶液 (0.05mol/L) 的配制

准确称取 2g NaOH，溶于 1L 新蒸馏水中，用邻苯二甲酸氢钾标定。

(3) 盐酸联苯胺沉淀剂的配制

准确称取 6.7g 联苯胺，加 10mL 微热的浓盐酸溶液，用蒸馏水稀释至 1L。

(4) 酚酞指示剂 (1%酒精溶液) 的配制

准确称取 1g 酚酞，溶于 100mL 的 60%～90%酒精中，摇匀备用。

(5) 30%酒精溶液

3. 测定步骤

① 准确移取海水试样 20.00mL，用少量蒸馏水稀释后，加热近沸。

② 以每 40mg SO_4^{2-}加入 40mL 盐酸联苯胺沉淀剂为标准，趁热快速滴加 40mL 沉淀剂，一般沉淀一份水样需要 5min 左右时间。

③ 再放入冷水中冷却 15～20min。

④ 然后用普通滤纸过滤，并用少量滤液洗涤烧杯，沉淀用 30%乙醇溶液洗涤（一般每次用 5mL 左右），直至在 4～5mL 滤液中加入 1 滴酚酞指示剂和 1 滴 0.05mol/L 的 NaOH 标准溶液后，滤液呈现粉红色为止，大概需洗涤 10 次左右。

⑤ 将洗涤好的沉淀连同滤纸一起放回原烧杯中，加入 80～100mL 蒸馏水，加热近沸。

⑥ 趁热滴加 2～3 滴酚酞指示剂，再用 0.05mol/L 的 NaOH 标准溶液滴定至溶液呈现微红色。

⑦ 平行实验 3 次，记录数据。

4. 数据处理及计算

依据式 (3-41) 计算 SO_4^{2-}含量：

$$NV \times 48 = SO_4^{2-}(mg) \tag{3-41}$$

式中，N 为 NaOH 标准溶液物质的量浓度；V 为滴定所用的 NaOH 标准溶液的体积，mL。

5. 注意事项

① 由于 $BaSO_4$ 沉淀属于晶形沉淀，故在沉淀操作过程中必须加热近沸，这样得到的沉淀颗粒很大，且沉淀不易透过滤纸，容易过滤。

② 在沉淀完毕后，必须要放置冷却后方可过滤，因为硫酸联苯胺的溶解度会随温度的升高而增大。

③ 由于硫酸联苯胺在水中的溶解度较大，为了避免洗涤过程中硫酸联苯胺的溶解，必须用乙醇溶液洗涤沉淀。

④ 对洗涤后的滤液必须进行检查，以确保洗涤干净。若洗涤不干净，说明多余的盐酸联苯胺没有被完全洗掉，可能导致滴定结果偏高及精密度差；但如果洗涤次数太多，则可能导致结果偏高。

⑤ 将洗涤好的沉淀连同滤纸一起放回原烧杯中，并加水加热近沸，这样可使得滴定终点显色敏锐，否则粉红色很容易消失而导致终点不易被观察到[5]。

3.13.4　返滴定碘量法测定海水中硫化氢含量

1. 测定原理

由于海水中硫化氢的测定方法很少，一般采用返滴定碘量法。在酸性介质中，先用碘标准溶液氧化硫化氢及其他可还原性硫化物，再用淀粉作指示剂，以 $Na_2S_2O_3$ 溶液滴定剩余的碘。具体做法为：向海水试样中加入一定量的碘溶液，水样中的 H_2S 被氧化为 S，将剩余的 I_2 再用 $Na_2S_2O_3$ 标准溶液滴定[5]。相关反应如下：

$$H_2S + I_2 = 2HI + S\downarrow$$

$$2Na_2S_2O_3 + I_2 = Na_2S_4O_6 + 2NaI$$

2. 仪器和试剂

1) 仪器

① CO_2 压缩钢瓶或 Kipp 发生器（用大理石和稀盐酸制备 CO_2），及其他实验室常用设备和器皿。

② 水样瓶、容量瓶（250mL）、三角烧瓶（250mL，600mL）、滴定管（50mL）、海水移液管（15mL）、量筒若干规格、自动移液管（1mL，2mL）。

2) 试剂及其配制

(1) 试剂级别

除非特殊说明，实验中所用其他试剂均为分析纯或优级纯，所用水为蒸馏水。

(2) 碘标准溶液（0.02mol/L）的配制

称取 20g 碘化钾（分析纯），溶解于 20～25mL 蒸馏水中；再加入 2.4g 纯结晶的 I_2，边搅拌边溶解；最后用蒸馏水稀释定容至 1000mL。

(3) $Na_2S_2O_3$ 标准溶液（0.2mol/L）的配制

称取 50g $Na_2S_2O_3 \cdot 5H_2O$（分析纯），溶解在预先煮沸且冷却过的蒸馏水中，稀释至 1000mL；加入 1～2mL 二甲苯或氯仿，保存于棕色瓶中。

(4) 0.02mol/L $K_2Cr_2O_7$ 标准溶液的配制

准确称取 0.9808g 预先烘干（130℃）并冷却过的 $K_2Cr_2O_7$（分析纯），溶于蒸馏水中并稀释定容至 1000mL。

(5) 盐酸(1∶1)的配制

用浓盐酸溶液与水稀释体积比为 1∶1。

(6) KI 溶液(10%)的配制

将 50.0g KI 溶于蒸馏水中并稀释定容至 500mL。

(7) 淀粉溶液(0.5%)的配制

称取 2g 淀粉，先用少量水润湿；再加 200mL 蒸馏水，在搅拌下加入 20% NaOH 至溶液透明为止；放置 1～2h，加浓盐酸溶液至溶液呈微酸性(用石蕊试纸测试)；再加 1mL 冰醋酸，加蒸馏水稀释至 400mL。

(8) 操作用 $Na_2S_2O_3$ 溶液的标定

在 500mL 锥形瓶中加入 35mL 蒸馏水、10mL KI 溶液(10%)，及 15.00mL 0.02mol/L 的 $K_2Cr_2O_7$ 标准溶液，再加入 10mL 盐酸(1∶1)；置于暗处 5min 左右，立即加入 150～200mL 蒸馏水；然后用 0.2mol/L 的 $Na_2S_2O_3$ 标准溶液滴定至浅黄色，加 1mL 淀粉溶液；继续滴定至蓝色消失，记录读数(mL)，重复 3 次滴定。

(9) 操作用碘溶液的标定

用过滤过的不含 H_2S 的表层海水代替水样，按滴定水样的测定步骤，加入同量的碘标准溶液，测定所消耗 $Na_2S_2O_3$ 标准溶液的体积 a。

3. 测定步骤

(1) 水样的采集

① 在采水器未提起之前，先将水样瓶清洗干净并干燥，再充满 CO_2 后加入 10.00mL 的操作用碘溶液(若 H_2S 含量少时，加入 1.00mL 或 5.00mL 即可)。

② 再加入 1mL 盐酸(1∶1)，盖上瓶塞并避免受热和光线照射。

③ 当采水器提起之后，打开水样瓶瓶塞(磨砂玻璃塞或涂石蜡的软木塞)，将橡皮管套上采水器水龙头，缓慢准确注入水样至达到刻度线，盖紧瓶塞，并摇匀待用，此时溶液应呈黄色。

(2) 水样的测定

① 将装取好的水样转移至 500mL 锥形瓶中，加入 2mL 淀粉溶液(0.5%)。

② 取操作用 $Na_2S_2O_3$ 溶液滴定至蓝色刚好消失，并迅速将溶液倒出一部分至原水样瓶中冲洗，再立即倒回后再滴定至蓝色消失，保持 30s 不出现蓝色。

③ 记录所用 $Na_2S_2O_3$ 标准溶液体积 n。

(3) 重复 3 次操作，记录数据

4. 数据处理及计算

依据 I_2 与 H_2S 的反应式，可知 H_2S 与 $Na_2S_2O_3$ 反应的化学计量数比为 1∶2，即 0.3408mg 的 H_2S 相当于 1mL 0.0200mol/L 的 $Na_2S_2O_3$ 溶液。在 0℃和 760mmHg

的条件下，H_2S 的密度为 1.5393g/L，故 0.3408mg 的 H_2S 在上述条件下的体积为 0.221mL，即 1mL 0.0200mol/L 的 $Na_2S_2O_3$ 溶液相当于 0.221mL 的 H_2S。

因此，可依据式(3-42)及式(3-43)计算 H_2S 含量：

$$H_2S(mL/L)=\frac{K(a-n)\times 220}{V-v} \tag{3-42}$$

或：

$$H_2S(mg/L)=\frac{K(a-n)\times 340}{V-v} \tag{3-43}$$

式中，K 表示滴定 15.00mL 0.02mol/L 的 $K_2Cr_2O_7$ 标准溶液所用的 $Na_2S_2O_3$ 体积，mL；a 为滴定加入水样中全部 I_2 溶液所用的 $Na_2S_2O_3$ 体积，mL；n 为滴定水样时所用的 $Na_2S_2O_3$ 体积，mL；V 为水样瓶的体积，mL；v 为测定时加入水样瓶中 I_2 和盐酸(1∶1)的体积，mL。以上测定 H_2S 的结果实际是海水样品中硫化物的总量，故计算结果一般以"mg/L"表示。

5. 注意事项

① 在采集水样时，水样瓶在装满 CO_2 气体、碘溶液或水样之后必须把瓶塞塞紧，以防遗漏导致产生测量误差。

② H_2S 和 I_2 的反应需在酸性介质中定量进行，但同时由于海水常呈弱碱性，若直接将碘溶液加入海水试样中，碘将被消耗产生碘酸和次碘酸。为消除此误差，实验前须将水样酸化，可使得其中的硫化物和硫氢化物全部转换为游离态的 H_2S。

③ 若淀粉指示剂在滴定临近终点不显蓝色，而呈浅褐色，则指示剂应弃掉重新配制。

④ 游离碘易于挥发，故碘溶液应保存于带磨砂玻璃塞的暗色试剂瓶中。

⑤ 对水样的测定加入 2mL 淀粉液时，若黄色较深，需先用 $Na_2S_2O_3$ 标准溶液滴定至浅黄色，再加入淀粉。

⑥ 滴定终点的颜色应从蓝色变成无色，不能出现紫色，并应保持一致；如终点颜色变化不明显，淀粉溶液必须重新配制[5]。

3.13.5 海水先经固定的碘量法测定海水中硫化氢含量

1. 测定原理

由于 H_2S 的挥发性及较强的还原性，要求含 H_2S 的水样尽量在采样 3min 后开始分析，否则易于逸出或被环境中的氧气氧化，造成测定结果偏低。早期的分析工作者针对水样采集后不能立即当场分析的特点，建立了添加某些固定试剂将

H_2S 固定，再进行测定的方法[5]。

其原理为：添加固定试剂 $Zn(Ac)_2$ 于水样中，先进行如下化学反应：

$$H_2S + Zn(Ac)_2 = ZnS\downarrow + 2HAc$$

在测定时，加入 H_2SO_4 和 I_2 溶液，则 H_2SO_4 可与 ZnS 反应析出 H_2S，H_2S 又可被 I_2 氧化为单质硫，多余的 I_2 再用 $Na_2S_2O_3$ 溶液滴定，相关反应如下：

$$ZnS + H_2SO_4 = H_2S + ZnSO_4$$

$$H_2S + I_2 = 2HI + S\downarrow$$

$$2Na_2S_2O_3 + I_2 = Na_2S_4O_6 + 2NaI$$

2. 仪器和试剂

1) 仪器

① CO_2 压缩钢瓶或 Kipp 发生器(用大理石和稀盐酸制备 CO_2)，及其他实验室常用设备和器皿。

② 有磨砂玻璃瓶塞的棕色试剂瓶、带有磨砂玻璃塞的锥形瓶(250mL，500mL)、滴定管、移液管等玻璃仪器。

2) 试剂及其配制

(1) 试剂级别

KI 晶体(分析纯)。除非特殊说明，实验中所用其他试剂均为分析纯或优级纯，所用水为蒸馏水。

(2) $Zn(Ac)_2$ 溶液的配制

称取 40g $Zn(Ac)_2$，溶于 100mL 蒸馏水中，摇匀备用。

(3) H_2SO_4(1∶3)溶液的配制

用浓硫酸和蒸馏水按照体积比配制。

(4) $Na_2S_2O_3$ 标准溶液的配制及标定

如 3.13.4 节中仪器及试剂所述相关内容。

(5) 碘标准溶液(0.02mol/L)的配制

称取 20g 碘化钾(分析纯)，溶于 20～25mL 蒸馏水中；再加入 2.4g 纯结晶的 I_2，边搅拌边溶解；最后用蒸馏水稀释定容至 1000mL。

(6) 操作用碘溶液的标定

移取过滤过的不含 H_2S 的表层海水代替水样，加 0.2mL 毫升 $Zn(Ac)_2$ 溶液；摇匀后按测定步骤加入同量的碘溶液及试剂；最后用 $Na_2S_2O_3$ 标准溶液进行滴定；记录所消耗 $Na_2S_2O_3$ 标准溶液的体积 a。

(7) KIO_3 溶液(0.02mol/L)的配制

准确称取 1.4268g 碘酸钾(分析纯)，用去离子水溶解，转入 2000mL 容量瓶中，并稀释至标线混匀。

(8) $Na_2S_2O_3$ 溶液(0.01mol/L)的配制

如 3.13.4 中所述。

(9) 淀粉溶液(0.5%)的配制

如 3.13.4 中所述。

(10) $K_2Cr_2O_7$ 标准溶液(0.01mol/L)的配制

如 3.13.4 中所述。

3. 测定步骤

(1) 水样的采集和固定

① 在洗净并已校准过的溶解氧水样瓶(干燥)中，预先装满 CO_2 气体，塞紧。

② 将在另一端接有玻璃管的橡皮管套进采水器水龙头，先以水样冲洗玻璃管。

③ 再打开水样瓶瓶塞，把玻璃管末端放入水样瓶底部，缓慢注入水样(避免产生气泡)。

④ 至水加满自瓶口溢出约为原水样瓶体积的一半；接着慢慢提出玻璃管，立即用滴管在水样液面上滴加 0.2mL $Zn(Ac)_2$ 溶液，速盖上瓶塞，混摇均匀，放置备用。

(2) 水样测定

① 在带磨砂玻璃塞的锥形瓶中，预先装满 CO_2 气体，塞紧。

② 再加入 2mL 的 H_2SO_4(1∶3)、10.00mL 0.02mol/L 碘溶液(或加相当量的 0.02mol/L KIO_3 溶液和 KI 晶体)，摇匀。

③ 将水样瓶中的 ZnS 沉淀与澄清液一齐倒入锥形瓶中，盖上磨砂玻璃塞，摇荡均匀。

④ 再打开塞子，塞子用少量蒸馏水冲洗后用少量此酸性混合液冲洗水样瓶，以溶解可能黏附于水样瓶壁上的 ZnS，倒回锥形瓶中。

⑤ 多余的碘用 0.01mol/L 的 $Na_2S_2O_3$ 溶液滴定(滴定步骤如 3.13.4 中所述)。

4. 数据处理及计算

H_2S 的含量按式(3-44)计算：

$$H_2S(mg/L) = \frac{(a-b)\times k\times 0.170\times 1000}{v-0.2} \tag{3-44}$$

式中，a 为标定 I_2 溶液浓度时所耗用的 $Na_2S_2O_3$ 溶液体积，mL；b 为滴定水样时所耗用的 $Na_2S_2O_3$ 溶液体积，mL；k 为 $Na_2S_2O_3$ 溶液浓度的校正系数；v 为水样瓶的体积，mL。

5. 注意事项

① 上述方法仅适用于不含溶解氧水样的分析，若水样中同时有溶解氧存在（当水样中 H_2S 的含量＜1mg/L 时，则认为含有一定量的溶解氧），应采用 3.13.4 中的测定法，否则测定结果会偏低。

② 实验需用磨砂玻璃瓶塞的棕色试剂瓶，与测定溶解氧用的试剂瓶相同，容积约为 120mL 且需提前校准。

3.14　海水中其他非金属元素及其测定

3.14.1　水体中其他非金属元素及其在海洋学上的意义

海水中含量较高的非金属元素主要包括 O、C、N、P、Si 及 S 元素（前面均已做介绍），除此之外为常量元素，海水中常量元素占溶解成分总量的 99.9%，这些元素性质稳定，而且它们之间具有恒比关系。通常情况下，海水中浓度大于 1mg/L 的组分有 11 种，即 H_3BO_3、F^-、Cl^-、Br^-、SO_4^{2-}、HCO_3^-（或 CO_3^{2-}）、Na^+、K^+、Ca^{2+}、Mg^{2+}和 Sr^{2+}。其余元素的含量都低于 1mg/L，称为微量元素或痕量元素。微量元素是相对常量元素（大量元素）来划分的，根据寄存于对象的不同，一般主要是两类，一种是生物体中的微量元素，另一种是非生物体中（如岩石中）的微量元素。一般来说，海水中除 11 种常量组分和 N、P、Si 营养元素以外，其他元素都属于微量元素，它们在海水中的含量非常低，仅占海水总含盐量的 0.1%，但其种类却比常量组分多得多[5]。

尤为重要的是一些微量元素参与了各种物理过程、化学过程和生物过程。它们在固体悬浮粒子、海底沉积物和海洋生物体中高度富集，广泛地参与地球化学循环和海洋的生物化学循环，并且参与海洋环境各相界面的交换过程。研究各种过程中常量及痕量元素的含量、分布变化及它们的存在形态，不仅有理论意义，还有实际意义，对解决海洋污染、研究海水运动及海底矿物成因等都起着重要作用。

现以海水中的 B、Br、F 元素作为常量元素代表，以 I、As、Se 作为微量元素代表做一一介绍。

海水中的硼含量比地壳中的平均含硼量高 2.6 倍之多。根据地球化学家的推测，海洋中的硼可能来自地壳形成初期的挥发性物质和海底火山喷出物等。由于海水中含硼量要比岩石圈高二倍多，某些陆地上硼的矿资源较缺乏的国家，如日本等国家曾试图从海水海相沉积物或卤水中直接提取硼。

硼（B）含量的测定在海洋学上具有重要的实际及理论意义。首先，硼在海洋中的分布随海区、深度、盐度和季节的不同而变化，比如 B/Cl 的比值是大洋环流和水系混合的重要水文指标之一。海水中的硼元素主要以硼酸离子($H_2BO_3^-$)的形式存在，作为海水中所含弱酸阴离子之一，硼酸是海水盐分的主要组成部分之一，一般每千克海水中含有 0.025 克硼酸。海水中硼酸(H_3BO_3)含量直接影响海水中碳酸系的不平衡关系和海水的总碱度，因此，硼酸的总量及其在海水中的表观电离常数是研究海水中离子平衡的重要问题之一。其次，由于游离的硼酸在水溶液中具有挥发性，使得雨水中 B/Cl 比值比海水中高几百倍，这也可能是造成大洋表层 B/Cl 比值比深海的低，及近岸 B/Cl 比值比远洋高的重要原因。最后，某些海生生物体对硼有一定吸收能力，据报道，某些海生植物和海生动物的生命过程会直接影响海水中含硼量的变化，海洋生物死亡后向海底沉积，也是硼从水圈转入岩石圈的主要过程之一，比如在植物灰分中 B_2O_3 含量可高达 1%，硅质海绵介壳中 B_2O_3 含量则可高达 1000ppm，珊瑚体碳酸钙中的 B_2O_3 含量一般约为 500ppm。

溴(Br)是卤族元素之一，也是海水中 11 种常量元素中含量较少的一种，其平均含量约为 0.065g Br/kg 海水。溴在陆地上多分布于各种矿石中，但含量甚微，经风化作用而富集于海水中，因而与氯一样，其主要资源是在海洋及盐湖之中。地表 99%的溴存在于海水中，海水中溴的含量为 0.065g/L，主要是以溴离子(Br^-)形式存在，溴酸盐也有可能存在，是溴元素资源提取的主要来源，因此充分利用海洋资源发展海水提溴具有非常重要的现实意义。在大洋水中 Br/Cl 比值较为恒定，约在 0.0034～0.00347 之间变动，而河口近海处则变动较大。另外，某些海洋生物体对溴有一定的富集能力，如桡足类和裸鳃类海洋生物中的溴含量为海水的三倍，在一般海洋生物体中溴也是仅次于海洋中常量元素不变成分的次要元素之一，因此，某些海洋生物的生命活动也直接影响水体中溴的分布，尤其当这些生物体死亡之后尸体沉入海底，造成海底沉积物中 Br/Cl 比值比海水中的比值大；此外，由于海底沉积层中存在伊利石和蒙脱石等硅酸盐阴离子的交换，也会使渗透在沉积层的底质水中的 Br/Cl 比值有显著的增加。海水中溴含量的测定对海水运动及海底矿物成因等具有一定的实际和理论意义。

氟(F)是另外一种卤族元素，由于其单质的化学性质极为活泼，是氧化性最强的物质之一，甚至可以和部分惰性气体在一定条件下反应，氟可与除 He、Ne 和 Ar 外的所有元素形成二元化合物，故自然界中的氟多以化合物的形式存在。在天然饮用水和食物中都有低浓度的氟化物存在，而地下水中的氟含量则要高一些。海水中氟的平均浓度为 1.3ppm(1.2～1.5ppm)，淡水中的则为 0.01～0.3ppm。自然界中的氟化物主要来源于火山爆发、高氟温泉、干旱土壤、含氟岩石的风化释放以及化石燃料的燃烧等，这些氟化物可以分布在空气中，也可以溶解在水体中。因此，海水中氟的测定有助于了解相应海域的沉积组成及形成过程。

碘(I)是比 F、Cl 及 Br 元素分子量都大的同一主族的卤素，广泛分布于自然界中，空气、水、土壤、岩石以及动植物体内都含有碘，陆地上的碘几乎全部来自海洋，并随着离岸距离的增加含量急剧降低。碘多以碘化物形式存在，碘化物溶于水，可随水迁移。陆产食物中的碘绝大部分为无机碘，受土壤水溶性碘含量的影响，不同地区所产蔬菜和粮食的碘含量不同；海产品中碘含量较高，据报道可达到 100mg/kg 以上，特别是海藻类碘含量更高，海藻中的碘有些部分是以碘化酪氨酸形式存在的有机碘。碘在海水中主要以 IO_3^-离子形式存在，I^-离子较少，海水中溶解态碘的浓度约为 0.45μmol/L，它在海洋里的分布与纬度、深度、温度、盐度、NO_3^-及溶解氧等因素有关。通常山区水中含碘低于平原，平原低于沿海。作为海洋中与生物活动有关的丰度最大的微量元素，碘在海洋生物体代谢中起重要作用，碘的各种形态对于海洋环境中存在的生物和无机物的氧化还原反应具有重要影响；而且海洋可挥发性碘经海气界面进入大气，可破坏臭氧并形成水蒸气冷凝所需的核，所形成的气溶胶可影响全球光与热的收支，影响全球气候变化；此外，了解 IO_3^-和 I^-离子的形态分布有助于科学家了解水体的氧化还原特性，也是了解海洋环境的重要指标之一。众所周知，碘与人类健康有关，碘缺乏病是一类典型的生物地球化学疾病，并且不同化学形态碘的生物有效性和毒理性有很大的差别，碘关乎人类健康与生存环境，开展它们在环境中的行为与归宿的研究、含量的测定等均具有重大的现实意义[5,15]。

砷(As)广泛存在于自然界，共有数百种的砷矿物已被发现，但其在地壳中的含量也并不大，有时砷单质主要以灰砷、黑砷和黄砷这三种同素异形体的游离态形式存在，大多情况下，砷以硫化物矿存在。作为海水中存在的一种微量元素，砷以多种价态存在，主要以五价的砷酸根形式存在，可能的来源为人为因素或者邻近海洋地区有含砷的矿物，导致融入海水中。世界卫生组织指出，每升低于 10 微克的砷含量对人体是安全的，但砷化合物所带的毒性却不容忽视。尤其是砷与其化合物被广泛运用于农药、除草剂、杀虫剂，会引起对生物体周边神经病变，要耗时数月恢复，且少有恢复完全。现代人类生产活动的频繁及对海洋水体的污染，造成对海洋生物不同程度的毒害，比如对海洋鱼类等的砷中毒，不仅对海洋生物的生长繁殖等产生重要影响，也会相应引起人类食用鱼类时的食物污染，从而造成食物链中砷含量的增大，比如改饮低砷水是预防饮水型砷中毒最有效的措施。因此，海水中的砷含量极其小，但对海洋生物及整个海洋系统循环都有着非常重要的影响[5]。

硒是 14 种重要的生物必需微量元素之一，其天然的、总的地球化学循环主要涉及壳岩源和海洋沉积物。作为海水中的痕量元素之一，早期报道世界主要大洋海水中的平均含硒量为 0.09ng/mL[16]，硒在现代海水中的平均浓度则小于 1nmol/L[17]。虽然硒在海洋中的含量相对较低，但对周围环境的改变较为敏感，且其具有潜在生物可利用性和毒性，在生物体的生长和繁殖中起着重要的作用。尤其是由于人为的活动，造成海洋沉积物中 Se 含量的增大，因此，研究近海岸沉积物中 Se 的形态、富集水平、来源及百年来的环境演变对评价海洋生态环境和揭示海洋环境演变机制有着重要的科学意义[5]。

海洋中的硒主要来源于中脊热液活动，许多热液硒可从沉积物中循环出来，海洋循环中硒是一种生物活性元素，它经生物固定作用(氧化态的硒种类被还原)进入不稳定的有机种类。每年 5000 吨的气态有机硒从海水释放到大气中。海底火山喷发仅仅是一个微小的来源。硒以四种主要的无机形态存在于自然界中：硒化物(–2 价)、元素硒(0 价)、亚硒酸盐(＋4 价)和硒酸盐(＋6 价)。不同硒形态的存在很大程度上取决于 pH 和氧化还原的条件。海水中溶有三个硒的形态：亚硒酸盐、硒酸盐和硒的有机形式(习惯上称之为有机硒化物)。后一种可能由缩合肽中的硒氨基酸构成。由于硒的不溶解性及有与微粒结合的趋势，海水中没有溶解的元素硒。大约在 200m 以上的水体中，海洋生物生命过程固定了硒两种高氧化态的硒(＋4 价、＋6 价)，且富集了有机硒化物。高氧化态硒的缺失和还原相的富集，显示硒参与生命活动过程的机制导致了亚硒酸盐和硒酸盐的还原。在表层水体之下(200m 以下)，就难以探测到有机硒。总硒成分主要由硒酸盐和亚硒酸盐构成。在特定的还原条件下，如缺氧的孔隙水中，硒酸盐和亚硒酸盐能还原并沉淀为元素硒[18]。

另外，氰化物作为一种重要的基本化工原料，用于电镀、化学合成、冶金和有机合成医药、农药及金属处理等方面。氰化物属于高毒物质，它的有害性和快速的致命效应使其成为重点监控的食源性和水体污染物之一。含氰化物浓度很低的水(＜0.05mg/L)也会使鱼等水生物中毒死亡，它能抑制呼吸酶，造成细胞内窒息，生物吸入、口服或经皮吸收均可引起急性中毒。成人口服 50～100mg 即可引起猝死；同时，氰化物还会造成农作物减产。尤其是近年来，由于人类活动的频繁，造成海洋污染主要发生在靠近大陆的海域，据报道，污染最严重的海域有波罗的海、地中海、东京湾、纽约湾、墨西哥湾等。中国受污染海域主要集中在辽东湾、渤海湾、莱州湾、长江口、杭州湾、珠江口和部分大中城市近岸局部水域。影响海洋水质的污染源种类繁多，其中氰化物就是毒性最大的一种污染物。因此，通过检测氰化物在海水中的含量，有助于了解氰化物在海水中的变化规律，为防治含氰废水破坏近海水资源提供科学依据[19,20]。

3.14.2　水体中硼酸的测定

早期对海水中硼的测定多使用容量法或极谱法进行，但硼酸是一种很弱的酸，不能用直接法进行容量分析测定。现代研究利用硼酸的弱酸性，可以将其看作弱的有机酸，通过离子排斥色谱的方法进行检测，而海水中的氯离子不干扰测定，以下做分别介绍[5]。

3.14.2.1　甘露醇直接滴定法测定水体中的硼酸含量

1. 测定原理

海水中的硼酸可与甘露醇($C_6H_{14}O_6$)络合形成较强的质子酸,引起溶液的 pH 变化,再用 NaOH 标准溶液进行酸碱滴定;当 NaOH 中和此络合酸时,溶液的 pH 可返回至未加入甘露醇之前的数值;在滴定终点附近将发生明显的滴定突跃;再利用 pH 计测定滴定终点的 pH;最后根据 NaOH 标准溶液的用量计算硼酸的含量[5]。

相关反应如下(以 $\mathrm{(HO)_2R}$ 表示甘露醇):

$$\mathrm{HO{-}B(OH)_2 + (HO)_2R \longrightarrow HO{-}B(O_2R) + 2H_2O}$$

$$\mathrm{R(O_2)B{-}OH + (HO)_2R \longrightarrow H^+\left[R(O_2)B(O_2)R\right]^- + H_2O}$$

$$\mathrm{H^+ + OH^- \longrightarrow H_2O}$$

2. 仪器和试剂

1)仪器

① 酸度计(附玻璃电极及甘汞电极)、微量自动滴定管(8mL,附隔绝 CO_2 装置)、电磁搅拌器、全套热水浴锅,及其他实验室常用设备和器皿。

② 锥形瓶(250mL)若干、烧杯(150mL)若干、移液管(单标)(10mL,50mL)各 1 只、回流管 4～6 只、碱石灰管 4～6 只、量筒,及其他玻璃器皿。

2)试剂及其配制

(1)试剂级别

固体甘露醇(分析纯)。除非特殊说明,实验中所用其他试剂均为分析纯或优级纯,所用水为蒸馏水。

(2)硼酸标准溶液的配制

将硼酸(分析纯)置于铂皿中,加热熔融使其分解为 B_2O_3,冷却后,准确称取 0.1200g,溶于蒸馏水中并稀释定容至 1L,得到浓度为 0.04038g/L 的硼酸标准溶液。

(3)NaOH 标准溶液(0.025mol/L)的配制及标定

称取 1g NaOH 固体,加蒸馏水溶解并稀释定容至 1L,继续加入少量 $BaCl_2$ 饱和溶液以沉淀碳酸根离子;再分别用邻苯二甲酸氢钾(分析纯)及标准硼酸溶液进行标定。

(4)0.1mol/L HCl 溶液的配制

3. 测定步骤

(1) NaOH 标准溶液的标定

① 准确移取 10.00mL 标准硼酸溶液于 250 毫升锥形瓶中，用蒸馏水稀释至 100mL。

② 依照下述海水试样的测定步骤进行。

③ 另准确移取 20.00mL 标准硼酸溶液一份，以同样步骤进行滴定。

④ 按式 (3-45)～式 (3-48) 计算出 NaOH 溶液的滴定度：

$$T_b B_1 = T(V_1 - \chi) \tag{3-45}$$

$$T_b B_2 = T(V_2 - \chi) \tag{3-46}$$

$$\chi = V_1 - \left(\frac{T_b}{T}\right) B_1 = V_2 - \left(\frac{T_b}{T}\right) B_2 \tag{3-47}$$

$$T = \left(\frac{B_2 - B_1}{V_2 - V_1}\right) T_b \tag{3-48}$$

式中，T 表示 NaOH 溶液的滴定度，表示每毫升 NaOH 溶液相当于硼的毫克数，mg 硼/mL；B_1 和 B_2 分别表示两次滴定中所取用硼酸标准溶液的体积，mL；V_1 和 V_2 分别表示两次滴定中加入甘露醇后，滴定用去的 NaOH 标准溶液的体积，mL；T_b 表示硼酸标准溶液的浓度，mg 硼/mL；χ 表示空白消耗的 NaOH 体积，mL。

(2) 水样中硼酸含量的测定

① 用移液管移取 100mL (或称一定质量) 海水试样于 250mL 锥形瓶中，加入 0.1mol/L 的盐酸 2.5～4mL。

② 煮沸回流 5min，回流时在回流管上端接一碱石灰管，再放入冷水中冷却，然后将溶液转移至 150mL 烧杯中。

③ 将提前预热准备好的 pH 计进行校正，再将相应的甘汞电极与玻璃电极插入水样中，开动电磁搅拌器，滴加 NaOH 标准溶液使 pH 为 7.6，读数记录数据。

④ 再加入预先称好的 3g 甘露醇，待完全溶解后，用 NaOH 标准溶液重新滴定至 pH 为 7.6，记录加入甘露醇后用去的 NaOH 体积。

⑤ 重复以上操作 3 次，记录数据。

4. 数据处理及计算

用式 (3-49) 计算：

$$\text{含硼量(mg硼/L)} = (V - \chi) \cdot T \cdot 10 \tag{3-49}$$

式中，V 为 100mL 水样中加入甘露醇后滴定用去的 NaOH 体积，mL；χ 表示空白消耗的 NaOH 体积，mL；*T* 表示 NaOH 溶液的滴定度。

5. 注意事项

① 加 0.1mol/L 的 HCl 溶液去除 CO_2 时，HCl 溶液用量不应过多，以免在第一次滴定时，消耗过多的 NaOH 操作溶液。可进行预实验以确定该批海水试样应加入的酸量，具体做法为：可在每批海水中取一、二个水样，滴加 2～3 滴 0.1%的甲基橙指示剂，用 0.1mol/L 的 HCl 溶液中和至玫瑰色来计算合适的量。

② 标定 NaOH 标准溶液所用的甘露醇和测定海水试样所用的甘露醇，最好均为同一厂家的分析纯级别。

③ 标定标准 NaOH 溶液和测定水样时的温度应尽可能接近，最好不要超过±2℃，否则引起较大误差。

④ 配制及标定 NaOH 标准溶液的适宜浓度为 0.02～0.04mol/L；标准硼酸溶液的浓度也应与海水中含硼量相当。

⑤ 第一次加 NaOH 标准溶液调节水样的 pH 时，当 pH 计读数显示 pH 为 6 时，应立即停止滴加 NaOH 溶液，待充分搅拌后，一般再加入 1/4～1/2 滴，即可达到 pH 为 7.6；第二次加 NaOH 标准溶液中和络合酸时，当 pH 为 6.5 时应停止滴加 NaOH 溶液，经充分搅拌后，约再加 2 滴即可达到 pH 为 7.6；滴定时边搅拌，边逐滴加 NaOH 溶液，速度不宜过快，每 1mL 都要在 pH 计的读数稳定后读数。

3.14.2.2　极谱法测定水体中的硼酸含量

1. 测定原理

极谱法是通过测定电解过程中所得到的极化电极的电流-电位（或电位-时间）曲线来确定溶液中被测物质浓度的一类电化学分析方法。本实验在 0.3mol/L 甘露醇氯化钾底液中加入固体碳酸镉，利用试样中硼-醇络合酸的氢离子置换出碳酸镉中的镉离子（Cd^{2+}），然后通过测定 Cd^{2+} 极谱波的极限扩散电流值，以间接确定硼酸含量[5]。

相关反应如下（以 $(HO)_2R$ 表示甘露醇）：

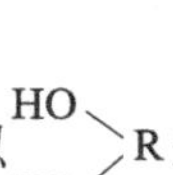

$$HO-B(OH)_2 + (HO)_2R \longrightarrow HO-B\langle O_2\rangle R + 2H_2O$$

$$R\langle O_2\rangle B-OH + (HO)_2R \longrightarrow H^+\left[R\langle O_2\rangle B\langle O_2\rangle R\right]^- + H_2O$$

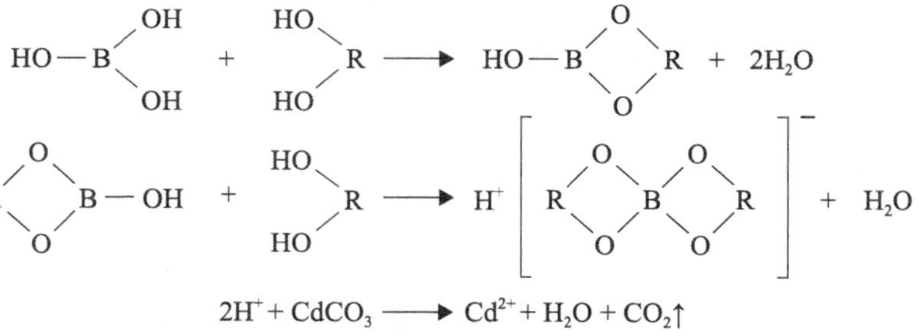

$$2H^+ + CdCO_3 \longrightarrow Cd^{2+} + H_2O + CO_2\uparrow$$

2. 仪器和试剂

(1) 仪器

① 极谱仪、pH 酸度计、压缩氮气钢瓶(附洗涤气体系统)，及其他实验室常用设备和器皿。

② 移液管(5mL，10mL)、容量瓶(50mL)若干、烧杯(50mL，100mL)若干、回流管(附有碱石灰管)、量筒，及其他玻璃器皿等。

(2) 试剂及其配制

①试剂级别

除非特殊说明，实验中所用其他试剂均为分析纯或优级纯，所用水为蒸馏水。

②硼酸标准溶液的配制

准确称取 0.2872g 硼酸，加少量蒸馏水溶解后，转移至 1000mL 容量瓶中，再用蒸馏水稀释定容至刻度，得此溶液含硼量为 50mg 硼/L 水。

③甘露醇-氯化钾溶液的配制

称取 91 克甘露醇及 37 克氯化钾，加蒸馏水 500mL，加热煮沸，过滤后用酸或碱准确调节溶液 pH 为 6.5。

④中性 $CdCO_3$ 粉末

称取若干克固体 $CdCO_3$(分析纯)，用蒸馏水浸洗至中性；过滤烘干、研成粉末备用。

⑤HCl 溶液的配制

按照要求配制 0.1mol/L 和 0.01mol/L 的 HCl 溶液，作为调节溶液的 pH 用。

⑥NaOH 溶液的配制

按照要求配制 0.1mol/L 和 0.01mol/L 的 NaOH 溶液，作为调节溶液的 pH 用。

⑦人工海水的配制

每升人工海水含下列各盐类(用分析纯试剂配制)，包括：NaCl 26.73g、$MgCl_2$ 2.26g、$MgSO_4$ 3.25g、$CaCl_2$ 1.15g、KCl 0.72g。

3. 测定步骤

① 将海水试样过滤后，转移至 50mL 容量瓶中，并注满至刻度。

② 再将试样从容量瓶转移至 150mL 锥形瓶中，加热煮沸约 10min；待体积剩下 25mL 左右时，滴加 1～2mL 0.1mol/L 盐酸进行酸化；回流 5min(回流时在回流管上端口迅速接上一碱石灰管)，置于冷水中冷却后，调节 pH 至 6.5 左右。

③ 将调好 pH 后的试样倒回原容量瓶中，用少量蒸馏水将烧杯洗涤 2～3 次；加入 15mL 甘露醇-氯化钾溶液，然后加蒸馏水稀释至刻度备用。

④ 加约 0.10g $CdCO_3$ 粉末，用力摇动后，静置使其澄清，滤取上层清液于电解池中备用。

⑤ 通入氮气除氧约 5min，在–0.3～0.9V 之间扫描极谱图，测其波高，记录。

⑥ 用加入不同量的人工海水标准硼溶液，用同样方法在相同条件下扫描极谱图，测其波高，制作标准曲线。

⑦ 利用标准曲线，根据海水试样所得到的极谱峰高值，求得该水样含硼量。

4. 注意事项

① 海水试样预先必须经过酸化煮沸以除去 CO_3^{2-} 及 HCO_3^-，否则这两种离子的存在将严重影响测定结果。

② 本法的关键在于溶液 pH 的调节，溶液的 pH 对极谱峰波高的影响很大，故水样和人工海水的 pH 应尽可能保持一致，最好相差不超过 0.2pH。

③ 水样与标准曲线应在完全相同的条件下进行测定，如果没用恒温装置，则水样在处理后须放置较长时间，以便使溶液温度与室温一致，并注意每次测定时对标准曲线进行温度校正。

④ 必须严格检查 $CdCO_3$ 粉末是否呈中性，否则测量误差较大。

⑤ 通氮气 5min 即可，切勿少于 5min，否则极谱波形不好。

3.14.2.3　离子排斥色谱法测定海水中的硼酸含量

1. 测定原理

离子排斥色谱法是利用电介质与非电介质，对离子交换剂的不同吸、斥力而达到分离的色谱方法。由于硼酸根的摩尔电导很低，不能使用抑制电导检测法测定，并且由于海水中有大量氯离子，将严重干扰硼酸根的测定。可利用硼酸的弱酸性，将其看作弱的有机酸，利用离子排斥色谱的方法直接测定硼酸，而海水中的氯离子不干扰测定[21]。

2. 仪器和试剂及色谱条件

(1) 仪器

① 761 Compact 离子色谱仪（瑞士万通）、838 自动进样器、800 DOSINO 加液器。

② 容量瓶、烧杯等玻璃仪器，及其他实验室常用设备和器皿。

(2) 试剂

高氯酸（优级纯）；甘露醇、氯化锂均为分析纯。除非特殊说明，实验中所用其他试剂均为分析纯或优级纯，所用水为高纯水。

(3) 色谱条件

色谱柱：Metrosep Organic Acids 250，预浓缩色谱柱：Metrosep Organic Acids Guard；流动相：0.2mmol/L $HClO_4$ + 50mmol/L 甘露醇；流速：0.6mL/min；再生液：250mmol/L LiCl；进样体积：10μL。

3. 测定步骤

(1) 样品处理

在优化的色谱条件下，将适量稀释后的海水试样经过 838 自动进样器到达内置 10μL 样品杯，再用 800 加液器将 10μL 样品以 1mL 高纯水为载体，注入预浓缩柱。

(2) 标准曲线的制作

配制一系列浓度梯度的硼酸标准溶液，按照以上样品测定的步骤，在同一色谱条件下测定保留时间值，以不同浓度值作横坐标，色谱峰面积作纵坐标，绘制标准曲线。

(3) 数据处理

通过测得海水试样的色谱峰面积值，在标准曲线上读出试样的含硼量。

4. 注意事项

① 样品中的基体(主要为氯离子)不会被预浓缩柱保留，因此消除了氯离子对测定的干扰。

② 进样前，需对试样的浓度进行优化，以此达到合理的检测信号。当硼酸浓度过高时，标准曲线将弯曲，因此，对于含高浓度硼酸的海水样品，应该经过适当的稀释使硼酸待测浓度低于 0.5mg/L。

③ 此法可对海水和脱盐海水中的硼酸含量进行测定，其最低检出限为 0.03mg/L，硼酸回收率均为 93%～110%，该方法具有一定的可靠性[21]。

3.14.3 水体中溴的测定

对海水中溴的测定法，早期主要有容量法、极谱法、重量法、比色法和分光光度法等[5]。现代有用甲基橙目视比色法、离子选择性电极法、紫外可见分光光度法以及离子色谱法等方法测定溴含量[22]。以下主要介绍容量法及分光光度法测定海水中的溴含量。

3.14.3.1 碘量法测定海水中的溴含量

1. 测定原理

容量法测定海水中的溴离子，大都是在微酸性或中性介质中，Br^-可被氧化剂氧化为 BrO_3^-，在 Br^-定量地转化为 BrO_3^-后，再将过量氧化剂除去，然后用碘量法测定 BrO_3^-。

在 pH 为 5.5～7.0，将海水中的 Br^-用次氯酸钠氧化为 BrO_3^-；过量的次氯酸钠可用甲酸钠破坏除去；在酸性介质中，加入碘化钾，BrO_3^-将碘离子氧化为游离的单质碘；最后用硫代硫酸钠($Na_2S_2O_3$)标准溶液滴定游离的碘，以测定海水中溴的含量[5]。相关反应式如下：

$$Br^- + 3OCl^- \xlongequal[(NaCl)]{pH\,5.5\sim7.0} BrO_3^- + 3Cl^-$$

$$BrO_3^- + 6I^- + 6H^+ = Br^- + 3I_2 + 3H_2O$$

$$2Na_2S_2O_3 + I_2 = Na_2S_4O_6 + 2NaI$$

2. 仪器和试剂

1)仪器

① 酸度计、电炉或其他加热工具，及其他实验室常用设备和器皿。

② 锥形瓶(150mL)若干、移液管(20mL, 25mL, 10mL)若干、滴定管(50mL)。

2)试剂及其配制

(1)试剂级别

除非特殊说明，实验中所用其他试剂均为分析纯或优级纯，所用水为蒸馏水。

(2)实验用试剂

KH_2PO_4(10%)、3mol/L H_2SO_4 溶液、1mol/L 盐酸溶液、$(NH_4)_2MoO_4$(10%)、KI(10%)，所用溶液均按照要求配制。

(3)$Na_2S_2O_3$ 标准溶液(0.01mol/L)的配制

称取 5g $Na_2S_2O_3\cdot5H_2O$ 溶于 2L 预先煮沸 10min 而冷却过的蒸馏水中；七天后用 $K_2Cr_2O_7$ 标定。

(4)$Na_2S_2O_3$ 标准溶液(0.01mol/L)的标定

① 准确称取(0.01±0.0005) g $K_2Cr_2O_7$(先于 120℃烘干 2h)，溶于 35mL 蒸馏水中。

② 加 5mL 浓盐酸、10mL 10% KI 溶液，搅拌均匀，于暗处放置 5min 后，取出，加水稀释至 150mL，用 $Na_2S_2O_3$ 滴定至淡黄色。

③ 加淀粉指示剂 1mL，继续滴定至蓝色褪尽。

④ 记录数据，依式(3-50)计算 $Na_2S_2O_3$ 浓度：

$$c_{Na_2S_2O_3}(mol/L) = \frac{m}{0.04904 \cdot V} \tag{3-50}$$

式中，m 为 $K_2Cr_2O_7$ 的质量，g；V 为耗用 $Na_2S_2O_3$ 的体积数，mL。

(5)NaClO 溶液(0.01mol/L)的配制

① 称取 7.0g NaOH 于 150mL 蒸馏水中。

② 通入氯气至呈显著的黄绿色，再继续通入 10min。

③ 然后用水稀释至 200mL；再加入 1.8g NaOH 以固定之。

④ 转移盛于紧塞的暗色瓶中，放置在较阴暗的地方。此试剂有效期为一星期。

(6)甲酸钠溶液(0.5g/mL)的配制

称取 106g 的 Na_2CO_3 固体，慢慢溶于 110g 的甲酸中；再用蒸馏水稀释至

275mL，然后用 3 号玻璃坩埚抽滤。

(7) 淀粉指示剂的配制

称取 0.5 克淀粉，加少许 $ZnCl_2$，用蒸馏水调成浆状，倒入 100mL 热沸水中，再煮至沸，待冷却后储存于磨砂口玻璃瓶中，塞紧备用。

3. 测定步骤

① 准确移取海水 25.00mL 于锥形瓶中，加 10mL KH_2PO_4 溶液和 5mL NaClO 溶液，搅拌均匀(如有沉淀析出，须滴加 1mol/L 盐酸溶液至沉淀刚溶解)。

② 滴加 1mol/L 盐酸溶液，以酸度计调节 pH 为 6.5 左右。

③ 将溶液于电炉上煮沸 5min，稍冷，加 5mL 甲酸钠溶液，再加热至沸。

④ 冷却后加 10mL 的 3mol/L H_2SO_4 溶液和 1 滴 $(NH_4)_2MoO_4$(10%) 催化剂，再加 10mL 的 KI。

⑤ 待 1min 后，以 0.01mol/L 的 $Na_2S_2O_3$ 标准溶液滴定至溶液褪至浅黄色，再加 1mL 淀粉液，继续滴定至蓝色刚好消失为止，记录数据。

⑥ 重复 3 次操作，记录数据。

4. 数据处理及计算

通过式(3-51)计算海水中溴的质量浓度：

$$\mathrm{Br(mg/kg)} = \frac{13.32\times 10^3 NV}{V_\mathrm{w} D_\mathrm{w}} \tag{3-51}$$

式中，N 和 V 分别为 $Na_2S_2O_3$ 标准溶液的浓度和体积；V_w 及 D_w 分别为海水试样的体积和密度。

5. 注意事项

① 对 10%的 KI 溶液，如 KI 结晶呈黄色，表明含有游离 I_2，须经纯乙醇浸洗，烘干后再行配制使用。

② 制备 NaClO 时氯气不宜通得太快或太慢，一般以每分钟 50 个气泡左右为宜；且洗瓶中的水和浓 H_2SO_4 必须经常更新。

③ 加热氧化 Br^- 时，如有沉淀重新析出，应经常摇晃烧瓶，以防止溶液暴沸和跳出。

④ 用甲酸钠破坏除去次氯酸钠时，如发现沉淀不溶解，须加 1mol/L 盐酸溶液，直到沉淀溶解。

⑤ 实际操作时，应进行空白实验，可用不含溴的人工海水代替海水试样，按照上述测定步骤进行。

⑥ 若水样中含较多的有机物，则此法不太适用，因有有机物的干扰，会使结果偏低。

3.14.3.2　酚红分光光度法测定海水中的溴离子

1. 测定原理

海水中的 Br^-在酸性条件下易被氯胺 T 氧化为单质溴(Br_2)，溴与酚红反应生成四溴酚红。溶液颜色随溴离子浓度不同而呈黄绿色甚至紫色，在最大吸收波长 595nm、最佳酸度值 pH 为 4.6 的条件下，可用紫外可见分光光度计定量分析，反应时间只需 60s[22,23]。

2. 仪器和试剂

(1) 仪器

① VIS7200 可见分光光度计(上海天美科学仪器有限公司)、雷磁 pHS-3C 型精密 pH 计(上海精密科学仪器有限公司)，及其他实验室常用设备和器皿。

② 容量瓶(50mL)、烧杯等玻璃仪器。

(2) 试剂及其配制

① 非特殊说明，实验中所用其他试剂均为分析纯或优级纯，所用水为去离子水。

② 实验中所用溶液：0.24g/L 酚红溶液、2g/L 氯胺 T 溶液、25g/L $Na_2S_2O_3$ 标准溶液、NaAc-HAc 缓冲溶液(pH 为 4.60)、1mg/mL 溴离子标准溶液，10μg/mL 的 $NaNO_2$ 溶液，均按照要求配制。

3. 测定步骤

(1) 标准曲线的绘制

① 准确移取一系列(1mg/mL)溴离子标准溶液，分别加入 50mL 容量瓶中。

② 再分别用去离子水稀释至约 30mL，加入 1.00mL pH 为 4.60 的 NaAc-HAc 缓冲溶液，0.40mL 0.24g/L 酚红溶液，充分摇匀。

③ 然后用移液管准确加入 1.00mL 的 2g/L 氯胺 T 溶液，摇动 1min，立即加入 1.00mL 25g/L 的 $Na_2S_2O_3$ 标准溶液，摇动 15s，去离子水定容、摇匀，得到系列含溴离子为 0～80μg 的溶液，放置 10min。

④ 以试剂空白作参比，1cm 比色皿、595nm 波长处测定吸光度，记录数据。

(2) 水体中溴离子的测定

含碘水体试样的前处理：测定含碘水体中溴离子之前，要预先除去碘离子。步骤如下：

① 取 50mL 分液漏斗，加入 1.00mL NaAc-HAc(pH 为 4.60)缓冲溶液，5.00mL 含碘水，摇匀。

② 再加入 7.00mL 10μg/mL $NaNO_2$ 溶液，摇匀，放置 5min。

③ 加入 2.00mL 丁酮，摇动 5min，放置 10min。

④ 加入 5.00mL 环己烷萃取，摇动 5min，放置 10min 后，将水相分液至 50mL 容量瓶中。

⑤ 取适量除去碘离子后的含碘水于 50mL 容量瓶中，加入 5.00mL 10%的 NaCl 溶液，按上述标准曲线的步骤操作。

4. 数据处理及计算

① 以溴离子浓度为横坐标、吸光度值为纵坐标，建立标准曲线。

② 依据吸收定律的公式，从标准曲线上读取海水试样中溴的含量。

5. 注意事项

① 由于海水中含有微量的碘，对该法的测定具有较大干扰，当碘、溴离子浓度比为 1∶4 时，就会引起测溴 10%的误差，故本法采用亚硝酸钠氧化，丁酮衍生、环己烷萃取的方法较好地消除碘的影响，然后采用酚红分光光度法测定含碘水体中的微量溴离子，平均回收率可达 96.58%。说明该方法具有较高的准确度。

② 由于样品的前期处理步骤较多，故需注意每一步的正确操作，避免带来测量误差。

3.14.4　离子选择性电极法测定水体中氟的含量

1. 测定原理

由于海水的成分复杂，迄今为止，已在海水中发现了八十多种元素高价的阳离子，其中如 Al^{3+} 及 Fe^{3+} 等与氟结合，干扰了氟的测定。目前，海水中氟的测定方法鲜有报道，若采用蒸馏分离杂质的方法，非常烦琐，且因氟含量较低，测定值不太稳定[24]。一般使用离子选择性电极来测定水中的氟含量。

离子选择性电极是一种电化学传感器，它可将溶液中特定离子的活度转换成相应的电位信号，由于离子选择性电极对某种离子有特效响应功能，其电极电势与被测离子活度的关系服从 Nernst 方程，故可做定量分析。具有灵敏度高，选择性好，操作简便、快速、设备简单等分析优点。

氟离子（F^-）选择性电极的敏感膜由 LaF_3 单晶膜制成，将氟化镧单晶膜封在塑料管的一端，电极管内装由 0.lmol/L 的 NaCl-NaF 组成的内参比溶液，以 Ag-AgCl 电极作内参比电极，构成氟电极，其响应机制为：由于氟化镧晶格缺失引起氟离子的传导作用，接近空穴的可移动氟离子能够移动到空穴中，是因为大小、形状和电荷等情况使得空穴只能容纳氟离子，而不能让其他离子进入，故此膜对氟离子有选择性。测氟时把它与甘汞电极同时放入含氟溶液中，组成原电池。

氟电极的电极电位用式（3-52）表示为：

$$\varphi_{\text{氟电极}}=\varphi^{\ominus}-\frac{RT}{F}\ln a_{F^-} \tag{3-52}$$

原电池电动势用式(3-53)表示为：

$$E = \varphi_{甘汞} - \varphi_{氟电极} = K + S\lg a_{F^-} \tag{3-53}$$

式中，S=2.303RT/F。电池电动势可用高输入阻抗的离子计来测量，如果保持活度因子不变，则用式(3-54)表示：

$$E = K + S\lg r_{F^-} + S\lg c_{F^-} = K' + S\lg c_{F^-} \tag{3-54}$$

由式(3-54)可见，电池电动势与被测溶液氟离子浓度的对数呈线性关系。把已活化好的氟电极和饱和甘汞电极连接在离子计上，依次插入一系列已知准确浓度的 F^-标准溶液中，测其相应的电动势。以测得的电动势 E 值对 $\lg c_{F^-}$作图，得一直线，即为校正曲线。再在相同条件下，测定样品的 E 值，然后从校正曲线上查出被测样品的 F^-浓度[6]。

2. 仪器和试剂

1)仪器

① PXSJ-216 型离子计、电磁搅拌器、氟离子选择性电极、22(或 232)型饱和甘汞电极，及其他实验室常用设备和器皿。

② 容量瓶(100mL)若干、烧杯(25mL)若干、移液管(10mL，5mL)。

2)试剂及其配制

(1)试剂级别

除非特殊说明，实验中所用其他试剂均为分析纯或优级纯，所用水为蒸馏水。

(2)氟储备溶液的配制

准确称取 0.2210g NaF(先经 120℃烘干 2h)，用 TISAB∶人工海水=1∶1 的混合溶液(见后)溶解，并用蒸馏水稀释定容至 1L，储于聚乙烯塑料瓶中，此氟储备溶液的浓度为 100μg/mL。

(3)TISAB 的配制

移取 57mL 冰醋酸、称取 58g NaCl、12g 二水合柠檬酸钠一并加入盛有约 500mL 蒸馏水的大烧杯中，搅拌使其溶解；再慢慢加入约 125mL NaOH 溶液(6mol/L)，调节 pH 为 5.0～5.5；冷至室温，加水至 1000mL。

(4)含氟 TISAB 的配制

配法同上，在蒸馏水稀释前加 2.00mL 100μg/mL 的氟储备溶液，定容为 1L，此溶液含氟为 0.2μg/mL。

(5)人工海水的配制

称取 23.477g NaCl、4.981g $MgCl_2$、3.917g Na_2SO_4、1.102g $CaCl_2$、0.192g $NaHCO_3$、0.664g KCl 溶于 800mL 蒸馏水中，再用蒸馏水稀释至 1000mL。

3. 测定步骤

(1)将氟电极和甘汞电极连接在离子计上，再将电极浸入去离子水中，用去离子水清洗电极至空白值。

(2)标准曲线的绘制

① 取 5 个 100mL 容量瓶，编号，分别加入 100μg/mL 的氟储备溶液 0.20mL、0.50mL、1.00mL、5.00mL、10.0mL；再用 TISAB 和人工海水按 1∶1 体积配成的混合溶液稀释至刻度，依次得到浓度为 0.20μg/mL、0.50μg/mL、1.00μg/mL、5.00μg/mL、10.0μg/mL 的 F^-标准溶液。

② 取 5 个 25mL 烧杯，分别加入上面 5 种 F^-标准溶液约 20mL；加入搅拌磁子，插入电极，开动电磁搅拌器；按由稀到浓的顺序测出各种溶液的平衡电动势，做出 E(mV)-$\lg c_{F^-}$校正曲线。

(3)海水测定

① 取一个 25mL 烧杯，加入 10.0mL 海水和 10.0mL 含氟的 TISAB，如上法测其平衡电动势(E_χ)。

② 从标准曲线上查出相应的氟浓度 c(μg/mL)。

4. 数据处理及计算

海水中的氟浓度由式(3-55)计算：

$$F(\mu g/mL)=\frac{40.0\times c_\chi-20.0\times 0.20}{20.0} \tag{3-55}$$

5. 注意事项

① 试液的 pH 对氟电极的电位响应有影响。在酸性溶液中 H^+离子与部分 F^-离子形成 HF 或 HF^{2-}等在氟电极上不响应的形式，从而降低了 F^- 离子的浓度。在碱性溶液中，OH^-在氟电极上与 F^-产生竞争响应，此外 OH^-也能与 LaF_3 晶体膜产生如下反应：$LaF_3+3OH^- = La(OH)_3+3F^-$ 干扰电位响应，使测定结果偏高。因此在实际测定过程中，常用离子强度缓冲调节剂控制试液的 pH 为 5～6。

② 氟电极的优点是对 F^- 响应的线性范围宽($1\sim10^{-6}$mol/L)，响应快，选择性好。但能与 F^- 生成稳定络合物的阳离子如 Al^{3+} 、Fe^{3+} 等以及能与 La^{3+} 形成络合物的阴离子会干扰测定，通常可用柠檬酸钠、EDTA、磺基水杨酸或磷酸盐等加以掩蔽。使用氟电极测定溶液中氟离子浓度时，通常是将控制溶液酸度、离子强度的试剂和掩蔽剂结合起来考虑，即使用总离子强度调节缓冲溶液(TISAB)来控制最佳测定条件。本实验的 TISAB 的组成为 NaCl、HOAc-NaOAc 和柠檬酸钠。

③ 离子选择性电极除对被测离子响应外，对溶液中其他共存离子也会有不同程度的响应，其影响程度可用选择性系数表示。选择性系数的大小与电极材料及制作工艺有关，其定义及测定方法见本书第 2 章有关内容介绍。

④ 氟电极在作用前，宜在纯水中浸泡数小时或过夜，最好是浸在 0.001mo/L NaF 溶液中活化 1～2h，再用去离子水清洗，直至电极在去离子水中能达到电极使用说明书所要求的电势值为止。连续使用的间隙应浸泡在水中，长久不用时则需风干保存。电极晶片要小心保护，切勿与尖硬物碰撞。如沾有油污，用脱脂棉依次涂酒精和丙酮轻拭，再以纯水洗净。并且每次测定样品前要用水清洗电极至空白值。

⑤ 电极在接触浓的含氟溶液后测稀溶液时，往往伴有迟滞效应。因此，用于测定 pH 为 5 左右的电极不宜接触浓氟溶液，否则会产生误差。测定顺序由稀溶液到浓溶液进行。

⑥ 电极电势的平衡时间随氟离子浓度低而延长。测定时，如果点位在 1min 变化不超过 1mV 时即可读取平衡电势值[6,8]。

3.14.5 海水中碘及其化合物的测定

I^-的传统测量方法有 3 种，主要包括早期的卤化银共沉淀法、离子色谱法和阴极溶出伏安法，IO_3^-的传统测量方法可以分为滴定法、分光光度法和极谱法 3 大类，其中极谱法应用较广泛。近年来不断发展出新的检测方法，主要有电感耦合等离子体原子发射光谱法[25]、高效液相色谱(离子色谱)-电感耦合等离子体质谱联用法[15]、微分脉冲极谱法[26]、高效阴离子交换色谱-紫外检测器联用[27]等。

以下主要介绍电感耦合等离子体原子发射光谱法、离子色谱-电感耦合等离子体质谱联用方法、高效阴离子交换色谱-紫外检测器联用方法及微分脉冲极谱法测定海水中的碘含量。

3.14.5.1 电感耦合等离子体原子发射光谱(ICP-AES)法测定海水中的碘

1. 测定原理

一般的 ICP-AES 法测定微量碘普遍采用灵敏度最高的 I 178.276nm 作为分析线，但海水中 P178.287nm 对 I 178.276nm 形成光谱重叠干扰，从而影响分析结果的准确性。另外，由于磷元素广泛分布于自然界，特别是海水中磷元素丰富，比较碘的两条分析谱线 I 178.276nm 和 I 183.038nm，前者灵敏度比后者高两倍，但磷(178.287nm)严重干扰 I 178.276nm 分析谱线，而 I 183.038nm 不受磷(178.287nm)的影响，故本法选用 I 183.038nm 作为分析线。

本实验方法通过建立抗坏血酸-亚硝酸钠-碘的反应体系，使用简易化学蒸气发生器，结合在线化学蒸气发生技术，利用氧化还原手段，将不同价态的碘转变为碘元素，选用 I 183.038nm 作为分析线，可消除磷的干扰，提高其雾化传输效率及灵敏度，可以较好测定海水中的碘含量[25]。

2. 仪器和试剂

1)仪器

① ICP 光谱仪：美国 TJA 公司 TraceScan 电感耦合等离子体原子发射光谱仪、玻璃同心雾化器、旋流雾化室、自制简易化学蒸气发生器(图 3-8)。

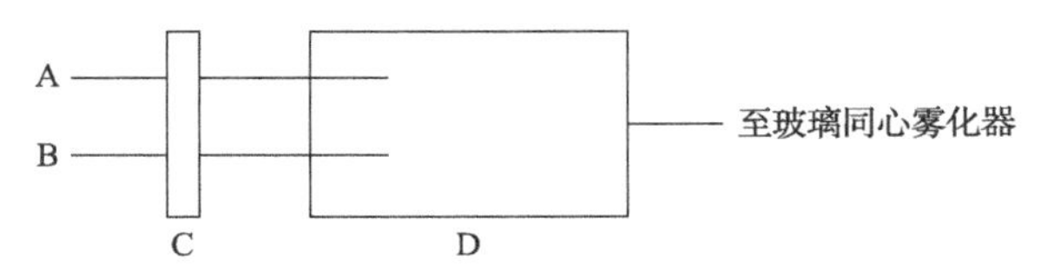

图 3-8　简易化学蒸气发生器[25]

A：进样管；B：亚硝酸钠(200g/L)；C：蠕动泵管；D：化学蒸气发生器

② 容量瓶、烧杯等玻璃仪器，及其他实验室常用设备和器皿。

2)试剂及其配制

(1)试剂级别

盐酸(ρ=1.18g/L)为分析纯。除非特殊说明，实验中所用其他试剂均为分析纯或优级纯，所用水为蒸馏水。

(2)碘标准储备溶液(1.0000g/L)的配制

准确称取 0.1686g 碘酸钾(预先在 110℃烘干至恒重)；用蒸馏水溶解并稀释定容至 100mL，置于冰箱保存。使用前用蒸馏水稀释成 10mg/L 的碘标准使用溶液。

(3)5g/L 抗坏血酸溶液的配制

称取 0.25g 抗坏血酸，溶于 50mL 蒸馏水，置于冰箱保存备用。

(4)250g/L 亚硝酸钠储备溶液的配制

称取 12.5g 亚硝酸钠(分析纯)，溶于 50mL 蒸馏水，置于冰箱保存备用。临用时稀释成所需浓度。

(5)模拟海水的配制

称取 23.477g NaCl、4.981g $MgCl_2$、3.917g Na_2SO_4、1.102g $CaCl_2$、0.192g $NaHCO_3$、0.664g KCl 溶于 800mL 蒸馏水中，再用蒸馏水稀释至 1000mL。

3. 测定步骤

(1)测定条件

分析线(spectral line)：183.0nm、178.2nm；射频功率(RF power)：1150W；雾化器压力：0.245MPa；光路系统用氩气驱气 60min；积分时间 3s；进样量：3.33mL/min。

(2)系列标准溶液的配制

① 用模拟海水加碘标准溶液(10mg/L)，配成系列含碘 0μg/L、40μg/L、60μg/L、80μg/L、100μg/L 的标准溶液，用蒸馏水定容至 100mL，混匀。

② 再分别加入 1.00mL HCl，混匀。

③ 然后分别加入抗坏血酸溶液 0.20mL，混匀。

④ 使用简易化学蒸气发生器与亚硝酸钠溶液双通道同时进样，进行测定。

(3)海水样品测定

① 准确量取 50.00mL 水样，加入抗坏血酸(5g/L)0.1mL。

② 再加入 0.5mL 浓 HCl，混匀后用蒸馏水定容至 50mL。

③ 再使用简易化学蒸气发生器，从蒸气发生器 A 管进不同的系列标准溶液，B 管同时进亚硝酸钠溶液。

④ 进行上机测定。

⑤ 记录数据。

4. 数据处理及计算

① 根据测定的系列标准溶液值，绘制标准曲线。

② 通过测定海水样品的发射强度值，从标准曲线读出相应的浓度值。

5. 注意事项

① 本实验对测定条件的优化中，射频功率、雾化器压力、进样量、加入盐酸对实验的影响较大；但抗坏血酸用量实验体积为 0.05～0.20mL 时，其发射光强度相差不大，故影响较小。

② 不同时间配制的溶液测得值无显著差异，说明建立抗坏血酸-亚硝酸钠-碘的反应体系较稳定。

3.14.5.2　离子色谱-电感耦合等离子体质谱联用法测定海水中的碘

1. 测定原理

离子色谱是高效液相色谱的一种，是分析阴离子和阳离子的一种液相色谱方法。它分析快速方便、灵敏度高、选择性好、可同时分析多种离子化合物，在各领域都有广泛应用。本实验将离子色谱和电感耦合等离子体质谱仪联用(IC-ICP-MS)，采用低容量的离子色谱保护柱进行 IO_3^- 和 I^- 的分离，可以有效去除复杂基体的干扰，每个样品分析时间仅为 2.5min，可对海水的 IO_3^- 和 I^- 分布剖面进行初步分析，满足了海水中碘形态的快速定量分析要求。

本实验的方法，利用离子色谱-电感耦合等离子体质谱仪联用技术分析高浓度海水、纯化学品、有机品等领域，可解决复杂基体中超痕量离子形态分析的问题[15,28]。

2. 仪器和试剂

1)仪器

① 7500^{ce} 电感耦合等离子体质谱仪(美国 Agilent 公司)、ASRS 电化学抑制器

(美国 Dionex 公司)、9725i 手动进样阀(美国 Rheodyne 公司)、Milli-Q 超纯水装置(美国 Millipore 公司)、P680 高效液相色谱泵、RFC-30 免试剂控制器、EluGenEGC-KOH 试剂包、IonPacCC-1 金属离子螯合柱、IonPacAG23 阴离子色谱保护柱[15]，及其他实验室常用设备和器皿。

② 实验中使用的超纯水(≥18.2MΩ·cm)：由 Milli-Q 超纯水装置制备。

③ 容量瓶(100mL)若干、烧杯(150mL)若干、移液管(10mL，5mL)等。

2)试剂及其配制

(1)试剂级别

除非特殊说明，实验中所用其他试剂均为分析纯或优级纯，所用水为超纯水。

(2)碘化钾、碘酸钾

优级纯碘化钾(KI)、优级纯碘酸钾(KIO_3)由上海试剂总厂提供。

(3)IO_3^-和I^-储备溶液的配制

用固体 KI 和 KIO_3，按照要求分别配制 100mmol/L 的储备溶液。

(4)质谱调谐液

Li、Y、Ce、Tl(浓度为 10ng/mL)均由美国 Agilent 公司提供。

(5)混合标准溶液的配制

取 10 个 100mL 容量瓶，编号，分别加入一定量的 IO_3^-和I^-储备溶液，再用蒸馏水稀释到刻度，依次得到浓度为 0.0nmol/L、2.0nmol/L、10.0nmol/L、100.0nmol/L、200.0nmol/L、300.0nmol/L、400.0nmol/L、500.0nmol/L、1000nmol/L、2000nmol/L 的混合标准溶液。

3. 测定步骤

(1)色谱工作条件

选用 IonPacCC-1(作保护柱)，用于捕获样品中的重金属；IonPac AG23(作分离柱)，进行 IO_3^-和I^-的分离；流动相：由 RFC-30 产生 4.0mmol/L 的 KOH 淋洗液，流量为 1.0mL/min，进样量为 2.5×10^{-3}mL；采用 ASRS 电化学抑制器，外加水模式，施加电流控制在 15mA；抑制器淋洗液出口采用 PEEK 管(25cm)连接到 ICP-MS 的雾化器，由进样阀通过 R232 接口启动 ICP-MS 采集窗口，工作温度为室温。

(2)等离子体质谱仪工作条件

以 1μg/L 的 Li、Y、Ce、Tl 的混合标准溶液对仪器条件进行全自动调谐优化，仪器实验条件为：射频功率 1500W；等离子体氩气流量为 15L/min；载气(氩气)流量为 0.95L/min；补偿气(氩气)流量为 0.32L/min；采样深度为 7.4mm；雾化器类型为 Concentric 同心雾化器；采样锥为孔径为 1.0mm 的 Ni 锥；截取锥为孔径为 0.4mm 的 Ni 锥；蠕动泵转速为 0.4r/s；S/C 温度为 2℃；选用 ^{127}I 进行检测，由 Agilent Chemstation 软件进行控制和数据采集，采样模式为时间分辨，积分时间为 150s。

(3) 制作标准曲线

在以上色谱工作条件及等离子体质谱仪工作条件下，对系列混合标准溶液按标准曲线步骤进行实验，以峰面积对浓度进行线性回归计算。

(4) 样品测定

海水样品在现场用洁净的 PP 瓶取样，冰箱急冻保存，分析时解冻的海水经 0.22μm 水性微孔滤膜直接过滤进样，在选定的仪器条件下测量。

4. 数据处理及计算

① 根据测定的系列标准溶液值，绘制标准曲线。

② 通过测定海水样品的发射强度值，从标准曲线读出相应的浓度值。

5. 主要事项

① 考虑到海水中碘的含量情况，本方法选择 IO_3^-和 I^-在 2.0nmol/L～2.0μmol/L 作为浓度范围。

② 由于氯离子的出峰保留时间与碘的相差较大，故海水样品中大量氯离子的存在也不影响 I^-的定量。

③ 本法的特点是采用小体积进样，使引入 ICP-MS 的海水基体沾污大大减少，仪器长时间工作仍能保持清洁，不用频繁地清洗锥体，适合于大洋海水的样品分析[15,28]。

3.14.5.3　高效阴离子交换色谱-紫外检测器联用测定海水中碘

1. 测定原理

在检测碘离子的分析方法中，离子交换色谱是最经济、最简单、最有效的分离方法之一，尤其与脉冲积分安培电化学检测器联用，其检出限为 0.05μg/L，但电化学检测器存在工作电极打磨后需要的平衡时间长、工作电极易沾污和存在氧负峰等缺点。而紫外检测器灵敏度比电导检测器高，是测定碘离子比较灵敏的检测器，其对碘离子的检出限可达到 0.2～8.0μg/L。

本实验以 NaOH 作流动相，利用离子交换原理将碘离子分离后，先经过 ASRS 电化学抑制器将 NaOH 抑制成水；然后进入紫外检测器，在波长 226nm 处检测海水中碘离子的浓度。此方法的特点是前处理简单、易于操作、灵敏度高及线性范围宽[27]。

2. 仪器和试剂

1) 仪器

① Dionex BioLC 色谱装置（美国 Dionex 公司），包括：GS50 四元梯度泵、LC30 柱温箱（温度 30℃）、IonPac AG16 保护柱（2mm×50mm）、IonPac AS 型亲水性阴离子交换色谱柱（2mm×250mm）、AD25 紫外光度检测器（检测波长为 226nm）、

ASRS-ULTRA Ⅱ阴离子抑制器(2mm)，外加水抑制模式，抑制器电流为 39mA，背景吸收为 0.18 Arb(arbitrary unit)，进样量为 500μL、用 Chromeleon 6.5 色谱工作站记录并分析数据、Milli-Q 超纯水装置(美国 Millipore 公司)。

② 容量瓶(100mL)若干、烧杯(150mL)若干、移液管(10mL，5mL)等，及其他实验室常用设备和器皿。

2)试剂及其配制

(1)试剂级别

除非特殊说明，实验中所用其他试剂均为分析纯或优级纯，所用水为超纯水。

(2)超纯水

实验中使用的超纯水(≥18.2MΩ·cm)：由 Milli-Q 超纯水装置制备，用 0.22μm 尼龙膜过滤除去颗粒物。

(3)NaOH 储备溶液的配制

称取 250g NaOH 颗粒状固体，溶解于 250mL Milli-Q 超纯水中，此溶液的浓度为 19.3mol/L。将该溶液在室温下放置几天，待 Na_2CO_3 沉淀后备用。

(4)250mmol/L NaOH 淋洗溶液的配制

移取 13.1mL 的 19.3mol/L NaOH 储备溶液于 990mL 的 Milli-Q 超纯水中，稀释得到 250mmol/L 淋洗溶液。

(5)I^-标准储备溶液的配制

准确称取 0.1308g KI(优级纯)，用 100mL Milli-Q 超纯水溶解得到 1000mg/L 的 I^-标准储备溶液，置于冰箱 4℃保存。I^-标准工作溶液由标准储备溶液逐渐稀释得到。

3. 测定步骤

(1)淋洗液的优化选择

① 变化 NaOH 溶液浓度，分别测定 I^-在分析柱上的保留时间，实验证明保留时间随 NaOH 溶液浓度的增加而缩短。

② 通过优化，选 63mmol/L 为流动相，以 0.25mL/min 的流速进行梯度淋洗，可使 I^-在较短的时间内尽快分离，且海水样品中的共存离子不产生干扰。

(2)标准分离谱图的测定

在选定的色谱条件下，测定 10μg/L 的 I^-标准溶液及去离子水空白的色谱图；重复 9 次进样，分别测定色谱图；将色谱峰进行面积和标准偏差的计算。

(3)标准曲线的制作

① 在 10 个编号的 100mL 容量瓶中，分别加入不同体积 1000mg/L 的 I^-标准储备溶液，得到不同浓度的 I^-系列标准工作溶液。

② 在选定的色谱条件下将 I^-分离后，在紫外检测器 226nm 波长处检测，保留记录色谱峰。

(4)海水样品的测定

移取一定量的海水样品，再将其通过 0.22μm 尼龙膜过滤除去颗粒物；然后在选定的色谱条件下直接进样分析。

4. 数据处理及计算

① 制作标准曲线：以不同 I^-系列标准工作溶液的质量浓度作横坐标，色谱峰的面积作纵坐标，绘制线性关系图。

② 将测得海水样品色谱峰的面积对应在标准曲线上，读出相应的浓度值。

5. 注意事项

① 配制好的 NaOH 淋洗液应保存在 40～50kPa 的氮气环境中，尽量避免二氧化碳的进入。

② 由于不同的仪器及方法会带来测量误差，为考察方法的准确性，建议对海水样品进行加标回收试验，本方法的回收率为 98%～105%[27]。

3.14.5.4　微分脉冲极谱法测定海水中的碘

1. 测定原理

脉冲极谱法是现代极谱法中灵敏度高的方法之一。其主要特点是在滴汞电极每一汞滴成长后期的某一时刻，于线性变化的直流电压上叠加一个方波电压，并在方波电压单周期的后期记录电解电流的方法。

早期 Liss 等使用的脉冲极谱法，是在 pH 5～8 条件下，采用 PAR174 型微分脉冲极谱仪测定 IO_3^-浓度，再用强紫外线辐射，使海水中的 I^-全部氧化成 IO_3^-，在同等条件下测出总碘量，由两次差值求出 I^-含量。本实验基于 Liss 的脉冲极谱法测定海水中的碘，改进采用加入氯水使 I^-氧化成 IO_3^-来代替强紫外线辐射，同时把 Liss 法中的滴汞电极改为汞膜电极作工作阴极，Ag-AgCl 电极作参比电极，铂电极作对极，并控制溶液 pH 为 9.0～9.5，再通 N_2除氧后进行测定，方法更为简便，既提高了方法灵敏度，又避免了环境污染。方法的灵敏度可达μg/L 级别[26,29]。

2. 仪器和试剂

1)仪器

① F-78 型脉冲极谱仪(复旦大学电子仪器厂)。

② 工作电极：将 220 型银电极用 1∶1 的 HNO_3溶解表面的氧化膜，用蒸馏水冲洗后，在汞中搅拌约 0.5min，形成表面均匀光亮的汞齐，再用蒸馏水洗净后置于蒸馏水中浸泡 2h 以上方可使用。

③ 容量瓶(100mL)若干、烧杯(150mL)若干、移液管(10mL，5mL)等，及其他实验室常用设备和器皿。

2)试剂及其配制

(1) 试剂级别

氮气纯度为 99.999%。除非特殊说明，实验中所用其他试剂均为分析纯或优级纯，所用水为二次蒸馏水。

(2) KIO_3 标准溶液的配制

称取 42.3mg KIO_3(分析纯)溶于二次蒸馏水，稀释定容至 500mL，即得含 50mg/L 碘的 KIO_3 标准溶液，更小浓度的标准溶液现配现用。

(3) EDTA 溶液(0.01mol/L)的配制

称取 1.86g 乙二胺四乙酸二钠盐(分析纯)溶于二次蒸馏水，稀释定容至 500mL 即得。

(4) NaOH 溶液(0.1mol/L)的配制

称取 0.4g NaOH(分析纯)固体溶于二次蒸馏水，稀释至 100mL，即得。

3. 测定步骤

(1) 实验条件的优化

取 0.5mol/L KCl 溶液 40mL 于 50mL 烧杯中，加入 0.1mol/L NaOH 0.30mL 及 0.01mol/L HCl 1.0mL 或 NaOH 调节 pH 为 9.5，转入 50mL 容量瓶，以 0.5mol/L KCl 溶液稀释至刻度，摇匀。再将配好的试液置于电解池中，加盖并插入电极，在电磁搅拌下，通 N_2 除氧 20min，停止搅拌，调好仪器参数，接上电极引线，静置 45s 后，迅速将开关置于“扫描”(−1.0～1.5V)，分别进行条件试验。

确定的优化条件为：选定底液 KCl 的浓度为 0.5mol/L(不加海水)，EDTA 为 2.4×10^{-4}mol/L，用 NaOH 和 HCl 调节 pH 为 9.5，通纯氮气除氧 20min。

(2) 标准曲线的绘制

按上述选定的底液，分别加入不同量的标准溶液，调好仪器参数，测定峰高，记录数据。

(3) 海水试样测定

① 移取经滤膜过滤后的海水 50mL 于 50mL 电解杯中，加入 1.40mL 0.01mol/L 的 EDTA 二钠盐溶液和 0.60mL 0.1mol/L 的 NaOH 溶液，摇匀。

② 用 pH 计调好 pH 为 9.5，按上述所选参数调好仪器，将电解池三电极系统与仪器相连接，把通氮管插入液内，开动搅拌器，同时按下秒表计时，除氧 20min 后，停止搅拌，将通氮管升高至液面，保持氮气气氛，静置 45s，然后迅速将测量开关置于“扫描”(−1.0～1.5V)，并开动记录仪，约−1.3V 出现 IO_3^- 的峰。

③ 以标准加入法向溶液中准确加入 0.5mL KIO_3 标准溶液于电解杯中，记录 IO_3^- 的峰高，按标准加入法公式计算水样中 IO_3^- 的含量。

4. 数据处理及计算

① 依据标准曲线的绘制所得到的数据，以碘含量(μg/L)为横坐标，极谱峰高

值(cm)作纵坐标，在一定的浓度范围内绘制线性关系图。

② 按标准加入法式(3-56)计算水样中IO_3^-的含量：

$$c_{IO_3^-} = i_{海水} \times V_{标准} \times c_{标准} / \Delta i \times (V_{海水+底液} + V_{标准}) + i_{海水} \times V_{标准} \quad (3\text{-}56)$$

5. 注意事项

① 脉冲极谱法所用支持电解质浓度可以很稀，若用三电极装置，可在没有支持电解质的溶液中进行测定。

② 在酸性介质中，IO_3^-峰高随 pH 减小而降低。由于海水中IO_3^-和I^-共存，可发生如下反应：

$$IO_3^- + 5I^- + 6H^+ \Longrightarrow 3I_2 + 3H_2O$$

反应生成的I_2在通氮除氧时挥发，导致IO_3^-峰高随 pH 减小而降低，所以须在偏碱性介质中测定IO_3^-。

③ 在绘制标准曲线配制不同浓度的标准溶液时，由于IO_3^-在海水中的含量范围为 5～70μg/L，表面水通常为 30～40μg/L，故可在此范围内配制较合适。

④ 通过干扰实验，在人工海水中加入可能干扰IO_3^-测定的离子，如加入 100 倍的Pb^{2+}、Cd^{2+}、Co^{2+}、Ni^{2+}、Cu^{2+}、Zn^{2+}、Br^-及Ca^{2+}等，人工海水中含碘量为 40μg/L，依本实验所用底液及试验方法进行测定，发现只有Zn^{2+}会使IO_3^-波形歪曲，若加入适量 EDTA 后可消除干扰，直接进行IO_3^-的测定。

⑤ 通过配制数份不同氯度的已知含碘量为 40μg/L 的人工海水，分别测IO_3^-的峰高，结果表明氯度对IO_3^-峰高基本不产生影响。

⑥ 选用汞膜电极代替滴汞电极，其面积较大而恒定，便于选取仪器最佳参数，如电流斜度补偿等，可获得最好的波形和分辨率，从而提高灵敏度近一个数量级(能测至 1.8μg/L 的IO_3^-)。如果所制的汞膜能完好地覆盖银电极表面，电极性能会较长时间稳定，再现性好，改进后的方法可满足海水测定要求[26,29]。

3.14.6 海水中砷的测定

砷在地壳中含量不大，有时以游离状态存在，但主要是以硫化物矿存在。海水中以多种价态存在，主要以五价的砷酸根存在。海水中砷的含量大约为 2ng/mL，而海水中大量共存的基体，如 NaCl、$MgCl_2$、$CaCl_2$、Na_2SO_4等的总量约为 30～40g/L。海水中的砷含量虽少，但对海洋生物以及整个海洋系统循环都有重要的影响。因此，砷是海水污染物中重要的监测元素[2]。测定海水中砷的方法主要有分光光度法、电化学法、原子吸收光谱法、原子荧光法、电感耦合等离子体发射质谱法、X 射线荧光法等。分光光度法常使用氢化物发生技术进行 As 的测定[6]；复杂的基体使原子光谱技术直接测定海水中的 As 相当困难，无火焰原子吸收光谱法测定 As 的常用方法是加入基体改进剂，或者使用氢化物发生技术进行预分离；

随着现代分析测试技术的发展，电感耦合等离子体发射质谱法(ICP-MS)已成为痕量和超痕量元素分析的有力工具，但对基体复杂的海水样品，As的测定仍然需要使用氢化物发生技术进行基体分离。而原子荧光法是目前国内测定海水中砷最主要的方法，其仪器结构简单、灵敏度高、选择性好，该方法样品前处理操作简单，分析成本较低，适合大批量海水样品的分析[30-32]。

以下主要介绍砷化氢-硝酸银分光光度法、氢化物原子吸收法及原子荧光法测定海水中的砷。

3.14.6.1 砷化氢-硝酸银分光光度法测定海水中的砷含量

1. 测定原理

在弱酸性条件下，五价砷(Ⅴ)被抗坏血酸还原为三价砷(Ⅲ)，然后用硼氢化钾还原三价砷为砷化氢(AsH_3)气体，经硝酸银聚乙烯醇吸收液吸收。银离子被砷化氢还原成黄色胶体银，在特征吸收波长406nm处测其吸光度值。

本法适用于各类海水及地面水中砷的测定，检出限为0.4μg/L[4,6,12]。

2. 仪器和试剂

1)仪器

① 分光光度计、砷化氢发生-吸收装置(图3-9)、压片直径为1.3cm的400MPa的压片机。

② 比色皿(1cm)、容量瓶(100mL)、量筒(50mL)、锥形瓶(250mL)、移液器、吸量管、玻璃烧杯、表面皿、直径为14.5cm的玛瑙研钵等，及其他实验室常用设备和器皿。

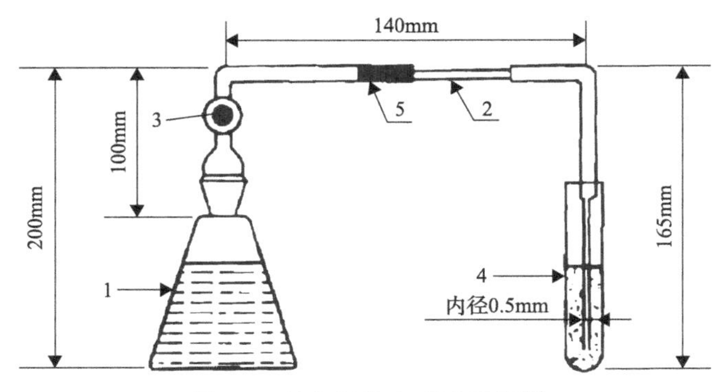

图3-9 砷化氢发生-吸收装置[6]

1: 250mL锥形瓶；2: 乳胶管；3: 乙酸铅棉花；4: 吸收管；5: *N*, *N*-二甲基甲酰胺

2)试剂及其配制

(1)试剂级别

无水乙醇(分析纯)。除非特殊说明，实验中所用其他试剂均为分析纯或优级

纯，所用水为高纯水。

(2) 砷标准溶液的配制

① 砷标准储备溶液 (1.000mg/mL) 的配制：准确称取 0.132g 三氧化二砷 (As_2O_3) (预先在 105～110℃下干燥 2～3h)，溶于 10mL 1mol/L 的 NaOH 溶液；再加入 10mL 1mol/L 的 H_2SO_4 溶液；转入 100mL 容量瓶中，用高纯水稀释至标线。

② 砷标准中间溶液 (100μg/mL) 的配制：准确移取 10.00mL 砷标准储备溶液于 100mL 容量瓶中，加高纯水稀释至标线，混匀备用。

③ 砷标准使用溶液 (1.00μg/mL) 的配制：准确移取 1.00mL 砷标准中间溶液于 100mL 容量瓶中，加高纯水稀释至标线，混匀备用。

(3) 硝酸-硝酸银溶液的配制

准确称取 4.07g 硝酸银于 100mL 烧杯中；用高纯水溶解后，转入 500mL 容量瓶中，加 10mL 硝酸 (ρ=1.42g/mL)，用高纯水稀释至标线；混匀，用棕色瓶保存备用。

(4) 聚乙烯醇溶液 (2.5g/L) 的配制

称取 0.5g 聚乙烯醇 (PVA-200) 于 300mL 烧杯中，加入 200mL 高纯水，搅拌并加热至沸；待完全溶解后，盖上表面皿，保温 5～10min，冷却后转入试剂瓶中，冰箱中保存。可使用 1 周。

(5) 吸收液的配制

将硝酸-硝酸银溶液、聚乙烯醇溶液和无水乙醇，按 1∶1∶25 体积比，先将硝酸-硝酸银溶液和聚乙烯醇溶液混合均匀后，再加入无水乙醇混合均匀，每天现配。

(6) *N*,*N*-二甲基甲酰胺 (DMF) 溶液的配制

将 45mL DMF 和 5.0mL 乙醇胺混合均匀，储存于 60mL 棕色滴瓶中，可保存约 1 个月。

(7) 乙酸铅棉花的制作

称取 10g 乙酸铅[$Pb(CH_3COO)_2 \cdot 3H_2O$]，溶于 100mL 1mol/L 的乙酸溶液中；再将脱脂棉 (8～10g) 在上述溶液中浸泡 1h，取出晾干备用，储存于广口瓶中。

(8) 硫酸溶液 (3mol/L) 的配制

量取 20mL 浓硫酸 (ρ=1.84g/mL)，慢慢倒入 100mL 高纯水中，混匀，待自然冷却，储存于试剂瓶中。

(9) 抗坏血酸溶液 (100g/L) 的配制

称取 25g 抗坏血酸溶解于高纯水中，并稀释至 250mL，储存于棕色试剂瓶中备用。

(10) 硼氢化钾片剂的制作

称取在玛瑙研钵中研细的硼氢化钾，在压片机上压制成片，每片 1.0g。

(11) 硝酸洗液 (4mol/L) 的配制

量取 120mL 浓硝酸(ρ=1.42g/mL)，加入 360mL 高纯水中，混匀，储存于试剂瓶中备用。

(12) 中性红指示液(1g/L)的配制

称取 0.05g 中性红指示剂，溶于 50mL 去离子水中，储存于试剂瓶中备用。

(13) 10%氢氧化钠溶液的配制

称取 10g 氢氧化钠溶于去离子水中，并稀释至 100mL，储存于试剂瓶中备用。

3. 测定步骤

(1) 绘制工作曲线

① 分别准确移取 1.00μg/mL 的砷标准使用溶液 0.00mL、0.50mL、1.00mL、1.50mL、2.00mL、2.50mL 于 250mL 锥形瓶中，各加高纯水 200mL。

② 各加入 2.5mL 抗坏血酸溶液和 2.5mL 3mol/L 的硫酸溶液，混匀，放置约 2h。

③ 在吸收管内加入 5mL 的吸收液，按照图 3-9 接好反应装置；加入 1 粒硼氢化钾片剂，立即塞紧塞子；待反应完全(需 20～30min)后，拆下导气管，插入硝酸钠洗液中浸泡。

④ 用 1cm 比色皿，以吸收液为参比液，在 406nm 处测定吸光度值 A，记录数据。

(2) 样品的测定

① 量取 200mL 海水试样于 250mL 锥形瓶中，滴加几滴中性红指示液；用 10%氢氧化钠溶液或 3mol/L 的硫酸溶液调至刚好变红。

② 各加入 2.5mL 抗坏血酸溶液和 2.5mL 3mol/L 的硫酸溶液，混匀，放置约 2h；以下按照上述绘制工作曲线②～④步骤测定吸光度值 A_w，同时测定分析空白吸光度值 A_b。

4. 数据处理及计算

① 以吸光度(A_w–A_b)为纵坐标，相应的砷含量(g)为横坐标，绘制工作曲线。

② 海水中的砷含量：将测得数据记入记录表中，由(A_w–A_b)值从工作曲线查得或用线性回归方程计算水样砷含量(μg)，并按式(3-57)计算：

$$c_{\mathrm{As}}=\frac{\text{标准曲线查得的质量(μg)}}{\text{水样的体积(mL)}}\times 1000 \tag{3-57}$$

式中，c_{As} 为水样中砷的浓度，μg/L。

5. 注意事项

① N,N-二甲基甲酰胺(DMF)装填时，先在导管中装入脱脂棉(不要过紧)，约滴入 0.25mL DMF 溶液。DMF 棉明显变红时就应调换。

② 吸收管和导气管用前烘干。

③ 室温高时，易造成吸收不完全，反应温度最好控制在 28℃以下，吸收温度

最好低于 20℃。夏天应将吸收管置于水中控温(15～20℃)，可将几支吸收管插入试管架，然后将试管架放入冷水中，再按图 3-9 装好反应装置。

④ 导气管出口离开吸收管底部的距离约 0.5mm。一批水样测定时，该距离应该尽量保持一致，以免影响测定精度。

⑤ 吸收液高度对测定结果有影响，应选用内径一致的 10mL 比色管作吸收管。

⑥ 投入 KBH_4 片剂后，应立即塞紧塞子，可在塞子边缘采用水封法检漏。反应过程中应不时摇动反应瓶至反应完全。

⑦ 在试样制备时，海水样品用玻璃或塑料采样器采集，水样应及时经 0.45μm 滤膜(滤膜应预先在 0.5mol/L 的 HCl 溶液中浸泡 12h，再用纯水冲洗至中性，密封待用)过滤；并用 H_2SO_4 酸化至 pH 小于 2，储存于聚乙烯塑料瓶或硬质玻璃瓶中，再以聚乙烯薄膜包封样品瓶。

⑧ 水样体积的校正。在量取测定水样之前向水样加入的试剂溶液超过 1%体积时，需要按式(3-58)进行体积校正：

$$V=\frac{V_1 \times V_3}{V_1 + V_2} \tag{3-58}$$

式中，V 为校正后水样体积，mL；V_1 为原始水样体积，mL；V_2 为加入试剂溶液体积，mL；V_3 为量取测定水样体积，mL[4,6,12]。

3.14.6.2 氢化物原子吸收光谱法测定砷含量

1. 测定原理

在酸性介质中，用硼氢化钾将砷(Ⅲ)转化为砷化氢气体；再由载气将其导入原子化器，分解生成原子态砷；在其特征吸收波长处测定原子吸光度[6]。

本法适用于大洋、近岸、河口水中无机砷的测定。方法检出限为 0.06μg/L。

2. 仪器和试剂

1)仪器

① 原子吸收光谱仪带氢化物原子化装置，及其他实验室常用设备和器皿。

② 布氏漏斗：瓷制(ϕ60mm)。所用器皿均需用(1∶6)HNO_3 浸泡 2h 以上，用纯水冲洗 5 次以上方可使用。

③ 容量瓶(100mL，50mL)、量筒(10mL)、锥形瓶(250mL)、移液器、吸量管、玻璃烧杯(100mL，50mL)、聚乙烯瓶。

2)试剂及其配制

(1)试剂级别

硫脲(分析纯)、抗坏血酸(分析纯)、硼氢化钾(分析纯)、硫酸(ρ=1.84g/mL)、盐酸(ρ=1.18g/mL，优级纯)。除非特殊说明，其他所有试剂均为分析纯或优级纯，所用水为蒸馏水。

(2) 氢氧化钠溶液

氢氧化钠溶液(10gL)储存于聚乙烯瓶。

(3) 混合还原剂的配制

称取5.0g硫脲和3.0g抗坏血酸，用蒸馏水溶解，加蒸馏水稀释至100mL，当天配用。

(4) 硼氢化钾溶液(15g/L)的配制

称取15g KBH_4，加100mL 10g/L NaOH溶解；加蒸馏水稀释至1000mL，经双层定性滤纸抽滤后放入冰箱。可保存1周。

(5) 砷标准储备溶液(500μg/mL)的配制

① 准确称取0.602g As_2O_3(预先经105℃烘2h，置于干燥器中冷却)。

② 置于50mL烧杯中，加入20mL 10g/L的NaOH溶液溶解。

③ 再转移至100mL容量瓶中。

④ 然后用20mL的 H_2SO_4(5∶95水体积比)分3次洗涤烧杯，将洗涤液并入容量瓶中，加水至标线，混匀(注意：三氧化二砷有剧毒!)。

(6) 砷标准溶液(0.100μg/mL)的配制

用不同体积的 H_2SO_4(5∶95水体积比)逐级稀释砷标准储备溶液得到。

(7) 去砷盐酸(约6mol/L)溶液的配制

① 取600mL的HCl置于200mL聚乙烯广口瓶中，加蒸馏水。

② 通过刻度吸管从溶液底部滴入100mL硼氢化钾溶液，通氮气(1.5L/min)约3min以驱赶残余的 AsH_3。

③ 再重复去砷一次。

(8) 去砷盐酸海水溶液的配制

① 将100mL HCl及900mL海水加入2000mL广口聚乙烯瓶中。

② 通过刻度吸管从溶液底部滴入100mL的15g/L KBH_4溶液。

③ 通氮气(1.5L/min)3min驱赶残余的 AsH_3。

④ 再重复去砷一次。临用前在每1000mL此溶液中加入3.0g抗坏血酸及50g硫脲，溶后混匀。

3. 测定步骤

(1) 调节仪器及校准曲线

① 仪器条件：设置空心阴极灯电流为3～5mA(因仪器和灯不同而异)，波长193.7nm，光通带1.0，载气流速为600mL/min，加热电压设置为800W炉丝和145V，冲洗管路，原子化器预热0.5h。

② 调好氮气流速。

③ 用量筒往反应瓶里加入15mL去砷盐酸海水，其体积要与测定海水样品体

积相同。

④ 接通记录仪，松开弹簧夹，以 24mL/min 流速滴加 15g/L 的 KBH_4 溶液。吸收峰顶过时，检查并夹紧弹簧夹，关闭记录仪，放掉残液。

⑤ 反复操作以上两步，直至空白值稳定（以稳定的空白值为标准液的空白值 A_0）。

⑥ 再往反应瓶里加入 0.100mL 砷标准液，及 15mL 去砷盐酸海水。

⑦ 接通记录仪，松开弹簧夹，以 24mL/min 流速滴加 15g/L 的 KBH_4 溶液。吸收峰顶刚过时，检查并夹紧弹簧夹，关闭记录仪，放掉残液。

⑧ 依次分别加入 0.00mL、0.100mL、0.200mL、0.300mL、0.400mL、0.500mL 0.100μg/mL 的砷标准溶液及 15mL 去砷盐酸海水，如上步骤进行测定。

⑨ 以测得的各峰高（A_i-A_0），对应 0.00ng、10.0ng、20.0ng、30.0ng、40.0ng、50.0ng 砷绘制校准曲线。

（2）海水样品测定

① 取海水样 73mL 置于 200mL 聚乙烯瓶中，加 17mL 6mo/L 的去砷盐酸及 10mL 混合还原剂，放置 15min 以上，此液为海水样制备液。

② 分取 15.0mL 海水样制备液，置于反应瓶里（如试液含砷量高于 3ng/mL，则取 10mL；若低于 0.5mg/mL，则取 20.0mL）。

③ 按通记录仪，松开弹簧夹，以 24mL/min 流速滴加 15g/L KBH_4 溶液；吸收峰刚过顶时，检查并夹紧弹簧夹，关闭记录仪，放掉残液。

④ 测定样品的吸收峰高 A_w，与试样同时测定分析空白值 A_b。

4. 数据处理及计算

① 由（A_w-A_b）查校准曲线，得到砷含量（ng）。

② 按式（3-59）计算海水样中砷的浓度：

$$\rho_{As}=\frac{V_1}{V_2}\times\frac{m}{V_3} \tag{3-59}$$

式中，ρ_{As} 为海水样中的砷浓度，μg/L；V_1 为海水样制备液体积，mL；V_2 为原水样体积，mL；V_3 为每次测定分取试样制备液体积，mL；m 为查曲线得砷量，ng。

5. 注意事项

① 配制硼氢化钾溶液时，注意使用时要与室温一致，或改用 $NaBH_4$ 也可。

② 在设置加热电压时，因外界温度和石英管新旧不同电压会有所不同，以滴入 KBH_4 时石英管两端的火焰为 1cm 左右为宜。且加热电压要稳定。

③ 原子化器加热温度对测定结果影响极大，因此必须预热，待散热和加热达到平衡后再正式工作。

④ 每份样品分析间隔要尽量一致。

⑤ 测定中间对校准曲线重校一次，检查灵敏度是否有变化。

⑥ KBH_4 流速、浓度及反应液的温度，载气流速对结果均有影响，因此条件要恒定。

⑦ 体积校正见测定汞中的相关公式。

3.14.6.3　原子荧光光谱法测定砷含量

1. 测定原理

在酸性介质中，五价砷被硫脲-抗坏血酸还原为三价砷；加入还原剂硼氢化钾后将三价砷转化为砷化氢气体；由氩气作载气将砷化氢导入原子荧光光度计的原子化器后即解离成被测元素的原子；以砷特种空心阴极灯作激发光源，砷原子受特征光源的照射后产生荧光；砷原子产生的荧光信号通过光电检测器被转变为电信号由检测系统检出，以荧光强度的值显示[12,33]。

2. 仪器和试剂

1) 仪器

① 原子荧光光度计，配特种砷空心阴极灯，及一般实验室常用仪器及设备。

② 容量瓶(100mL，50mL)、量筒(10mL)、锥形瓶(250mL)、移液管(100mL)、吸量管、玻璃烧杯(50mL，25mL)、比色管(10mL)等。

2) 试剂及其配制

(1) 试剂级别

盐酸(ρ=1.18g/mL，优级纯)，硫脲、抗坏血酸、KOH、$NaBH_4$ 和 NaOH 均为分析纯。除非特殊说明，实验中所用其他试剂均为分析纯或优级纯，所用水为去离子水。

(2) NaOH 溶液(40g/L)的配制

称取 4.0g NaOH 固体，用去离子水溶解，并稀释定容至 100mL 容量瓶中。

(3) 盐酸溶液(1∶1)的配制

与去离子水等体积混合。

(4) 硫脲-抗坏血酸还原剂的配制

称取 5.0g 硫脲和 3.0g 抗坏血酸，用去离子水溶解，并稀释定容至 100mL 容量瓶中(使用前配制)。

(5) 硼氢化钾溶液(7g/L)的配制

称取 7g 的 KBH_4，溶解于预先溶有 2g KOH 的去离子水中。用去离子水稀释定容至 1000mL，混匀备用。

(6) 砷标准储备溶液(100.0μg/mL)的配制

① 准确称取 0.132g 的三氧化二砷(As_2O_3，预先经 105℃烘 2h，置于干燥器中冷却)。

② 置于 25mL 烧杯中，加入 10mL 40g/L 的 NaOH 溶液溶解后，加入 10mL

(1∶1)盐酸溶液。

③ 再全量转移至 100mL 容量瓶中，加去离子水稀释至标线，混匀。

(7)砷标准中间溶液(1.00μg/mL)的配制

准确量取 1.00mL 砷标准储备溶液，转移至已加入(1∶1)盐酸的 100mL 容量瓶中，加去离子水稀释至标线，混匀备用。

(8)砷标准使用溶液(0.100μg/mL)的配制

准确量取 10.00mL 砷标准中间溶液,转移至已加入 10mL(1∶1)盐酸的 100mL 容量瓶中，加去离子水稀释至标线，混匀备用。

3. 测定步骤

(1)仪器参数设置

以北京吉天公司生产的 AFS-930 型双道原子荧光光度计为例：光电倍增管负高压设为 285V；原子化器高度为 8mm；灯电流设为 80mA；载气流量设为 200mL/min；屏蔽气流量设为 600mL/min。

(2)标准曲线的绘制

① 在 7 个 100mL 容量瓶中，分别准确量取 0mL、0.50mL、1.00mL、2.00mL、4.00mL、8.00mL、10.00mL 0.100μg/mL 砷标准使用溶液，再分别加入 10.0mL 的(1∶1)盐酸溶液、2.0mL 硫脲-抗坏血酸溶液，加去离子水稀释至标线，混匀。

② 放置 20min 后分别进样 2mL，依次读取标准空白荧光强度(I_0)和标准系列各点的荧光强度(I_i)。

③ 以测得的荧光强度(I_i-I_0)为纵坐标，以砷的质量(μg)为横坐标，绘制标准曲线，列出线性回归方程，并计算线性回归系数。

(3)海水样品的测定

① 准确量取 100.0mL 过滤的水样于 100mL 比色管中，加入 10.0mL 的(1∶1)盐酸溶液、2.0mL 的硫脲-抗坏血酸还原剂，混匀，放置 20min。

② 量取 2mL 已处理好的样品，测定其荧光强度(I_s)。

③ 同时测定分析空白：准确量取 100.0mL 去离子水于比色管中，加入 10.0mL(1∶1)的盐酸、2.0mL 的硫脲-抗坏血酸还原剂，混匀，放置 20min 后，测定其荧光强度值，记录数据(I_b)。

4. 数据处理及计算

① 以测得的荧光强度(I_i-I_0)为纵坐标，以砷的质量(μg)为横坐标，绘制标准曲线，列出线性回归方程，并计算线性回归系数。

② 从工作曲线上查得或用线性回归方程计算水样含砷量(ng)，并按式(3-60)计算：

$$c=\frac{m}{V}\times k \tag{3-60}$$

式中，c 为水样中砷的浓度，μg/L；m 为由标准曲线计算出的样品中含砷量，ng；k 为已处理好的样品体积校正系数，1.12；V 为进样体积，mL。

5. 注意事项

① 仪器参数和测量条件随着仪器型号的不同而不同，甚至同型号的仪器之间的最佳测量条件都有细微的差别，本书采用北京吉天公司生产的 AFS-930 型双道原子荧光光度计测定海水中砷含量。

② 所用器皿必须清洁，器皿水洗后经 5%硝酸浸泡 24h 以上，再用二次去离子水或等效纯水冲干净方可使用，尤其对新玻璃器皿，应做空白试验。

③ 盐酸试剂的空白值差别较大，使用前应进行空白检验。

④ 配制标准溶液与检测样品应用同一瓶盐酸溶液。

⑤ 由于影响砷测定的因素很多，如载气、炉温、灯电流、气液体积比等，因此，每次测定应同时绘制标准曲线[12,33]。

3.14.7　海水中硒的测定

海水中硒(Se)的浓度一般低于 2nmol/L，低于很多方法的检出限，故需要对样品进行预先富集和分离。常用的方法主要包括蒸发法、铁或镧共沉淀法、离子交换法、溶剂萃取法、液氮冷阱捕获法和浮选法等。常用测定海水中硒的方法有分光光度法、荧光分光光度法、中子活化法、原子吸收法、气相色谱法和电化学法等。在各种方法中，分光光度法由于灵敏度低，只适于测定含 Se 较高的样品，故海水中 Se 的测定一般不采用此方法。荧光分光光度法的特点为准确度好、灵敏度高、仪器设备简单，但方法步骤烦琐，测定速度慢，且较易受到干扰。中子活化法灵敏度高，且不损伤试样，但所需设备昂贵。气相色谱法和原子吸收法灵敏度高，但精密度较差。电化学法近年发展较快，其灵敏度已达到或大于荧光分光光度法，其缺点是测定速度慢，重现性较差。目前海水中 Se 的测定最常用方法是氢化物发生原子吸收光谱法，该方法快速简单，灵敏度高，且所需仪器设备大多在实验室都可得到[34]。

以下主要介绍利用荧光分光光度法、二氨基联苯胺分光光度法及催化极谱法测定海水中的硒含量。

3.14.7.1　荧光分光光度法测定海水中的硒含量

1. 测定原理

荧光分光光度法是利用 Se(Ⅳ)与某些邻芳香二胺类有机试剂反应生成荧光配合物。该配合物经溶剂萃取后，光照产生荧光，荧光强度在一定范围内与配合物浓度成正比。

具体测定原理为：将水样用高氯酸-硫酸-钼酸钠消化，再用盐酸将硒(Ⅵ)还原为硒(Ⅳ)；在酸性条件下，硒(Ⅳ)与2,3-二氨基萘反应，生成有绿色荧光的4,5-苯并苤硒脑；再经环己烷萃取，在激发波长为376nm，发射波长为520nm下，进行荧光分光光度测定[6,12]。

2. 仪器和试剂

1)仪器

① 荧光分光光度计、电动振荡器等，及其他实验室常用设备和器皿。

② 锥形分液漏斗(60mL，1000mL)、烧杯(50mL，100mL，250mL，500mL)、容量瓶(100mL，250mL，500mL，1000mL)、比色管(50mL)、吸量管(5mL，10mL)、量筒(10mL，50mL，100mL，250mL)。

2)试剂及其配制

(1)试剂级别

浓盐酸(ρ=1.19g/mL)为分析纯。除非特殊说明，实验中所用其他试剂均为分析纯或优级纯，所用水为去离子水。

(2)硒标准储备溶液(0.400mg/mL)的配制

准确称取0.1405g二氧化硒(SeO_2，纯度为99.9%)于50mL烧杯中，用适量去离子水溶解后，转入250mL容量瓶中，加0.1mol/L的盐酸溶液至标线，混匀。

(3)硒标准中间溶液(4.00μg/mL)的配制

准确量取2.50mL的硒标准储备溶液于250mL容量瓶中，加0.1mol/L的盐酸溶液至标线，混匀。

(4)硒标准使用溶液(0.100μg/mL)的配制

准确量取2.50mL硒标准中间溶液于100mL容量瓶中，加0.1mol/L的盐酸溶液至标线，混匀。

(5)去硒硫酸的配制

量取20mL硫酸(H_2SO_4，ρ=1.84g/mL)，在搅拌下，缓缓加入200mL去离子水中；再加30mL氢溴酸(HBr，ρ=1.38g/mL)，混匀；置沙浴加热至冒白烟。

(6)高氯酸-硫酸-钼酸钠混合溶液的配制

称取75g钼酸钠($Na_2MoO_4·7H_2O$)，溶于150mL去离子水中；加入200mL高氯酸($HClO_4$，ρ=1.66g/mL)和150mL去硒硫酸，混匀，储于500mL试剂瓶中。

(7)EDTA(二钠)溶液(0.2mol/L)的配制

称取37g的EDTA(二钠)($C_{10}H_{14}N_2Na_2O_8·2H_2O$)于250mL烧杯中，加适量去离子水，加热溶解，冷后稀释至500mL。

(8)盐酸羟胺溶液(100g/L)的配制

称取10g盐酸羟胺($NH_2OH·HCl$)于100mL烧杯中，用去离子水溶解后，稀释至100mL。

(9)EDTA-盐酸羟胺混合溶液的配制

量取 100mL 0.2mol/L 的 EDTA（二钠）溶液，10mL 100g/L 的盐酸羟胺溶液，加水稀释至 1000mL。

（10）氨水溶液（1∶1）的配制

取一定体积氨水（$NH_3·7H_2O$，ρ=0.90g/mL），与等体积水混匀。

（11）甲酚红指示液（0.4g/L）的配制

称取 40mg 甲酚红于 100mL 烧杯中，加少量去离子水及 2 滴氨水溶液溶解，再加去离子水至 100mL。

（12）盐酸溶液

按照要求配制盐酸溶液（0.1mol/L）。

（13）环己烷（C_6H_{12}）

若有荧光杂质需重蒸馏提纯，用过的环己烷重蒸馏后可再使用。

（14）二氨基萘（DAN）溶液（1g/L）的配制

① 称取 400mg 的 DAN（$C_{10}H_{10}N_2$）于 500mL 烧杯中，加 400mL 0.1mol/L 的盐酸溶液溶解。

② 转入 1000mL 锥形分液漏斗中（漏斗颈部塞有脱脂棉），在振荡器上振荡 15min 使其全部溶解。

③ 然后加入 80mL 环己烷，再振荡 5min，待静置分层后，收集水相，弃去有机相，如此反复纯化数次，直至有机相的荧光强度降到接近纯环己烷的荧光强度为止。

④ 最后将纯化后的 DAN 溶液储于棕色瓶中，加入环己烷使其覆盖液面约 1cm 厚，置于冰箱中保存，有效期为一个月。

3. 测定步骤

（1）绘制标准曲线

① 取 6 个 50mL 烧杯，分别加入 0mL、0.50mL、1.00mL、2.00mL、3.00mL 和 4.00mL 0.100μg/mL 的硒标准使用溶液，加去离子水稀释至约 10mL，混匀。

② 分别加 5mL 高氯酸-硫酸-钼酸钠混合溶液，在沙浴中加热消化至冒浓白烟，至溶液变黄（约 2h）；取下冷却至室温，溶液恢复为无色；用去离子水稀释至约 10mL；再加 5mL 的浓盐酸，将烧杯放在沙浴表面加热至溶液变黄为止；取下冷却至室温。

③ 再将溶液移至 50mL 比色管中，用少量去离子水洗净烧杯，洗液并入比色管中；加 5mL EDTA 混合溶液，4～5 滴甲酚红指示液，用（1∶1）的氨水溶液或 0.1mol/L 的盐酸溶液调节 pH 为 1.5～2.0（此时显粉橙色）；再加 3.0mL 1g/L 的二氨基萘（DAN）溶液，摇匀；置沸水浴中加热 5min，取下冷却至室温；然后将溶液移入 60mL 分液漏斗中，用少量去离子水洗涤比色管，洗液并入分液漏斗中；再加 3.0mL 环己烷，振摇 4min，分层后弃去水相。

④ 将环己烷层从分液漏斗移入 1cm 比色皿中，在荧光分光光度计上，以 376nm 为激发波长，520nm 为发射波长，环己烷为参比(标准空白)，测定硒的荧光强度 I_i 和 I_0。

⑤ 以硒含量(μg)为横坐标，相应荧光强度($I_i - I_0$)(标准空白)为纵坐标，绘制标准曲线，并计算曲线斜率 b 和截距 a。

(2)样品测定

① 量取 5.00～50.0mL 过滤后的水样，于 50mL 烧杯中，加入 5mL 高氯酸-硫酸-钼酸钠混合溶液，在沙浴中加热消化至冒浓白烟，至溶液变黄(约 2h)。

② 以下按绘制标准曲线步骤测定荧光强度 I_w。

③ 同时测定分析空白荧光强度 I_b。

4. 数据处理及计算

由($I_w - I_b$)查标准曲线得到硒含量，按照式(3-61)及式(3-62)计算水样中硒的浓度：

$$\rho_{Se} = \frac{m}{V} \times 1000 \tag{3-61}$$

$$\rho_{Se} = \frac{(I_w - I_b) - a}{bV} \times 1000 \tag{3-62}$$

式中，ρ_{Se} 为水样中硒浓度，μg/L；m 为硒的质量，μg；I_w 为水样平均荧光强度；I_b 为分析空白荧光强度；a 为工作曲线截距；b 为工作曲线斜率；V 为水样体积，mL。

5. 注意事项

① 本法适用于海水、天然水中总硒的测定，如果样品不经酸处理，可直接测定四价硒的含量。

② 在制备海水样品时，海水样品用玻璃或塑料采样器采集，水样应及时经 0.45μm 滤膜(滤膜预先在 0.5mol/L 的 HCl 溶液中浸泡 12h，再用纯水冲洗至中性，密封待用)过滤；并用 HNO_3 酸化至 pH 小于 2，储存于聚乙烯塑料瓶或硬质玻璃瓶中，再以聚乙烯薄膜袋包封样品瓶。

③ 水样体积的校正。在量取测定水样之前向水样加入的试剂溶液超过 1%体积时，按相关公式进行体积校正。

④ 配制 DAN 应在暗处进行。

⑤ 在沸水浴加热后，用冷水冷却的时间控制在 10min 内，否则会使得测定结果稍偏低。

⑥ 甲酚红指示剂有两个变色范围，当 pH 为 2～3 时由红变黄，pH 为 7.2～8.8 时由黄变红。本方法中调节 pH 为 1.5～2.0 时显粉橙色，pH 小于 1.5 则为桃红色，

故调节 pH 时要注意颜色变化，必要时可用精密 pH 试剂确证。

⑦ 玻璃器皿需用硝酸溶液浸泡 2～3 天，流净后使用为好。

⑧ 样品中硒含量低时，可增加水样体积至 50mL，对测定无影响[6,12]。

3.14.7.2　分光光度法测定海水中的硒含量

1. 测定原理

水样经酸性高锰酸钾消化，六价硒(Ⅵ)用盐酸还原为四价硒(Ⅳ)。在酸性条件下，硒(Ⅳ)与 3, 3′-二氨基联苯胺四盐酸盐形成黄色络合物，在 pH 为 6～8 条件下，用甲苯萃取，于 420nm 波长处进行分光光度测定[12]。

2. 仪器和试剂

1) 仪器

① 分光光度计(附带 3cm 比色皿)、电热板、水浴锅、离心机，及一般实验室常备仪器和设备。

② 玻璃器皿：离心管(10mL)、平底烧瓶(500mL，1000mL)、锥形分液漏斗(125mL)、棕色试剂瓶(100mL)、锥形瓶(100mL)等。

2) 试剂及配制

(1) 试剂级别

浓盐酸(ρ=1.19g/mL)为优级纯，氨水($NH_3 \cdot H_2O$)(ρ=0.90g/mL)为分析纯。除非特殊说明，实验中所用其他试剂均为分析纯或优级纯，所用水为超纯水或去离子水。

(2) 盐酸溶液(0.1mol/L)的配制

量取 8.3mL 浓盐酸，加水稀释至 1000mL，混匀。

(3) 无水硫酸钠(Na_2SO_4)的制备

500℃灼烧 4h。

(4) 活性炭的制备

20～40 目(830～380μm)，于 300℃下活化 4h。

(5) 甲苯(C_7H_6)预处理

经活性炭吸附，滤纸过滤后使用。

(6) 高锰酸钾溶液(0.1mol/L)的配制

称取 1.58g 高锰酸钾($KMnO_4$)，溶于 90mL 水中，稀释至 100mL，混匀。

(7) 氢氧化钠溶液(0.1mol/L)的配制

称取 2g 固体氢氧化钠(NaOH)，溶于水中，稀释至 500mL，混匀。

(8) EDTA(二钠)溶液(0.2mol/L)的配制

称取 74g 的 EDTA(二钠)($C_{10}H_{14}N_2Na_2O_8 \cdot 2H_2O$)于 250mL 烧杯中，加适量去离子水，加热溶解，冷却后稀释至 1000mL，混匀。

(9) 盐酸羟胺溶液(200g/L)的配制

称取 20g 盐酸羟胺($NH_2OH·HCl$)，溶于水中，并稀释至 100mL，混匀。

(10) 3, 3′-二氨基联苯胺四盐酸盐(DAB)溶液(5g/L)的配制

称取 0.5g DAB($C_{12}H_{18}Cl_4N_4·2H_2O$)加水溶解(若有残渣须过滤)，再用水稀释至 100mL。当日配制。

(11) 硒标准储备溶液(1.00mg/mL)的配制

准确称取 0.1405g 二氧化硒(SeO_2)溶于少量水中，全量转入 100mL 容量瓶中，用 0.1mol/L 盐酸溶液稀释至标线，混匀。

(12) 硒标准中间溶液(100μg/mL)的配制

准确移取 10.0mL 硒标准储备溶液于 100mL 容量瓶中，用 0.1mol/L 盐酸溶液稀释至标线，混匀。

(13) 硒标准使用溶液(1.00μg/mL)的配制

准确移取 1.00mL 硒标准中间溶液于 100mL 容量瓶中，用 0.1mol/L 盐酸溶液稀释至标线，混匀。

3. 测定步骤

(1) 绘制标准曲线

① 取 6 个 50mL 平底烧瓶，编号，分别加入 0mL、0.50mL、1.00mL、2.00mL、3.00mL 和 5.00mL 1.00μg/mL 的硒标准使用溶液，加去离子水稀释至 500mL，混匀。

② 滴加浓盐酸至溶液 pH 约为 2.5，加 3～5 滴 0.1mol/L 高锰酸钾溶液，使溶液呈浅紫色，置电热板上加热浓缩；加热过程中若紫色褪去，需继续滴加 0.1mol/L 高锰酸钾溶液使溶液保持浅紫色；待蒸至体积减小一半时，加 5mL 0.1mol/L 氢氧化钠溶液，继续蒸至近干；取下冷却，加 8～10mL 的浓盐酸及 10mL 水，使溶液浓度为 4～6mol/L；置于 100℃沙浴上加热 10min，使硒(Ⅵ)转化为硒(Ⅳ)。

③ 将溶液转入 100mL 锥形瓶内，用水洗涤平底烧瓶内壁；洗涤液并入锥形瓶中，加 2mL 200g/L 的盐酸羟胺溶液，2mL 0.2mol/L 的 EDTA 溶液；于酸度计上用浓盐酸或氨水调节溶液 pH 为 1～2，最后加水至约 50mL；再加 2mL 的 DAB 溶液，于室温下放置 1h；用氨水调节试样溶液 pH 为 6～8。

④ 将试样溶液转入 125mL 分液漏斗中，加 5.00mL 甲苯振荡 1min；静置分层后弃去水相，有机相置于离心管内离心脱水，或经无水硫酸钠脱水，将甲苯萃取液放入 3cm 比色皿中，用甲苯调零，于 420nm 波长处测定吸光值 A_0 和 A_i。

⑤ 以吸光值($A_i - A_0$)(标准空白)为纵坐标，相应硒含量(μg)为横坐标，绘制工作曲线。

(2) 样品测定

取 500mL 过滤的水样于平底烧瓶内，以下按绘制标准曲线②～④步骤，测定吸光值 A_w；同时测定分析空白吸光度值 A_b；再通过(A_w–A_b)查标准曲线或以线性

回归方程计算硒的量（μg）。

4. 数据处理及计算

记录所测数据，依照式（3-63）计算水样中硒的浓度：

$$\rho_{Se} = \frac{m}{V} \tag{3-63}$$

式中，ρ_{Se} 为水样中硒浓度，g/L；m 为从工作曲线查得硒的质量，μg；V 为水样体积，L。

5. 注意事项

① 本方法适用于河口和海水中硒的测定。

② 所用玻璃器皿均经硝酸溶液（1∶1）浸泡 2～3 天，用自来水、去离子水洗净。

③ DAB 在空气中和光照下易分解，需避光密封保存。

④ 蒸发浓缩海水测定样时，温度需控制在 170℃以下，以免盐类析出爆溅[12]。

3.14.7.3　催化极谱法测定海水中的硒含量

1. 测定原理

用盐酸将硒（Ⅵ）还原成硒（Ⅳ），在 pH 为 4.6～6 的条件下，以氢氧化铁[$Fe(OH)_3$]作载体共沉淀硒（Ⅳ），再将沉淀溶于高氯酸中，以柠檬酸三铵、EDTA 作掩蔽剂，硒（Ⅳ）被亚硫酸还原成单价硒。在 pH 为 10 的氟化铵-氢氧化铵缓冲溶液中，单价 Se 与 S_3^{2-}生成 $SeSO_3^{2-}$，在碘酸钾存在下 $SeSO_3^{2-}$产生一个灵敏的硒极谱催化波。其峰电流值随硒浓度增加而增加，由此可测定硒含量[12]。

2. 仪器和试剂

1）仪器

① 示波极谱仪、三电极系统：滴汞电极，甘汞电极及铂电极、离心机：4000r/min、电炉（1000W）、电热板（6000W）、水浴锅（直径 30cm）、比色管架，及一般实验室常备仪器和设备等。

② 具塞比色管（10mL）、容量瓶（100mL，200mL）、烧杯（5mL，50mL，100mL）、吸量管（1mL，2mL，5mL）、微量移液管（100μL，1000μL）、表面皿（直径 5cm）。

2）试剂及其配制

（1）试剂级别

浓硝酸（HNO_3，ρ=1.42g/mL）、浓盐酸（HCl，ρ=1.19g/mL）、高氯酸（$HClO_4$，ρ=1.66g/mL）、氨水（$NH_3 \cdot H_2O$，ρ=0.90g/mL）均为优级纯。除非特殊说明，实验中所用其他试剂均为分析纯或优级纯，所用水为超纯水或去离子水。

（2）盐酸溶液（1∶4）的配制

取 1 体积浓盐酸与 4 体积水混匀。

(3) 高氯酸溶液 (1∶1) 的配制

取 1 体积高氯酸与等体积水混匀。

(4) 氨水溶液 (1∶2) 的配制

取 1 体积氨水与 2 体积水混匀。

(5) 氨水溶液 (1∶99) 的配制

取 1 体积氨水与 99 体积水混匀。

(6) 硒标准储备溶液 (1.00mg/mL) 的配制

准确称取 0.1000g 硒粉 (99.99%) 于 50mL 烧杯中，沿杯壁缓缓地加入 4mL 硝酸溶液，盖上表面皿，置于电炉低温加热至硒粉溶解，全量移入 100mL 容量瓶中，加水至标线，混匀。

(7) 硒标准中间溶液 (100ng/mL) 的配制

用移液吸管准确移取 1.00mL 硒标准储备溶液于 100mL 容量瓶中，加入 1mL 浓盐酸；加水至标线，混匀；再准确移取 1.00mL 此溶液置于 100mL 容量瓶中，加 1mL 浓盐酸，加水至标线，混匀。

(8) 硒标准使用溶液 (5.00ng/mL) 的配制

准确移取 5.00mL 硒标准中间溶液于 100mL 容量瓶中，加入 1mL 浓盐酸，加水至标线，混匀，临用前配制。

(9) 铁溶液 (1.00mg/mL) 的配制

称取 142.9mg 三氧化二铁 (Fe_2O_3) 于 50mL 烧杯中，加入 5mL 盐酸溶液 (1+1)，微热溶解，再转移至 100mL 容量瓶中，加水至标线，混匀。

(10) 亚硫酸钠溶液 (50g/L) 的配制

称取 5g 亚硫酸钠 (Na_2SO_3) 于 50mL 烧杯中，加水溶解，转入 100mL 容量瓶中，并用水稀释至标线，混匀。

(11) 柠檬酸三铵-EDTA 二钠盐混合溶液的配制

称取 5g 柠檬酸三铵 [$(NH_4)_3C_6H_5O_7$] 和 2g 乙二胺四乙酸二钠盐 (EDTA 二钠盐，$C_{10}H_{14}N_2O_8\ Na_2 \cdot 2H_2O$，优级纯) 于 50mL 烧杯中，加水溶解，全量转入 100mL 容量瓶，并用水稀释至标线，混匀。

(12) 碘酸钾溶液 (12g/L) 的配制

称取 1.2g 碘酸钾 (KIO_3，优级纯) 于 50mL 烧杯中，加水溶解，全量转入 100mL 容量瓶，并用水稀释至标线，混匀。

(13) 氟化铵-氢氧化铵缓冲溶液 (pH=10) 的配制

称取 20g 氟化铵 (NH_4F) 于 100mL 烧杯中，加水溶解，全量转 200mL 容量瓶中，加入 60mL 氢氧化铵 (NH_4OH，ρ=0.90g/mL，优级纯)，加水稀释至标线，混匀后转入聚乙烯塑料瓶中保存。

(14) 溴百里酚蓝指示液(0.5g/L)的配制

准确称取0.025g溴百里酚蓝($C_{27}H_{28}Br_2O_3S$)于60mL滴瓶中，加入50mL乙醇(优级纯)，混匀。

3. 测定步骤

(1) 制作标准曲线

① 取6个5mL烧杯，编号，分别加入0mL、0.20mL、0.40mL、0.60mL、0.80mL和1.20mL 5.00ng/mL的硒标准使用溶液，加入0.30mL高氯酸溶液(1∶1)，于电热板上加热至刚冒浓白烟，取下冷却。

② 分别加入0.50mL柠檬酸三铵-EDTA二钠盐混合溶液，0.50mL 50g/L亚硫酸钠溶液，混匀，放置20min。

③ 再分别加入1.0mL氟化铵-氢氧化铵缓冲溶液，混匀；加入0.50mL碘酸钾溶液，混匀后加盖放置10min。

④ 于起始电位–0.60V处，用导数部分记录硒催化波的峰电流I_i值(电流倍率×波高)，峰电位为–0.86V。

⑤ 用硒含量(ng)作横坐标，峰电流值$(I_i - I_0)$(标准空白)为纵坐标，绘制标准曲线。

(2) 样品测定

① 准确量取5.00mL过滤的水样于10mL具塞比色管中，加入2.2mL浓盐酸，混匀；将比色管放入比色管架中，置于铝锅中煮沸30min，取出冷却。

② 加入1.7mL氨水(ρ=0.90g/mL)，混匀后加入0.30mL 1.00mg/mL铁溶液，1滴溴百里酚蓝指示液；用(1∶1)或(1∶99)的氨水溶液调溶液至蓝色(pH=8)；再滴加(1∶4)的盐酸溶液调至黄色；再用(1∶99)的氨水溶液调至溶液刚由黄变绿色；振荡4min，放置待沉淀沉降后，以转速2000r/min离心2min；再用精密微量移液管小心地吸去上层清液，加入5mL pH为4～6的水，振荡0.5min，沉淀沉降后离心，小心吸去上层清液。

③ 再加入0.50mL(1∶4)的盐酸溶液溶解沉淀，并移入5mL烧杯中；比色管壁用少许水淋洗后，并入烧杯中，加入0.40mL(1∶1)的高氯酸溶液；于电热板上蒸至刚冒浓白烟，加入0.2mL浓硝酸，蒸至刚冒浓白烟，再重复加浓硝酸一次；用少许水吹洗杯壁并蒸至刚冒浓白烟，取下冷却。

④ 以下操作按制作标准曲线中的②～④步骤，测定峰电流值I_w。

⑤ 同时按以上步骤测定分析空白峰电流值I_b。

4. 数据处理及计算

① 记录所测数据，由$(I_w–I_b)$查标准曲线或用线性回归方程计算出硒含量。

② 依照式(3-64)计算水样中硒的浓度：

$$\rho_{Se} = \frac{m}{V} \tag{3-64}$$

式中，ρ_{Se} 为水样中硒浓度，μg/L；m 为从标准曲线查得硒的质量，ng；V 为量取水样体积，mL。

5. 注意事项

① 本法适用于海水及河水中溶解态硒的测定。

② 本法适宜温度范围为 15～25℃，若室温高于 25℃，加入氟化铵-氢氧化铵缓冲溶液及碘酸钾溶液后，需在冷水浴中放置 10min，再测定硒峰电流值，否则结果不稳。

③ 为了使结果稳定，样品加入碘酸钾溶液后，应在 0.5h 内测完。若样品较多，应分成小批量加入底液。但制作标准曲线时不受时间影响。

④ 样品和标准溶液于电热板加热时，要防止蒸发干，故应在低温进行，否则导致结果偏低。

⑤ 本法对所用的试剂纯度要求较高，应尽量使用分析纯或优级纯。比如不同厂家生产的同一纯度的氨水，其空白值可能有较大的差别，若遇到无低空白值的氨水时，可用优级纯的氢氧化钠溶液代替。具体做法是，硒(Ⅵ)经盐酸还原为硒(Ⅳ)以后，加 1.5mL 17mol/L 的氢氧化钠溶液，然后加铁(Ⅲ)和用等温扩散提纯的稀氨水调节 pH 为 4.6～6.0。其他步骤同水样测定的步骤。

⑥ 做试剂空白时，可采用亚沸蒸馏水代替样品取样体积，而按分析步骤加入试剂。

⑦ 所用的器皿均用硝酸溶液(1+3)浸泡过夜并用二次去离子水清洗干净，方可使用[12]。

3.14.8　海水中氰化物的测定

目前，氰化物的检测方法主要集中于色谱法、光谱法、电化学法、硝酸银滴定法、甲基橙-氯化汞(Ⅱ)试纸法等。其中，色谱法常用的有气相色谱法和液相色谱法。气相色谱法检测结果好，但因涉及大型仪器，无法做到快速检测。光谱法常用的有原子光谱法、荧光光谱法和红外光谱法等。该检测方法存在操作复杂、对样品要求高、检测仪器繁多、检测灵敏度低、安全性较低等问题，应用受到较大限制。橙-氯化汞(Ⅱ)试纸条遇氰化物，颜色由橙色变粉红色，变化不明显，如剂量较小，无法用肉眼判别[20,35]。

国家标准方法中的异烟酸-吡唑啉酮分光光度法测定海水中氰化物[12]，由于方法不严密，方法中显色试剂异烟酸和吡唑啉酮溶液的配制、氢氧化钠溶液的浓度均不明确，导致曲线相关性差，精密度和准确度不高。王真对该方法进行了完善和改进，明确了显色试剂异烟酸和吡唑啉酮溶液的配制、氢氧化钠溶液的浓度，分析了缓冲溶液 pH、试剂、用水纯度和试验条件的影响，使海水氰化物的测定方法有了较好的精密度和准确度，同时采用减半法进行蒸馏，测定过程易于控制和操作，既节约了试剂，又提高了效率[20,35]。

以下主要介绍异烟酸-吡唑啉酮分光光度法及吡啶-巴比妥酸光度法测定海水中氰化物两种方法。

3.14.8.1　异烟酸-吡唑啉酮分光光度法测定海水中氰化物

1. 测定原理

蒸馏出的氰化物在中性(pH 7～8)条件下，与氯胺 T 反应生成氯化氰，后者和异烟酸反应并经水解生成戊烯二醛，再与吡唑啉酮缩合，生成稳定的蓝色化合物，在波长 639nm 处测定吸光度值，从而测定氰化物含量[6,12,35]。

2. 仪器和试剂

1)仪器

① 分光光度计、高温炉、带蛇形冷凝管的全玻璃磨口蒸馏器(1000mL)，及一般实验室常备仪器和设备。

② 玻璃器皿：棕色酸式滴定管(25mL)、棕色瓶(1000mL)、移液管(10mL，25mL)、棕色小口试剂瓶(1000mL)、棕色滴瓶(125mL)、具塞比色管(50mL)、比色皿(3cm)、锥形瓶(250mL)。

2)试剂及其配制

(1)试剂级别

沸石、丙酮(分析纯)、*N*, *N*-二甲基甲酰胺(分析纯)。除非特殊说明，其他试剂均为分析纯或优级纯，所用水为超纯水或去离子水。

(2)氢氧化钠溶液(2g/L)的配制

称取 5g 氢氧化钠固体，加水溶解并稀释至 2500mL，再转移至棕色小口试剂瓶，橡皮塞盖紧。

(3)氢氧化钠溶液(0.01g/L)的配制

量取 5mL 2g/L 的氢氧化钠溶液，加水稀释至 1000mL，再转移至棕色小口试剂瓶，橡皮塞盖紧。

(4)磷酸盐缓冲溶液(pH=7)的配制

称取 34.0g 磷酸二氢钾(KH_2PO_4)和 89.4g 磷酸氢二钠($Na_2HPO_4 \cdot 12H_2O$)，溶于水中并稀释至 1000mL，储存于小口试剂瓶中。

(5)乙酸锌溶液(100g/L)的配制

称取 50g 乙酸锌[$Zn(Ac)_2$]，加水溶解并稀释至 500mL，转入小口试剂瓶中。

(6)酒石酸溶液(200g/L)的配制

称取 100g 酒石酸，加水溶解并稀释至 500mL，转入小口试剂瓶中。

(7) 氯化钠标准溶液(0.0192mol/L)的配制

称取一定量氯化钠(NaCl，优级纯)，置于瓷坩埚中，于高温炉 450℃灼烧至无爆裂声，于干燥器中冷却至室温；再准确称取 1.122g，加水溶于 1000mL 容量瓶中，稀释至刻度。密闭保存。

(8) 硝酸银标准溶液的配制

称取 3.76g 硝酸银($AgNO_3$)，溶于水并稀释至 1000mL，储存于棕色试剂瓶中，此溶液每周须标定一次。

(9) 铬酸钾指示液(50g/L)的配制

称取 5g 铬酸钾(K_2CrO_4)，溶于少量水中，滴加硝酸银标准溶液至红色沉淀不溶解，静置过夜，过滤后稀释至 100mL，盛于棕色瓶中。

(10) $AgNO_3$ 标准溶液的标定

① 准确移取 25.00mL 0.0192mol/L 的 NaCl 标准溶液于 250mL 锥形瓶中。

② 加入 50mL 水，滴入 2～3 滴 50g/L 的 K_2CrO_4 指示液，用 $AgNO_3$ 标准溶液滴定至出现红色沉淀即为终点。

③ 平行测定 3 次，取平均值。

④ 再以 75mL 水代替 0.0192mol/L 的 NaCl 标准溶液，按上述步骤平行测定 3 次，取平均为空白值。

⑤ 按照式(3-65)计算 $AgNO_3$ 标准溶液的浓度：

$$c_{AgNO_3} = \frac{c_{NaCl} \times V_{NaCl}}{\overline{V}_1 - \overline{V}_2} = \frac{0.0192 \times 25.00}{\overline{V}_1 - \overline{V}_2} \tag{3-65}$$

(11) 甲基橙指示液(2g/L)的配制

称取 0.2g 甲基橙[$NaSO_3C_6H_4N{=\!=}NC_6H_4N(CH_3)_2$]，溶解于 100mL 水中，转入 125mL 棕色滴瓶中。

(12) 对二甲氨基亚苄基罗丹宁(试银灵)-丙酮溶液的配制

称取 20mg 试银灵溶于 100mL 丙酮中，搅拌均匀，转入 125mL 棕色滴瓶中。

(13) 氯胺 T 溶液(10g/L)的配制

称取 1g 氯胺 T，加水溶解并稀释至 100mL，盛于 125mL 棕色试剂瓶中，低温避光保存，有效期为 1 周。

(14) 1.5%异烟酸溶液(A)的配制

称取 1.5g 异烟酸，用 24mL 20g/L 氢氧化钠溶液溶解，加水定容至 100mL。

(15) 1.25%吡唑啉酮溶液(B)的配制

称取 0.25g 吡唑啉酮，溶于 20mL *N, N*-二甲基甲酰胺中混匀。

(16) 异烟酸-吡唑啉酮混合液的配制

临用前根据需要将异烟酸和吡唑啉酮溶液按5∶1混合。

(17)氰化钾标准储备溶液的配制

称取2.5g氰化钾(KCN),先用少量2g/L的NaOH溶液溶解,全部移入1000mL容量瓶中,再用2g/L NaOH溶液稀释至刻度,混匀后转入1000mL小口试剂瓶中,用橡皮塞盖紧,备用。

(18)氰化钾标准储备溶液的标定

① 准确量取25.00mL KCN标准储备溶液于250mL锥形烧瓶中,加50mL 2g/L的NaOH溶液,滴入2~3滴试银灵指示液,用$AgNO_3$标准溶液滴定至白色变红色为终点,平行滴定3次,取平均值$\bar{V}_1$。

② 取75mL 2g/L NaOH溶液代替KCN溶液,按上述步骤平行测定3次,取平均值得$\bar{V}_2$。

③ 按式(3-66)计算氰化物标准储备溶液浓度(mg/mL)。

$$\rho_{CN^-}=\frac{c_{AgNO_3}\times(\bar{V}_1-\bar{V}_2)\times 52.04}{25.00} \tag{3-66}$$

式中,ρ_{CN^-}为氰化钾标准储备溶液的质量浓度,mg/mL;c_{AgNO_3}为标定过的硝酸银溶液的浓度,mol/L;$\bar{V}_1$为滴定氰化钾标准储备溶液消耗硝酸银标准溶液的体积,mL;$\bar{V}_2$为滴定2g/L的氢氧化钠溶液消耗硝酸银标准溶液的体积,mL。

(19)氰化钾标准中间溶液(10.0μg/mL)的配制

量取V_3[由式(3-67)计算]mLKCN标准储备溶液于200mL容量瓶中,用2g/L NaOH溶液稀释至刻度,混匀备用。

$$V_3=\frac{10.0\times 200}{\rho_{CN^-}\times 1000} \tag{3-67}$$

式中,ρ_{CN^-}为氰化钾标准储备溶液的质量浓度,mg/mL。

(20)氰化钾标准溶液(1.00μg/mL)的配制

移取10.00mL上述氰化钾标准中间溶液于100mL容量瓶中,用0.01g /L NaOH溶液稀释至刻度,摇匀(当天配制)。

3. 测定步骤

(1)制作校准曲线

① 取6支50mL具塞比色管,编号,分别准确移取0.00mL、0.40mL、0.80mL、1.60mL、3.20mL、6.40mL 1.00μg/mL KCN标准溶液,加水至25mL,混匀。

② 分别加入5mL磷酸盐缓冲溶液(pH=7),混匀。

③ 加入0.5mL氯胺T溶液,混匀。

④ 再加入 5mL 异烟酸-吡唑啉酮溶液，混匀。

⑤ 加水至标线，混匀，在(40±1)℃的水浴中加热 15min，取出，冷却至室温。

⑥ 用 3cm 比色皿，以水调零作参比溶液，于波长 639nm 处测定吸光度值 A_i，须在 1h 内测完。

⑦ 记录数据，以(A_i−A_0)为纵坐标，相应的 CN^- 量(μg)为横坐标，绘制标准曲线，其中未加氰化钾标准溶液的为标准空白值 A_0。

(2)样品测定

① 取 500mL 经固定后的水样于 1000mL 蒸馏瓶中，依次加入 7 滴 2g/L 甲基橙指示液、20mL100g/L 乙酸锌溶液、10mL200g/L 酒石酸溶液，如水样不显红色，则继续加酒石酸溶液直至水样保持红色，再加过量 5mL。

② 放入少许沸石(或几条一端熔封的玻璃毛细管)，立即盖上瓶塞，接好蒸馏装置如图 3-10 所示。

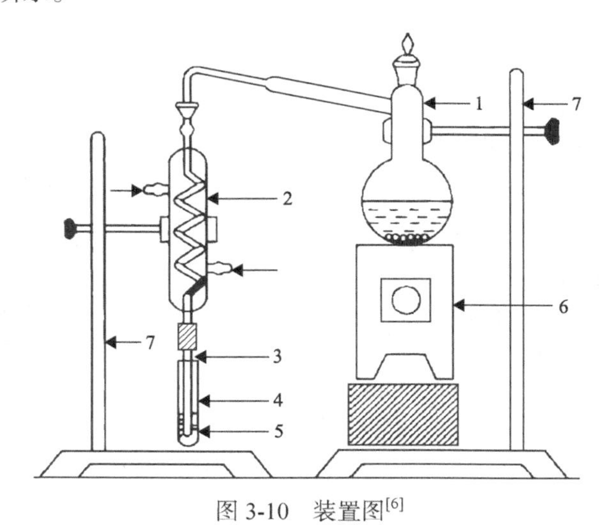

图 3-10　装置图[6]

1:1L 全玻璃磨口蒸馏瓶；2:蛇形冷凝管；3:玻璃管；4:50mL 具塞比色管；5:氢氧化钠吸收液；6:万用电炉；7:铁架台

③ 移取 10mL 0.01g/L 的 NaOH 溶液，置于 50mL 比色管中(吸收液)，并将冷凝管出口浸没于吸收液中；开通冷却水，接通电源进行蒸馏；当馏出液接近 100mL 时，停止蒸馏，取下比色管，将两次馏出液转入 100mL 容量瓶中，定容；加水至标线混匀，此为馏出液 B。

④ 量取 25mL 馏出液(B)置于 50mL 具塞比色管中，按校准曲线步骤操作，加 5mL pH 为 7 的磷酸盐缓冲溶液等，至测量吸光度 A_w。

⑤ 量取 500mL 纯水，按上述步骤操作，测定分析空白吸光度 A_b。

4. 数据处理及计算

由(A_w-A_b)值从校准曲线中查得相应的CN^-质量(μg)。按式(3-68)计算样品中氰化物的质量浓度：

$$\rho_{CN}=\frac{m_{CN}\times V_1}{V_2\times V}\times 1000 \tag{3-68}$$

式中，ρ_{CN}为水样中氰化物的质量浓度，μg/L；m_{CN}为查校准曲线或由回归方程计算得到氰化物的质量，μg；V_1为馏出液定容后的体积，mL；V_2为用于测定的馏出液体积，mL；V为量取水样的体积，mL。

5. 注意事项

① 本法适用于大洋、近岸、河口及工业排污口水体中氰化物的测定。

② 由于KCN有剧毒，在配制所有的氰化钾溶液过程中，须小心操作，严禁遇酸。接触氰化物时务必小心，要防止喷溅在任何物体上，严禁氰化物与酸接触，不可用嘴直接吸取氰化物溶液；若操作者手上有破伤或溃烂，必须带上胶手套保护。

③ 在水样中加NaOH固体，直至pH为12.0～12.5时，应储存于棕色玻璃瓶中。因氰化物不稳定，水样加碱固定后，也应尽快测量。

④ 水样进行蒸馏时应防止倒吸，发现倒吸较严重时，可轻轻敲一下蒸馏器。

⑤ 须经常检查氯胺T是否失效，检查方法如下：量取一定体积配成的氯胺T，加入邻甲联苯胺，若呈血红色，则说明游离氯(Cl_2)含量充足；如呈淡黄色，则表明游离氯(Cl_2)不足，应重新配制。

⑥ 含有KCN的废液应收集在装有适量$Na_2S_2O_3$和$FeSO_4$的废液瓶中，稀释后妥善处理。

⑦ 50mL比色管和1000mL蒸馏器使用完毕后，应浸泡在稀HNO_3中，再进行后续清洗。

⑧ 干扰因素的消除：

i. 氧化剂的消除：在水样的保存和处理期间，环境中的氧化剂能破坏大部分氰化物。可进行如下处理：点一滴水样于稀HCl溶液浸过的淀粉-碘化钾试纸上，如出现蓝色斑点，可在水样中加一定量的$Na_2S_2O_3$晶体，搅拌均匀，重复试验，直至无蓝色斑点出现，然后每升水样加0.1g过量的$Na_2S_2O_3$晶体。

ii. 硫化物的消除：硫化物能迅速地将CN^-转化成SCN^-，尤其是在较强碱性的情况下，并且能随氰化物一起蒸出，对比色、滴定和电极法均产生干扰。处理方法为：点1滴水样于预先用乙酸盐缓冲液(pH=4)浸过的乙酸铅试纸上，如试纸变黑，表明有硫离子(S^{2-})，可加乙酸铅或柠檬酸铋除去。重复这一操作，直至乙酸铅试纸不再变黑。

iii. 碳酸盐的消除：若有高浓度的碳酸盐存在时，在加酸时，可释放出较多的 CO_2 气体，影响蒸馏，CO_2 消耗吸收剂中的 NaOH。当采集的水样含有较高浓度碳酸盐时(例如炼焦废水等)，可使用热石灰[Ca(OH)$_2$]使 pH 提高至 12.0～12.5，待生成沉淀后，量取上清液测定，来消除碳酸盐[6,12,35]。

3.14.8.2 吡啶-巴比妥酸分光光度法测定海水中氰化物

1. 测定原理

蒸馏出的氯化物在弱酸性(pH 为 4.5)条件下，与氯胺 T 反应生成氯化氰，后者使吡啶开环，生成戊烯二醛，再与巴比妥酸反应，产生红-蓝色染料，在波长 579nm 处，测量吸光度，从而测定氰化物含量[6,12]。

2. 仪器和试剂

1) 仪器

① 分光光度计、高温炉、全玻璃磨口蒸馏器(1000mL)、电炉，及一般实验室常备仪器和设备。

② 玻璃器皿：棕色酸式滴定管(25mL)、棕色试剂瓶(500mL)、比色皿(3cm)、容量瓶(100mL，500mL)。

2) 试剂及其配制

(1) 试剂级别

沸石、丙酮(分析纯)、无水乙醇(分析纯)。除非特殊说明，其他试剂均为分析纯或优级纯，所用水为超纯水或去离子水。

(2) 试剂的配制及标定

以下试剂除非另作说明，配制及标定方法均与 3.14.8.1 节中异烟酸-吡唑啉酮光度法测定海水中氰化物的相同。包括：0.0192mol/L 氯化钠标准溶液、硝酸银标准溶液、氢氧化钠溶液(2g/L)、氢氧化钠溶液(0.1g/L)、对二甲氨基亚苄基罗丹宁(试银灵)-丙酮溶液、氯胺 T 溶液(10g/L)、乙酸锌溶液(100g/L)、酒石酸溶液(200g/L)、氰化钾标准储备溶液、氰化钾标准中间溶液(10.0μg/mL)、氰化钾标准溶液(1.00μg/mL)、铬酸钾指示液(50g/L)、甲基橙指示液(2g/L)。

(3) 吡啶-巴比妥酸溶液的配制

称取 6g 巴比妥酸于 100mL 容量瓶中，加入 30mL 吡啶、6mL 浓 HCl 溶液，剧烈振荡至固体消失。如不溶解，可置于 45℃水浴中加热，直至溶解。加水至标线，置于冰箱中保存，有效期为一周，若溶液出现浑浊，须重新配制。

(4) 磷酸二氢钾缓冲溶液(1.0mol/L)的配制

称取 136g 磷酸二氢钾(KH_2PO_4)溶于水中，并定容至 1000mL(pH 为 4.4～4.7)，盛于棕色试剂瓶中。

3. 测定步骤

(1)制作校准曲线

①取6个50mL具塞比色管,编号,分别移取0mL、0.20mL、0.40mL、0.80mL、1.60mL、3.20mL 1.00μg/mL的氰化钾标准溶液，加水至25mL，混匀。

②加入5mL KH_2PO_4缓冲液，混匀；加入0.7mL 10g/L氯胺T溶液，混匀；加入5mL吡啶-巴比妥酸溶液，混匀；加入1mL无水乙醇，加水稀释至50mL刻度，混匀。静置8min，测定须在1h内完成。

③用2cm比色皿，以水为参比调零点A_0，于波长579nm处测吸光度A_i。

④以吸光度(A_i-A_0)为纵坐标，相应的CN^-质量(μg)为横坐标，绘制校准曲线。

(2)样品测定

①量取500mL经固定混匀的水样于1000mL蒸馏器中，依次加入7滴2g/L甲基橙指示液、20mL 100g/L乙酸锌溶液、10mL 200g/L酒石酸溶液。若水样不呈红色,则要继续添加10mL 200g/L酒石酸溶液。直至水样保持红色,再加过量5mL酒石酸溶液。

②放入十几颗沸石(或几条一端熔封的玻璃毛细管)，立即盖上瓶塞，接好蒸馏装置。

③量取10mL 0.01g /L NaOH溶液，置于100mL容量瓶中，用作吸收液，并将冷凝管出口浸没于吸收液中。

④开通冷却水，接通电源进行蒸馏，当蒸馏液的体积接近100mL时，停止蒸馏，取下容量瓶并加水至标线，混匀。此液为馏出液D。

⑤移取25mL馏出液D于比色管中，按制作校准曲线的操作步骤，加入5mL的KH_2PO_4缓冲液，测量吸光度A_w。

⑥量取500mL纯水，按上述制作校准曲线的操作步骤，测量分析空白吸光度A_b。

⑦记录数据，以(A_i-A_0)为纵坐标，相应的CN^-质量(μg)为横坐标，绘制校准曲线，其中未加氰化钾标准溶液的为标准空白吸光度值A_0。

4. 数据处理及计算

由(A_w-A_b)值从校准曲线中查得相应的CN^-质量(μg)。按式(3-69)计算样品中氰化物的质量浓度：

$$\rho_{CN}=\frac{m_{CN}\times V_1}{V_2\times V}\times 1000 \tag{3-69}$$

式中，ρ_{CN}为水样中氰化物的质量浓度，μg/L；m_{CN}为查标准曲线或由回归方程计算得到的氰化物质量，μg；V_1 为馏出液定容的体积，mL；V_2 为用于测定馏出液体积，mL；V 为量取水样的体积，mL。

5. 注意事项

① 干扰测定的因素主要有：氧化剂、硫化物、高浓度的碳酸盐和糖类等，脂肪酸不干扰本法的测定。

② 其他注意事项及干扰因素的消除见 3.14.8.1 节。

3.15 海水中金属元素及其测定

3.15.1 海水中金属元素的测定及在海洋学上的意义

海洋中金属元素是海洋生态系统的重要组成部分，主要包括钾、钠、钙、镁、铁、铝、铜、锌、镉、铬、铅、汞、锰、锡等元素。其中，钾、钠、钙、镁及相应的盐化合物，是海水化学资源利用中的几项主要产品。海水中的重金属(一般是指密度大于 4.0g/L 的金属元素)，例如铜、铅、锌、镉、汞、铬、锡等，这些金属大多具有较强的地球化学活性和生物活性，是海洋化学研究的热点之一。海洋中的重金属元素也具有“两性”：一方面它们是生物体生长发育所必需的元素，如作为催化剂可激发或增强生物体中酶的活性；另一方面，这些必需元素一旦过量会对生物体产生毒性效应。可以说，海洋金属几乎参与了海洋生命的方方面面，有些是细胞和蛋白质的组成元素，有些是生化反应的催化剂，有些具有毒性作用，会抑制生物生长，而这些作用不仅与金属的含量或存在形态有密切的关系，并且海洋金属元素的形态变化会影响其在海洋中的化学行为和生物行为，比如海洋金属的含量或形态变化会影响海洋生物对该金属的吸收、金属对生物的毒性效应以及金属在海水中溶解度的大小等，因此，对海洋尤其是海水中金属元素的含量及形态进行精确分析测定是十分必要的。

钠离子是海水中含量最高的阳离子，也是海水所含盐类的主要成分，在一般海水中无机盐约占 3.5%，而 NaCl 却占有 3.0%(其中钠占 1.1%)。海水中的钠离子是岩石经风化后冲刷流入海洋的，由于钠离子和氯离子的化合物溶解度一般较大，稳定性较高，故海水中它的含量比在陆地岩石圈中要大得多，并且由于其含量高且变化不大，所以各海区海水中钠的含量分布情况及氯的含量分布情况，可以说和总盐量或盐度分布情况基本上一致,互成比例(钠氯比值保持在 0.66 左右)，它们的含量高低主要决定于作为溶剂的水的含量比例，因此海水钠含量及氯度、盐度的大小，受降雨、海水蒸发、大陆径流量、海流的侵入和混合、上下对流、不同地带的冰和融冰等自然过程的影响，但是在沉积物间隙的底质水中，由于沉积物颗粒可以与不同离子发生不同程度的各种物理化学作用，如吸附作用、离子交换作用和其他化学作用，钠离子和氯离子之间的浓度比例以及钠和其他离子的浓度比例关系便会有明显的改变，发生了水的“变质作用”。海水中的钠是化学工业中钠的主要来源，除了氯化钠的是制盐工业的主要产品外，如何进一步从分离食盐后的母液(苦卤)中分离出各种无机盐，也是制盐工业所重视的主要问题。

海水中镁的含量约为 0.13%左右，在阳离子中仅次于钠。在大洋水中镁氯比值为 0.067～0.068，基本上保持常数，但在河水中镁氯比值则大得多，因而在河口海区镁氯比值的变化可用来鉴别水系和研究两水系混合的情况。海水中的镁主要来源于含镁火成岩风化，经过长年的作用与迁移，形成了镁在海洋中的富集。海洋镁存在形式的一个主要特点是大量镁积存于海底沉积物中，而离开了水相，这是由于海水中的镁离子与碳酸钙发生共沉淀，或与沉积物中钙进行交换吸附而造成的。另外，镁也是水生生物有机体的特征要素之一，在海洋动物体中含有相当成分的镁，它参与生物的生命过程，在生物死亡后，其遗体中部分的镁可能被溶解而重新进入水相，但由于海水中镁的含量较高，因而生物活动对于镁的分布并没有显著影响。得益于海水是取之不尽的天然资源，海水中高含量的镁也成为许多滨海国家镁冶金工业的主要提取对象，因此，海水与卤水中镁含量的分析也成为海水综合利用工业中一项必不可少的工作。

海水中钾的含量，约为 0.04%左右，在阳离子中居第四位，仅次于钠、镁和钙，约为钠的 3.6%。海水中钾与钠一样，主要来自岩石风化。由于钾离子比钠离子易被生物吸收，且易被各种矿物质所吸附，因而在河水中钠含量略高于钾含量(约为 4∶1)，而在沉积物中则相反；在外海海水中，钾含量变化不大，为恒量元素之一。钾在动植物体中的含量较高，尤其是贝壳类和海藻体中含量更高，某些海藻含钾量高达 10%～14%(干基)，生物体中的钾大都是从海水中直接摄取的。由于钾与生物生长有较密切的关系，因而在沿岸和河口一些天然水产丰富地带和人工养殖地带进行钾含量分布变化的分析研究，有助于解决一些水产问题[5,36]。

钙离子作为海水中 11 个常量离子之一，浓度仅次于海水中的 Na^{+}、Mg^{2+}两种金属离子，在海洋生物循环及矿物形成过程中发挥重要作用。河水入海夹带着大量的溶解钙盐及固相钙盐，它是海水中钙的主要来源。一般在海洋表层水中钙的含量相对较低，主要原因在于表层水中生物通过摄取钙来进行硬组织的构建；深层海水中，钙的相对含量较表层水要大，一方面源于上层海水含钙物质下沉后的再溶解，另一方面随着海水深度的增加，海水压力的改变可以增加碳酸钙的溶解，进而增加深层水中钙离子的浓度。海水中钙离子与海洋生物圈及碳酸盐体系之间有密切的关系，使得海水中钙离子含量变化较大，并且钙离子也是海水主成分中逗留时间最短的一种阳离子。因此，实现海水中钙离子含量的快速检测，对于监测海洋生态系统平衡具有重要意义[37]。

天然海水中的重金属含量很低，属于微量元素，不会对动植物造成威胁。然而，近年来随着科学技术和经济社会的发展，越来越多的工业废水和生活污水被排入海洋中，这些废水、污水中含有大量的重金属，排入海洋中后被海洋中的浮游生物吸收，进入生物链中，对海洋中的动植物造成了很大的影响，进而影响人类自身的生存。因此，发展对海水体、生物体和沉积物中的铜、铅、锌、镉、铬和汞重金属检测方法的建立、应用及治理技术的研究，具有非常重要的理论及现实意义[38,39]。

早期海水中钠、镁、钙的主要测定方法有重量法、容量法和火焰光度法等；钾的测定方法有铂氯酸钾法、亚硝酸钴钠钾法、亚硝酸钴银钾法、过氯酸钾法、过碘酸钾法、六硝基二苯胺法、四苯硼化钾法、酒石酸氢钾法和火焰光度法等。由于海水样品基体复杂、盐度高、有机物丰富、待测物浓度低，分辨并测定其金属形态较为困难，因而要求分析方法分离效能高、选择性好、灵敏度高。这往往需要对样品进行富集浓缩预处理，并使用适当的高选择性分离技术进行分离，然后用高灵敏度的检测器进行专一性测定。现在多种化学分析技术已用于海水中金属元素的测定，如原子光谱法、分子光谱法、色谱法、质谱法、流动注射分析法等，尤其是对海水中重金属元素的测定，更多利用发展迅速的原子吸收光谱法、原子荧光法、阳极溶出伏安法、催化极谱法、电感耦合等离子体质谱法以及多种检测仪器联用技术等，已在海水金属样品的分析中拥有广阔的前景[5,35,39]。

以下对海水中的钠、钾、钙、镁、汞、铜、铅、锌、镉、铬等分别做简要介绍。

3.15.2 海水中钠的测定

3.15.2.1 乙酸铀酰锌重量法测定海水中的钠

1. 测定原理

将海水中的钠离子沉淀成 $NaZn(UO_2)_3 \cdot (CH_3COO)_9 \cdot 6H_2O$ 络合物盐，由于此盐为难溶物，不溶于过量的试剂及乙醚，且难溶于 95%乙醇中。将此沉淀用玻璃细孔坩埚过滤，再用 95%乙醇溶液及乙醚洗涤，放置干燥后直接称量，计算钠含量[5]。

2. 仪器和试剂

1）仪器

① 电动抽气机器、玻璃坩埚（4#）若干、干燥器、抽滤装置（1 套）。

② 烧杯（25mL）若干、玻璃表面皿及玻璃棒、吸量管（1mL）、量筒（10mL，25mL），及其他一般实验室设备和仪器。

2）试剂及其配制

（1）试剂级别

无水乙醚。除非特殊说明，以下试剂均为分析纯或优级纯，所用水为蒸馏水。

(2) 乙酸铀酰锌溶液的配制

① 称量 80g $(UO_2)_3\cdot(CH_3COO)_2\cdot 2H_2O$（二级纯试剂）溶于 425mL 蒸馏水（预先加入 14mL 冰醋酸）中，加热到 70℃左右，使其全部溶解。

② 称量 220 克 $Zn(CH_3COO)_2\cdot 2H_2O$（二级纯试剂）溶于 275mL 蒸馏水（预先加入 7mL 冰醋酸）中，加热到 70℃左右，使其全部溶解。

③ 趁热将以上两溶液混合，置于暗处 24h；过滤并加入少量 CH_3COONa，使成乙酸铀酰锌钠的饱和溶液，使用前用玻璃坩埚过滤。

(3) 乙醇洗涤液的配制

称取 0.5g 的 $NaZn(UO_2)_3\cdot(CH_3COO)_9\cdot 6H_2O$，与 500mL 95%乙醇一起摇荡配成饱和溶液，使用前用玻璃坩埚过滤出所需的数量。

3. 测定步骤

① 准确量取 0.50mL 水样，置于 25mL 烧杯中（水样在分析天平称准至小数点后第四位）；随后加入 7mL 刚过滤出的乙酸铀酰锌溶液；搅拌 2min，盖上玻璃表面皿，静置 1.5h。

② 再取玻璃坩埚（4#），用无水乙醚洗过，吸干，置于干燥器中，1h 后称量；用此玻璃坩埚过滤上述已陈化的沉淀物；沉淀物过滤后用 10mL 乙醇洗涤液分数次洗涤；再继续用 10mL 无水乙醚分数次洗涤；最后抽滤吸干；将玻璃坩埚外部用绸布擦净，置于干燥器中放置 3.5～4h，然后称量。

4. 数据处理及计算

按照式(3-70)计算钠离子的含量；

$$Na\% = \frac{0.01495 \times Q}{w} \times 100 \tag{3-70}$$

式中，Na%为 1kg 海水中含有 Na^+的质量，g；Q 为沉淀物的质量；w 为称取的水样质量，g。

5. 注意事项

① 沉淀剂乙酸铀酰锌溶液应充分过量，其用量至少为钠盐溶液的 10 倍以上为宜。

② 乙酸铀酰锌钠沉淀的溶解度随温度升高而增大，因此，过夜沉淀陈化时的温度、试剂过滤时的温度和沉淀过滤时的温度应尽量相同（一般在室温 20℃以下）。

③ 由于生成的乙酸铀酰锌钠为晶形沉淀，故开始时搅拌与否，对沉淀的生成影响较大，应均匀搅拌 2min 以上；至于放置更长时间对测定结果并无影响。

④ 必须以沉淀饱和过的乙醇洗涤液洗涤沉淀，水样含钠量较低时，特别应该

注意此操作。

⑤ 若用 3 号玻璃坩埚过滤，应待沉淀下沉后，才进行抽滤。抽滤瓶须加接一橡皮支管，通过调节管径大小以控制抽滤速度，以避免细粒通过。

⑥ 乙酸铀酰价格昂贵，需进行回收，具体方法如下：

i. 将含铀酰盐的滤液与 NaCl 的饱和溶液一起摇荡(每升滤液加 100mL NaCl 溶液)。

ii. 滤出沉淀，与测定钠后的沉淀合并在一起。

iii. 将络合盐溶于水中，用不含 CO_2 的氨及少量 NH_4Cl 沉淀铀离子。

iv. 然后置沸水浴上数小时，将重铀酸铵沉淀用热水浸洗数次。

v. 用玻璃坩埚过滤，用水洗涤数次。

vi. 溶于热的 70%乙酸中，蒸去乙酸后，分出乙酸铀。

vii. 在稀乙酸溶液中进行重结晶，并在空气中干燥。

3.15.2.2　焦锑酸二氢二钾容量法测定海水中的钠

1. 测定原理

利用焦锑酸二氢二钾作为沉淀剂，在弱碱性溶液中沉淀钠离子(Na^+)，然后将所得沉淀过滤、洗涤，溶于盐酸中，再加入碘化钾(KI)，最后用硫代硫酸钠($Na_2S_2O_3$)滴定所析出的游离碘(I_2)，相关化学反应式如下[5]：

$$2NaCl + K_2H_2Sb_2O_7 = Na_2H_2Sb_2O_7\downarrow + 2KCl$$

$$Na_2H_2Sb_2O_7\downarrow + 12HCl + 4KI = 4KCl + 2NaCl + 2SbCl_3 + 2I_2 + 7H_2O$$

$$2Na_2S_2O_3 + I_2 = Na_2S_4O_6 + 2NaI$$

2. 仪器和试剂

1)仪器

① 抽滤瓶及抽滤装置(1 套)、电水浴或电热板、自动滴定管装置，及其他实验室常用设备和仪器。

② 玻璃器皿：滴定管(50mL)、容量瓶(250mL)、移液管(5mL，10mL)、烧杯(100mL，150mL)若干、量筒(25mL)、玻璃坩埚(4#)若干。

2)试剂及其配制

(1)试剂级别

无水乙醇(分析纯)、浓盐酸(ρ=1.19g/mL)、碘化钾(分析纯)。除非特殊说明，实验中所用其他试剂均为分析纯或优级纯，所用水为超纯水或去离子水。

(2)试剂的配制

2%的 8-羟基喹啉的乙醇溶液，10%的氢氧化铵溶液，30%～35%的洗涤用乙醇溶液，均按照要求配制。

(3)焦锑酸二氢二钾沉淀剂溶液的配制

称取 20 克焦锑酸二氢二钾，溶于 1L 热水中，冷却后加入 1g KOH，放置过夜，过滤后使用。

(4)硫代硫酸钠($Na_2S_2O_3$)溶液(0.05mol/L)的配制

称取 12.5g $Na_2S_2O_3$ 固体，溶于 1 升水(最好是刚煮沸过的)中，加入 0.1g Na_2CO_3，盛入洁净的棕色试剂瓶中。若放置一星期后，须用重铬酸钾标定 $Na_2S_2O_3$ 的浓度。

(5)淀粉指示剂的配制

将 1g 可溶性淀粉与 5mg 碘化汞(HgI_2)或氯化锌($ZnCl_2$)，加少量蒸馏水搅匀，倒入 250mL 正在沸腾的水中，继续煮沸 2min，存于棕色试剂瓶中备用。

3. 测定步骤

(1)样品处理

① 准确量取 50.00mL 的海水试样，放入 250mL 容量瓶中，用蒸馏水稀释定容至刻度，摇匀。

② 再准确移取 10.00mL 放入 100mL 烧杯中，加热近沸，加入 3mL 的 8-羟基喹啉的乙醇溶液。

③ 滴加约 0.3mL 10%的 NaOH 至溶液呈碱性，继续保持溶液近沸 1～2min，注意不要因暴沸而溅出。

④ 放置稍冷，过滤，用约 100mL 热水分数次洗涤沉淀及器皿。

(2)样品测定

① 将滤液蒸发至 26mL，继续在电热板或水浴上加热，趁沸加入 25mL 无水乙醇，盖好稍待。

② 趁热逐滴加入 25mL 沉淀剂，并不断搅拌，加完后，继续搅拌 1min，盖好，在室温下放置 2～3h。

③ 调节操作环境温度在 20℃以下，进行过滤，用 40mL 30%～35%的洗涤液分六、七次洗涤沉淀及器皿。

④ 将盛有沉淀的玻璃坩埚放回原烧杯，加 8mL 浓盐酸，待沉淀溶解后，以洗瓶中的蒸馏水冲洗杯壁、玻棒和玻璃坩埚。

⑤ 取出玻璃坩埚，加水使溶液体积为 50mL。

⑥ 加 1g KI，搅匀放置 15min，用 $Na_2S_2O_3$ 溶液滴定至溶液呈稻草黄色；再加入 5mL 淀粉指示剂，再缓缓滴入 $Na_2S_2O_3$ 溶液至蓝色消失为止；由 $Na_2S_2O_3$ 溶液的用量和浓度计算钠离子含量。

4. 数据处理及计算

钠离子含量按式(3-71)计算：

$$Na\% = N_{Na_2S_2O_3} \times V_{Na_2S_2O_3} \times \frac{23.00}{2000 \times 50.00 \times \dfrac{10.00}{250} \times \sigma} \times 100 \qquad (3\text{-}71)$$

式中，Na%为 1000g 海水中含有 Na^+的质量，g；σ 为海水的密度，g/mL；$N_{Na_2S_2O_3}$ 为 $Na_2S_2O_3$ 溶液的浓度，mol/L；$V_{Na_2S_2O_3}$ 为所耗用 $Na_2S_2O_3$ 溶液的体积，mL。

5. 注意事项

① 海水中的 Ca^{2+}及 Mg^{2+}对本实验有干扰，须利用 8-羟基喹啉预先分离。

② 进行沉淀操作时，为了降低焦锑酸二氢二钠在水中的溶解度，须在乙醇溶液中进行沉淀。

③ 当过滤分离 8-羟基喹啉盐沉淀时，一定要充分洗涤沉淀，否则由于沉淀中包藏 Na^+离子，而使结果偏低。

④ 沉淀 Na^+离子时，溶液中的乙醇浓度宜保持在 30%～35%，故须将滤液蒸发至 25mL，加入的乙醇和沉淀剂也各为 25mL。乙醇略有蒸发，不致影响沉淀性质。

⑤ 沉淀时溶液温度较高，加入沉淀剂的速度慢，沉淀的性质较好；但温度高，反应速度慢，导致乙醇易蒸发。综合考虑这些因素，进行沉淀时，应将溶液加热近沸，趁热加入沉淀剂，开始时逐滴慢慢加入，随后可加快，并不断搅拌，直至加完。

⑥ 沉淀剂的用量：一般氯化钠的含量为 0.06g 左右时，加入规定浓度的沉淀剂。

⑦ 沉淀应在室温下放置陈化，若室温较高，例如在 20℃以上时，至少应放置陈化 2～3h。另外，沉淀的溶解度随温度的升高而增大，如果沉淀是在较高室温下放置陈化，过滤前可将沉淀溶液冷却（15℃以下）0.5h。

⑧ 得到的焦锑酸二氢二钠的沉淀必须确保洗涤干净，如洗涤不干净则会导致测定结果偏高；反之，如所用洗涤液太多，则沉淀易溶解而导致结果偏低，故必须控制洗涤次数和每次洗涤液的体积。

⑨ 沉淀溶于浓盐酸后，加水时如有白色浑浊出现，可再加盐酸数毫升，在加入 KI 后，释放出的碘会和过剩的 8-羟基喹啉生成咖啡色沉淀。解决方法是：可在滴定过程中充分搅拌，并放慢滴定速度，仍可得到正确结果[5]。

3.15.3　海水中镁的测定

3.15.3.1　磷酸铵镁重量法测定海水中的镁

1. 测定原理

先将海水试样中的钙进行分离，再将分离后的母液，在过量氨的存在下，以 $(NH_4)_2HPO_4$ 作沉淀剂，使镁离子定量地沉淀为 $MgNH_4PO_4$，为更好地纯化沉淀，重复沉淀一次，然后灼烧至1100℃，使之成为$Mg_2P_2O_7$的称量形式。相关反应式如下[5]：

$$MgCl_2+NH_3+(NH_4)_2HPO_4 = MgNH_4PO_4\downarrow+2NH_4Cl$$

$$2MgNH_4PO_4 \xrightarrow[\text{灼烧}]{1100℃} Mg_2P_2O_7+2NH_3+H_2O$$

2. 仪器和试剂

1)仪器

① 高温马弗炉及电热板各1台、干燥器4个、瓷坩埚(10mL)若干、漏斗若干，及其他实验室常用设备和仪器。

② 烧杯(250mL)若干、玻璃表面皿及玻璃棒若干支、量筒、移液管(25mL)。

2)试剂及其配制

(1) 30% $(NH_4)_2HPO_4$溶液的配制

称取30g的$(NH_4)_2HPO_4$(分析纯)，溶于100mL蒸馏水中，混匀待用。

(2) 氨水(0.91g/mL，分析纯)

用蒸馏水分别稀释为25%和5%的溶液。

(3) 浓盐酸(1.19g/mL，分析纯)

用蒸馏水分别稀释为1∶3及1∶9的溶液。

(4) $(NH_4)_2C_2O_4\cdot H_2O$(分析纯)

用蒸馏水分别稀释为8%及1%的溶液。

(5) 甲基红(分析纯)

用蒸馏水稀释为1%的溶液。

(6) 溴甲酚紫(分析纯)

用蒸馏水稀释为0.5%的溶液。

(7) 试剂级别

除非特殊说明，实验中所用其他试剂均为分析纯或优级纯，所用水为超纯水或去离子水。

3. 测定步骤

(1) 钙离子的分离

① 取25mL海水，加2滴溴甲酚紫指示剂，再加5mL 2mol/L的HCl溶液、10mL 8%草酸铵溶液，于电热板上加热至70～80℃。

② 再缓慢地加入2mol/L的NH_4OH溶液，至指示剂由黄色变为紫色(起初可快些，但最后几滴氨液须缓慢滴加)。

③ 当草酸钙沉淀完全时，放置4h，过滤。

④ 将沉淀用 1%的草酸铵洗涤 3～4 次，滤液收集于烧杯中。

⑤ 另取一烧杯，再以 2mol/L 的 HCl 溶液溶解沉淀，用热水洗涤滤纸及杯壁 2～3 次。

⑥ 依照上述操作步骤重复沉淀一次，但须将草酸铵沉淀剂的用量改为 5mL。

(2) 镁离子的沉淀

① 将分离钙后的两次滤液合并，加入 5mL 1：3 的盐酸溶液，在电热板上加热至 70～80℃，使溶液蒸发至 100～150mL。

② 再加 10mL 30%的 $(NH_4)_2HPO_4$ 溶液，在搅拌下滴入 25%的浓氨水至指示剂由黄色变紫色。

③ 当 $MgNH_4PO_4$ 沉淀完全时，再加入 5mL 过量的浓氨水。

④ 放置 12h，用倾注法过滤，再用 2%～5%的氨水洗涤沉淀 3 次（总体积不超过 100mL），滤液及洗液弃去。

⑤ 用 1：9 盐酸溶液溶解滤纸及烧杯中的沉淀，用少量的蒸馏水洗涤滤纸至不呈酸性（滤纸用数滴氨水润湿，加盖保留可再次使用）。

⑥ 将含 Mg^{2+} 的盐酸溶液加水冲稀至总体积为 100～150mL，加 2 滴甲基红指示剂、5mL 的 $(NH_4)_2HPO_4$ 溶液。

⑦ 按上述方法重复沉淀一次。

⑧ 将沉淀再次过滤及洗涤，最后将沉淀完全转入滤纸上，用稀氨水洗至不含 Cl^- 离子。

⑨ 再将沉淀与滤纸转移至瓷坩埚中（已提前于 1100℃灼烧至恒重），进行灰化。

⑩ 灰化完全后，灼烧至 1100℃约 0.5h。

⑪ 取出置于干燥器中冷却，称量直到恒重。

4. 数据处理及计算

依据式 (3-72) 计算水样中的含镁量：

$$Mg\% = \frac{0.2185 \times W_{沉}}{W_{水样}} \times 100 \tag{3-72}$$

式中，Mg%为每 1kg 海水中含有 Mg^{2+} 的质量，g；$W_{沉}$ 为 $Mg_2P_2O_7$ 的质量，g；$W_{水样}$ 为所称取海水试样的质量。

5. 注意事项

① 处理所取水样时，其 $Mg_2P_2O_7$ 的质量不能超过 0.5g，否则海水中的碱金属离子与 $MgNH_4PO_4$ 的共沉淀现象很严重，会导致测定结果偏高。

② 在分离钙后的母液中，以 1L 母液中草酸铵的存在量不能超过 1g 为标准，否则会影响 Mg^{2+} 的沉淀完全（形成草酸镁络离子），故在取样时要预先估计钙的含

量及应加入草酸铵的量。

③ 沉淀剂$(NH_4)_2HPO_4$的用量要适当，过少可能引起$Mg_3(PO_4)_2$共沉淀，而使测定结果偏低；而过多则可能引起$Mg(H_2PO_4)_2$和磷酸铵的共沉淀而使测定结果偏高。

④ 加入浓氨水时，速度必须缓慢，否则在加入氨水时所生成的$Mg(OH)_2$来不及在NH_4Cl溶液中溶解，而成为杂质混在沉淀中。

⑤ 取分离钙后的母液沉淀Mg^{2+}时，由于分离钙时用溴甲酚紫为指示剂，故$MgNH_4PO_4$沉淀是否完全较难观察，因此这一步操作要特别留意，在沉淀完全时须加入5mL浓氨水，以保证$MgNH_4PO_4$完全沉淀。

⑥ 为了得到纯净的$MgNH_4PO_4$沉淀，必须进行重复沉淀。

⑦ 滤纸烘干后，将沉淀小心倒入坩埚中，滤纸单独灰化；且滤纸灰化必须完全，不能留有黑纸灰；灼烧后的$Mg_2P_2O_7$必须为洁白色，否则用少量水润湿，然后用浓硝酸溶解沉淀，让纸灰浮于表面，小心缓慢蒸干，于小电炉上加热使硝酸镁缓慢分解，切勿引起溅失；再重新进行灼烧。

⑧ 干燥剂必须为新鲜的，坩埚放于干燥器时，必须控制一致，不要超出0.5h，称量时要快速，才能获得较好结果。

⑨ Cl^-的检查方法：取试管一支，加入2mL 0.1mol/L的$AgNO_3$溶液，再滴加HNO_3数滴，摇匀后，滴加0.5～1.0mL的洗涤液或滤液，观察是否产生白色的AgCl沉淀[5]。

3.15.3.2　海水中钙-镁总量络合滴定法测定海水中的镁

1. 测定原理

① 水的硬度主要由于水中含有钙盐和镁盐，其他金属离子如铁、铝、锰、锌等离子也形成硬度，但一般含量甚少，测定工业用水总硬度时可忽略不计。测定水的硬度常采用配位滴定法，用乙二胺四乙酸(EDTA)二钠盐溶液滴定水中Ca、Mg总量，然后换算为相应的硬度单位。

② 含有钙镁盐类的水叫硬水(硬度小于5.6度的一般可称软水)。硬度有暂时硬度和永久硬度之分。凡水中含有钙、镁的酸式碳酸盐，遇热即成碳酸盐沉淀而失去其硬度则为暂时硬度；凡水中含有钙、镁的硫酸盐、氯化物、硝酸盐等所成的硬度称为永久硬度。暂时硬度和永久硬度的总和称为“总硬”。由Mg^{2+}离子形成的硬度称为“镁硬”，由Ca^{2+}离子形成的硬度称为“钙硬”。

③ 按国际标准方法测定水的总硬度：在pH为10的NH_3-NH_4Cl缓冲溶液中，以铬黑T(EBT)为指示剂，用EDTA标准溶液滴定至溶液由酒红色变为纯蓝色即为终点。滴定过程反应如下：

滴定前：$EBT + Mg^{2+} = Mg\text{-}EBT$

　　　　（蓝色）　　（紫红色）

滴定时：$EDTA + Ca^{2+} = Ca\text{-}EDTA$

　　　　　　　　　　（无色）

$EDTA + Mg^{2+} = Mg\text{-}EDTA$

　　　　　　　　　　（无色）

终点时：$EDTA + Mg\text{-}EBT = Mg\text{-}EDTA + EBT$

　　　　（紫红色）　　　　（蓝色）

到达计量点时，呈现指示剂的纯蓝色。

④ 水的硬度表示方法有多种，目前我国采用两种表示方法：一种是以 CaO 的 mmol/L 计，表示 1L 水中所含 CaO 的 mmol 数，其硬度表示为式(3-73)：

$$\frac{c_{\mathrm{EDTA}} \times V_{\mathrm{EDTA}}}{V_{\text{水样}}} \times 1000 = \mathrm{CaO\ mmol/L} \tag{3-73}$$

另一种表示方法是以度(°)计，1 硬度单位表示十万份水中含一份 CaO，1°=10ppm CaO，其硬度表示为式(3-74)：

$$\frac{c_{\mathrm{EDTA}} \times V_{\mathrm{EDTA}} \times \frac{M_{\mathrm{CaO}}}{1000}}{V_{\text{水样}}} \times 10^{6} \times \frac{1}{10} = \frac{c_{\mathrm{EDTA}} \times V_{\mathrm{EDTA}} \times M_{\mathrm{CaO}}}{V_{\text{水样}}} \times 10^{2} = \text{度}(°) \tag{3-74}$$

式中，c_{EDTA} 为 EDTA 标准溶液的浓度，mol/L；V_{EDTA} 为滴定时用去的 EDTA 标准溶液的体积，若为滴定总硬时所用去的，则所得硬度为总硬；若为滴定钙硬时用去的体积，则所得硬度为钙硬；$V_{\text{水样}}$ 为水样的体积，mL。

⑤ 水中钙镁离子含量，可用 EDTA 法测定总硬度，测定时控制溶液的 pH 约为 10，铬黑 T 为指示剂，以 EDTA 标准溶液滴定水中 Ca^{2+}、Mg^{2+}，由 EDTA 浓度和用量，可计算出水的总硬度。钙硬是在溶液 pH≥12 时，以钙指示剂作为指示剂，用 EDTA 标准溶液滴定水中 Ca^{2+}，由 EDTA 浓度和用量，可算出水钙硬，由总硬度减去钙硬即为镁硬。将所测定的钙镁总量减去所测得的钙含量（见 3.15.4.3 节），以求出海水中镁的含量[5,8]。

2. 仪器和试剂

1) 仪器

① 电磁搅拌器(1 套)，及其他实验室常用设备和器皿。

② 滴定管(经校正，25mL)、烧杯(150mL)若干、移液管(经校正，15mL)、量筒(5mL)等。

2) 试剂及其配制

(1) Mg^{2+}或 Cu^{2+}标准溶液的配制

准确称取一定量标准金属镁(或铜)溶于稍微过量的盐酸(或硝酸)，再用蒸馏水稀释定容至一定体积配制而成。

(2) EDTA 二钠盐溶液的配制

称取 18.60 克乙二胺四乙酸二钠盐，溶于 1L 蒸馏水中，用 Mg^{2+}或 Cu^{2+}标准溶液进行标定。

(3) 缓冲溶液的配制

称量 20g 的 NH_4Cl，溶于 500mL 蒸馏水中，加入 100mL25%氨水，稀释至 1L。

(4) 指示剂溶液的配制

称量 0.2g 铬黑 T，溶于 10mL 缓冲溶液中，用三乙醇胺稀释至 100mL，此指示剂溶液可稳定三个月。

(5) 试剂级别

除非特殊说明，实验中所用其他试剂均为分析纯或优级纯，所用水为超纯水或去离子水。

3. 测定步骤

(1) EDTA 二钠盐溶液的标定

① 以 Mg^{2+}标准溶液标定：取 26.00mL 的 Mg^{2+}标准溶液，加入 10mL 缓冲溶液及 2 滴铬黑 T 指示剂；以待测的 EDTA 溶液滴定，直至溶液从紫红色变为天蓝色为止；读取滴定管体积(mL)，计算 EDTA 浓度(以 g/L 表示)。

② 以 Cu^{2+}标准溶液标定：取 25.00mL 的 Cu^{2+}标准溶液，加入 10mL10%的吡啶溶液及 3 滴 1.0%的邻苯二酚紫指示剂；以待测的 EDTA 溶液滴定，在接近终点时再加 3 滴指示剂，以 EDTA 继续滴定，直至溶液从蓝色变为绿色为止。

(2) 样品测定

① 准确移取 15.00mL 海水试样，并准确称量其质量。

② 加入 5mL NH_4OH- NH_4Cl 缓冲溶液，加 2 滴铬黑 T 指示剂。

③ 以 EDTA 标准溶液滴定至溶液由红变为纯蓝色，即为滴定终点。

④ 读取滴定管体积(mL)，计算钙镁总量。

4. 数据处理及计算

利用式(3-75)及式(3-76)计算镁含量：

$$(\mathrm{Ca+Mg})‰ = V_{\mathrm{EDTA}} \cdot c_{\mathrm{EDTA}} \cdot \frac{M_{\mathrm{Mg}}}{100W} \tag{3-75}$$

$$\mathrm{Mg}‰ = (\mathrm{Ca+Mg})‰ - \mathrm{Ca}‰ \times \frac{24.32}{40.08} \tag{3-76}$$

式中，V_{EDTA}为 15mL 海水试样消耗的 EDTA 体积，mL；c_{EDTA}为 EDTA 的浓度，g/L；M_{Mg}为镁的原子量，即 24.32；W为 15mL 海水试样的质量。

5. 注意事项

① 若水样中存在 Fe^{3+}、Al^{3+}等其他金属离子时，可用三乙醇胺进行掩蔽，Cu^{2+}、Pb^{2+}、Zn^{2+}等重金属离子可用 Na_2S 或 KCN 掩蔽。

② 在滴定过程中可发现两个突跃，必须滴至第二个突跃(即纯蓝色)才是真正的终点。

3.15.4　海水中钙的测定

3.15.4.1　草酸盐重量法测定海水中的钙

1. 测定原理

在酸化的海水中，加入过量、定量的草酸铵沉淀剂，然后滴加氢氧化铵溶液，慢慢降低溶液的酸度，当 pH 到达 4.8～5.2 时，即形成草酸钙沉淀，反应如下：

$$Ca^{2+} + C_2O_4^{2-} = CaC_2O_4 \downarrow$$

为避免 Mg^{2+}、Na^{+}等离子的共沉淀干扰，将沉淀用酸溶解，重复一次沉淀，最后将沉淀于 1000℃左右灼烧成氧化钙的形式称量[5]。

2. 仪器和试剂

1) 仪器

① 小干燥器及小坩埚(15mL)、高温电炉(1200℃)和电热板各 1 台、坩埚夹及石棉板、滤纸(国产中密级别定量滤纸)，及其他实验室常用设备。

② 表面皿(7cm)及玻璃棒若干、烧杯(250mL)若干、移液管(100mL)、量筒(20mL，50mL)、长颈漏斗等。

2) 试剂及其配制

(1) 试剂级别

浓 HNO_3 为分析纯。除非特殊说明，实验中所用其他试剂均为分析纯或优级纯，所用水为超纯水或去离子水。

(2) 试剂配制

草酸铵溶液(8%，1%)、盐酸(1∶3)、氢氧化铵(2mol/L)、溴甲酚(红)紫指示剂(0.5%水溶液)、$AgNO_3$ 溶液(0.1mol/L)、CaC_2O_4 饱和的氢氧化铵水溶液(1∶6)(用前须过滤)，均按照要求配制。

3. 测定步骤

① 准确移取 100.00mL 海水试样，放入 250mL 烧杯中，加 20mL1∶3 盐酸酸化，置于电热板上蒸发至原体积的一半。

② 再加40mL 8%草酸铵热溶液，加热至70℃左右，向溶液加一滴溴甲酚(红)紫指示剂，然后在不断搅拌下，用滴管慢慢滴加2mol/L的氢氧化铵溶液，使溶液酸度缓缓地降低，直到溶液由黄色变为微紫色，并过量8滴，再加热10min。

③ 小心将溶液从电热板上移开，静置4h后过滤。

④ 用1%草酸铵溶液洗涤沉淀3～4次，洗涤液留作测定Mg^{2+}或弃去(注意尽量将沉淀留在原烧杯中)。

⑤ 用热的1∶3盐酸将漏斗上的沉淀溶入原烧杯中，加酸使烧杯中的沉淀完全溶解。

⑥ 用少量蒸馏水洗涤漏斗至不呈酸性(洗涤液收入原烧杯)，漏斗用表面皿盖好，留着第二次过滤用。

⑦ 将溶液用蒸馏水稀释或蒸发至40mL左右。

⑧ 加20mL 8%草酸铵的热溶液，重复上述操作步骤进行沉淀。

⑨ 第二次沉淀放置过夜(或至少静置6h)后，用定量滤纸过滤，再用1%草酸铵洗涤液洗涤3～4次，最后用CaC_2O_4饱和过的氢氧化铵水溶液(1∶6)洗至不含Cl^-(见后注意事项中相关内容)。

⑩ 将沉淀转移称至恒重的坩埚中，烘干，灰化后，于1000℃左右灼烧30min；灼烧后的沉淀稍冷后，放入干燥器；放置干燥器的时间必须控制在20～30min内；冷却后称量，再次灼烧至恒重。

4. 数据处理及计算

钙含量按式(3-77)计算：

$$\mathrm{Ca}‰ = \frac{714.7W_{\mathrm{CaO}}}{W_{\mathrm{m}}}‰ \tag{3-77}$$

式中，W_{CaO}为CaO的质量，g；W_{m}为海水样品的质量。

5. 注意事项

① 海水试样必须澄清无悬浮物，否则须预先经过滤后才能移取。

② 蒸发要缓慢进行，以防当盐度高时暴沸而使溶液溅出。

③ 在CaC_2O_4沉淀将析出时，必须非常缓慢地滴加氢氧化铵水溶液。

④ 为提高方法准确度，可将水样移取量改为200mL，相应其他各试剂用量均增加一倍。

⑤ 干燥器的干燥剂必须保持经常更换新鲜。每个坩埚置于干燥器内的时间必须保持一致(时间差不大于5min)；CaO称量时速度要快，并要求称量时保持一致，这样才能尽可能减小操作误差。

⑥ 用1%草酸铵洗涤沉淀时，洗涤次数及用量必须一致，且用量必须控制在

200mL 左右(二次总量)；为减少 CaC_2O_4 沉淀溶解，最后采用 CaC_2O_4 饱和过的氢氧化铵水溶液进行洗涤，但仍必须控制洗涤液的用量(150mL 左右)和次数(6～7 次)。

⑦ 检测溶液中是否含有 Cl^-的方法：取一支试管，加 2mL $AgNO_3$ 溶液(0.1mol/L)及数滴浓 HNO_3，摇匀后，滴加 0.5～1.0mL 洗涤液，检查是否产生白色 AgCl 沉淀。

⑧ 用定量滤纸过滤时，沉淀必须完全转移至滤纸中，烧杯壁必须用小块滤纸擦干净，以免沉淀损失。

⑨ 本重量方法操作过程繁多，最好取已知钙含量的人工海水与未知水样平行测定，以检查操作是否正确[5]。

3.15.4.2　高锰酸钾氧化还原法测定海水中的钙

1. 测定原理

在微酸性溶液中，让外加的草酸盐与海水中的钙离子形成草酸钙沉淀；再将草酸钙溶解，用高锰酸钾标准溶液滴定草酸根离子($C_2O_4^{2-}$)，间接求得海水中的钙含量，相关反应式如下[5]：

$$Ca^{2+} + C_2O_4^{2-} = CaC_2O_4 \downarrow$$

$$CaC_2O_4 \stackrel{H^+}{=\!=} Ca^{2+} + C_2O_4^{2-}$$

$$5C_2O_4^{2-} + 2MnO_4^- + 16H^+ \stackrel{\Delta}{=\!=} 2Mn^{2+} + 10CO_2 \uparrow + 8H_2O$$

2. 仪器和试剂

1) 仪器

① 4 号玻璃坩埚若干、水浴锅与电热板 1 套，及其他实验室常用设备。

② 移液管(50mL)、烧杯(250mL)若干、表面皿(7cm)及玻璃棒若干、三角烧瓶(250mL)若干、长颈漏斗若干、暗色酸式滴定管(50mL)。

2) 试剂及其配制

(1) 试剂级别

除非特殊说明，实验中所用其他试剂均为分析纯或优级纯，所用水为新鲜蒸馏水。

(2) 试剂配制

盐酸(1∶3)、草酸铵溶液(4%，1%，0.1%)、溴甲酚紫指示剂(0.5%)、氢氧化铵(2mol/L，1mol/L)、硫酸(2mol/L)均按照要求配制。

(3) 高锰酸钾标准溶液的配制

称取 4g 高锰酸钾($KMnO_4$)固体，溶于 100～200mL 新鲜蒸馏水中，稀释至 2500mL，盛于棕色瓶中，放置暗处一星期；用4号玻璃坩埚过滤，进行标定。

(4)高锰酸钾标准溶液的标定

准确称量(0.1±0.0001)g 草酸钠($Na_2C_2O_4$)固体，加 20mL 蒸馏水使之溶解，再加 20mL 2mol/L 的 H_2SO_4 溶液，于水浴中加热至 70～80℃，以高锰酸钾溶液标定之，计算其浓度值。

3. 测定步骤

① 准确移取 50.00mL 海水试样并准确称量至小数点以后两位，放于 250mL 烧杯中，用 20mL 的盐酸(1∶3)酸化。

② 再置于电热板上蒸发至 25mL 左右，加 40mL 的 4%草酸铵溶液及一滴溴甲酚紫指示剂，加热至 70～80℃，在不断搅拌下，慢慢滴加 2mol/L 的氢氧化铵溶液，直到溶液由黄色转变为微紫色，再滴加过量3滴。

③ 将溶液从电热板移开，静置 4h 后，用4号玻璃坩埚过滤。

④ 用 1%草酸铵溶液洗涤沉淀 5～6 次，注意尽量将沉淀留在烧杯中。

⑤ 然后用 1∶3 热盐酸溶液将沉淀溶于原烧杯中，用蒸馏水稀释至 40mL 左右。

⑥ 重复上述沉淀操作。

⑦ 第二次沉淀须放置过夜(或至少静置 6h)后进行过滤。

⑧ 将沉淀溶于 2mol/L 的硫酸溶液中，加 40mL 蒸馏水，并置于水浴锅上，加热至 70～80℃左右，再用高锰酸钾标准溶液滴定至出现微红色，如红色褪去，再继续滴定至 1min 内不褪色即为终点。

⑨ 记录滴定体积，平行实验3次。

4. 数据及处理

按式(3-78)计算海水中的钙含量：

$$\text{Ca‰} = \frac{20.04cV}{W_{\text{m}}}\text{‰} \tag{3-78}$$

式中，c、V 分别为高锰酸钾的浓度，mol/L 和滴定所耗体积，mL；W_{m} 为海水样品的质量。

5. 注意事项

① 沉淀过程中应注意的事项请参考 3.15.3.1 节中有关内容。

② 在滴定前应均匀加热溶液，否则温度局部过热会导致草酸根离子($C_2O_4^{2-}$)分解，溶液的温度切勿低于 50℃，终点前最好重新加热。

③ 由于高锰酸钾溶液为非基准物质，在环境中不稳定，故每次测定时均需重新标定。

④ 测定样品时，必须进行空白校准。

3.15.4.3　络合滴定法测定海水中的钙

1. 测定原理

海水中的钙离子和钙试剂络合生成红色的络合物，在溶液 pH 为 12 时，EDTA 能置换钙试剂而生成 Ca^{2+}-EDTA 络合物，使溶液在化学计量点时释放并呈现游离钙试剂的浅蓝色，最后由消耗 EDTA 的体积求得海水中钙的含量[5]。

2. 仪器和试剂

1) 仪器

① 电磁搅拌器 1 套，及其他实验室常用设备。

② 移液管(25mL，5mL)、滴定管(25mL)、量筒(10mL)、烧杯(250mL)若干、微量滴定管(5mL)。

2) 试剂及其配制

(1) 试剂级别

除非特殊说明，实验中所用其他试剂均为分析纯或优级纯，所用水为蒸馏水。

(2) 试剂配制

三乙醇胺溶液(1∶10)、NaOH 溶液(1mol/L)，均按照要求配制。

(3) 标准钙溶液(T_{Ca}=1.000mg/mL)的配制

准确称取 1.2486g 烘干过的 $CaCO_3$，溶于少量盐酸溶液中，用蒸馏水稀释至 500mL。

(4) EDTA 的标准溶液(0.015mol/L)

用标准钙溶液标定其浓度。

(5) 钙试剂溶液(0.5%)的配制

称量 0.20g 钙试剂，溶于 40mL 60%丙酮溶液中，摇匀备用。

3. 测定步骤

① 准确移取 25.00mL 海水试样并准确称量至小数点后两位，放于 250mL 烧杯中，加 2mL 三乙醇胺，搅拌均匀，用蒸馏水稀释至 95mL，混匀。

② 在 25mL 滴定管中添加 EDTA 标准溶液至所需量(可由水样氯度根据钙氯比值换算)的 90%。

③ 再加入 5.0mL1 mol/L 的 NaOH 溶液，边搅拌边加入 10 滴指示剂，继续用 EDTA 标准溶液自微量滴定管滴定至溶液由玫瑰红变至纯蓝色，为滴定终点。

④ 记录两次滴定总体积(5mL)。

⑤ 同法做空白实验。

⑥ 记录滴定体积，平行实验 3 次。

4. 数据及处理

按式(3-79)计算海水中的钙含量：

$$\text{Ca‰} = \frac{(V - V_0)T_{\text{EDTA}}}{W} \times 1000‰ \tag{3-79}$$

式中，W 为海水样品的质量；V 及 V_0 分别为水样和空白实样所耗 EDTA 标准溶液的体积，mL；T_{EDTA} 为 EDTA 标准溶液的滴定度。

5. 注意事项

① 第一次加入 EDTA 标准溶液的量时，可以先滴定一份作为参考，不必从水样的氯度换算。

② 临近滴定终点时，溶液显紫蓝色，而达到终点时呈纯蓝色，注意不能带有紫色，否则会产生滴定误差。

③ 一般情况下，室温放置的指示剂可以稳定 7～10 天。

3.15.5　海水中钾的测定

3.15.5.1　四苯硼化钾重量法及容量法测定海水中的钾

1. 测定原理

四苯硼化钾重量法是基于海水中钾离子在酸性介质中，能与四苯硼化钠生成晶粒大而溶解度极小的四苯硼化钾[$K(C_6H_5)_4B$]沉淀；由于该沉淀的分子量比钾的原子量大 10 倍，而在 105～120℃烘干而不分解，因此可通过该沉淀的称量形式来计算海水试样中钾的含量。

四苯硼化钾容量法是基于四苯硼化钾沉淀易溶于丙酮，而四苯硼化银不溶于丙酮及水中，故采用 Volhard 法来测定溶于丙酮的四苯硼化钾量。通过在水样中加入过量硝酸银标准溶液后，四苯硼化钾成为四苯硼化银而析出；再加入硝基苯使该沉淀转入硝基苯层；以铁铵矾为指示剂，用硫氰酸铵标准溶液滴定水溶液中过量的硝酸银；由硝酸银消耗体积计算四苯硼化钾量，从而得到钾的含量[5]。

2. 仪器和试剂

1) 仪器

① 4 号玻璃坩埚若干、干燥器(1 套)、电动抽气机(1 台)、电磁搅拌器(1 套)恒温器(1 套)。

② 抽滤瓶(250mL)若干、滴定管(经校正，60mL)、烧杯、容量瓶、移液管若干只，及实验室其他常用设备。

2) 试剂及其配制

(1) 试剂级别

丙酮、硝基苯均为分析纯。除非特殊说明，实验中所用其他试剂均为分析纯或优级纯，所用水为超纯水或去离子水。

(2) NH_4SCN 标准溶液(0.05mol/L)的配制

称取 4.6g NH_4SCN 固体，用蒸馏水溶解后，稀释至 1L，保存于试剂瓶中；用 0.05mol/L $AgNO_3$ 标准溶液按 Volhard 法进行标定。

(3) $AgNO_3$ 标准溶液(0.05mol/L)的配制

称取 8.5g 分析纯的 $AgNO_3$ 固体，用少量蒸馏水溶解，转入 1L 容量瓶中，用蒸馏水稀释至刻度，摇匀后倒入棕色试剂瓶中；用 KCl 基准试剂进行标定。

(4) 3%四苯硼化钠溶液的配制

称取 3g 四苯硼化钠及 0.5 克硝酸铝固体，溶于 100mL 蒸馏水中，过滤，保存于试剂瓶中备用。此溶液应于使用前配制。

(5) 洗涤液的配制

在 100mL 蒸馏水中，加入 2mL3%四苯硼化钠溶液及 2mL 1mol/L 乙酸溶液。

(6) 铁铵矾指示剂的配制

称取 10g 铁铵矾固体，溶于 20mL 6mol/L 的 HNO_3 溶液与 80mL 蒸馏水中。

(7) 乙酸溶液(1mol/L)的配制

按照要求配制。

3. 测定步骤

(1) 重量法测定

① 准确称取 50.00g 左右海水试样于 150mL 烧杯中，用 5mL 1mol/L 的乙酸酸化。

② 加热至 40～50℃，缓缓加入 10mL 3%的四苯硼化钠溶液，充分搅拌后，在冷水水浴中冷却至室温。

③ 用预先在 120～130℃烘干至恒重的 4 号玻璃坩埚过滤，再以含四苯硼化钠的洗涤液洗 4 次(每次约 3mL)。

④ 再以蒸馏水洗 3 次(每次约 3mL)。

⑤ 抽干后于 110℃烘干 1h，冷却，称至恒重。

⑥ 记录数据。

(2) 容量法测定

① 取样、沉淀、洗涤及过滤等步骤均与重量法相同。

② 将所得沉淀分数次溶解于 15～20mL 丙酮中，洗涤，并用 250mL 抽滤瓶抽滤。

③ 由滴定管准确加入 20.00mL $AgNO_3$ 标准溶液于丙酮溶液中，用蒸馏水稀释至约 100mL。

④ 再依次加入 10mL 硝基苯及 1mL 铁铵矾指示剂，剧烈摇荡，使生成的四苯

硼化银沉淀转入硝基苯层中，然后以 NH_4SCN 标准溶液滴定至水溶液刚呈微红色，记录滴定管读数。

⑤ 平行 3 次操作，记录数据。

4. 数据处理及计算

① 重量法计算海水中钾含量[式(3-80)]

$$K‰ = \frac{W_K \times 0.1091}{W_M} \times 1000 \tag{3-80}$$

式中，W_K 为四苯硼化钾的质量，g；W_M 为海水的质量，g；0.1091 为钾的换算因数，即：$\frac{K}{[K(C_6H_5)_4B]}$。

② 容量法计算海水中钾含量[式(3-81)]

$$K‰ = \frac{(c_{AgNO_3}V_{AgNO_3} - c_{NH_4SCN}V_{NH_4SCN}) \times 39.10}{W_M} \tag{3-81}$$

式中，c_{AgNO_3}、c_{NH_4SCN} 分别为 $AgNO_3$ 和 NH_4SCN 标准溶液的浓度，mol/L；V_{AgNO_3}、V_{NH_4SCN} 分别为 $AgNO_3$ 和 NH_4SCN 标准溶液滴定所消耗的体积，mL；W_M 为海水的质量，g。

5. 注意事项

① 海水试样必须是澄清无沉淀物，否则需预先过滤。

② 沉淀剂用量不得超过理论值的 1.5～2 倍，否则沉淀易分解，导致测量结果偏低。

③ 温度和酸度过高都会促使四苯硼根水解而产生 $C_6H_5B(OH)_2$ 沉淀，会发生如下反应。

$$[(C_6H_5)_4B]^- + 3H_2O \longrightarrow C_6H_5B(OH)_2\downarrow + 3C_6H_6 + OH^-$$

因而导致测量结果偏高，故沉淀时温度应控制在室温，不得超过 70℃为宜。

④ 用丙酮溶解四苯硼化钾时，丙酮不宜过量太多，否则由于四苯硼化银过量溶于丙酮而引起误差。

⑤ 容量法中，将要到达滴定终点时，加入 NH_4SCN 标准溶液的速度一定要慢，直至溶液呈现淡红色为止。

⑥ 硝基苯有毒，操作时应佩戴橡皮手套及其他防护装备。勿与皮肤直接接触，废液勿倒入水槽，应储存于有塞的废液瓶中，并加以合理回收。

⑦ 其他试剂，如 AgSCN、丙酮以及四苯硼化钠等，也应考虑进行妥善处理及回收[5]。

3.15.5.2 亚硝酸钴钠钾容量法测定海水中的钾

1. 测定原理

亚硝酸钴钠试剂与海水中的钾离子可生成亚硝酸钴钠钾 $K_2NaCo(NO_2)_6 \cdot H_2O$ 的黄色沉淀；在酸性介质中此沉淀与过量的高锰酸钾标准溶液进行反应，然后加入过量的草酸钠标准溶液，与剩余的高锰酸钾作用；剩余的草酸钠再用高锰酸钾标准溶液回滴，从而可得到水样中的钾含量。

相关反应式如下[5]：

$$Na_3Co(NO_2)_6 + 2KCl = K_2NaCo(NO_2)_6\downarrow + 2NaCl$$

$$5K_2NaCo(NO_2)_6 + 11KMnO_4 + 14H_2SO_4 = 21KNO_3 + 5NaNO_3 + 2Co(NO_3)_2 + 3CoSO_4 + 11MnSO_4 + 14H_2O$$

$$2KMnO_4 + 8H_2SO_4 + 5Na_2C_2O_4 = 2MnSO_4 + K_2SO_4 + 5Na_2SO_4 + 10CO_2 + 8H_2O$$

2. 仪器和试剂

1）仪器

① 4 号玻璃坩埚若干、电动抽气机（1 台）、电热板 1 个、电热恒温水浴锅（1 套），及实验室其他常用设备。

② 抽滤瓶（250mL）若干、滴定管（经校正，25mL，50mL）若干、移液管（10.00mL）、烧杯、量筒及容量瓶等若干只。

2）试剂及其配制

（1）试剂级别

除非特殊说明，实验中所用其他试剂均为分析纯或优级纯，所用水为蒸馏水。

（2）草酸钠（$Na_2C_2O_4$）标准溶液（0.1000mol/L）的配制

准确称取 6.7007g 预先在 105～110℃烘干过的基准草酸钠，用少量蒸馏水溶解后，转移至 1L 容量瓶中，用少量蒸馏水稀释至刻度，摇匀备用。

（3）高锰酸钾标准溶液（0.10mol/L）的配制

称取 3.5g 高锰酸钾固体，溶解于少量蒸馏水中（必要时可加热促使溶解），再稀释至 1L，装入棕色试剂瓶中，将玻璃塞塞好，放置暗处 7～10 天。用时用玻璃坩埚过滤，并用 0.1000mol/L 草酸钠标准溶液进行标定。

（4）亚硝酸钴钠沉淀剂的配制

将硝酸钴溶液（60g 硝酸钴溶于 100mL 蒸馏水中）和亚硝酸钠溶液（100g 亚硝酸钠溶于 180mL 蒸馏水中）分别过滤后混合，并加入 60mL 37%的乙酸溶液，放置过夜；试剂储存于带磨口玻璃塞的棕色瓶内，置于暗处，用前过滤。

（5）其他试剂

乙酸（2.5mol/L）、乙酸钠（2mol/L）、硫酸（2mol/L，5mol/L），均按照要求配制。

3. 测定步骤

① 准确称取 50.00g 左右的海水试样，蒸发至 10～15mL。

② 加入 5mL 2.5mol/L 的乙酸，在不断搅拌下均匀加入 15mL 亚硝酸钴钠沉淀剂(需在 3～4min 内加完)，放置 4h 或过夜。

③ 将上层清液转移至另一干净烧杯中。

④ 在余下的沉淀中加入 5mL 2mol/L 的硫酸，加热使沉淀溶解并呈玫瑰色的透明溶液，冷却至室温，再加 6mL 2mol/L 的乙酸钠，调节溶液的 pH 为 5～6。

⑤ 在不断搅拌下，缓慢均匀地加入 15mL 亚硝酸钴钠沉淀剂(需在 3～4min 内加完)，放置过夜。

⑥ 用 10mL(或 15mL)玻璃坩埚先过滤第一次转移出的上层清液，再继续过滤第二次重沉淀的清液和沉淀，用蒸馏水洗至无 Cl^- 为止(一般需用水 90～100mL，每次洗涤用 3～4mL，洗涤水不宜太多，以免造成沉淀显著溶解)。

⑦ 从滴定管准确加入 40.00mL $KMnO_4$ 溶液于 250mL 烧杯中，加 75mL 蒸馏水，置于水浴上加热至 90℃，再加 15mL 5mol/L 的硫酸，立即将沉淀连同玻璃坩埚放入其中，使其卧倒，进行充分搅拌，使沉淀迅速溶解。

⑧ 保持温度在 90℃，放置 5～15min，保证黄色沉淀全部变为棕褐色的 MnO_2 沉淀。

⑨ 此时溶液中尚余过剩的 $KMnO_4$ 溶液，用滴定管准确加入 15.00mL 的草酸钠标准溶液。

⑩ 加热至 70～80℃，待棕褐色的 MnO_2 沉淀完全溶解后，再用 $KMnO_4$ 标准溶液回滴定剩余的草酸钠至溶液呈微红色为止，记录滴定管读数。

⑪ 平行 3 次操作，记录数据。

4. 数据处理及计算

依据式(3-82)计算海水中的钾含量：

$$K‰ = \frac{\left(\dfrac{V_{KMnO_4}}{T} - V_{Na_2C_2O_4}\right) \times c_{Na_2C_2O_4} \times 7.109}{W_M} \tag{3-82}$$

式中，V_{KMnO_4} 及 $V_{Na_2C_2O_4}$ 分别为所消耗 $KMnO_4$ 和 $Na_2C_2O_4$ 标准溶液的体积，mL；$c_{Na_2C_2O_4}$ 为 $Na_2C_2O_4$ 标准溶液的浓度，mol/L；W_M 为海水的质量，g；T(滴定度)为 1mL$Na_2C_2O_4$ 标准溶液相当于 $KMnO_4$ 的质量，g。

5. 注意事项

① 调节溶液 pH 为 5～6 的方法：在 15mL 沉淀溶液中，一般需加入 5mL 2.5mol/L 的乙酸即可。

② 加入沉淀剂的速度必须均匀，在充分搅拌下，15mL 的沉淀剂在 3～4min 内加完为宜。

③ 沉淀洗涤水用量和洗涤次数要严格控制一致，每次洗涤用 3～4mL，洗至无 Cl^-为止(总用水量约 90～100mL)。

④ 必须预先将高锰酸钾溶液在水浴锅中加热至 90℃，然后才可将带有沉淀的玻璃坩埚放入，并保持在此温度下进行氧化。氧化时间不宜过长(6～15min)，使黄色沉淀全部变为棕褐色沉淀即可，否则会析出粗颗粒的二氧化锰(MnO_2)，这些颗粒与草酸钠的反应较缓慢，即使在加热情况下，仍需较长时间才会完全溶解。

⑤ 溶液中过剩的高锰酸钾，最好约为理论值的 130%～150%。

⑥ 每次测定均须做空白试验[5]。

3.15.6 海水中汞的测定

3.15.6.1 二硫腙光度法测定海水中的汞

1. 测定原理

汞在酸性条件下，用高锰酸钾($KMnO_4$)将其氧化成汞离子(Hg^{2+})，再用氯化亚锡($SnCl_2$)将汞离子还原成原子汞蒸气。随载气进入高锰酸钾吸收液中，再以二硫腙-四氯化碳溶液萃取。汞与二硫腙反应生成橙色螯合物，于 485nm 波长处测量吸光度[6]。

2. 仪器和试剂

1) 仪器

① 分光光度计(1 台)、汞蒸气发生瓶(250mL)、活芯气体采样管(包氏吸收管)(10mL)、抽气泵(1 台)、小型振荡器、气体流量计、医用注射器(100mL)、可调温电炉(1000W)，及其他实验室常用设备和器皿。

② 分液漏斗(50mL，250mL，500mL)、具塞比色管(25ml)、短颈平底烧瓶(500mL，24 号标准口)、烧杯、容量瓶等。

2) 试剂及其配制

(1) 试剂级别

硫酸、盐酸、四氯化碳、三氯甲烷、氨水均为分析纯。除非特殊说明，实验中所用其他试剂均为分析纯或优级纯。

(2) 高锰酸钾溶液(50g/L)的配制

称取 5g $KMnO_4$ 溶于去离子水中，并稀释至 100mL，混匀。放于棕色试剂瓶中保存。

(3) 吸收液的配制

分别取 10mL(1∶1)的 H_2SO_4 和 10mL50g/L 的 $KMnO_4$ 溶液混合，加去离子水

稀释至 100mL，混匀。

(4)氯化亚锡溶液的配制

称取 100g 氯化亚锡($SnCl_2·2H_2O$)于烧杯中，加入 500mL(1∶1)的 HCl 溶液，加热至 $SnCl_2$ 完全溶解，冷却后盛于棕色试剂瓶中，置于冰箱中保存。

(5)氨水的提纯(等温扩散法)

分别量取 500mL$NH_3·H_2O$ 和 500mL 去离子水，分别转入烧杯中，置于同一个空干燥器中，加盖，放置两昼夜以上，将吸收提纯后的氨水用 1.0mol/L 的 HCl 溶液标定其浓度，再用去离子水稀释至 1.0mol/L，备用。

(6)盐酸羟胺溶液(100g/L)的配制

称取 10g $NH_2OH·HCl$，加去离子水溶解，并稀释至 100mL，每次用 5mL 二硫腙使用液萃取数次，直至有机相呈绿色为止，弃去有机相，水相盛于试剂瓶中备用。

(7)盐酸羟胺硫酸溶液的配制

将 10mL 100g/L 的 $NH_2OH·HCl$ 溶液和 10mL 1mol/LH_2SO_4 溶液混合所得。

(8)双硫腙-四氯化碳储备溶液的配制

① 称取 100mg 二硫腙，溶于 20mL 三氯甲烷及 80mL 四氯化碳中，滤入 250mL 分液漏斗，加入 100mL(1∶50)$NH_3·H_2O$ 振摇萃取，此时二硫腙生成铵盐进入水相。

② 将下层有机相转入第二个分液漏斗，再加 100mL(1∶50)$NH_3·H_2O$ 振摇萃取 1 次。

③ 弃去有机相，合并水相。

④ 再用四氯化碳洗涤水相 3 次(每次 30mL)，弃去有机相。

⑤ 向水相中滴加(1∶2)HCl 溶液至水溶液呈酸性，此时二硫腙以紫黑色片状结晶析出。

⑥ 继续用 250mL 四氯化碳分 3 次振荡提取，合并有机相，再经塞有脱脂棉的分液漏斗将有机相滤入棕色试剂瓶中(弃去初流液约 5mL)。

⑦ 再加入盐酸羟胺的 H_2SO_4 溶液覆于有机相液面上，置于冰箱中保存备用。

(9)二硫腙使用液的配制

量取 1.00mL 的二硫腙储备溶液于具塞比色管中，稀释至一定体积(V_3，通常为 10mL)，以四氯化碳为参比液调零点，在 500nm 波长处，用 1cm 比色皿测其吸光度(A_1)。规定在 500nm 波长处，用 1cm 比色皿，以透光率(T，%)表示二硫腙使用液的浓度。测定汞的参数为：透光率 T=70%，吸光度 A_2=0.15。

按所需使用液的浓度吸光度(A_2)和所需体积(V_2)，据式(3-83)计算出移取储备溶液的体积(V_1，mL)：

$$V_1 = \frac{V_2 \times A_2 \times 1.00}{V_3 \times A_1} \tag{3-83}$$

(10) EDTA 二钠盐溶液(50g/L)的配制

称取 5g 乙二胺四乙酸二钠盐，加去离子水溶解并稀释至 100mL。每次用 5mL 二硫腙使用液提取数次，至有机相为绿色，弃去有机相，水相盛于滴瓶中备用。

(11) 汞标准储备溶液的配制

准确称取 0.1354g 优级纯 $HgCl_2$ 固体，于 100mL 烧杯中；用 1mol/L 的 H_2SO_4 溶液溶解后，全部移入 1000mL 容量瓶中；再用 1mol/L 的 H_2SO_4 溶液稀释至标线，混匀，得到 ρ_{Hg}=100μg/mL 的汞标准储备溶液。

(12) 汞标准溶液的配制

准确移取 1.00mL 100μg/mL 的汞标准储备溶液，于 100mL 容量瓶中，用 1mol/L 的 H_2SO_4 溶液稀释至标线，混匀，得到 ρ_{Hg}=1.00μg/mL 的汞标准溶液。

3. 测定步骤

(1) 制作校准曲线

① 在 6 支具塞比色管中，分别加入 10.0mL 吸收液，再分别加入 0.00mL、0.50mL、1.00mL、2.00mL、3.00mL、4.00mL 汞标准溶液(1.00μg/mL)，用去离子水定容至 20mL。

② 分别滴加盐酸羟胺溶液，振荡至颜色褪尽，开盖放置 30min。

③ 再分别向比色管中加入 5.0mL 二硫腙使用液，剧烈振荡 200 次(过程中开盖放气一次)。

④ 静置至分层，用医用注射器吸去上层水相。

⑤ 再用去离子水洗涤有机相 2～3 次(每次用水约 20mL)，振荡 50 次即可，吸去水相。

⑥ 分别加入 10mL 1.0mol/L $NH_3 \cdot H_2O$ 及 2 滴 50g/L 的 EDTA 二钠盐溶液，振荡 30 次，静置分层，同上法吸去水相。

⑦ 再分别加入 10mL 1.0mol/L $NH_3 \cdot H_2O$，振荡 30 次，移入 50mL 分液漏斗中。

⑧ 将有机相通过塞有脱脂棉的分液漏斗，分别收集滤入干燥的 1cm 比色皿中，以四氯化碳调零，在波长 485nm 处测量吸光度 A_i 和 A_0(标准空白)。

⑨ 以相应的含汞质量(μg)为横坐标，(A_i−A_0)为纵坐标，绘制校准曲线。

(2) 样品测定步骤

① 量取 500mL 海水样品，置于平底烧瓶中，加入 10mL(1∶1)的 H_2SO_4 溶液，2mL 50g/L 的 $KMnO_4$ 溶液混匀。

② 置于电炉上加热升温至 70℃，保持 20min，然后冷却至室温。若实验过程中 $KMnO_4$ 溶液的颜色褪尽，须适量补加 50g/L 的 $KMnO_4$ 溶液至紫红色稳定不变。

③ 向消化完的水样中，滴加 100g/L 盐酸羟胺溶液，使过量的 $KMnO_4$ 溶液的紫红色褪去。

④ 按图 3-11 接入曝气-吸收装置系统。

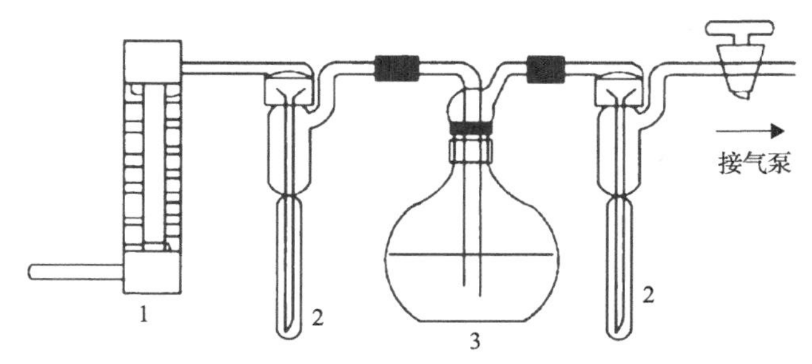

图 3-11　曝气-吸收装置示意图[6]

1:气体流量计；2:活芯气体采样管；3:汞蒸气发生瓶

⑤ 取两个活芯气体采样管(包氏吸收管)，各加入 10.00mL 的吸收液，按曝气-吸收装置示意图将气路系统接好。其中，左边的吸收管是为了除去载气中的汞，不必每次更换。

⑥ 向汞蒸气发生瓶中加入 5mL 的 $SnCl_2$ 溶液，立即塞紧瓶塞，接通抽气泵，以 1500mL/min 的流速曝气 15min。

⑦ 取下右边的吸收管，将吸收液全部移入具塞比色管中。用总量为 10mL 的去离子水分 3 次洗涤吸收管，洗涤液并入比色管中。

⑧ 滴加 100g/L 盐酸羟胺溶液至红色褪尽后，再加入 2 滴(共 7～8 滴)，充分振荡，开盖放置 30min。

⑨ 按校准曲线步骤测量吸光度 A_w。

⑩ 用无汞去离子水代替样品，其操作步骤和条件与水样测定步骤完全相同，测得吸光度 A_b。

⑪ 由测得的吸光度(A_w−A_b)读取数据，查得水样中汞的质量 m。按照式(3-84)计算海水水样中汞的质量浓度：

$$\rho_{Hg} = \frac{m}{V} \times 1000 \tag{3-84}$$

式中，ρ_{Hg} 为水样中汞的质量浓度，μg/L；V 为水样体积，mL；m 为水样中汞的质量，μg。

4. 注意事项

① 本方法适用于近岸排污口、港口及工业排污水域含汞较高的水样，不适用于远海及大洋等低汞海水的测定。方法检出限为 0.4μg/L。

② 实验中所有的玻璃仪器必须用 HNO_3 溶液(1∶9)浸泡，再用去离子水清洗干净备用。

③ 样品中的 Mn^{2+}必须清除干净，否则会影响测定结果。

④ 在制作校准曲线操作中，加入 10mL 1.0mol/L $NH_3·H_2O$ 及 2 滴 50g/L 的 EDTA 二钠盐溶液时，振荡强度不宜过大，并且尽可能保持各管振荡强度与次数相一致。

⑤ 在进行二硫腙使用液配制时，可参考表 3-6 的测量数据。

表 3-6 测量参数[6]

透光率/%	吸光度(*A*)	应用领域
70	0.155	铅、汞
50	0.301	锌、镉
30	0.523	镉
20	0.699	镉
15	0.824	

3.15.6.2 冷原子吸收光谱法测定海水中的汞

1. 测定原理

海水样经硫酸-过硫酸钾消化，在还原剂氯化亚锡的作用下，汞离子被还原为金属汞，采用气-液平衡开路吸气系统，在 253.7nm 波长处测定汞原子的特征吸光度[6]。

2. 仪器和试剂

1)仪器和装置

① 分光光度计，及其他实验室常用设备和器皿。

② 比色皿(1cm)、烧杯(10mL，100mL，500mL)若干、容量瓶(100mL)若干、锥形瓶(250mL)若干、棕色硼硅玻璃试剂瓶(100mL)若干、试剂瓶(100mL，250mL)若干。

③ 测汞装置(图 3-12)。

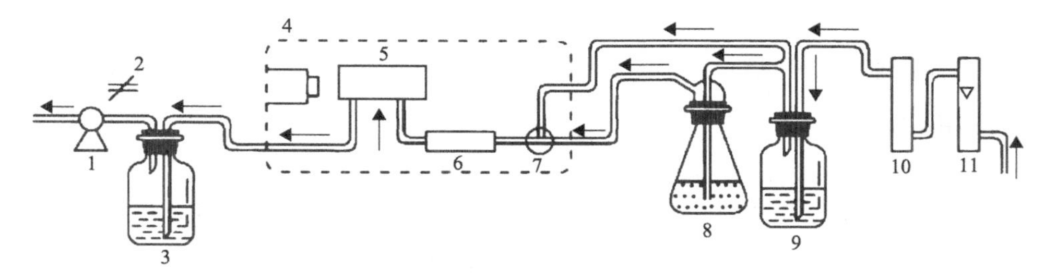

图 3-12 冷原子吸收测汞装置[6]

1:抽水泵；2:空气流量调节阀；3:含汞废气吸收器；4:测汞仪；5:光吸收池；6:干燥管；7:三通阀；8:汞蒸气发生瓶；9:空气净化装置；10:活性炭吸收装置；11:气体流量计

④ 汞蒸气发生瓶：可用 250mL 锥形玻璃洗瓶改制而成，截割去洗瓶通气管下端，恰使管端刚离开待测的液面。

2) 试剂

(1) 试剂级别

过硫酸钾、硝酸、硫酸、盐酸均为分析纯。除非特殊说明，实验中所用其他试剂均为分析纯或优级纯，所用水为去离子水。

(2) 无水氯化钙($CaCl_2$)

用于装填干燥管。

(3) 低汞海水

表层海水经滤纸过滤，汞含量应低于 0.005μg/L。

(4) 盐酸羟胺溶液(100g/L)的配制

称取 25g 盐酸羟胺溶于去离子水中，并稀释至 250mL，备用。

(5) 氯化亚锡溶液(200g/L)的配制

称取 100g 的 $SnCl_2$ 于烧杯中，加入 500mL(1∶1)的 HCl 溶液，加热至 $SnCl_2$ 完全溶解，冷却后盛于试剂瓶中。临用时加等体积水稀释。

(6) 汞标准储备溶液(ρ_{Hg}=1.00mg/mL)的配制

准确称取 0.1354g 预先在 H_2SO_4 干燥器中干燥过的 $HgCl_2$ 于 10mL 烧杯中；用(1∶19)的 HNO_3 溶液溶解，再全部移入 100mL 容量瓶中；继续加(1∶19)HNO_3 溶液稀释至刻度，混匀；盛于棕色硼硅玻璃试剂瓶中，保存期为 1 年。

(7) 汞标准中间溶液(ρ_{Hg}=10.0μg/mL)的配制

准确移取 1.00mL 汞标准储备溶液(1.00mg/mL)于 100mL 容量瓶中，加 HNO_3 溶液稀释至刻度，混匀。此溶液保存期为 1 周。

(8) 汞标准使用溶液(ρ_{Hg}=0.100μg/mL)的配制

准确移取 1.00mL 汞标准中间溶液(10.0μg/mL)于 100mL 容量瓶中，加 0.5mol/L H_2SO_4 溶液稀释至刻度，混匀。此溶液应当日配制。

3. 测定步骤

(1) 制作校准曲线

① 取 6 个汞蒸气发生瓶，分别加入 100mL 低汞海水、2.5mL(1∶1)H_2SO_4 溶液，摇匀。

② 再用 0.20mL 刻度吸管分别移入 0.00mL、0.010mL、0.020mL、0.040mL、0.060mL、0.080mL 的 0.100μg/mL 汞标准溶液，混匀。

③ 将测汞系统上的三通阀 7 转至调零挡，以 1～1.5L/min 流速的空气通过光吸收池。

④ 将汞蒸气发生瓶连接于测汞系统中，加入 2.0mL 200g/L 的 $SnCl_2$ 溶液，塞紧瓶塞，剧烈振摇 1min。

⑤ 调节测汞仪零点，把三通阀转至测定挡，测其吸光度 A_i。

⑥ 测定标准空白吸光度为 A_0 值，以相应的汞质量(μg)为横坐标，吸光度(A_i－A_0)为纵坐标，绘制校准曲线。

(2)海水样品测定步骤

① 量取 100mL 海水样于 250mL 锥形瓶中，加 2.5mL(1∶1)H_2SO_4 溶液、0.25g 的 $K_2S_2O_8$，置于常温下消化 15h 以上，或加热煮沸 1min 后冷却至室温。

② 再滴加 2mL 100g/L 的盐酸羟胺溶液。

③ 将溶液转入汞蒸气发生瓶(注意赶尽氯气!)，其余按照校准曲线第二步骤测量吸光度 A_w。

④ 量取 100mL 无汞纯水，按以上步骤测定分析空白值 A_b。

⑤ 由(A_w−A_b)值查校准曲线得汞质量 m，按二硫腙光度法测定海水中汞的计算公[式(3-84)]，获得海水样中汞的质量浓度。

4. 注意事项

① 本法适用于大洋、近岸及河口区海水中汞的测定。方法测出限为 1.0×10^{-3}μg/L。

② 所用器皿，均须用(1∶3)HNO_3 溶液浸泡一天以上，并检查合格。

③ 试样制备时，水样现场需预处理，加 H_2SO_4 溶液调至 pH＜2、储存于硬质玻璃瓶中保存。

④ 在量取测定水样之前向水样加入的试剂溶液超过 1%体积时。按式(3-85)进行体积校正：

$$V=\frac{V_1\times V_3}{V_1+V_2} \tag{3-85}$$

式中，V 为校正后水样体积，mL；V_1 为原始水样体积，mL；V_2 为加入试剂溶液体积，mL；V_3 为量取测定水样体积，mL。

⑤ 配制氯化亚锡溶液(200g/L)时，汞杂质高时，通入氮气除汞，直至检测不出汞含量。

⑥ 在采海水样品时，也可先按计量加入 2.5mL(1∶1)H_2SO_4 溶液、0.25g 的 $K_2S_2O_8$ 两种消化剂。

⑦ 由于汞离子在蒸馏水中极不稳定，因此，汞的系列标准溶液应配制好后置于过滤的表层海水或 20g/L NaCl 溶液中。

⑧ 氯气影响测定结果，在测定前必须除净消化样品中的氯气，否则结果偏高。

⑨ 用过的汞蒸气发生瓶，须用酸性 $KMnO_4$ 溶液洗涤，再用去离子水洗干净[6]。

3.15.7 海水中铬的测定

3.15.7.1 二苯碳酰二肼光度法测定海水中的铬

1. 测定原理

海水中六价铬在酸性条件下，用亚硫酸钠还原为三价铬，以氢氧化铁共沉淀富集。沉淀物溶于酸中，在一定酸度下，用高锰酸钾将三价铬氧化为六价铬，分离铁后，六价铬离子与二苯氨基脲生成紫红色络合物，于540nm波长处测量吸光度[6]。

2. 仪器和试剂

1)仪器

(1)分光光度计，及其他实验室常用设备和器皿。

(2)比色管(50mL)、比色皿(3cm)、烧杯(10mL，150mL，500mL)若干、滴瓶(25mL)若干、容量瓶(250mL，1000mL)若干、锥形瓶(250mL)若干、棕色玻璃试剂瓶(100mL)若干、分液漏斗(1000mL)若干、移液管(5mL，10mL)若干。

2)试剂及其配制

(1)试剂级别

硫酸、盐酸、氢氧化铵、乙醇均为分析纯。除非特殊说明，实验中所用其他试剂均为分析纯或优级纯，所用水为去离子水。

(2)亚硫酸钠溶液(30g/L)的配制

称取3g Na_2SO_3溶于去离子水，并用去离子水稀释至100mL，混匀。

(3)硫酸铁铵溶液的配制

称取17.2g硫酸铁铵[$NH_4Fe(SO_4)_2 \cdot 12H_2O$]于烧杯中，加5mL 4mol/L的硫酸溶液溶解，再加去离子水稀释至100mL，混匀。

(4)氢氧化钠溶液(400g/L)的配制

称取40g NaOH溶于去离子水中，并稀释至100mL。

(5)高锰酸钾溶液(50g/L)的配制

称取5g $KMnO_4$溶于热水中，并稀释至100mL。

(6)高锰酸钾溶液(10g/L)的配制

量取5mL 50g/L的$KMnO_4$溶液，放于25mL滴瓶中，加20mL去离子水，混匀备用。

(7)二苯氨基脲(二苯碳酰二肼)溶液(2.5g/L)的配制

准确称取0.25g二苯氨基脲，用少量丙酮溶解，再用(1∶1)丙酮溶液稀释至100mL，盛入棕色瓶，置冰箱中保存。

(8)铬标准储备溶液(ρ_{Cr}=0.10mg/mL)的配制

准确称取0.2829g预先在105～110℃烘干2h的$K_2Cr_2O_7$(优级纯)，用少量去离子水溶解，全部移入 1000mL 容量瓶中，加水至标线，混匀。

(9) 铬标准溶液 (ρ_{Cr}=0.10μg/mL) 的配制

准确移取 5.00mL 铬标准储备溶液于 250mL 容量瓶中，用水稀释至标线，混匀。

(10) 低铬海水样品

尽可能采用大洋海水。

3. 测定步骤

(1) 制作校准曲线

① 取 6 个 1000mL 分液漏斗，分别加入 500mL 低铬海水，再分别加入 0.00mL、0.50mL、1.50mL、2.50mL、3.50mL、5.00mL 铬标准溶液。

② 继续分别加入 3mL 30g/L 的 Na_2SO_4 溶液，混匀，再加入 5mL HCl，10min 内依次轮流摇动。

③ 再分别滴加 10g/L 的 $KMnO_4$ 溶液至出现稳定的微红色，加 1 滴 30g/L Na_2SO_3 溶液使红色消失。

④ 继续分别加入 1mL 的 $NH_4Fe(SO_4)_2$ 溶液，混匀。

⑤ 在不断地摇动下，分别加入 5mL 的 NH_4OH 溶液，此时 pH 为 8 左右，剧烈振摇 0.5min，静置至沉淀凝聚于分液漏斗底部。

⑥ 打开分液漏斗活塞，将沉淀全部转移至 6 个 150mL 烧杯中(沉淀物和所带母液的总体积不超过 50mL)，再分别滴加 1mL (1∶1) HCl 的溶液，加热溶液并浓缩至 30mL 左右。

⑦ 然后分别滴加 400g/L 的 NaOH 溶液至刚出现沉淀，滴加 (1∶1) HCl 溶液，使沉淀溶解并调至 pH=1，加 5mL 50g/L 的 $KMnO_4$ 溶液，在电热板沙浴上(90℃左右)加热 15min。

⑧ 再分别滴加 400g/L 的 NaOH 溶液调至 pH 为 8，加 2mL 乙醇，在不断搅拌下煮沸 2min，趁热用中速定量滤纸将试样溶液过滤于 50mL 比色管中，用热水洗涤沉淀和烧杯内壁，洗涤液合并于比色管中。

⑨ 在比色管中滴加 4mol/L 的 H_2SO_4 溶液，使试样溶液呈中性后，再多加 2.5mL。

⑩ 冷却至室温，分别滴加 1mL 2.5g/L 的二苯氨基脲溶液，立即加去离子水稀释至标线并混匀。静置显色 10min。

⑪ 以水为参比，用 3cm 比色皿，于 540nm 波长处测量吸光度 A_0(标准空白)和 A_i，以相应的铬含量(μg)为横坐标，吸光度(A_i–A_0)为纵坐标，绘制校准曲线。

(2) 海水样品分析步骤

① 取 1000mL 待测海水样品，加入 3mL 30g/L 的 Na_2SO_3 溶液，混匀。

② 再加入 5mL HCl 溶液，10min 内依次轮流摇动。

③ 以下按校准曲线中步骤，其中②～⑤步骤中加入 HCl、NH_4OH 的量均为 10mL，测定待测试液的吸光度 A_w。

④ 同时取 50mL 去离子水于 150mL 烧杯中，按试样测定步骤(沉淀后，不需放置和分离)测定分析空白吸光度 A_b。

⑤ 在校准曲线上，以(A_w−A_b)查校准曲线得铬量，海水样中铬浓度的计算参见测定汞的公式。

4. 注意事项

① 本法可用于河口和近岸海水总铬的测定。方法检出限为 0.3μg/L。

② 试样制备时，海水样品应用玻璃或塑料采集器采集，用 0.45μm 滤膜过滤(滤膜预先在 0.5mol/L HCl 中浸 12h，用纯水冲洗至中性，密封待用)，并且加入 H_2SO_4 溶液至 pH 小于 2。可储存于硬质玻璃瓶中，保存温度为 4℃，密封可保存 20 天。

③ 所用器皿先用洗涤剂洗净，再用(1∶3)HNO_3 溶液浸泡 2～3 天，不得使用 $K_2Cr_2O_7$ 洗液，以免沾污带来较大误差。

④ 六价铬与二苯氨基脲生成配合物的稳定性随温度增加而降低，一般应在 2h 内测定完毕；若测定环境温度高于 30℃时，应在 0.5h 内完成测定。

⑤ 二苯氨基脲丙酮溶液变黄或浑浊时，应重新配制。

⑥ 在制作校准曲线第⑦步的氧化过程中，若试样溶液红色消失，应补加 50g/L $KMnO_4$ 溶液保持红色。

⑦ 水样体积的校正，在量取测定水样之前向水样加入的试剂溶液超过 1%体积时，按测定汞的相关公式进行体积校正。

3.15.7.2 石墨炉原子吸收光谱法测定海水中的铬

1. 测定原理

在 pH 为(3.8±0.2)的酸性条件下，低价态铬被高锰酸钾($KMnO_4$)氧化后，与二乙基二硫代氨基甲酸钠(NaDDTC)螯合，利用甲基异丁酮(MIBK)萃取，于铬的特征吸收波长处测定原子吸光度[6]。

2. 仪器和试剂

1) 仪器

(1) 具有石墨炉原子化器的原子吸收光谱仪、配 20μL 进样泵的自动进样器或 20μL 精密微量移液器、水浴锅、电子天平、定性滤纸，及其他实验室常用设备。

(2) 烧杯(150mL，500mL)若干、容量瓶(100mL，500mL)若干、具塞比色管(25mL)若干，及其他实验室常用玻璃仪器。

2）试剂及其配制

（1）试剂级别

甲基异丁酮（MIBK）、邻苯二甲酸氢钾、盐酸、氨水、乙醇、二甲基黄均为分析纯。除非特殊说明，实验中所用其他试剂均为分析纯或优级纯，所用水为去离子水。

（2）缓冲溶液的配制

称取 50.1g 邻苯二甲酸氢钾（优级纯）溶于去离子水中，加入 7mL 1mol/L 的 HCl 溶液，用去离子水稀释至 500mL，最后用 HCl 溶液或 $NH_3 \cdot H_2O$ 溶液调 pH 为（3.8±0.2）。

（3）二乙基二硫代氨基甲酸钠（NaDDTC）溶液（20g/L）的配制

根据当天用量，称取适量 NaDDTC，加去离子水溶为 20g/L 的溶液，临用时现配，用定性滤纸滤去浮沫。

（4）高锰酸钾溶液（10g/L）的配制

称取 1g $KMnO_4$ 固体（优级纯），溶于去离子水并稀释至 100mL。

（5）二甲基黄乙醇溶液（10g/L）的配制

称取 1g 二甲基黄溶于（95∶5）乙醇并稀释至 100mL。

（6）铬标准储备溶液（ρ_{Cr} =1.00mg/mL）的配制

准确称取 0.2829g 的 $K_2Cr_2O_7$ 固体（99.99%）溶于去离子水中，全部转入 100mL 容量瓶，加入 1mL HNO_3 溶液并用水稀释至标线。

（7）铬标准溶液（ρ_{Cr}=20.0μg/mL）的配制

用（1∶99）HNO_3 的溶液逐级稀释铬标准储备溶液。

3. 测定步骤

（1）校准曲线的制作

① 取 6 支 25mL 具塞比色管，分别加入 20.0μg/mL 的铬标准溶液 0.00mL、1.00mL、2.00mL、3.00mL、4.00mL、5.00mL，分别用去离子水稀释至 10mL，获得含铬浓度分别为 0.00μg/mL、2.00μg/mL、4.00μg/mL、6.00μg/mL、8.00μg/mL、10.00μg/mL 的系列标准溶液。

② 再分别各滴加 1 滴二甲基黄指示液（10g/mL），用稀 $NH_3 \cdot H_2O$ 溶液或稀 HCl 溶液调 pH，至溶液呈浅橙色。

③ 继续加 1 滴 $KMnO_4$ 溶液（10g/L），在水浴上控制温度为（70±5）℃，加热 10min，使溶液保持微紫色。

④ 再分别加入 1mL 邻苯二甲酸氢钾缓冲溶液和 1mL NaDDTC 溶液（20g/L），混匀。

⑤ 加 1.50mL MIBK，萃取 2min，静置分层，保留有机相。

⑥ 分别移取一定体积有机相注入石墨炉，按仪器工作条件测量吸光度 A_i 和 A_0。

⑦ 以相应铬的浓度(μg/L)为横坐标，以测得的吸光度(A_i-A_0)为纵坐标，绘制校准曲线。

(2)海水样品测定步骤

① 准确移取 10.00mL 海水样于 25mL 具塞比色管中，加 1 滴二甲基黄指示液，用 $NH_3·H_2O$ 溶液或稀 HCl 溶液调 pH，使溶液呈浅橙色。

② 以下按校准步骤测定试液吸光度 A_w。

③ 在校准曲线上，由(A_w-A_b)值查得海水样中的含铬浓度(μg/L)。

4. 注意事项

① 本方法适合于海水中痕量总铬的测定。方法检出限为 0.4μg/L。

② 当水样中铬的含量很低时，取水样量可增加到 20mL，进入石墨炉的有机相可增加到 50μL。

③ 试样制备：海水样品用玻璃或全塑采水器采集，经 0.45μm 滤膜(预先在 0.5mol/L 的 HCl 溶液中浸泡 12h，用纯水冲洗至中性，密封待用)过滤，再加 H_2SO_4 溶液调至 pH 小于 2。储存于硬质玻璃瓶中密封保存(4℃)，可保存 20 天。

④ 本方法关键是控制 pH 范围，因此在调 pH 时若溶液接近浅橙色时，必须用很稀的(1∶500)$NH_3·H_2O$ 溶液仔细调。

⑤ 海水水样的萃取体积和进样体积应与标准系列分析时完全一致。

⑥ 水样体积的校正。在量取测定水样之前向水样加入的试剂溶液超过 1%体积时，按式(3-58)进行体积校正。

⑦ 不同型号仪器可自选最佳条件。

3.15.8　海水中铜的测定

3.15.8.1　石墨炉原子吸收法测定海水中的铜

1. 测定原理

在 pH 为 5～6 的条件下，水中溶解态铜与吡咯烷二硫代甲酸铵(APDC)及二乙基二硫代氨基甲酸钠(NaDDTC)螯合，用甲基异丁酮(MIBK)萃取分离后，在铜的特征谱线处测量其吸光度值[6]。

2. 仪器和试剂

1)仪器

① 石墨炉原子吸收光谱仪、石英亚沸腾蒸馏器、离心机(2500r/min)、电热板，及其他实验室常用设备。

② 烧杯(25mL，500mL)若干、分液漏斗、容量瓶(100mL)若干、具塞比色管(25mL)若干、定性滤纸，及其他实验室常用玻璃仪器、材料等。

2) 试剂及其配制

(1) 试剂级别

硝酸、盐酸、乙醇、氨水、铜粉、溴甲酚绿等均为分析纯，甲基异丁酮(MIBK)为优级纯。除非特殊说明，实验中所用其他试剂均为分析纯或优级纯，所用水为去离子水。

(2) 乙醇(20∶80)

用去离子水配制，以乙醇与水体积比为20∶80混合配制。

(3) 酒石酸铵溶液的配制

称取46g酒石酸铵，用去离子水溶解并稀释至500mL，用时与配位剂一起提纯。

(4) 环己烷-MIBK 混合液(1∶4)

以环己烷与MIBK体积比为20∶80混合配制。

(5) 吡咯烷二硫代甲酸铵(APDC)-二乙基二硫代氨基甲酸钠(NaDDTC)混合溶液的配制

① 将10g/L的APDC 溶液和10g/L NaDDTC溶液等体积混合，再用定性滤纸过滤。

② 将滤液与酒石酸铵溶液等体积混合后，置于分液漏斗内，加MIBK使水相与MIBK的体积比约为6∶1。

③ 萃取2min，待分层后放出水相，弃去有机相。

④ 再按同样步骤萃取3次。

⑤ 最后，水相用离心机分离至清后待用。当日配制。

(6) 铜标准储备溶液(ρ_{Cu}=1.00mg/mL)的配制

① 准确称取0.1000g铜粉(含量为99.99%)。

② 置于25mL烧杯中，加几滴水湿润；加10mL浓度为(1∶1)HNO_3溶液，于电热板上加热，蒸至近干。

③ 取下稍冷，再加2mL的(1∶1)HNO_3溶液，微热溶解。

④ 取下冷却后，全部转入100mL容量瓶中。

⑤ 加水至标线，混匀备用。

(7) 铜标准溶液(ρ_{Cu}=20.0μg/L)的配制

用(1∶99)HNO_3溶液逐级稀释铜标准储备溶液，配制备用。

(8) 溴甲酚绿指示液(1g/L)的配制

称取0.1g溴甲酚绿溶于100mL(20∶80)乙醇中。

3. 测定步骤

(1) 制作校准曲线

① 取6支25mL的比色管，分别加入0.00mL、1.00mL、2.00mL、3.00mL、

4.00mL、5.00mL 20.0μg/L 的铜标准溶液，用去离子水分别稀释至10mL，得到含铜浓度分别为0.00μg/L、2.00μg/L、4.00μg/L、6.00μg/L、8.00μg/L、10.00μg/L的铜标准溶液。

② 分别加入1滴溴甲酚绿指示液，用1mol/L $NH_3 \cdot H_2O$ 溶液和(1∶10)HCl溶液调节溶液至浅蓝色，溶液pH为(5.5±0.5)。

③ 再分别加2mL配位剂混合液和1.5mL(1∶4)环己烷-MIBK混合液，振荡2min，静置分层。

④ 分别移取20.0μL有机相注入石墨管中，按不同型号仪器选择的最佳工作条件测量吸光度 A_i 和 A_0 值。

⑤ 以相应铜标准溶液的浓度(μg/L)为横坐标，以测得的吸光度(A_i−A_0)值为纵坐标，绘制校准曲线。

(2)海水样品分析步骤

① 准确量取10.0mL的海水样品，置于25mL比色管内。

② 按校准曲线步骤测量吸光度 A_w。

③ 同时准确量取10.0mL纯水与水样同步过滤，加酸固定，测量分析空白值 A_b。

④ 由吸光度(A_w−A_b)的值，从校准曲线上查得所测水样铜的浓度(μg/L)。

4. 注意事项

① 本方法适用于海水中痕量铜的测定。方法检出限为0.2μg/L。

② 若水样含铜量很低时，取样量可增至20mL。石墨炉进样量可增至50μL。

③ 所用器皿、实验环境都必须洁净，防止沾污带来测量误差。

④ 所用甲基异丁酮(MIBK)为优级纯，如果含干扰杂质，用石英亚沸腾蒸馏器蒸馏提纯。

⑤ 所用氨水若纯度不高，则须用等温扩散法提纯，并用1.0mol/L HCl标定其浓度。详见3.15.6.1二硫腙光度法测定海水中汞的相关内容。

⑥ 用1mol/L $NH_3 \cdot H_2O$ 溶液和(1∶10)HCl溶液调节溶液至接近蓝色时，可改用更稀的(1∶100)$NH_3 \cdot H_2O$ 溶液或HCl溶液，仔细调节恰使溶液刚好变浅蓝色，以确保溶液pH在给定的pH范围内。

⑦ 萃取后的有机相若不分离，可稳定一周。

3.15.8.2 原子吸收法测定海水中的铜

1. 测定原理

在pH为5～6的条件下，水中溶解态铜与吡咯烷二硫代甲酸铵(APDC)及二乙基二硫代氨基甲酸钠(NaDDTC)螯合，用甲基异丁酮(MIBK)萃取分离后，在铜的特征谱线处测量其吸光度值[6]。

2. 仪器和试剂

1) 仪器

① 原子吸收光谱仪、空气压缩机、离心机(2500r/min)、电热板，及其他实验室常用设备。

② 烧杯(25mL，250mL)若干、分液漏斗(250mL)若干、容量瓶(100mL)若干、具塞刻度离心管(10mL)若干、定量滤纸，及其他实验室常用玻璃仪器、材料等。

2) 试剂及其配制

(1) 试剂级别

硝酸、盐酸、甲基异丁酮、氨水、酒石酸铵、铜粉、溴甲酚绿等均为分析纯或优级纯。除非特殊说明，实验中所用其他试剂均为分析纯或优级纯，所用水为去离子水。

(2) 氨水(1∶10)

用经等温扩散法提纯后的 $NH_3 \cdot H_2O$ 配制。

(3) 酒石酸铵溶液(1mol/L)的配制

称取 18.4g 酒石酸铵溶于去离子水，并稀释至 100mL，用定量滤纸过滤，储存于试剂瓶中。

(4) 吡咯烷二硫代甲酸铵(APDC)-二乙基二硫代氨基甲酸钠(NaDDTC)混合溶液的配制

将 20g/L APDC 溶液和 20g/L NaDDTC 溶液等体积混合；再用定量滤纸过滤后与 1mol/L 酒石酸铵溶液等体积混合；用 1/6 体积的 MIBK 萃取 2min；弃去有机相，水相待用(当日配制)。

(5) 铜标准储备溶液(ρ_{Cu}=1.00mg/mL)的配制

① 准确称取 0.1000g 铜粉(含量为 99.99%)。

② 置于 25mL 烧杯中，加几滴水湿润，加 10mL 浓度为(1∶1) HNO_3 溶液，于电热板上加热，蒸至近干。

③ 取下稍冷，再加 2mL 的(1∶1) HNO_3 溶液，微热溶解。

④ 取下冷却后，全部转入 100mL 容量瓶中。

⑤ 加水至标线，混匀备用。

(6) 铜标准溶液(ρ_{Cu}=2.00μg/L)的配制

用(1∶99) HNO_3 溶液逐级稀释铜标准储备溶液，配制备用。

(7) 溴甲酚绿指示液(1g/L)的配制

称取 0.1g 溴甲酚绿溶于 100mL(20∶80)乙醇中。

3. 测定步骤

(1) 制作校准曲线

① 在 6 个分液漏斗中，各加入约 50mL 去离子水；再分别准确加入 2.00μg/L

的铜标准溶液 0.00mL、0.40mL、0.80mL、1.20mL、1.60mL、2.00mL；用水稀释至 100mL，混匀。得到含铜浓度分别为 0μg/L、8.00μg/L、16.0μg/L、24.0μg/L、32.0μg/L、40.0μg/L 的铜标准溶液。

② 各加入 2 滴溴甲酚绿指示液，用(1∶10)的 $NH_3 \cdot H_2O$ 溶液和(1∶1)HCl 溶液调节至浅蓝色，pH 为(5.5±0.5)。

③ 再分别加入 10mL 的 APDC-NaDDTC 混合溶液，混匀备用。

④ 继续各加入 4.0mL 甲基异丁酮，振荡萃取 3min，静置分层后，弃去水相。

⑤ 将有机相分别移入 10mL 具塞刻度离心管中，另取 1mL 甲基异丁酮洗涤分液漏斗，并将有机相并入离心管。

⑥ 再加甲基异丁酮将有机相稀释至 5mL；手持振摇 0.5min 后于离心器上离心 1min。

⑦ 将样品放入样品池，用原子吸收法测定吸光度(以 Z-5000 型原子吸收光谱仪为例)，仪器工作条件如表 3-7 所示。

表 3-7 AAS 仪器工作参数[6]

元素	吸收波长/nm	灯电流/mA	狭缝/mm	空气流量/Pa	乙炔流量/Pa	燃烧器位置/mm
Cu	324.8	7.5	1.3	1.58×10^5	2.45×10^4	7.5

⑧ 按选定的仪器工作条件以甲基异丁酮调零，测量吸光度 A_i 和 A_0。

⑨ 以铜的浓度(μg/L)为横坐标，以吸光度(A_i−A_0)为纵坐标，绘制校准曲线。

(2)海水样品分析步骤

① 准确移取 100.00mL 海水样于分液漏斗中，按校准曲线第②步骤之后测定水样的吸光度 A_w。

② 准确量取 100.00mL 与海水样同步过滤、加酸固定的纯水，按同样步骤测定分析空白吸光度 A_b。

③ 由吸光度(A_w−A_b)从校准曲线上查得水样中铜的浓度(μg/L)。

4. 注意事项

① 本方法适用于海水中痕量铜的测定。方法检出限为 1.1μg/L。

② 实验中所用的器皿均先用(1∶1)HNO_3 溶液浸泡 24h 以上，使用前用二次去离子水冲洗干净，备用。

③ 海水样现场预处理：用 0.45μm 纤维滤膜过滤(滤膜预先在 0.5mol/L HCl 中浸 12h，用纯水冲洗至中性，密封待用)，加硝酸调至 pH 小于 2。储存于聚乙烯塑料瓶中，保存时间为 90 天。

④ 水样体积的校正：在量取测定水样之前，向水样加入的试剂溶液若超过 1%体积时，需按 3.15.6.2 冷原子吸收光谱法测定海水中汞的有关公式进行体积校正。

3.15.9 海水中锌的测定

3.15.9.1 二硫腙法测定海水中的锌

1. 测定原理

在 pH 约为 5 的海水中，锌离子和二硫腙反应生成红色螯合物 Zn-$(HD)_2$。经四氯化碳萃取后，于 538nm 波长处测定吸光度值，干扰离子在给定的 pH 下通过加入硫代硫酸钠掩蔽剂予以消除[4,6]。

2. 仪器和试剂

1）仪器

（1）分光光度计、10 孔分液漏斗架，及其他一般实验室常用仪器和设备。

（2）1cm 比色皿若干、烧杯（50mL，500mL）若干、容量瓶（100mL，1000mL）若干、锥形分液漏斗（250mL，500mL）若干、移液管（2mL，5mL）各 2 只、洗瓶、聚乙烯瓶（500mL）若干。

2）试剂及其配制

（1）试剂级别

硝酸、盐酸、氢氧化铵、硫酸、金属锌等均为分析纯。除非特殊说明，实验中所用其他试剂均为分析纯或优级纯，所用水为去离子水。

（2）四氯化碳提纯方法

对新开封的溶剂，以每升溶剂中加 200mL 5g/L 盐酸羟胺溶液的比例，于分液漏斗中振荡洗涤，弃去水相；再用纯水洗涤一次，经干燥过的滤纸过滤即可。

（3）硫代硫酸钠溶液（50g/L）的配制

称取 25g $Na_2S_2O_3 \cdot 5H_2O$（优级纯）于 500mL 烧杯中，加去离子水溶解并稀释至 500mL，储存于试剂瓶中。

（4）二硫腙-四氯化碳储备溶液的配制

见前 3.15.6.1 二硫腙光度法测定海水中汞的相关试剂配制部分内容。

（5）二硫腙-四氯化碳使用溶液的配制

量取 1.00mL 的二硫腙储备溶液于具塞比色管中，稀释至一定体积（V_3，通常为 10mL），以四氯化碳为参比液调零点，在 500nm 波长处，用 1cm 比色皿测其吸光度（A_1）。规定在 500nm 波长处，用 1cm 比色皿，以透光率（T，%）表示二硫腙使用溶液的浓度。测定锌的参数为：透光率 T=50%，吸光度 A_2=0.301。

按所需使用溶液的吸光度（A_2）和所需体积（V_2），按式（3-86）及参考表 3-8 计算出移取储备溶液的体积（V_1，mL）：

$$V_1 = \frac{V_1 \times A_2 \times 1.00}{V_3 \times A_1} \tag{3-86}$$

表 3-8　透光率与吸光度值对照表[6]

透光率/%	吸光度值(A_2)	应用领域
70	0.155	铅、汞
50	0.301	锌、镉
30	0.523	镉
20	0.699	镉
15	0.824	

(6) 乙酸-乙酸钠缓冲溶液的配制

称取 136g 乙酸钠($NaAc·3H_2O$)于 500mL 烧杯中，用 400mL 去离子水溶解；加 60mL 乙酸，混匀；移入 500mL 锥形分液漏斗中，每次用 10mL 二硫腙-四氯化碳使用溶液萃取，直至有机相 CCl_4 保持绿色为止；再加 20mL CCl_4 洗除水溶液中残留的二硫腙；弃去有机相，加水稀释至 500mL；储存于聚乙烯瓶中。

(7) 锌标准储备溶液(ρ_{Zn}=0.10mg/mL)的配制

准确称取 0.1000g 金属锌(99.9%以上)于 50mL 烧杯中，用 10mL 3mol/L H_2SO_4 溶液溶解后，全部转移至 1000mL 容量瓶中，加去离子水至标线，混匀。

(8) 锌标准工作溶液(ρ_{Zn}=1.00μg/mL)的配制

准确移取 1.00mL 锌标准储备溶液于 100mL 容量瓶中，加去离子水至标线，混匀。

3. 测定步骤

(1) 绘制标准曲线

① 取 6 个 250mL 分液漏斗，分别加入 100mL 无锌去离子水；再分别准确移入 0.00mL、1.00mL、2.00mL、3.00mL、4.00mL、5.00mL 的锌标准工作溶液，摇匀。

② 再依次加入 5mL 乙酸-乙酸钠缓冲溶液，摇匀；再分别加入 0.5mL 硫代硫酸钠溶液，混匀。

③ 再各加入 10.0mL 透光率为 50%的二硫腙-四氯化碳使用溶液，强烈振荡 4min，静置分层。

④ 用滤纸[先经过(1∶1) HNO_3 溶液浸泡过夜，再用去离子水洗净并晾干]吸干分液漏斗管颈内水分并塞入滤纸卷，将有机相放入 1cm 比色皿中；以四氯化碳为参比液，于 538nm 波长测定吸光度值 A_i 和 A_0。

⑤ 以相应的锌质量(μg)为横坐标，吸光度值(A_i−A_0)(标准空白)为纵坐标，绘制标准曲线。

(2) 海水样品的测定

① 量取 2 份 100mL 去离子水(分析空白)和 2 份 100mL 海水样，分别移入

250mL 分液漏斗中。

② 按照(1)中②～④步骤测定空白吸光度 A_b。

③ 海水样品测定：于 250mL 分液漏斗中，加入 100mL 海水样品，按照(1)中②～④步骤测定 A_w 值。

4. 数据处理及计算

① 将测得数据记入记录表中，由(A_w–A_b)值从标准曲线查或以线性回归方程计算锌的质量数(μg)，按式(3-87)计算水样中锌的浓度：

$$\rho = \frac{m}{V} \times 1000 \tag{3-87}$$

线性回归法计算：通过绘制工作曲线(A-c)，计算 F 值[式(3-88)]：

$$F = \frac{V_2 - V_1}{A_2 - A_1} \times c_{使} \times \frac{1000}{V_{样}} \tag{3-88}$$

式中，V_1、V_2 分别是所加入标准工作溶液的体积数，mL；A_1、A_2 分别是 V_1、V_2 所对应的吸光度；$c_{使}$ 为使用标准工作溶液的浓度，μmol/mL。

② 样品含量的计算[式(3-89)]

$$c_{样} = F \times A_w \tag{3-89}$$

5. 注意事项

① 本法适用于河口及海水中锌的测定。方法检出限为 1.9μg/L。

② 本实验中玻璃器皿应专用，使用前须用(1∶1)HNO_3 溶液浸泡 24h 以上，浸泡后用去离子水洗净。

③ 对四氯化碳进行提纯时，若为回收的废溶剂或经上述方法处理后仍不合格者，改用如下处理：将溶剂倒入蒸馏瓶至半满，加适量 Na_2SO_3 溶液(100g/L)覆于上层，进行第一次蒸馏，再移入另一清洁的蒸馏瓶中，加入固体 CaO 进行第二次蒸馏，弃去初馏液少许，接取馏液，储存于棕色瓶中。若溶剂为氯仿，可加 1%体积的无水乙醇，增加其稳定性。

④ 配制锌标准工作溶液(ρ_{Zn}=1.00μg/mL)时，注意此溶液使用前配制，当日有效。

⑤ 测量吸光度应在 1h 内完成，萃取液和二硫腙-四氯化碳使用溶液避免阳光直接照射。

⑥ 四氯化碳有毒，操作时要在通风橱内进行或在通风良好的条件下进行。

⑦ 必要时，按测定汞的相关公式进行体积校正。

3.15.9.2 原子吸收光谱法测定海水中的锌

1. 测定原理

在 pH 为 3.5～4.0 的弱酸性条件下，锌离子与吡咯烷二硫代甲酸铵(APDC)及二乙基二硫代氨基甲酸钠(NaDDTC)形成螯合物，经甲基异丁酮(MIBK)萃取富集分离后，有机相中的锌在乙炔-空气火焰中被原子化。在其特征吸收波长处测定原子吸光度[6]。

2. 仪器和试剂

1)仪器

① 原子吸收光谱仪，及其他一般实验室常用仪器和设备。

② 具塞比色管(25mL)若干、烧杯(50mL)若干、容量瓶(200mL)若干、具塞试剂瓶(50mL)若干、洗瓶、定量滤纸。

2)试剂及其配制

(1)试剂级别

硝酸、盐酸、二甲基黄、乙酸铵、甲基异丁酮(MIBK)等均为分析纯，氨水为经等温扩散法提纯所得，金属锌为光谱纯。除非特殊说明，实验中所用其他试剂均为分析纯或优级纯，所用水为去离子水。

(2)二甲基黄指示剂(0.5g/L)的配制

称取 0.05g 二甲基黄溶于 100mL 乙醇溶液中，混匀，过滤后使用。

(3)乙酸铵溶液的配制

量取 57mL 冰醋酸于 200mL 去离子水中，加 3 滴二甲基黄指示剂溶液，用 6mol/L $NH_3·H_2O$ 调节溶液恰呈橙黄色(pH=4)，加去离子水稀释至 1000mL。

(4)配位剂混合溶液的配制

分别称取吡咯烷二硫代甲酸铵(APDC)及二乙基二硫代氨基甲酸钠(NaDDTC)各 0.25g 溶于 50mL 的去离子水中；用定量滤纸过滤后与 50mL 乙酸铵溶液混合；用甲基异丁酮提纯 2 次，每次 10mL；水相盛于试剂瓶中(当日配制)。

(5)锌标准储备溶液(ρ_{Zn}=1.00mg/mL)的配制

准确称取 0.2000g 光谱纯金属锌；用 5mL 6mol/L HNO_3 溶液溶解后，全部移入 200mL 容量瓶中；加去离子水至标线，混匀备用。

(6)锌标准溶液(ρ_{Zn}=2.00μg/mL)的配制

用(1∶99)HCl 溶液逐级稀释锌标准储备溶液可得，可稳定 1 周。

3. 测定步骤

(1)制作校准曲线

① 取 6 个 25mL 的具塞比色管，分别加入 0.00mL、0.20mL、0.40mL、0.60mL、

0.80mL、1.00mL 2.00μg/mL 的锌标准溶液，加去离子水稀释至 20mL，混匀。

② 再各加 1 滴 0.5g/L 二甲基黄指示剂溶液，混匀；用 6mol/L 的 $NH_3 \cdot H_2O$ 调节溶液恰好呈橙黄色（pH=4）。

③ 再各加 2mL 的 APDC-DDTC-乙酸铵配位剂混合溶液，混匀。

④ 继续各加 3.0mL 甲基异丁酮（MIBK），塞紧塞子，强烈振荡萃取 2min，待静置分层。

⑤ 以甲基异丁酮（MIBK）调零，按仪器测定条件测定锌的吸光度 A_i 和 A_0。

⑥ 以相应的锌量（μg）为横坐标，吸光度（A_i−A_0）为纵坐标，绘制校准曲线。

（2）海水样品分析

① 量取 20mL 海水样于 25mL 具塞比色试管中，加 1 滴 0.5g/L 二甲基黄指示剂溶液，混匀。用 6mol/L 的 $NH_3 \cdot H_2O$ 调溶液恰好呈橙黄色（pH=4），按校准曲线步骤测量吸光度 A_w。

② 量取 20mL 去离子水，按同样步骤测定分析空白值 A_b。

③ 由吸光度（A_w−A_b）值，从校准曲线上查得海水样中锌量，海水样中锌浓度的计算参见 3.15.9.1 节中锌的计算公式。

4. 注意事项

① 本方法适合于海水中痕量锌的测定。方法检出限为 3.1μg/L。

② 本法测定所用器皿必须预先用（1∶1）HNO_3 溶液浸泡 12h 以上，再用去离子水洗净。

③ 制备海水试样时，海水样品须用全塑采水器采集，水样应及时经 0.45μm 滤膜过滤，并用 HNO_3 酸化至 pH 为 1～2，储存于聚乙烯瓶中，再以聚乙烯薄膜袋包封水样瓶。

④ 必要时需对水样体积进行校正，在量取测定水样之前向水样加入的试剂溶剂超过 1%体积时，按测汞公式进行体积校正。

3.15.10 海水中镉的测定

3.15.10.1 二硫腙法测定海水中的镉

1. 测定原理

在碱性条件下，镉离子与二硫腙反应，生成红色螯合物，该螯合物可被四氯化碳萃取。萃取液于 518nm 波长处进行吸光度测定[6]。

2. 仪器和试剂

1）仪器

① 分光光度计、10 孔分液漏斗架，及其他一般实验室常用仪器和设备。

② 聚乙烯瓶（500mL）若干、1cm 比色皿若干、烧杯（50mL，500mL）若干、容

量瓶(100mL，1000mL)若干、锥形分液漏斗(50mL，125mL)若干、移液管(2mL，5mL)各2只、洗瓶、聚乙烯瓶、脱脂棉。

2)试剂及其配制

(1)试剂级别

硝酸、盐酸、氢氧化铵、四氯化碳、金属镉等均为分析纯。除非特殊说明，实验中所用其他试剂均为分析纯或优级纯，所用水为去离子水。

(2)氢氧化钠溶液(400g/L)

按照要求配制，储存于聚乙烯瓶中。

(3)酒石酸溶液(20g/L)

按照要求配制。

(4)酒石酸钾钠溶液(250g/L)的配制

称取25g酒石酸钾钠溶于去离子水中，稀释至100mL。

(5)盐酸羟胺溶液(200g/L)的配制

称取20g盐酸羟胺溶于去离子水中，稀释至100mL。

(6)氢氧化钠-氰化钾溶液A的配制

称取40g NaOH和1g KCN溶于去离子水中，稀释至100mL，储存于聚乙烯瓶中。可以稳定1～2月(注意，剧毒!)。

(7)氢氧化钠-氰化钾溶液B的配制

称取40g NaOH和0.05g KCN溶于去离子水中，稀释至100mL，储存于聚乙烯瓶中。可以稳定1～2月(注意，剧毒!)。

(8)镉标准储备溶液(ρ_{Cd}=100μg/mL)的配制

准确称取0.1000g金属镉粉(99.99%)于50mL烧杯中；用25mL 6mol/L HNO_3微热溶解后，全部转入1000mL容量瓶中；用去离子水稀释至标线，混匀；盛于聚乙烯瓶中，置于冰箱保存。

(9)镉标准溶液(ρ_{Cd}=1.00μg/mL)的配制

准确量取1.00mL镉标准储备溶液于100mL容量瓶中，加入1mL HCl溶液，用去离子水稀释至标线，混匀，临用时配制。

(10)二硫腙-四氯化碳储备溶液的配制

见3.15.6.1节中测定海水中的汞相关内容。

(11)二硫腙使用液Ⅰ的配制

选定参数为透光率T=20%，吸光度A=0.699，见3.15.9.1节中测定海水中的锌相关内容。

(12)二硫腙使用液Ⅱ的配制

选定参数为透光率T=50%，吸光度A=0.301，见3.15.9.1节中测定海水中的锌相关内容。

3. 测定步骤

(1) 制作校准曲线

① 取 6 只 125mL 的分液漏斗，各加入 50mL 无镉海水(一般的外海水经陈化两个月即可)；用移液管分别移入 1.00μg/mL 的镉标准溶液 0.00mL、0.50mL、1.00mL、2.00mL、3.00mL、5.00mL，混匀。

② 再各加入 10mL(250g/L)酒石酸钾钠溶液、1mL(200g/L)盐酸羟胺溶液、5mL 氢氧化钠-氰化钾溶液 A，混匀(注意，剧毒!)。

③ 继续各加入 10mL 二硫腙使用液Ⅰ，振荡 2min，此步须快速完成。

④ 将有机相放入已盛有 25mL 20g/L 酒石酸溶液的相应的第二套 50mL 分液漏斗中；再用 2mL CCl_4 洗涤第一套分液漏斗；并入第二套分液漏斗中，重复一次。

⑤ 振荡 2min，静置分层后弃去有机相；再加 5mL CCl_4 洗涤后弃去。

⑥ 在水相中分别加 0.25mL 200g/L 盐酸羟胺溶液、10mL 二硫腙使用液Ⅱ、5mL 氢氧化钠-氰化钾溶液 B；立即振荡 1min，静置分层。

⑦ 在分液漏斗的颈管内塞入脱脂棉。

⑧ 将 CCl_4 层接入干燥的 1cm 比色皿中，弃去初流液数滴。

⑨ 以 CCl_4 为参比液，于 578nm 波长处，测量吸光度 A_i 及标准空白吸光度 A_0。

⑩ 绘制校准曲线。

(2) 海水样品分析

① 取 50mL 海水样，加 0.25mL 盐酸羟胺溶液(200g/L)、10mL 二硫腙使用液Ⅱ、5mL 氢氧化钠-氰化钾溶液 B，以下步骤同校准曲线，测量吸光度 A_w。

② 同时测定分析空白值 A_b。

③ 由(A_w-A_b)值从校准曲线上查得海水样中镉量，海水样中镉浓度的计算参见 3.15.9.1 节中式(3-87)～式(3-89)。

4. 注意事项

① 本法适用于河口及近岸污染较严重区域水中镉的分析，不适用于大洋背景值调查。方法检出限为 3.6μg/L。

② 试样制备时，海水样须用全塑采水器采集，水样应及时经 0.45μm 滤膜(预先在 0.5mol/L HCl 中浸泡 12h，用纯水冲洗至中性，密封待用)过滤，并用 HNO_3 酸化至 pH 为 1～2，储存于聚乙烯瓶中，再以聚乙烯薄膜袋包封样品瓶。

③ 试样中可产生氢氧化物沉淀的金属离子对本法有一定的干扰，增加酒石酸钾钠用量可被消除，当分析过程中出现絮状沉淀时，可以适量增加酒石酸钾钠的用量。

④ 酒石酸钾钠溶液(250g/L)需提纯，提纯方法为：在酒石酸钾钠溶液中滴加 400g/L NaOH 溶液至碱性(pH=9)；每次用约 10mL 的二硫腙使用液Ⅱ，提取数次，

至有机相无明显红色；弃去有机相，于水相中滴加 HCl 至中性；再加四氯化碳(每次 10mL)洗除残余的二硫腙，直至四氯化碳无色为止。储存于试剂瓶中。

⑤ 盐酸羟胺溶液(200g/L)须提纯，提纯方法同酒石酸钾钠溶液。

⑥ KCN 是剧毒试剂，使用时务必十分小心。所有含 KCN 的废液，应加适量 100g/L $Na_2S_2O_3$ 溶液和 300g/L $FeSO_4$ 溶液处理后才能废弃。

⑦ 量取测定水样之前向水样加入的试剂溶液超过 1%体积时，按测汞公式进行体积校正。

3.15.10.2　原子吸收光谱法测定海水中的镉

1. 测定原理

在 pH 为 4～5 的条件下，海水中的镉离子与吡咯烷二硫代甲酸铵(APDC)和二乙基二硫代氨基甲酸钠(NaDDTC)形成螯合物，经甲基异丁酮(MIBK)-环己烷混合溶液萃取分离，用硝酸溶液反萃取，于 228.8nm 波长处测量吸光度[6]。

2. 仪器和试剂

1) 仪器

① 原子吸收光谱仪、分液漏斗架。

② 容量瓶(50mL，100mL，500mL)若干、分液漏斗(50mL，500mL)若干、聚乙烯瓶(10mL)若干、烧杯(50mL，500mL)若干、移液管(2mL，5mL)各 2 只、洗瓶、定量滤纸，及其他一般实验室常用仪器和设备。

2) 试剂及其配制

(1) 试剂级别

硝酸、乙酸、氢氧化铵、金属镉等均为分析纯。除非特殊说明，实验中所用其他试剂均为分析纯或优级纯，实验用水为二次去离子水。

(2) 甲基异丁酮(MIBK)-环己烷混合液的配制

将 240mL MIBK 和 60mL 环己烷混合。

(3) 乙酸铵溶液的配制

量取适量的乙酸并用 6mol/L $NH_3 \cdot H_2O$ 中和至 pH=5。

(4) 吡咯烷二硫代甲酸铵(APDC)-二乙基二硫代氨基甲酸钠(NaDDTC)混合溶液的配制

分别称取 APDC 和 DDTC 各 1g 溶于 50mL 二次去离子水，经定量滤纸过滤，用二次去离子水稀释至 100mL；用 MIBK-环己烷混合液萃取 3 次，每次 10mL；于冰箱中保存，1 周内有效。

(5) 镉标准储备溶液(ρ_{Cd}=1.00mg/mL)的配制

准确称取 0.5000g 金属镉(纯度为 99.99%)，用 5mL(1∶1) HNO_3 加热溶解；

冷却后转入 500mL 容量瓶中，用(1∶99) HNO_3 溶液稀释至标线，混匀备用。

(6) 镉标准溶液(ρ_{Cd}=10.0μg/mL) 的配制

准确移取 1.00mL 镉标准储备溶液于 100mL 容量瓶中，用(1+99) HNO_3 溶液稀释至标线，混匀。

3. 测定步骤

(1) 制作校准曲线

① 在 6 个 50mL 容量瓶中，分别加入 10.0μg/mL 的镉标准溶液 0.00mL、0.20mL、0.50mL、1.00mL、1.50mL、2.00mL。

② 分别用(1∶99) HNO_3 溶液(使用前，加入少量的 MIBK-环己烷混合溶液，振荡 1min，弃去有机相) 稀释至标线，混匀，分别得到系列浓度为 0.00μg/mL、40.0μg/mL、100μg/mL、200μg/mL、300μg/mL、400μg/mL 的镉标准溶液。

③ 按选定的仪器工作条件测定镉的吸光度 A_i 和 A_0 值。

④ 以镉质量浓度(μg/mL) 为横坐标，吸光度(A_i−A_0) 为纵坐标，绘制校准曲线。

(2) 海水样品分析

① 量取 400mL 海水样于 500mL 分液漏斗中，用 6mol/L 的 $NH_3 \cdot H_2O$ 和(1∶99) 的 HNO_3 溶液调 pH 至 4～5；再加入 1.0mL 乙酸铵溶液、2.0mL APDC-DDTC 混合溶液、20mL MIBK-环己烷混合溶液，振荡 2min，静置分层。

② 将下层水相转入另一 50mL 分液漏斗中；加入 0.50mL 的 APDC-DDTC 混合溶液、10mL MIBK-环己烷混合溶液，振荡 2min，静置分层，弃去水相；将第二次萃取液并入第一次萃取的有机相中。

③ 再加入 10mL 二次去离子水洗涤有机相，静置约 5min，仔细弃尽水相。

④ 继续加入 0.40mL HNO_3 溶液，振荡 1min；再加入 9.6mL 二次去离子水，再振荡 1min，静置分层；收集下层 HNO_3 萃取液于 10mL 聚乙烯瓶中(此为反萃取液)。

⑤ 按绘制校准曲线的仪器工作条件测量吸光度 A_w，同时测定分析空白吸光度 A_b。

⑥ 由(A_w−A_b) 查校准曲线得反萃取液中镉离子的浓度 ρ'_{Cd}，参照式(3-90) 计算水样中镉的质量浓度(μg/L)：

$$\rho_{Cd} = \frac{\rho'_{Cd} \times V_2}{V_1} \times 1000 \tag{3-90}$$

式中，ρ_{Cd} 为水样中镉离子的质量浓度，μg/L；ρ'_{Cd} 为反萃取液中镉离子的质量浓度，μg/L；V_2 为反萃取液的体积；V_1 为水样体积，mL。

4. 注意事项

① 本法适用于近海、河口水体中镉的测定。方法检出限为 0.09μg/L。

② 海水试样制备时，须经 0.45μm 滤膜过滤并酸化(pH=2)。

③ 所有的器皿均须用(1∶3) HNO_3 溶液浸泡 24h 以上，使用前用二次去离子水洗净。

④ 所用试剂必须检查纯度后使用，不合要求的试剂应提纯。

⑤ 萃取与反萃取过程中，溶液放出前须用二次去离子水洗净分液漏斗出口管下端的内外壁，避免沾污。

⑥ 用细玻璃棒蘸微量溶液测定其 pH 时，应防止沾污[6]。

3.15.10.3　*石墨炉原子吸收光谱法测定海水中的镉*

1. 测定原理

在 pH 为 4～5 的条件下，海水中的镉离子与吡咯烷二硫代甲酸铵(APDC)和二乙基二硫代氨基甲酸钠(NaDDTC)形成螯合物，经甲基异丁酮(MIBK)-环己烷混合溶液萃取分离，用硝酸溶液反萃取，于 228.8nm 波长处测量吸光度[6]。

2. 仪器和试剂

1) 仪器

① 原子吸收光谱仪(配有氘灯背景校正器和石墨炉)、分液漏斗架。

② 容量瓶(50mL，100mL，500mL)若干、分液漏斗(50mL，500mL)若干、聚乙烯瓶(10mL)若干、烧杯(50mL，500mL)若干、移液管(2mL，5mL)各 2 只、洗瓶、定量滤纸，及其他一般实验室常用仪器和设备。

2) 试剂及其配制

(1) 试剂级别

硝酸、乙酸、金属镉等均为分析纯。除非特殊说明，实验中所用其他试剂均为分析纯或优级纯，实验用水为二次去离子水。

(2) 亚沸水的配制

二次去离子水经石英亚沸蒸馏，流速约为 100mL/h。

(3) 氨水

用等温扩散法提纯所得。

(4) 甲基异丁酮(MIBK)-环己烷混合溶液的配制

将 240mL MIBK 和 60mL 环己烷在锥形分液漏斗中混合；再加 3mL 浓 HNO_3，振荡 0.5min，用水洗涤有机相 2 次，弃去水相；按此重复处理 3 次；最后用二次去离子水洗涤至水相 pH 为 6～7，收集有机相，备用。

(5) 吡咯烷二硫代甲酸铵(APDC)-二乙基二硫代氨基甲酸钠(NaDDTC)混合溶液的配制

分别称取 APDC 和 NaDDTC 各 1.0g 溶于二次去离子水中，经滤纸过滤后稀释至 100mL；用 MIBK-环己烷混合溶液萃取 3 次，每次 10mL；收集的水溶液保存于冰箱中，1 周内使用有效。

(6) 乙酸铵溶液的配制

量取 100mL 乙酸于分液漏斗中，用 6mol/L $NH_3 \cdot H_2O$ 中和至 pH=5；再加 2mL 的 APDC-NaDDTC 溶液、30mL MIBK-环己烷混合溶液，振荡 1min，弃去有机相；重复萃取提纯 3 次，存于试剂瓶中。

(7) 溴甲酚绿指示溶液(1g/L)的配制

称取 0.1g 溴甲酚绿溶于 100mL (2∶8) 乙醇中。

(8) 镉标准储备溶液(ρ_{Cd}=1.00mg/mL)的配制

准确称取 0.5000g 金属镉(纯度为 99.99%)，用 5mL (1∶1) HNO_3 加热溶解；冷却后转入 500mL 容量瓶中，用(1∶99) HNO_3 溶液稀释至标线，混匀备用。

(9) 镉标准溶液(ρ_{Cd}=0.100μg/mL)的配制

用(1∶99)的 HNO_3 逐级稀释镉标准储备溶液所得。

(10) 低镉大洋海水的配制

经 0.45μm 滤膜过滤，用 HNO_3 酸化至 pH=2。

3. 测定步骤

(1) 制作校准曲线

① 于 6 个 500mL 分液漏斗中，分别量取 200mL 经 0.45μm 滤膜过滤的酸化低镉大洋海水或无镉纯水，再分别加入 0.100μg/mL 的镉标准溶液 0μL、25μL、50μL、75μL、100μL、200μL，得到系列浓度分别为 0.0000μg/L、0.0125μg/L、0.0250μg/L、0.0375μg/L、0.0500μg/L、0.1000μg/L 的镉标准溶液。

② 再分别向分液漏斗中加入 1 滴溴甲酚绿指示溶液，用 6mol/L $NH_3 \cdot H_2O$ 调至溶液呈蓝色(pH=5.5)；加 1.0mL pH 为 4～5 的乙酸钠溶液、2mL APDC-DDTC 溶液、15mL MIBK-环己烷混合溶液，振荡 2min，静置分层。

③ 将水相放入另一分液漏斗中，再加 0.5mL APDC-DDTC 溶液、1.0mL MIBK-环己烷混合溶液，振荡 0.5min，分层后弃去水相。

④ 合并有机相，用 5mL 亚沸水洗涤，静置分层，仔细弃尽水相。

⑤ 在有机相中分别加 0.20mL 浓 HNO_3，振荡 1min；继续加 4.80mL 亚沸水，再振荡 1min，静置分层。

⑥ 将 HNO_3 萃取液收集于 10mL 聚乙烯瓶中，移取 20μL HNO_3 萃取液，按选定的仪器工作条件，测定镉的吸光度 A_i 和 A_0(标准空白)。

⑦ 以镉离子浓度(μg/L)为横坐标，吸光度($A_i - A_0$)为纵坐标，绘制校准曲线。

(2) 海水样品分析

① 量取 200mL 经 0.45μm 滤膜过滤并加酸固定的水样于分液漏斗中，按校准曲线步骤操作，量取吸光度 A_w。

② 同时取200mL无镉纯水或低镉海水测定空白吸光度A_b。

③ 由(A_w–A_b)值，查校准曲线得水样中镉离子的质量浓度(μg/L)。

4. 注意事项

① 本法适用于海水中痕量镉的测定。方法检出限为0.01μg/L。

② 所用器皿均用(1∶3)HNO_3浸泡1周以上，使用前用二次去离子水清洗；再用APDC-NaDDTC溶液荡洗，最后再用二次去离子水洗净。

③ 萃取与反萃取过程中，放出溶液前须用亚沸水洗净锥形分液漏斗出口下端的内外管壁，避免沾污。

④ 海水样品须用全塑采水器采集，水样应及时过滤，并用HNO_3酸化至pH为1～2，储存于聚乙烯瓶中，再以聚乙烯薄膜袋包封样品瓶。

3.15.11　海水中铅的测定

3.15.11.1　二硫腙法测定海水中的铅

1. 测定原理

在pH约为9.5的碱性条件下，水样中的铅离子与二硫腙反应，生成红色螯合物，该螯合物可被四氯化碳萃取。萃取液于520nm波长处进行吸光度测定[6]。

2. 仪器和试剂

1)仪器

① 分光光度计、阳离子交换柱、除湿器、10孔分液漏斗架。

② 锥形瓶(250mL)若干、蒸发皿若干、锥形分液漏斗(250mL)若干、容量瓶(250mL,1000mL)若干、移液管(2mL,5mL)各2只、1cm比色皿、聚乙烯瓶(500mL)若干、烧杯(50mL，500mL)若干、棕色试剂瓶(250mL)、空心滤纸卷、洗瓶，及其他一般实验室常用仪器和设备。

2)试剂及其配制

(1)试剂级别

盐酸、四氯化碳、乙醇、硝酸铅[$Pb(NO_3)_2$]等均为分析纯。除非特殊说明，实验中所用其他试剂均为分析纯或优级纯。

(2)无铅水的配制

将普通蒸馏水以流速100～200mL/min流经活化的阳离子交换柱，储存于聚乙烯瓶中。

(3)百里酚蓝指示剂(1g/L)的配制

称取100mg百里酚蓝，溶于100mL乙醇中，储存于棕色滴瓶中。

(4)氨水(1∶1)的配制

量取500mL的$NH_3·H_2O$倒入除湿器中，另取500mL无铅水分别盛于3个蒸发皿中并置于除湿器隔板上，盖严除湿器，进行等温扩散，室温下放置 48h；收集合并蒸发皿中 $NH_3·H_2O$，储存于聚乙烯瓶中。

(5) 氰化钾溶液(100g/L)的配制

称取 10g KCN 溶于去离子水中(预先加少量 $NH_3·H_2O$ 使溶液呈碱性)，并稀释至 100mL，储存于试剂瓶中(注意：氰化钾有剧毒!)。

(6) 盐酸羟胺溶液(100g/L)的配制

称取 10g 盐酸羟胺溶于去离子水中，稀释至 100mL。如需提纯，方法如下：移取适量盐酸羟胺溶液于分液漏斗中，加入 2 滴百里酚蓝指示液，再滴加 $NH_3·H_2O$ 至溶液呈蓝绿色；每次用 10mL 二硫腙使用溶液提取，直至有机相无明显红色；弃去有机相，于水相中滴加(1∶1) HCl 使之呈酸性，再加入 CCl_4(每次 10mL)洗除残余的二硫腙，直至 CCl_4层呈无色为止，将此液储存于棕色试剂瓶中。

(7) 柠檬酸三铵溶液(500g/L)的配制

称取 50g 柠檬酸三铵溶于无铅水中，并用去离子水稀释至 100mL，储存于聚乙烯瓶中。此液需提纯，方法同盐酸羟胺溶液的提纯。

(8) 二硫腙-四氯化碳溶液、二硫腙储备溶液(500mg/L)提纯精制及二硫腙使用溶液(T=70%)的配制

见 3.15.6.1 中测定海水中汞的相关内容。

(9) 铅标准储备溶液(ρ_{Pb}=1.00mg/mL)的配制

准确称取 1.599g $Pb(NO_3)_2$ 固体于烧杯中，用少量无铅水溶解后，移入 1000mL 容量瓶中，加入 10.0mL 浓 HNO_3，再加无铅水稀释至标线，混匀。

(10) 铅标准溶液(ρ_{Pb}=4.00μg/mL)的配制

准确移取 1.00mL 铅标准储备溶液于 250mL 容量瓶中，加无铅水稀释至标线，混匀。须当天配置。

3. 测定步骤

(1) 制作标准曲线

① 在 6 支 250mL 的分液漏斗中，各加入 150mL 无铅水，再分别移入 0.00mL、0.25mL、0.50mL、1.00mL、1.50mL、2.00mL 4.00μg/mL 的铅标准溶液，混匀。

② 分别加入 1.0mL 柠檬酸三铵溶液(500g/L)、1.0mL 盐酸羟胺溶液(100g/L)和 5 滴百里酚蓝指示剂，混匀。

③ 继续分别滴加(1∶1) $NH_3·H_2O$ 至溶液刚好呈蓝绿色为止。

④ 再各加入 1.0mL 100g/L KCN 溶液，混匀。

⑤ 各加入 10.0mL 的二硫腙使用溶液，塞好塞子，振荡 2min，静置分层。

⑥ 将空心滤纸卷[预先经(1∶1) HNO_3 溶液浸泡过夜，再用去离子水洗净，烘干]塞入分液漏斗颈管内，弃去初滤液数滴。

⑦ 将下层萃取液放入 1cm 比色皿中，以 CCl_4 为参比，于 520nm 波长处测量吸光度 A_0(标准空白)和 A_i。

⑧ 以相应的铅的质量(μg)为横坐标，吸光度(A_i-A_0)为纵坐标，绘制标准曲线。

(2)海水样品分析

① 量取 150mL 海水样于 250mL 分液漏斗中，各加入 1.0mL 500g/L 柠檬酸三铵溶液、1.0mL 100g/L 盐酸羟胺溶液和 5 滴百里酚蓝指示剂，混匀。

② 按标准曲线中步骤开始测量吸光度 A_w，同时测定分析空白值 A_b。

③ 由(A_w-A_b)值从标准曲线上查得铅离子的含量，按公式[式(3-84)]计算水样中铅的浓度(μg/L)。

4. 注意事项

① 本法适用于污染严重的河口及近岸水体中铅的测定。方法检出限为 1.4μg/L。

② 本法测定所用玻璃器皿应专用，每次使用前均用(1∶3)HNO_3 浸泡 24h 以上，再用去离子水冲洗干净。

③ 样品中可能存在的干扰因素及其他金属离子，在本法规定的条件下，其影响均可消除。但当大量锡存在时会干扰测定。

④ 无铅水的检验方法：量取约 50mL 水于锥形瓶中，加入 5 滴百里酚蓝指示剂；再滴加(1∶1)$NH_3·H_2O$ 至溶液呈蓝绿色，继续加入 1 滴 100g/L KCN 溶液及 5mL 透光率为 70%的二硫腙使用溶液，振荡 2min；分层后若有机相无明显红色，则表明此水可用，否则必须重新处理。

⑤ KCN 是剧毒试剂，操作务必非常小心，所有含氰化物的废液应加适量的 100g/L $Na_2S_2O_3$ 溶液和 200g/L $FeSO_4$ 溶液处理后方可丢弃。

⑥ 如有需要，按测定汞的公式进行水样体积校正[6]。

3.15.11.2　原子吸收法测定海水中的铅

1. 测定原理

在 pH 为 4～5 条件下，铅离子与吡咯烷二硫代甲酸铵(APDC)和二乙基二硫代氨基甲酸钠(NaDDTC)形成螯合物，经甲基异丁酮(MIBK)-环己烷混合溶液萃取分离，用硝酸溶液反萃取，于 283.3nm 波长处测量吸光度[6]。

2. 仪器和试剂

1)仪器

① 原子吸收光谱仪、10 孔分液漏斗架，及其他一般实验室常用仪器和设备。

② 量筒(100mL)、移液管(1mL，5mL)各 2 只、定量滤纸、容量瓶(50mL，100mL，500mL)若干、锥形分液漏斗(500mL)若干、聚乙烯瓶(10mL)若干、洗瓶。

2) 试剂及其配制

(1) 试剂级别

硝酸、乙酸、金属铅等均为分析纯。除非特殊说明，实验中所用其他试剂均为分析纯或优级纯，所用水为二次去离子无铅水。

(2) 氨水

用等温扩散法提纯所得，浓度约为 6mol/L。

(3) 甲基异丁酮(MIBK)-环己烷混合溶液的配制

将 240mL MIBK 和 60mL 环己烷混合。

(4) 乙酸铵溶液的配制

量取 100mL 的乙酸，用 6mol/L $NH_3 \cdot H_2O$ 中和至 pH 为 5。

(5) 吡咯烷二硫代甲酸铵(APDC)-二乙基二硫代氨基甲酸钠(NaDDTC)混合溶液的配制

分别称取各 1g 的 APDC 和 NaDDTC，溶于 50mL 二次去离子无铅水中；经定量滤纸过滤，加二次去离子无铅水稀释至 100mL；用 MIBK-环己烷混合液萃取 3 次，每次 10mL；于冰箱内保存，1 星期内使用有效。

(6) 铅标准储备溶液(ρ_{Pb}=1.00mg/mL)的配制

准确称取 0.5000g 金属铅(纯度为 99.99%)；用(1∶1) HNO_3 溶液加热溶解，冷却后全部转入 500mL 容量瓶中；再加(1∶99) HNO_3 溶液，稀释至标线，混匀。

(7) 铅标准溶液(ρ_{Pb}=100μg/mL)的配制

移取 10.0mL 铅标准储备溶液于 100mL 容量瓶中，用(1∶99) HNO_3 溶液稀释至标线，混匀。

3. 测定步骤

(1) 制作校准曲线

① 取 6 个 50mL 容量瓶，分别准确加入 0.00mL、0.20mL、0.50mL、1.00mL、1.50mL、2.00mL 100μg/mL 的铅标准溶液。

② 用(1∶99) HNO_3 溶液(使用前，加入少量的 MIBK-环己烷混合液振荡 1min，弃去有机相)稀释至标线，混匀，得到系列浓度分别为 0.00μg/L、400μg/L、1000μg/L、2000μg/L、3000μg/L、4000μg/L 的铅标准溶液。

③ 选择如表 3-9 的仪器工作条件，用原子吸收法测定铅的吸光度 A_i。

表 3-9 原子吸收光谱仪工作条件(以 Z-5000 型仪器为例)[6]

元素	吸收线波长/nm	缝宽/mm	灯电流/mA	燃烧器高度/mm	压缩空气/Pa	乙炔/Pa
Pb	283.3	1.3	7.5	7.5	1.58×10^5	2.45×10^4

④ 以铅离子浓度为横坐标，相应的吸光度($A_i - A_0$)为纵坐标，绘制校准曲线。

(2)海水样品中铅离子浓度的测定

① 量取400mL经0.45μm滤膜过滤的酸化海水(pH≈2)于500mL锥形分液漏斗中，用6mol/L $NH_3 \cdot H_2O$和(1∶99)HNO_3溶液调节pH至4～5。

② 再加入1mL乙酸铵溶液、2mL APDC-NaDDTC混合溶液、20mL MIBK-环己烷混合液，振荡2min，静置分层。

③ 将下层的水相转入另一个500mL的分液漏斗中，加入0.5mL APDC-NaDDTC混合溶液、10mL MIBK-环己烷混合溶液，振荡2min，静置分层。

④ 弃去水相，将第二次萃取液并入第一次萃取的有机相中。

⑤ 再加10mL二次去离子无铅水，洗涤有机相，静置约5min，仔细弃尽水相。

⑥ 加入0.40mL浓HNO_3溶液，振荡1min，继续加入9.6mL二次去离子无铅水，再振荡1min，静置分层。

⑦ 将包含HNO_3溶液的水相收集于10mL聚乙烯瓶中，此为反萃取液。

⑧ 按绘制校准曲线的仪器工作条件测量吸光度A_w。

⑨ 同时测定空白吸光度A_b。

⑩ 由(A_w−A_b)查标准曲线得反萃取液中铅浓度ρ'_{Pb}，按式(3-91)计算水样中的铅浓度：

$$\rho_{Pb} = \frac{\rho'_{Pb} \times V_2}{V_1} \tag{3-91}$$

式中，ρ_{Pb}为水样中铅离子的质量浓度，μg/L；ρ'_{Pb}为反萃取液中铅离子的质量浓度，μg/L；V_2为反萃取液的体积，10.0mL；V_1为水样体积，mL。

4. 注意事项

① 本法适用于近海、沿岸、河口水中铅的测定。方法检出限为1.8μg/L。

② 试样制备时，测海水含铅样品时须用全塑采水器采集，水样应经0.45μm滤膜(滤膜应预先在0.5mol/L HCl中浸12h，用纯水冲洗至中性，密封待用)过滤，并用HNO_3酸化水样至pH为1～2，储存于聚乙烯瓶中，再以聚乙烯薄膜袋包封样品瓶。

③ 实验中所用的器皿必须用(1∶3)HNO_3溶液浸泡24h以上，使用前用二次去离子无铅水洗净。

④ 所用试剂必须在检查纯度后使用；否则须提纯后方可使用。

⑤ 在萃取与反萃取过程中，溶液放出前须用二次去离子无铅水洗净分液漏斗出口管下端的内外壁，避免沾污。

⑥ 用细玻璃棒蘸微量溶液测定其pH时，应注意操作以防止沾污。

⑦ 水样体积的校正，若在量取测定水样之前向水样加入的试剂溶液超过1%体积时，须按前测汞公式进行体积校正[6]。

3.15.11.3 石墨炉原子吸收光谱法测定海水中的铅

1. 测定原理

在 pH 为 4～5 的介质中，铅离子与吡咯烷二硫代甲酸铵(APDC)和二乙基二硫代氨基甲酸钠(NaDDTC)形成螯合物，经甲基异丁酮(MIBK)-环己烷萃取分离，再以硝酸溶液反萃取，于 283.3nm 波长处，测定铅的原子吸光度[6]。

2. 仪器和试剂

1) 仪器

(1) 原子吸收光谱仪(配有氘灯背景校正器和石墨炉)、10 孔分液漏斗架，及其他一般实验室常用仪器和设备。

(2) 锥形分液漏斗(250mL，500mL)若干、移液管(1mL，5mL)各 2 只、量筒(100mL)、容量瓶(50mL，100mL，500mL)若干、聚乙烯瓶(10mL)若干、试剂瓶(100mL)若干、洗瓶。

2) 试剂及其配制

(1) 试剂级别

硝酸、乙酸、金属铅等均为分析纯。除非特殊说明，实验中所用其他试剂均为分析纯或优级纯，所用水为二次去离子水。

(2) 亚沸水的配制

二次去离子水经石英亚沸器蒸馏，流速约为 100mL/h。

(3) 氨水的配制

用等温扩散法提纯。

(4) 低铅大洋海水的处理

经 0.45μm 滤膜过滤，用 HNO_3 酸化至 pH=2。

(5) 溴甲酚绿溶液(1g/L)的配制

称取 0.1g 溴甲酚绿溶于 100mL(2∶8)乙醇中。

(6) 甲基异丁酮(MIBK)-环己烷混合溶液的配制

将 240mL MIBK 和 60mL 环己烷在锥形分液漏斗中混合，加 3mL HNO_3，振荡 0.5min，用水洗涤有机相两次，弃去水相；按此重复处理 3 次；最后用水洗涤至水相 pH 为 6～7，收集有机相，备用。

(7) 吡咯烷二硫代甲酸铵(APDC)-二乙基二硫代氨基甲酸钠(NaDDTC)溶液的配制

分别称取各 1g 的 APDC 和 NaDDTC，溶于 50mL 二次去离子无铅水中；经定量滤纸过滤，加二次去离子无铅水稀释至 100mL；用 MIBK-环己烷混合溶液萃取 3 次，每次 10mL；于冰箱内保存，1 星期内使用有效。

(8) 乙酸铵溶液的配制

量取 100mL 乙酸于分液漏斗中，用 6mol/L $NH_3 \cdot H_2O$ 中和至 pH=5；再加 2mL 的 APDC-NaDDTC 溶液、10mL MIBK-环己烷混合溶液，振摇 1min，弃去有机相；重复萃取提纯 3 次，存于试剂瓶中。

(9) 铅标准储备溶液 (ρ_{Pb}=1.00mg/mL) 的配制

准确称取 0.5000g 金属铅(纯度为 99.99%)；用(1∶1) HNO_3 加热溶解，冷却后全部转入 500mL 容量瓶中；再加(1∶99) HNO_3 稀释至标线，混匀。

(10) 铅标准溶液 (ρ_{Pb}=1.00μg/mL) 的配制

用(1∶99) HNO_3 逐级稀释铅标准储备溶液配制。

3. 测定步骤

(1) 制作校准曲线

① 在 6 个 250mL 的分液漏斗中，分别量取 200mL 经 0.45μm 滤膜过滤的酸化低铅大洋海水或无铅纯水，再分别加入 1.00μg/mL 的铅标准溶液 0μL、25μL、50μL、75μL、100μL、200μL，得到系列浓度分别为 0.00μg/L、0.125μg/L、0.250μg/L、0.375μg/L、0.500μg/L、1.00μg/L 的铅标准溶液。

② 分别向分液漏斗中加入 1 滴溴甲酚绿溶液，用 6mol/L NH_4OH 调至溶液呈蓝色(pH=5.5)。

③ 再分别加入 1mL 乙酸铵溶液(溶液 pH 为 4～5)、2mL APDC-NaDDTC 溶液、15mL MIBK-环己烷混合溶液，振荡 2min，静置分层。

④ 将水相分别移入另一分液漏斗中，加 0.5mL APDC-NaDDTC 溶液、10mL MIBK-环己烷混合溶液，振荡 0.5min，分层后弃去水相。

⑤ 合并有机相，用 5mL 亚沸水洗涤，静置分层，仔细弃尽水相。

⑥ 继续加入 0.20mL HNO_3 于有机相中，振荡 1min，再加 4.80mL 水，再振荡 1min，静置分层，将 HNO_3 萃取溶液收集于 10mL 聚乙烯瓶中。

⑦ 分别取 20.0μL HNO_3 萃取液，按选定的仪器工作条件测定铅的吸光度 A_i 和 A_0(标准空白)。

⑧ 以铅离子浓度(μg/L)为横坐标，相应的吸光度(A_i-A_0)为纵坐标，绘制校准曲线。

(2) 海水中铅含量的测定

① 量取 200mL 经 0.45μm 滤膜过滤并加酸固定的海水样于分液漏斗中，向分液漏斗中加 1 滴溴甲酚绿溶液，按校准曲线中步骤开始测量吸光度 A_w。

② 另取 200mL 无铅纯水，测定分析空白吸光度 A_b。

③ 将测得数据由(A_w-A_b)查校准曲线得水样中铅的浓度(μg/L)。

4. 注意事项

① 本方法适用海水中痕量铅的测定。方法检出限为 0.03μg/L。

② 采集海水样品须用全塑采水器采集，水样应及时过滤，并用 HNO_3 酸化水样至 pH 为 1～2，储存于聚乙烯瓶中，再以聚乙烯薄膜袋包封样品瓶。

③ 试样制备同原子吸收法测定海水中的铅相关内容。

④ 实验中所用器皿均用(1∶3)HNO_3 浸泡 1 周以上，使用前用去离子水清洗，再用 APDC-NaDDTC 溶液荡洗，最后再用去离子水洗净。

⑤ 在进行萃取与反萃取操作过程中，放出溶液前须用亚沸水洗净分液漏斗出口下端的内外管壁，避免沾污。

⑥ 根据原子吸收分光光度计的型号，通过优化仪器设定参数，选定最佳仪器工作条件。

⑦ 水样体积的校正，若在量取测定水样之前向水样加入的试剂溶液超过 1%体积时，须按前测汞公式进行体积校正[6]。

3.15.12　阳极溶出伏安法测定海水中的铜、铅、锌、镉

1. 测定原理

在较负的电位下，海水中的铜、铅、锌、镉离子能同时被电解还原而富集到汞膜电极上，形成汞齐(金属的汞溶液)。当汞膜电极上进行反向电位扫描时，被还原在电极上的金属将会依次溶出而产生相应的氧化电流，记录过程中的伏(电压)-安(电流)曲线，如图 3-13 所示[4]。

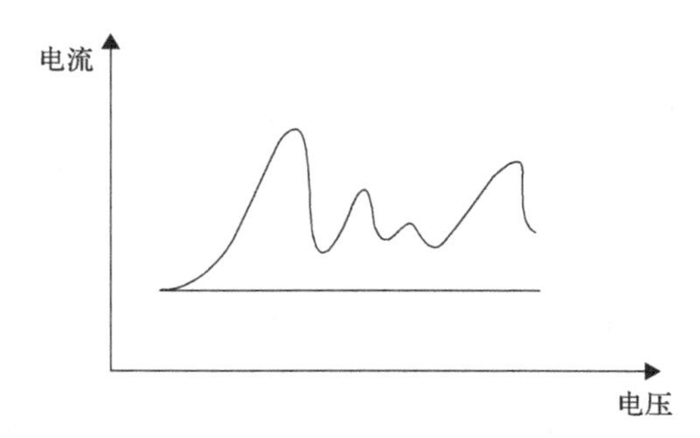

图 3-13　阳极溶出伏安法的伏-安曲线示意图[4]

其中峰电流[式(3-92)]为：

$$i_{\mathrm{p}} = 6.94 \times 10^5 n^2 D_0^{2/3} \omega^{1/2} \mu^{-1/6} AVtc_0 \quad (\text{汞膜电极}) \tag{3-92}$$

式中，n 为金属溶出时失去的电子数；D_0 为汞齐中金属的扩散系数；ω 为溶液的搅拌速度；μ 为溶液黏度；A 为电极表面积；V 为线性扫描电压；c_0 为溶液中金属离子浓度；t 为电解富集的时间。

对于某一种金属离子，在严格控制操作条件一致的情况下，其 D_0、ω、μ、A、V、t 均为定值，则峰电流 i_{p} 与金属离子浓度 c_0 成正比。因此，根据 i_{p} 值的大小就

可定量求出该金属的离子浓度。

峰电流测量方法：峰电流测量方法根据波形而定，但测定一批样品必须统一。实际情况下往往按照浓度-峰高工作曲线呈良好直线性关系为原则来选用测量峰。

测量峰高方法大体有 3 种：

① 以峰顶与基线(可由纯净海水不予富集所得伏安曲线获得)的垂直距离作为峰高，如图 3-14(a)所示。

② 以峰顶前沿延长线的垂直距离做峰高，如图 3-14(b)所示。

③ 以前峰坡高与后坡高度之和的一半，或峰顶与前后沿连线的垂直距离做峰高，如图 3-14(c)所示。

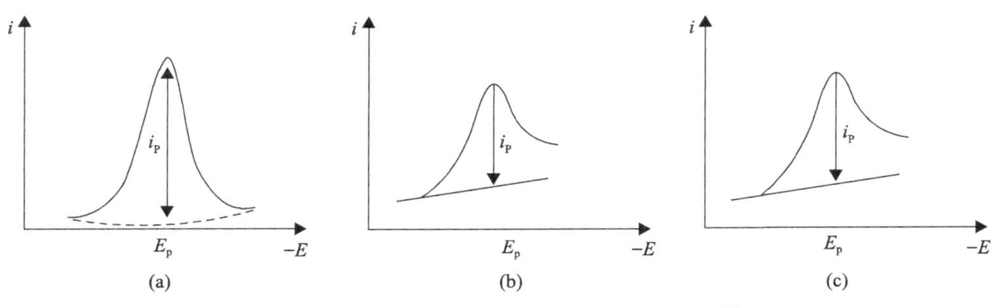

图 3-14　阳极溶出伏安法峰电流测量示意图[4]

2. 仪器和试剂

1)仪器

①汞膜(工作)电极、Ag/AgCl(参比)电极和铂(辅助)电极各一只、搅拌子 2 只、电磁搅拌器一台，及其他一般实验室常用仪器和设备。

②容量瓶(50mL，100mL)若干、烧杯(50mL，500mL)若干、量筒(50mL)2 个、移液管(1mL，5mL)各 4 只、洗瓶。

2)试剂及其配制

(1)试剂级别

硫酸、乙酸、硝酸、五水硫酸铜、乙酸铅、硝酸锌、氯化镉等均为分析纯。除非特殊说明，实验中所用其他试剂均为分析纯或优级纯，所用水为去离子水。

(2)铜标准储备溶液的配制

准确称取适量的五水硫酸铜($CuSO_4·5H_2O$)，用去离子水配成 0.1mol/L，再用 1mol/L 的硫酸溶液调节 pH 至 1.5，备用。

(3)铅标准储备溶液的配制

准确称取适量的乙酸铅[$Pb(CH_3COO)_2·3H_2O$]，用去离子水配成 0.1mol/L，再用 1mol/L 的乙酸溶液调节 pH 至 1.5，备用。

(4)锌标准储备溶液的配制

准确称取适量的硝酸锌[$Zn(NO_3)_2·6H_2O$]，用去离子水配成 0.1mol/L，再用 1mol/L 的硝酸溶液调节 pH 至 1.5，备用。

(5)镉标准储备溶液的配制

准确称取适量的氯化镉($CdCl_2·6H_2O$)，用去离子水配成 0.1mol/L，再用 1mol/L 的盐酸溶液调节 pH 至 1.5，备用。

(6)标准中间溶液的配制

分别准确移取 1.00mL 的铜、铅、锌、镉标准储备溶液，分别加入 4 个 100mL 容量瓶中；用去离子水稀释至刻度，摇匀；获得浓度均为 $1.00×10^{-3}$mol/L 的四种溶液。

(7)各标准使用溶液的配制

① 铜标准使用溶液的配制：准确移取 5.00mL 的铜标准中间溶液于 100mL 容量瓶中，用去离子水稀释至刻度，摇匀，此溶液浓度为 $5.00×10^{-5}$mol/L。

② 铅标准使用溶液的配制：准确移取 1.00mL 的铅标准中间溶液于 100mL 容量瓶中，用去离子水稀释至刻度，摇匀，此溶液浓度为 $1.00×10^{-5}$mol/L。

③ 锌标准使用溶液的配制：准确移取 10.00mL 的锌标准中间溶液于 100mL 容量瓶中，用去离子水稀释至刻度，摇匀，此溶液浓度为 $1.00×10^{-4}$mol/L。

④ 镉标准使用溶液的配制：准确移取 0.50mL 的镉标准中间溶液于 100mL 容量瓶中，用去离子水稀释至刻度，摇匀，此溶液浓度为 $5.00×10^{-6}$mol/L。

(8)亚硫酸钠溶液(饱和)的配制

(9)汞滴的储备

控制每滴汞在 5～7mg，浸在用 0.1mol/L 的 NH_4OH、0.1mol/L 的 NH_4Cl、0.01mol/L 的 EDTA、0.01mol/L 的 Na_2CO_3 配制成的混合溶液中备用。

3. 测定步骤

(1)铜、铅、镉的测定

① 移取 50mL 的海水样品于 50mL 烧杯中，加 2 滴饱和亚硫酸钠溶液以除氧。

② 搅拌 2min 后，插入电极，在−0.050～−1.400V 电位范围内，以 100mV/s 反复扫描 3～5 次，使电极表面状态趋于稳定。

③ 将电位调至−0.050V 搅拌 1min 后，在−1.00V 搅拌电解富集 5min，停止搅拌，静止 1min。

④ 再在−1.00～−0.05V 扫描，显示扫描曲线。

⑤ 当峰形正常时，可以进行一次重复测定。

⑥ 在−0.05V 搅拌 1min 后将电位转至−1.00V 富集 5min，停止搅拌，静止 1min 后，在−1.00～−0.05V 扫描，步进 1mV。

⑦ 记录扫描曲线并测量峰电流值(峰高)。

(2)铜、铅、镉的定量分析

采用标准加入法，即在上述溶液中分别加入 0.1mL 的铜、铅、镉标准使用溶液，重复上述测定；记录伏安曲线并测量峰电流值(峰高)。

(3)锌的测定

起始电压为−1.400V，终止电压为−0.050V，在−1.400 V 富集 2min，其余步骤同前。

4. 数据处理及计算

对于一次标准加入法，当加入标量与相应峰高增值成正比时，若忽略所加入标准使用溶液体积，则海水中金属离子浓度(mol/mL)可由式(3-93)计算：

$$c = \frac{i_1 V_n c_n}{(i_2 - i_1) \times V_{样}} \tag{3-93}$$

式中，i_1 为海水样品所测得的峰电流值，mm；i_2 为海水样品中加入标准使用溶液后所测峰电流值，mm；c_n 为加入标准使用溶液的浓度，mol/L；V_n 为加入标准使用溶液的体积，mL；$V_{样}$ 为海水样品的体积，mL。

5. 注意事项

① 海水是一多组分强电解质溶液，因此无须另加支持电解质。

② 由于海水中的溶解氧对 i_p 值有干扰，必须预先除去，故需先在酸性介质中通纯氮气，在中性或碱性介质中加入适量饱和亚硫酸钠溶液以除氧。

③ 除氧操作之前必须熟悉仪器性能，最好将电极插在电位控制在适当范围的除氧溶液中，否则应将电极接线断开。溶液除氧并调定控制电位后再插进电极，待检查无误时接通电极，并立即将仪器转至三电极状态，以免电位不当而损坏电极。

④ 由于海水中含有微量铜、铅、锌、镉离子，可能造成测量误差，为减少实验中的污染，所用一切容器均应预先在 1∶1 硝酸中浸泡，使用前洗涤干净。

⑤ 阳极溶出伏安法测定峰电流的大小，除与被测离子浓度成正比外，还与扫描速度、富集时间、电解电位、电极面积、溶液的性质、测定温度及搅拌速度等因素有关，故在测定时，应严格控制上述因素，操作步骤也应尽量做到一致。

⑥ 仪器接好线路，并做好一切准备后，须经老师校查后方可开机[4]。

3.16　海水水体中叶绿素的测定

3.16.1　水体中叶绿素的定义及在海洋学上的意义

叶绿素(chlorophyll)是一类与光合作用(photosynthesis)有关的最重要的色素，从化学结构看，其为镁卟啉化合物，包括叶绿素 a、b、c、d、f 以及原叶绿素和细菌叶绿素等。叶绿素实际上存在于所有能营造光合作用的生物体，包括绿色植物、原核的蓝绿藻(蓝菌)和真核的藻类。光合作用是通过合成一些有机化合物将光能转变为化学能的过程，叶绿素从光中吸收能量，然后能量被用来将二氧化碳转变为碳水化合物。海水中叶绿素是水生态系统的重要参数，也包括叶绿素 a、叶绿素 b、叶绿素 c、叶绿素 d、叶绿素 f 以及原叶绿素和细菌叶绿素等。海水中叶绿素能够利用太阳光能把无机物转化为有机物，海洋中 90%以上的有机物都是由它产生的[2,40]。

根据叶绿素的光学特征，叶绿素可分为 a、b、c、d 四类，其中叶绿素 a 包括了所有的藻类浮游植物。由于其他 3 类光合作用所吸收的光能，最终都要传送给叶绿素 a，因此，叶绿素 a 是四类中最重要的一类。一般情况下，水质环境监测中所测定叶绿素一般就指的是叶绿素 a。从另一个角度说，测定水中叶绿素 a 的含量，是对海水中浮游植物的一种定量测量方法。

测定水体中叶绿素在海洋学上的意义主要体现在以下几个方面:

① 由于海洋中的叶绿素含量与光合作用速度有着直接的关系，叶绿素能够吸收光能，将二氧化碳转变成碳水化合物，它在一定程度上控制着海-气界面二氧化碳的交换，是全球气候变化研究的重要指标。

② 海洋水体中的叶绿素含量与初级生产者生物量也有直接的关系，可根据海洋叶绿素含量估算海域的初级生产力，因此，其含量及浓度也已经成为衡量海洋初级生产力和浮游植物生物量的最基本指标之一。

③ 由于海洋水体中不同浮游藻类含有的叶绿素种类不尽相同，因此，叶绿素及其他色素可作为鉴定不同藻类和估测浮游植物群落组成的特征标志物。

④ 不同海域的水体叶绿素含量在一定程度上还能反映海域的富营养化水平，通过对其中叶绿素的监测可反映出不同海域水体中浮游植物的时间、空间分布、蕴藏量及其变化规律，对水质环境状况进行评估，达到提前获知赤潮发生先兆、实现早期预报赤潮的目的[2]。

3.16.2　水体中叶绿素的测定方法

叶绿素的实验室测定方法一般可以分为两大类，一类为色谱法，另一类为光谱法。由于叶绿素系列化合物属色素，可被多种吸附剂吸附，因此可利用此性质进行色谱分离和分析，常用的方法如薄层色谱、液相色谱、气相色谱等。光谱法以叶绿素的光学性质为基础，可采用分光光度法、荧光法、发光法或红外光谱法等测定其含量，其中分光光度法和荧光法是海洋调查规范中的通用方法。

分光光度法是基于光吸收的原理，用来鉴定混合物中主要色素存在的一种较简单方法。现在最常用的是 1975 年由 Jeffrey 和 Humphrey 推导出的适用于准确计算叶绿素 a、叶绿素 b、叶绿素 c_1+叶绿素 c_2 的计算公式，即通过测量 630nm、

647nm 和 664nm 波长处的吸光度计算三种叶绿素的浓度，被称为“三色方程”。

分光光度法测定叶绿素根据提取叶绿素溶剂的不同，分为丙酮法、乙醚法、二甲基亚砜法、*N*, *N*-二甲基甲酰胺法、无水乙醇法、丙酮乙醇水混合液法和丙酮乙醇混合液法等。其中，丙酮法被国际上广泛采用，也是我国环境监测部门测定水体叶绿素浓度的标准方法。分光光度法具有操作简便、准确度高、可同时测定多种色素、便于处理大量样品、要求仪器精密度不高等优点，已有了完善的监测步骤与方法，至今仍被普遍应用。

另外，叶绿素荧光作为光合作用研究的探针，也得到了广泛的研究和应用。叶绿素荧光不仅能反映光能吸收、激发能传递和光化学反应等光合作用的原初反应过程，而且与电子传递、质子梯度的建立及 ATP 合成和 CO_2 固定等过程有关。几乎所有光合作用过程的变化均可通过叶绿素荧光反映出来，而荧光测定技术不需破碎细胞，不伤害生物体，因此通过研究叶绿素荧光来间接研究光合作用的变化是一种简便、快捷及可靠的方法。尽管活体叶绿素的荧光信号很弱，一般小于吸收光能的 3%～5%，但目前仍认为叶绿素荧光是研究浮游植物光合作用和生理状态最有效的探针之一，已在植物胁迫生理学、光合作用、水生生物学、海洋学和遥感等方面得到了广泛的应用。

薄层色谱法是一种快速、微量、操作简便、定性分析少量物质的一种很重要的实验技术。以涂布于支持板上的支持物作为固定相，以合适的溶剂为流动相，在支持物底板(或棒)上，试样点在薄层一端，在展开罐内展开，由于各组分在薄层上的移动距离不同、形成互相分离的斑点，测定各斑点的位置及其密度就可以完成对试样的定性、定量分析的色谱法。结合其他技术手段，薄层色谱法能够对海水浮游植物叶绿素、类胡萝卜素及其降解产物进行分离与定量，对浮游植物的含量测定(达皮克级)、分类及群落结构的研究具有重要意义。虽然薄层色谱法快速、有效而且成本低，但对很多特征色素无法分辨，故薄层色谱法多用于定性分析。

高效液相色谱法(HPLC)是在海洋环境分析监测中普遍使用的一种分析检测方法。由于叶绿素的结构是一个镁与四个吡咯环上的氮结合，以卟啉为骨架的绿色色素，不溶于水，微溶于醇，易溶于丙酮和乙醚等有机溶剂和油脂类，是典型的亲脂类化合物，故可以用 HPLC 法进行分离检测，根据叶绿素的疏水特性一般采用 Cs 反相柱来进行分离。通过 HPLC 方法可以确定海水中浮游植物色素的种类与含量；在已知不同藻类色素组成的基础上，利用不同浮游植物体内的标志色素及其组成，运用专门的软件，比如结合化学计量学方法(比如多元线性回归、反联立方程以及矩阵因子分析等)几乎可以实现对所有的浮游植物丰度的推算和分类检测，是目前海洋研究中分析浮游植物群落结构的常用方法。与分光光度法相比，其分辨率更高，检出限更低，是一种更准确可靠的叶绿素 a 检测方法，但 HPLC 测量叶绿素 a 浓度需要先取水样，并在实验室利用有机溶剂对色素进行萃取，测量步骤耗时、烦琐，且 HPLC 仪器造价昂贵，要求使用环境稳定，不适合在一般调查船上使用，所以无法实现浮游植物的现场、快速实时地自动监测。

此外，还包括显微镜计数法、黑白瓶法、^{14}C 法等。实验室分析方法基本上已发展成熟，是叶绿素检测的常规方法，国家标准中的叶绿素相关检测方法皆是实验室分析方法[2,41]。

以下参考我国《海洋调查规范第 6 部分：海洋生物调查》(GB/T12763.6—2007) 标准[13]，主要对分光光度法和荧光法测定海水中的叶绿素进行介绍。

3.16.2.1 分光光度法测定海水中叶绿素 a、b、c 的方法

1. 测定原理

叶绿素 a、b、c 的丙酮萃取液在红光波段各有一吸收峰。一定体积海水中的浮游植物经滤膜滤出，用 90%丙酮提取其叶绿素，应用分光光度计测定，根据三色分光光度法方程，可计算出海水中叶绿素 a、b、c 的浓度[13]。

2. 仪器和试剂

1) 仪器

① 分光光度计：波长必须准确，波带宽度≤2nm，消光值可读到 0.001。

② 抽滤装置：包括滤器、支架抽滤瓶和真空泵。

③ 滤膜：截留效率相当于 0.65μm 孔径的聚碳酸酯核孔滤膜或玻璃纤维滤膜、纤维素酯微孔滤膜或其他滤膜。

④ 储样干燥器、研磨器、离心机、具塞离心管和冰箱，及其他实验室常用设备和器皿。

2) 试剂

(1) 试剂级别

除非特殊说明，实验中所用其他试剂均为分析纯或优级纯，所用水为超纯水或去离子水。

(2) 试剂配制

碳酸镁 ($MgCO_3$) 溶液 [ρ_{MgCO_3}=10mg/L]、体积分数为 90%的丙酮，均按照要求配制。

3. 测定步骤

① 采样：按规定的深度，规范采集水样，并记录数据。

② 过滤：采样后应尽快过滤。将滤膜置于滤器上，加 5mL $MgCO_3$ 溶液，接着过滤海水样品，过滤时负压应小于 50kPa。

③ 保存：将过滤后的样品立即进行研磨提取。

④ 研磨：

i. 将载有浮游植物的滤膜放入研磨器，加 2mL 或 3mL 体积分数为 90%的丙酮，研磨。

ii. 将研磨后的样品移入具塞离心管中，研磨器用体积分数为 90%丙酮洗涤 2 次或 3 次，洗涤液一并倒入离心管中，但总体积不能超过 10mL。

⑤ 提取：将具塞离心管置于低温黑暗处提取 30min。

⑥ 离心：将提取液在 4000r/min 条件下离心 10min，上清液倒入刻度试管中，并用蒸馏水定容为 10mL 或 15mL。

⑦ 样品测定：将提取液注入光程为 1～10cm 的比色皿中，以体积分数为 90%的丙酮作空白对照，用分光光度计分别测定波长为 750nm、664nm、647nm、630nm 处溶液的吸光度值。

⑧ 记录测定结果，平行 3 次操作。

4. 数据处理及计算

① 计算提取液中叶绿素 a、b、c 的质量浓度[式(3-94)～式(3-96)]。

$$\rho(\text{Chl a}) = 11.85E_{664} - 1.54E_{647} - 0.08E_{630} \tag{3-94}$$

$$\rho(\text{Chl b}) = 21.03E_{647} - 5.43E_{664} - 2.66E_{630} \tag{3-95}$$

$$\rho(\text{Chl c}) = 24.52E_{630} - 1.67E_{664} - 7.60E_{647} \tag{3-96}$$

式中，$\rho(\text{Chl a})$、$\rho(\text{Chl b})$及$\rho(\text{Chl c})$分别指提取液中叶绿素 a、b 及 c 的质量浓度，μg/mL；E_{664} 为波长 664nm 处 1cm 光程经浊度校正的吸光光度值；E_{647} 为波长 647nm 处 1cm 光程经浊度校正的吸光光度值；E_{630} 为波长 630nm 处 1cm 光程经浊度校正的吸光光度值。

② 计算海水中叶绿素 a、b、c 的质量浓度[式(3-97)～式(3-99)]。

$$\rho(\text{Chl a}) = \frac{\rho_{\text{n}}(\text{Chl a}) \cdot V_1}{V_2} \tag{3-97}$$

$$\rho(\text{Chl b}) = \frac{\rho_{\text{n}}(\text{Chl b}) \cdot V_1}{V_2} \tag{3-98}$$

$$\rho(\text{Chl c}) = \frac{\rho_{\text{n}}(\text{Chl c}) \cdot V_1}{V_2} \tag{3-99}$$

式中，$\rho(\text{Chl a})$、$\rho(\text{Chl b})$及$\rho(\text{Chl c})$分别指海水中叶绿素 a、b 及 c 的质量浓度，

mg/m^3；ρ_n(Chl a)、ρ_n(Chl b)及ρ_n(Chl c)分别指提取液中叶绿素 a、b 及 c 的质量浓度，μg/mL；V_1为提取液的体积，mL；V_2为过滤海水的体积，L。

③ 计算海水中叶绿素的总质量浓度[式(3-100)]。

$$\rho(\text{Chl}) = \rho(\text{Chl a}) + \rho(\text{Chl b}) + \rho(\text{Chl c}) \tag{3-100}$$

式中，ρ(Chl)指海水中叶绿素的总质量浓度；ρ(Chl a)、ρ(Chl b)及ρ(Chl c)分别指海水中叶绿素 a、b 及 c 的质量浓度，mg/m^3。

5. 注意事项

① 过滤海水体积视调查水域而定，近岸水取 0.5～2 L，外海水取 5～10 L。

② 在保存操作时，若条件不允许，可将滤膜对折两次，置于储样干燥器内低温(小于−20℃)黑暗保存，期限最长两个月。

③ 作浊度校正的 750nm 处吸光度不超过每厘米光程 0.005，664nm 处消光值最好在 0.1～0.8 之间。

④ 分光光度法不能用于现场原位监测，也无法确定浮游植物种类，只能提供水体的总叶绿素 a 浓度，以指示总浮游植物生物量。

3.16.2.2 荧光法测定海水中叶绿素 a 的方法

1. 测定原理

叶绿素是一种荧光物质，绿色植物在光合作用的同时还会发射荧光。植物光合作用有两个反应中心：光系统Ⅰ(photosystem Ⅰ)和光系统Ⅱ(photosystem Ⅱ)。光能在植物中的分配有反射、透射和吸收三种主要的去激途径。光被光系统Ⅱ吸收后，大部分能量参与光化学反应(光合作用)，一部分以热能的形式耗散掉，仅有很小一部分以荧光的形式释放，如图 3-15 所示[2,13]。

海水浮游植物色素中叶绿素 a 的测定原理：叶绿素 a 的丙酮萃取液受蓝光激发产生红色荧光，将过滤一定体积海水后所得的浮游植物用 90%的丙酮提取其色素；再使用荧光分光光度计测定提取液酸化前后的荧光值，计算出海水中叶绿素 a 的浓度。

2. 仪器和试剂

(1)仪器

① 荧光计：设置激发光波长 450nm，发射光波长 685nm。

② 抽滤装置：包括滤器、支架抽滤瓶和真空泵。

③ 玻璃纤维滤膜：其截留效率相当于 0.65μm 孔径的聚碳酸酯微孔滤膜。

④ 冰箱，及其他实验室常用设备和器皿。

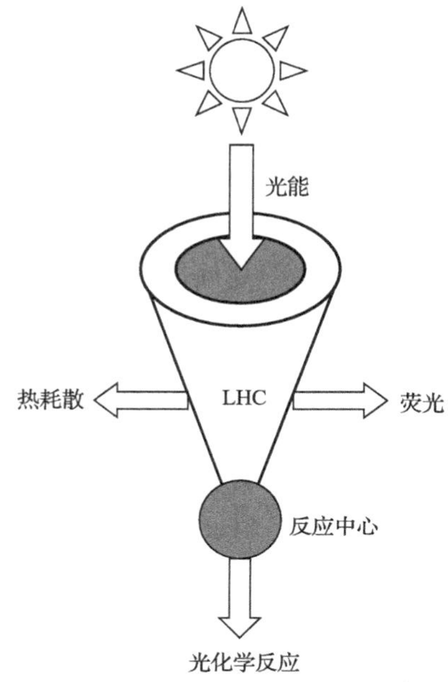

图 3-15　叶绿素产生荧光示意图[2]

LHC 为捕光色素蛋白复合体

(2) 试剂

① 除非特殊说明，实验中所用其他试剂均为分析纯或优级纯，所用水为超纯水或去离子水。

② 体积分数为 90%的丙酮、体积分数为 10%的盐酸溶液、碳酸镁溶液（ρ_{MgCO_3} = 10g/L）均按照要求配制。

3. 测定步骤

(1) 荧光计校准

① 校准频率：至少每半年一次。

② 标准叶绿素 a 溶液（ρ=1mg/L）的制备：过滤一定量的生长良好、处于指数生长前期的培养硅藻，用 90%丙酮提取其叶绿素 a，或者用 90%丙酮溶解一定量的市售叶绿素 a 结晶，浓度大约为ρ=1mg/L。

③ 标准叶绿素 a 溶液的浓度标定：使用分光光度计正确测定标准叶绿素 a 溶液的浓度。

④ 叶绿素 a 标准工作溶液配制：用上述标准叶绿素 a 溶液配制浓度不同的标准工作溶液，供各量程挡校准用。

⑤ 换算系数 F_d 的测定：上述不同浓度的标准工作溶液，在不同量程挡上进行酸化前后荧光值的测定。各量程挡的换算系数 F_d 的计算式(3-101)如下：

$$F_d = \frac{\rho(\text{Chl a})}{R_1 - R_2} \tag{3-101}$$

式中，F_d指量程挡“d”的换算系数，mg/L；$\rho(\text{Chl a})$指叶绿素 a 的标准工作溶液的浓度，mg/L；R_1为酸化前的荧光值；R_2为酸化后的荧光值。

（2）水样测定

① 采样：按规定的深度，规范采集水样，并记录数据。

② 过滤：采样后，应尽快过滤。过滤海水的体积依据所要测定对象的海区而定，一般情况，富营养海区一般可过滤 50～100mL；中营养海区过滤 200～500mL；寡营养海区可过滤 500～1000mL。过滤时抽气负压应小于 50kPa，记录相应数据。

③ 滤膜保存：将过滤后的滤膜尽快在 1h 内提取完成。

④ 提取：将载有浮游植物的滤膜放入加有 10mL、体积分数为 90%的丙酮提取瓶内，盖紧，摇荡，立即放于低温（0℃）冰箱内，提取 12～24h 即可。

⑤ 荧光测定:

i. 取出待测样品放在室温、黑暗处约 0.5h，使样品温度与室温一致。

ii. 每批样品测定前后，以体积分数为 90%的丙酮作对比液，测出各量程挡的空白荧光值 F_{01} 和 F_{02} 值。

iii. 将提取瓶内上清液倒入测定池中，选择适当量程挡，测定样品的荧光 R_b 值。

iv. 加 1 滴体积分数为 10%的盐酸于测定池中，30s 后测定其荧光 R_a 值。

v. 记录数据，平行实验操作 3 次。

4. 数据处理及计算

用式（3-102）计算：

$$\rho(\text{Chl a}) = \frac{F_d(R_b - R_a) \cdot V_1}{V_2} \tag{3-102}$$

式中，$\rho(\text{Chl a})$指海水中叶绿素 a 的质量浓度，mg/m³；F_d是量程挡“d”的换算系数，mg/m³；R_b为酸化前的荧光值；R_a为酸化后的荧光值；V_1为提取液的体积，cm^3；V_2为过滤海水的体积，cm^3。

5. 注意事项

① 在操作滤膜保存过程中，若实验条件有限不能及时测定，可将滤膜对折，用铝箔包好，存放于至少低于−20℃低温冰箱，保存期可为 60 天，或放入液氮中，保存期可为一年。

② 相比分光光度法，荧光法具有更高的灵敏度、一般分光光度法的灵敏度大多为 mg/L，而荧光法可以达到μg/L，故荧光法常被用来分析较深海水和大洋等叶绿素含量较少的海水样品。但荧光光度计等仪器较精密，检测成本较分光光度法高。

3.16.2.3　高效液相色谱(HPLC)法测定海水中叶绿素 a 的方法

1. 测定原理

浮游植物所含各种起光合作用的色素经分离提取后，通过实验优化条件，在一定固定相-流动相分离系统中，可经高效液相色谱柱进行分离，再由检测器检测并获得色谱图。根据与标准色素比较保留时间及色谱图可鉴别色素种类，根据色谱峰的面积可计算含量[13,42,43]。

2. 仪器和试剂

(1) 仪器

① 高效液相色谱仪：包括溶剂流动相系统、高压泵、进样器、色谱柱、检测器、计算机等，抽滤装置、玻璃纤维滤膜、液氮罐、超声波粉碎器和离心机等。

② 容量瓶、烧杯等玻璃仪器，及其他实验室常用设备和器皿。

(2) 试剂

丙酮、水、甲醇、乙腈和乙酸乙酯(均为色谱纯)，乙酸铵，BHT(2, 6-二叔丁基对甲酚)、角黄素均为分析纯。除非特殊说明，实验中所用其他试剂均为分析纯或优级纯，所用水为超纯水或去离子水。

3. 测定步骤

1) 样品准备

(1) 采样

按规定的深度，规范采集水样，并记录数据。

(2) 过滤

采样后，应尽快过滤，视海水中浮游植物数量，过滤 0.5～4 L 海水。对不同海域的海水，一般要求为：贫营养海区 3～4 L，中等营养海区 1～2 L，富营养海区 0.5～1 L，过滤时使用孔径为 0.65μm、直径为 25mm 的玻璃纤维滤膜，抽滤负压不超过 50kPa，并注意避光。

(3) 保存

过滤后，应立即放入液氮中待提取。如不能立即提取，滤膜应保存在液氮罐中，且用预先标记好的铝箔包裹保存。

(4) 萃取

① 将滤膜从液氮中取出，解冻约 1min，放入玻璃离心管中，加入 3mL 的 90%的丙酮，再加入 50μL 角黄素作内标准物(角黄素也可预先加在提取溶剂丙酮中)。

② 用体积分数为 90%的丙酮提取一张玻璃纤维滤膜作空白样。

③ 将混合物用功率为 50W 的超声波粉碎 30s，然后在 0℃下提取 24h。

④ 分析前将提取物混匀后离心去除细胞残屑，并用载有聚四氯乙烯滤膜(直径 13mm，孔径 0.2μm)的注射式滤器过滤。

2)高效液相色谱测定

(1)HPLC 系统准备

① 高压进样阀(带有 200mm²样品环)。

② C_{18}保护柱(50mm×4.6mm)。

③ 反相 C_{18}色谱分析柱(250mm×4.6mm)。

④ 紫外-可见吸收检测器(测定波长为 436nm 和 450nm)。

⑤ 配有数据处理系统软件的计算机。

⑥ HPLC 溶剂。溶剂 A：甲醇∶0.5mol 乙酸铵(80∶20)、0.01%BHT；溶剂 B：乙腈∶水(87.5∶12.5)、0.01%BHT；溶剂 C：乙酸乙酯。以上溶剂均用色谱纯，使用前以 0.45μm 滤膜过滤。

(2)操作步骤

① 用溶剂 A 建立并平衡 HPLC 系统 1h，载气流量设置为 1cm²/min。

② 根据所测海水样品的浓度范围，每种色素准备至少 5 个浓度的工作标准溶液，并以该标准溶液校正 HPLC 系统。

③ 取每种工作标准溶液 1000μL，以 300μL 蒸馏水稀释，混匀并平衡 5min，润洗样品注射器两次，进样 500μL(此时是样品环体积的 2.5 倍)。

④ 色素样品和空白样品的准备及进样方法同标准溶液。

⑤ 进样后参照表 3-10 的梯度洗脱程序，对叶绿素和类胡萝卜素进行最佳分离，分析过程中通过氦气或在线脱气机对流动相溶液进行脱气。

⑥ 根据比较色素样品与标准色谱峰的保留时间来鉴定样品的色素种类，收集各洗脱峰，可进行下一步的分光光度法测定。

⑦ 记录数据，平行 2 次以上的操作样品。

表 3-10 HPLC 的梯度洗脱程序[13]

时间/min	流量/(cm^3/min)	A%	B%	C%	状态
A. 分析步骤					
0.0	1.0	100	0	0	进样
2.0	1.0	0	100	0	梯度洗脱
2.6	1.0	0	90	10	梯度洗脱
13.6	1.0	0	65	35	梯度洗脱
18.0	1.0	0	31	69	梯度洗脱
23.0	1.0	0	31	69	保持

续表

时间/min	流量/(cm³/min)	A%	B%	C%	状态
25.0	1.0	0	100	0	梯度洗脱
26.0	1.0	100	0	0	梯度洗脱
34.0	1.0	100	0	0	保持
B. 结束步骤					
0.0	1.0	100	0	0	分析完成
3.0	1.0	0	100	0	梯度洗脱
6.0	1.0	0	0	100	梯度洗脱
16.0	1.0	0	0	100	冲洗
17.0	1.0	0	0	100	结束

4. 数据处理及计算

根据进样量和峰面积积分来计算色素的含量。

(1)计算色素响应系数

对每种色素，做出其吸收峰面积对进样色素质量的关系曲线，该色素的HPLC响应系数 F(area/10^{-6}g)通过色素峰面积与标准溶液进样量(μg)的回归斜率计算[式(3-103)]

$$F=\frac{A}{M} \tag{3-103}$$

式中，F为色素响应系数；A为色素的峰面积；M为注射色素标准的质量(色素质量浓度与进样体积的乘积)。

(2)计算色素含量[式(3-104)]

$$c=\frac{A\cdot V_{\text{ext}}\cdot A_{\text{Blk}}^{\text{Ca}}}{F\cdot V_{\text{inj}}\cdot V_{\text{flt}}\cdot A_{\text{Smp}}^{\text{Ca}}} \tag{3-104}$$

式中，c指色素含量，μg/L；A指样品色素的峰面积；V_{ext}为提取体积，mL；V_{inj}为注射体积，mL；V_{flt}为样品过滤体积，L；$A_{\text{Blk}}^{\text{Ca}}$为丙酮中内标准物的峰面积；$A_{\text{Smp}}^{\text{Ca}}$为样品中内标准物的峰面积。

5. 注意事项

① 在放入液氮或超低温冷冻之前，冷冻保存(−20℃)不能超过20h。

② 注意进样时应避免有气泡，样品间的进样间隔应保持均匀。预先混有蒸馏水或其他溶剂的样品不能滞留在自动进样器中，以免疏水性的色素从溶液中析出。

③ 采用不同型号的高效液相色谱仪器进行实验时，需要优化实验条件，注意包括：流动相、固定相、柱温、载气流量等。

④ 对色谱峰进行检验时，在获取色谱图后应立即进行检验，如果发现问题，应重新进样测定。一般情况下计算机软件会自动对每一个峰进行积分。但应对基线、峰的开始点和结束点进行核对。

⑤ 色谱峰鉴别：色素种类通常根据每一个峰值所对应的保留时间或色谱图来确定，最好在测试样品前就测定了色素组成已知的培养藻类的样品，或已知标准色素的色谱峰，这样鉴别工作就较简单。

参 考 文 献

[1] 张正斌, 刘莲生. 海洋化学进展[M]. 北京: 化学工业出版社, 2006.

[2] 陈令新, 王巧宁, 孙西艳. 海洋环境分析监测技术[M]. 北京: 科学出版社, 2018.

[3] 陈敏. 化学海洋学[M]. 北京: 海洋出版社, 2009.

[4] 祝陈坚. 海水分析化学实验[M]. 青岛: 中国海洋大学出版社, 2006.

[5] 陈国珍. 海水分析化学[M]. 北京: 科学出版社, 1965.

[6] 石贵勇, 杨颖, 黄希哲. 海洋化学实验[M]. 广州: 中山大学出版社, 2018.

[7] 李耀如. 盐度对海水化学需氧量测定的影响及校正方法研究[D]. 青岛: 中国海洋大学, 2015.

[8] 何文英. 分析化学实验指导[M]. 呼和浩特: 远方出版社, 2009.

[9] 武汉大学. 分析化学(上册)[M]. 第六版. 北京: 高等教育出版社, 2016.

[10] 谭丽菊. 化学海洋学实验[M]. 青岛: 中国海洋大学出版社, 2018.

[11] 朱明华, 胡坪. 仪器分析[M]. 第四版. 北京: 高等教育出版社, 2011.

[12] 国家质量监督检验检疫总局. GB 17378.4 海洋监测规范第 4 部分: 海水分析[S]. 北京: 中国标准出版社, 2007.

[13] 国家质量监督检验检疫总局. GB/12763.7 海洋调查规范第 7 部分: 海洋调查资料交换[S]. 北京: 中国标准出版社, 2007.

[14] 杨荫. 硫化氢的测定方法研究进展[J]. 四川生理科学杂志, 2013, 35(4): 181-183.

[15] 林奇, 陈立奇, 林红梅, 等. 离子色谱-电感耦合等离子体质谱联用测定海水中的 IO_3^-和 I^-[J]. 台湾海峡, 2010, 29(1): 135-139.

[16] 李静, 万萍, 杨淑海, 等. 氢化物-原子荧光法测定海水痕量硒及其形态[J]. 青岛海洋大学学报(自然科学版), 1999, S1: 142-148.

[17] Kristen M, Teresa L A, Philippe V C. Selenium in buoyant marine debris biofilm[J]. Marine Pollution Bulletin, 2019, 149: 110562.

[18] 姚林波, 高振敏, 龙洪波. 分散元素硒的地球化学循环及其富集作用[J]. 地质地球化学, 1999, 27(3): 62-67.

[19] 薛文平, 尤飞, 杨大伟, 等. 影响氰化物在海水中降解因素的研究[J]. 黄金, 2011, 10(32): 55-57.

[20] 姚竞芳, 袁 涛, 敖俊杰, 等. 适用于快速远程检测海水中氰化物的方法研究[J]. 海洋科学, 2018, 11:24-28.

[21] 刘训东. 离子排斥色谱法测定海水和脱盐海水中的硼酸[C]. 第十二届全国离子色谱学术报告会论文集, 2008, 149-150.

[22] 朱弋芝, 裘俊红. 浓海水中溴浓度的分析方法[J]. 化工时刊, 2011, 25(1): 32-35.

[23] 董维广. 酚红分光光度法测定含碘水体中的溴离子[J]. 安徽农业科学, 2008, 36(9): 3495-3498.

[24] 孙红英. 海水中微量氟的测定[J]. 广东有色金属学报, 2002, 12(1): 68-71.

[25] 高玲, 杨元, 周荣芬. 端视 ICP-AES 法测定海水中微量碘[J]. 中国卫生检验杂志, 2006, 16(1): 59-61.
[26] 林新华, 李春艳, 陈革林. 微分脉冲极谱法测定海水中的碘[J]. 福建医科大学学报, 2001, 35(2): 180-183.
[27] 墨淑敏, 梁立娜, 蔡亚岐, 等. 高效阴离子交换色谱-紫外检测器联用测定海水中碘[J]. 岩矿测试, 2006, 25(2): 122-124.
[28] 葛丽萍. 电感耦合等离子体质谱发展现状[J]. 盐科学与化工, 2019, 48(3): 9-11.
[29] Liss P S, Hering J R, Goldberg E D. Iodide/iodate system in sea water as a possible measure of redox potential[J]. Nature Physical Science, 1973, 242: 108-109.
[30] 侯静, 弓振斌, 郭旭明, 等. 流动注射-氢化物发生-非色散原子荧光光谱法直接测定海水中的砷(Ⅲ)和砷(Ⅴ)的研究[J]. 分析试验室, 2000, 19(6): 13-16.
[31] 申屠超, 林奇, 雷超, 等. 双阳极电化学氢化物发生原子荧光光谱法测定海水中的砷[C]. 2010 年全国科学仪器自主创新及应用技术研讨会论文, 2010, 2(2): 132-134.
[32] 李业燕, 彭梦微, 邓元秋. 原子荧光法测定海水中砷方法的改进[J]. 环境与发展, 2020, 32(5): 122+124.
[33] 郭敬华, 李璟, 王水锋. 氢化物发生-原子荧光光谱法测定海水中的砷[J]. 分析试验室, 2009, 28: 307-308.
[34] 姚庆祯, 张经, 于志刚, 等. 海水中 Se 的分析方法[J]. 海洋环境科学, 2000, 19(3): 68-74.
[35] 王真. 异烟酸-吡唑啉酮分光光度法测定海水中氰化物方法改进[J]. 干旱环境监测, 2008, 22(3): 169-171.
[36] 李潇, 刘书明, 王秋璐, 等. 海水金属元素的形态分析[C]. 2016 中国环境科学学会学术年会论文集, 2016, 4: 4877-4881.
[37] 曾现忠. 固态离子选择性电极检测体系的构建及其在海水钾、钙分析中的应用[D]. 烟台: 中国科学院大学(中国科学院烟台海岸带研究所), 2017.
[38] 于美波, 刘丽, 赵涛涛, 等. 海水中重金属检测方法研究及治理技术探索[J]. 科技展望, 2015, 25(07): 117.
[39] 王玉红, 王延凤, 陈华, 等. 海水中重金属检测方法研究及治理技术探索[J]. 环境科学与技术, 2014, 37(S1): 237-241, 362.
[40] 360 百科. 叶绿素[OL]. https://baike.so.com/doc/2870698-3029319.html.
[41] 胡辉, 谢静. 叶绿素 a 在监视赤潮和评价水环境中的应用[J]. 环境监测管理与技术, 2001, 5: 43-44.
[42] 张正斌. 海洋化学[M]. 第五版. 青岛: 中国海洋大学出版社, 2018.
[43] 朱明华, 胡坪. 仪器分析[M]. 第四版. 北京: 高等教育出版社, 2011.

第 4 章　海洋微生物的测定方法

4.1　海水中微生物分析的意义和特点

微生物在生物地球化学循环中扮演着重要的角色，它们通过参与自然界中各种物质和能量的传递、循环来影响生物地球化学循环，可以说微生物是整个生态系统的基石。海洋在地球上的总面积约为 3.6 亿 km^2，占地球表面积的 71%，为微生物提供了一个巨大而又多变的栖息地，包括从河口、红树林、珊瑚礁到宽阔大洋等，使微生物成了海洋中最为丰富的生物类群[1]。

广义的海洋微生物定义为：来自（或分离自）海洋环境，其正常生长需要海水，并可在寡营养、低温条件（也包括在海洋中高压、高温、高盐等极端环境）下长期存活并能持续繁殖子代的微生物均可称为海洋微生物；而陆生的一些耐盐菌或有些广盐的种类，在淡水和海水中均可生长，则称之为兼性海洋微生物。海洋中的绝大多数微生物都未获得纯培养，海洋环境中的微生物能在实验室条件下培养的还不到 1%，因此传统的微生物学分离培养方法远远无法代表海洋中存在的微生物多样性及其所代表的真实类群[2]。至今，海洋中大部分微生物属于未知类群，并且绝大多数的微生物尚处于不可培养状态。现代海洋微生物是指以海洋水体为正常栖居环境的一切微生物，主要包含细菌、古菌、真菌、微藻等多种类群，物种数大约为 2×10^8～10×10^8 个[3]。

海洋微生物有巨大的多样性，而且它们的活动对海洋生态系统有非常重要的作用。随着更多的科学家加入这个领域以及海洋微生物学基础知识的增加，海洋微生物将在环境治理、人类健康及经济利益方面有越来越多的应用。在海洋环境中，海洋微生物以其在海洋中的特殊地位和作用，引起众多海洋相关学科学者的重视，已逐渐成为海洋科学研究中多学科的重要交叉点[2]。

从药物研发的角度看，海洋微生物是海洋药物研究开发的新资源领域，具有巨大的开发潜力，一是随着陆地微生物资源中发现难度的增大，从中获得新的生物活性物质的概率大幅度降低，而从海洋环境（如海水、海洋沉积物）和海洋生物体中分离得到的微生物，能够产生与陆地微生物结构一致或者相似的代谢产物，甚至有时可获得在陆地微生物中未曾见过的特异结构化合物，显示了海洋微生物的巨大潜力；二是海洋微生物可经发酵处理，获得大量的发酵产物，具有原料充沛、不会破坏生态平衡、易于实现产业化等特点，且更易利用基因工程技术获得新的高产菌株，因此海洋药源微生物资源优于其他的海洋药源，对海洋微生物的研究开发是可持续发展的，具有广泛的商业应用前景[4]。

另一方面，随着海洋经济的快速发展和沿海地区城市化进程的加快，城市生活污水、医院污水、工农业及养殖业废水大量进入近岸海洋环境，使近岸海洋生态环境安全越来越受到一些病原微生物的威胁。海洋环境中的病原微生物一般有：弧菌、革兰阳性菌、真菌、沙门氏菌、大肠埃希菌、金黄色葡萄球菌等，主要来源于未经消毒处理的人畜粪便排泄物、城市生活及医院污水、工农业及养殖业废水等。人们如果直接接触了这些病原微生物污染的海水，就有可能爆发腹泻、发烧、食物中毒等疾病，严重危害公众健康。因此，海洋环境中病原微生物快速检测技术开发，对了解海洋微生物、疾病防控、提高公共卫生水平具有重要意义[5]。

鉴于不同学科的区别，本章的后面部分主要介绍一些已被培养研究的主要细菌类及其分析方法，除了主要挖掘文献资料提供的与分析化学相关的方法，兼有一些分子生物学分析方法作为补充介绍，旨在为海洋微生物的分析鉴定提供较全面的信息。以下，主要从分析化学的角度，对海水中微生物的种类和鉴定分析进行分别叙述。

4.2　海洋细菌的分类和测定意义

海洋细菌具有多样性的特点，按照《伯杰氏系统细菌学手册》第二版，基于 16S rDNA 序列基础上的细菌域进化谱系树，细菌域分为 23 个门，这些门中又有一些主要分支，多数分支的代表种类都能在海洋环境中发现，主要包括：产液菌门、热袍菌门、绿色非硫细菌(绿屈挠菌门)、螺旋体门、绿菌门、黄杆菌纲(拟杆菌门)、嗜纤维菌属、浮霉菌门、疣微菌门、蓝细菌门、革兰阳(阴)性菌、变形菌门等[2]。以下，对主要的海洋细菌进行分别介绍[2]。

第一大类为不产氧的光合细菌：按照《伯杰氏鉴定细菌学手册》第二版(2005)中的分类系统，不产氧的光合细菌分属变形菌门(α-、β-和 γ-变形菌纲)、绿菌门、绿屈挠菌门和厚壁菌门的 17 个科、70 余属。其中，一些有光合作用的变形菌门的细菌通常被称为紫色细菌，主要为紫硫细菌和紫色非硫细菌；广泛分布于海藻、植物和动物的表面以及海岸和大洋水中的悬浮颗粒上的 α-变形菌纲中的好氧光合细菌，主要为玫瑰杆菌属和赤杆菌属；通常存在于潮间带的泥滩、微生物垫以及沉积物中的绿硫细菌，这类细菌生长时产生的元素硫分泌到细胞外而不是沉积在细胞内。绿硫细菌不仅含菌绿素 a，而且含菌绿素 c、d 和 e。

第二大类为产氧的光合细菌——蓝细菌，在海洋环境中，蓝细菌存在于浮游生物、海冰和表层沉积物中，另外也存在于无生命物体表面的微生物垫以及藻类和动物组织中。尽管在海洋环境中有许多类蓝细菌，但是在世界各地的海洋中含量最高的两个属是原绿球蓝细菌属和聚球蓝细菌属。这些蓝细菌通过光合作用固定二氧化碳，是碳循环的主要贡献者，为海洋食物链提供 15%～40%的碳源。一些海洋蓝细菌在培养时需添加 NaCl 和其他海盐才能生长，另一此种类则可以耐受不同的盐度。

第三大类为化能自养菌：化能自养细菌的能源来自无机物氧化所产生的化学能，碳源是 CO_2(或碳酸盐)。它们可以在完全无机的环境中生长繁殖。这类微生物包括硝化细菌、硫细菌、铁细菌和氢细菌等。其中，海洋中的硝化细菌存在于悬浮颗粒和沉积物的上层，包括亚硝化单胞菌属和亚硝化球菌属(将氨氧化为亚硝酸盐)、硝化杆菌属和硝化球菌属(将亚硝酸盐氧化为硝酸盐)。硫杆菌属是海洋环境中最常见的属，能利用 H_2S、元素硫或硫代硫酸盐作为电子供体，这些细菌通常是严格好氧菌，常分布在海洋硫含量丰富的沉积物顶部几毫米处，主要包括丝状细菌，如贝氏硫菌属、发硫菌属和卵硫菌属；辫硫菌属和珍珠硫菌属是硫氧化性光能自养菌，主要存在于无氧沉积物中；纳米比亚珍珠硫菌是目前最大的原核生物之一，在纳米比亚的沿海沉积物中含量很高，以丝状形式存在。氢氧化性细菌，通常存在于沉积物和悬浮颗粒中，可以将氢气作为电子供体，而以氧气作为电子受体，主要有变形杆菌属、产碱杆菌属、假单胞菌属和雷尔氏菌属。好氧性嗜甲烷菌和甲基营养菌广泛分布于沿岸和大洋海域，尤其是在海洋沉积物的顶层，在该处它们利用厌氧性产甲烷古菌所产生的甲烷而生长。甲基营养菌能利用一碳化合物(C_1)作为碳源和电子供体。一碳化合物中最重要的是二甲巯基丙酸盐(DMSP)，对地球生物化学过程非常重要。在不同系统发生的许多种细菌都可进行这个过程，包括常见的异养菌如弧菌属和假单胞菌属。

第四大类为变形菌门细菌，主要包括：假单胞菌属、交替单胞菌。假单胞菌属(通常在土壤和植物材料中发现，有的还是人类的病原菌)可从近岸海水中分离得到，很可能不是土著的海洋细菌。然而，许多生长需要盐、生理特性与假单胞菌类似的细菌可从近岸或大洋海水中分离出，且与海洋植物和动物相关。其中交替单胞菌属和希瓦氏菌属可能是最常见的。交替单胞菌经常可用海洋琼脂平板(marine agar)分离得到，而且因为能产生各种各样的色素，其菌落呈现鲜明的颜色而容易识别。由于在用培养方法进行的调查中交替单胞菌经常占优势，因此推测它们在异养的营养素循环中起主要作用。希瓦氏菌属通常可从海藻、贝类、鱼和海洋沉积物的表面分离得到，有一些是极端嗜压种类。希瓦氏菌的代谢作用具多样性，能利用包括 Fe^{2+}在内的多种化合物作为电子受体。有的种类可以引起鱼的腐败。

第五大类为肠杆菌科，它是 γ-变形菌纲中一个较大的且定义明确的科，主要包括埃希菌属、沙门氏菌属、沙雷氏菌属和肠杆菌属。肠杆菌可从陆源污染的近岸海水中分离出来，另外也可在鱼和海洋哺乳动物的肠道中被发现。除此之外，肠杆菌并不被认为是土著的海洋种类，它们在海洋环境中的重要性是可被用作粪便污染的指示菌。

第六大类为弧菌科，作为 γ-变形菌纲的成员，在海洋环境中是最常见的细菌类群之一，广泛分布于近岸及河口海水、海洋生物的体表和肠道中，是海水和原生动物、鱼类等海洋生物的正常优势菌群。弧菌是目前研究最多、了解较为清楚的海洋细菌，其分类学研究进展较快，被研究和描述的弧菌种类也越来越多。弧菌科中，除弧菌属（63 个种）外其他比较突出的海洋菌属包括发光杆菌属（7 个种）、格瑞蒙特菌属（1 个种）、肠道弧菌属（1 个种）和盐弧菌属（1 个种）。原归入弧菌科的气单胞菌属移出弧菌科，单独设 1 个科——气单胞菌科；邻单胞菌属移入肠杆菌科。气单胞菌属通常被认为是淡水种类，杀鲑气单胞菌比较特殊，是海水和淡水养殖的鲑鱼和虹鳟鱼的主要病原菌。海洋弧菌具有丰富多样的生理生化机能，对海洋生物和海洋生态系统可能会产生重要影响，如有些海洋弧菌具有致病性、发光现象、固氮作用及降解几丁质和琼脂等复杂多糖类的能力[2]。

已知能感染鱼类或人类、造成病害的病原性海洋弧菌不少于 20 种。其中能同时感染人类引起疾病者超过 10 种，但以霍乱弧菌、副溶血弧菌和创伤弧菌三者最为重要，对人类危害较大。霍乱弧菌一旦经由受污染的食物和饮水进入人体，附着在人体肠道上皮组织，则会分泌一种称为霍乱毒素（cholera toxin，CT）的内毒素，这种内毒素可引起病人发生严重的水样腹泻，甚至死亡。副溶血弧菌可产生 TDH（thermostable direct hemolysin）和 TRH（TDH related hemolysin）两类溶血素，能引起感染病人罹患胃肠炎，出现下痢、反胃、呕吐、腹绞痛、头痛和轻度发烧等现象。创伤弧菌曾被称为海水弧菌、嗜盐弧菌、乳糖阳性弧菌、嗜盐性非霍乱弧菌、EF-3 菌群等，是唯一易于经由外伤感染人体的海洋弧菌，目前世界上大部分沿海国家都有创伤弧菌感染的病例报道。感染创伤弧菌可引起水泡、红肿发炎，甚至形成蜂窝组织炎和败血症，而一旦出现败血症，其死亡率高达 50%以上；除了可导致原发性创伤弧菌性败血症和创伤感染外，还可导致创伤弧菌性肺炎和腹膜炎等[2,6]。

第七大类为发光弧菌，发光细菌在海洋系统中很常见，它们在海水中自由生活、存在于有机物碎片上、在许多海洋动物的肠道中共栖并作为发光器官的共生菌。最常见的种类是明亮发光杆菌、鲍发光杆菌、费氏弧菌、哈维氏弧菌和火神弧菌，另外还有羽田希瓦氏菌和伍迪希瓦氏菌两种非海洋弧菌。另外，海洋弧菌中的霍乱弧菌、地中海弧菌、东方弧菌、灿烂弧菌、杀鲑弧菌和创伤弧菌等多种的少数分离株，也有的被检测出具发光能力[2]。

第八大类为螺旋菌，主要包括三种：海洋螺菌属、趋磁细菌和蛭弧菌属。海洋螺菌属，又称螺菌，16S rDNA 分析显示，这个属中的某些种类可能属于 β-变形菌纲中另外的谱系。海洋螺菌多为好氧菌，但也有些是厌氧的或微好氧的，而且能运动，毫无疑问在海水营养素的异养循环中起着非常重要的作用。趋磁细菌是一类能够沿着磁力线运动的特殊细菌，广泛存在于盐沼和其他的海洋沉积物中。且分布于多个菌属，最常见的有水螺菌属、趋磁螺菌属和趋磁细菌属等。蛭弧菌属是 δ-变形菌纲中的一类细小的螺旋形细菌，其与众不同的特性在于可捕食其他的革兰阴性菌，广泛分布于海洋环境中，尽管还不了解其全部的生态作用，但它可能在控制其他细菌的数量上有重要意义[2]。

第九大类为变形菌门中的硫和硫酸盐还原细菌，大多数硫和硫酸盐还原细菌（sulphate reducing bacteria，SRB）的成员被归入 δ-变形菌纲，它们的活性在缺氧海洋环境的硫循环中非常重要。从海洋沉积物中已经分离出了大量的 SRB，并依据形态学和生理生化特征以及 16S rDNA 对它们进行了分类。目前已记载的菌超过 25 种（它们也存在于土壤、动物肠道和淡水生境）[2]。

第十大类为革兰阳性菌，革兰阳性细菌中有两个大的分支，即厚壁菌门和放线菌门。厚壁菌门中芽孢杆菌属和梭菌属含有许多不同的种类，并以土壤腐生菌而闻名，但它们也是海洋沉积物中的主要菌群。有些种类因为最初是从海洋沉积物中分离出来而被命名，如海洋芽孢杆菌。目前对于它们的丰度和分布仍知之甚少，在海洋中可能还有许多种类有待发现[2]。

革兰阳性菌主要包括以下四种：

① 芽孢形成菌（芽孢杆菌属和梭菌属）。芽孢杆菌属一般是好氧的，但梭菌属是严格厌氧的。梭菌属在无氧海洋沉积物的分解和氮循环中起主要作用。肉毒梭菌可在鱼类产品中产生毒素。

② 其他的厚壁菌门细菌，比如：葡萄球菌属、乳杆菌属和李斯特菌属是好氧或兼性厌氧、接触酶阳性的球菌和杆菌，有典型的呼吸代谢。它们可能成为鱼类加工后腐败和食物中毒的重要因素。海豚葡萄球菌和另外一些种类是温水鱼的重要病原菌，鲑肾杆菌是鲑鱼的专性病原菌。

③ 费氏刺骨鱼菌，是已知最大的细菌之一，其体积是大多数海洋细菌的上百万倍，最初发现于大堡礁和红海的食草棘鱼消化道中的共生生物。

④ 放线菌门，包括分枝杆菌和放线菌。分枝杆菌是生长缓慢、好氧性的杆状细菌，作为腐生菌广泛分布于沉积物、珊瑚、鱼类和海藻的表面。有些种类如海分枝杆菌是鱼类和海洋哺乳动物的病原菌，而且能够传染给人类；而放线菌及其相关属是细菌中较大的和变化多样的类群，广泛分布于海洋沉积物中。一些制药公司正在调查海洋放线菌的多样性，并在鉴定一些有生物工程学潜在价值的独特化合物[2]。

第十一大类为噬纤维菌属-黄杆菌属-拟杆菌属组，此组的细菌形态多样，是好氧或兼性厌氧的化能异养菌，它们均归入细菌域的一个主要分支——拟杆菌门。该门的许多重要属，如噬纤维菌属、黄杆菌属、拟杆菌属、屈挠杆菌属和食纤维素属是多元的。基于对 *gryB* 基因的分析，最近建立了一个新属，即附着杆菌属，主要包括以前属于屈挠杆菌属的海洋种类。有些种类对鱼类和无脊椎动物有致病性。许多种类有嗜冷性，通常可在冷水的海洋生境和海冰中分离出来。拟杆菌属的正常生长环境是哺乳动物的消化道，它们也可能存在于污染的水体中，并可在海洋中持续生存很长时间[2]。

第十二大类为深度分支的极端嗜热菌，主要包括产液菌属和热袍菌属两类。产液菌属中的如嗜火产液菌和风产液菌是极端嗜热菌(最高生长温度可达 95℃)，也是化能自养菌，它们在海洋热液喷口处的初级生产力中起主要作用。这些细菌的极端嗜热特性在生物工程学领域应用前景较好。热袍菌属细菌革兰染色呈阴性，广泛分布于地热区域并存在于浅海和深海的热液喷口处，不同菌种的最适生长温度也不同，极端嗜热种类如海栖热袍菌和那不勒斯热袍菌的最适生长温度从 55℃到高达 80～95℃，它们为发酵型的、厌氧的化能异养菌，能利用多种碳水化合物，也能固氮，并将元素硫还原为 H_2S。与产液菌属一样，热袍菌属在生物工程方面也有相当大的应用潜力[2]。

4.3　海洋古菌的分类和测定意义

在海洋环境中，古菌的丰度很高且种类众多。目前，人们把古菌域的系统发生树分为 4 个主要分支(门)，即广域古菌门、泉生古菌门、初生古菌门和纳米古菌门，主要包括：甲烷嗜热菌、极端嗜盐菌、甲烷球菌属、火叶菌属、热网菌属等。

早期一直认为海洋古菌只生存于海洋极端生境(高温、高盐、厌氧等)中。20 世纪 90 年代开始，人们发现古菌广泛分布于大洋、近海、沿岸等非极端环境海域，它们在海洋超微型浮游生物中占相当比例，对海洋生态系统具有举足轻重的作用。此外，还发现在海洋生物体内也存在与之共生的古菌。根据海洋古菌的研究现状，介绍广域古菌门和泉生古菌门的主要菌类[2]。

第一分支为广域古菌门，主要包括以下菌类：

① 产甲烷菌一般是嗜温菌或嗜热菌，可以从动物消化道、缺氧沉积物和腐烂物等很多地方分离得到。嗜热产甲烷菌也是海底热液喷口处微生物群体的重要组成部分。产甲烷古菌是无氧海洋沉积物中产生大量甲烷的主要原因，其中很多甲烷以甲烷水合物的形式被隔绝了几千年。甲烷水合物作为未来的能量来源，对全球具有重要意义。甲烷的去向也是非常重要的，因为它作为温室气体将影响着气候变化。极端嗜热古菌——詹氏甲烷球菌已被公认为海底热液喷口菌群中的最重要成员之一，是热液喷口处地球化学活动产生的 H_2 和 CO_2 的初级消费者。

② 嗜热化能异养菌——热球菌属和火球菌属。热球菌是运动性很强的、专性厌氧的化能异养球菌，能分解复杂的底物如蛋白质和碳水化合物，并以硫为电子

受体。其最适生长温度为 80℃。激烈火球菌的性质与热球菌属相似，但其最适生长温度为 100℃，最高生长温度可达 106℃。两种菌均由于有潜在的生物工程方面的价值而被深入研究。

③ 极端嗜热的硫酸盐还原菌、铁氧化菌——古球状菌属和铁球状菌属，古球状菌也是极端嗜热菌(最适生长温度为 83℃)，发现于热液喷口的浅沉积物处和海底火山口周围，也出现在储油层中，并引起北海和北极油田提取的原油发生硫化物的“酸化”。铁球状菌属的成员也发现于热液喷口处，它们虽然不能还原硫酸盐，但却是能进行铁氧化和硝酸盐还原的化能自养菌。

④ 极端嗜盐菌：分布于盐湖中，生活在 NaCl 浓度大于 9%的环境中，其中有很多种类竟能生活在饱和的 NaCl 溶液(35%)中。当 NaCl 浓度达到 11%后，细菌种类与沿海海水中的相似(大多数海洋细菌是中度嗜盐菌)，而古菌的种类则很稀少。然而，当 NaCl 浓度超过 15%时，可培养的古菌如盐红菌属、盐杆菌属、盐球菌属和盐几何菌属则变为优势菌种，还含有一些先前未鉴定基因序列的古菌。

第二分支为泉生古菌门，大多数已被培养的代表菌种是从陆地温泉中发现的，但其他一些种类则发现于海底热液喷口处。它们在代谢中可利用的电子供体和受体范围很广，或者营化能自养，或者营化能异养，大多数是专性厌氧菌。泉生古菌并不仅生存于高温环境中，在海洋中到处都有泉生古菌门的成员。人们不仅在南极水域和海冰中发现了古菌的基因序列，而且发现泉生古菌门在深海水体中也有着丰富的生命形式，这使人们从根本上对海洋原核生物的多样性和生态学进行了重新评价。

泉生古菌门主要包括极端嗜热菌——脱硫球菌目，从浅海和深海热液区分离到的若干菌种都属于脱硫球菌目，属于专性厌氧球菌。比如：延胡索酸火叶菌是已知的生长温度最高的生物(113℃)之一(目前已知古菌最高生长温度是 121℃)，发现于热液喷口处的黑烟囱壁上。在这种非常极端的环境下，它很可能是初级生产力的重要来源。其他的脱硫球菌有：火球菌、热棒菌属、海生葡萄嗜热菌等[2]。

4.4 海洋真核微生物的分类和测定意义

海洋真核微生物主要包括海洋原生生物和海洋真菌。海洋真菌是一类具有真核结构、能形成孢子、营腐生或寄生生活的海洋生物，主要包括海洋酵母(yeast)和海洋霉菌。所有真菌都是腐生或寄生营养的，从环境或宿主中吸收营养，而没有光合作用或吞噬作用。海洋真菌在特殊的生存环境下生命力强，不仅具有特殊的代谢途径和防御体制，还能够产生大量结构新颖、功能丰富的次生代谢物，已成为研发新型药物先导化合物的热点[7]。

以下从海洋真核微藻和海洋真菌两个方面做介绍：

海洋真核微藻属于海洋原生生物的一种，简称海洋微藻，海洋中的微藻是海洋初级生产力的主要提供者，它们能够吸收光能，利用海水中的氮磷等营养盐将无机碳转化为有机碳，并通过食物链为整个海洋系统的摄食者提供能量，是整个海洋生态系统食物链的基础，也是生态系统的能量基础。

海洋真核微藻主要包括：

① 硅藻：硅藻是数量最多的原生生物类群之一，已描述过的生活在淡水和海水中的种类已超过 1000 种[2]。在某些近岸富营养水域，硅藻被认为是海洋浮游植物的最主要成员，是初级生产力的主要贡献者。大多数硅藻作为浮游生物自由生活，但是有些硅藻附着在海洋植物、软体动物、甲壳动物和大型动物表面。大多数硅藻是没有毒性的，但拟菱形藻属能产生一种毒素叫多摩酸，多摩酸可导致吃贝类的人得病，或者造成海洋哺乳动物和海鸟的死亡。

硅藻是温水区大陆架春季赤潮和营养上升流区季节性赤潮的主要成因。决定硅藻赤潮大小的主要因素是营养物质。对硅藻来说，硅的存在(以硅酸的形式)在硅藻的生长过程中是一个至关重要的因素，其主要用来形成硅质壳体，二氧化硅的浓度是一个限制因素，大多数硅藻在低于 2μmol/L 的二氧化硅浓度中不能生长。有些种类的硅藻能产生高二氧化硅含量的壳，在某些水域，如南极绕极流，这层壳在硅藻沉降时有很强的抗水解性能。赤潮发生之后，一般伴随的是营养物的耗尽以及硅藻的聚集和下沉。研究硅藻生物量和沉积物的动态变化，有助于理解海洋在从大气中转移 CO_2 的作用，以及全球变暖对地球化学循环的影响，对了解海洋的生物地球化学循环非常重要；化石硅藻对石油勘探有关的地层鉴定及古海洋地理环境的研究也有重要的参考价值。

② 球石藻类：属于定鞭藻门，通常也称为普林藻，它们是大洋中浮游植物的主要组分，大多数种类是海洋产生的，广泛分布在世界各个海域，尤其在热带海域中具有最显著的多样性和丰度。球石藻中被了解最清楚的是赫氏颗石藻，因其在全球碳循环中的重要作用而被深入研究，它是全球最大的碳酸钙生产者，因此是 CO_2 的主要沉降者。另外，它在二甲基硫(DMS)的产生过程中发挥着重要作用，二甲基硫的过量产生也会影响鱼类的迁徙行为，这对全球气候也有重要影响。

③ 甲藻：又称沟鞭藻，现在已知的甲藻至少有 2000 种，其中许多生活在海洋中。甲藻在传统上被认为是光合型的，它们在 CO_2 固定和海洋初级生产力的贡献上作用重大；有些甲藻可以摄食各种大小的浮游植物和细菌，以及浮游动物的卵、幼虫，甚至鱼类，因此它们对食物网有非常重要的影响。光合型甲藻含有叶绿素 a、叶绿素 c、β-胡萝卜素和叶黄素。叶黄素使很多光合型甲藻呈现典型的金黄褐色，因而产生动物黄藻的命名。

甲藻在适宜条件下(营养盐、光照、温度、海流等)，会在短时间内大量增殖，消耗水体中的溶解氧，甚至产生一些有害毒素，破坏海洋生态系统的结构功能和稳定性，使海洋生态系统向不利于人类的方向发展，这种微型生物(浮游植物、原生动物或细菌)暴发性增殖或高度聚集并达到一定密度而令海水变色(一般为红色)的有害生态现象被称为赤潮(red tide)，也可称为有害藻华(harmful algal blooms，HABs)。虽然赤潮在严格意义上来说是一种自然现象，但近几十年随着世界各地经济的迅速发展，大量营养盐排入海洋，导致赤潮的频度、强度和地理分布都迅速增加，目前已经被列入我国海洋灾害公报的必报项目之中。在赤潮发生和消亡过程中，水体中溶解氧、pH 和营养盐等环境因子显著变化，各种海洋生物的生存环境遭到破坏，海洋生态系统失衡恶化，渔业资源和海产养殖业受损[8]。

赤潮可分为有毒赤潮和无毒赤潮两类。有毒赤潮是指一些能够产生赤潮毒素的微藻的暴发，这些微藻产生的毒素也会污染水体，最终通过食物链进入人体，导致人类因食用含有赤潮毒素的鱼类、贝类而食物中毒；无毒赤潮虽不产生赤潮毒素，但其暴发时能够产生较高的藻密度，高密度的微藻会对游泳动物和滤食性贝类造成机械损伤并改变环境因子，如导致水体缺氧、氨和硫化氢等有毒物质含量升高等，对海洋生态系统造成不利影响。有毒赤潮的暴发对海洋生态环境、海水养殖业及水产品的食品安全等都构成了严重的威胁，因此，加强对海洋赤潮毒素的分析和监测十分必要[8]。

甲藻是形成有害藻类水华的最重要类群，最常见的甲藻种有夜光藻、塔玛亚历山大藻、海洋原甲藻、微小原甲藻、短裸甲藻、链状裸甲藻、米氏裸甲藻和叉状角藻等。有些甲藻产生的毒素还会在贝类和鱼类体内积累，使人类和海洋动物致病或死亡[2]。另外，甲藻可以用作生物发光和生物钟。近岸海水中发现的甲藻有约 2%是生物发光的，比如夜光藻属和膝沟藻属。甲藻发出的光常常是闪亮的蓝绿光(波长约 475nm)；包含 108 个光子，持续约 0.01s。膝沟藻也能发红光，波长为 630～690nm。

根据海洋藻毒素的化学性质，可将其划分为“八大类”，主要包括：扇贝毒素(pectenotoxins，PTX)组、环亚胺类毒素(cyclic imine，CI)组、虾夷扇贝毒素(yessotoxin，YTX)组、氮杂螺环酸(azaspiracid，AZA)组、大田软海绵酸毒素(okadaic acid，OA)组、短裸甲藻毒素(brevetoxin，BTX)组、软骨藻酸(domoic acid，DA)组和石房蛤毒素(saxitoxin，STX)组，其中前 6 类属于脂溶性藻毒素(lipophilic marine algal toxins，LMATs)，后 2 类属于水溶性藻毒素(hydrophilic marine algal toxins，HMATs)[9,10]。

④ 海洋真菌：在已知的近 10 万种真菌中，海洋真菌仅有 500～1500 种。随着近年来对海洋微生物的日益重视，不断有新的海洋真菌被分离和鉴定，因此海洋真菌的总数在不断增加。据估计，海洋真菌已有 6000 种以上。已分离的海洋真菌多属于子囊菌纲、半知菌纲、担子菌纲、壶菌纲和卵菌纲等。在这些类群中，

又以子囊菌纲和半知菌纲居多。子囊菌纲主要生长在海洋漂浮木上，半知菌纲因其成员的生活史中尚未发现有性阶段而得名，海水、海洋沉积物、海洋动物和海洋藻类中均有分布。少数种类是海洋低等动物和海藻的致病菌；有些种类能导致食品腐败以及原料、器材的腐蚀或变质，在海岛等潮湿地域尤为严重；不少种类的代谢产物可产生抗生素、有机酸和酶制剂，是重要的工业真菌和医药真菌，也是国内外开发海洋真菌的重点。

海洋真菌与海洋细菌一样，也存在嗜压和嗜冷的类型。海洋真菌广泛分布于海洋环境中，从潮间带高潮线或河口到深海，从浅海沙滩到深海沉积物中都有它们的踪迹。海洋酵母适应海洋中生长控制因素(如渗透压、静水压、温度、酸碱度或氧张力等)的能力较强，因此在海滨、大洋及深海沉积物中都能分离到它们，但其数量较细菌少，在近岸海域中仅为细菌的 1%。丝状真菌的生长要求有适宜的基物作为栖生场所，因此多集中分布在沿岸海域，它们在海洋中不如细菌和酵母常见。其他一些真菌栖息地则包括河口淤泥及藻类、珊瑚和沙子的表面以及动物的肠道。

海洋真菌的作用是分解植物组分，如能使低氧环境中的木头、叶子和潮间水草腐烂，一些海洋真菌中能降解纤维素、半纤维素和木质素的酶；盐沼植物和热带红树林中的海洋真菌特别丰富，对其进一步研究也许将揭示更多的新种，这些种类成为新的酶和药物的潜在来源。海洋酵母是一种典型的海洋单细胞真菌，随着海水深度的增加，酵母的丰度越来越低。而且子囊菌纲中的酵母，如假丝酵母属、德巴利酵母属、克鲁维酵母属、甲醇酵母属和酿酒酵母属在浅水中分布较普遍；而担子菌纲的酵母则在深水中最为普遍，如红酵母属在 11000m 的深度仍有发现。海洋酵母的应用主要集中在开发水产养殖饵料方面，如用作活幼虫的替代品和用作有益微生物，另外用于生产燃料酒精或降解渔业废料中的甲壳素以制备单细胞蛋白。海洋地衣通常生活于潮间带的岩石表面。地衣是真菌和藻类或蓝细菌之间建立的一种亲密的互惠共生关系。真菌产生的菌丝体结构使地衣能够牢固地结合在岩石表面，也能产生相容的溶质帮助其获取水分和无机营养物，并从光合作用的藻类得到有机物。海洋真菌也可以通过形成菌根而与盐沼植物形成共生关系。有些真菌是海洋动物(如甲壳类、珊瑚、软体动物和鱼类)或植物(如海藻、潮间带水草和红树根)的病原体，但对其研究得较少[2,4,8]。

4.5　海洋微生物的测定方法

海洋微生物资源丰富，具有物种生物多样性和生物活性物质多样性，但是并非所有海洋微生物都能用人工方法分离培养，由于多种因素所致，能用常规方法分离培养的细菌种类与海洋中客观存在的实际类群数相差甚远，尚不足 1%，

1982 年国内徐怀恕和国外 Colwell 等人提出了细菌“活的非可培养(viable but non-culturable，VBNC)状态”的概念，是指某些细菌处于不良环境条件下，其整个细胞常缩小成球形，用常规培养基在常规条件下培养时不能使其繁殖，细菌呈休眠状态，但它们仍然具有代谢活性，是细菌的一种特殊存活形式[2]。

对海洋细菌的定性分类与鉴定技术，传统鉴定方法需从形态、生理生化特征等方面进行数十项试验，才能将细菌鉴定到种，工作量大，花费时间长。因此，从 20 世纪 70 年代起国外开始实行成套的标准化鉴定系统和与之相结合的计算机辅助鉴定软件，使细菌鉴定技术日益朝着简便化、标准化和自动化的方向发展，常见的鉴定系统有 API 系统、BIOLOG 系统、MIS(MIDI)系统、Enterotube 系统、PhP 系统、VITEK 系统等[2]。目前实验室采用的较为可靠的方法是 16S rDNA 分析，16S rDNA 序列分析技术是分子生态学领域的一项重要技术，可以在不对微生物进行纯化培养的情况下对其进行全面的研究，利用 16S rDNA 的原位核酸杂交和 PCR 技术甚至可以在原位对特定的污染环境或污染处理系统中的微生物进行检测和分类鉴定，并进一步对微生物群落的结构和功能进行研究，目前已被广泛应用于微生物的分类、鉴定以及微生物的群落研究[11]。多位点序列分析技术(multilocus sequence analysis，MLSA)是近年来发展的用于评估不同细菌菌种的亲缘关系与分类地位的新方法，通过对细菌的多个看家基因进行序列分析，从序列的变化研究菌株间的进化关系，可对细菌菌株进行多样性的比较与分型。而看家基因作为蛋白质的编码基因，其所固有的遗传密码子具有简并性，使得 DNA 序列可以发生较多替换而不改变氨基酸序列，故适用于菌种间的区别和鉴定，比如对弧菌科细菌、分枝杆菌(*Mycobacteria*)、乳酸菌(*Lactobacillus*)、假单胞菌(*Pseudomonads*)、螺旋体(*Borrelia*)以及剑菌属(*Ensifer*)等的分类分型研究[12]。

传统的定量检测方法主要有显微镜直接计数法、培养计数法及细菌活性物质的生物化学测定法等。由于海洋环境中细菌的代谢类型多种多样，如自养菌、异养菌、好氧菌和厌氧菌等，可针对某一代谢类型设计不同的培养基，测定某一类细菌的生物量。显微镜直接计数法及基于细菌活性物质的生物化学测定法等可测定所有细菌的生物量，但却不能区分细菌的种类或代谢类型，也不能区分死菌和活菌。在显微镜直接计数法的基础上，又发展了活菌直接镜检计数法。现在可利用分子生物学技术 DNA 杂交和 PCR 技术进行海洋细菌的检测和生物量的测定，尤其是定量 PCR 技术的发展，可实现快速、定量检测某一类细菌，并且海洋细菌的检测方法多种多样，每种检测方法各有其优缺点和适用的范围，因此可根据不同条件和研究目的选用合适的方法[2]。

化学分析方法的建立主要是基于毒素不同的理化性质，采用一系列的仪器进行较为准确的毒素定性和定量测定。近年来，针对海洋多种毒素的不断发现，已有多种方法进行样品前处理和仪器分析方法的建立，主要包括：使用有机溶剂萃取对样品中不同毒素进行薄层色谱分析；使用衍生化试剂对某些毒素进行气相色谱分析或气相色谱-质谱联用分析；利用毛细管电泳联合紫外检测法或毛细管电泳-质谱联用等。而高效液相色谱(HPLC)分析是一种已被广泛应用的经典方法。比如 HPLC 法检测水体中的赤潮毒素，具有灵敏度高、准确度高、结果重复性好、检测毒素种类多等优点，但其特点是在检测过程中不同的毒素需要不同的标准品进行标定，由于目前出售的赤潮毒素标准品价格都很高，故检测赤潮毒素的成本也很大。以上各种方法均因方法本身的特点及经济成本等限制未大量普及使用，而液相色谱法和液相色谱-质谱联用法则是当今应用较为广泛的检测海洋微生物中多种赤潮毒素的仪器分析方法[8-10]。

液相色谱法分析脂溶性藻毒素是基于脂溶性藻毒素紫外吸收较低的性质，先使用有机溶剂对样品中目标藻毒素进行提取和纯化，利用毒素分孔上的特定基团与荧光物质发生衍生化反应形成强荧光性物质，再经色谱分离，然后进行荧光检测。该种方法灵敏度及准确较高，但会受衍生化过程和样品基质等各种不确定因素影响，仍需要用到标准物质而难以进行未知毒素的鉴别和定性。虽然色谱是分离混合物最有效的方法，但主要依靠与标准物对比来判断未知物，难以得到待测物质的准确结构信息；而质谱测定虽要求待测物质的纯度高，但能提供物质的分子量和结构特征等信息。液相色谱-质谱的联用技术结合色谱高效分离和质谱准确测定的优点，已广泛应用于检测样品中特定种类的脂溶性藻毒素或是不同种类的脂溶性藻毒素。

尤其是串联质谱(LC-MS/MS)已经大量应用于很多海洋赤潮毒素的检测中，具有很高的特异性、高选择性和高灵敏性。针对海水和水产品的复杂基质会影响 LC-MS/MS 检测的准确性，可通过样品清理、添加标准物质、基质校正、添加内标、改变色谱条件等方法减少基质的影响。样品清理一般采用液液萃取、固相萃取等方法，在减少基质影响的同时，也可以使毒素浓缩而提高灵敏度；固相萃取一般采用高效、高选择性的吸附剂，根据极性不同可分为正相、反相和离子交换型吸附剂。尽管如此，HPLC-MS 仍是目前国际上比较认可检测海洋赤潮毒素的方法，无论是在不同毒素种类的分离上还是检测的灵敏度上，都优于其他检测方法，但 HPLC-MS 法操作复杂，仪器昂贵，需专人操作，无法完成对赤潮毒素的快速检测和在线检测。

在线固相萃取技术(solid phase extraction，SPE)作为目前最先进的前处理技术之一，是将液体样品直接输送到 SPE 柱富集，然后将化合物用洗脱液洗脱，直接输送到色谱柱进行分离。在线 SPE 技术具有自动化程度高、有机试剂使用量小、样品需要量小，并且仪器重复性好，检出限低，SPE 柱可多次使用等优点，在液体样品中有机化合物的富集研究领域已得到了广泛应用[10]。

另外，对于海水样品中类似藻毒素的微生物的检测分析而言，由于样品中基质的复杂性，发展有效富集的样品前处理方法就显得尤为重要。不同类型的分子印迹聚合物(molecularly imprinted polymers，MIPs)因其良好的选择性、制备简单、优异的机械稳定性和化学稳定性、可重复利用等优点，可作为固相萃取的介质以实现水体中的微生物同步富集净化，再结合高分辨质谱仪用于环境样品中微生物的同步筛查分析，已得到广泛研究和实质性进展[13,14]。

原理上，MIPs 可以从复杂的样品基质中选择性地吸附目标物或其结构类似物，并且具有耐酸碱、可重复利用的特点，是一种理想的固相吸附剂。利用制备的分子印迹聚合物为填料制作固相萃取柱对样品进行固相萃取，这一过程叫作分子印迹固相萃取(molecularly imprinted solid phase extraction，MISPE)。MISPE 可减少海水样品中复杂的基质影响，对海水中的目标污染物进行选择性的富集，降低了检测限，检测的灵敏度得到有效提高。如将制备的分子印迹聚合物用作固相萃取柱填料，结合高效液相色谱仪-质谱仪等技术手段，可从复杂样品中分离纯化目标物质并对复杂体系中痕量组分进行检测，保证检测方法的精密度和稳定性。

分子印迹膜是包含或由分子印迹聚合物组成的一类膜，通过分子印迹聚合物对模板分子/印迹分子的记忆识别性能达到特异性、专一性识别的目的，其分子空间识别能力强，可实现高选择性分离。分子印迹膜色谱与分子印迹微球填充柱相比，当床层体积一定时，膜色谱由于具有更大的表面积，从而有利于获得更高的流速，提高分离效率，且消除了色谱中占主要地位的流动扩散阻力，大大改善了传质效果。但此类方法用于海水实际样品测定的研究不多[14]。

4.5.1　显微镜镜检计数法测定海洋细菌含量

4.5.1.1　吖啶橙直接镜检计数法测定海洋细菌含量

1. 测定原理

吖啶橙直接镜检计数法(acridine orange direct count，AODC)是测定水样中细菌总数最常用的方法之一。其基本原理是利用吖啶橙(acridine orange)分子可以和细菌细胞中的核酸物质特异性结合，在 450～490nm 波长的入射光激发下，吖啶橙与 RNA 或单链 DNA 结合发橙红色荧光，与双链 DNA 结合发绿色荧光而进行定量测定。

一般情况下，在吖啶橙最终浓度为 0.01%时，大约 95%的细菌是发绿色荧光，而其余是发红色或黄色的荧光，但这个比例可依据细菌的生理状态不同而改变。如处于快速生长状态的菌体细胞内含有较多的 RNA 和单链 DNA，它们与吖啶橙结合后，在荧光显微镜下呈现橙红色荧光；处于不活跃或休眠状态的菌体细胞内的主要核酸成分为双链 DNA，与吖啶橙结合后，则会发出绿色荧光；死亡的细菌细胞中的 DNA 被破坏成单链 DNA，结合吖啶橙后，可呈现橙红色荧光。因此，最活跃的和死亡了的细菌，都是呈橙红色荧光。大多数自然界中出现的细菌发绿色荧光，表明它们是活菌但生长非常缓慢。当橙红色与绿色两种荧光混合在一起时，眼睛看到的会是黄色荧光。

尽管 AODC 法尚存在不足之处，但目前仍是国际上广泛应用于各种水环境中测定细菌总数的方法，国家技术监督局已将 AODC 法作为海洋细菌总数的计数法列入我国海洋调查的国家标准[2]。

2. 仪器和试剂

1) 仪器

① 落射荧光显微镜(光源为 200W 汞灯，激发光滤光片为 450～490nm，光束分离滤光片为 510nm，阻挡滤光片为 520nm)、玻璃滤器(包括抽滤瓶)等全套。

② 稀释液管(10mL)若干、带螺旋盖的试管(10mL)若干、核孔滤膜(孔径为 0.2μm，直径为 25mm)、载玻片若干，及其他实验室常用设备和器皿。

2) 试剂及其配制

(1) 试剂级别

乙酸、甲醛、无水酒精、吖啶橙等均为分析纯或试剂纯。除非特殊说明，所有其他试剂均为分析纯，所用水均为去离子水。

(2) 滤膜的制备

准备好表面平滑、滤孔均匀的聚碳酸酯滤膜(即核孔滤膜，孔径为 0.2μm，直径为 25mm)；将核孔滤膜预先浸泡在 Irgalan 黑溶液(0.2%Irgalan 黑，2%乙酸)中染色 24h；然后用无颗粒水(经过孔径为 0.2μm 的滤膜过滤的蒸馏水)冲洗数次。染色后的滤膜可以立即使用，也可以吸干水分后储存于吸水纸夹层中。

(3) 吖啶橙染色液的配制

准确称取适量的吖啶橙，用抽滤后的去离子水配制成 0.1%的吖啶橙染色液。为了保证无菌，每次使用前都要重新过滤后再用。

(4) 稀释水的配制

在若干稀释液管中，加入最终浓度为 2%的甲醛溶液，这样可以储存几个星期。或者所使用的稀释水每天过滤一次。

3. 测定步骤

(1) 样品的固定处理

在一定体积的现场采取的水样中，加入 2%的甲醛溶液，混匀固定。如现场取水样 10mL 于具螺旋盖的试管中，加入 0.5mL 36%的甲醛溶液固定样品。

(2) 染色

取 1mL 固定后的水样，滴加 0.1%的吖啶橙 0.1mL，染色 3min。

(3) 过滤

将染色后的水样用孔径为 0.2μm、直径为 25mm 的核孔滤膜过滤；再用无颗粒水冲洗滤器 3 次，每次 3～5mL。

(4) 镜检及计数

① 将冲洗后的滤膜置于载玻片上，滴加一滴无自发荧光的显微镜油，加盖玻片，用镊子轻压一下。

② 随机选取 10 个视野计数，每个视野菌数以 30 个左右为宜，用落射荧光显微镜计数视野中发橙色或绿色荧光的菌体。

③ 再使用荧光显微镜的油镜观察，将无自发荧光的显微镜油滴在盖玻片上。

④ 根据预先测量的视野面积及滤膜有效面积，换算出样品中所含的细菌数量。

4. 注意事项

① 某些菌体的荧光颜色与样品的处理过程有很大关系。

② 在滤膜的制备及过滤操作时，为消除滤膜本身的自发荧光，故将核孔滤膜预先浸泡在 Irgalan 黑溶液(0.2%Irgalan 黑，2%乙酸) 中染色 24h。

③ 吖啶橙溶液和稀释水使用前要检查含菌量，最好平均每个视野不超过 2 个细菌。

④ 对玻璃滤器，将直径为 25mm 的滤器安装于抽滤瓶上，在使用前，滤器的上下两部分必须用抽滤后的去离子水冲洗。在某些特殊用途中，滤器可以用酒精冲洗，然后点燃酒精灭菌。

⑤ AODC 法中使用落射荧光显微镜观察菌体发射的荧光，用荧光显微计数法对那些体积微小的细菌进行计数，落射荧光显微镜克服了透射荧光显微镜的许多不足，因此比使用普通光学显微镜和相差显微镜计数更为准确。

⑥ AODC 法的使用范围较广，不仅可以用于多种水环境及沉积物样品的细菌测定，也可用于水下物体表面附着细菌的直接计数，包括像钢片、塑料等不透明物体表面细菌的测定。

⑦ AODC 法计数的准确性，在很大程度上取决于采集和处理样品过程中污染的颗粒和细菌数量，因此所用溶液都应当用 0.2μm 的滤膜过滤，所有的玻璃器皿都应用无颗粒水冲洗，以减少操作过程中的污染。

⑧ 不能使用普通香柏油，否则在视野中会激起其自发荧光，无法观察；观察时动作要迅速，且不可使荧光镜头在一个视野上停留时间过长，否则易引发菌体的荧光猝灭。

⑨ AODC 法的缺点：由于 AODC 法不能区分活细菌、死细菌以及非生命颗粒，所以用镜检计数方法计数结果往往偏高。

⑩ AODC 法的影响因素主要包括：

i. 除吖啶橙外，某些荧光染料如 4,6-二酰胺-2-苯基吲哚(4,6-diamidino-2-phenylindole，DAPI)、Yo-Pro-I 和 SYBR Green I 等也可与细胞中的核酸物质特异性结合，被用于海洋细菌的荧光显微计数。

ii. 在镜检及计数操作时，用落射荧光显微镜计数，视野中计数发橙色或绿色荧光的菌体不明显，则应稀释或加大样品体积。

iii. 计数所用的各种溶液(包括固定剂、染液、冲洗用水等)均需经 0.2μm 孔径的滤膜过滤除去悬浮的颗粒物。吖啶橙溶液和稀释水在使用前要检查含菌量，一旦超过一定数量即需要重新过滤或配制。

iv. 某些非细菌颗粒对吖啶橙的非特异性吸附，会使样品中体积较小的细菌计数出现偏差。

v. 细菌在滤膜表面的分布也并非完全均匀，只有计数多个视野，才能尽量减少这方面的误差。

4.5.1.2　活菌直接镜检计数法测定海洋细菌含量

1. 测定原理

活菌直接镜检计数(direct viable count，DVC)法是在 AODC 法的基础上发展而成的一种方法。其基本原理是先向海水样品中加入微量的酵母膏和萘啶酮酸(nalidixic acid)进行一段时间的预培养，然后再用 DVC 法计数进行测定。

由于细菌中的促旋酶由两个亚单位组成，A 亚单位负责 DNA 链的剪切和连接，B 亚单位负责水解 ATP。促旋酶在依赖 ATP 的反应中，能催化将负超螺旋引入双链 DNA 中。而萘啶酮酸是 DNA 促旋酶(gyrase)的抑制剂，能作用于复制基因，使之在无 ATP 的情况下，不能将负超螺旋引入 DNA 中，从而切断 DNA 的合成。萘啶酮酸的特点是能抑制细菌 DNA 的复制，但不影响细菌中其他合成代谢途径的继续运转。因此，具有代谢活性的细菌能够吸收营养物质，在一定浓度营养物质的存在下，并在萘啶酮酸的刺激下，菌体可生长、伸长、变粗，但不分裂。经过预培养的水样再用吖啶橙进行染色，用荧光显微镜观察计数。

某些增大了的细菌细胞处于生长阶段，因此细胞内含有较多的 RNA，与吖啶橙结合后发橙红色荧光；而那些不活动的细胞，一方面个体较小，另一方面由于细胞内含有较少的 RNA，与吖啶橙结合后发淡绿色的荧光。这样就可以很容易计数水样中的活菌数，同时也可以计数总菌数[2]。

2. 仪器和试剂

同吖啶橙直接镜检计数法中所述。

3. 测定步骤

① 量取一定体积的海水样品，向水样中加入经孔径为 0.2μm 的滤膜过滤除菌的 0.002%（*w/V*）的萘啶酮酸和 0.025%（*w/V*））的酵母膏，置黑暗条件下 20℃或 25℃培养 6h。

② 再加入最终浓度为 2%的甲醛溶液固定，然后按 AODC 法用吖啶橙染色，荧光显微镜计数。

③ 观察视野中那些长大或变粗的发橙红色荧光的菌体，则被认为是活菌。

4.注意事项

① DVC 法还可用于测定细菌对抗生素的敏感性及对重金属的抗性。

② 新生霉素（novobiocin）抑制 DNA 复制的作用与萘啶酮酸的作用相似。

③ DVC 法的影响因素，主要包括：

i. 抑制剂的影响。由于萘啶酮酸的作用只是相当于将细菌群体增长的指数期推迟，且自然水体中存在的 G^+细菌及部分 G^-细菌对萘啶酮酸有抗性，故低浓度的萘啶酮酸不能抑制它们的繁殖，因此易导致计数结果出现偏差。可加入适量对 G^+细菌有抑制作用的吡咯酸（piromidic acid，PA）和主要抑制 G^-细菌的吡哌酸（pipemidic acid，PPA）。但也有些细菌如铜绿假单胞菌对这三种抑制剂均不敏感。另外，DVC 法用作营养物的酵母膏容易和固定细菌时所用的甲醛产生沉淀，可被吖啶橙染色，使背景过亮，影响观察效果，一种改进的 DVC 法是选用乳酸环丙杀星（ciprotloxacin lactita）作为 DNA 合成抑制剂，不仅可以有效地抑制 G^+和 G^-细菌的分裂；而且很好地解决了背景的荧光问题。

ii. 培养基质的影响。不同的基质及浓度对 DVC 计数值影响极大。DVC 法使用酵母膏为营养物质，通常可对水样进行短时间培养，以使菌体伸长、变粗。但某些细菌不能利用酵母膏或使用的浓度对寡营养性细菌来说太高，都会带来计数值偏低的误差。另外，酵母膏会与甲醛固定液形成沉淀，也会影响实验结果。基质浓度对 DVC 法的影响与水体中有机物含量多少有关。当对有机质较为丰富的生活污水进行活菌计数时，可添加 0.005%或 0.025%的酵母膏，培养 6h，DVC 计数值不会出现明显的差异。

iii. 活菌形态的影响。在 DVC 计数中，由于细胞的荧光颜色还受颜料种类、浓度以及样品 pH 等多种因素影响，伸长、变粗的活菌会呈现不同的荧光颜色，故应当以菌体伸长、变粗作为判断活细菌的主要标准。通常伸长、变粗的菌体，及单菌株存活实验水体中的细菌多呈橙红色；自然海水、湖水中细菌 DVC 计数时变粗大的菌体多发绿色荧光；而生活污水中变粗大的菌体多发橙红色荧光[2]。

4.5.1.3　四氮唑还原法测定海洋细菌含量

1. 测定原理

四氮唑还原法的理论依据是，由于所有活的细菌均具备电子传递系统(electronic transfer system，ETS)，可以通过添加人工电子受体(活菌指示剂)的方法检测出来。当以 2,3,5-氯化三苯基四氮唑或称红四氮唑(2,3,5-triphenyl tetrazolium chloride，TTC)为人工电子受体时，活细胞内 TTC 在呼吸链中接受来自 1,5-二氢黄素腺嘌呤二核苷酸(FADH2)的氢，并使自己还原成红色的 2,3,5-三苯基甲臜(triphenyl formazan，TF)，此化合物遇氧不褪色，故可在显微镜下观察到细胞内出现暗红色的斑点[2]。

其反应式为：

N－N　N＝N$^+$　C　Cl$^-$　$\xrightarrow{2H}$　N－NH　N＝N$^+$　C　＋　HCl

TTC(无色)　　TF(红色)

2. 仪器和试剂

同吖啶橙直接镜检计数法中所述。

3. 测定步骤

① 准确量取 10.00mL 水样于无菌的螺盖试管中，加入 1mL 0.2%TTC 溶液，混合均匀后，置暗处于现场温度下保持 20min。

② 再加入 0.1mL 的 36%甲醛溶液，以终止反应(固定后的样品置于 4℃暗处可存放一个月)。

③ 将样品过滤、染色，观察同 AODC 法。

④ 以透射光计数亮视野中细胞内具有红色斑点的菌数。

4. 注意事项

① TTC 还原直接计数法可广泛用于海水、淡水及生活污水等多种水环境样品中具有代谢活性的细菌计数；也可用于细菌 VBNC 状态的检测。

② TTC 还原直接计数法的影响因素：

i. 自然水体中许多细菌体积较小，当细菌小于 0.4μm 时，无法看清细胞内红色斑点的现象。

ii. 自然水体中有些活细菌代谢速率非常低，在其与 TTC 接触时，短时间内难以将其还原成可见的斑点。

iii. 观察时，显微镜油与菌体直接接触可将细胞内的三苯基甲臜溶解。

iv. 透射光亮视野下，滤膜的背景不易与三苯基甲臜的斑点区分开，且 TTC 法无法用于不透明物体表面附着细菌的计数。

4.5.2 高效液相色谱-联用法测定海水中微生物

4.5.2.1 高效液相色谱-离子阱多级质谱法测定脂溶性藻毒素

1. 测定原理

液相色谱-质谱联用技术(LC-MS)结合液相色谱高效分离和质谱快速准确测定的优点，可用于分析不适宜用气相色谱分析的亲水性强、挥发性低、热不稳定化合物及生物大分子，也可用于分析部分易挥发的有机物。

本方法的定性原理：对于有标准品的脂溶性藻毒素，包括三种：大田软海绵酸(okadaic acid，OA)、扇贝毒素(pectenotoxin，PTX)和虾夷扇贝毒素(yessotoxin，YTX)，通过比较样品与标准溶液的色谱峰保留时间及高分辨质谱测定精确质量数进行目标化合物的定性(表 4-1)。

定性测定的条件为：在相同的测试条件下被测样品色谱峰的保留时间与标准工作液相比，要求变化必须在±0.20min 以内；目标化合物精确质量数测量值与理论值相对偏差在 5ppm 以内。对于没有标准品的脂溶性藻毒素，通过比较高分辨质谱测定样品中的毒素精确质量数进行目标化合物的定性，目标化合物精确质量数测量值与理论值相对偏差须在 5ppm 以内。

本方法的定量原理：通过外标法(标准曲线法)，按所优化好的仪器条件对混合标准工作溶液和待测样品进行分析；以提取离子图(OA、YTX、PTX2 的提取离子分别为 *m/z* 803.45、*m/z* 570.25、*m/z* 876.5，质量范围为 0.1*m/z*)中标准溶液的被测组分峰面积值为纵坐标，标准溶液的被测组分浓度为横坐标，绘制标准曲线；用标准曲线对试样进行定量，试样溶液中待测物的响应值均应在本方法线性范围内。

本方法采用高效液相色谱-离子阱多级质谱法(反相 C_{18} 分离柱)，分别在酸性流动相体系和碱性流动相体系下对三种典型脂溶性藻毒素进行色谱分离及质谱检测[9]。

2. 仪器和试剂

1)仪器

① 1200 型高效液相色谱仪，配有四元泵，可变波长检测器，自动进样器等(美国 Agilent 公司)、6320 型离子阱质谱仪，配有电喷雾(ESI)离子源(美国 Agilent 公司)、ZORBAX Extend-C_{18} 色谱柱(3mm×150mm，3.5μm，美国 Agilent 公司)、ZORBAX SB-C_{18} 色谱柱(2.1mm×150mm，5μm，美国 Agilent 公司)、Milli-Q

(18.2MΩ·cm)超纯水处理系统(美国 Millipore 公司)。

② 容量瓶(10mL)若干、液相选样瓶(1mL)若干、移液管(1mL)2只,及其他实验室常用设备和器皿。

2)试剂及其配制

(1)试剂级别

大田软海绵酸(okadaic acid,OA),扇贝毒素(pectenotoxin,PTX)和虾夷扇贝毒素(yessotoxin,YTX)标准品(加拿大国家研究委员会海洋生命科学研究所)、纯氨水(质谱纯)、乙酸(Fluka 公司,质谱纯)、乙腈(色谱纯)、甲醇(美国 Tedia 公司,色谱纯)。除非特殊说明,其他所有试剂均为分析纯、色谱纯或质谱纯,所用水均为自制 Milli-Q 超纯水。

(2)标准溶液的配制

① 分别量取 0.5mL 的 OA、YTX、PTX2 典型脂溶性藻毒素,用甲醇稀释溶解后分别转移至 10mL 容量瓶中准确定容,振荡摇匀,得浓度分别为 684.3μg/L、263.0μg/L、429.5μg/L 的三种典型藻毒素标准储备液(单标)。

② 分别准确量取 1mL OA、3mL YTX 和 300μL PTX2 标准储备液,置于 10mL 容量瓶中,用甲醇稀释并准确定容,振荡摇匀,得浓度分别为 68.4μg/L、78.9μg/L、12.9μg/L 的三种典型藻毒素标准储备液(混标 a)。

③ 准确量取 1mL 混标 a 至 10mL 容量瓶中,用甲醇稀释并准确定容,振荡摇匀,得浓度分别为 6.84μg/L、7.89μg/L、1.29μg/L 的三种典型藻毒素标准储备液(混标 b)。

④ 所有混标溶液于–20℃下保存备用。

3. 测定步骤

1)碱性分离检测体系的色谱质谱条件优化

(1)液相色谱参数设置

ZORBAX Extend-C_{18} 色谱柱,流动相 A 为 3.3mmol/L 的氨水溶液,B 为 3.33mmol/L 的乙腈∶水=9∶1 的氨溶液。二元梯度淋洗:0～5min,22%～40% B;5～10min,40%～100% B;10～20min,100%～100% B。停止时间:25min;平衡时间:8min;流速:0.4mL/min;进样体积为 20μL;柱温:室温(20～25℃)。

(2)质谱参数设置

电喷雾电离源;OA 和 PTX2 采用 ESI 正离子模式检测,YTX 采用 ESI 负离子模式检测;全扫描范围 *m/z* 100～1300。雾化气压力(N_2)为 40psi;干燥气(N_2)流速为 11L/min;干燥气温度为 350℃;毛细管电压为 4000V。

根据各组分的色谱保留时间和一级、二级质谱特征优化质谱参数,按时间分段用多反应监测(multiple reaction monitoring，MRM)模式对各组分进行质谱检测，各化合物的保留时间、MRM选择母离子及定量检测离子、碰撞能等参数见表4-1。

表4-1　碱性分离检测体系中OA、YTX、PTX2的质谱分析参数[9]

分段	化合物	保留时间/min	分子量	分子式	选择离子(*m/z*)	定性定量离子(*m/z*)	碰撞能Ampl/V
1(0～7.0min)	OA	5.8	805.0	$C_{44}H_{68}O_{13}$	$[M+Na]^+$827.7	809.6/723.6	1.0
2(7.0～12.0min)	YTX	7.4	1143.4	$C_{55}H_{82}O_{21}S_2$	$[M-H]^-$1141.7	1123.7/1061.8	1.5
3(12.0～20.0min)	PTX2	13.8	859.1	$C_{47}H_{70}O_{14}$	$[M+NH_4]^+$876.7	805.7/823.6	1.0

2)酸性分离检测体系的色谱质谱条件优化

(1)液相色谱参数设置

ZORBAX SB-C_{18}色谱柱(2.1mm×150mm，5μm)，流动相A为0.1%的乙酸溶液，B为乙腈。二元梯度淋洗：0～3min，25%～50% B；3～20min，50%～55% B；20～30min，55%～100% B；30～40min，100%～100% B。停止时间：40min；平衡时间：5min；流速：0.4mL/min；进样体积为20μL；柱温：室温。时间：25min平衡时间：8min；流速：0.4mL/min；进样体积为20μL；柱温：室温。

(2)质谱参数设置

电喷雾电离源；OA和PTX2采用ESI正离子模式检测，YTX采用ESI负离子模式检测；扫描范围*m/z* 100～1300。雾化气压力(N_2)为40psi；干燥气(N_2)流速为11L/min；干燥气温度为350℃；毛细管电压为4000V。

根据各组分的色谱保留时间和一级、二级质谱特征优化质谱参数，按时间分段用多反应监测(MRM)模式对各组分进行质谱检测，各化合物的保留时间、MRM选择母离子及定量检测离子、碰撞能等参数见表4-2。

表4-2　酸性分离检测体系中OA、YTX、PTX2的质谱分析参数[9]

分段	化合物	保留时间/min	分子量	分子式	选择离子(*m/z*)	定性定量离子(*m/z*)	碰撞能Ampl/V
1(0～9.0min)	YTX	7.8	1143.4	$C_{55}H_{82}O_{21}S_2$	$[M-H]^-$1141.7	1123.7/1061.8	1.0
2(7.0～12.0min)	OA	10.2	805.0	$C_{44}H_{68}O_{13}$	$[M+Na]^+$827.7	809.6/723.6	1.0
3(12.0～20.0min)	PTX2	15.0	859.1	$C_{47}H_{70}O_{14}$	$[M+Na]^+$881.7	863.6/837.7	1.0

4. 注意事项

① 考虑到实际海水样品中目标化合物浓度较低且存在基质干扰的问题，为尽量降低方法的检测限，选择进样体积为20μL。

② 在离子阱质谱定量分析过程中，毛细管出口电压(可通过调节目标离子进行调整)和碰撞能是影响化合物检测灵敏度的两个重要参数，因此结合各化合物的保留时间可进行分段检测，针对各待测离子的特点对每个分段的相关质谱参数分别进行优化，以保证每个化合物都能达到最佳灵敏度。

③ 方法的仪器精密度良好，三种典型藻毒素保留时间 RSD 的最大值分别为 1.23%(碱性体系)和 1.06%(酸性体系)；三种典型藻毒素检测限和定量限均达到了 pg 级。

④ 由于本方法没有对海水实际样品中的藻毒素测定，故若实际测定时，还须对海水样品进行预处理。

4.5.2.2　高效液相色谱-高分辨飞行时间质谱法测定海水中的脂溶性藻毒素

1. 测定原理

液相色谱-质谱联用技术(LC-MS)结合液相色谱高效分离和高分辨飞行时间质谱快速准确测定的优点，可用于分析不适宜用气相色谱分析的亲水性强、挥发性低、热不稳定化合物及生物大分子，也可用于分析部分易挥发的有机物[9]。

2. 仪器和试剂

1)仪器

① 1200 型高效液相色谱仪，配有四元泵，二极管阵列检测器，自动进样器等(美国 Agilent 公司)、G1969A 型飞行时间质谱仪，配有电喷雾(ESI)离子源(美国 Agilent 公司)、ZORBAX Extend-C_{18}色谱柱(3mm×150mm，3.5μm，美国 Agilent 公司)、超声细胞粉碎仪(宁波新芝科学仪器研究所)、KQ-400KDE 型高功率数控超声波仪(昆山市超声仪器有限公司)、Himac CR22GII 高速冷冻离心机(日本日立公司)、R201 型旋转蒸发仪(上海申生科技有限公司)、GXZ 型智能光照培养箱(宁波东南仪器有限公司)、BSA224S-CW 型电子天平(德国 Sartorius 公司)、Milli-Q(18.2MΩ·cm)超纯水处理系统(美国 Millipore 公司)、0.45μm 玻璃微纤维滤纸、Oasis HLB 固相萃取柱(200mg，6cc，美国 Waters 公司)、Strata-X 固相萃取小柱(100mg，6mL，美国 Phenomenex 公司)。

② 容量瓶(10mL)若干、液相选样瓶(1mL)若干、移液管(1mL)2 只、分液漏斗(500mL)若干、锥形瓶(3000mL)若干、聚丙烯离心管(1mL，10mL)若干，及其他实验室常用器皿等。

2)试剂及其配制

① OA，YTX，PTX2 标准品(加拿大国家研究委员会海洋生命科学研究所)、纯氨水(质谱纯，Fluka 公司)、乙腈、甲醇(色谱纯，美国 Tedia 公司)、乙酸乙酯，二氯甲烷，乙醚，正己烷(分析纯，天津泰宇精细化工有限公司)、水为自制 Milli-Q

超纯水。

多边舌甲藻（*Lingujodinium polyedrum*，CCMP1931）、安氏亚历山大藻（*Alexandrium andersoni*，CCMP2222）、利玛原甲藻（*Prorocentrum lima*，CCMP2579）藻种购自美国浮游生物研究中心（Provasoli-Guillard National Center for Culture of Marine Phytoplankton，CCMP）。

除非特殊说明，其他所有试剂均为分析纯、色谱纯或质谱纯，所用水均为自制 Milli-Q 超纯水。

② 标准溶液的配制方法同 4.5.2.1 高效液相色谱-离子阱多级质谱法测定脂溶性藻毒素中实验部分相关内容。

3. 测定步骤

1）色谱质谱条件的优化

（1）液相色谱条件

ZORBAX Extend-C_{18} 色谱柱，流动相 A 为 3.3mmol/L 的氨水溶液，B 为 3.3mmol/L 的乙腈∶水=9∶1 的氨溶液。二元梯度淋洗：0～15min，20%～30% B；15～20min，30%～47.5% B；20～45min，47.5%～100% B。停止时间：50min；平衡时间：8min；流速：0.4mL/min；进样体积为 10μL；柱温：室温。

（2）飞行时间质谱筛查分析条件

电喷雾电离源：样品分别在正模式和负模式下进行全扫描，扫描范围 *m/z* 为 400～1300。雾化气压力（N_2）40psi；干燥气（N_2）流速为 11L/min；干燥气（N_2）温度为 350℃；毛细管电压为 4500V，破碎电压为 150V，锥孔电压为 60V。

飞行时间质谱测定条件：电喷雾电离源；根据各组分的色谱保留时间进行分段，以全扫描模式对各组分进行质谱检测，OA 和 YTX 采用 ESI 负离子模式检测，PTX2 采用 ESI 正离子模式检测；扫描范围 *m/z* 为 400～1300。雾化气压力（N_2）为 40psi；干燥气（N_2）流速为 11L/min；干燥气（N_2）温度为 350℃；毛细管电压为 4500V，锥孔电压为 60V。

各化合物的保留时间、分子式等如表 4-3 所示。

表 4-3　OA、YTX、PTX2 的质谱分析参数[9]

峰号	化合物	保留时间/min	选择离子（*m/z*）	分子式	理论值（*m/z*）	破碎电压/V
1	OA	9.2	$[M-H]^-$	$C_{44}H_{68}O_{13}$	803.4587	150
2	YTX	16.2	$[M-2H]^{2-}$	$C_{55}H_{82}O_{21}S_2$	570.2322	60
3	PTX2	35.1	$[M+NH_4]^+$	$C_{47}H_{70}O_{14}$	876.5103	250

2）采集海水样品

① 为了确保海水样品的代表性，每个海水样品都是由同一采样点三处不同位

置的表层海水混合而成。

② 海水样品保存于容量为2L的塑料桶中，置于4℃冰箱中保存。

3)海水样品前处理方法

(1)固相萃取法

将海水样品经0.45μm的玻璃微纤维滤纸过滤后直接过固相萃取(SPE)小柱；以甲醇作为洗脱溶剂，进行多种脂溶性藻毒素的富集净化，具体步骤如下：

① 采用Waters公司的Oasis HLB(200mg，6mL)固相萃取小柱富集。

② 活化：用3mL的甲醇和3mL去离子水进行活化。

③ 上样：将200mL海水过滤后直接上样，流速约为1mL/min。

④ 淋洗：用3mL 15%的甲醇/水，淋洗1次。

⑤ 干燥：真空抽干5min。

⑥ 洗脱：用3mL的甲醇(含1%氨水)洗涤3次。

⑦ 合并洗脱液，将全部洗脱液在水浴温度为40℃下旋转蒸发至干。再用1mL的甲醇复溶，经0.22μm滤膜过滤至进样小瓶中；置于–20℃下避光保存待测。

(2)液液萃取法

① 将200mL经0.45μm玻璃微纤维滤纸过滤的海水样品加入500mL分液漏斗中。

② 加入50mL的有机萃取溶剂，振荡混合后静置20min分层，收集有机相。

③ 重复萃取1次。

④ 合并有机相萃取液。

⑤ 将全部萃取液在40℃下旋转蒸发至干。

⑥ 用1mL的甲醇复溶，经0.22μm滤膜过滤至进样小瓶中。

⑦ 置于–20℃下避光保存待测。

(3)加标海水样品制备

量取200mL经0.45μm玻璃微纤维滤纸过滤的空白海水样品，添加100μL混标液a并混合均匀，作为加标海水样品，得到最终海水样品中浓度分别为34.2ng/L(OA)、39.45ng/L(YTX)、6.45ng/L(PTX2)的三种典型脂溶性藻毒素。

4)藻体实验室内培养条件

① 在3000mL的锥形瓶中进行藻体培养。采用f/2培养基，盐度为28，将锥形瓶置于光照培养箱中，给予连续光照，光强强度为100μmol/($m^2 \cdot s$)，培养温度为(20±1)℃。保持培养过程中不充气，每日摇动锥形瓶3～5次。收集藻体时进行细胞密度(血球计数板)的测定。

② 藻体进入生长的平台期后，收集藻体；在 4℃条件下，用高速冷冻离心机以 12000r/min 的转速将藻体与藻体培养液离心分离；藻体收集于 1mL 聚丙烯离心管中，置于–20℃冰箱中避光保存。

5) 藻体样品中藻毒素提取

① 准确称取 0.050g 藻体(湿重)，置于 10mL 聚丙烯离心管中，加入 2mL 甲醇提取溶剂。

② 用超声细胞粉碎仪破碎 3min，再用超声波辅助提取 15min。

③ 再以 7500r/min 的转速将藻体与提取液离心分离 10min。

④ 吸取 1mL 上清液，经 0.22μm 滤膜过滤，注入样品瓶中，置于–20℃下避光保存待测。

6) 海水样品测定

① 质量控制方法：每个工作日都必须重新绘制标准曲线。

② 质控样品：每测定 6 个样品后进一次加标样品，以验证或监控测定的准确性。每批样品测定时，同时做加标回收实验，若回收率满足方法的要求，即视为该批样品测定合格；反之，应重测。

③ 空白对照实验：每批样品富集的同时，需按同样操作制备全程序空白样品，并平行测定，以评定化学药品、溶剂、环境等因素引入的杂质和污染水平。

④ 平行样控制：每批测试样时，应取 10%的样品做平行样测定。若其结果处于样品含量允许的偏差范围内，则为合格；若个别平行样测定不符合要求，应检查其原因，根据其结果，判断测定失败或合格。

4. 注意事项

① 实验用的反相色谱柱使用一段时间后，应定期清洗活化，以保证其良好的分离效果。

② 每次实验结束后用甲醇冲洗以去除多数保留较强的污染物，并保存于此体系中。

③ 色谱测定的每个工作日在运行测样序列前，都要使用标准调谐液(G1969-85000，美国 Agilent 公司)进行高分辨质谱仪器校正。

④ 在定量测定过程中，破碎电压是影响不同 m/z 化合物检测灵敏度的重要参数，因此应针对各化合物的保留时间进行分段检测，对每个分段的破碎电压分别进行优化，以保证每个化合物都能达到最佳灵敏度。

⑤ 方法的仪器精密度和准确度良好，三种典型藻毒素保留时间 RSD 的最大值为 0.74%；三种典型藻毒素检测限和定量限均达到了 pg 级；回收率为 55.18%～69.94%[9]。

4.5.2.3 超高效液相色谱-串联质谱法测定海水悬浮颗粒物中的 8 种典型脂溶性藻毒素

1. 测定原理

海水悬浮颗粒物对海洋环境中污染物的迁移转化有重要的影响，在海水悬浮颗粒物上富集的脂溶性藻毒素会严重地毒害海洋滤食性生物。

本方法将海水悬浮颗粒物样品经甲醇超声辅助提取后，以 5mmol/L 乙酸铵水溶液和乙腈为流动相，经 1.7μm C_{18} 色谱柱分离，采用电喷雾电离串联质谱(ESI-MS/MS)多反应监测(MRM)模式检测，外标法定量。建立海水悬浮颗粒物中 8 种典型脂溶性藻毒素同步测定的超高效液相色谱-串联质谱(UPLC-MS/MS)分析方法[15]。

2. 仪器和试剂

1)仪器

① Acquity UPLC 超高效液相色谱系统(美国 Waters 公司)、Acquity UPLC BEH C_{18} 色谱柱(50mm×2.1mm，1.7μm，美国 Waters 公司)、Thermo TSQ Endura 三重四极杆质谱仪，配有电喷雾(ESI)离子源(美国 Thermo Fisher 公司)、KQ-400KDE 型高功率数控超声波仪(昆山市超声仪器有限公司)、R201 型旋转蒸发仪(上海申生科技有限公司)、BSA224S-CW 型电子天平(德国 Sartorius 公司)、Milli-Q 超纯水处理系统(美国 Millipore 公司)、玻璃纤维滤膜(直径为 47mm，孔径为 0.45μm)。

② 容量瓶(5mL)若干、烧杯(50mL，100mL)，及其他实验室常用设备和器皿。

2)试剂

(1)试剂级别

乙腈，甲醇(色谱纯，美国 Tedia 公司)、乙酸铵(优级纯，瑞士 Fluka 公司)、大田软海绵酸(okadaic acid，OA)，裸甲藻毒素(gymnodinium，GYM)，鳍藻毒素 1(dinophysistoxin 1，DTX1)，罗环内酯毒素 1(spirolide 1，SPX1)，虾夷扇贝毒素(yessotoxin，YTX)，原多甲藻酸 1(azaspiracid 1，AZA1)，原多甲藻酸 2(azaspiracid 2，AZA2)，扇贝毒素 2(pectenotoxin 2，PTX2)，以上 8 种毒素标准品(加拿大国家海洋研究中心)。除非特殊说明，实验中所用其他试剂均为分析纯或优级纯，所用水为自制 Milli-Q 超纯水(18.2MΩ·cm)。

(2)脂溶性海洋藻毒素标准储备液(单标)的配制

准确量取 8 种脂溶性海洋藻毒素(OA、GYM、DTX1、SPX1、YTX、AZA1、AZA2 和 PTX2)标准品各 0.5mL，分别用甲醇稀释并定容至 5mL，得到 8 种典型脂溶性海洋藻毒素标准储备液(单标)。

(3)脂溶性海洋藻毒素混合标准储备液的配制

按照一定的比例分别吸取相应毒素的单标储备液，用甲醇稀释并定容至

10mL，得 8 种典型毒素的混合标准储备液，其中 OA、GYM、DTX1、SPX1、YTX、AZA1、AZA2 和 PTX2 浓度分别为 6.843μg/L、5.003μg/L、25.77μg/L、56.42μg/L、26.30μg/L、123.7μg/L、25.66μg/L 和 3.436μg/L，混合标准储备液置于–20℃下，保存备用。

3. 测定步骤

(1) 样品采集

① 在目标海域选取 4 个具有代表性的采样站点，现场取表层海水 1.5L，保存于棕色玻璃瓶中。

② 运回实验室后，使用烘干至恒重的玻璃纤维滤膜(直径为 47mm，孔径为 0.45μm)进行过滤，收集固体悬浮颗粒物。

③ 将滤膜置于 40℃烘箱中烘至恒重，通过十万分之一的电子天平称量和计算，得到悬浮颗粒物的质量。

④ 再将带有悬浮颗粒物的滤膜放入 100mL 烧杯中，并加入 10mL 甲醇，保证滤膜全部浸入甲醇溶液中。

(2) 样品前处理

① 将烧杯放入超声波仪中进行超声辅助提取，超声波仪参数设置为：温度为室温[(20±2)℃]、超声时间为 30min、超声功率为 100%。

② 超声辅助提取完成后，将提取液移至旋蒸瓶中，在 42℃下蒸干。

③ 然后加入 1mL 甲醇进行复溶(涡旋振荡 1min)。

④ 甲醇复溶液经 0.22μm 滤膜过滤，转移至进样瓶中，在–20℃下避光保存，待测。

(3) 色谱条件

Acquity UPLC BEH C_{18} 色谱柱；流动相：A 为 5mmol/L 乙酸铵溶液，B 为纯乙腈；二元淋洗梯度：0～4min，10%～70% B；4～6min，70%～90%B；6～7min，90%～10% B；7～10min，10% B。流速：0.3mL/min；进样体积：5μL；柱温：室温(20±2)℃。

(4) 质谱条件

① 电喷雾电离源；GYM、SPX1、AZA1、AZA2 和 PTX2 采用正离子模式(ESI^+)检测，OA、DTX1、YTX 采用负离子模式(ESI^-)检测；电喷雾电压：3500V；毛细管温度：350℃；辅助气：5Arb；鞘气：35Arb；干燥气温度：350℃；扫描宽度(*m/z*)：0.01；扫描时间：0.5s。

② 根据各组分的色谱保留时间和一级、二级质谱特征优化参数，按时间分段以多反应监测(MRM)模式对各组分进行质谱检测。

③ 8 种典型脂溶性藻毒素的保留时间、MRM 选择的母离子以及各化合物定性与定量子离子、碰撞能等参数如表 4-4 所示。

表 4-4　8 种脂溶性藻毒素串联质谱分析参数[15]

化合物	保留时间	母离子（m/z）	定性与定量子离子（m/z）	透镜电压/V	碰撞能/eV
OA	2.83	$[M-H]^-$803.4	255.2/563.5	35/54	219
GYM	3.09	$[M+H]^+$508.4	490.3/120.2	25/59	161
DTX1	3.46	$[M-H]^-$817.6	255.1/563.4	46/40	277
SPX1	3.69	$[M+H]^+$692.4	444.3/674.5	37/30	197
YTX	3.91	$[M-2H]^{2-}$570.5	467.4/502.3	28/23	141
AZA1	4.14	$[M+H]^+$842.6	824.4/462.4	31/43	212
AZA2	4.36	$[M+H]^+$856.6	838.6/820.5	31/41	196
PTX2	4.33	$[M+NH]^+$876.5	823.5/805.5	27/26	180

（5）制作标准曲线

① 准确量取配制的 8 种毒素混合标准溶液，使用空白悬浮颗粒物提取液对其进行梯度稀释，稀释倍数分别为 1、2、5、10、20、50 和 100，按设定好的色谱及质谱分析条件进行测定。

② 以被测组分的峰面积 y 为纵坐标，所测毒素的质量浓度 x 为横坐标，绘制定量标准曲线。

（6）检出限及线性范围

① 将信噪比为 3 对应的质量浓度作为方法的检出限（LOD），信噪比为 10 对应的质量浓度作为方法的定量限（LOQ）。

② 在 MRM 模式下选择定量离子计算目标化合物 EIC 峰面积，代入线性曲线计算样品浓度，以实现对实际样品中的毒素定量，获得 8 种脂溶性藻毒素 LC-MS/MS 分析的线性范围、回归方程、相关系数、检出限和定量限。

（7）回收率和精密度测定

取 8 种毒素的混合标准溶液，采用标准加入法，将 30μL、100μL 和 200μL 的 8 种毒素混合标准溶液分别加入悬浮颗粒样品中，每个添加水平重复 6 次，按照前所述步骤进行样品处理和测定，计算各化合物回收率和相对标准偏差（RSD）。

（8）样品测定

采用已建立的 UPLC-MS/MS 方法，对目标海域 4 个站点海水中的悬浮颗粒物样品进行 8 种典型脂溶性藻毒素的检测。通过比较悬浮颗粒物样品与毒素标准溶液的提取离子色谱（EIC）峰的保留时间及二级质谱图的特征定性离子和定量离子，对目标化合物进行定性、定量检测。

4. 注意事项

① 该方法在最佳实验条件下，8 种目标物在 5min 内分离良好，加标回收率为 83.8%～110.4%，方法具有良好的精密度[相对标准偏差(RSD)≤14.1%]和灵敏度(检出限介于 2.9～103pg/g 之间)，在线性范围内，相关系数(R^2)均大于 0.996，能满足一般海水悬浮颗粒物中 8 种典型脂溶性藻毒素同步检测的要求。

② 用 ESI 作为离子源检测环境样品时，基质效应(离子抑制或离子增强)可以导致测试目标化合物浓度过低或过高，因此，基质效应对目标化合物的分析是一个重要的影响因素。

③ 该法确定线性范围和检出限时，由于存在基质效应，标准品在甲醇溶液中的质谱响应与其在实际样品基质中的响应不同，故采用基质标准曲线外标法对目标化合物进行定量分析，以降低基质效应对测定结果准确度的影响[15]。

4.5.3 固相萃取-液质联用方法测定海水中藻毒素

4.5.3.1 离线/在线固相萃取-液质联用测定海水中的软骨藻酸

1. 测定原理

基于固相萃取-液质联用的原理，针对不同检测机构仪器设备配置条件不同以及对海水中 DA 检测浓度要求的不同，通过对离线 SPE 膜盘条件、离线 SPE 柱条件、在线 SPE 条件、液相色谱-二极管阵列检测器(LC-DAD)和液相色谱-串联质谱(LC-MS/MS)仪器检测条件的优化，建立基于离线 SPE 膜盘-LC-DAD 以及在线 SPE-LC-MS/MS 快速测定海水中软骨藻酸(domoic acid，DA)的分析方法[10]。

2. 仪器和试剂

(1)仪器

① 1290Ⅱ超高效液相色谱仪(美国 Agilent 公司)，配有四元泵，二元泵，自动进样器(单次最大进样量为 900μL)，柱温箱(带两位六通阀)、6470A 三重四极杆质谱仪(美国 Agilent 公司)，配有喷射流电喷雾离子源、Fotector Plus 全自动固相萃取仪[睿科集团(厦门)股份有限公司]、RE100-Pro 旋转蒸发仪(北京大龙公司)、磺化苯乙烯-乙烯基苯(SDB-RPS)固相萃取膜盘(47mm)(美国 3M 公司)、聚乙烯吡咯烷酮聚合物(HLB)固相萃取柱[纳谱分析技术(苏州)有限公司]、5TC-C_{18}(2)(4.6mm×12.5mm，5μm)保护柱和 5TC-C_{18}(2)(4.6mm×150mm，5μm)色谱柱均购自美国 Agilent 公司、0.22μm 混合纤维微孔滤膜(上海新亚净化器件厂)。

② 容量瓶(10mL)若干，及其他实验室常用设备和器皿。

(2)试剂及其配制

乙酸铵(优级纯)和甲酸(色谱纯)均购自瑞士 Fluka 公司、乙腈和甲醇(色谱纯，美国 Tedia 公司)、DA 标准品(美国 Sigma 公司)、丙酮(色谱纯，美国 Mreda

公司)、异丙醇(色谱纯，德国 Merck 公司)、实验用水为自制 Milli-Q 超纯水(18.2MΩ·cm)。除非特殊说明，实验中所用其他试剂均为分析纯或优级纯，所用水为去离子水。

3. 测定步骤

(1)软骨藻酸标准溶液的配制

① 称取 1.0mg 的 DA 标准品，用乙腈水溶液(乙腈和水的体积比为 19∶1)定容至 10.0mL 容量瓶中，得到浓度为 100.0mg/L 的 DA 标准储备液。

② 通过逐级稀释的方式，用乙腈水溶液作溶剂，配制浓度为 1.0ng/L～1.0mg/L 的系列标准溶液，置于–20℃条件下避光保存。

(2)样品采集

① 在目标海域共采集 40 个不同站位的海水样品。

② 海水样品均取至海面以下 0.5m 处。

③ 将采集的海水样品立即通过 0.22μm 的滤膜过滤，然后装于样品瓶内，置于–20℃下冷冻保存备用。

(3)离线固相萃取膜盘条件的优化

① 样品预处理：将 2.0L 海水样品，经孔径为 0.22μm 的滤膜过滤，去除悬浮颗粒物，再加入 8.0mL 甲酸进行酸化处理。

② 富集：进行海水中 DA 的固相萃取膜盘富集，主要包括：

i. 对 SDB-RPS 固相萃取膜盘活化处理。先加入 10.0mL 丙酮，使丙酮溶液通过膜盘浸泡 30s，抽干；再加入 10.0mL 异丙醇，使异丙醇溶液通过膜盘浸泡 30s，抽干；再加入 10.0mL 甲醇，待甲醇溶液只剩约 1.0mL 时，加入 10.0mL 去离子水，待膜盘上保留约 1.0mL 去离子水时，固相萃取膜盘完成活化。

ii. 洗脱及收集。取酸化后的海水样品，以 2 滴/s 的流速通过固相萃取膜盘；待海水样品过完之后，加入 20.0mL 去离子水对膜盘进行淋洗，并抽干；再使用 20.0mL 80.0%的甲醇水溶液分两次对 DA 进行洗脱，合并洗脱液，采用旋转蒸发仪在 50℃下，对洗脱液浓缩至干；然后使用 1.0mL 体积比为 1∶19 的乙腈水溶液进行复溶；最后转移到进样小瓶中，备用待测。

(4)离线固相萃取柱条件的优化

将加入 0.4%甲酸的海水样品经 HLB 固相萃取处理，主要步骤为：

① 分别采用 5.0mL 甲醇和超纯水活化 HLB 小柱。

② 将海水样品以 1.0mL/min 的流速经 HLB 小柱富集，并使用 5.0mL 超纯水进行淋洗。

③ 采用 10.0mL 甲醇将 DA 洗脱，同时收集洗脱液，在 50℃下旋蒸至近干。

④ 用 0.8mL 体积比为 1∶19 的乙腈水溶液(含 0.1%甲酸)进行复溶，并过滤装入进样小瓶，备用待测。

(5) 在线固相萃取条件的优化

使用 5TC-C_{18}(2) (4.6mm×12.5mm，5μm) 保护柱作为在线固相萃取柱对 0.6mL 的海水样品(含 0.1%甲酸)或供试品溶液中的 DA 在线富集，加载溶液为 5.0%乙腈水溶液(含 0.1%甲酸)，流速为 1.0mL/min。在线固相萃取六通阀切换示意图如图 4-1 所示，0～8min 时，六通阀为 1-6 位相通[图 4-1(a)]；8～20min 时六通阀切换至 1-2 位相通[图 4-1(b)]；20min 后六通阀切回 1-6 位相通。

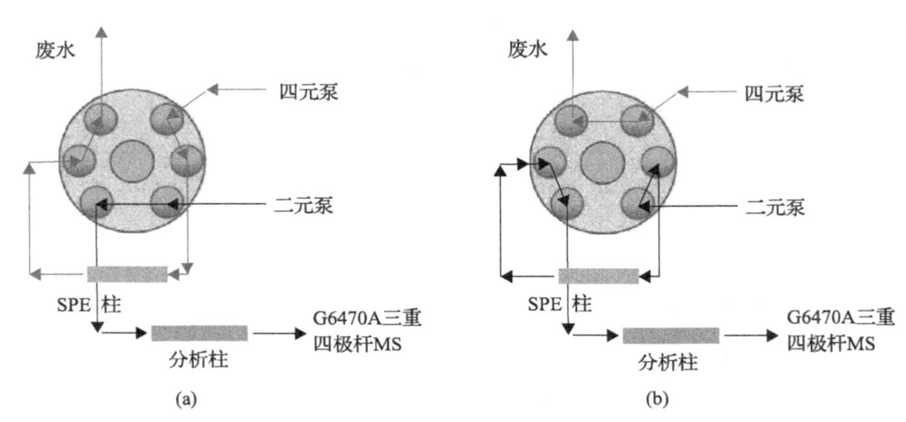

图 4-1 在线固相萃取两位六通阀切换示意图[10]

(a) 样品加载；(b) 洗脱分析

(6) 液相色谱条件的优化

Agilent 5 TC-C_{18}(2) (4.6mm×150mm，5μm) 色谱柱；10.0%乙腈水(含 2.0mmol/L 乙酸铵和 0.2%甲酸) 为流动相；等度洗脱；柱温：35℃，流速 1.2mL/min，检测波长 242nm，进样量 20μL。

(7) 液相色谱-串联质谱条件的优化

5 TC-C_{18}(2) 色谱柱(4.6mm×150mm，5μm)；水(A) 和 90.0%乙腈水溶液(B) (A、B 均含 2.0mmol/L 乙酸铵和 0.2%甲酸) 为流动相；流速为 0.5mL/min，柱温：25℃；梯度洗脱程序：0～8～18～20min，B：3.0%～3.0%～100.0%～100.0%；电喷雾(ESI) 正离子模式，毛细管电压：4000kV；鞘气流速：11L/min；鞘气温度：340℃；干燥气流速：7L/min；干燥气温度：300℃；雾化器压力：45psi；多反应监测(MRM) 模式，DA 母离子 m/z 为 312.1，碎裂电压 130V，子离子 m/z 266.2 和 m/z 248.3 作为 DA 定性定量离子，碰撞能分别为 16eV 和 18eV。

(8) 质量控制方法

实验所用容器均用甲醇和去离子水交替清洗；样品分析中，每 10 个样品后添加试剂空白样品、标准校正和平行样品测定，以保证实验结果的可靠性。

4. 注意事项

① 色谱分离条件优化时，不同特点的色谱柱对海水中的 DA 分离结果差异较大，选择碳载量相对较低的 C_{18} 柱尤为关键。

② 在 LC-MS/MS 分析过程中，甲酸是常用的流动相添加剂，在 ESI 正离子模式下可提高化合物的离子化效率。

③ 在离线固相萃取柱条件优化时，HLB 固相萃取柱对极性和非极性化合物均有较好的富集效果，可选择 HLB 固相萃取柱用于海水中 DA 的离线富集净化。又因 DA 属于弱酸性化合物，在海水中易发生电离，不利于 HLB 固相萃取柱对其的吸附，因此，可通过酸化海水样品抑制其电离，提高 HLB 固相萃取柱对 DA 的富集效率。

④ 在线固相萃取条件优化时，采用在线固相萃取用于水样中有机化合物的富集时，优先选择填料类型合适、富集净化效果良好的富集柱。

⑤ 基质效应对目标化合物的检测信号有增强或者抑制作用，从而影响定量准确度的效应。

⑥ 该方法的仪器精密度和准确度良好，对 DA 的检测限和定量限均达到了 ng 级；回收率大于 69%，可为近海、远海、大洋或南北极海水中 DA 的测定提供可靠的技术支撑。

4.5.3.2　在线固相萃取-液质联用测定海水中的 6 类脂溶性藻毒素

1. 测定原理

基于在线固相萃取技术，将水体样品自动在线上样、富集、洗脱，再结合高效液相色谱-质谱联用技术及其方法，检测海水中溶解态的脂溶性藻毒素。具有快速、仪器重复性好、有机试剂使用少、检出限较低、自动化程度高等优点[10]。

2. 仪器和试剂

1)仪器

① 1260Infinity 型四元泵(美国 Agilent 公司)、1290Infinity II 超高效液相色谱(美国 Agilent 公司)、6470 三重四极杆质谱仪(美国 Agilent 公司)、ZORBAX Eclipse Plus C_{18} 色谱柱(2.1mm×50mm，1.8μm，美国 Agilent 公司)、固相萃取仪(美国 Supelco 公司)、Oasis HLB(6mL，200mg，30μm，美国 Waters 公司)、ZORBAX Eclipse XDB-C_8 富集柱(2.1mm×12.5mm，5μm，美国 Agilent 公司)、PLRP-S 富集柱(2.1mm×12.5mm，15～20μm，美国 Agilent 公司)、ZORBAX Eclipse Plus C_{18} 富集柱(2.1mm×12.5mm，5μm，美国 Agilent 公司)。

整个在线 SPE-LC-MS/MS 分析系统是由配有在线富集模块的超高效液相色谱和三重四极杆质谱系统构成。在线 SPE 模块由配有一次最大取样量 0.9mL 计量泵的高性能自动进样器和 1260Infinity 型四元泵构成。

② Milli-Q 超纯水处理系统（美国 Millipore 公司），其他实验室常用设备和器皿。

2）试剂

（1）试剂级别

乙腈（色谱纯，德国 Merck 公司）、甲醇（色谱纯，德国 Merck 公司）、裸甲藻毒素（gymnodimine，GYM），罗环内酯毒素 1（spirolide 1，SPX 1），虾夷扇贝毒素（yessotoxin，YTX）、h-虾夷扇贝毒素（h-yessotoxin，h-YTX），大田软海绵酸（okadaic acid，OA），鳍藻毒素 2（dinophysistoxin 2，DTX 2），鳍藻毒素 1（dinophysistoxin 1，DTX 1），氮杂螺环酸 1（azaspiracid 1，AZA 1），氮杂螺环酸 2（azaspiracid 2，AZA 2），氮杂螺环酸 3（azaspiracid 3，AZA 3），扇贝毒素 2（pectenotoxin 2，PTX 2），短裸甲藻毒素 1（brevetoxin 1，BTX 1），短裸甲藻毒素 2（brevetoxin 2，BTX 2）和短裸甲藻毒素 3（brevetoxin 3，BTX 3）毒素标准品（加拿大国家研究委员会）、甲酸（色谱纯，上海麦克林生化科技有限公司）、乙酸铵（色谱纯，瑞士 Fluka 公司）。除非特殊说明，实验中所用其他试剂均为分析纯或优级纯，所用水为超纯水。

（2）标准溶液的配制

① 准确称取一定量的 14 种 LMATs 标准品，按照不同的溶剂要求，分别用甲醇、超纯水作溶剂，定容至选定的容量瓶中，作为标准溶液（储备液）。

② 准确移取适量分别溶于甲醇的 14 种 LMATs 标准溶液（储备液），分别用甲醇、超纯水定容至 10.0mL，获得浓度均为 500.0ng/L 的 GYM、SPX1、YTX、h-YTX、OA、DTX2、DTX1、AZA3、PTX2、BTX3、AZA1、AZA2、BTX2 和 BTX1 的标准溶液。

③ 置于–20℃避光保存，备用。

3. 测定步骤

（1）样品采集

① 采集目标海域的 40 个左右不同站位的海水样品；海水样品均取至海面以下 0.5m 处。

② 采集的海水样品通过 0.22μm 滤膜过滤，过滤后的样品置于–20℃下冷冻保存，带回实验室分析。

（2）在线固相萃取-液相色谱-串联质谱条件的优化

四元泵输送 5%乙腈水溶液（V∶V），将过滤后的 2.4mL（0.9mL、0.6mL 和 0.9mL）海水（含 5%甲醇和 0.05%甲酸）样品，以流速 2.0mL/min 加载到 ZORBAX Eclipse XDB-C_8（2.1mm×12.5mm，5μm）富集柱。进样 8.0min 后，六通阀将富集柱由样品加载流路切换到色谱分离流路，富集在富集柱上的分析物经洗脱液输送到色谱柱进行色谱分离和质谱检测。

(3)液相色谱分条件的优化

离线 ZORBAX Eclipse Plus C_{18}(2.1mm×50mm，1.8μm)为色谱柱；柱温：25℃；流动相 A(水+10.0mmol/L 的乙酸铵+0.1%甲酸)；流动相 B(90.0%乙腈水溶液+0.1%甲酸)；在线 SPE 梯度洗脱程序如表 4-5 所示。

表 4-5　上样泵和分析泵梯度程序以及二位六通阀切换位置[10]

时间/min	水(0.05%甲酸)	上样泵 乙腈(0.05%甲酸)	流速/(mL/min)	流动相A/%	分析泵 流动相 B/%	流速/(mL/min)	六通阀位置
0	95	5	2	95	5	0.3	1-6
8	95	5	2	95	5	0.3	1-2
11.5	95	5	2	60	40	0.3	1-2
17.5	95	5	2	40	60	0.3	1-2
19.5	95	5	2	0	100	0.3	1-2
21.5	95	5	2	0	100	0.3	1-2

(4)质谱检测条件的优化

毛细管电压正、负模式：4000kV；鞘气(99.999%)流速：11L/min；鞘气温度：340℃；干燥气流速：7L/min；干燥气温度：300℃；雾化器压力：45psi；多反应监测(MRM)模式对各组分进行质谱检测。

(5)离线固相萃取-液相色谱-串联质谱条件的优化

① 分别采用 3.0mL 甲醇、超纯水对固相萃取柱活化处理，将 200.0mL 海水样品过固相萃取柱，流速约为 1.0mL/min。

② 再用 3.0mL 甲醇水溶液(甲醇∶水=15∶85)淋洗固相萃取小柱 1 次，淋洗完成后抽真空 5min 至干燥。

③ 继续用 3.0mL 甲醇溶液洗脱固相萃取小柱，洗脱 3 次，收集洗脱液。

④ 洗脱液在 40℃下旋转蒸发至干，加入 1.0mL 甲醇，涡旋、超声复溶。

⑤ 收集复溶液，将其通过 0.22μm 过滤器过滤到进样小瓶中。

⑥ 置于–20℃下避光保存，备用待测。

⑦ 离线 LC-MS/MS 分析时样品进样量为 10μL，离线梯度洗脱程序如表 4-6 所示。其余分析条件与在线固相萃取-液相色谱-串联质谱条件相同(不包括在线富集模块)。

表 4-6　离线 LC-MS/MS 分析梯度洗脱程序[10]

时间/min	流速/(mL/min)	流动相 A/%	流动相 B/%
0	0.4	95.0	5.0
6.0	0.4	92.0	8.0
8.0	0.4	50.0	50.0

续表

时间/min	流速/(mL/min)	流动相 A/%	流动相 B/%
8.3	0.4	44.0	56.0
10.0	0.4	42.0	58.0
11.0	0.4	42.0	58.0
13.0	0.4	40.0	60.0
15.0	0.4	0.0	100.0
17.0	0.4	0.0	100.0

(6)定性、定量测定

① 定性测定：同一序列下目标化合物的保留时间与标准溶液的保留时间相比，偏差在±0.040min 以内；并且，定性定量离子对与标准品中离子对相吻合。

② 定量测定(外标法)：将定量离子峰面积代入相应线性方程，计算目标化合物浓度。

(7)分析质量控制

为了保证实验结果的可靠性，每次实验前所用容器均用甲醇和超纯水交替清洗 3 次；试剂和实验条件空白被用作对照；每 8 个样品作为一组，后面紧跟试剂空白、标准校正和平行样品测定；检查仪器是否正常，保证实验结果的精密度和准确性。

4. 注意事项

① 对海水中 LMATs 有效检测，最为关键的是选择高效富集 LMATs 的在线固相萃取柱，LMATs 属于疏水性的化合物，化合物极性较小，常选择反相以及聚合材料的离线固相萃取柱进行富集。C_8 和 C_{18} 反相色谱柱常被用作 LMATs 的分离，可根据实验室现有条件选择合适的色谱柱为好。

② 酸性和碱性流动相体系均可用于 LMATs 色谱分离，但由于在线固相萃取富集柱不适合在高 pH 下使用，故选在酸性条件下色谱峰的峰形更好。

③ 在 LMATs 分析中，甲酸铵和甲酸也是流动相的常用添加剂。甲酸铵和甲酸为质谱分析提供正电离模式的质子，提高化合物离子化效率，进而提高仪器灵敏度。

④ 该方法对海水样品中的 LMATs 的选择性好，仪器精密度和准确度良好，对 DA 的检测限和定量限均达到了 ng 级。

4.5.4　分子印迹及液质技术检测海水中膝沟藻毒素

1. 测定原理

膝沟藻毒素(gonyautoxin，GTX2、GTX3 简写作 GTX2&3)主要由亚历山大藻属分泌产生，是麻痹性贝类毒素(PSTs)中的一类氨基甲酸酯类毒素，其特点是毒性强、分布广、对生物体危害严重等。

分子印迹聚合物(molecular imprinted polymer, MIP)可以从复杂的样品基质中选择性地吸附目标物或其结构类似物，并且具有耐酸碱、可重复利用的特点，是一种理想的固相吸附剂，可利用制备的分子印迹聚合物为填料制作固相萃取柱对样品进行固相萃取。本实验通过制备以咖啡因为虚拟模板的分子印迹微球作为固相萃取填料，自制分子印迹固相萃取(MISPE)小柱，优化了淋洗和洗脱等条件，建立了针对GTX2&3离线模式下的MISPE-HPLC-MS分析方法[13]。

2. 仪器和试剂

1)仪器

① UltiMate-3000高效液相色谱(美国Thermo Fisher公司)、Q-Exactive高分辨质谱(HRMS，美国Thermo Fisher公司)、氰基色谱柱(4.6mm×150mm，3μm，中国月旭材料科技有限公司)。

② 棕色容量瓶(5mL)若干、移液枪(10μL)，及其他实验室常用设备及器皿。

2)试剂及其配制

(1)试剂级别

甲醇(色谱纯)、乙腈(色谱纯)、GTX2&3标准品(加拿大国家研究委员会海洋生命科学研究所)。除非特殊说明，所有其他试剂均为色谱纯或质谱纯，所用水均为超纯水。

(2)标准品说明

毒素标准品中，GTX2和GTX3是混合的，两种毒素的总浓度为157.6μmol/L。标准品中各自的浓度为：GTX2 114.2μmol/L；GTX3 43.4μmol/L；在GTX2、GTX3毒素标准品中含有微量的dcGTX2和dcGTX3毒素。

(3)标准溶液的配制

① 毒素标准品用0.1mol/L乙酸溶液稀释成储备液，避光4℃保存。

② 准确量取10μL GTX2&3的标准品储备液，用超纯水稀释溶解后转移至5mL棕色容量瓶中准确定容，振荡摇匀，得124.63μg/L的GTX2&3标准储备液。

③ 根据浓度单位之间的换算关系，分别移取一定体积的标准储备液，置于5mL容量瓶中，以超纯水稀释并准确定容，振荡摇匀，得系列浓度分别为1.246μg/L、3.116μg/L、6.232μg/L、9.347μg/L、12.463μg/L、62.315μg/L的标准溶液，所有标准溶液置于–20℃下保存备用。

3. 测定步骤

(1)液相条件的优化

① 以氰基柱作为色谱分离柱(4.6mm×150mm，3μm)，流动相A：含0.1%甲

酸的超纯水；流动相 B：含 0.05%甲酸的乙腈；上样量为 20μL，流速为 0.6mL/min，柱温为 35℃。

② 洗脱梯度：时间 0min，流动相 B 为 95%，流动相 A 为 5%；时间为 0～3min，流动相 B 为 95%～20%，流动相 A 为 5%～80%；时间为 3～8min，流动相 B 为 20%，流动相 A 为 80%；时间为 8～8.1min，流动相 B 为 20%～95%，流动相 A 为 80%～5%；时间为 8.1～10min，流动相 B 为 95%，流动相 A 为 5%。

(2) 质谱条件的优化

在质谱检测的过程中电喷雾离子源正电离模式，采用选择性离子扫描，具体质谱仪器参数为：离子化方式为电喷雾正离子 (ESI^+)；监测模式为选择性离子监测 (SIM)；质量扫描范围 *m/z* 为 395.0932～399.0932；检测器选 Q/orbitrap；蒸发温度为 320℃；毛细管温度为 350℃；喷雾电压为 3500V；鞘气为 40psi；辅助气为 5psi；一级全扫描分辨率为 70000。

(3) 定性测定

① 通过比较实际样品检测得到的色谱峰与膝沟藻毒素 GTX2&3 标准品的色谱峰保留时间的一致性进行判定，误差范围必须在 ±0.20min 以内。

② 在相同的检测条件下，利用高分辨质谱测定精确质核比 *m/z*，进行目标化合物的定性，目标化合物膝沟藻毒素 GTX2&3 精确质量数测量值与理论值相对偏差应在 5ppm 以内。

③ 膝沟藻毒素的定性参数为：保留时间为 5.33min，分子量为 395.0932，分子式为 $C_{10}H_{17}N_7O_8S$，$[M+H]^+$ (*m/z*) 为 396.0932。

(4) 定量测定

① 定量范围内，对不同浓度的 GTX2&3 标准溶液进样检测。

② 以标准溶液的被测组分浓度为横坐标，以 GTX2&3 提取离子色谱图 (提取离子是 *m/z* 396.0932，质量误差范围为 0.1*m/z*) 中标准溶液的被测组分的峰面积值为纵坐标，绘制标准曲线。

③ 实际样品进样检测后提取目标物的峰面积，用标准曲线对实际样品检测得到的峰面积进行定量，试样溶液中待测物的峰面积响应值应在本方法线性范围内。

(5) 质量控制方法

① 标准曲线制作要求：由于仪器的日间精密度通常较差，在不同的工作日对样品进行分析检测时要重新绘制标准曲线。

② 加标样品要求：在分析检测一批样品之前，要做加标上样实验，观察其回收率，若回收率在要求的范围内，就可以认为该批样品检测是合格的；反之，应查找问题重新检测。在测定 10～20 个样品后，由于仪器性能及操作环境可能发生变化，若影响检测结果的准确性，需要进一次加标样品，以验证回收率是否在要

求的范围内。

③ 空白对照：为考察检测过程中用到的化学药品、样品基质因素引入的杂质对分析结果的干扰，需在每批样品富集的同时，按同样操作流程制备空白样品，并平行测定至少 3 次以上。

④ 平行样控制：在每批测试样品时，选取几个样品做 3～5 个平行样进行测定，观察检测的平行样中目标物的含量是否在允许的偏差范围内。若偏差范围小，在允许的范围内则为合格；若个别平行样测定偏差较大，则可认为测试结果失败，应检查其原因并重测。

4. 注意事项

① 由于分子印迹固相萃取前处理方法对膝沟藻毒素 GTX2&3 具有选择性分离的作用，没有找到合适的内标物，所以本实验选择的定量方法是以外标法(标准曲线法)对标准工作溶液和待测实际样品进行检测定量分析。

② 使用氰基液相色谱柱时，安装色谱柱时流动相应按照色谱柱上箭头指定的方向安装；进样分析前以洗脱梯度的初始浓度对色谱柱进行缓冲，使色谱柱适应工作环境；样品检测完成后要用乙腈溶液对柱子自动冲洗 10min 左右，以去除残留的污染物。

③ 该方法对海水样品中的膝沟藻毒素 GTX2&3 的选择性好，仪器精密度和准确度良好，最低检测限可以达到 29.35ng/L，低于目前已知针对 PSTs 分析方法的最低检测限，便于对海水样品中痕量毒素的检测[13]。

4.5.5 液液萃取/液相色谱-串联质谱法分析海水中的短裸甲藻毒素

1. 测定原理

基于液相色谱-串联质谱检测技术，结合海水的基质特征，选择液液萃取作为前处理方法。通过筛选合适的提取试剂，对提取体积、旋涡时间、提取次数、盐析剂等参数进行单因素实验分析；并在单因素实验的基础上采用三因素三水平的响应面分析方法，确定海水中短裸甲藻毒素的最佳提取条件；最后通过回收率、精密度、定量下限等指标进行方法学验证，建立适用于海水中短裸甲藻毒素的分析方法[16]。

2. 仪器和试剂

(1) 仪器

① Acquity^{TM}I-Class 超高效液相色谱仪、Xevo TQ-S 质谱仪(美国 Waters 公司)、Avanti JXN-30 高速离心机(美国 Beckman Coulter 公司)、MS3 Control 旋涡混匀器(德国 IKA 公司)、VSD150 氮吹仪(无锡沃信仪器制造有限公司)、FG2-B 便携式 pH 计(瑞士 Mettler Toledo 公司)、AZ8371 便携式盐度计(台湾衡欣仪器仪

表有限公司)。

② 离心管(15mL,50mL)若干、量筒(5mL,10mL)2 个,及其他实验室常用玻璃器皿等。

(2)试剂及其配制

① BTX-1,BTX-2,BTX-3 短裸甲藻毒素标准品均为 100μg(台湾 Algalchem 公司)、乙酸铵,甲酸(色谱纯,美国 Sigma 公司)、乙腈,甲醇,乙酸乙酯,正己烷,三氯甲烷(色谱纯,德国 Merck 公司)、氯化钠,氨水,乙酸(分析纯,国药集团化学试剂有限公司),实验用水均为经 Millipore 系统处理的超纯水。除非特殊说明,所有其他试剂均为分析纯或优级纯。

② BTX 混合标准工作液(100ng/mL)的配制:分别准确称取一定量的 BTX-1、BTX-2、BTX-3 短裸甲藻毒素标准品,用甲醇或超纯水定容至刻度。

3. 测定步骤

(1)响应面实验样品前处理

① 移取 20mL 经 0.45μm 玻璃微纤维滤纸过滤的海水样品至 50mL 离心管,加入 100μL 100ng/mL 的 BTX 混合标准工作液、盐析剂和提取试剂后,旋涡混合,6000r/min 离心 5min。

② 将有机层转移至 15mL 离心管中,再重复提取,合并上清液后于 40℃水浴条件下氮气吹干。

③ 再加入 1mL 乙腈,旋涡混合 60s,经 0.22μm 有机微孔滤膜过滤后,供 LC-MS/MS 分析。

(2)样品前处理

① 移取 20mL 经 0.45μm 玻璃微纤维滤纸过滤的海水样品至 50mL 离心管中,加入 6g 氯化钠旋涡混合 90s。

② 再加入 5mL 乙酸乙酯,旋涡振荡 60s 后,6000r/min 离心 5min,将上清液转移至 15mL 离心管中。

③ 加入 5mL 乙酸乙酯再提取 1 次,合并上清液后于 40℃水浴条件下氮气吹干。

④ 加入 1mL 乙腈,旋涡混合 60s,经 0.22μm 有机微孔滤膜过滤后,供 LC-MS/MS 分析。

(3)色谱-质谱条件

① 色谱柱:Acquity^{TM} UPLC BEH C_{18}柱(2.1mm×100mm,1.7μm);进样体积为 5μL;样品室温度为 10℃;柱温为 35℃;流速为 0.2mL/min;流动相 A 为乙腈,B 为含 0.1%甲酸的 2mmol/L 乙酸铵溶液。梯度洗脱:0～1.0min,50% A;1.0～2.0min,50%～65%A;2.0～9.0min,65%A;9.0～9.5min,65%～50% A;9.5～11min,50% A。

② 电喷雾离子源，正离子扫描；检测方式：多反应监测模式；毛细管电压：2.5kV；离子源温度：130℃；脱溶剂气温度：500℃；锥孔气流量：200L/h；脱溶剂气流量：800L/h。短裸甲藻毒素的质谱参数如表 4-7 所示。

表 4-7　3 种短裸甲藻毒素的质谱参数[16]

名称	保留时间/min	母离子峰(*m/z*)	定量子离子峰(*m/z*)	碰撞能/eV
BTX1	8.20	867.5	849.5，831.5	12.18
BTX2	6.90	895.5	877.5，859.5	15.18
BTX3	4.66	897.5	725.5，751.5	18.20

4. 数据处理及计算

采用 SPSS 19 软件对实验数据进行分析处理；采用 Design expert 8.0 响应面软件进行模型方程拟合和多元回归分析。

5. 注意事项

① 考虑到方法前处理的损失和实验数据的偏差，将海水体积确定为 20mL，相较于传统的细胞计数法，不仅可减少海水分析所需体积，降低了耗材试剂量，也能满足海水定量分析的需要，从而有效评估短裸甲藻毒素的安全风险水平。

② 因短裸甲藻毒素属脂溶性聚醚类藻毒素，且样品基质是海水，应优先考虑能与水分层的有机试剂，比如乙酸乙酯为最佳提取试剂，以便于分离移取提取试剂，缩短前处理时间，提高实验效率。

③ 提取体积对萃取的影响：乙酸乙酯微溶于水，过低的提取体积会导致无法有效收集有机层；而过高的提取体积则加大了试剂量，延长了浓缩时间，降低了实验效率。故应结合液液萃取少量多次的原则选择提取次数。

④ 盐析剂对萃取的影响：在萃取过程中，常加入溶于水相但不被萃取的无机盐作为盐析剂，以吸引一部分自由水分子，减少水溶液中自由水分子的量，降低被萃取物和提取溶液在水中的溶解度，从而提高萃取效率。

⑤ 由于液液萃取通常需要萃取剂与被萃取溶剂长时间混匀振荡，从而充分提取被萃取溶剂中的目标化合物，故旋涡时间对萃取也有影响，须优化旋涡时间。

⑥ 该方法具有良好的准确度和精密度，对 3 种 BTX 的检出限均为 0.02μg/L。

4.5.6　基于 16S rDNA 基因序列分析鉴定水体中弧菌种类

1. 测定原理

16S rDNA 片段长度约为 1500bp，通过 PCR 扩增、克隆文库建立、核酸测序、核酸探针杂交等分子生物学的实验操作，从微生物样本中的 16S rRNA 基因片段中获得微生物群落的绝大部分微生物种的 16S rDNA 序列信息，再与 16S rRNA 基因数据库中的序列数据或基因数据库中的 rDNA 序列数据进行比较，从而确定其在进化树中的位置、评价微生物群落的生物遗传多态性和系统发生关系。

本实验从水体中分离获得 19 株海洋弧菌，利用 16S rDNA 序列结合 4 种看家基因 *rpoA*、*pyrH*、*gapA* 和 *topA* 的 MLSA 分析，对水体弧菌进行鉴定[12]。

2. 仪器和试剂

(1) 仪器

分子生物学常用仪器，以及其他实验室常用设备和器皿。

(2) 试剂及其配制

① 实验中所用化学及生物试剂均为分析纯或试剂纯。除非特殊说明，所有其他试剂均为分析纯或试剂纯，所用水均为超纯水。

② 所有的实验溶液及缓冲溶液均按照要求配制。

③ 菌株来源：19 株海洋弧菌从目标水体中分离所得，菌株经 TCBS 平板培养并划线分离后，于–80℃甘油保藏。

④ 培养基与主要试剂：TCBS 固体培养基；2216E 液体与固体培养基；Taq DNA 聚合酶、dNTP 等 PCR 试剂购自 TaKaRa BiO 宝生物工程(大连)有限公司；16S rDNA 的引物和 *rpoA*、*pyrH*、*gapA*、*topA* 这 4 种看家基因的引物由生工生物工程(上海)股份有限公司设计合成。

⑤ 选择引物：16S rDNA[17]和 *rpoA*[18]、*pyrH*、*gapA*、*topA*[19]等 4 种看家基因的扩增引物的选择参考相关文献；引物由生工生物工程(上海)股份有限公司设计合成，如表 4-8 所示。

表 4-8　16S rDNA 与 4 种看家基因的扩增引物序列[12]

扩增基因	引物	序列(5′-3′)	退火温度/℃	片段长度/bp
16S rDNA	27F	AGAGTTIGATCCTGGCTCAG	55	1465
	1492R	GGTTACCTTGTTACGCACTT		
rpoA	01F	ATGCAGGGTTCTGTDACAG	55	950
	03R	GHGGCCARTTTCHARRCGC		
pyrH	80F	GATCGTATGGCTCAAGAAG	50	450
	530R	TAGGCATTGTGGTCACG		
gapA	150F	AACTCACGGTCGTTCAAC	50	800
	899R	CGTTGTCGTACCAAGATAC		
topA	400F	AACTCACGGTCGTTTCAAC	50	750
	1200R	GAAGACGAATCGCTTCGTG		

3. 测定步骤

(1) 细菌基因组 DNA 的提取

菌株接种于 2216E 液体培养基过夜培养；离心收集菌体，无菌蒸馏水洗涤 2 次后，采用细菌基因组 DNA 提取试剂盒提取基因组 DNA。

(2) 基因扩增

① PCR 反应体系：在一 50mL 的离心管中，加入 2.5mL 的 10×缓冲溶液(保持其最终浓度为 2.5pmol/mL)(含 Mg^{2+})、2mL 的 dNTPs(保持其最终浓度为 10pmol/mL)、引物各 0.5mL、2.5U 的 Taq DNA 聚合酶、2mL 的 DNA 模板(保持其总 DNA 浓度达到 200ng/mL)，最后加超纯水将反应体系定容至 50mL。

② 16S rDNA 与 4 种看家基因的序列扩增，采用 Applied Biosystems 2720 Thermal Cycler PCR 仪进行反应。

③ PCR 反应条件：94℃预变性 4min；94℃变性 1min，各基因退火温度依据生工生物推荐的最适退火温度(表 4-8)设定，各基因退火时间按 1kb/min 计算，72℃延伸 1min，重复 30 个循环；72℃延伸 7min；PCR 产物经 1%琼脂糖凝胶电泳检测后，直接由上海美吉生物医药科技有限公司进行双向测序。

(3) 数据分析

① 用 DNAstar 软件的 Editseq 对得到的双向序列去掉开头 40bp 的引物序列，并辅以人工的序列峰图校对，进行正反向拼接。

② 扩增得到全部 19 株弧菌的 16S rDNA 与 4 种看家基因序列。

③ 用 EzTaxon Server(version 2.1)数据库对 16S rDNA 序列进行同源性比较，比对后选取 18 株亲缘性大于 99%的模式株，又选取 1 株外群菌株 *Escherichia coli* MG1655。

④从 GenBank 核酸序列数据库中下载这 19 株模式株的 4 种看家基因，再通过 DNA-MAN 对 19 株模式株与 19 株样株的看家基因序列进行多重比对，删除多重比对后序列前端、后端与中间的空位碱基(Gaps)，获得整齐的可信序列。

⑤ 再用 MEGA5.0 软件构建出 4 种看家基因串联拼接后的系统进化树，采用邻接法算法、Kimura 2-pammeter 模型进行 1000 次自举，隐藏可信度小于 50%的步展值节点。

⑥ 根据结果，分析鉴定水体中弧菌种类。

4. 注意事项

① 本实验结果表明：利用看家基因进行的 MLSA 技术具有良好的分辨率、可积累性与重复性，相较于 16S rDNA 基因有更高的分辨率，更适合于海洋弧菌的分类鉴定与多样性分析。

② 本实验以厦门某鲍鱼养殖场九孔鲍(*Haliotis diversicolor supertexta*)与皱纹

盘鲍(*Haliotis discus hannai* Ino)养殖为对象，对弧菌进行鉴定，为鲍鱼的健康养殖提供基础资料。若测定目标海水样品，需要做相应的条件优化等实验。

4.5.7　深海抗铬(Ⅵ)细菌的分离及鉴定

1. 测定原理

铬是一种毒性较高的重金属，自然环境中通常以六价和三价两种价形态存在，通常认为六价铬的毒性比三价铬的毒性高 100 倍。已发现很多微生物对六价铬有抗性，有些可以把铬从高毒的六价还原成低毒的三价。

本实验从海洋中筛选 7 株抗铬细菌进行研究，并对其中 1 株分离自太平洋深海的 Y1 菌株利用 16S rRNA 序列分析法对其进行鉴定[20]。

2. 仪器和试剂

(1)仪器

分子生物学及化学分析实验常用仪器，以及其他实验室常用设备和器皿。

(2)试剂及其配制

① 实验中所用化学及生物试剂均为分析纯或试剂纯。除非特殊说明，所有其他试剂均为分析纯或试剂纯，所用水均为超纯水。

② 所有的实验溶液及缓冲溶液均按照要求配制。

③ 按照标准离子的配制方法，配制不同浓度的六价铬(20mg/L、40mg/L、60mg/L、80mg/L)水溶液。

3. 测定步骤

1)样品采集

可自目标海域各站点采集海洋样品。

2)抗铬菌株的分离和筛选

(1)分离菌株

① 以无菌生理盐水按 1∶10 的比例稀释制成悬液作为底质；海水样品直接使用；以 1∶10 比例加入含铬(Ⅵ)(20mg/L)的液体选择培养基中富集；再经适当稀释，用固体平板涂布法分离，温度为 4℃。

② PYG 海水培养基的配制：将 10.0g 蛋白胨、5.0g 酵母提取物、1.0g 葡萄糖、1.0L 盐度为 34 的海水、15.0g 琼脂、重铬酸钾溶液(灭菌后根据所需浓度加入)混合，调节溶液 pH 为 6.8～7.0。

(2)分离得到的抗铬菌对递增铬(六价)浓度的抗性实验

① 以液体静置培养的方式，在不同浓度(20mg/L、40mg/L、60mg/L、80mg/L)六价铬的条件下，对各菌株的抗铬能力进行测定，以生长能力比值为标准。

② 将(加铬)选择培养基中菌体达到的最高浓度除以(无铬)对照培养基中菌

体达到的最高浓度乘以 100%，记录抗性结果。

③ 菌体浓度用比浊法测定。

3）抗铬菌株抗性水平及其还原铬（Ⅵ）能力的测定

① 从上一步中筛选出抗铬能力最高的菌株，继续在 200mg/L、400mg/L、600mg/L 等更高浓度的六价铬条件下测试其抗性水平；并将培养液经 8000r/min 离心 10min 后取上清液，动态测定对六价铬还原的情况。

② 用平板菌落计数法，测定微生物的生长。

③ 六价铬及总铬浓度的测定：用高锰酸钾氧化二苯碳酰二肼分光光度法测定（见 3.15.7.1 二苯碳酰二肼光度法测定海水中的铬）。

4）抗铬菌株的生理生化特征

在 Biolog 96 孔平板上，除对照孔外的 95 孔中，每孔都含有四氮唑紫缓冲营养培养基和不同碳源，用待测菌株的海水细胞悬液注入微孔中，培养 24h 后，利用 595nm 波长的光测定其对不同碳源底物的利用情况。

5）抗铬菌株的分子鉴定

（1）细菌染色体 DNA 的制备

① 将菌株转接至 2216E 培养基中，在 4℃培养。

② 待长出单菌落后，用灭菌牙签点取少量菌体至无菌重蒸水中，99℃加热。

③ 裂解菌体，释放细菌染色体 DNA，作为 16S rRNA 基因的 PCR 扩增模板。

（2）16S rRNA 基因的 PCR 扩增和产物纯化

① 根据大肠埃希菌的基因组序列，设计出多对用于 16S rRNA 序列扩增的引物；选用其中的 2f（5′AGAGTTTGATCCTGGCTCAG3′，对应于 *E.coli* 16S rDNA 的 8～27 位）和 1542r（5′AAGGAGGTGATCCAGCC3′，对应于 *E.coli* 16S rDNA 的 1525～1542 位）进行扩增，该对引物几乎能够扩增出全长的 16S rRNA 序列，长度约为 1500 bp。

② PCR 反应体系（50mL）：由 5mL 的 10×PCR 缓冲液、5mL 2×10^{-3}mol/L 的 dNTP、8unit 的 Tag DNA 聚合酶、2.5mL 25×10^{-3}mol/L 的 $MgCl_2$、2mL 各引物，20mL 模板、9.5mL 重蒸水组成。反应条件为：94℃ 1min；55℃ 1 min，68℃ 1.5min，循环 40 次；68℃延伸 10min；PCR 产物经低熔点琼脂糖电泳检测，用玻璃粉纯化法从胶上回收纯化。

（3）PCR 产物克隆

① 将 pBluescript 质粒经 *EcoR*Ⅴ完全酶切后去磷酸化，与经末端磷酸化后的 PCR 产物混合，加入 T_4DNA 连接酶，在 16℃下连接过夜约 12h。

② 再将连接产物转化到 *E.coli* 感受态细胞中，通过蓝白斑筛选，挑选阳性转化菌。

(4) 阳性转化菌的鉴定

① 用灭菌牙签挑取筛选平板皿上的白色菌落，在 10mL 无菌水中打匀，99℃加热 15min；将裂解液直接作为模板，采用 pBluescript 质粒上的 T7 和 T3 引物进行菌落 PCR 实验。PCR 反应条件为：94℃ 1min，53℃ 1min，72℃ 1.5min，循环 30 次，72℃延伸 10min，PCR 产物用琼脂糖电泳检测。

② 提取经 PCR 扩增验证后转化菌的质粒，通过 *EoR* Ⅰ 和 *Hind* Ⅲ完全双酶切，进行进一步验证；两步验证中均能产生 1500bp 左右片段的为阳性转化菌；将插入了 16S rRNA 基因的质粒送至上海基康生物技术有限公司进行测序。

(5) 序列分析

通过互联网，将序列提交 EMBL（欧洲分子生物学实验室）数据库，应用 FASTA3 程序与数据库中已有的细菌 16S rRNA 序列进行相似性比较分析；序列的比较及系统发育分析采用 DNA-MAN（Version 5.1）软件进行。

4. 注意事项

① 此方法适用于广泛海水中抗铬（Ⅵ）细菌的分离及鉴定。

② 培养条件对目标菌株的抗铬水平、生长状况、生理生化特征和对六价铬的还原能力均有影响，主要影响因素包括：振荡培养、温度、培养基起始 pH 及盐度等。

4.5.8　红树林根际海泥和海水真菌分离及活性分析

1. 测定原理

以目标海域红树林根际海泥和海水为研究对象，选择 GPY、PDA、Martin 和 MEA 这 4 种培养基培养目标菌落，挑取单菌落接种于 PDA 培养基纯化。利用纸片扩散法对发酵提取物进行抗菌活性筛选，再通过高效液相色谱分析提取物的化学多样性，并采用形态观察结合 rDNA ITS 序列分析对活性较好的 4 株真菌进行菌种鉴定[21]。

2. 仪器和试剂

(1) 仪器

① 超净工作台（苏州宏瑞科技有限公司）、恒温干燥箱（上海一恒科学仪器有限公司）、超声波清洗仪（昆山市超声仪器有限公司）、高效液相色谱仪（美国 Agilent 公司）、SCIENTZ-48 高通量组织研磨器（宁波新芝生物科技股份有限公司）。

② 锥形瓶（250mL）若干、离心管（1.5mL，50mL）若干，及其他实验室常用器皿。

(2) 试剂及其配制

甲醇，二氯甲烷（均为分析纯，北京化工厂）、甲醇（色谱纯，天津市康科德科技有限公司)、氯霉素(上海阿拉丁试剂有限公司)、链霉素(北京博迈德基因技术有限公司)。除非特殊说明，所有其他试剂均为分析纯或优级纯，所用水均为蒸馏水或无菌水。

(3)样品和活性检测指示菌

① 海泥和海水样品采集于目标海域，共采集红树林根际周围 1 个海水样品(HS1)和 7 个海泥样品(HS2～8)。

② 抗菌指示菌株为金黄色葡萄球菌(*Staphylococcus aureus* ATCC25923)、白色念珠菌(*Candida albicans* ATCC10231)和大肠埃希菌(*Escherichia coli* ATCC11775)。

(4)培养基

① 真菌分离纯化：选用葡萄糖蛋白胨酵母膏培养基(GPY)、马铃薯葡萄糖琼脂培养基(PDA)、马丁培养基(Martin)和麦芽提取物琼脂培养基(MEA)这 4 种常用培养基。

② 真菌发酵选用大米培养基：准确称取 20.00g 大米于 250mL 锥形瓶中，加入 30mL 蒸馏水浸泡。

3. 测定步骤

(1)分离纯化

① 将配制好的分离培养基倒于锥形瓶，用封口膜覆盖瓶口，1×10^5Pa 灭菌 20min；室温下冷却至合适温度(60℃左右)，分别加入氯霉素和链霉素至最终浓度为 200μg/mL；摇匀，以抑制原核微生物生长，倒置平板。

② 将海泥样品置于超净工作台吹干 12h；称取 1g 于 9mL 无菌水中，再从中取 1mL 加入 9mL 无菌水，分别取 200μL 均匀涂布于 GPY、PDA、Martin 和 MEA 培养基；海水样品直接取 200μL 均匀涂布于上述 4 种培养基。

③ 待培养基晾干，放入培养箱中，28℃倒置培养，观察并记录真菌的生长情况。

④ 待培养基上长出合适大小的菌落后，挑取单菌落接种于 PDA 培养基。

⑤ 根据采样点以及菌落形态、大小、色泽等的不同逐步分离菌落，并分别接种于 PDA 培养基，在 28℃下培养纯化。

(2)真菌发酵及活性分析

① 将配制好的大米培养基装入 250mL 锥形瓶，包好封口膜后，在 1×10^5Pa 灭菌 20min；60%甘油管灭菌(1×10^5Pa，20min)3 次。

② 接种针灭菌并烘干，用接种针切取约 $1cm^2$ 菌体于 60%甘油保存备用，同时切取约 $1cm^2$ 菌体接于大米培养基进行小试发酵，28℃培养 30 天，观察菌株生长情况并记录。

③ 将固体发酵产物用乙酸乙酯-甲醇(体积比为 8∶2)提取，在 500W 超声 20min；再将提取液使用孔径 11μm 的定性滤纸过滤后(过滤前若混合液分层，弃

下层水层)；使用旋转蒸发仪减压浓缩至干燥，加入 1mL 甲醇-二氯甲烷(体积比为 1∶1)混合溶剂溶解提取物；摇匀后移取 100μL 于 1.5mL 的离心管，剩余加入 96 孔深孔板；再向圆底烧瓶加入甲醇，洗出提取物，加入离心管和 96 孔深孔板。

④ 将离心管中提取物配平，以 13000r/min 离心 3min；取上清液于高效液相色谱(HPLC，Agilent 1200)样品瓶，用于 HPLC 分析。分析参数为：进样量为 10～30μL；采用 Agilent Eclipse XDB-C_8 柱，5μL，150mm×4.6mm 色谱柱，设置进样条件如表 4-9 所示。

表 4-9 HPLC 分析洗脱条件[21]

时间/min	流速/(mL/min)	乙腈/%	纯水/%	三氟乙酸/%
0	1.0	10	90	0.01
15	1.0	100	0	0.01
20	1.0	100	0	0.01
21	1.0	10	90	0.01
25	1.0	10	90	0.01

⑤ 采用纸片扩散法进行抑菌实验，指示菌株为金黄色葡萄球菌、白色念珠菌和大肠埃希菌，具体步骤为：

i. 取 20mg 供试样品溶解于 1mL 甲醇溶液中，配制成 20mg/mL 的待测样品，备用。

ii. 在无菌 50mL 离心管中，倒入 10mL 的 LB 液体培养基，挑取菌落大小为 1mm 左右的病原菌，混悬于培养基中，在 37℃、200r/min 条件下培养 16～18h。

iii. 再于 50℃的 LB 固体培养基中加入 1%菌液，摇匀，倒平板，平板冷凝后置于 4℃备用。

iv. 在每个直径为 0.6cm 的圆形无菌滤纸片上加入 5μL 待测样品，空白对照为甲醇溶液，待滤纸片干燥后均匀铺在平板上。

v. 将培养基于 4℃放置 2h 后，置于 37℃恒温培养箱培养 24h，观察并测量抑菌圈的直径。

(3) rDNA ITS 序列鉴定

① 用接种针切取约 1cm^2 菌体于离心管中，加入 800μL DNA 提取试剂，加入一颗细胞破碎珠，将离心管对称置于 SCIENTZ-48 高通量组织研磨器中，破碎菌体细胞，获得待测菌株基因组 DNA；采用真菌通用引物；ITS4(5′-TCCTCCGCTTATTGATATGC-3′)和 ITS5(5′-GGAAGTAAAAGTCGTAACAAGG-3′)扩增 rDNA ITS 序列。

② PCR 反应体系(50μL)：由 5μL 的 10×Buffer、5μL 2.5×10^{-3}mol/L 的 dNTPs、5μL 2.5×10^{-3}mol/L 的 $MgCl_2$、5μL 的模板 DNA、各 2μL 的引物 ITS4 和 ITS5

(10μmol/L)、0.5μL 5U/μL 的 Tag DNA 聚合酶、25.5μL 的超纯水组成。PCR 反应条件为：94℃ 4min；94℃ 1min，55℃ 4min，72℃ 1.5min，共 37 个循环；72℃ 10min，25℃保存。

③ 采用 DNA-MAN 软件分析 PCR 产物测序结果，确定 rDNA ITS 序列范围；除去两端非 rDNA ITS 序列部分，在 NCBI 数据库中进行 rDNA ITS 序列相似性比对；采用 MEGA 软件分析个体间遗传距离，并通过自展分析做置信度检测，自展数据集为 1000 次，基于 rDNA ITS 之间的同源性，采用邻接法构建系统发育树。

4. 注意事项

① 海洋真菌的采集大多是海底沉积物，或浸泡于海水中的木头及其他纤维物质、浮木、红树林、藻类等，海泥中营养相对丰富，有利于真菌生长，提示海洋真菌的分离应选择营养相对丰富的样品进行研究。收集并直接检查漂流木或潮间带木是最常用获得海洋真菌的方法。由于不同海域各种环境因素不同，受温度、盐度、湿度、pH 等因素影响，真菌分离也有所差异[22]。

② 本实验中对目标真菌的发酵产物进行 HPLC 分析，检测波长可选择为 254nm，色谱峰较丰富且明确。

参 考 文 献

[1] 赵铎. 渤海微生物群落多样性分析[D]. 济南: 山东大学, 2021.

[2] 张晓华. 海洋微生物[M]. 青岛: 中国海洋大学出版社, 2007.

[3] 孙涛. 南海海域海水和沉积物中细菌多样性和分布特征[D]. 上海: 上海海洋大学, 2021.

[4] 王长云, 邵长伦. 海洋药物学[M]. 北京: 科学出版社, 2011.

[5] 兰睿赜. 贝类产品微生物快速检验方法的建立以及应用[D]. 大连: 大连工业大学, 2010.

[6] 郑晶. 创伤弧菌感染的实验病理学及细菌学研究[D]. 广州: 第一军医大学, 2005.

[7] 曹云, 侯宗敏, 董存柱, 等. 两种海洋真菌混合发酵的次级代谢产物及杀虫活性研究[J]. 农药学学报, 2021-12-06 DOI 10.16801/j issn. 1008-7303. 2021.0179.

[8] 陈令新, 王巧宁, 孙西艳. 海洋环境分析监测技术[M]. 北京: 科学出版社, 2018.

[9] 李鑫. 液相色谱一质谱联用技术筛查及测定海水和藻体中脂溶性藻毒素[D]. 青岛: 国家海洋局第一海洋研究所, 2013.

[10] 王九明. 固相萃取-液质联用技术测定海水中藻毒素新方法研究及应用[D]. 青岛: 自然资源部第一海洋研究所, 2021.

[11] 郭立. 高盐渗滤液 COD 降解优势菌的筛选及相关基因消减文库的构建[D]. 天津: 天津大学, 2009.

[12] 龚婷, 骆祝华, 于艳萍. JOST Gunter, 基于 16S rDNA 和看家基因序列分析技术的鲍鱼养殖水体弧菌种类的鉴定[J]. 应用海洋学学报, 2014, 33(4): 531-538.

[13] 杜文强. 分子印迹及液质技术检测海水中膝沟藻毒素[D]. 大连: 大连理工大学, 2017.

[14] 曲景. 分子印迹膜在海水膝沟藻毒素检测中的应用[D]. 大连: 大连理工大学, 2020.

[15] 王艳龙, 陈军辉, 高莉媛, 等. 超高效液相色谱-串联质谱法测定海水悬浮颗粒物中的 8 种典型脂溶性藻毒素[J]. 分析化学研究报告, 2016, 44(3): 335-341.

[16] 严忠雍, 曾军杰, 龙举, 等. 液液萃取/液相色谱-串联质谱法分析海水中的短裸甲藻毒素[J]. 分析测试学报, 2019, 38(12): 1458-1463.

[17] Distel D, Wood A. Characterization of the gill symbiont of *Thyasira flexauosa* (Thyasiridae: Bivalvia) by use of polymerase chain reaction and 16S rRNA sequence analysis[J]. Journal of Bacteriology, 1992, 174(19): 6317-6320.

[18] Thompson F L, Geves D, Thompson C C, et al. Phylogeny and molecular identification of *Vibrios* on the basis of multilocus sequence analysis[J]. Applied and Envionmental Microbiology, 2005, 71(9): 5107-5115.

[19] Sawabe T, Kita-Tsukamoto K, Thompson F L. Inferring the evolutionary history of Vibrio by means of multilocus sequence analysis[J]. Journal of Bacteriology, 2007, 189(21): 7932-7936.

[20] 裴耀文, 骆祝华, 黄翔玲, 等. 深海抗铬(V)细菌的分离、鉴定及其铬(V)还原能力的研究[J]. 海洋学报, 2004, 26(2): 140-148.

[21] 郭梦捷, 赵箫杨, 韩佳卉, 等. 厦门杏林湾红树林根际真菌分离及活性分析[J]. 微生物学通报, 2021, 48(5): 1496-1503.

[22] 郝秀红, 马骢, 蒋学兵, 等. 南海海域真菌检测[J]. 山东医药, 2008, 48(32): 54-55.

第 5 章　海洋污染物的检测分析

5.1　海洋污染物的特点及其检测意义

地球表面 70%的面积被海洋覆盖，生命起源于海洋，海洋创造了一个充满生机活力的世界，也创造了地球上的生命，它使地球变得丰富多彩。海洋不仅是地球一切生命的重要源头，孕育了包括人类在内的成千上万种的生物；海洋还含有丰富的生物资源、化学资源、矿产资源、海洋能源等；海上航运、交通等皆对人类的生存发展和世界文明的振兴进步产生了重大的影响。然而，由于近代工业的迅速发展，科学技术开始了爆炸性的发展，地球人口急剧增多，人类为了生存与发展给地球生态环境造成了各种各样的污染与破坏，也使海洋生态环境越发脆弱。海洋环境遭到了前所未有的严重污染，对海洋生物、海水质量及人类健康等都造成了非常严重的后果。

由于海洋的特殊性，海洋污染与大气、陆地污染有很多不同，其突出的特点为[1]：

① 污染源广。人类不仅在海洋活动中污染海洋，在陆地和其他活动方面所产生的污染物，也将通过江河径流、大气扩散和雨雪等降水形式，最终都将汇入海洋。

② 持续性强。海洋是地球上地势最低的区域，不可能像大气和江河那样，通过一次暴雨或一个汛期，使污染物转移或消除；一旦污染物进入海洋后，很难再转移出去，不能溶解和不易分解的物质在海洋中越积越多，往往通过生物的浓缩作用和食物链传递，对人类造成潜在威胁。

③ 扩散范围广。全球海洋是相互连通的一个整体，一个海域被污染了，往往会扩散到周边，甚至有的后期效应还会波及全球。

④ 防治难、危害大。海洋污染有很长的积累过程，不易被及时发现，一旦形成污染，需要长期治理才能消除影响，且治理费用大，造成的危害会影响到各个方面，特别是对人体产生的毒害，更是难以彻底清除干净。

身处同一个地球，作为食物链的一部分，人类自然无法置身事外，海洋灾难的始作俑者就是人类。海洋污染的罪魁祸首是不可降解的有毒有害物质，这些极难降解的有毒有害物质，在海洋的自然环境中会长期滞留，经过年复一年的积累，其浓度越来越大，毒性越来越强，这已导致海洋污染日益严重，直接致使海洋物种锐减，赤潮频发，全世界海洋环境遭受巨大的破坏[2]。

以我国海洋污染的主要来源为例，据报道，主要是由人为因素与自然因素共同导致的。根据海洋污染物的具体来源进行划分，可以将其分为陆源污染、海洋工业污染、近海养殖和捕捞污染、空源污染四种类型。陆源污染，是指人类社会所产生的工业废物、排放的污水，人为向海洋倾倒的生活垃圾、农业污染等，在我国，超过 80%的海洋污染都是陆源污染；海洋工业污染，主要是海洋石油开采、海洋航运中泄漏的原油燃油、海洋事故等因素带来的污染问题，最为严重的是石油污染，比如溢油事件；近海养殖和捕捞污染，主要是由于近海海域的盲目建设与开发，大搞海产养殖及过度的捕捞，过度开发海洋矿产资源时造成的污染，以及养殖过程中所造成的海洋污染问题；空源污染，主要是通过大气污染与大气运动，以降水形式引发的海洋污染[3,4]。

上述都是造成海洋污染的主要原因，其中最令人担忧的还是那些不能降解的有毒有害有机化学物质，由于是由人类化学工业加工合成的，生物圈无法分解，即使是海洋强大的自身净化功能，也无法降解并使它们改变有毒有害的本质，它们不仅危害海洋动植物，进入食物链，更会威胁人类的健康与生命，也严重影响人类社会的可持续发展。目前，海洋污染问题已逐渐受到世界各界人士的极大关注，减少海洋污染、保护海洋环境、合理开发利用和可持续性发展已成为人类保护海洋的共识。

人类在开发海洋资源的同时，更应该注重海洋资源的保护，而这丝毫离不开各种检测技术，也可以说海洋检测是海洋事业的基础，通过海洋环境中各生物要素的检测，能够全面、及时、准确地掌握海洋环境中与化学相关物质的变化规律及人类活动对海洋环境的影响，为海洋的开发、管理和保护提供科学依据和技术支撑。基于化学分析的多种原理，针对河口、海岸带和近海海洋复杂的分析对象，如何简单快速、灵敏度高、选择性好地分析监测环境(水体如淡水、海水，沉积物和土壤等)有毒有害污染物(重金属、持久性有机污染物、石油类污染物、病原体、放射性同位素、微塑料等)以及其他海洋污染物质，通过利用和建立科学合理的方法技术，定性定量检测海洋污染物已成为付诸保护海洋行动的重要内容之一，这对保护地球环境、切实保护好关乎人类未来的海洋、维护生态平衡有着重要的意义，也有助于真正做到人类社会的可持续发展[3-5]。

5.2　海洋化学污染物的分类及测定方法

近年来，随着地球人口数量的不断增长、科技的持续进步及经济社会的飞速发展，所带来的空气污染、生态破坏与海洋污染问题也日益严重，海洋生态及人类生存均受到了严重的威胁，其中有机污染物是最重要的一种污染形式。

有机污染物是指以碳水化合物、蛋白质、氨基酸及脂肪等形式存在的天然有机物质及某些其他可生物降解的人工合成有机物质组成的污染物。而持久性有机污染物(persistent organic pollutants，POPs)尤为令人关注，定义为人类合成的，能持久性存在于环境中，并在大气环境中进行长距离迁移后而沉积回地球，对人类健康和环境造成严重危害的天然或人工合成的有机污染物。目前公认的 POPs 有三大类共 12 种物质，第一类为有机氯杀虫菌剂，共 9 种，包括艾氏剂(aldrin)、氯丹(chlordane)、狄氏剂(dieldrin)、滴滴涕(DDT)、异狄氏剂(endrin)、灭蚁灵(mirex)、毒杀芬(toxaphene)、七氯苯和六氯苯(HCB)；第二类为氯苯类工业化学品，包括多 HCB 和多氯联苯(PCBs)等；第三类为二噁英(dioxins)和呋喃(furans，Fs)等生产中的副产品，及新的 POPs 如五氯苯、六溴联苯、六六六(HCHs)、六氯丁二烯、八溴联苯醚、十溴联苯醚、多环芳烃、多氯化萘(PCN)、开蓬和短链氯化石蜡等。

POPs 具有的蓄积性、收放性、半挥发性和高毒性特点，使得这些有机污染物可以长期在生物体内的脂肪组织和环境中存留、蓄积；可通过食物链逐级放大，对人类造成的影响也最大；可从水体或土壤中以蒸气的形式进入大气环境或吸附在大气颗粒物上，进行全球运转，包括大陆、沙漠、海洋和南北极地区均可检测到 POPs；即使 POPs 的浓度很低，绝大多数 POPs 会对生物体造成危害，如使野生生物先天缺陷，免疫机能障碍导致发育与生殖系统疾病，造成神经行为及内分泌紊乱等严重疾病[5]。

基于此现状，本书从化学的角度分析海洋化学污染物的主要来源，包括：抗生素、农药、石油烃类、放射性物质及微塑料五种化学物质，进而介绍定性定量测定这些污染物的方法技术，对海洋重金属的污染，在本书的第 3 章中相关内容已有介绍。

第一类为海洋中抗生素的污染。抗生素是指由植物、动物和微生物在其生命活动过程中所产生的，或是人工合成的，能在低浓度下有选择地抑制或影响其他生物功能的物质。抗生素自被发现以来，在控制人类和动物感染性疾病方面发挥了巨大的作用，已拯救了无数的生命，被誉为 20 世纪最重要的医学发现之一。在世界范围内，已有越来越多的抗生素被人工合成，并被授权用于医疗。主要的人类及动物用途抗生素有以下种类：氨基糖苷类、β-内酰胺(青霉素类)、头孢菌素、喹诺酮类、林可酰胺类、大环内酯类、磺胺类、甲氧苄啶类及四环素类等。抗生素分子结构比较复杂，在不同的 pH 条件下，抗生素可以呈中性、阳离子、阴离子或两性离子状态。因此，它们的吸附行为、光化学活性、抗性活性和毒性都会随 pH 的变化而不同。即使具有相同的分子式，其结构功能也会不同[5]。

抗生素的作用机理是：通常具有与许多有害的外源性物质相似的结构和理化行为，如能够穿过细胞膜的亲脂性基团，较高的稳定性以避免在产生治疗效应前失活，易于产生生物累积等。其通过多种途径进入环境后，可能抑制环境中有益微生物的活性、刺激病原菌产生抗药性，从而对陆生或水生生态系统产生负面效应。水环境中抗生素可能的危害效应主要有三个方面：一是抗生素对水生生物可能存在一定的急性毒性效应和慢性毒性效应。在抑制或杀灭病原微生物的同时，也可能会抑制环境中有益微生物的活性，干扰甚至阻断生态系统的物质循环和能量流动。二是微量抗生素在环境中长期存在可刺激病原菌产生抗药性，曾经有效的抗生素在低剂量、长期使用后，会出现药效减弱甚至完全消失的现象，说明病原生物对抗生素产生了抗药性，即产生了抗药菌株。三是抗生素在生物体内的残留对人体健康具有潜在的危害，一般不表现为急性毒性作用，但是长期摄入含低剂量抗生素类药物的食物，则可能由于蓄积而导致各器官病变而发生癌变[6]。

虽然许多抗生素是天然产物，相应地，抗生素抗性基因也是天然存在的，然而，由于人类大量使用抗生素造成的抗生素污染，导致环境选择压力的增强，增加了细菌产生耐药性的概率。当长期接受抗生素或其他抗性化学药剂时，本来敏感的细菌多数被杀灭，而少数菌株可通过基因突变、基因转移等方式产生耐药性，并大量繁殖。尤其随着畜禽、水产养殖业的快速发展，抗生素的种类和用量日益增加，抗生素在动物性产品中的残留不仅引起了食品安全问题，相当一部分还随饲料投放、动物粪便、医药废物以及降水冲刷等过程进入水环境中，给环境安全和生态健康施加了风险[6]。而且由于河水的稀释作用，排放到地表水体中的抗生素浓度一般在 μg/L 级别以下，特别是海水，抗生素的浓度在海水的巨大稀释作用下会显著降低，故目前对海洋中抗生素的调查研究主要集中于海湾。

对海洋抗生素的化学检测方法，主要包括样品前处理和仪器测定两个过程。由于环境水样和水产品中的抗生素环境基质复杂，且存在浓度低，往往需要对样品进行浓缩、净化等预处理，不仅使被测的抗生素检测范围宽，而且还要富集倍数高、净化效果好，使目标物可以被更好、更明晰地检测和分析。

水样前处理方法主要有固相萃取（solid phase extraction，SPE）、固相微萃取（solid phase micro-extraction，SPME）和液液萃取（liquid liquid extraction，LLE）。SPE 技术以液相色谱分离机制为基础，采用选择性吸附和选择性洗脱的方式对样品进行富集、分离和纯化，具有快速、重现性好、有机溶剂用量少、易大批处理等优点，是目前抗生素检测分析中样品前处理的主流技术。常用的固相萃取柱有 C、亲水-疏水平衡柱（HLB）、离子交换柱以及混合相固相萃取柱等；可配大容量采样器和快速浓缩干燥装置；批量处理样品；并可与色谱联用进行在线监测。SPME 技术是一种利用装有涂层的熔融石英纤维作为固定相来富集目标物的萃取技术，将采样、萃取、浓缩、进样集于一体，便于携带，易于自动化，无须使用有机溶剂，可以对样品进行现场采集和富集。但由于纤维容量小、适用的极性范围窄，且需要逐个优化每个目标物的平衡条件，不适于多种类抗生素的同时分析预处理。LLE 技术是在液体混合物中加入与其不相混溶的溶剂，利用目标物在两种溶剂中的溶解度差异实现分离或提取的目的。但由于大部分抗生素水溶性强，萃取效率低，操作费时费力，在抗生素残留分析中很少使用[5]。

对前处理好的样品，再进行仪器检测。常用的抗生素化学检测方法主要有色谱法、色谱-质谱联用法等。较早的色谱法使用配有紫外检测器的液相色谱对抗生素进行检测。稍后发展的荧光检测器的选择性更好，可利用抗生素如氟喹诺酮类本身的荧光特性或者加上荧光衍生化试剂的方法，使用荧光检测器进行检测。目前，色谱-质谱联用法，尤其是液相色谱-质谱联用(LC-MS)较气相色谱-质谱联用(GC-MS)法具有绝对优势，以其高灵敏度、高选择性等特点，已成为主流检测技术被广泛应用，可对极性较强、分子量较大、难以气化的大部分抗生素进行同时检测分析[5]。

第二类为海洋中农药的污染。农药(pesticides)指用于预防、消灭或者控制危害农业、林业的病虫草害和其他有害生物以及有目的地调节植物、昆虫生长的化学合成的或者来源于生物、其他天然物质的一种或几种物质的混合物及其制剂。造成海洋污染的农药可分有机和无机两类。有机污染包括有机氯、有机磷和有机氮等；无机污染则包括无机汞、无机砷、无机铅等。有机农药可分为有机氯、有机磷、有机氮、氨基甲酸酯类、拟除虫菊酯类、有机杂环类等，其杀虫效果显著，曾被广泛应用于农业。作为公认的 POPs，艾氏剂、狄氏剂、毒杀芬、灭蚁灵、氯丹、异狄氏剂、滴滴涕、七氯苯、六氯苯这 9 种杀虫剂是列入首批公约受控名单的 12 种持久性有机污染物[4,7]。

海洋作为一个巨大的生态系统，农药及其残留物可通过海水中的污染、沉积物污染及生物污染等各种途径进入海洋，成为各类 POPs 包括农药的汇聚地，进而农药污染通过空气、海产品等进入人体而产生危害，人类所患的一些新型的癌症与此也有密切关系。比如有机磷农药能与体内乙酰胆碱结合，使胆碱酶失活，丧失对乙酰胆碱的分解能力，导致体内乙酰胆碱的蓄积，使神经传导生理功能紊乱。虽然大多有机污染物的毒性机制还没有完全明确，但它们对人体造成的伤害通常是多种相互协同作用的结果，具体产生的危害主要表现在两个方面：一是致癌致畸变。人类是处于食物链顶端的生物，水体中微量的农药 POPs 会经过生物富集及食物链传递和放大作用而威胁人类健康，导致突变、致癌、致畸(简称“三致”)和内分泌干扰等。比如毒杀芬(八氯莰烯)是乳白色或琥珀色蜡样固体，常作为蔬菜、水果、棉花和其他作物的杀虫剂，多达 50%的毒杀芬可在土壤中持续存在 12 年，是潜在的致癌物质之一。DDT、敌百虫[*O*,*O*-二甲基-(2,2,2-三氯-1-羟基乙基)磷酸酯]、敌敌畏[*O*,*O*-二甲基-(2,2-二氯乙烯基)磷酸酯]和乐果[*O*,*O*-二甲基-*S*-(*N*-甲基氨基甲酰甲基)二硫代磷酸酯]等农药也具有致突变的作用，内吸磷和西维因[(1-萘基)-*N*-甲基氨基甲酸酯]具有致畸和致癌的作用。二是影响生殖和发育。直接或间接接触 POPs 中的生物体会产生生殖障碍、畸形、器官增大和机体死亡等现象。比如在有机氯农药存在的环境里，生物体正常细胞出现很强烈的抑制胰岛素作用，诱导与脂质代谢相关的两个重要因子，使胰岛素抵抗以及相关代谢紊乱等；若母亲孕期食用含有多氯联苯残留的鱼，可使得其后代发育和神经行为缺陷、流产，破坏内分泌系统和生殖系统等[5]。

因此，对海洋农药污染物的检测具有非常重要的意义。化学检测的过程类似于对海洋中抗生素种类及含量的检测，也是包括样品的预处理和仪器检测两个部分。样品的预处理主要包括样品萃取和样品净化两个步骤，其中样品萃取有液液萃取、固相萃取、固相微萃取、索氏提取、超声波提取、超临界流体萃取、加速溶剂萃取、微波萃取、微波消解等方法；样品净化有酸碱法、固相净化法和凝胶渗透色谱法等。目前，常用的检测技术包括气相色谱法、气相色谱-质谱联用法、液相色谱-质谱联用法、质谱技术、核磁共振和红外、拉曼等光谱技术。其中。色谱技术主要用于复杂有机物的分离、定性和定量分析，质谱技术和光谱技术主要用于有机物组成、结构和含量的定性、定量分析[5,7]。

第三类为海洋中石油烃类的污染。原油是一种黑褐色的流动或半流动黏稠液，略轻于水，是一种成分十分复杂的混合物，主要是由碳元素和氢元素组成的多种碳氢化合物，统称“烃类”。原油中碳元素占 83%～87%，氢元素占 11%～14%，其他部分则是硫、氧、氮、磷、钒等杂质。虽然原油的基本元素类似，但从地下开采的天然原油，在不同产区和不同地层。总石油烃最初是指在原油中发现的含有碳氢化合物的混合物，包括汽油、煤油、柴油、润滑油、石蜡和沥青等，是多种烃类(正烷烃、支链烷烃、环烷烃、芳烃)和少量其他有机物，如硫化物、氮化物、环烷酸类等。多数可溶于多种有机溶剂，不溶于水，但可与水形成乳状液。不同产地的石油中，各种烃类的结构和所占比例相差很大，根据沸点及密度的不同，可分为烷烃、环烷烃及芳香烃三类。通常烷烃为主的石油称为石蜡基石油，环烷烃和芳香烃为主的石油称为环烃基石油，介于两者之间的称为中间基石油。石油产品包括汽油、煤油及柴油等，由于这些石油产品的来源不同和炼制过程有差异，使得成品油的组分构成不一致，其物理化学性质也不同，甚至在一定程度上可以说，所有的石油及其产品化学组成均有差异[5,8,9]。

随着经济的发展，人类对能源的需求不断扩大，石油已成为人类最重要的能源之一，主要被用来作为燃油和汽油，而燃油和汽油又是组成世界上最重要的一次能源之一。石油也是许多化学工业产品——如溶剂、化肥、杀虫剂和塑料等的原料。近年来，随着人类对油类资源需求的日益增多，人类在生产活动中对海洋的人为污染，如在石油的离岸近岸石油勘测、海底采油、加工和利用过程中，越来越多的石油可能会进入土壤环境和海洋从而引起土壤环境和海洋水质的污染和破坏；油轮泄漏、油船压舱水、陆源油类污染入海、炼油厂生产作业事故或非事故(战争、异常天气海况等)以及石油化工厂废水中的油类对水体的污染等；另外，天然来源(如海底石油的渗漏、海底低温流体的渗漏及含油沉积岩遭侵蚀后的渗出等)造成的自然污染等，这些海洋石油污染的现象日益加剧，严重威胁着人类健康、渔业、海洋环境和生态系统等[5]。

与其他污染物相比，海洋油类污染具有显著的独特性，主要表现为：一是突发性强。比如在石油开发的探、钻、采、储、运、炼等各个生产环节中的漏油事故，造成的油类污染往往是突发性、高风险及更大隐患。二是扩散快。海面的溢油不仅易挥发，在太阳紫外线照射下，生成光化学烟雾和毒性致癌物质而很快扩散稀释消失，在风、浪、潮流等作用或恶劣海况条件下，会迅速飘移扩散的特点，不利于有效围控清理。三是持续时间长。溢油通过多种物理化学的分解降解等过程在自然界演化，整个过程非常漫长，有些形成难降解的焦油球沉降到海底沉积物中，将长期影响海洋环境。同时，某些难降解有毒物质在海洋生物体内富集，通过食物链逐级扩大，造成的危害更大、影响时间更长。四是破坏大。若有毒有害油类物质进入海洋，对海洋生态系统的危害十分严重，有时甚至是毁灭性的。另外，大面积、长时间的油膜覆盖和浮游植物光合作用的衰弱，会导致海水透光层缺氧，严重时会导致好氧生物大面积死亡，这种毁灭性生态灾害的修复非常困难。五是涉及部门多。石油企业、航运公司、执法监督部门、环境保护单位等需要在一个各专业信息共享且对称的平台上做出决策，并且积极有效地执行溢油应急响应方案[5]。

石油烃是目前环境中广泛存在的有机污染物之一，过量的总石油烃一旦进入土壤将很难予以排除，将给社会、经济和人类造成严重的危害；而过量石油烃进入海洋，会在海洋生物体内聚集，随着食物链进入人体，危害人类健康，长期接触或误摄入，可引起腹泻、急性中毒等消化类疾病，甚至导致神经类疾病，有些对人体有致畸、致癌的作用。此外，石油在海运或在炼油过程中产生的废液通过相关渠道排入海洋均会对其造成影响，它在海面形成的油膜会阻碍大气与海水间的气体交换。从而影响海面对电磁辐射的吸收传递和反射，对地球海平面变化和气候变化产生一定的影响；还会影响海洋植物的光合作用。

与测定其他的有机污染物不同，石油烃类污染物不是单一的化合物，而是一类特定物质混合物的总称。它们会因地域、污染源不同使其所含物质的组分不同，因而，对海水中石油烃定性定量的测定比较复杂。目前，在石油烃检测方面比较成熟的方法主要有重量法、光学法、TOC 法、原子吸收法、浊度法、色谱法及电阻法等，比较常用的有重量法、光学法[5]。

重量法是常用的分析方法，是一种不需要标准样品就可以直接测定石油烃含量的方法。常规的重量法测试的具体过程为：用萃取剂将油从被测样品中萃取出来，然后通过蒸发等手段使萃取剂挥发，称量其残留组分即可得出样品中油的重量。适用于测定 10mg/L 以上含油水样，重复性好，多用于企业污水的检测。但缺点是耗时、操作条件苛刻，低浓度(0.35mg/L)的样品测量偏差较大等。

紫外分光光度法是石油烃检测中常用的方法之一。其原理是在石油烃的检测中，由于油中含有 π 电子不饱和共轭双键(C═C 键)的芳香族化合物在紫外区 215～230nm 处有特征吸收，而含有简单的、非共轭双键以及生色团(带 n 电子)等在 250～300nm 范围内也存在吸收，且这种吸收强度与芳烃的含量成正比。根据这一吸收原理，在对石油类污染物的样品进行测定时，可将样品中化合物的光度吸收特性曲线与标准物吸收特性曲线对照，并依照当两种化合物具有相同组分时，这两种化合物的紫外吸收光谱也是相同的，从而确定化合物的归属类别。石油醚是进行紫外分光光度法检测常用的萃取剂，同时，为了避免其他因素的干扰和影响，多采用双波长来进行测定。由于紫外分光光度法自身的特点，因此，比较适用于高浓度样品中石油烃含量的检测。

红外吸收光度法也是石油烃检测中常用的一种方法。其原理是由于石油的主要成分烷烃、环烷烃和芳香烃这几种烃类化合物分别属于脂肪族、脂环族和芳香族，当红外光谱照射石油类化合物时，其—CH_2—、CH_3—、CH—化学键会在 31413μm、31378μm 和 31300μm 附近有伸缩振动，故可根据不同石油组分中 C—H 键的伸缩振动对红外光区的特征波长的辐射有选择性吸收，通过测定样品的结构及对其含量进行定量分析。非色散红外光度法可利用石油中碳氢键在近红外区 3.4μm 处具有敏感的红外线吸光特性，实现对石油类化合物的检测。另外，也可利用含油量与 TOC(总有机碳)的相关性，用红外气体分析仪测定 TOC 值，从而得出含油量。

另外一种检测石油烃常用的光学方法是荧光光度法。其原理是石油类样品成分中的多种碳氢化合物物系(包括芳香族、共轭双键化合物等)具有荧光特性，在紫外光的照射下即受到一定能量强度光的辐射时，分子吸收与它特征频率相一致的光线，由原来的能级跃迁至高能态，当它们从高能态跃迁至低能态时，以光的形式释放能量，辐射出比激发波长还要长的蓝色荧光。当激发光源功率恒定，等同外围环境条件下，含油稀溶液产生的荧光强度与溶液中荧光物质的浓度呈线性关系。因此，可根据发射荧光波段的荧光强度来确定水中油的浓度。比如，《海洋监测规范 第 4 部分：海水分析》中有荧光分光光度法检测油的介绍，原理为经过石油醚萃取后的油类芳烃组分，在荧光分光光度计上以 310nm 为激发波长，测定 360nm 发射波长处的荧光强度，通过荧光强度与石油醚中芳烃的浓度成正比即可求出相应浓度。

其他分析法按不同的检测需求可分为色谱法、浊度法和电阻法。气相色谱法(GC)是可用来分离检测含有 C_{19}～C_{28} 正烷烃类矿物油，以气体为流动相，利用冲洗的方法，通过柱色谱的形式将石油污染物进行分离。虽具有分析速度快、柱效高、灵敏度高及可进行多组分测定、易与其他分析仪器如 MS 联用的特点，可定性检测石油污染物组分，但受实验条件等多种因素限制，该方法难以推广普及，只能作为确认技术手段。浊度法是一种基于光散射原理的方法，在对样品油充分振荡或用超声处理被测样品时，分散在样品中的油会形成微珠而均匀地悬浮在样品溶液中，在光源入射光作用下，一部分发生透射，一部分发生散射。油层界面乳化状态的油会发生透射或散射而直接影响其透光率，因此可将其分为透射光浊度法和散射浊度法。透射光浊度法是当实验光束照射样品时，透射光强产生衰减，从而得到样品含量。但存在缺乏光学特异性、油品乳化预处理及测量范围有局限性的缺点。电阻法是通过在样品槽内安置一对电极，并在电极间涂上一层亲油膜，当样品流过这层亲油膜时，样品中的石油污染物会在膜上聚集，导致两个电极之间的电阻值发生改变，电流强度也发生相应变化。根据电流强度的变化值就能够定量计算出待测样品中的石油。但主要存在不能在线、实时测定的缺点[5,10]。

第四类为海洋放射性物质污染。放射性物质是指原子核能够自发地放出看不见、摸不着的射线物质。放射性衰变是指放射性同位素的原子核自发地放出射线而转变成另一种新原子核，或转变成另一种状态的过程，通常有 α、β、γ 衰变三种形式。自 1942 年美国芝加哥大学成功启动世界上第一座核反应堆开始，核能作为一种新能源得到了大力发展，并且开始逐渐被应用于军事、能源、工业、航天等领域。目前，在能源短缺及人类对能源需求日渐增加的形势下，核能以其技术成熟、能源效率高、经济实惠等优势得到不少国家的青睐，被认为是保证能源安全和应对气候变化的不错选择。但随着核技术的广泛应用和核能的不断开发，海洋放射性物质的污染问题也随即而来并日益突出。海洋的放射性污染主要来自核武器在大气层和水下爆炸使大量放射性核素进入海洋、核工厂向海洋排放低水平放射性废物、向海底投放放射性废物三方面[4,5,11]。

根据海洋放射性污染来源的不同，可以将其分为天然放射性核素和人工放射性核素。其中，天然放射性来源由三部分组成，包括三大天然放射系核素、宇宙射线与大气元素或其他物质作用的产物以及单独存在于海洋中并且有稳定同位素的长寿命核素。第一，三大天然放射系核素是指钍系、铀系和锕-铀系核素，主要通过 α 衰变、β 衰变和 γ 衰变而形成，最后均是稳定的 Pb 核素，它们在海水和沉积物中存在的浓度分别为 10^{-6}～10^{-32}g/L 和 10^{-6}～10^{-29}g/g；第二，宇宙放射性核素包括 ^{3}H、^{7}Be、^{14}C、^{26}Al 和 ^{32}Si 等相关的核素，主要经干湿沉降进入海水，一般表层水中的含量比底层高；第三是单独存在于海洋中的长寿命核素，包括 ^{40}K、^{87}Rb 等 20 多种长寿命核素，其特点是半衰期很长，在海水中的浓度为 10^{-12}～10^{-4}g/L。而人工放射性核素是海洋放射性污染的根源，主要来源于核动力舰艇活动、核武器爆炸、核电厂、中低水平放射性废物的排放以及医学和科学研究造成的污染等。

从污染状况看，天然放射系核素整体上含量较稳定，对海洋及人类影响不大。但由于人类对核能的大力开发利用，海洋核污染的潜在风险不断增加。进入海洋的放射性核素以溶解态或颗粒态形式存在，可随海流在水平或垂直方向上发生迁移扩散，同时也可通过生物摄食或渗透等方式进入食物链，在食物链之间迁移和累积。同时由于大洋循环周期较长，放射性核素的浓度会呈现时空变化，造成海洋中不同人工放射性核素含量水平差异较大，其中，^{90}Sr、^{137}Cs 和 ^{129}I 是主要的人工放射性核素，并被用作海洋核污染的主要检测指标；目前对海洋中长寿命天然放射系核素的研究也比较深入，对海洋沉积物中放射性核素的研究主要集中在近海沉积物。

放射性物质对生命体的危害主要表现在化学毒性和辐射毒性两方面：一是在生物体体内发生生理化学反应，可生成对人体有害的化学物质；二是放射性核素不断发射放射线，对机体的组织、系统等产生长久的辐射而带来致病危害。放射性污染的主要特点是，不能通过在自然环境中的迁移转化过程得到改变甚至降低，即自然条件无法改变其毒性。比如碘(I)有 26 种同位素，其中天然存在的只有 ^{129}I 和 ^{127}I，其余均为人工放射性同位素。^{131}I 可通过食物链在人体甲状腺内积累，且其所发射的 β 粒子可以穿透人体甲状腺滤泡细胞导致细胞核受到辐射损伤。锶(Sr)为ⅡA 族元素，有 21 种同位素，其中除 ^{84}Sr、^{86}Sr、^{87}Sr 和 ^{88}Sr 等天然存在的稳定同位素外，其余均为裂变产物，且具有放射性[5,11]。

此外，Sr 的化学性质与钙(Ca)类同，两者在机体内的生物运转也相似，因此 Sr 虽不是生物所必需的金属元素，但具有较强的亲骨性，这会导致海水中的放射性 Sr 会长期存在于海洋生物体内，可能存在潜在的致病因素。尤其是人类利用海洋巨大的稀释作用，将各种潜在核污染设施或核废料建在海边或者放置在深海，必将对海洋生物甚至人类的生命安全带来非常严重的隐患，所以迫切需要建立、完善海洋放射性污染物质的检测方法。

目前，对海洋放射性污染的检测方法主要有放射性测量和质谱技术。其中，放射性测量主要根据核素发射的 α 射线、β 射线或 γ 射线特征对核素进行定性和定量分析，不同种类的射线用不同的仪器进行测量。α、γ 放射出的粒子和光子都是单能的，可以利用能谱学进行检测；而 β 衰变粒子的能量是连续的，通常测量总计数。由于海水中放射性核素的含量较低，因此，需要在检测前对海水样品中的目标物质进行采集、预浓缩或富集处理。一是采集样品，样品量根据不同检测方法也有所要求，一般的水样采样量需要几十升甚至几立方米，海洋沉积物和海洋生物需要 100～1000g，γ 能谱法需要的样品量较大些；二是预处理样品，γ 能谱法对应的样品预处理过程较简单，沉积物样品需要干燥和过筛处理，而生物样品还需要灰化处理，对于大体积的海水，采回来的水样需要过滤和预浓缩处理；三是对海水中关键人工放射性核素进行富集，将过滤后的溶解态放射性核素可通过与金属氧化物或硫化物共沉淀、吸附、化学溶剂萃取、离子交换和蒸发等方法进行富集，也可用将核素专属吸附剂负载于某种材料上，制备成可实现海水中放射性核素现场快速富集的富集材料，进行快速富集法。

针对预处理好的海水样品中关键人工放射性核素的测量方法，主要有 α 能谱法、β 计数法、γ 能谱法和质谱法四种方法。α 能谱法的主要探测器为半导体探测器，其原理是利用 α 射线的电离特性产生电子空穴对，电子空穴对在电压作用下分别向两个电极移动，并输出信号，可实现对放射性核素的定性和定量分析。该方法的特点为所需水样体积较小，探测效率和灵敏度较高，且需对样品进行化学分离和纯化的预处理。β 射线法的测定原理是对发射 γ 射线分支比较少的放射性核素和纯 β 放射性核素，利用入射粒子与探测介质发生作用，从而实现光能转化。特点是灵敏度较高，所需样品量较少，但需样品的分离纯化预处理。γ 能谱法是基于使 γ 射线光子大部分或全部能量传递给目标吸收物质中的一个电子，入射的 γ 射线在探测器中有适当的相互作用概率产生一个或更多的快电子，继而被探测器检测，产生电信号。多数人工放射性核素均发射 γ 射线，故 γ 能谱仪可定性定量检测放射性核素。γ 能谱仪主要有便携式仪器和实验室用大型仪器两种，便携式 γ 能谱仪探头主要为碘化钠、溴化镧等，而实验室大型 γ 能谱仪的探头材料主要为高纯锗半导体。其优点是不需对样品进行预分离纯化处理、能快速、有效地同时检测多种核素，缺点是要求采样量较大，灵敏度较低。随着质谱技术的发展，质谱仪越来越广泛用于测量长寿命放射性核素，主要的质谱技术如：多接收电感耦合等离子体质谱(multiple-collector inductively coupled plasma mass spectrometry，MC-ICP/MS)、热电离质谱(thermal ionization mass spectrometry，TIMS)、加速器质谱(accelerator mass spectrometry，AMS)等。MC-ICP/MS 的接收系统一般配有多个法拉第杯、离子计数器和 Daly 检测器，可对同一元素的不同同位素同时进行接收，对同位素丰度测量精密度很高。TIMS 是基于经分离纯化的样品在 Re、Ta、Pt 等高熔点的金属带表面上，通过高温加热产生热致电离，引入质谱仪进行分析，具有高精度、高准确度分析同位素的绝对优势。AMS 是基于加速器和离子探测器的一种高能同位素质谱，具有灵敏度高、样品用量少、用时短等优点[5,11]。

第五类海洋污染物质是微塑料。微塑料普遍被定义为直径小于 5mm 的丝状、颗粒状或薄膜状塑料，依据来源划分为：

① 原生微塑料，指粒径小于 5mm 的人造工业产品，如牙膏、发胶、洁面乳和空气清新剂等各种日常用品中添加的塑料微珠，这些微塑料会随生活污水的排放等途径而进入周围环境。

② 次生微塑料，其主要来源于塑料制造业中泄漏的原料、由大型塑料通过物理、化学或生物过程碎裂而形成的碎片。微塑料作为海洋环境中的新型污染物，近年来引起了全世界范围内的广泛关注[12,13]。

海洋微塑料污染的来源比较广泛，主要包括陆源输入和海源输入。据统计，具有陆地来源的塑料垃圾占海洋垃圾中塑料的 80%，这些塑料包括化妆品中添加的塑料颗粒、工业生产中使用的树脂原料以及垃圾场的塑料渗滤液等。直接进入或者通过废水系统和垃圾场渗滤液进入河流系统的塑料颗粒最终都将会输送到海洋环境中。此外，还存在一部分的微塑料可能通过土壤路径或从沿海附近地区的其他路径进入海洋，这些微塑料往往沉积在海底中。如果遇到极端天气，例如山洪暴发或飓风等，则更会加快陆地塑料碎片向海洋的转移。海源输入主要包括沿海旅游、商业和休闲捕鱼、船舶和海洋工业(例如水产养殖、石油钻井)等活动中产生的微塑料。商业和休闲捕鱼活动是海洋微塑料污染的重要来源。迄今为止，关于微塑料的研究几乎涵盖了所有主要海洋，包括太平洋、北冰洋、大西洋和印度洋，大量研究表明，表层海水、深海沉积物甚至南北两极和海雪中都有微塑料的分布。大部分微塑料由于其密度与水类似，从而漂浮在海水表面，这些漂浮的微塑料也可能会形成大的团聚体，从而使它们垂直沉降到深海沉积物中，经过一段时间的积累，海水中的微塑料与深海沉积物之间可能建立正相关关系，并且由于塑料降解缓慢，海底沉积物中的微塑料含量通常远高于上方海水表面中的微塑料含量。有研究推测海洋中 70%的塑料都会沉入海底，因此海底沉积物或许会成为微塑料的最终聚集地[12]。

室内毒理学研究表明微塑料能对生物产生多种毒性效应，但这些试验使用的微塑料浓度远高于真实环境中的浓度，而且大部分毒性数据来自于细胞和小鼠等动物，目前，在野外环境中尚没有直接的证据表明微塑料对生态系统造成了影响，但由于微塑料尺寸与低等浮游生物类似，微塑料容易被海洋生物所误食，并且可通过水产品和食盐等食物链对更高级生物甚至人类健康造成威胁。另外，微塑料还可能给海洋生物带来复合化学污染损伤，如塑料中的有毒单体添加剂及其从周围环境富集持久性有机污染物及重金属等，这些污染物在生物体内富集也可能随食物链传递，进而可能对海洋生物以及人类健康造成有害影响。例如，人类可能饮用污染的水源或者食用体内含有聚苯乙烯塑料颗粒的鱼，聚苯乙烯塑料含有的双酚基丙烷(BPA)被证实会影响动物的生殖能力，可能导致习惯性流产；若人体内含 BPA 的量较高时，易导致心脏病、糖尿病、肝病发生；并且塑料中可能含有的有毒物质还包括铅、镉和汞等，这已经在海洋里的许多鱼类身上被发现，若人类食用了含汞鱼类，可能导致患帕金森、老年痴呆以及心脏病的风险。近年来的研究表明，环境介质中的微塑料可通过呼吸系统、消化系统和皮肤组织进入生物体内，微塑料的大小、电荷、表面积、形状等因素会影响微塑料进入生物体内部，可以在细胞、亚细胞和蛋白质等水平上对生物及其功能产生影响[5,13,14]。

微塑料对不同的组织和器官的毒性作用主要包括：消化系统毒性，体内残存的微塑料会磨损或阻塞消化道，干扰消化过程，从而减少动物的摄食和能量吸收；神经系统毒性，纳米颗粒不仅可以通过消化道进入人体引起消化系统功能障碍，也可以通过血脑屏障进入中枢神经系统引起神经毒性作用；免疫系统毒性，微塑料作为异物被吞噬细胞吞噬后，通过诱导活性氧、释放免疫调节因子引起免疫细胞活化，从而造成自身抗原暴露和自身抗体的产生，导致局部或全身的免疫反应；呼吸系统毒性，塑料颗粒物进入深部呼吸道沉积后，诱导 ROS 的产生、炎性因子的释放以及细胞凋亡，进而对呼吸系统产生毒性作用；生殖系统毒性，由于微塑料的单体和添加剂可能会在体内渗出，使组织暴露在邻苯二甲酸酯、双酚 A 和壬基酚等化学物质中，这些物质被统称为环境内分泌干扰物，即使在浓度非常低的情况下，也会干扰机体内源性激素的生理活动，尤其对海洋生物种群的生存和繁殖造成了巨大影响[15]。

由于微塑料的数量、质量浓度、表面积、电荷、粒径及其分布、团聚状态、元素组成、结构和形状等很多属性均会影响微塑料的行为和毒性，因此，对海洋中微塑料的检测，除了组成与浓度，也需要考虑微塑料的理化属性及其表面化学性质。一般来说，分析微塑料主要是分离纯化及仪器检测两个大部分，可分为以下四个大步骤进行[5,12,16]：

第一大步骤是水中微塑料的收集、分离及预处理方法。其中包括[17,18]：

① 收集方法。常用于水体中微塑料取样的设备主要有网状采样器、泵吸水器、筛网过滤器。通常网状采样器主要有纽斯顿网、曼塔网和普兰克顿网，网眼孔径大小为 53μm～3mm 不等，网眼的大小影响取样中微塑料的含量和性质。筛网孔径大小的差别很大程度上影响微塑料的计数。样品采集是海洋微塑料检测至关重要的第一步，直接决定所获样品的粒级下限。开放海域海水微塑料采样方法类似浮游生物，包括拖网法与大体积海水过滤法，以拖网法最常见，得到的海水微塑料粒级一般大于 300μm；海滩或沉积物样品常使用随机取样方法，利用金属铲、勺或镊子采集，得到的沉积物微塑料粒级一般大于 100μm；过滤采样法结合密度分离的前处理方式，可获取最小 1μm 粒级的样品。密度分离法，又称浮选法，是当前沉积物中微塑料分离的主要方法。向沉积物样品中加入一定密度的浮选溶液，通过搅拌、静置后，密度低的塑料样品漂浮到上层，而密度高的沙石等沉积物在重力作用下沉到底层。

② 分离方法。主要有：过滤分离、密度分离、离心分离和筛分法等。过滤分离可以说是从水中分离塑料微粒最有效的方法。常用的过滤方法有超滤、纳滤，根据膜孔径大小的不同，可以去除不同大小颗粒的微塑料；离心分离是重力分离的一种，可以采用常规的离心技术或超离心进行颗粒分离，该方法相对简单并易于操作；对于物质颗粒大小的筛分，筛分法是使用最久的一种方法，通过采用不同目数的筛网进行筛分，利用筛分和过滤分离水和沉积物样品中的微塑料。使用不锈钢滤网和玻璃纤维过滤器代替塑料，以最大限度地减少污染，并且每次筛分或过滤后始终需要冲洗。可根据各种尺寸的筛子将微塑料颗粒分为几个尺寸组，较小的孔或筛孔尺寸会导致有机物和矿物质堵塞，而较大的孔或网孔又可能会丢

失小尺寸的微塑料，从而导致微塑料含量的低估。水体中的微塑料通常可以使用筛孔尺寸为 500μm 的筛子分选出较大的颗粒。

密度分离法是最常用的初步分离方法，通常是将拟分离的样品与饱和盐溶液相混合，混合后进行搅拌、摇晃一定的时间，将溶液进行沉降或浮选分离。该种方式可将密度小的微塑料漂浮水上，而密度大的无机颗粒沉降水底；进而达到分离效果。在密度分离后获得的含有塑料颗粒的溶液通常使用真空过滤将其分离，过滤孔径为 1～1.6μm；对于大量的水样品，则须使用直径为 15cm，最大孔径为 47μm 的过滤器来进行分离。为防止漂浮的颗粒黏附到容器的内壁上，须用超纯水冲洗内壁。目前已使用多种高密度溶液用于从环境样品中分离微塑料[12,17,18]，如表 5-1 所示。

表 5-1　分离微塑料聚合物的几种溶液[12]

溶液	密度/(g/mL)	被分离的塑料种类
氯化钠(NaCl)	1.2	PP、PA、PE
聚钨酸钠	1.4	PVC、PET、尼龙
氯化钠/碘化钠(NaCl/NaI)	1.2/1.6	PE、PP、PVC、PS、PET、PUR
氯化锌($ZnCl_2$)	1.5～1.7	几乎所有塑料
碘化钠(NaI)	1.6	几乎所有塑料

注：PP(聚丙烯)、PA(聚酰胺)、PE(聚乙烯)、PVC(聚氯乙烯)、PET(聚对苯二甲酸乙二醇酯)、PS(聚苯乙烯)、PUR(聚氨酯)。

此外，色谱技术也可用于微塑料的分离，通过选择合适的检测器，可实现快速、灵敏且不会破坏微塑料的结构及用于后续的分析，而且通过与 ICP-MS 等传统分析技术结合，不仅可以对样品中微塑料进行定量，还可以表征及分析它们的组成。分离微塑料的色谱技术主要有：体积排阻色谱(size exclusion chromatography，SEC)，它是利用多孔凝胶作为固定相，根据颗粒的大小和形状进行分离，该法的特点是具有较高的分离效果，但样品中的物质可能会与固定相发生相互作用，以及色谱柱有限的粒径分离范围；毛细管电泳(capillary electrophoresis，CE)是以毛细管为分离通道，以高压直流电场为驱动力的液相分离技术，可根据微塑料电荷和大小的不同进行分离，其特点是不存在固相相互作用，但数据分析会更加复杂，流动相间的相互作用也不能排除；流体动力色谱(hydrodynamic chromatography，HDC)是基于微塑料水力半径的不同将微塑料进行分离，所用色谱柱由无孔珠子填充，其特点是固相相互作用小，但峰的分辨率较差[5]。

③ 预处理和纯化。它是最终检测分析的关键，有必要去除微塑料样品上的有机污染物和其他非塑性材料等杂质，除了应尽量减少人为和实验室造成的污染，还须对微塑料样品所携带的有机材料进行纯化。常用的方法是化学消化法，包括

氧化剂消化、酸消化、碱消化和酶消化等。常见的氧化剂预处理方法采用 30% H_2O_2 进行预处理。但采用 H_2O_2 进行消化处理通常需要较长的停留时间，且相应的停留时间取决于样品中有机物的含量，为降低接触时间，进而选用芬顿试剂法。芬顿试剂是由 H_2O_2 和亚铁离子(Fe^{2+})混合得到的一种强氧化剂，能生成强氧化性的羟基自由基，它在水溶液中与难降解的有机物生成有机自由基，使难降解的有机物结构被破坏，最终氧化分解，适用于某些难治理的或对生物有毒性的工业废水的处理。

第二大步骤是微塑料的检测与鉴别方法。对海洋微塑料的形貌分析主要包括：单个颗粒或纤维中聚合物组分与天然组分的区分，聚合物组分的鉴定以及其物理形态的表征[17]。由于海洋微塑料组成类型的多样化(混合物、共聚物等)，化学结构的复杂化(脂类、芳香类等，或具有特定功能团)，外观形态的多元化(颜色、尺寸、形状等)，其分析方法的发展受到多重因素的制约。虽然传统上利用颜色、密度等特性对微塑料进行识别，但受样品表面风化等作用影响时，依靠目检法的形态学标准会对微塑料的鉴定引入显著误差，尤其定量分析中。目前常用的仪器分析技术主要包括：扫描电子显微镜法、傅里叶转换红外光谱法(FTIR)、衰减全反射 FTIR(ATR-FTIR)、Raman 技术、高温凝胶渗透色谱法(HT-GPC)、扫描电子显微镜-能量色散 X 射线谱(SEM-EDX)以及裂解/热解析气相色谱-质谱联用技术(Pyr/TDS- GC-MS)等。

FTIR 是根据环境中微塑料成分的特征红外光谱来识别塑料聚合物颗粒，已被广泛用于水、沉积物和生物体样品中微塑料的化学鉴定。此法的缺点是无法识别不规则的微塑料。衰减全反射(attenuated total reflection，ATR)FTIR 光谱技术可以促进不规则形状微塑料的识别，但仅适用于分析大于 500μm 的塑料颗粒；有研究者应用基于焦平面阵列的微 FTIR 成像来确定环境样品中的微塑料，可以检测到尺寸小于 20μm 的塑料颗粒并覆盖较大的过滤器表面积。

拉曼光谱也是分析微塑料常用的一种光分析技术。其原理是基于对与入射光频率不同的散射光谱进行分析以得到样品分子振动、转动方面的信息，并应用于对样品的纯定性分析、高度定量分析和测定分子结构的一种分析方法。此法的优点是不会破坏样品，可以检测到低至 1μm 的塑料颗粒，又同时能满足复杂样品的分析需求，且对非极性塑料官能团有更好的响应；将拉曼光谱仪与显微镜结合使用，可以识别各种尺寸的塑料颗粒。缺点是无法检测带有荧光的样品(例如来自生物样品来源的残留物)，一个解决的方法是使用拉曼光谱测量之前对样品进行纯化，以防止荧光样品的残留[12]。

扫描电子显微镜-能量色散 X 射线谱[scanning electron microscope (SEM) and X-ray energy dispersive spectrum(EDS)，SEM-EDS]相较于显微 FTIR 和显微 Raman，有着更高的分辨率图像，相比于能分辨的颗粒大小为 10μm 的光学显微

镜，SEM 可分辨出低至 1nm 的微粒，且同时可以由 EDS 对其无机组成部分进行分析。其缺点是由于一些微塑料不导电，而 SEM-EDS 需要大量的样品制备和分析时间(例如，样品干燥、样品沉积，以及碳或金涂层)，均会对超小型微塑料的形态分析造成干扰；在高能电子束下，一些低熔点塑料颗粒，在电子扫描检查期间可能会软化或燃烧；仪器价格较贵，需对粒子进行逐个分析，耗时较长；当塑料微粒样本存在不均匀性时，对其进行定量分析时准确性就成为一个问题。

热解气相色谱-质谱法联用(pyrolysis gas chromatography-mass spectrometry，Pyr-GC/MS)即热解气质联用 Pyr-GC/MS，将微塑料在惰性气体的条件下热解，形成的气体进入气质联用色谱柱中进行分离鉴别。适用于颗粒＞500μm 且可以采用镊子钳取，样品可以与有机塑料添加剂一同分析，而不需要添加溶剂，故可以避免背景污染，较快速、全面、可靠、准确地评价样品的真实性和复杂的化学性质。不足之处为每次运行可以评估单一颗粒，热解数据库仅可用于所选用的聚合物，如 PE、PP；会破坏粒子结构，且不会提供颗粒大小、形状、数量的相关参数；在聚合物与生物组成部分相似时，生物质会产生干扰；仪器设备较为昂贵并且需要操作者具备较高的技术水平。

TED-GC/MS 进行鉴别微塑料，可克服 Pyr-GC/MS 的上述缺点，该方法结合热重力分析(thermogravimetric analysis，TGA)与热脱附气相色谱质谱 TDS-GC/MS 来鉴别样品中的微塑料。使用惰性气体下加热微塑料样品及热重天平，将分解产物吸附在烘箱出风口的固相上，并将转移到热脱附后的有机物经色谱柱分离，再进行质谱鉴定。其优点是可以对样品的复杂组分进行定量和定性分析；通过吸附剂的吸附进行收集并浓缩挥发性有机化合物到一个较小的体积范围[16]。

在微塑料的化学成分检测方面，利用荧光染色可有效鉴定某些微塑料。比如：化学方法染色微塑料的原理为 3-氨基丙基三甲氧基硅烷(3-aminopropyltrimethoxysilane)中一端的氨基可以与异硫氰酸荧光素(FITC)染料上的异硫氰基键合，而另一端的甲硅烷氧基可以与塑料上的羟基键合，从而微塑料就可以间接地被 FITC 荧光染料分子标记。例如，尼罗红(NR)染料被用于荧光标记并检测出微塑料中的 PE(聚乙烯)、聚碳酸酯(polycarbonate，PC)、聚氨酯(polyurethane)和聚乙烯乙酸酯(polyvinyl acetate)、PP(聚丙烯)、PS(聚苯乙烯)和尼龙颗粒。该方法具有染色速度快，荧光信号强的优点，缺点是对一些疏水性低的 PVC(聚氯乙烯)和 PET(聚对苯二甲酸乙二醇酯)微塑料产生的荧光信号较弱，导致在数量统计中可能会忽略这些类型的微塑料[12]。

在以上介绍的常用于微塑料化学成分分析的方法中，Pyr-GC/MS 可通过分析其特征性热降解产物来鉴定塑料聚合物的化学组成，并通过与已知纯聚合物的热解参考图进行比较来确定聚合物类型。该法的优点是不需要对样品进行预处理，且可同时确定塑料聚合物和相关塑料添加剂的类型；缺点是仅允许每次循环只能分析一个粒子，不适用于复杂环境中样品的分析。随后发展的热重分析(thermogravimetric analysis，TGA)和热解吸与气相色谱/质谱联用(thermal desorption gas chromatography mass spectrometry，TD-GC/MS)技术解决了处理复杂的环境样品的问题。

以下，分别介绍海洋污染中抗生素、农药、石油烃类、放射性物质、微塑料及其他污染物的化学分析检测方法。

5.3　海洋环境中抗生素的测定

5.3.1　固相萃取-高效液相色谱-串联质谱法同时测定海水中12种抗生素

1. 测定原理

基于固相萃取的高效液相色谱-质谱联用技术(SPE-HPLC-MS/MS)具有检测灵敏度高、线性动态范围宽、检出限低、特异性强等特点，通过改变去簇电压和碰撞能，对HPLC-MS/MS的灵敏度进行优化；通过改变上样流速和洗脱剂种类，对水样的固相萃取方法进行优化。采用乙腈和0.1%甲酸-10mmol/L甲酸铵水溶液体系作为流动相；经过梯度洗脱进行分离，在HPLC-MS/MS多反应监测模式下进行目标抗生素定性定量分析。建立固相萃取-高效液相色谱-串联质谱同步定性定量检测海水中3类12种抗生素的分析方法[19]。

2. 仪器和试剂

1)仪器

HPLC-MS/MS系统：AB-Sciex Qtrap 4500质谱连接赛默飞Ultimate 3000液相色谱仪组成，连接接口为ESI源、Oasis HLB固相萃取柱(200mg/6mL，美国Waters公司)、24管防交叉污染SPE装置(美国Mediwax公司)、DC-12型氮吹仪(上海安谱公司)，及其他实验室常用设备和器皿。

2)试剂

(1)试剂级别

甲醇和乙腈(色谱纯，德国Merck公司)、甲酸和甲酸铵(色谱纯，美国Sigma公司)。除非特殊说明，实验中所用其他试剂均为分析纯或优级纯，所用水为Milli-Q超纯水(美国Millipore公司)。

(2)12种抗生素标准品

盐酸四环素(TC，纯度≥99%)，盐酸金霉素(CTC，纯度≥99.9%)，土霉素(OTC，纯度≥98%)，强力霉素(DC，纯度≥98%)，磺胺嘧啶(SDZ，纯度≥99%)，磺胺甲噁唑(SMX，纯度≥99%)，磺胺甲基嘧啶(SMR，纯度≥99%)和磺胺二甲基嘧啶(SM2，纯度≥99%)均购于阿拉丁公司(中国，上海)、诺氟沙星(NOR，纯度≥99%)，环丙沙星(CPFX，纯度≥99%)，依诺沙星(ENO，纯度≥99%)和恩诺沙星(ENRO，纯度≥99%)均购自麦克林公司(中国，上海)、替代物 $^{13}C_3$ 咖啡因($^{13}C_3$-caffeine，剑桥同位素实验室)。

(3)抗生素标准溶液的配制

分别称取一定量的抗生素标准品，用甲醇溶解并配制成 100mg/L 的标准溶液；吸取回收率替代物 $^{13}C_3$ 咖啡因，用甲醇配制成 1mg/L 的标准溶液；储存于–20℃冰箱中待用。

3. 测定步骤

(1)样品采集

① 确定采集样品的海域或水域，采集不同采样点的水样。

② 在水深 3m 以内的海域所采集样品为表层水，即在 0.2m 处采样；在水深为 16m 海域所采集样品为表层水(2m)、中层水(8m)和底层水(15m)。

③ 每个采样点用体积为 1L 的棕色玻璃瓶采集水样 3L，在低温条件下保存并运回实验室，1 周之内完成水样的前处理过程。

(2)样品预处理

① 将水样经 0.45μm 混合纤维滤膜过滤，并量取 1L，加入回收率替代物 $^{13}C_3$-咖啡因 50ng 和 0.2g EDTA-Na。

② 用盐酸将 pH 调至 4，在 Oasis HLB 固相萃取柱(200mg/6mL)上进行富集。

③ 上样前，依次用 10mL 甲醇、10mL 超纯水和 6mL pH=4 的盐酸水溶液对固相萃取柱进行活化平衡。

④ 上样时，设置流速为 5mL/min。

⑤ 上样完成后，先用 10mL 超纯水淋洗萃取柱，后用氮气对萃取柱吹扫 10min，最后用甲醇-乙腈溶液(1∶1，*V/V*)进行洗脱。

⑥ 在 30℃下，氮吹仪将洗脱液氮吹至近干，加入 10%甲醇溶液并定容至 1mL。

⑦ 复溶后样品过 0.22μm 水相滤膜，待测。

(3)气相色谱条件

色谱柱：Waters Xterra MS C_{18}(100mm×46mm，35μm)；进样体积：5μL；柱温：30℃；流速：0.25mL/min；流动相 A：0.1%甲酸-10mmol/L 甲酸铵溶液；流动相 B：乙腈。梯度洗脱程序：0～12min，10%～60% B；12～16min，60% B；16～18min，60%～10% B；18～24min，10% B。

(4)MS/MS 条件

① 根据 3 类抗生素分子结构中的基团特征，采用电喷雾离子源(ESI)，多反应监测(MRM)模式、正离子模式；电喷雾电压(IS)为 5500V；雾化温度(TEM)为 450℃；雾化气压力(GS1)为 379kPa；辅助气压力(GS2)为 379kPa；气帘气压

力(CUR)为 275.8kPa；入口电压(EP)为 15V；碰撞室射出电压(CXP)为 2V；干燥器雾化气均为液氮。

② 将 12 种目标抗生素和 1 种回收率替代物 $^{13}C_3$-咖啡因分别配成 50μg/L 标准溶液，注入质谱仪；在 ESI^+条件下$[M+H]^+$离子峰在质谱分析中被得到；通过优化碰撞能和去簇电压，分析二级信号并选择较强的 2 个母离子与子离子组成定量与定性离子对，进行 MRM 模式检测；测定 12 种抗生素和 1 种回收率替代物的质谱参数。

(5)制作标准曲线

① 准确量取 12 种抗生素和 $^{13}C_3$-咖啡因的标准溶液，配制成标准工作溶液(1000μg/L)。

② 用甲醇对标准工作溶液进行稀释，获得浓度分别为 1μg/L、5μg/L、10μg/L、20μg/L、50μg/L、100μg/L 和 200μg/L 的混合标准溶液。

③ 将混合标准溶液注入 HPLC-MS/MS 后进行测定。

④ 以质量浓度(x，μg/L)作横坐标，离子峰面积(y)作纵坐标，建立定量离子峰面积(y)与质量浓度(x，μg/L)的线性关系。

(6)样品测定

① 将海水过 0.45μm 滤膜，并进行 121℃高温灭菌 30min。

② 在处理过的海水中加入 12 种抗生素和 $^{13}C_3$-咖啡因混合标准工作溶液，配制成 5ng/L 和 50ng/L 的 2 个质量浓度水平的水样。

③ 对加标水样进行加标回收率的测定，并对未加抗生素的海水样品进行背景抗生素检测。

④ 将水样固相萃取后进行 HPLC-MS/MS 测定，计算检出限、定量限和回收率(n=3)。

4. 注意事项

① 该方法灵敏度高，可用于海水中多种抗生素的同步分析。定量限范围为 0.24～5.93ng/L，加标回收率为 62.8%～106.6%。

② 优化固相萃取条件的影响因素有：上样流速、洗脱溶剂的种类等。

5.3.2 液相色谱-高分辨质谱检测海水中磺胺类药物

1. 测定原理

基于静电场轨道阱高分辨质谱能够获得一级、二级碎片离子的精确质量数，适于化合物快速筛查分析的特点。采用 C_{18} 固相萃取膜提取海水中磺胺类药物，使用 Hypersil GOLD C_{18} 色谱柱分离，乙腈和 5mmol/L 乙酸铵(含 0.1%甲酸)为流动相梯度洗脱；正离子模式全扫描/数据依赖二级扫描(Full MS/dd-MS2)，提取一级质谱图中准分子离子的精确质量数用于快速筛选定量分析，二级质谱图中特征子离子精确质量数用于进一步定性确证。建立海水中 15 种磺胺类药物的液相色谱-静电场轨道阱高分辨质谱方法[20]。

2. 仪器和试剂

1) 仪器

① Ultimate 3000 液相色谱、Q Exactive 静电场轨道阱高分辨质谱仪(美国 Thermo Fisher 公司)、Synergy UV High Flow 超纯水系统(美国 Millipore 公司)、47nm 固相膜萃取装置(上海安谱公司)。

② 容量瓶、烧杯等，及其他实验室常用设备和器皿。

2) 试剂

(1) 试剂级别

甲醇，乙腈，异丙醇(色谱纯，美国 Thermo Fisher 公司)、甲酸(色谱纯，国药集团化学试剂公司)、乙酸铵(分析纯)。除非特殊说明，实验中所用其他试剂均为分析纯或优级纯，所用水为超纯水。

(2) 标准物质

磺胺嘧啶(SD，99.5%)，磺胺氯哒嗪(SCP，99.4%)，磺胺甲基嘧啶(SM1，99.5%)，磺胺二甲基嘧啶(SM2，99.5%)，磺胺二甲异嘧啶(SIM，99.6%)，磺胺甲氧哒嗪(SMP，99.5%)，磺胺间甲氧嘧啶(SMM，99.1%)，磺胺对甲氧嘧啶(SM，99.6%)，磺胺邻二甲氧嘧啶(SFD，99.2%)，磺胺间二甲氧嘧啶(SFM，99.0%)，磺胺吡啶(SPD，99.8%)，磺胺噻唑(STZ，99.0%)，磺胺甲噻二唑(SMT，99.1%)，磺胺甲噁唑(SMX，99.5%)，磺胺二甲异噁唑(SIZ，99.6%)(Dr.Ehrenstorfer GmbH 公司)、Empore C_{18} 固相萃取膜(美国 3M 公司)。

(3) 标准溶液配制

准确称取 10mg 标准物质，溶于 100mL 甲醇中，得到 100mg/L 单标标准储备溶液，置于−18℃保存。临用时，根据需要逐级稀释成不同质量浓度的系列混合标准工作溶液。

3. 测定步骤

(1) 样品预处理

① 量取 500mL 水样，调节 pH 至 7.0，加入 5mL 异丙醇混匀。

② 将固相萃取膜依次用 5mL 甲醇、5mL 水预处理，水样以 50mL/min 流速过膜，10mL 水淋洗固相萃取膜，减压抽干去除残留水分，10mL 2%氨水甲醇溶液洗脱。

③ 将洗脱液在 40℃下用氮气吹至干，加入 1mL 20%甲醇，旋涡混合，溶解残渣，经 0.22μm 滤膜过滤后，上机测定。

(2) 色谱条件

Hypersil GOLD C_{18} 色谱柱(2.1mm×100mm，1.9μm)；流动相：乙腈(A 相)；5mmol/L 乙酸铵(含 0.1%甲酸)(B 相)。梯度洗脱：0～5min，10% A；5～6min，10% A～50% A；6～10min，50% A；10.1～12min，50%A～10% A。流速为 0.2mL/min，进样体积为 20μL，柱温为 35℃。

(3) 质谱条件

离子源为 ESI；扫描方式：正离子模式，一级全扫描 + 数据依赖二级扫描(Full MS+ddms^2)；喷雾电压：3200V；鞘气流量：275kPa；辅助气流量：69kPa；离子传输管温度：320℃；一级扫描分辨率：7000；二级扫描分辨率：17500；归一化碰撞能：35eV(表 5-2)。

表 5-2　15 种磺胺类药物质谱参数[20]

化合物	分子式	离子模式	前体离子(*m/z*)			产物离子(*m/z*)
			理论值	实验值	误差/ppm	
SD	$C_{10}H_{10}N_4O_2S$	$[M+H]^+$	251.05972	251.06006	−1.4	156.01138(100),108.04439(70)
SCP	$C_{10}H_9ClN_4O_2S$	$[M+H]^+$	285.02075	285.02115	−1.4	156.01138(100),108.04439(60)
SM1	$C_{11}H_{12}N_4O_2S$	$[M+H]^+$	265.07537	265.07571	−1.3	156.01138(100),108.04439(92)
SM2	$C_{12}H_{14}N_4O_2S$	$[M+H]^+$	279.09102	279.09164	−2.2	204.04374(100),124.08692(87)
SIM	$C_{12}H_{14}N_4O_2S$	$[M+H]^+$	279.09102	279.09161	−2.1	124.08692(100),204.04374(30)
SMP	$C_{11}H_{12}N_4O_3S$	$[M+H]^+$	281.07029	281.07074	−1.6	156.01138(100),108.04439(68)
SMM	$C_{11}H_{12}N_4O_3S$	$[M+H]^+$	281.07029	281.07068	−1.4	156.01138(100),108.04439(89)
SM	$C_{11}H_{12}N_4O_3S$	$[M+H]^+$	281.07029	281.07065	−1.3	156.01138(100),108.04439(81)
SFD	$C_{12}H_{14}N_4O_4S$	$[M+H]^+$	311.08085	311.08102	−0.5	156.01138(100),108.04439(68)
SFM	$C_{12}H_{14}N_4O_4S$	$[M+H]^+$	311.08085	311.08121	−1.2	156.01138(100),108.04439(73)
SPD	$C_{11}H_{11}N_3O_2S$	$[M+H]^+$	250.06477	250.06477	−1.2	156.01138(100),108.04439(66)
STZ	$C_9H_9N_3O_2S_2$	$[M+H]^+$	256.02089	256.02121	−1.2	156.01138(100),108.04439(62)
SMT	$C_9H_{10}N_4O_2S_2$	$[M+H]^+$	271.03179	271.03217	−1.4	156.01138(100),108.04439(69)
SMX	$C_{10}H_{11}N_3O_3S$	$[M+H]^+$	254.05939	254.05965	−1.0	156.01138(100),108.04439(77)
SIZ	$C_{11}H_{13}N_3O_3S$	$[M+H]^+$	268.07504	268.07529	−0.9	156.01138(100),108.04439(77)

(4) 线性范围和检出限的测定

① 用 20%甲醇稀释混合标准储备溶液，配成最终浓度为 1～200μg/L 的标准曲线，按照仪器设定条件上机测定。

② 以被测组分的峰面积响应值为纵坐标，浓度为横坐标进行线性回归。

③ 按照准分子离子信噪比 S/N=3 和信噪比 S/N=10 确定检出限(LOD)和定量限(LOQ)。

(5) 准确度及精密度测定

选择未检出磺胺类药物的海水样品作为空白基质样品，分别添加 3 个浓度水平的混合标准溶液，进行加标回收实验。

(6) 海水样品分析

应用所建立方法对目标海域若干 25 个海水样品进行检测。

4. 注意事项

① 该方法前处理耗时短，灵敏度高，线性良好，回收率、精密度均能满足海水中痕量磺胺类药物检测要求。15 种磺胺类药物均在 12min 内出峰，在 1～200μg/L 范围内线性良好，定量限为 0.22～1.50ng/L，回收率均在 79.0%～111.2%之间，相对标准偏差(RSD)小于 12%。

② 样品的 pH 会影响目标物离子化状态，从而影响目标物与固相萃取材质的结合效率，选择将海水样品 pH 调节为 7.0 为宜。

③ 优化色谱条件时，磺胺类药物中 SM2、SIM、SM、SMP、SMM、SFD 及 SFM 互为同分异构体，准分子离子精确质量数相同，需要在色谱上实现基线分离。

5.3.3　高效液相色谱-串联质谱测定海水中氯霉素含量

1. 测定原理

氯霉素(chloramphenicol，CAP)被认为是抑制对虾病原弧菌作用最强的抗生素类药物，但其危害是可抑制人体骨髓造血功能而引起再生障碍性贫血和粒状白细胞缺乏等疾病。因此，国内外都有相关法规，来限定食品中氯霉素的最高残留量。

本实验方法选择色谱条件流动相为甲醇：水(体积比 80：20)，采用负电喷雾离子源，在多反应监测模式下采集信号，定性离子对为 321/121、321/152、321/176，定量离子对为 321/152，建立应用高效液相色谱-串联质谱法测定海水中氯霉素残留量的方法[21]。

2. 仪器和试剂

1) 仪器

① 带自动进样器的 Finnigan Surveyor 液相色谱系统(美国 Thermo Fisher 公司)和 Finnigan TSQ Quantum Discovery MAX 三重四极杆质谱分析仪、BonChrom C_{18} 柱(150mm×2.1mm i.d., 5μm，美国 Agela Technologies Inc.)，及其他实验室常用设备和器皿。

② 容量瓶、烧杯等，及实验室常用玻璃器皿。

2) 试剂

(1) 试剂级别

甲醇(色谱纯，美国 Tedia 公司)、氯霉素标准品(纯度 99.9%，美国 Sigma 公司)、乙酸乙酯(分析纯)、氮气(纯度 99.99%)、氩气(纯度 99.995%)。除非特殊说明，实验中所用其他试剂均为分析纯或优级纯，所用水为 Millipore 系统产生的超纯水。

(2) 氯霉素标准储备溶液(0.2mg/mL)及氯霉素标准中间工作溶液(10mg/L)的配制

准确称取一定量的氯霉素标准品，用甲醇稀释并定容配制。

(3) 氯霉素标准使用溶液(0.1～100μg/L)的配制

用甲醇：水(体积比 50：50)稀释而配制。

3. 测定步骤

(1) 样品预处理

① 准确量取 500mL 待测海水，置于分液漏斗中，加入 50mL 乙酸乙酯，振荡 1min，静置分层，将乙酸乙酯层收集到旋转蒸发瓶中。

② 改用 20mL 乙酸乙酯，再分别按上述提取方法，重复萃取海水两次，且将这两次的萃取液都并入同一旋转蒸发瓶中。

③ 再在 60℃水浴中旋转蒸发浓缩至近干，用甲醇：水(体积比 50：50)定容至 1mL。

④ 过 0.22μm 油性滤膜后，待液相色谱-串联质谱测定。

(2) 液相色谱条件

流动相：甲醇：水(体积比 80：20)，采用等度洗脱；流速：0.200mL/min；进样量：10μL；运行时间：4.0min。

(3) 质谱条件

① 质谱仪条件：仪器采用电喷雾离子源(ESI)负离子模式进行检测。将 10mg/L 氯霉素标准溶液，利用蠕动泵推动注射器(5μL/min)由三通携带流动相入质谱仪；在 m/z 321 下自动调谐来优化氯霉素响应。

② 优化后的质谱条件为：喷射电压为 2600V；鞘气压力为 43Arb；辅助气压力为 23Arb；离子传输毛细管温度为 320℃；真空透镜补偿电压为–171V；源内碰撞诱导解离补偿电压为 12V。

③ 监测模式：采用多反应监测(MRM)模式。选择母离子(Q1)/子离子(Q3)对：Q1 为 321，Q3 分别为 121、152、176。Q1 和 Q3 的分辨率均为 0.7Da。

④ 本实验条件下，氯霉素在液相色谱中出峰时间为 2.0min。母离子 m/z=321 产生 3 个主要子离子(m/z=121、152、176)。其可能鉴别结果分别为：母离子 m/z=321 为：$[M-H]^-$；m/z=176 为：$[M\text{-}H\text{-}Cl_2HCCONH_2\text{-}H_2O]^-$；子离子 m/z=152 为：$[O_2N$-

C_6H_4-CHOH]⁻；子离子 *m*/*z*=121 为：[O_2N-C_6H_4]⁻。

(4) 回收率、精密度、线性关系及检测限测定

① 以丰度最大的 152 为基峰，其他两个碎片 176 和 121 辅助定性，用外标法定量。采用标准加入法向 500mL 洁净海水中加入一定量的氯霉素标准品，按前提取方法处理后进行测定，得到平均回收率和相对标准偏差。

② 每个标准品分别测 3 次，取其峰面积(*Y*)与浓度作线性回归，获得线性范围。

③ 以 S/N=3 求得仪器的检出限(LOD)为 0.01μg/L，以 S/N=10 求得仪器的定量限(LOQ)为 0.03μg/L。

(5) 样品测定

在目标海域采集海水样品，经高效液相色谱法检测氯霉素残留量。

4. 注意事项

① 该方法的检出限(LOD)为 0.01μg/L，既适用于海洋环境中氯霉素残留高浓度的检测，也适用于低浓度的检测。

② 为消除基体干扰，采用串联质谱的 MRM 技术。

③ 由于样品萃取过程中含水，导致经旋转蒸发后仍有水分残留，回收率相对标准偏差较大。

④ 采用切换阀可将样品基质和氯霉素分离，仅让氯霉素进入质谱进行检测，既保护了离子源，又有效地提高了信噪比。

5.3.4 固相萃取-液相色谱-串联质谱法同时检测海水中 4 种抗生素

1. 测定原理

本方法采用固相萃取结合液相色谱-串联质谱检测技术，将样品经 PLS-3 固相萃取柱富集、净化后，以液相色谱-串联质谱选择反应监测(SRM)离子模式定性，外标法定量分析，建立海水样品中抗生素多残留(氯霉素类、磺胺类、喹诺酮类和四环素类)的同时测定方法[22]。

2. 仪器和试剂

1) 仪器

① TSQ Quantum AccessTM 液相色谱-串联质谱仪(美国 Thermo Fisher Scientific 公司)、Talboys 型旋涡混合器(上海安谱科学仪器有限公司)、BT224S 分析天平(法国 Sartorius 公司)、N-EVAP^{TM}112 型氮气吹扫仪(美国 Organomation 公司)、Milli-Q 型超纯水仪(美国 Millipore 公司)、固相萃取装置(美国 Supelco 公司)、AUQA LOADER 698 全自动上样装置(日本岛津公司)、C_{18} 小柱(200mg/3mL，美国 Waters 公司)、PPL 小柱(200 mg/3mL，美国 Agilent 公司)、PLS-3 小柱(200mg/6mL，日本岛津公司)。

② 容量瓶、烧杯等，以及实验室常用玻璃器皿。

2) 试剂

(1) 试剂级别

氯霉素(纯度 98.5%，chloramphenicol，CAP)，甲砜霉素(纯度 98.5%，thiamphenicol，TAP)，氟甲砜霉素(又名氟苯尼考，纯度 99.5%，florfenicol，FF)，磺胺嘧啶(纯度 99.0%，sulfadiazine，SD)、磺胺甲基嘧啶(纯度 99.2%，sulfamerazine，SMR)，磺胺二甲基嘧啶(纯度 99.0%，sulfamethazine，SM2)，磺胺甲噁唑(纯度 99.5%，sulfamethoxazole，SMX)，磺胺二甲异噁唑(纯度 98.7%，sulfisoxazole，SIZ)，磺胺噻唑(纯度 99.5%，sulfathiazole，STZ)，磺胺多辛(纯度 99.0%，sulfadoxine，SFD)，磺胺喹噁啉(纯度 97.5%，sulfaquinoxaline，SQX)，诺氟沙星(纯度 99.5%，norfloxacin，NF)，环丙沙星(纯度 95.0%，ciprofloxacin，CIP)，恩诺沙星(纯度 98.5%，enrofloxacin，EN)，土霉素(纯度 97.5%，oxytetracycline，OTC)，金霉素(纯度 99.0%，chlortetracycline，CTC)，四环素(纯度 98.0%，tetracycline，TC)，强力霉素(纯度 98.7%，doxycycline，DOC)，所有标准品均购自德国 Dr. Ehrenstorfer 公司、乙腈，甲醇(色谱纯，美国 Merck 公司)、甲酸(色谱纯，美国 Fluka 公司)。除非特殊说明，实验中所用其他试剂均为分析纯或优级纯，所用水为超纯水。

(2) 标准品标准储备溶液的配制

分别准确称取适量标准品，用甲醇溶解并定容，配制成 1.0mg/mL 的标准储备溶液，于−18℃保存。

(3) 混合标准溶液的配制

分别取适量各标准储备溶液，用流动相稀释成所需浓度的混合标准工作使用溶液，现用现配。

(4) 海水样品采自目标海域

3. 测定步骤

(1) 样品处理

① 海水样品取自水面下 0.5m 处。

② 首先用 0.45μm 水系滤膜除去悬浮颗粒，再用稀 HCl 溶液调节水样 pH 至 4.0 左右。

③ 再取 500mL 水样，以 5mL/min 流速通过 PLS-3 固相萃取小柱，进行富集和净化(小柱上样之前依次用 3mL 甲醇和 3mL 水活化)。

④ 水样过完柱后，用 3mL 水淋洗，减压抽干后用 6mL 甲醇分 2 次洗脱。

⑤ 将洗脱液在 40℃下用氮气吹干，用 1mL 初始流动相定容，充分涡旋溶解残渣。

⑥ 再将滤液经 0.22μm 微孔滤膜过滤，待上机分析。

(2) 色谱条件

Waters C_{18} 色谱柱(150×2.1mm，3μm)；流动相：A 为 0.1%甲酸水溶液，B

为 0.1%甲酸乙腈溶液；梯度洗脱程序：0.0～0.5min，10%B；0.5～3.0min，10%～70%B；3.0～5.0min，70%～90%B；5.0～8.0min，90%B；8.0～9.0min，90%～10%B；9.0～10.0min，10%B。流速：0.2mL/min；进样量：10μL；柱温：35℃。

(3) 质谱条件

电喷雾离子源(ESI)，多反应监测(MRM)模式；氯霉素、甲砜霉素和氟甲砜霉素选择负离子检测，喷雾电压为 4.2kV；其他抗生素类选择正离子检测，喷雾电压为 3.5kV；鞘气和辅助气体均为高纯氮气，鞘气流速为 10L/min，辅助气流速为 5L/min，碰撞气为氩气；诱导解离电压为 10V；离子传输杆温度为 350℃，相关质谱参数如表 5-3 所示。

表 5-3 18 种抗生素的相关质谱参数[22]

抗生素名称	母离子 (*m/z*)	子离子 (*m/z*)	碰撞能 /eV	抗生素名称	母离子 (*m/z*)	子离子 (*m/z*)	碰撞能 /eV
chloramphenicol (CAP)	321	152*	19	sulfamethoxazole (SMX)	254	108	22
		257	13			156*	16
florfenicol (FF)	356	185	22	sulfisoxazole (SIZ)	268	108	22
		336*	12			156*	13
thiamphenicol (TAP)	354	185*	23	sulfathiazole (STZ)	256	108	22
		290	16			156*	16
norfloxacin (NF)	320	233	24	sulfadoxine (SFD)	311	108	29
		276*	16			156*	19
ciprofloxacin (CIP)	332	245	22	sulfaquinoxaline (SQX)	301	108	25
		288*	17			156*	17
Enrofloxacin (EN)	360	245	26	oxytetracycline (OTC)	461	426	16
		316*	9			443*	8
sulfadiazine (SD)	251	108	25	tetracycline (TC)	445	410*	16
		156*	16			427	9
sulfamerazine (SMR)	265	156*	17	chlortetracycline (CTC)	479	444*	15
		172	17			462	13
sulfamethazine (SM2)	279	156*	19	doxycycline (DOC)	445	154	21
		186	17			428*	14

* 表示定量离子。

(4) 检出限、回收率和精密度

① 在优化实验条件下，用初始流动相配制系列浓度的标准溶液；以每种目标物定量离子的峰面积与质量浓度作标准曲线，确定线性范围。

② 采用向空白海水中添加标准溶液的方法，取样 500mL，计算对 18 种抗生素的检出限(LOD，按 S/N=3 计算)和回收率。

(5) 样品测定

① 采集目标海域不同采样点的 5 份海水样品，按照以上方法进行预处理。

② 在优化的色谱和质谱条件下测定其中的抗生素残留含量。

4. 注意事项

① 该方法灵敏度高、重现性好，检出限为 1.00～10.0ng/L，既可用于近岸海域表层水样中目标抗生素残留的分析，也可用于海水中抗生素多残留的同时检测，尤其是对于海水基质净化效果的样品测定结果较好。

② 若海水样品中都未检测到 18 种抗生素残留，可能原因主要有：自然海域面积较大，对抗生素等污染有更好的稀释作用；同时海水流动交换能力强；有一定的自清洁能力；另外，抗生素进入水体后，大部分被底泥等沉积物吸附，会降低其在海水中的浓度。故对样品预处理的富集非常重要。

③ 该方法中 pH 对氯霉素类的回收率影响较小，但对于磺胺类、沙星类和四环素类，当 pH 为 4.0 时，目标抗生素的回收率普遍较高，重现性较好，故选择上样溶液的 pH 为 4.0。

5.3.5 液相色谱-四极杆/静电场轨道阱高分辨质谱法检测海水中大环内酯类抗生素

1. 测定原理

四极杆/静电场轨道阱高分辨质谱法具有可获取一、二级碎片离子精确质量数的功能，通过提取一级全扫描谱图中分子离子峰的精确质量数可获得提取离子流图，从而实现高通量的目标物或非目标物的筛查，确定的目标物在一级全扫描的同时可以获得二级碎片离子质谱图，得到高可靠性的确证结果。

本方法采用 Empore C_{18} 固相萃取膜提取海水中大环内酯类抗生素，Hypersil GOLD C_{18} 色谱柱分离，乙腈和 0.005 mol/L 的乙酸铵溶液(含 0.1%体积分数甲酸)为流动相梯度洗脱。正离子模式下全扫描/数据依赖二级扫描(Full MS/dd-MS2)分析，提取一级质谱准分子离子的精确质量数用于定量分析，二级质谱特征子离子精确质量数用于进一步定性确证。建立液相色谱-四极杆/静电场轨道阱高分辨率质谱法检测海水中大环内酯类抗生素的方法[23]。

2. 仪器和试剂

1) 仪器

① Thermo Fisher U3000/Q Exactive 型液相色谱/静电场轨道阱高分辨质谱仪、XS205DU 型电子天平、三位固相膜萃取装置、Empore C_{18} 固相萃取膜(直径 47mm)。

② 容量瓶(100mL)若干、烧杯等实验室常用玻璃器皿。

2) 试剂

(1) 试剂级别

甲醇，乙腈为色谱纯、甲酸，乙酸铵为分析纯。除非特殊说明，实验中所用其他试剂均为分析纯或优级纯，所用水为超纯水。

(2) 抗生素混合标准储备溶液(100mg/L)的配制

称取十四元环的红霉素(ERY)、罗红霉素(ROM)、氟红霉素(FRM)、克拉霉素(CLM)、十五环的阿奇霉素(AZM)、竹桃霉素(OLM)、十六元环的泰乐霉素(TLS)、替米考星(TMC)、交沙霉素(JSM)标准品各 10.0mg，用甲醇溶解并定容至 100mL 容量瓶中，于−18℃保存。

3. 测定步骤

(1) 色谱条件

Hypersil GOLD C_{18} 色谱柱(100mm×2.1mm，1.9μm)；柱温：35℃；流量：0.2mL/min；进样体积：20μL；流动相 A 为乙腈，B 为含 0.1%(体积分数，下同)甲酸的 0.005mol/L 乙酸铵溶液。梯度洗脱程序：0～5.0min 时，A 为 10%；5.0～6.0min 时，A 由 10%升至 50%，保持 5.0min；11.1～13.0min 时，A 由 50%降至 10%。

(2) 质谱条件

电喷雾离子源(ESI)，喷雾电压为 3200V；鞘气为氮气，压力为 275kPa；辅助气为氮气，压力为 69kPa；离子传输管温度为 320℃；扫描模式为一级全扫描/数据依赖二级扫描(Full MS/dd MS2)，一级扫描：扫描范围质荷比(m/z) 150～1000，分辨率为 70000，自动增益控制目标(AGC target)为 3×10^6，最大注入时间为 200ms；二级扫描：分辨率为 17500，AGC target 为 2×10^6，最大注入时间为 50ms，归一化碰撞能为 35eV。其余质谱参数如表 5-4 所示。

表 5-4　9 种大环内酯类抗生素的质谱参数[23]

化合物	分子式	离子化方式	母离子质量数(m/z)			子离子质量数(m/z)
			理论值	测定值	相对偏差/($\times10^{-4}$%)	
ERY	$C_{37}H_{67}NO_{13}$	$[M+H]^+$	734.4685	734.4685	0.1	158.1176，576.3742
ROM	$C_{41}H_{76}N_2O_{15}$	$[M+H]^+$	837.5318	837.5334	1.8	158.1176,679.4376
FRM	$C_{37}H_{66}FNO_{13}$	$[M+H]^+$	752.4591	752.4581	−1.3	158.1176,594.3648
CLM	$C_{38}H_{69}NO_{13}$	$[M+H]^+$	748.4842	748.4827	−1.9	158.1176,590.3899
AZM	$C_{38}H_{72}N_2O_{12}$	$[M+H]^+$	749.5158	749.5147	−1.5	158.1176,591.4215
OLM	$C_{35}H_{61}NO_{12}$	$[M+H]^+$	688.4266	688.4254	−1.9	158.1176,544.3480
TLS	$C_{46}H_{77}NO_{17}$	$[M+H]^+$	916.5264	916.5247	−1.9	174.1125,772.4478
TMC	$C_{46}H_{80}N_2O_{13}$	$[M+H]^+$	869.5733	869.5717	−1.9	174.1125,696.4681
JSM	$C_{42}H_{69}NO_{15}$	$[M+H]^+$	828.4740	828.4723	−2.1	109.0648,174.1125

(3) 制作标准曲线

① 用 20%甲醇溶液稀释抗生素混合标准储备溶液，配成质量浓度为 1～

500μg/L 的混合标准溶液系列，按照仪器工作条件测定。

② 以 9 种抗生素的峰面积响应值为纵坐标，质量浓度为横坐标进行线性回归。

(4) 检出限的测定

按照准分子离子的 3 倍信噪比（S/N）和 10 倍信噪比计算检出限（3S/N）和测定下限（10S/N）。

(5) 准确度和精密度的测定

选择未检出大环内酯类抗生素的海水样品作为空白基质样品，分别在 20ng/L、100ng/L、200ng/L 3 个浓度水平的抗生素混合标准溶液进行加标回收试验。每个浓度水平做 6 个平行样品，按试验方法进行测定，计算准确度和精密度。

(6) 海水样品测定

取目标水域的海水样品，应用所建立方法对不同采样点水样中 9 种大环内酯类抗生素进行检测。

4. 注意事项

① 该方法具有前处理简单、分析速度快、灵敏度高的特点。准确度和精密度能够满足海水中大环内酯类抗生素的快速分析需要。大环内酯类抗生素均在 13min 内出峰，其质量浓度在 1～500μg/L 内与其峰面积响应值呈线性关系，方法的检出限（3S/N）为 0.02～0.12ng/L。

② 由于大环内酯类抗生素为弱碱性化合物，pK_a 为 7～9，在中性条件下会部分生成阳离子，与硅羟基结合较强，难以洗脱；在强碱性下不稳定，当 pH 大于 11 时内酯环容易破裂。该法从大环内酯类抗生素的回收率考虑，选择海水样品合适的 pH 为 10。

5.4　海洋环境中农药的测定

5.4.1　气相色谱法测定海水中的六六六和 DDT

1. 测定原理

水样中的六六六、DDT 经正己烷萃取、净化和浓缩，用填充柱气相色谱法测定其各异构体含量，总量为各异构体含量之和[24]。

2. 仪器和试剂

1) 仪器

① 气相色谱仪，配 ^{63}Ni 电子捕获检测器、玻璃填充色谱柱（内径 12mm，长 1.8m）、全玻璃磨口回流蒸馏装置，带 50cm 长的分馏柱、全玻璃蒸馏器、K-D 浓缩器或带三球冷凝柱的蒸发浓缩器、分析天平（感量 0.01mg）、真空系统或电动吸引器，及一般实验室常备仪器和设备。

② 分液漏斗(800mL)、微量注射器(1μL，10μL，100μL)、定量加液器(5mL，10mL)、安瓿瓶(2mL)，及一般实验室常用玻璃仪器等。

2) 试剂

(1) 试剂级别

浓硫酸、无水硫酸钠、氢氧化钠、正己烷、苯等均为化学纯或分析纯。除非特殊说明，实验中所用其他试剂均为分析纯或优级纯，所用水为超纯水。

(2) 固定液 OV-17，OV-210

(3) 六六六、DDT 各组分标准品

α-六六六、*β*-六六六、*γ*-六六六、*δ*-六六六、*o,p*-DDT、*p,p'*-DDE、*p,p'*-DDT、*p,p'*-DDD 均为色谱纯。

(4) 无水硫酸钠(Na_2SO_4)预处理

600℃灼烧 4h 以上，冷却后密闭保存，有效期为 1 个月。

(5) 硫酸钠溶液(20g/L)的配制

将 20g 无水硫酸钠溶于超纯水中，稀释至 1000mL。

(6) 正己烷(含量大于 99%)

在全玻璃磨口回流蒸馏器中，每 1000mL 正己烷加入 1g 固体氢氧化钠(NaOH)，回流 4h；换上分馏柱水浴蒸馏，收集 68～69℃馏分，弃去前 5%和最后 10%的馏分。

(7) 苯预处理

经全玻璃蒸馏器重蒸，收集 80℃馏分。

(8) 异辛烷预处理

经全玻璃蒸馏器重蒸。

(9) 丙酮预处理

经全玻璃蒸馏器重蒸，收集 38～39℃馏分。

(10) 六六六、DDT 各组分标准储备溶液的配制

① 分别准确称取 1.00mg 的 *α*-六六六、*γ*-六六六、*δ*-六六六，4.00mg 的 *β*-六六六、*p,p'*-DDE，5.00mg 的 *p,p'*-DDD，8.00mg 的 *o,p*-DDT 和 10.0mg 的 *p,p'*-DDT，置于 8 个 10.0mL 的容量瓶中。

② 用正己烷或异辛烷(*β*-六六六需先用少量苯溶解)溶解，并稀释至标线，混匀。得到各标准储备溶液的浓度分别为：0.100mg/mL、0.100mg/mL、0.100mg/mL、0.400mg/mL、0.400mg/mL、0.500mg/mL、0.800mg/mL、1.00mg/mL。

(11) 六六六、DDT 各组分混合标准使用溶液的配制

① 分别准确移取一定体积(例如 10.0μL)六六六、DDT 各组分标准储备溶液，于同一容量瓶中(例如 100mL 容量瓶)。

② 用正己烷稀释定容(或通过两次稀释)最终制成混合标准使用溶液，各浓度

分别为：α-六六六，0.010ng/μL；γ-六六六，0.010ng/μL；β-六六六，0.040ng/μL；δ-六六六，0.010ng/μL；*p,p'*-DDE，0.040ng/μL；*o,p*-DDT，0.080ng/μL；*p,p'*-DDD，0.050ng/μL；*p,p'*-DDT，0.100ng/μL。

③ 将上述混合标准溶液分装于2mL安瓿瓶(经450℃灼烧4h以上)中封存，置冰箱内保存。每支安瓿瓶装0.3～0.5mL标准使用溶液，临用时启封。

3. 测定步骤

(1)色谱柱预处理

将玻璃柱用(1+1)盐酸溶液浸泡过夜，用水冲净，烘干；注入10%(*V/V*)二甲基二氯硅烷的甲苯溶液浸泡2h；弃去溶液，用氮气吹干。

(2)固定相制备

① 准确称取0.080g OV-17和0.320g OV-210于100mL圆底烧瓶内，用适量丙酮溶解。

② 将烧瓶与冷凝管连接，置于水浴中回流2h。

③ 稍冷后将5g预热过(120℃，2h)的色谱担体倒入，控制丙酮液面略高于担体，在微沸下回流4h。

④ 冷却后自然晾干(不时摇动，以防黏结)。

(3)色谱柱装柱

① 将玻璃柱与固定相在120℃下预热2h，冷却。

② 在柱的一端填上一小块玻璃毛，高度约为5mm，并接到真空系统的抽滤瓶。

③ 在柱的另一端接一小漏斗，在减压下边振荡，边填柱，使固定相填充均匀。

④ 填完后取下漏斗，并填上一小块玻璃毛。

(4)色谱柱老化

将已填好的色谱柱一端接色谱仪注射进样口，另一端放空，依次在150℃、180℃、210℃下各老化2h，最后在230℃下老化16h以上。

(5)连接检测器

将已老化的色谱柱放空端接入检测器，在工作条件下用氮气吹洗8h；注射六六六、DDT各组分混合标准使用溶液，根据其色谱图检验色谱柱的分离效果，应得到完全分离的8种异构体的色谱峰。

(6)样品测定

① 样品萃取：量取500mL海水样品于分液漏斗中，加入10.0mL正己烷，剧烈振荡2min，静置分层后弃去水层。

② 净化：正己烷相用硫酸净化2次，每次5mL，剧烈振荡1min；再用硫酸钠溶液洗涤2次，每次10mL，振荡1min；正己烷相经无水硫酸钠柱脱水；用10mL正己烷分两次洗涤分液漏斗并经脱水柱；最后用5mL正己烷冲洗脱水柱；所有流经脱水柱的正己烷均收集在浓缩瓶内。

③ 浓缩：将浓缩瓶装到 K-D 浓缩瓶或蒸发浓缩装置中，在 80～90℃的水浴中浓缩至 3～5mL；取下浓缩瓶，在常温下用氮气吹拂使溶液体积小于 0.5mL，最后用正己烷定容至 0.50mL。

④ 色谱测定：分别抽取相同体积的样品浓缩液和混合标准使用溶液，按选定的气相色谱仪工作条件测量各异构体的峰高 h_w 和 h_0；同时，取 10mL 正己烷测定试剂空白 h_b。

⑤ 按照标准方法，进行精密度和准确度测定。

4. 数据处理及计算

将测得的标准空白和水样的有机氯农药各异构体的数据，按式(5-1)计算，水样中有机氯农药各异构体的浓度。

$$\rho_{六六六,\mathrm{DDT}} = \frac{c_0(h_w - h_b)V}{h_0 V_1} \tag{5-1}$$

式中，$\rho_{六六六,\mathrm{DDT}}$ 为水样中有机氯农药各异构体浓度，ng/L；c_0 为标准使用溶液中该异构体的浓度，ng/μL；h_0 为标准使用溶液对应异构体的色谱峰高，mm；h_w 为样品提取液相应异构体的色谱峰高，mm；V 为提取液浓缩后定容体积，μL；h_b 为空白中相应异构体的色谱峰高，mm；V_1 为水样体积，L。

5. 注意事项

① 本方法适用于河口和近岸海水中六六六、DDT 的测定，为仲裁方法。

② 本方法对有机氯农药的精密度和准确度分别为：α-六六六，44.0ng/L；γ-六六六，6.48ng/L；β-六六六，6.86ng/L；δ-六六六，2.13ng/L；Σ六六六，59.5ng/L；p,p'-DDE，0.71ng/L；p,p'-DDD，15.5ng/L；p,p'-DDT，10.2ng/L；ΣDDT，26.4ng/L。相对标准偏差分别为：α-六六六，2.9%；γ-六六六，4.5%；β-六六六，5.5%；δ-六六六，4.7%；Σ六六六，2.7%；p,p'-DDE，2.8%；o,p-DDT，1%；p,p'-DDD，8.4%；p,p'-DDT，12%；ΣDDT，5.7%。方法平均回收率为：Σ六六六，86%～95%；ΣDDT，78%～86%。

③ 本方法所用水为蒸馏水加入高锰酸钾溶液，形成稳定的紫红色溶液进行蒸馏，再加氢氧化钠溶液呈强碱性重蒸。也可采用活性炭-国产 1300 型树脂吸收净化。

④ 所用玻璃器皿均先用洗涤剂刷洗，自来水彻底冲洗，再用普通蒸馏水和净化蒸馏水各荡洗 3 次。浓缩瓶需用 5%氢氧化钠-乙醇溶液浸泡过夜，用自来水彻底冲洗，普通蒸馏水洗 5 次，净化蒸馏水洗 3 次。除分液漏斗自然晾干外，其余均烘干，置于干净的柜内避尘保存。

⑤ 为减少微量注射器引起的误差，标准和样品均使用同一支注射器，且注射体积相同，若确实需要采用不同体积注射，需对针头滞液量进行校正，并在计算公式中引入体积比($V_{标}/V_{理}$)因子。

⑥ 如果水样有机质含量较高，可增加硫酸净化次数。

⑦ 提取液浓缩时应保持溶液呈微沸状态，以减少损失。

⑧ 样品测定浓缩时，提取浓缩液最好当天进行色谱测定，空白试剂必须当天测定，否则变异很大。若不能立即进行色谱测定，将溶液封存在安瓿瓶内，冰箱保存。

⑨ 蒸发浓缩回收的正己烷经纯化后可反复使用。

⑩ 超纯硫酸一般可直接使用，低于此纯度的硫酸须用正己烷提纯至空白值才可以接受。

⑪ Σ六六六和 ΣDDT 分别为六六六和 DDT 各异构体含量之和，在实际工作中，往往会出现个别异构体含量低于其检测限，出现此情况时用其检出限的一半代表该异构体的含量。

⑫ 色谱仪的最佳工作条件要根据所用仪器型号进行选择。

⑬ 海水样品必须存放在全玻璃容器内，并尽快进行分析。塑料容器不适宜用于水样的储放。

5.4.2　海水中狄氏剂的气相色谱法测定

1. 测定原理

狄氏剂($C_{12}H_{18}C_{16}O$)用于防治蚊、蝇、白蚁、蝗虫以及地下害虫、棉花害虫、森林害虫，可引起人肝功能障碍、致癌。

海水样品通过树脂柱。溶解态的狄氏剂被吸附于树脂上。用丙酮洗脱。正己烷蒸取，通过硅胶混合层析柱脱水、净化、分离，浓缩后进行气相色谱测定[24]。

2. 仪器和试剂

1) 仪器

① 气相色谱仪，带 ^{63}Ni 电子捕获检测器、填充色谱柱(内径 2mm，长 1.8m 的硬质玻璃柱)、电动真空吸引泵、索氏提取器、全玻璃蒸馏器、蒸发浓缩器，带浓缩瓶 250mL、玻璃柱(内径 30mm×400mm 与内径 12mm×300mm)，下端具玻璃活塞、玻璃柱(内径 30mm×60mm 与内径 30mm× 50mm)，下端具玻璃活塞、碱解回流装置，带 100mL 锥形蒸馏瓶、分馏柱(内径 20mm×300mm)，上下端具 19 号标准口接头，及一般实验室常备仪器和设备。

② 微量注射器(1μL，10μL)、具塞刻度离心管(10mL，25mL)、分液漏斗(60mL，1000mL)，及其他实验室常用玻璃器皿等。

2) 试剂

(1) 试剂级别

氢氧化钾、无水硫酸钠、正己烷、二甲基二氯硅烷等均为化学纯或分析纯。除非特殊说明，实验中所用其他试剂均为分析纯或优级纯，所用水为普通蒸馏水通过 1300(I) 型树脂柱的水或等效纯水。

(2) 高纯氮气 (纯度 99.99%)

(3) 甲醇、甲苯、乙醚须重蒸

(4) 乙醚-正己烷混合溶剂的配制

将 1 体积乙醚与 9 体积正己烷混匀，加入适量无水硫酸钠。

(5) 固定液 OV-17，OV-210

(6) 担体

担体 Chromosorb W HP，80～100 目 (180～150μm) 或 Gas chrom Q，100～120 目 (150～120μm)。

(7) 无水硫酸钠的预处理

① 在正己烷中加入 0.5%颗粒氢氧化钾 (KOH)，回流 4h 以后开始分馏，弃去 5%前馏分与 10%后馏分，收集 67.5～68℃中间馏分。

② 再将无水硫酸钠用正己烷索氏提取 8h。

③ 晾干后，于 250℃烘 4h。

④ 最后装在具塞磨口玻璃瓶中，于干燥器内保存，保存期为一个月。

(8) 正己烷

同无水硫酸钠操作。

(9) 1300(I) 型或 Amberlite XAD-2 型树脂的预处理

将树脂置于 20～40 目 (830～380μm) 筛网中，用自来水冲洗，除去细微悬浮颗粒与无机杂质；依次于索氏提取器中用甲醇、丙酮、甲醇提取 24h；用水冲净溶剂，并置于水中保存。

(10) 中性氧化铝的预处理

在 800℃活化 4h；冷却后加入 5%的水，剧烈振荡 30min；装具塞磨口玻璃瓶中，于干燥器内保存。使用前，再于 130℃烘 8h。

(11) 层析硅胶 100～200 目 (150～75μm) 的预处理

在 450℃活化 8h，密封于磨口塞玻璃瓶中，置于干燥器内保存。使用前，再于 130℃烘 8h。

(12) 活性炭的预处理

将粒状活性炭在 280℃烘 4h，装具塞玻璃瓶中，置于干燥器内保存。

(13) GF/F 型玻璃纤维膜的预处理

在 300℃烘 3h，用干净的铝箔包装，置于干燥器中。

(14) 玻璃纤维的预处理

依次用 10%氢氧化钠溶液与 (1∶1) 盐酸溶液浸泡，去除杂质；用自来水冲洗至中性后，用蒸馏水刷洗；于 500℃烘 4h，然后用适量正己烷浸泡；晾干后置于玻璃瓶中保存。

（15）狄氏剂标准储备溶液（0.50mg/mL）的配制

准确称取5.00mg狄氏剂，置于10mL容量瓶中，用正己烷稀释至标线并混匀。

（16）狄氏剂标准中间溶液（0.25μg/mL）的配制

准确移取12.5μL狄氏剂标准储备溶液于25mL容量瓶中，用正己烷稀释至标线并混匀。

（17）狄氏剂标准使用溶液（0.050ng/mL）的配制

移取5μL狄氏剂标准中间溶液于25mL容量瓶中，用正己烷稀释至标线并混匀。该标准使用溶液分装于已净化的安瓿瓶中，每支约0.5mL。熔封后贴上标签，置于4℃冰箱中保存。临用时打开。

3. 测定步骤

（1）色谱柱制备

（2）样品富集

（3）样品提取液的脱水、净化和分离

① 在一根内径为 12mm×300mm 的玻璃柱下端填入少量玻璃纤维，并加入10mL 正己烷；边轻敲柱壁边依次填入 2g 层析硅胶、1g 中性氧化铝、1g 无水硫酸钠。

② 放尽柱中的正己烷，用滴管将样品提取液定量地转入层析柱；用 2mL 正己烷分 2 次刷洗离心管；同样用滴管小心把它转移到层析柱；打开柱活塞，再放尽正己烷。

③ 用刻度移液管量取 10～13mL 正己烷加入柱，在柱下面置 1 支 25mL 刻度离心管作接收用；打开柱活塞，正己烷以 1mL/min 淋洗层析柱，淋洗液中含有 PCBs 及 *p,p'*-DDE 等。

④ 用 12～14mL 的乙醚-正己烷混合溶剂以同样速度淋洗层析柱，淋洗液接收于第 2 支 25 mL 刻度离心管中，此淋洗液中含有狄氏剂、BHC、*p,p'*-DDD 及部分 *o,p*-DDT 与 *p,p'*-DDT。

⑤ 将所接收的第 2 支淋洗液，用氮气吹拂浓缩至小于 0.5mL；准确定容至 0.50mL，待气相色谱分析。

（4）样品测定

① 将狄氏剂的标准使用溶液、试样提取液在同一色谱条件下，分别进样相同体积，确定 2 个谱图中保留时间相同的峰。

② 在此基础上，取同等量的提取液与狄氏剂标准使用溶液，用验证实验确认狄氏剂。

③ 分别测量试样与标准样的狄氏剂峰高。同时测定分析空白峰高。

④ 按照标准方法，进行精密度和准确度测定。

4. 数据处理及计算

将测定色谱数据按式(5-2)计算试样中狄氏剂的浓度：

$$\rho_D = \frac{(h_w - h_b) \times c_{st} \times V_1}{h_{st} V_2} \tag{5-2}$$

式中，ρ_D 为水样狄氏剂含量，mg/L；h_w 为试样峰高 mm；h_b 为分析空白峰高，mm；c_{st} 为狄氏剂标准溶液浓度，μg/L；V_1 为试样提取液体积，mL；h_{st} 为标准样峰高，mm；V_2 为海水样的体积，mL。

5. 注意事项

① 本方法适用于近岸和大洋海水中六六六、DDT 的测定，为仲裁方法。

② 根据所有的色谱仪器型号，选择最佳色谱条件。

③ 该方法的精密度与准确度：狄氏剂浓度分别为 6.25ng/L 和 25ng/L 时，平均值分别为 5.4ng/L 和 22ng/L，相对标准偏差分别为 1.7%和 5.4%，平均回收率分别为 86%和 88%。

④ 由于海水中存在多种有机化合物，可能存在保留时间相同的有机物，故当样品中检出含狄氏剂时，尚需进一步做确证试验，方法如下：

i. 盐酸-乙酸酐混合物的制备：搅拌条件下滴加 10mL 乙酸酐至一个置于冰水中且内装 5mL 浓盐酸(1.19g/mL)的锥形烧瓶中。该溶液密闭于锥形瓶，在室温下可放 30min。

ii. 狄氏剂衍生物：在 1 个 12mL 离心管中放入含有适量杀虫剂的样品提取液(本试验在 1mL 正己烷中加入含有 12.5ng 标准狄氏剂)，加入 0.5mL 的盐酸-乙酸酐试剂，用氮气吹拂浓缩至大约 0.5mL；摇动离心管使内容物完全湿润后用磨口玻璃塞塞住，把内容物置于(100±1)℃烘箱加热 45min；冷却至室温，加入 1.5mL 纯水，接着在搅拌条件下加入饱和碳酸钠溶液，直至无二氧化碳气体逸出为止；再加入 1mL 正己烷，摇动离心管，待分层后，上面有机相用滴管吸取，通过硅胶(2g)-氧化铝(1g)-无水硫酸钠(1g)层析柱，先用 13mL 正己烷淋洗层析柱，弃淋洗液；再用 14 mL 乙醚-正己烷混合溶剂淋洗，收集该淋洗液于离心管中，将它浓缩至 0.5mL；注入色谱仪，色谱条件与本方法其他测试相同。

实验参数为：注入色谱仪的狄氏剂标准溶液和狄氏剂与盐酸-乙酸酐反应的衍生物的保留时间分别为 4.70min 和 10.88min。

⑤ 在实验室中，将树脂净化到要求的纯度较困难，因此，树脂经甲醇、丙酮、甲醇索提以后，仍需进行空白检验，但不必通过海水样。

⑥ 操作时应将树脂柱与硅胶层析柱填得紧密没有气泡。一旦出现气泡，既影响流速，也影响吸附效率。任何水或溶剂过柱时，其液面不得低于柱层的顶端，

严防空气进入柱层。树脂层更容易有气泡，一旦出现，可暂停操作，用玻璃棒插入柱层将气泡赶出。

⑦若待测试样中不仅含有狄氏剂，尚含有 PCBs 与其他有机氯农药时，本方法所收集的第一份淋洗液不能弃掉，留待测定 PCBs 与其他组分。

5.4.3　固相萃取-气相色谱-质谱联用同时测定河水和海水中 87 种农药

1. 测定原理

气相色谱-质谱联用(GC-MS)具备较高的灵敏度和较强的定性能力，是目前农药多残留同时检测的主流分析仪器，可以实现数百种农药同时检测；同时固相萃取(SPE)由于具有集浓缩和净化于一体、有机溶剂用量少、操作简单、易于批处理等优点，可结合气相色谱-质谱联用对环境水样中农药种类及残留量进行测定。

本方法采用固相萃取-气相色谱-质谱联用技术，建立河水和海水中 87 种农药(24 种有机磷、15 种有机氯、12 种唑类、9 种拟除虫菊酯类、5 种氨基甲酸酯类、7 种酰胺类及 15 种其他新型农药)的多残留同时分析方法[25]。

2. 仪器和试剂

1)仪器

Agilent 5975B 气相色谱-质谱联用仪(美国 Agilent 公司)、Visiprep™ DL 12 孔固相萃取装置(美国 Supelco 公司)、Φ47mm 的 0.45μm 水相滤膜(津腾实验设备有限公司)、Oasis® HLB 固相萃取柱(500mg/6mL，美国 Waters 公司)、Supelclean LC-NH_2(500mg/3mL，美国 Supelco 公司)、Milli-Q 超纯水(美国 Millipore 公司)，及其他实验室常用设备和器皿。

2)试剂

(1)试剂级别

溶剂甲醇，乙酸乙酯，正己烷，丙酮均为色谱纯(美国 Tedia 公司)、盐酸，氢氧化钠和无水硫酸钠为分析纯(上海五四化学试剂公司)，无水硫酸钠在使用前经 450℃烘干 4h。除非特殊说明，实验中所用其他试剂均为分析纯或优级纯，所用水为 Milli-Q 超纯水。

(2)农药标准品

农药标准品购自中国标准技术开发有限公司(北京)和德国 Dr. Ehrenstorfer 公司(奥格斯堡)，纯度均在 99%以上。

87 种农药标准品分别为：氧化乐果(omethoate)，久效磷(monocrotophos)，甲拌磷(phorate)，乐果(dimethoate)，特丁硫磷(terbufos)，杀螟腈(cyanophos)，乙拌磷(disulfoton)，二嗪哝(diazinon)，异稻瘟净(iprobenfos)，甲基对硫磷(parathion-methyl)，甲基毒死蜱(chlorpyrifos-methyl)，杀螟硫磷(fenitrothion)，马拉硫磷

(malathion)，倍硫磷(fenthion)，毒死蜱(chlorpyrifos)，对硫磷(parathion)，水胺硫磷(isocarbophos)，甲基异柳磷(isofenphos-methyl)，喹硫磷(quinalphos)，杀扑磷(methidathion)，丙溴磷(profenofos)，乙硫磷(ethion)，三唑磷(triazophos)，苯硫磷(EPN)，α-六六六(α-BHC)，β-六六六(β-BHC)，γ-六六六(γ-BHC)，δ-六六六(δ-BHC)，七氯(heptachlor)，艾氏剂(aldrin)，三氯杀螨醇(dicofol)，α-硫丹(endosulfan)，狄氏剂(dieldrin)，*p,p*-DDE(*p,p'*-DDE)，异狄氏剂(endrin)，β-硫丹(endosulfan)，*p,p'*-DDD(*p,p*-DDD)，*p,p'*-DDT(*p,p'*-DDT)，三氯杀螨砜(tetradifon)，氟乐灵(trifluralin)，二甲戊乐灵(pendimethalin)，甲霜灵(metalaxyl)，乙草胺(acetochlor)，甲草胺(alachlor)，异丙甲草胺(metolachlor)，丁草胺(butachlor)，噻螨酮(hexythiazox)，丙炔氟草胺(flumioxazin)，乙烯菌核利(vinclozolin)，腐霉利(procymidone)，异菌脲(iprodione)，三唑酮(triadimefon)，三唑醇(triadimenol)，氟菌唑(triflumizole)，多效唑(paclobutrazol)，三环唑(tricyclazole)，己唑醇(hexaconazole)，烯效唑(uniconazole)，腈菌唑(myclobutanil)，氟硅唑(flusilazole)，丙环唑(propiconazole)，戊唑醇(tebuconazole)，苯醚甲环唑(difenoconazole)，克百威(carbofuran)，异丙威(isoprocarb)，仲丁威(fenobucarb)，抗蚜威(pirimicarb)，乙霉威(diethofencab)，联苯菊酯(bifenthrin)，甲氰菊酯(fenpropathrin)，三氟氯氰菊酯(cyhalothrin)，氯菊酯(permethrin)，氟氯氰菊酯(cyfluthrin)，氯氰菊酯(cypermethrin)，醚菊酯(etofenprox)，氰戊菊酯(fenvalerate)，溴氰菊酯(deltamethrin)，稻瘟灵(isoprothiolane)，醚菌酯(kresoxim-methyl)，溴螨酯(bromopropylate)，噻嗪酮(buprofezin)，嘧霉胺(pyrimethanil)，氟虫腈(fipronil)，溴虫腈(chlorfenapyr)，精吡氟禾草灵(fluazifop *p*-butyl)，哒螨灵(pyridaben)，百菌清(chlorothalonil)。

(3)替代物及内标物

选取2，4，5，6-四氯间二甲苯、磷酸三丁酯、氟丙菊酯、环氟菌胺、硅氟唑作为替代物，2，2′，4，5′，6-五氯联苯(2，2′，4，5′，6-pentachlorobi-phenyl，PCB103)作为内标物。

(4)87种供GC-MS检测的农药标准溶液配制

取各农药标准品适量，以丙酮：正己烷=1：1(体积比，下同)为溶剂配制成一定浓度的单标储备溶液；87种目标农药的混合标准溶液同样用丙酮：正己烷=1：1为溶剂，适当稀释配制而成，置于–4℃的冰箱中避光保存。

3. 测定步骤

(1)气相色谱条件

进样口温度为260℃；高纯He作载气，恒流模式，流速为1.0mL/min；不分流进样，进样量2.0μL。色谱柱使用HP-5MS柱(30m×0.25mm×0.25μm)。柱温箱升温程序为：初始温度60℃，保持1min；以15℃/min速率升温至150℃，保持2min；以2℃/min速率升温至170℃，保持6min；以1℃/min速率升温至175℃，保持 5min；以 1℃/min 速率升温至 180℃，保持 6min；再以 8℃/min 速率升温至 240℃，保持 2min；最后以 5℃/min 速率升温至 280℃，保持 5.5min。

(2) 质谱条件

电子轰击电离(ESI)源，离子源温度为 230℃，接口温度为 280℃，质量分析器温度为 150℃，选择性离子监测(SIM)模式，电子倍增器检测电压为 1600V。

(3) 水样预处理方法

① 预先用 5mL 甲醇、5mL 丙酮-正己烷(1∶1)、5mL 乙酸乙酯、3mL 甲醇、10mL Milli-Q 水依次淋洗 HLB 柱。

② 将过滤后、加入 1.0L 一定浓度替代物的水样，以 4.0～6.0mL/min 的速率负压抽滤上样。

③ 完毕后用 10mL 超纯水淋洗 SPE 柱，负压抽干 HLB 柱中残留水分。

④ 再在萃取柱下串联装有 5g 无水硫酸钠的自填柱和 LC-NH_2 柱[预先用 3mL 丙酮-正己烷(1∶1)和 3mL 乙酸乙酯淋洗]，依次用 3mL 乙腈、20mL 丙酮-正己烷(1∶1)洗脱。

⑤ 收集洗脱液，于 40℃水浴下氮气吹扫至近干。

⑥ 加入 100μg/L 的 PCB103 作为内标物，用丙酮-正己烷(1∶1)准确定容至 0.4mL，待 GC-MS 分析。

(4) 仪器检出限的测定

配制 5 份平行的、仪器信噪比(S/N)为 10 对应浓度的标准溶液进行测定，计算出 5 次测定的标准偏差(SD)，根据式(5-3)，计算仪器检出限(IDL)。

$$\mathrm{IDL} = t_{(n-1,\alpha=0.99)} \times \mathrm{SD}_{标样} = 3.75 \times \mathrm{SD}_{标样} \qquad (n=5) \tag{5-3}$$

式中，$t_{(n-1,\alpha=0.99)}$ 为 99%置信度的 t 检验值；n 为平行测定次数，当 n=5 时，t 值为 3.75；$\mathrm{SD}_{标样}$ 为标准溶液 5 次测定的标准偏差。

(5) 制作标准曲线

① 配制目标农药和替代物浓度分别为仪器检出限浓度的 5 倍、20 倍、40 倍、100 倍和 500 倍的系列标准工作溶液，其中均含质量浓度为 100.0μg/L 的内标物(内标保留时间为 28.73min，定量离子 m/z 为 326)。

② 按优化后所述仪器分析条件进行 GC-MS 分析，得到目标农药、内标物和替代物的线性范围、相关系数、IDL 等结果。

4. 数据处理及计算

先分析所配制的含浓度递增的目标物及固定浓度的替代物和内标物的系列标准工作溶液，按文献[26]计算得到相对响应因子 RRF(relative response factor)值，再利用定量式(5-4)计算水样中的目标物浓度。

$$C = A_{\chi} W_{Su} \times 1000 / A_{Su} RRF_{\chi/Su} V_S \quad (5\text{-}4)$$

式中，C 为样品中农药的质量浓度，ng/L；A_{Su} 和 A_{χ} 分别表示萃取后浓缩的试样中替代物和目标物的信号峰面积；W_{Su} 为在样品萃取时加入替代物的质量，μg；V_S 为预处理前样品的取样体积，L；$RRF_{\chi/Su}$ 为目标物相应替代物在仪器上的相对响应因子。

5. 注意事项

① 该法适用于检测河水和海水中多种农药。该方法有较好的回收率、重现性和灵敏度，在最佳条件下，各目标农药的方法检出限为 0.1～6.6ng/L；以实际河水和海水为基底，在 5ng/L 和 20ng/L 的加标水平下，绝大多数目标农药的回收率为 60%～120%，相对标准偏差(n=4)为 0.01%～9.7%。

② 本实验在用 SPE 处理实际水样时，pH 和盐度对目标农药回收率无显著影响，故不对 pH 和盐度进行调整。

③ 本研究采用方法空白、平行样、替代物和内标物对分析过程进行质量控制。

5.4.4　超声辅助分散液液微萃取-气相色谱-质谱法检测海水中除草剂

1. 测定原理

分散液液微萃取(dispersive liquid-liquid micro-extraction，DLLME)是基于萃取剂在分散剂的作用下形成微小有机液滴，从而实现目标分析物在样品溶液和萃取剂之间的快速转移，具有操作简单、快速、费用低、对环境友好、回收率和富集倍数高等优点。

本方法采用超声辅助分散液液微萃取结合气相色谱-质谱(DLLME-GC-MS)法，建立海水中 5 种具有内分泌干扰特性的除草剂(敌草腈、扑灭津、炔苯酰草胺、嗪草酮、氨基丙氟灵)的检测方法[27]。

2. 仪器和试剂

1) 仪器

① Agilent 气相色谱仪及工作站(美国 Agilent 公司)，配有 HP-5MS UI 石英毛细管色谱柱(30m×0.25mm，0.25μm)、10μL 微量进样器(美国 Agilent 公司)、带有离子源(EI)的质谱仪，及其他实验室常用设备和器皿。

② 容量瓶、烧杯等实验室常用玻璃器皿。

2) 试剂

(1) 试剂级别

丙酮(acetone)，氯仿(chloroform，$CHCl_3$)，二氯甲烷(dichloromethane，CH_2Cl_2)，乙醇(ethanol)，甲醇(methanol)，乙腈(acetonitrile)为色谱纯(美国 Fisher

Scientific）、氯化钠（分析纯，国药集团药业股份有限公司）、敌草腈（dichlobenil，CAS 号 1194-65-6，纯度 99.5%），扑灭津（propazine，CAS 号 139-40-2，纯度 98.7%），炔苯酰草胺（propyzamide，CAS 号 23950-58-5，纯度 99.5%），嗪草酮（metribuzin，CAS 号 21087-64-9，纯度 99.4%），氨基丙氟灵（prodiamine，CAS 号 29091-21-2，纯度 99.5%）标准品购于 Chem Service 公司。除非特殊说明，实验中所用其他试剂均为分析纯或优级纯，所用水为超纯水。

（2）标准溶液（1.0mg/mL）的配制

分别准确称取一定量的 5 种标准品；用丙酮作溶剂稀释并定容，分别配制 1.0mg/mL 的标准溶液。

（3）样品制备

采集目标海域不同采样点的海水样品，用 0.45μm 滤膜过滤后，存放于 4℃冰箱中，备用。

3. 测定步骤

（1）分散液液微萃取

取 10.0mL 水样于锥形玻璃离心管中，用 2.0mL 玻璃注射器将萃取剂和分散剂的混合溶液快速注入样品中，超声 5min，4000r/min 离心 5min；再用 25μL 进样针取下层有机相并测定其体积，通过 GC-MS 分析。

（2）色谱条件

美国 Agilent 气相色谱仪及工作站，配有 HP-5MS UI 石英毛细管色谱柱（30m×0.25mm，0.25μm）；10μL 微量进样器（美国，Agilent 公司），进样量为 1μL，进样口温度为 250℃，检测器温度为 280℃；柱升温程序：70℃（1min），以 10℃/min 升温至 280℃，保持 5min；载气：高纯氦；流速：1mL/min；无分流模式。

（3）质谱条件

离子源：EI；离子源温度：230℃；电子能量：70eV；采集方法：选择性离子监测（selected ion monitoring，SIM）；溶剂延迟时间：5min；为保证结果的准确度，选择两个定性离子（*m/z*）；SIM 条件如表 5-5 所示。

表 5-5　GC-MS 相关参数[27]

组分名称	保留时间/min	定量离子（*m/z*）	定性离子（*m/z*）
敌草腈	9.80	171	136，173
扑灭津	14.70	214	172，229
炔苯酰草胺	14.99	173	145，175
嗪草酮	16.00	198	144，199
氨基丙氟灵	16.69	321	279，333

(4) 制作标准曲线

① 分别准确量取 5 种标准溶液(1.0mg/mL),用丙酮作溶剂稀释,分别配制不同浓度梯度的工作溶液。

② 在已优化好的色谱及质谱条件下,对不同体系进行测定。

③ 以 5 种除草剂的峰面积响应值为纵坐标,质量浓度为横坐标进行线性回归。

(5) 方法的线性范围、检出限、回收率和精密度测定

依照"分散液液微萃取"方法进行操作,在优化 DLLME 和 GC-MS 条件下,测定该方法对海水样品的线性范围、检出限、回收率和精密度。

① 以信噪比(S/N=3)计算,5 种除草剂的检出限。

② 准确量取海水样品 10.0mL,调整盐浓度为 4.0%。

③ 再加入 5 种除草剂的标准溶液,使其终浓度分别为 1.0μg/L、0.5μg/L、0.1μg/L。

④ 平行测定 3 次,测定回收率和精密度。

利用式(5-5)计算回收率:

$$\text{回收率} = \frac{C_{\text{sed}} \times V_{\text{sed}}}{C_0 \times V_{\text{aq}}} \times 100\% \tag{5-5}$$

式中,C_{sed} 为下层有机相中除草剂的浓度;C_0 为水样中除草剂的浓度;V_{sed} 和 V_{aq} 分别为下层有机相和水样的体积。

4. 注意事项

① 该方法具有前处理操作简便、快速、有机溶剂消耗少、检出限低、精密度高等优点,且结果准确可靠,可快速检测海水中除草剂残留的含量,满足检测要求。

② 影响样品预处理的因素包括:萃取剂的种类及用量、分散剂的种类及用量、萃取溶液的 pH 和离子强度对萃取效率的影响。

5.4.5 固相萃取-气相色谱法测定海水中痕量毒死蜱

1. 测定原理

毒死蜱是中等毒性有机磷农药,多用于蔬菜水果等农作物种植过程的杀虫剂。其在环境中的积累,可导致人体急性中毒而引起呼吸系统、心血管、肠道、甲状腺等方面的疾病。

本方法利用固相萃取(solid phase extraction,SPE)技术高效可靠、简单快速、有机溶剂用量较少、有较高的选择性和较强的富集能力的特点,首先对海水进行自动固相萃取的前处理,经二氯甲烷洗脱后,再结合气相色谱火焰光度法(gas chromatography flame photometry detector，GCFPD）测定毒死蜱，外标法定量，有效降低毒死蜱的检测限并减少水体中的基质干扰，建立固相萃取气相色谱测定海水中痕量毒死蜱的方法[28]。

2. 仪器和试剂

1）仪器

① Agilent 6890N 气相色谱仪（美国 Agilent 公司），带火焰光度检测器（FPD）、Autotraces 全自动固相萃取（美国 Caliper 公司）、氮吹浓缩仪（美国 Caliper 公司）、Oasis HLB 固相萃取小柱（250mg/3mL）（美国 Waters 公司）。

② 容量瓶（10mL，50mL）、烧杯等及其他实验室常用设备和器皿。

2）试剂

（1）试剂级别

二氯甲烷，乙酸乙酯，甲醇，丙酮均为色谱级、氢氧化钠，盐酸均为分析纯、丙酮中毒死蜱标准物质（100μg/mL，99.9%）。除非特殊说明，实验中所用其他试剂均为分析纯或优级纯，所用水为超纯水。

（2）毒死蜱中间溶液（2μg/mL）的配制

准确量取毒死蜱标准液 1mL 于 50mL 容量瓶中，用二氯甲烷定容，得到浓度为 2μg/mL 的中间溶液。

（3）毒死蜱标准溶液的配制

分别量取不同量的中间溶液于 10mL 容量瓶中，用二氯甲烷定容，得到系列的浓度分别为 0.02μg/mL、0.04μg/mL、0.08μg/mL、0.1μg/mL、0.2μg/mL、0.8μg/mL、1.2μg/mL 的标准溶液。

3. 测定步骤

（1）样品的固相萃取

① 萃取前依次用 5mL 二氯甲烷、5mL 甲醇、5mL 去离子水浸润和淋洗固相萃取小柱。

② 将含有被分析物的水样用氢氧化钠或者盐酸调节溶液近中性，将水样以 5 mL/min 的流速，在加压条件下通过固相萃取柱，用氮气吹至近干，整个过程在 Caliper Autotrace 全自动固相萃取仪上完成。

③ 洗脱：将吹干后的小柱用二氯甲烷洗脱，Caliper 氮吹仪浓缩，定容至 1mL。

（2）色谱条件

色谱柱为 DB-701，30m×0.25mm×0.25μm 石英毛细管色谱柱。气化室温度：200℃；炉温升温程序：90℃保持 2min，10℃/min 升到 200℃，保持 5min；恒流模式，检测器温度为 200℃；氢气流速为 75mL/min，空气流速为 100mL/min；柱流量为 2mL/min；不分流进样，进样量为 1μL。

(3) 检出限、测定下限及线性范围

① 方法检出限测定：配制相当于检出限浓度 1～3 倍的标准溶液进行重复测量。配制浓度为 0.035μg/L，盐度为 20 的毒死蜱模拟海水样进行固相萃取-气相色谱法分析，重复测定 7 次。

② 根据相关公式计算出方法最低检出限，再以 4 倍的检出限为测定下限。

③ 将配制的标准溶液系列在优化好的色谱条件下进样 1μL，进行气相色谱分析，绘制标准曲线线性范围。

(4) 回收率、精密度和实际样品的测定

① 取海水水样进行检测和加标回收试验。

② 若实际海水未检测出待测物，则在未检出的海水中分别加入低、中、高浓度的毒死蜱标准样 0.04μg、0.2μg、1μg，使实际海水中毒死蜱浓度分别为 0.02μg/L、0.4μg/L、2μg/L。

③ 以二氯甲烷为萃取溶剂，每个浓度测 6 个平行样，测定加标萃取后色谱图，计算平均回收率。

4. 注意事项

① 该方法准确度高、重现性好、操作简单，可检测海水中痕量毒死蜱，检出限为 0.00851μg/L，最低检测浓度为 0.034μg/L。

② 影响实验的因素包括：萃取柱类型，水样的 pH、洗脱剂类型、盐度等，但其中以水样的 pH 影响效果最小。

5.4.6　气相色谱法同时测定海水中 13 种拟除虫菊酯类杀虫剂的残留量

1. 测定原理

拟除虫菊酯类杀虫剂是一类高效、低毒的广谱杀虫剂，其残留或过量使用可随雨水及生活废水等途径进入水环境，同时由于拟除虫菊酯类杀虫剂具有亲脂性，对水生生物具有较高的毒性且容易在水生生物中富集，通过食物链的传递，进而对近海的鱼虾贝蟹类等水产品造成危害，甚至对人类健康造成严重威胁。

该法采用二氯甲烷作为提取溶剂，经 Florisil 固相萃取柱净化和使用配有电子捕获检测器(ECD)的气相色谱仪测定，外标法定量，建立海水中 13 种拟除虫菊酯类杀虫剂的气相色谱检测分析方法[29]。

2. 仪器和试剂

1) 仪器

① Agilent 7890A 气相色谱仪(美国 Agilent 公司)，配有电子捕获检测器(ECD)、高速控温离心机(美国 Sigma 公司)、N-EVAP™112 氮吹仪(美国 Qrganomation Associates 公司)、Milli-Q Gradient 超纯水仪(美国 Millipore 公司)、KQ-600E 超

声波清洗器（昆山市超声仪器有限公司）、旋转蒸发仪（德国 IKA 公司）、分液漏斗振荡器（上海爱朗仪器有限公司）、玻璃砂芯抽滤装置（四川蜀牛公司）、0.45μm 混合纤维素滤膜（上海兴亚净化材料厂）、玻璃砂芯层析柱（24mm×400mm）（四川蜀牛公司）、NH_2 固相萃取柱（3mL/500mg）（CNW 公司）、HLB 固相萃取柱（3cc/60mg）（美国 Waters 公司）、Florisil 固相萃取柱（6mL/1g）、DB-5 毛细管色谱柱、HP-5 毛细管色谱柱和 DB-17 毛细管色谱柱（30.00m×0.25mm×0.25μm）（美国 Agilent 公司）。

② 分液漏斗（1L）、容量瓶（50mL）、三角瓶（150mL）、鸡心瓶、烧杯等，及其他实验室常用设备和器皿。

2）试剂

（1）试剂级别

正己烷，二氯甲烷，环己烷和乙酸乙酯（色谱纯，德国 Merck 公司）、丙酮（分析纯，国药集团）。13 种拟除虫菊酯类杀虫剂（七氟菊酯、丙烯菊酯、联苯菊酯、甲氰菊酯、三氟氯氰菊酯、氟丙菊酯、氯菊酯、氟氯氰菊酯、氯氰菊酯、氟氰戊菊酯、氰戊菊酯、氟胺氰菊酯和溴氰菊酯）标准品（纯度均≥98%，德国 Dr. Ehrenstorfer 公司）。除非特殊说明，实验中所用其他试剂均为分析纯或优级纯，所用水为超纯水。

（2）标准储备溶液的配制

准确称取适量拟除虫菊酯类杀虫剂标准品，用正己烷溶解，配置成 1000.0μg/mL 标准储备溶液，使用前用正己烷稀释至所需质量浓度，4℃保存，有效期为 6 个月。

（3）混合标准储备溶液的配制

准确移取 13 种拟除虫菊酯类杀虫剂标准储备溶液各 0.5mL，于 50mL 容量瓶中，用正己烷稀释并定容至刻度，配制 13 种拟除虫菊酯类杀虫剂均为 10.0μg/mL 的混合标准储备溶液，有效期为 2 周。使用前用正己烷稀释至所需质量浓度。

3. 测定步骤

（1）样品采集及预处理

① 在目标海域的不同采样点采集海水。

② 将待测海水样品用玻璃砂芯抽滤装置经 0.45μm 混合纤维素滤膜过滤。

③ 提取：准确量取 500mL 过滤后的海水样品置于 1L 分液漏斗中，加入 30mL 二氯甲烷，振荡 10s 并排气；置于分液漏斗振荡器上振荡 300s，静置分层；将下层有机相收集于 150mL 三角瓶中，于上层水相加入 30mL 二氯甲烷；按照同上步骤重复提取一次，合并下层有机相，待用。

④ 净化：将上述提取液转移到填充无水硫酸钠的砂芯层析柱（无水硫酸钠柱为 8cm，干法填充）中，使其缓慢通过无水硫酸钠柱，收集于 100mL 鸡心瓶中；

再用 10mL 二氯甲烷淋洗 2 次，合并淋洗液于 100mL 鸡心瓶中，置于旋转蒸发仪于 35℃浓缩至近干；用 5mL 正己烷溶解残渣，待用。

⑤ 固相萃取：取 Florisil 固相萃取小柱，依次用 5mL 正己烷-丙酮-乙酸乙酯混合溶液(体积比 85∶5∶10)和 5mL 正己烷活化;加入上述净化好的溶液,用 5mL 正己烷淋洗；弃去全部流出液，用 10mL 正己烷-丙酮-乙酸乙酯混合溶液(体积比 85∶5∶10)洗脱；洗脱液于 40℃用氮气吹至近干，用正己烷定容至 1mL，待气相色谱(GC)分析。

(2)色谱条件

色谱柱选用 DB-5(30.00m×0.25mm×0.25μm)或性能相当者；载气为高纯氮气；流速为 1.0mL/min；进样口温度为 230℃；检测器温度为 310℃；不分流进样；进样量为 1μL。升温程序：70℃保持 1min，以 30℃/min 升至 210℃；以 2℃/min 升至 233℃，以 1℃/min 升至 250℃，保持 10min。

(3)线性范围和灵敏度测定

① 线性范围测定：取适量拟除虫菊酯类杀虫剂混合标准溶液，配制成 2.5μg/L、5.0μg/L、10.0μg/L、20.0μg/L、50.0μg/L 和 100.0μg/L 系列浓度梯度的标准溶液，在优化的色谱条件下依次测定，以各组分响应值为纵坐标、质量浓度为横坐标，进行线性回归分析。

② 采用加标回收法确定各组分的检出限(LOD)及定量限(LOQ)，以信噪比 S/N≥3 确定各组分 LOD，以信噪比 S/N≥10 来确定各组分的 LOQ。

(4)准确度和精密度测定

选取空白海水样品为测试基质，分别添加一定量拟除虫菊酯类杀虫剂混合标准溶液，使其质量浓度分别为 10.0ng/L、50.0ng/L 和 100.0ng/L，按优化的色谱条件进行测定，每个水平做 6 个平行样品，并计算加标回收率。

4. 数据处理及计算

按式(5-6)计算试样中 13 种拟除虫菊酯类杀虫剂残留量：

$$X = \frac{C_i \times V_1}{V \times 10^{-3}} \tag{5-6}$$

式中，X 为海水中被测组分的残留量，ng/L；C_i 为海水样品经提取净化浓缩后的待上机溶液中被测组分的测定浓度，ng/mL；V_1 为海水样品经提取净化浓缩后的待上机溶液的体积，mL；V 为待测海水的体积，mL。

5. 注意事项

① 该法可适用于海水中 13 种拟除虫菊酯类杀虫剂的同时测定。13 种目标物检出限均为 5.0ng/L，定量限均为 10.0ng/L。

② 由于大部分拟除虫菊酯类杀虫剂具有电负性，故其在带有电子捕获检测器(ECD)的气相色谱仪上具有更好的选择性和更高的响应值。

③ 样品前处理条件优化的影响因素包括：提取溶剂、提取次数及 Florisil 固相萃取柱的洗脱溶剂等。

5.5　海洋环境中石油烃类的测定

5.5.1　紫外分光光度法测定海水中油类

1. 测定原理

水体中石油及其产品在紫外光区有特征吸收，带有苯环的芳香族化合物主要吸收波长为 250～260nm；带有共轭双键的化合物主要吸收波长为 215～230nm。一般原油的两个主要吸收波长为 225nm、254nm。通过正己烷萃取水样中油类物质，以油标准作参比，于 225nm 波长处测定吸光度，石油类含量与吸光度值符合朗伯-比尔定律[30]。

2. 仪器和试剂

1)仪器

① 紫外分光光度计、康氏振荡器、石英比色池(1cm)，及其他实验室常用设备和器皿。

② 锥形分液漏斗(800mL)、带刻度比色管(20mL)、移液吸管(2mL，5mL)、刻度吸管(2mL，5mL)、容量瓶(10mL，50mL，100mL)等。

2)试剂及其配制

(1)试剂级别

浓硫酸，盐酸，氢氧化钠，正己烷均为分析纯、石油醚：沸点范围(60～90℃)、活性炭：层析用粒状活性炭(60 目，250μm)。除非特殊说明，实验中所用其他试剂均为分析纯或优级纯，水为纯水加高锰酸钾蒸馏或等效纯水。

(2)盐酸溶液(2mol/L)的配制

在搅拌下将 10mL 盐酸与 500mL 去离子水混合。

(3)氢氧化钠溶液(2mol/L)的配制

称取 40g 氢氧化钠溶于去离子水中，加去离子水至 500mL。

(4)活性炭处理

取 1000g 活性炭于烧杯中，用 2mol/L 的盐酸溶液浸泡 2h；依次用自来水、去离子水冲洗至中性；倾出水分后，用 2mol/L 的氢氧化钠溶液再浸泡 2h，再依次用自来水、去离子水冲洗至中性，于 100℃烘干；将烘干的活性炭放入瓷坩埚中，盖好盖子，于 500℃高温炉内活化 2h，炉温降至 50℃左右时，取出放入干燥器中，备用。

(5) 活性炭层析柱的处理

将玻璃层析柱清洗干净后，自然干燥，柱头先装入少许玻璃毛或脱脂棉；将处理的活性炭[见(4)]放入烧杯中，用石油醚充分浸泡，排尽活性炭中的空气，边搅拌边倒入玻璃层析柱中，装柱时要注意避免出现气泡。

(6) 脱芳石油醚的处理

将适量石油醚倾入活性炭层析柱中[见(5)]，初始流出的石油醚质量较差，注意检查流出石油醚的相对荧光强度；当其荧光强度小于标准油品(0.1mg/mL)相对荧光强度的 1%时，以 60～100 滴/min 的流速收集石油醚于清洁容器中；混匀后分装于试剂瓶中，待用。

(7) 硫酸溶液(1∶3)的配制

在搅拌下，将 1 体积的浓硫酸与 3 体积去离子水混合。

(8) 正己烷预处理

使用前于波长 225nm 处，以水作参比，透光率大于 90%方可使用，否则需脱芳处理。脱芳处理方法：取约 900mL 正己烷于 100mL 小口试剂瓶中，加 10mL 浓硫酸在康氏振荡器上振荡 1h，弃去硫酸相，重复上述操作，直至硫酸相近无色，再用蒸馏法提纯或用活性炭层析柱进行脱芳处理(见上相应步骤)，纯化后的正己烷需再检查透光率，合格后方可使用。

(9) 油标准储备溶液(5.00mg/mL)的配制

准确称取 0.500g 标准油品于 10mL 烧杯中，加入少量预处理过的正己烷，溶解；全量移入 100mL 容量瓶中，再加正己烷至标线，混匀。置于冰箱中可保存 3 个月。

(10) 油标准使用溶液(200μg/mL)的配制

准确移取 2.00mL 油标准储备溶液，转移至盛有少量预处理过正己烷的 50mL 容量瓶中；再用正己烷稀释至标线，混匀。置于冰箱中可保存一个月。

3. 测定步骤

(1) 制作标准曲线

① 分别准确移取 0.00mL、0.25mL、0.50mL、0.75mL、1.00mL、1.25mL 油标准使用溶液于盛有少量预处理过正己烷的 10mL 容量瓶中，再加正己烷稀释至标线，混匀。

② 将溶液分别移入 1cm 石英测定池中，于波长 225nm 处，以预处理过的正己烷作参比，测定吸光度值 A_i 和 A_0(标准空白)。

③ 以相应的油浓度(μg/mL)为横坐标，吸光度值(A_i–A_0)为纵坐标，绘制油标准曲线。

(2)样品测定

① 将经5mL硫酸溶液(1∶3)酸化的水样约500mL全量转入800mL锥形分液漏斗中，加10.0mL预处理过的正己烷于分液漏斗中，振荡2min(注意放气)，静置分层。

② 将下层水样放入原水样瓶中；用滤纸卷吸干锥形分液漏斗管颈内水分；将正己烷萃取液放入20mL带刻度比色管中。

③ 振荡水样瓶，将萃取过的水样倒回原分液漏斗，加10.0mL预处理过的正己烷重复萃取一次。

④ 将下层水样放入1000mL量筒中，测量萃取后水样体积V_1。

⑤ 再将萃取液合并于上述带刻度比色管中，用预处理过的正己烷定容至标线，测量水样体积减去硫酸溶液用量得水样实际体积V_2。

⑥ 按油标准曲线步骤测定吸光度值A_w，同时取500mL蒸馏水测定分析空白吸光度值A_b。

4. 数据处理及计算

将测得数据按式(5-7)计算：

$$\rho_{油} = Q \times \frac{V_1}{V_2} \tag{5-7}$$

式中，$\rho_{油}$为油浓度，mg/L；Q为正己烷萃取液中油的浓度，mg/L；V_1为正己烷萃取剂体积，mL；V_2为水样的体积，mL。

5. 注意事项

① 本法适用于近海、河口水中油类的测定。

② 方法的精密度和准确度：石油含量分别为14.4μg/L、38.9μg/L和78.6μg/L时，相对标准偏差分别为9.0%、3.1%和1.9%；海水添加200μg大港原油的回收率为(97±3)%。

③ 水样用500mL小口玻璃瓶直接采集时，须一次装好，不可灌满或溢出，否则应另取水样瓶重新取样；采集的水样用5mL硫酸溶液(1∶3)酸化；分析时需将瓶中水样全部倒入分液漏斗中萃取，萃取后需测量萃取过水样的体积，扣除5mL硫酸溶液体积，即为水样实际体积。

④ 比色池受沾污，注意保持洁净，使用前须校正比色池的误差。

⑤ 用过的层析活性炭经活化，可重复使用。

⑥ 用过的正己烷经脱芳处理，可重复使用。

⑦ 塑料、橡皮材料对测定有干扰，应避免使用由其制成的器件。

⑧ 采样后应在4h内尽快萃取，萃取液避光储存于5℃冰箱内，有效期为20天。

5.5.2 荧光分光光度法测定海水中油类

1. 测定原理

海水中油类的芳烃组分，用石油醚萃取后，在荧光分光光度计上，以 310nm 为激发波长，测定 360nm 发射波长的荧光强度，其相对荧光强度与石油醚中芳烃的浓度成正比[30]。

2. 仪器试剂

1）仪器

① 荧光分光光度计、玻璃层析柱（直径 25mm，长度 900mm），及一般实验室常用设备等。

② 容量瓶（10mL，50mL，1000mL）、移液管（10mL，20mL）、烧杯（50mL，1000mL）、带刻度比色管（20mL）、锥形分液漏斗（500mL）、称量瓶（5mL，100mL）、瓷坩埚（100mL，200mL）。

2）试剂

（1）试剂级别

浓硫酸，盐酸，氢氧化钠均为分析纯、石油醚：沸点范围（60～90℃）、活性炭：层析用粒状活性炭（60 目，250μm）。除非特殊说明，实验中所用其他试剂均为分析纯或优级纯，所用水为去离子水或等效纯水。

（2）盐酸溶液（2mol/L）的配制

在搅拌下将 10mL 盐酸与 500mL 去离子水混合。

（3）氢氧化钠溶液（2mol/L）的配制

称取 40g 氢氧化钠溶于去离子水中，加去离子水至 500mL。

（4）活性炭处理（同 5.5.1 中实验部分相关内容）

（5）活性炭层析柱的处理（同 5.5.1 中实验部分相关内容）

（6）脱芳石油醚的处理（同 5.5.1 中实验部分相关内容）

（7）硫酸溶液（1∶3）的配制

在搅拌下，将 1 体积的浓硫酸与 3 体积蒸馏水混合。

（8）油标准储备溶液（1.000g/L）的配制

准确称取 1.000g 标准油于 5mL 称量瓶中；用少量脱芳石油醚溶解；用吸管移至 1000mL 容量瓶中；称量瓶用脱芳石油醚洗涤数次，洗涤液均移入容量瓶中，用脱芳石油醚稀释至标线，混匀备用。

（9）油标准使用溶液（100μg/mL）的配制

准确移取 5.00mL 油标准储备溶液于 50mL 容量瓶中，用脱芳石油醚稀释至标线，混匀备用。

3. 测定步骤

(1)制作标准曲线

① 分别移取 0mL、0.1mL、0.2mL、0.3mL、0.4mL、0.5mL 油标准使用溶液于 6 个 10mL 容量瓶中，用脱芳石油醚稀释至标线，混匀。

② 将以上各溶液从低浓度向高浓度依次移入 1cm 石英测定池中，以溶剂作参比，测定 360nm 波长处的相对荧光强度 I_0 和 I_i。

③ 以相应的浓度为横坐标，(I_0-I_i) 为纵坐标，绘制标准曲线。

(2)样品测定

① 将经 5mL 硫酸溶液(1+3)酸化的水样约 500mL 全量转入分液漏斗中，准确加入 10.0mL 脱芳石油醚，振荡 2min(注意放气)，静置分层；将水相放入原水样瓶中，石油醚萃取液收集于 20mL 带刻度比色管中。

② 用同法再萃取一次，合并两次石油醚萃取液，用脱芳石油醚定容至标线(V_1)；测量水样体积，减去硫酸溶液用量，得水样实际体积 V_2。

③ 将石油醚萃取液移入 1cm 石英测定池中，测定 360nm 波长处的荧光强度 I_w。

④ 同时取 500mL 脱油水代替水样，测定分析空白荧光强度，由(I_w-I_b)查标准曲线或用线性回归计算得浓度 Q。

4. 数据处理及计算

将测得数据按式(5-8)计算：

$$\rho_{\text{油}} = Q \times \frac{V_1}{V_2} \tag{5-8}$$

式中，$\rho_{\text{油}}$ 为油类浓度，mg/L；Q 为由标准曲线查得石油醚萃取液的浓度，mg/L；V_1 为萃取剂石油醚的体积，mL；V_2 为实际取水样的体积，mL。

5. 注意事项

① 本法为仲裁方法。适用于大洋、近海、河口等水体中油类的测定。

② 本方法重复性相对标准偏差为 4.6%，再现性相对标准偏差为 9.3%，相对误差为 5.0%。

③ 现场取样及实验室处理，应仔细认真，严防沾污。

④ 水样用 500mL 小口玻璃瓶直接采集时，须一次装好，不可灌满或溢出，否则应另取水样瓶重新取样；采集的水样用 5mL 硫酸溶液(1+3)酸化；分析时需将瓶中水样全部倒入分液漏斗中萃取，萃取后需测量萃取过水样的体积，扣除 5mL 硫酸溶液体积，即为水样实际体积。

⑤ 采样后应尽可能 4h 内萃取，如果不能及时测定样品，应将石油醚萃取液密封避光储存于 0℃左右的冰箱中，有效期为 20 天。

⑥ 用过的玻璃容器，应及时用硝酸溶液（1∶1）浸泡，洗净，烘干。

⑦ 判断石油醚的质量要求：经过脱芳处理的石油醚，其荧光强度与最大的瑞利散射峰强度比不大于 2%。

5.5.3 重量法测定海水中油类

1. 测定原理

用正己烷萃取水样中的油类组分，蒸除正己烷，称量，计算水样中含油浓度[30]。

2. 仪器和试剂

1）仪器

① 分析天平（感量 0.01mg）、康氏振荡器、恒温水浴锅、KD 浓缩器、干燥器。

② 铝箔槽：用铝箔自制，体积约 2mL。使用前于 70℃水浴铝盖板上加热至恒重，于干燥器中放置 1h 称重。

③ 试剂瓶（500mL）、锥形分液漏斗（800mL）、具塞比色管（25mL），及其他实验室常用设备和器皿。

2）试剂

（1）试剂级别

正己烷、无水硫酸钠、浓硫酸均为分析纯。除非特殊说明，实验中所用其他试剂均为分析纯或优级纯，所用水为纯水加高锰酸钾蒸馏水或等效纯水。

（2）硫酸溶液（1∶3）的配制

在搅拌下，将 1 体积的浓硫酸与 3 体积蒸馏水混合。

（3）无水硫酸钠的预处理

500℃灼烧 4h，储于小口试剂瓶中。

（4）油标准溶液（5.00g/L）的配制

准确称取 0.500g 标准油于 10mL 烧杯中，加入少量正己烷溶解；全量移入 100mL 量瓶中，加正己烷稀释至标线，混匀；置于冰箱可保存 3 个月。

（5）无油海水的配制

取 500mL 未受油沾污的海水，加 5mL 硫酸溶液（1∶3），用正己烷萃取两次，每次 15mL。

3. 测定步骤

（1）校正因数测定

① 取 6 个 500mL 试剂瓶，分别加入 500mL 无油海水和 0.50mL 油标准溶液，摇匀，倒入锥形分液漏斗中。

② 分别加 15mL 正己烷于锥形分液漏斗中，振荡 2min（注意放气），静置分层，将下层水相放入原试剂瓶中。

③ 用滤纸卷吸干锥形分液漏斗下端管颈内水分，将正己烷萃取液放入 25mL 具塞比色管中。

④ 摇荡试剂瓶，将萃取过的水样倒回分液漏斗中，加 10mL 正己烷。

⑤ 再萃取 1 次，萃取液合并于上述比色管中。

⑥ 加 2g 预处理过的无水硫酸钠于正己烷萃取液中，摇动后放置 30min。

⑦ 再将脱水的正己烷萃取液倾入 KD 浓缩器中，并用少量正己烷洗涤含脱水剂的具塞比色管 2 次，合并于 KD 浓缩器中。

⑧ 置 70～78℃水浴中浓缩至 0.5～1mL。

⑨ 取下 KD 浓缩器，将其中的浓缩液转入已恒重的铝箔槽中，置于 70℃水浴铝盖板上蒸干。

⑩ 继续用 1mL 正己烷洗涤 KD 浓缩器，并转入铝箔槽中继续蒸干，重复 2～3 次。

⑪ 将铝箔槽置于干燥器内 1h，称重，减去铝箔槽质量得 m_1。

⑫ 同时，取 500mL 无油海水，按②～⑪ 步骤测定校正空白 m_b。

⑬ 校正因数按式(5-9)计算：

$$K = \frac{m_1 - m_b}{m_0} \tag{5-9}$$

式中，K 为校正因数；m_1 为萃取后油标准平均质量，mg；m_b 为校正空白值；m_0 为油标准液加入量，mg。

(2) 样品测定

① 将约 500mL 经硫酸溶液(1+3)酸化的水样摇匀，移入锥形分液漏斗中。

② 以下按②～⑪ 步骤测定油质量 m_w。

③ 同时取 25.0mL 正己烷，按⑥～⑪ 步骤测定试剂空白 m 值。

4. 数据处理及计算

将测得数据按式(5-10)计算水样中油的浓度：

$$\rho_{油} = \frac{m_w - m}{K \cdot V} \tag{5-10}$$

式中，$\rho_{油}$ 为水体中油浓度，mg/L；m_w 为海水正己烷萃取液中的油质量，mg；m 为试剂空白残渣质量，mg；K 为校正因数；V 为水样体积，L。

5. 注意事项

① 本方法适用于油污染较重海水中油类的测定。

② 本方法精密度和准确度：石油含量分别为 0.35mg/L 和 3.76mg/L 时，相对标准偏差分别为 8.6%和 27%；平均回收率为 86%。

③ 水样用 500mL 小口玻璃瓶直接采集时，须一次装好，不可灌满或溢出，否则应另取水样瓶重新取样；采集的水样用 5mL 硫酸溶液(1∶3)酸化；分析时需将瓶中水样全部倒入分液漏斗中萃取，萃取后需测量萃取过水样的体积，扣除 5mL 硫酸溶液体积，即为水样实际体积。

④ 用过的正己烷经重蒸馏处理，可重复使用。

⑤ 铝箔槽自重应尽量小，以提高测定准确度。制作时，边缘应避免纵向折痕，防止油沿痕蠕升损失。

⑥ 采样后应尽快在 4h 内萃取，萃取液避光储存于 5℃冰箱内，有效期为 20 天。

5.5.4 荧光法检测海水中油含量

1. 测定原理

石油烃是指在原油中发现的含有碳氢化合物的混合物，其中的油类属于含有苯环状结构的芳香族有机物，分子结构紧凑、化学键强，具有良好的荧光特性，受激后能够发射出较强的荧光。在适当波长光源的激发下会出现比较明显的荧光峰值，通过对这些有机物的荧光特性分析，可以对其进行定性的判定或者定量的检测。本实验用波长为 230nm 的激发光照射样品，荧光波长在 380nm 附近出现较强的峰值，利用这一特征可设计出用于检测水样中油含量的传感器。

传感器设计原理：首先采用先进的光检测技术获取峰值处的荧光信号并转化为电信号；再进行信号放大、采集，最终建立起不同样品浓度与传感器响应值之间的关系曲线(即标准曲线)。标准曲线存储在传感器存储单元中，测量时单片机将响应值与标准曲线进行匹配便可换算出测量海域的油含量[31]。

2. 仪器和试剂

① 自制传感器(图 5-1)[31]，及其他实验室常用设备和器皿。

② 除非特殊说明，实验中所用其他试剂均为分析纯或优级纯，所用水为超纯水。

③ 实验中所用溶液按照要求配制。

3. 测定步骤

(1)传感器设计

如图 5-1 所示，传感器包含光路部分、检测模块、数据采集模块和存储处理模块；有双激发光源(氙灯和 LED)。

(2)光路设计

① 激发光路：激发光源选用的是海洋光学的 PX-2 型氙灯，脉冲式光源，脉冲频率最大可达 220Hz，其输出光谱范围为 220～750nm；为避免杂散光的影响，

传感器的光路部分采用了相应中心波长的窄带滤光片。

② 荧光检测光路：组建会聚透镜组(一片平凸透镜和一片平凹透镜)，两者之间的相对位置按照光路三角几何关系和光电倍增管的有效接收面加以确定。

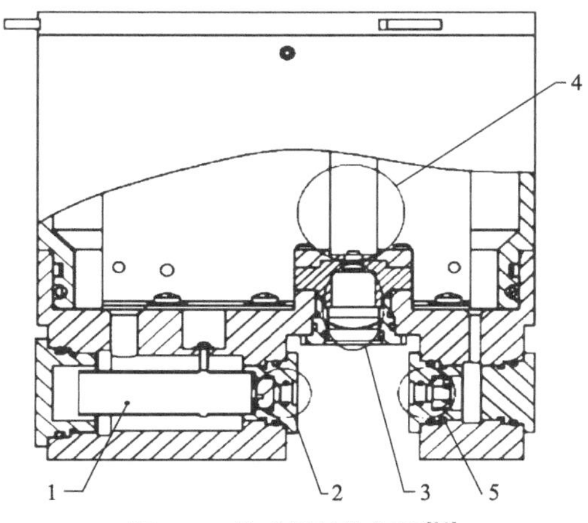

图 5-1　传感器结构剖图[31]

1：激发光源(氙灯)；2：激发光路；3：接收光路；4：检测单元；5：激发光源(LED)

(3) 水密设计

采用基本的轴向密封方式，密封圈材质采用耐腐蚀的氟橡胶；传感器的防水密封一共有 6 处，所有密封槽的设计符合 GB/T3452.3—2005[32]；为拆卸方便，传感器顶盖的周向进行三处弧形切槽设计，拆卸时将拆卸垫放入切槽中借助螺钉旋转顶开顶盖；传感器内部的信号线和电源线均由顶盖处的专业 5 芯水密接头引出，已保证接头密封性能可达水下 2000m。

(4) 检测单元

选用日本滨松的光电倍增管 H5783。该器件有效感光面直径为 8mm，通过控制电压的调节可对检测光强放大 104 倍。

(5) 数采单元

由于光电倍增管完成光电信号转换后输出电流信号，并且最大输出电流只有 100μA，故数采电路首先将电流信号通过 I/V 模块转化为模拟电压信号，然后经过放大与滤波模块、检波模块，最终将电压信号送入 16 位精度的 A/D 模块进行采样和后处理。

(6) 方法学研究

① 确定线性范围。

i. 将 0#柴油加入乙醇溶剂中，配成 25mg/L 的标准样品。

ii. 再按照 4μg/L 的浓度梯度依次加入光学器皿中进行检测。

iii. 浓度增加到 100μg/L 后按照 50μg/L 的浓度梯度加至 1mg/L。

iv. 样品浓度为 4～100μg/L 和 100μg/L～1mg/L 之间分别表现出良好的线性关系。

② 稳定性。

i. 本底噪声的稳定性：将传感器置于清水环境中，按设定的采样时间间隔(30s)连续获取 11 次本底噪声测量值。

ii. 样品测量值的稳定性：用同样采样方式对某未知浓度样品测量 11 次。

(7) 检出限

取响应值信噪比为 3∶1 时，测定对应的油含量为检出限。

(8) 海水样品测定

在目标海域选取合适的位置对传感器进行连续 11 次测量，记录传感器响应值。

4. 注意事项

① 本实验检出限对应的油含量为 3μg/L。

② 激发光路中，所用氙灯为脉冲式光源，脉冲频率最大可达 220Hz，其输出光谱范围为 220～750nm，并在 240nm 和 560nm 波长处出现两处峰值，可以很好地满足传感器 230nm 激发波长的需要。

③ 光路设计时，设置传感器的激发光路和荧光检测光路成垂直布局时检测效率最高，可显著地降低检出限，且可减少杂散光和反射光干扰。

④ 传感器在含油环境中工作时极易在光学窗口黏附油污，影响测量的结果和重复精度。故需在光学窗口表面专门做防油镀膜处理，并在镀膜前进行渗透处理，以提高在深紫外和可见光段的光线透过率。

⑤ 大多数荧光类物质受激发时发射的荧光强度并不高，故设计传感器时需要检测单元采用能够感知弱光信号的元件。

⑥ 样品测定时，为保证每次加样在水中混合均匀，在光学器皿中加入磁芯并置于磁力搅拌仪上不断搅拌。

⑦ 该传感器初步具备海水中油含量的现场测量能力，但需建立海水中温度、浊度、盐度、pH 以及背景光等影响传感器测量的数学模型的确定修正因子。

5.6 海洋环境中微塑料的测定

5.6.1 傅里叶变换红外显微成像系统检测海水中丝状微塑料的化学成分

1. 测定原理

该方法将傅里叶变换红外光谱与红外显微镜及微区成像技术有机结合，利用 PerkinElmer Spotlight 400 傅里叶变换红外显微成像系统的镜面反射成像、衰减全反射(ATR)成像及透射3种不同红外测量模式，检测样品的红外光谱谱图的效果，再经软件自动主成分分析之后，筛选出与样品匹配度高的标准品名称，可定性分析尺寸小于1mm微塑料的化学成分[33]。

2. 仪器和试剂

(1)仪器

PerkinElmer Spotlight 400傅里叶变换红外显微成像系统(美国PerkinElmer Inc.)及相关附件、方型网口浮游生物网(网口面积0.1m^2，网长140cm，筛绢孔径0.077mm)、滤膜(Isopore 0.2μm GTTP，Millipore^{TM})(美国Merck Millipore)、SZX16体视显微镜(日本，Olympus)、玻璃培养皿(60mm)、金刚石压池(diamond anvil cell)(国产)，及其他实验室常用设备和器皿。

(2)试剂

除非特殊说明，实验中所用试剂均为分析纯或优级纯，所用水为超纯水。

3. 测定步骤

(1)傅里叶变换红外显微成像系统参数

成像系统测量模式采用镜面反射成像、ATR成像及透射3种方式。光谱范围为4000～750cm^{-1}，扫描次数为2次，光谱分辨率为16cm^{-1}，空间分辨率为6.25μm。

(2)样品采集及预处理

① 使用方型网口浮游生物网水平拖曳，采集目标海域表层海水样品。

② 样品经前处理去除生物干扰后[34]，表层海水中的微塑料收集于滤膜(Isopore 0.2μm GTTP，Millipore^{TM})上。

③ 利用体视显微镜观测丝状待测样品，分别记为样品A、B、C。

④ 利用体视显微镜附带成像系统，记录样品物理形态特征。

⑤ 观测后将滤膜置于玻璃培养皿(60mm)中保存待测。

(3)红外显微镜观测待测样品

① 将待测滤膜置于样品台上，调节样品台位置，聚焦找到待测丝状物。

② 扫描待测样品在红外显微镜下的可见光图像。

(4)镜面反射成像模式检测待测样品

① 将仪器切换至镜面反射成像模式，将待测滤膜置于样品台上，利用红外显微镜找到待测丝状物，选取待测丝状物所在区域，采集其红外成像数据。

② 经过软件自动主成分分析之后得到其主成分分布的成像图。

(5)ATR成像模式检测待测样品

① 将仪器切换至ATR成像模式，将待测滤膜置于ATR成像附件上，利用红外显微镜找到待测丝状物。

② 将成像 ATR 的晶体接触到待测丝状物所在区域，选定采样面积，采集成像数据。

③ 软件进行自动主成分分析得到主成分分布的成像图。

(6) 透射模式检测待测样品

① 使用金刚石压池制备待测样品。

② 在体视显微镜下先找到待测丝状物，再用不锈钢样品针将丝状物挑至金刚石晶体上，拧紧金刚石压池使其加压，将待测丝状物压成薄膜状。

③ 将带有样品的金刚石压池置于仪器样品台上，采集待测样品的红外光谱，经与标准谱库比对，筛选与样品匹配度高的标准品名称。

(7) 质量控制

进行全过程空白分析；以确定样品从采集到分析全过程不受外源污染；实验前用酒精彻底擦拭实验台；并全程穿着棉质实验服以免衣物纤维丝类材料污染待测样品。

4. 注意事项

① 在镜面反射成像模式检测待测样品时，由于成像图中不同的颜色代表不同的成分，因此可以在成像图中直观观测到丝状物分布的区域。

② 镜面反射成像模式的缺点是谱图信号弱，有机滤膜和噪声干扰大，与标准谱图比对匹配度低，不能准确定性微塑料的成分，若改用反射率大的金属滤膜理论上可改善谱图质量。

③ 采用透射模式进行微塑料检测时，需要将待测微塑料样品人工转移至金刚石压池上压薄，并且微塑料尺寸越小，操作难度越大，转移过程中容易丢失微塑料，因此透射模式不适用于尺寸极其微小的微塑料化学成分的检测。

④ 采用透射模式进行微塑料检测时，没有采用单点显微 ATR 模式是由于富集于滤膜上的丝状微塑料通常呈翘曲悬空状态，单点显微 ATR 晶体很难准确接触到翘曲悬空的样品，而一旦接触到滤膜，滤膜本身的红外吸收信号干扰则较大，并且单点 ATR 晶体所产生的压力可能会破坏较易碎的微塑料。

⑤ ATR 成像模式的优点是谱图质量好，而且不受滤膜和杂质的干扰，是准确定性微塑料理想的检测方案，尤其适用于极其微小尺寸微塑料的检测，但 ATR 成像附件价格较贵。

5.6.2　基于荧光染色定量检测海洋中的微塑料

1. 测定原理

利用塑料的热胀冷缩特性，在较高温度下塑料的大分子链发生松弛，加入某些染料分子使其进入塑料内部；而当温度降至室温时，塑料分子松散的结构转变成致密的结构，从而使染料分子包裹在塑料内部中，通过扫描电子显微镜（scanning electron microscope，SEM）、热重分析（thermogravimetric analysis，TGA）、差示扫描量热分析（differential scanning calorimetry，DSC）、傅里叶变换红外光谱（Fourier transform infrared spectroscopy，FTIR）以及拉曼光谱对染色前后的微塑料进行表征分析，从而建立一种新型的荧光染色方法，用于荧光定量分析环境中常见的微塑料[12]。

2. 仪器和试剂

（1）仪器

① SHZ-Ⅲ循环水真空泵（上海亚荣生化仪器厂）、T-50 过滤装置（天津市津腾实验设备有限公司）、SR-510Pro 便携式拉曼光谱仪（美国 Ocean Optics 亚洲公司）、TENSOR 27 傅里叶红外光谱仪（布鲁克光谱仪器公司）、HH-S21-8-S 电热恒温水浴锅（上海新苗医疗器械制造有限公司）、JJ124BC 电子分析天平（常熟市双杰测试仪器厂）、GD-10LR-E 超纯水机（广州吉迪仪器有限公司）、JP-040S 超声波清洗机（深圳市洁盟清洗设备有限公司）、Sigma3K15 离心机（德国 Sigma）、IX73 倒置荧光显微镜[奥林巴斯（中国）有限公司]、S-4800 扫描电子显微镜（日本日立公司）、STA449 F3 热重分析/差示扫描量热法（德国耐驰仪器制造有限公司）、Eppendorf Research plus 移液枪（德国 Eppendorf 公司）、F-7000 荧光分光光度计（日本日立公司）、聚四氟乙烯滤膜（0.22μm，47mm），及其他实验室常用设备和器皿。

②容量瓶、锥形瓶、烧杯等，及其他实验室常用设备和器皿。

（2）试剂

聚乙烯（PE）塑料粉末，聚苯乙烯（PS）塑料粉末，聚氯乙烯（PVC）塑料粉末及聚对苯二甲酸乙二酯（PET）塑料粉末均购自东莞亿能塑料材料有限公司、聚苯乙烯微球（上海辉质生物技术有限公司），异硫氰酸荧光素（FITC），尼罗红（NR），番红 T 均购自广州左克生物技术有限公司、二甲基亚砜（DMSO），3-氨基丙基三甲氧基硅烷（3-aminopropyltrimethoxysilane），氢氧化钾（分析纯）均购自上海阿拉丁生化科技有限公司、甲醇，氯化钠（分析纯）均购自广东光华科技股份有限公司。除非特殊说明，实验中所用其他试剂均为分析纯或优级纯，所用水为超纯水。

（3）实验材料

实验材料为方格星虫，从目标海域搜集或购自海鲜市场。

3. 测定步骤

（1）三种染料的浓度确定

① 分别准确称量三种染料 NR、FITC 和番红 T，分别配制为系列浓度为 0.1μg/mL、1μg/mL、5μg/mL、10μg/mL、25μg/mL、50μg/mL、100μg/mL 的标准溶液。

② 选择 543nm 作为 NR 的激发波长，FITC 的激发波长为 488nm，番红 T 的激发波长为 520nm，用荧光分光光度计测试 NR、FITC、番红 T 在这一系列浓度下的荧光强度。

(2) 在不同染色温度和时间条件下微塑料的物理染色

① 分别将 0.05g 四种类型的微塑料(PS、PE、PVC、PET)均匀分散在 49mL 的超纯水和 DMSO(*V*/*V*=1∶1)混合溶液中。

② 分别在 25℃、50℃、75℃和 100℃加热。

③ 当温度达到时，立即加入 1mL 的 NR、FITC 或者番红 T 染料溶液，用于染色微塑料加热，染色时间分别设置为 10min、20min 和 30min。

④ 加热完成后迅速将烧杯放入冰水溶液中使其冷却，冷却后的溶液置于聚四氟乙烯滤膜上进行真空过滤。

⑤ 最后将聚四氟乙烯滤膜上的样品转移到纯水中，并在荧光显微镜下观察，同时收集这些样品，测量其总质量以计算回收率。

(3) 在不同的条件下化学染色(对照实验)

① 将不同类型的微塑料分别添加到 5%的 3-氨基丙基三甲氧基硅烷和甲醇的混合溶液中反应 12h。

② 反应完成后，将溶液用纯水少量多次进行抽滤洗涤。

③ 再将洗涤后获得的微塑料颗粒转移至 49mL 甲醇溶液中，并添加 1mL FITC 进行染色。

④ 通过 PS 微球标准溶液确定染色时间，时间分别设置为 1.5h、3h、6h、12h、24h。

⑤ 再将染色的微塑料颗粒置于聚四氟乙烯滤膜上，并用大量超纯水洗涤。

⑥ 最后，将膜上的样品转移至纯水中，并在荧光显微镜下观察。所有样品均在黑暗中于室温下保存。

(4) 方格星虫中微塑料的定量检测

① 将方格星虫洗净，置于真空冷冻干燥机中干燥，再储存于−21℃下备用。

② 准确称取三份一定量干燥的方格星虫，分别放入 250mL 锥形瓶中。

③ 再分别加入 50mL KOH(10%，*m*/*V*)。

④ 在 60℃下反应 24h。

⑤ 使用饱和氯化钠对消化后的样品进行密度分离。

⑥ 再使用聚四氟乙烯滤膜过滤，并将滤膜上的样品通过超声处理转移到超纯水中；

⑦ 根据前面建立的染色及检测方法，将获得的微塑料颗粒在 50℃下，分别用尼罗红、FITC 和番红 T 染色 10min，在显微镜下观察计数。

(5) 微塑料的表征

① 通过荧光倒置显微镜，分别在荧光和明场下观察并拍摄图片，所有放大倍数均为 10 倍，在细胞计数器上分别观察被 NR、FITC 和番红 T 染色的微塑料颗粒，四种塑料聚合物荧光的曝光时间为 20ms～5s。

② 在样品表面喷涂金层(5nm)以增强导电性。

③ 再用扫描电子显微镜(SEM)，设置 1kV 的加速电压下观察塑料表面的微观结构。

④ 通过便携式拉曼光谱仪和 FTIR 光谱仪分析微塑料的成分，设置便携式拉曼光谱仪的激光波长为 785nm，检测时间为 6s。

⑤ 使用 TG-DSC 仪器，在干燥空气气氛中以 5℃/min 的升温速率在 25～300℃下测试微塑料颗粒的热稳定性。

⑥ 以上每个样品进行平行 3 次实验，以检查其可重复性。

(6) 微塑料的回收率

分别在荧光倒置显微镜的明场和荧光下，观察用尼罗红、FITC 和番红 T 染色的微塑料，并对染色的荧光颗粒进行计数以计算回收率。

(7) 微塑料热稳定性

通过 TG-DSC 测试四种微塑料的热稳定性。

(8) 样品测定

① 采集生物样品。

② 使用 10%KOH 溶液消化生物样品(消化率可达到 95%)。

③ 再将生物样品用饱和的 NaCl 溶液进行浮选以分离出微塑料，主要收集低密度聚合物，如 PP、PS 和 PE 微塑料等。

④ 根据上述的染色方法，使用尼罗红染色分离得到的微塑料样品。

⑤ 在荧光显微镜下观察微塑料样品。

⑥ 使用激光共聚焦拉曼光谱仪检测疑似为微塑料的荧光颗粒。

⑦ 进行 3 次重复测量，计算在方格星虫中的微塑料个数/克(干重)。

4. 注意事项

① 在不同温度染色的实验过程中，发现 PE 塑料颗粒在 100℃下加热 10min 后就被炭化，故在进行不同温度染色时，100℃的温度条件可被舍弃；且在转移样品过程中可能会丢失样本，因此需要进行重复实验以减少误差。

② 在进行不同条件下的化学染色(对照实验)时，所有样品均在黑暗中于室温下保存，且两个月后，分别观察通过物理染色和化学染色获得的样品，并比较两种染色方法的有效性。

③ 硝酸、过氧化氢和 KOH 通常用作消化试剂，选择 KOH 作为消化剂的原因是：它可以完全消化 95%以上的生物材料；对样品的损害最小。

④ 该法实验结果表明：大部分的微塑料 50℃下染色 30min 时，表现出最佳的荧光信号。

⑤ 化学染色法由于具有稳定的化学键合，其染色的微塑料在两个月前后都可观察到良好的荧光信号，但实验过程烦琐且耗时长。因此，鉴于两种方法都具有较强的荧光稳定性，一般选择物理染色法更适用于实验的进行。

⑥ 物理染色中的加热过程非常重要，它不仅可以使微塑料更好的着色，而且还可以提高被染色微塑料的荧光稳定性，使其可以维持数月，这对于环境中实际样品的检测来说非常重要。

⑦ 直接干燥染色法和水浴加热染色法对微塑料荧光强度的影响不明显。

5.6.3　表面增强拉曼光谱定性检测水环境中的微塑料和纳米塑料

1. 测定原理

一般情况下，样品的拉曼信号非常微弱，仅能在固态样品或高浓度水溶液中测得，但当待测样品吸附于具有纳米量级粗糙度的金属(常用金或银)结构表面时，样品分子的拉曼信号就会得到极大的增强。本方法基于表面增强拉曼光谱法(surface-enhanced Raman spectroscopy，SERS)，选用银溶胶作为 SERS 的活性基底、氯化钠(sodium chloride，NaCl)作为促凝剂，通过分析样品与银溶胶的不同体积比、不同 NaCl 浓度和不同样品浓度来研究水溶液中微塑料和纳米塑料的拉曼增强效率；使用透射电子显微镜(transmission electron microscopy，TEM)和动态光散射(dynamic light scattering，DLS)对银溶胶和纳米塑料进行表征，建立对水溶液中的微塑料和纳米塑料进行化学定性研究的方法[12]。

2. 仪器和试剂

(1)仪器

① JP-040S 超声波清洗机(深圳市洁盟清洗设备有限公司)、JJ124BC 分析天平(常熟市双杰测试仪器厂)、BPG-9040A 精密鼓风干燥箱(上海一恒科学仪器有限公司)、Eppendorf Research plus 移液枪(德国 Eppendorf 公司)、GD30 显微镜(广州吉迪仪器有限公司)、SW-CJ-IBU 超净工作台(上海博迅实业有限公司)、DF-101S 集热式恒温加热磁力搅拌器(巩义市宏华仪器设备工贸有限公司)、SR-510 Pro 便携式拉曼光谱仪(美国 Ocean Optics 亚洲公司)、HT7800 透射电子显微镜(TEM)(日本日立公司)、GD-10LR-E 超纯水机(广州吉迪仪器有限公司)。

② 铝箔(厚度为 0.1mm，纯度为 99.99%)(中铝铝箔有限公司)、0.22μm 水系微孔滤膜(国产)、圆底烧瓶(250mL)、容量瓶、锥形瓶、烧杯等，及其他实验室常用设备和器皿。

(2) 试剂

① 苯乙烯，2,2-偶氮二(2-甲基丙基脒)盐酸盐(AIBA)均购自上海麦克林生化科技有限公司、硝酸银(分析纯)购自北京华威锐科化工有限公司、柠檬酸钠($Na_3C_6H_5O_7 \cdot 2H_2O$)购自山东西亚化学股份有限公司、十六烷基三甲基溴化铵(CTAB)购自梯希爱化成工业发展有限公司、氯化钠购自广东光华科技股份有限公司、聚乙烯(PE)塑料粉末，聚丙烯(PP)塑料粉末均为 10μm，均购自亿能塑料有限公司。除非特殊说明，实验中所用其他试剂均为分析纯或优级纯，所用水为超纯水。

② 硝酸银溶液(0.18g/L)的配制：准确称取一定量的硝酸银固体，用超纯水稀释并定容至容量瓶中，避光保存。

3. 测定步骤

(1) 阳离子聚苯乙烯(cationic polystyrene，CPS)纳米塑料的制备[35]

① 利用液相合成方法，量取一定量的超纯水作水溶液。

② 将水溶液置于剧烈搅拌(600r/min)的反应器系统中，并在特定温度和氮气保护下加热，维持加热过程 30min 以从溶液中除去氧气。

③ 再将苯乙烯单体按照一定的比例添加至反应器中，搅拌 10min，以确保苯乙烯均匀地分散在水溶液中。

④ 将预先溶解于水中的 2,2-偶氮二(2-甲基丙基脒)盐酸盐(AIBA)(100nm CPS 球添加 10mg；500nm CPS 球添加 0.3g)加入苯乙烯-水溶液的混合物中。

⑤ 将混合物在此温度(90℃下合成 100nm CPS 球，55℃下合成 500nm CPS 球)氮气保护下反应 10h。

⑥ 待反应溶液冷却至室温后，100nm CPS 微球通过透析法洗去多余的 AIBA 和苯乙烯单体；500nm 的 CPS 微球通过过滤用无水乙醇洗去过量的 AIBA 和苯乙烯单体。

⑦ 最后将其在 50℃下干燥以获得固体粉末样品。

(2) 微塑料的制备

① 将一定量的 PP 和 PE 粉末分别分散在超纯水和海水中。

② 准确称取一定量的 CTAB，按照体积比 1∶200 添加至溶液中，以使微塑料均匀分散。

(3) 银溶胶的制备

① 将 100mL 0.18g/L 的硝酸银溶液置于 250mL 圆底烧瓶中，加入转子，置于集热式恒温加热磁力搅拌器中并使用油浴在 120℃下加热。

② 待溶液沸腾后，立即加入 2.0mL 1%柠檬酸钠，将溶液在沸腾下保持 1h。

③ 再将溶液自然冷却至室温，经 0.22μm 水系微孔滤膜过滤，得到均一相的胶体银纳米颗粒。

④ 将制备好的银溶胶储存在 4℃下，避光备用。

(4) SERS 检测

① 对 Raman 光谱仪进行基线校正。

② 设置测定参数为：激光功率约为 105mW，每次 SERS 测量的曝光时间为 5s。

③ 每次采集均重复 3 次以上来计算平均值。

④ 样品的 SERS 信号将根据样品与银溶胶之间的体积比、不同 NaCl 浓度以及不同样品浓度来进行测量。

(5) 海水中微塑料和纳米塑料的 SERS 检测

① 将 100nm CPS 球和 500nm CPS 球分别与银溶胶以不同比例混合，调节水溶液中 CPS 球的浓度为 0.25mg/mL，NaCl 的浓度为 1mol/L，以分析其 SERS 信号。

② 设置样品溶液与银溶胶的最终体积比为 1∶1，NaCl 浓度为 0.25mol/L，将不同浓度的样品分散在海水中以测试拉曼信号。

③ 根据式(5-11)计算微塑料和纳米塑料球的最佳增强因子(enhancement factor，EF)：

$$\mathrm{EF}=\frac{I_{\mathrm{SERS}}}{I_{\mathrm{NR}}}\times\frac{c_{\mathrm{NR}}}{c_{\mathrm{SERS}}} \tag{5-11}$$

式中，I_{SERS} 为 SERS 光谱上样品特征峰的强度；I_{NR} 为常规拉曼光谱上样品特征峰的强度；c_{SERS} 为 SERS 检测时样品的浓度；c_{NR} 为常规拉曼光谱检测时样品的浓度。

4. 注意事项

① 在制备阳离子聚苯乙烯纳米塑料时，2,2-偶氮二(2-甲基丙基脒)盐酸盐(AIBA)作为引发剂。

② 由于微塑料在水中无法均匀分散而影响实验，故需添加一定体积比的表面活性剂如十六烷基三甲基溴化铵(CTAB)以使微塑料均匀分散。

③ 柠檬酸钠的作用是作为还原剂，还可以防止形成的纳米颗粒聚集。

④ 作为液态 SERS 基底，银溶胶可以按任意比例与样品溶液混合以产生不同的 SERS 信号。只有当样品和银溶胶保持适当比例时，才能获得最强的 SERS 信号。

⑤ 作为银溶胶的促凝剂，NaCl 的浓度可直接影响样品的 SERS 强度，当溶液中 NaCl 浓度增加时，银纳米颗粒会大量聚集，无法吸附在 100nm CPS 球的表面上。

⑥ 由于海水本身具有很强的检测背景信号，且还可能存在各种杂质，如微生物和矿物质等，造成海水中微塑料和纳米塑料的检测较困难。

5.6.4　热解-质谱法检测海洋中的微塑料

1. 测定原理

塑料是最常见的高分子聚合物，分子量大，结构相对简单，通常由特定的结构单元通过共价键重复连接而成。热塑性塑料的热解主要遵循自由基热解机理，通过加热获得的能量达到各原子连接的键能，分子链发生断裂，生成各种小分子化合物。热解气相色谱-质谱法(pyrolysis gas chromatography-mass spectrometry，Pyr-GC/MS)是将微塑料在惰性气体的条件下热解，将热解形成的气体产物先经过 GC 分离，分离后的产物再依次进入质谱(MS)中检测分析，从而推测产物的成分及在气相色谱中的占比，最终推测聚合物的组分[18,36]。

2. 仪器和试剂

(1)仪器

① 采集海水样品：不锈钢筛网(跃阳筛网)、330μm 浮游生物网(中科实验器材)、浮筒(海水采样装置部件，伟海游艇)。

② XSR105DU 分析天平(十万分之一)(梅特勒-托利多国际有限公司)、Nicolet 380 傅里叶-红外光谱仪(美国热电公司)、JP-060ST 超声波仪器(昆山超声仪器公司)、DSX 510 光学数码显微镜(日本奥林巴斯)、LTQ-Orbitrap 高分辨质谱(美国 Thermo Scientific)、101-3B 恒温干燥箱(燕光仪器有限公司)、C-MAG HS7 恒温加热磁力搅拌器(德国 IKA 集团)、GM-0.5A 抽滤真空泵(天津津腾实验设备有限公司)、JSM-6390 扫描电子显微镜(日本电子株式会社)。

③ 老化实验仪器：紫外灯(飞利浦)、UVA340(川谷照明)、安放紫外灯的铝盒(慈溪市逍林公司)。

④ 容量瓶、锥形瓶、烧杯等，及其他实验室常用设备和器皿。

(2)试剂

① 磷酸二氢钠(99%)，氯化钠(99.8%)均购自国药集团、氢氧化钙(95%)，过氧化氢(30%)，壬基酚(分析纯)，四溴双酚 A(98%)，4-溴二苯醚(色谱纯，97.0%)，双酚 A(99%)均购自阿拉丁、聚乙烯(实心直径 3.2mm)，聚苯乙烯微球(0.05～0.1μm，2.5%*w*/*V*)，聚丙烯(实心直径 3.2mm)，聚甲基丙烯酸甲酯(通用型射出级)，聚苯乙烯颗粒(一般射出成型)，K-value 62-60 聚氯乙烯均购自阿拉丁、氩气(高纯，99.999%)购自威海路坦化学玻璃公司、生理盐水(医用输液)购自威高医疗、聚甲醛(注射成型级)和聚对苯二甲酸乙二醇酯(圆柱形颗粒)均购自美国杜邦塑料。除非特殊说明，实验中所用其他试剂均为分析纯或优级纯，所用水为超纯水。

② 实验中所用溶液，依据相关浓度及标准进行配制。

3. 测定步骤

(1)热解器参数优化实验

① 选择输出电压为36V，最大输出电流为14A的电源模块作为加热电源，选择不同线径的加热丝，外套石英纤维套管，通过缠绕长6cm、外径8mm、内径6mm的石英管，外部覆盖保温层，在一定加热时间内，测试它们的加热电流、温度及热功率。

② 重复操作3次，取平均值。

(2)不同加热层数及长度的优化实验

① 选择发热效果好的加热丝线径，外套石英纤维套管，分别缠绕长度为10cm的加热管1层、2层、3层，并覆盖保温层，测试其电流、功率及升温速度。

② 重复操作3次，取平均值。

③ 综合考虑加热功率与升温速率需求后，选择合适的加热层数，进行长度优化实验，对比4cm、6cm、8cm、10cm加热区间下的电流、功率、升温速率等参数。

④ 重复操作3次，最后取平均值。

(3)定性实验

① 热解-质谱的参数条件：加热输出功率为40%，加热速率约为235℃/min，载气Ar为100mL/min；升温程序：室温 700℃，保持2min去除残留，质谱分辨率为1amu，质谱扫描范围为50～150amu，离子源：EI，70eV。

② 建立指纹比例：通过计算特征离子在整个热解过程中产生的离子色谱图的峰面积，选择合适的标志物离子为参照，将各个特征离子峰面积与标志物峰面积的比例看作该聚合物在一定热解条件下的指纹；对每一种聚合物指纹比例，重复11次以上，并计算其相对标准偏差(RSD)。图5-2为以PE为例在Pyr-MS的热解过程。

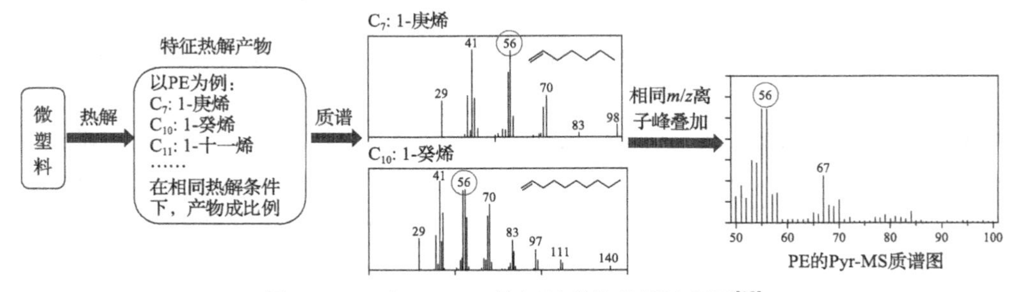

图5-2　PE在Pyr-MS热解过程的分析流程图[18]

(4)定量实验(制作标准曲线)

① 选常见的塑料(PE、PP、PS、PMMA)，用十万分之一的精密天平，分别准确称量0.5～10.0mg的待测塑料颗粒。

② 然后放入热解-质谱测试仪中，针对聚合物的种类，选择合适的标志物离子，计算标志物离子在热解过程中的峰面积，并由此得到标志物离子峰面积与样品质量的关系。

③ 重复操作 3 次以上，取平均值。

④ 通过线性拟合得到定量标准曲线的线性方程，通过重复测试 11 次空白样后，得到标准偏差 S_b，由式(5-12)计算检出限。

$$\text{检出限}=\frac{3S_b}{K} \tag{5-12}$$

式中，S_b 为 11 次空白样的标准偏差；K 为标准曲线方程的斜率。

⑤ 通过对称量后的塑料颗粒采用该方法进行分析，得到标志物的峰面积，带入定量标准曲线方程后，得到质量测量值，空白样为空烧无变化，计算回收率。

(5) 老化对 Pyr-MS 的影响实验

① 采用老化效果较强的汞灯对聚丙烯塑料进行老化，持续时间为两周，分析 1～14 天过程中老化塑料的指纹比例变化，进行每一组实验。

② 重复操作 3 次，取平均值。

(6) 添加剂对 PP 热解-质谱分析的影响

① 添加质量分数为 5%的双酚 A 和 5%的四溴双酚 A 至聚丙烯塑料中。

② 在选定实验条件下，通过热解-质谱检测。

③ 查阅质谱数据库，比较双酚 A 和四溴双酚 A 在 EI 源下的主要质荷比与聚合物的碎片离子峰重合情况。

(7) 微塑料样品采集及浮选

① 采集目标海域或沙滩的沉积物样品，取自威海葡萄滩，将沉积物样品首先烘干处理。

② 再经过不锈钢筛网多次筛选并用 NaH_2PO_4 溶液淘洗，去除可能含有的微塑料。

③ 然后继续干燥 72h，作为加标回收率实验的纯净样品。

④ 将实验用微塑料标准品加入 50g 干净的沙子中，7 种不同密度范围的常用塑料(PE、PP、PS、PMMA、PET、POM 和 PVC)各选用 20 片，搅拌均匀，保证沙子中微塑料均匀分布。

⑤ 将 200mL 密度为 1.18g/mL 的饱和 NaCl 溶液和 200mL 密度为 1.40g/mL 的 NaH_2PO_4 溶液分别与加标样品混合。

⑥ 静置至澄清后，收集并统计微塑料样品，整个实验重复 3 次。

(8) 样品预处理

① 将沉积物样品在 70℃下干燥 48h。

② 将干燥的沉积物通过不锈钢滤网筛选，分别通过 5mm 和 2mm 的尺寸过筛，分离大尺寸的各种杂物及塑料碎片。

③ 配制 40℃下密度为 1.4g/mL 的 NaH_2PO_4 溶液。

④ 根据 25g 干沉积物与 100mL 溶液的比例，将干沉积物加入 NaH_2PO_4 溶液中，搅拌 10min。

⑤ 在 40℃下，静置至澄清（或 6h）。

⑥ 将上清液转移至干净的烧杯，重复浮选 3 次。

⑦ 采用真空抽滤过滤上层浮选溶液，用超纯水清洗所有使用的工具，并过滤洗涤液。

⑧ 加入 30%H_2O_2，在 70℃下去除微塑料表面的有机质，处理三天以上。

⑨ 再次抽滤，将滤纸烘干 24h。

⑩ 对收集的微塑料进行统计分析。

⑪ 采用光学显微镜对其特征进行观察与分析，然后选取部分代表性样品采用便携式热解质谱进行检测分析。

（9）样品定性测定

① 为验证 Pyr-MS 检测的准确性，先采用 FTIR 光谱鉴定，对收集到的样品主要包含的聚合物类型进行确定，再采用 Pyr-MS 进行检测分析，对特征峰相似的，则需要通过指纹信息进一步分析。

② 对被测样品的"指纹"和聚合物指纹进行比对分析，选择 FTIR 鉴定后的塑料名称，每种随机抽取 5 个样品采用 Pyr-MS 检测分析。

（10）样品定量分析

① 用电子天平称取一定量的实际样品。

② 在上述优化实验条件下，经过 Pyr-MS 检测。

③ 计算实际样品的定量回收率。

4. 注意事项

① 采样位置选择高潮线，间隔 50m，使用样方法采样，选择 3 个位置采集，为了收集足够的样本量，选择大样方 1m×1m，深度 4cm。

② 采样及样品处理、分析过程要注意规范，减少环境及人为因素导致的误差。主要注意以下几点：

i. 样品采集过程中，使用金属工具采集，包括铁铲等，采集完成后放置铝箔袋中封装。

ii. 为避免人为因素造成的污染，采样过程穿着棉质服装，采集后的样品封闭保持，采用的去离子水经过滤纸抽滤后使用。

iii. 采样及样品处理前后，均需对使用的采样工具、收集器等采用去离子水进行彻底清洗，全程注意密封保存，避免引入外界环境的干扰。

iv. 处理过程身穿棉质实验服，样品的处理和分析要在受控的实验室环境中，分离和分析的全过程采用锡箔纸覆盖盛放样品的器具，防止空气纤维落入导致污染。

v. 在实验过程中放置不加样品的空白对照，以验证空气背景产生的实验干扰。

vi. 实验室分类统计工作由 2 人以上独立完成，对结果偏差较大或不一致的数据进行复核。

③ 利用浮选试剂采集样品时，小颗粒样品（0.5～1mm）不论密度高低，通常需要 2 次以上的重复实验才能完全回收，而对应大颗粒的塑料，可以实现一次性完全回收。

④ 该方法的影响因素包括：环境基质、老化、添加剂等。其中过氧化氢是应用最广的除基质方法，效果良好；塑料老化及添加剂对其热解产物的影响很小。

⑤ 定量实验中的回收率为测量值与称量值的比值。

⑥ 本实验中选两种常见添加剂，双酚 A 用作抗氧化剂或增塑剂；四溴双酚 A 是产量和消耗量最大的含溴阻燃剂，被广泛应用于聚合物。双酚 A 在 EI 源下的主要质荷比 m/z 为 213、135、119 等，四溴双酚 A 的离子峰则在 m/z 500 以上，虽然与聚合物的一些碎片离子峰重合，但产量极低，因此对聚合物的特征离子影响较小，可以忽略。

⑦ 为降低成本和保护环境，NaH_2PO_4 滤液经过过滤后可以重复使用，最终的废液中加入氢氧化钙，生成难溶于水的磷酸钙，从而去除磷酸根离子，避免对水环境的影响。

5.6.5　基于拉曼光谱快速检测海水中的微塑料

1. 测定原理

拉曼光谱是由分子振动、固体中光学声子等激发与激光相互作用产生的非弹性散射，通过拉曼光谱的基团频率振动峰对微塑料进行分类鉴别，具有快速、无损，且各物质指纹峰易被精确识别等优点。本方法基于拉曼光谱探测技术，建立了一种结合小波处理、随机森林算法实现海水中微塑料快速识别的智能分类方法[37]。

2. 测定部分

（1）激光拉曼测微塑料测量系统

由光源控制电路、探测单元和信号处理传输单元组成，其中探测单元包括激发光源、入射光纤、探头、接收光纤、光谱采集模块；信号处理传输单元包括光谱处理模块、光电转换模块、数据处理模块和数据传输接口；采用 785nm 的激发光源，如图 5-3 所示。

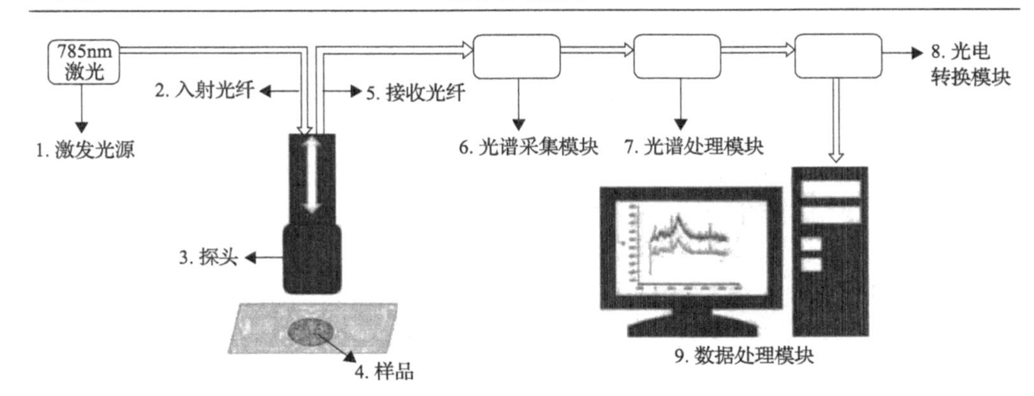

图 5-3　激光拉曼测微塑料系统流程图[37]

(2) 原始拉曼数据获取

选取环境中比较常见的六种微塑料：丙烯腈(A)-丁二烯(B)-苯乙烯(S)的三元共聚物(ABS)、聚酰胺(PA)、聚对苯二甲酸乙二醇酯(PET)、聚丙烯(PP)、聚苯乙烯(PS)、聚氯乙烯(PVC)。选取激发波长为 785nm 的激光探测器固定在距离标准样品 2cm 处进行测量，光谱采集模块的光谱范围为 768～1190nm，拉曼光谱的积分时间为 500ms。

(3) 数据预处理

① 标准差归一化处理：分别取波数为 0～4000cm^{-1} 共 1745 个光谱数据进行标准差归一化运算。

② 小波分析处理：根据常用去噪小波函数，选取 Daubechies(DBN) 小波；经优化用 DB7 小波基，分解次数选择 3 次，分析微塑料的拉曼光谱最合适。

③ 数据压缩预处理：原始拉曼光谱具有 1745 个数据点，不同的属性对光谱分析具有不同的重要程度，利用随机森林算法评估各个属性在分类问题上的重要性程度，选出重要性、重要程度高的属性，提高模型识别速度，对原始光谱进行数据压缩。

(4) 构建分类识别算法

① 利用训练数据，根据损失函数最小化的原则建立决策树模型，将输入数据集划分成训练集(train)和测试集(test)两部分，模型通过 fit 方法从训练数据集中学习。

② 再调用 score 方法在测试集上进行评估，打分。

③ 从分数上评估模型当前的训练水平，用精度(accuracy)来判断分类(classification)模型的好坏，其中决策树分割算法选择 ID3。

④ 再使用网格搜索(Grid Search CV)找到一个合适的树个数。

⑤ 最终用 Grid Search CV 确定随机森林算法中的树个数。

⑥ 选择交叉验证(cross-validation，CV)中的 k 折交叉验证作为精度测试方法，

将数据集划分成 k 个子集，每次训练时，用其中 $k-1$ 份作为训练数据，剩下的 1 份作为测试，重复 k 次，然后取 k 次精度的平均值。

(5) 数据处理模块流程图(图 5-4)

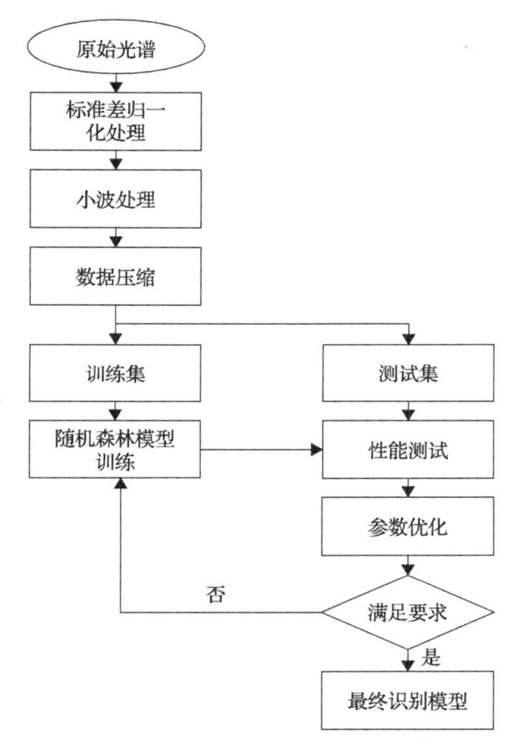

图 5-4　数据处理模块流程图[37]

3. 注意事项

① 该方法基于拉曼光谱数据，采用经过优化后的模型参数(k=20)，随机森林算法识别微塑料的交叉验证精度可以达到 97.24%。可以为实际海水中微塑料的快速识别提供技术参考。

② 标准差归一化处理是对拉曼光谱数据进行中心平移变换和无量纲压缩处理，用来消除拉曼光谱中激光光源功率变化、光强衰减等影响。

③ 拉曼采集微塑料光谱数据时存在的噪声和荧光背景是影响拉曼光谱分析的主要问题，故利用小波分析来降低采集的微塑料拉曼光谱的噪声。小波变换是通过伸缩平移运算对信号(函数)逐步进行多尺度细化，可以局部化分析非平稳信号。

④ 交叉验证通过多次划分，可大大降低由一次随机划分带来的偶然性，同时通过多次训练，模型也能遇到各种各样的数据，从而提高其泛化能力。

⑤ 随机森林算法采用自举随机采样技术，而且通过交叉验证避免随机采样结果的偶然性，对非平衡数据具有较好的模型预测性能。

5.6.6 基于显微光谱法检测双壳类海洋生物中的微塑料

1. 测定原理

结合显微红外和拉曼光谱技术，对微塑料前处理方式、滤膜选择和光谱检测方法等进行研究。优化了 4 种消解条件和滤膜种类，确定使用氢氧化钾在 40℃下消解 36h，并用混合纤维素滤膜过滤的前处理方法，以贻贝作为海洋微塑料污染的生物样本，从整体出发，建立用显微红外和拉曼光谱检测海产品中微塑料的方法[38]。

2. 仪器和试剂

(1) 仪器

① Thermo Scientific Nicolet 8700 傅里叶变换红外显微成像系统（美国 Thermo Fisher 公司）、Renishaw in Via 显微共焦激光拉曼光谱仪（英国雷尼绍公司）、Milli-Q Advantage A10 超纯水系统（美国 Merck Drugs & Biotechnology）、GM-0.33A 隔膜真空泵（国产）、玻璃抽滤装置（天津津腾试验设备公司）、CP225D 电子天平（德国 Sartorius 公司）、DZF-6050 真空干燥箱（上海一恒科学仪器有限公司）。

② 混合纤维素滤膜（MCE，3μm，47mm，上海兴亚净化材料厂）、聚四氟乙烯滤膜（PTFE，3μm，47mm，天津市津腾实验设备有限公司）。

③ 容量瓶、锥形瓶、烧杯、表面皿等，及其他实验室常用设备和器皿。

(2) 试剂及材料

① 胰蛋白酶（1∶250）、硝酸（69%）、盐酸、氢氧化钾、过氧化氢（30%）均购自上海阿拉丁生化科技股份有限公司。除非特殊说明，实验中所用其他试剂均为分析纯或优级纯，所用水为超纯水。

② 2mm×3mm 微塑料[聚对苯二甲酸乙二醇酯（polyethylene glycol terephthalate），PET，农夫山泉矿泉水瓶]、聚酰胺（polyamide，PA，茶包）、聚氯乙烯（polyvinylchloride，PVC，文件袋）、聚苯乙烯（polystyrene，PS，刷子把）、聚丙烯（polypropylene，PP，萝卜汁瓶）、高密度聚乙烯（high density polyethylene，HDPE，酸奶瓶）、50～1000μm 微塑料（PP/PA/PS/PET/PVC/HDPE，中联塑化科技有限公司）。

③ 贻贝（周边商场，购置后用铝箔纸包裹并于–20℃下保存）。

3. 测定步骤

(1) 光谱测定参数设置

① 傅里叶变换红外显微成像系统：测量模式为显微全反射（ATR）和普通 ATR 模式，光谱范围为 4000～500cm^{-1}，扫描次数为 16 次，光谱分辨率为 8cm^{-1}，空

间分辨率为10μm。

② 显微共焦激光拉曼光谱参数：扫描模式为extended，激发光源为785nm，光栅为1200条/mm，Renishaw 1024 CCD探测器，光谱范围为3200～100cm^{-1}，曝光时间为10s，累计次数为1次。

(2)消解条件优化

① 消解试剂选择。

i. 将贻贝(3～4个)解冻，搅碎并置于干燥箱中60℃下干燥。

ii. 称取4份0.3g肉末分别置于4个烧杯(50mL)中。

iii. 依次分别加入20mL硝酸(69%)、氢氧化钾(10%)、过氧化氢(30%)以及胰蛋白酶溶液(2 mg/mL)。

iv. 根据以下条件分别进行消解：胰蛋白酶溶液(水浴，37℃)消解 9h，氢氧化钾(水浴，40℃)消解36h，过氧化氢(室温)消解36h，硝酸(室温)消解36h，每组平行3次。

v. 消解后，将过氧化氢、胰蛋白酶溶液、氢氧化钾[先用盐酸(10%)中和至pH 7.0]用混合纤维素滤膜(3μm)过滤。

vi. 硝酸用聚四氟乙烯滤膜(3μm)过滤，过滤时为防止生物组织附着在器壁上，用2mL超纯水分别清洗烧杯和过滤器3次。

vii. 再用表面皿半遮盖滤膜，使其自然风干4h，之后每0.5h称重一次，待两次恒重后记录数据，消解效率通过过滤前后滤膜质量的变化与最初贻贝肉的质量比计算[见式(5-13)]。

② 消解时间优化：使用氢氧化钾(10%)溶液，在40℃下对0.3g贻贝肉进行水浴消解，消解时间分别为6h、9h、12h、24h、36h、48h，每组平行3次；消解后采用“①消解试剂选择”中操作步骤，并计算消解效率。

③ 不同种类双壳类生物的消解：选择青蛤、白蛤、文蛤、花甲和青口贝5种不同的双壳类生物，在最佳消解条件下进行消解，消解后采用“①消解试剂选择”中操作步骤，并计算消解效率。

(3)消解试剂对微塑料的影响

① 分别准确称取一定量2mm×3mm的PP、PA、PS、PET、PVC、HDPE微塑料。

② 采集其初始红外和拉曼光谱数据。

③ 再分别用硝酸(69%)、氢氧化钾(10%)和过氧化氢(30%)溶液，根据“①消解试剂选择”中所述对应操作步骤及时间进行消解。

④ 消解后，称量并采集红外、拉曼光谱数据。

(4)光谱检测

为确证分析方法的可靠性，制备阳性模拟样品。

① 将冰箱中 3～4 个贻贝解冻，搅碎并置于干燥箱中(60℃)干燥。

② 称取 0.3g 肉末置于烧杯(50mL)中。

③ 添加上述 6 种微塑料共计 30 个颗粒(20～1000μm)，磁力搅拌使肉末和微塑料混匀。

④ 再加入 20mL 氢氧化钾(10%)溶液，在 40℃下水浴 36h。

⑤ 随后使用混合纤维素滤膜(3μm)过滤，过滤时用 2mL 去离子水清洗烧杯和过滤器各 3 次，避免微塑料附着在玻璃器壁上。

⑥ 干燥后用红外和拉曼光谱仪进行定性定量检测，并进行微塑料粒径考察：将待测滤膜置于样品台上，调节样品台位置聚焦并利用显微镜寻找微塑料颗粒，在普通单点扫描模式下采集待测样品的拉曼光谱。

⑦ 计算回收率，每组平行 3 次。

(5) 回收率测定

① 借助红外(或拉曼)仪器的显微镜观察寻找微塑料。

② 采集其光谱数据以确定是否为添加的微塑料颗粒。

③ 通过计数的方式计算其回收率。

(6) 实际样品检测

① 选择市场售卖的青蛤、文蛤、白蛤、花甲和青口贝 5 种不同种类的双壳类生物，使用氢氧化钾(10%)在 40℃下消解 36h，消解后采用前“①消解试剂选择”中方法处理。

② 使用显微红外和拉曼光谱进行定性定量检测。

4. 数据处理及计算

消解效率通过过滤前后滤膜质量的变化与最初贻贝肉的质量比计算[式(5-13)]

$$\eta = \frac{M_b - M_a}{M_c} \times 100\% \tag{5-13}$$

式中，η 为消解效率；M_a 为滤膜初始质量；M_b 为使用并干燥后的滤膜质量；M_c 为初始贻贝肉质量。

5. 注意事项

① 为避免环境中带来的污染，整个实验过程均在通风橱中进行，实验人员穿白色棉质工作服并佩戴丁腈手套；所有器皿在使用前均用超纯水清洗 3 次。

② 介质包覆问题是海产品中微塑料检测的关键，通常的解决方法是对包覆微塑料的介质进行消解，硝酸、氢氧化钾、过氧化氢(30%)以及胰蛋白酶溶液是常用的消解试剂。

③ 在微塑料粒径大且样品量少的情况下，可使用显微红外 ATR、成像模式和

显微拉曼单点检测模式进行检测(可满足 75μm 以上颗粒的检测)；而微塑料在粒径小且样品量少的情况下，用显微拉曼单点检测模式进行测试的效果较好(可满足 15μm 以上颗粒的检测)；对粒径更小或样品量大的情况，使用配有较好成像配件的显微红外或显微拉曼仪器在成像模式下进行检测为好。

5.6.7　荧光和 ^{14}C 同位素法示踪定量研究海水青鳉中的微塑料

1. 测定原理

荧光显微镜可以直接观察微塑料在生物体内的分布，^{14}C 同位素示踪技术是将 ^{14}C 标记在微塑料上来定量研究微塑料在生物体内的富集与分布，具有灵敏度高、定量准确、检测方便等优点。

该方法结合荧光和放射性同位素示踪法，以海水青鳉为受试生物，选取荧光标记的 PS(polystyrene)微塑料和 ^{14}C 标记的 PS(<1μm)微塑料，使用不同方式定量研究微塑料在海水青鳉不同成长阶段的摄入情况，观察并定量研究微塑料在海水青鳉不同部位的分布特征，同时研究海水青鳉摄食行为对微塑料状态的影响，建立了解海洋中微塑料与生物相互作用的方法[39]。

2. 仪器和试剂

(1) 仪器

① 液体闪烁计数仪 LSC(LS6500，美国 Beckman 有限公司)、扫描电子显微镜(Quanta 250 FEG，美国 FEI 有限公司)、荧光酶标仪(Synergy H4，美国 Biotek 有限公司)、荧光倒置显微镜(Eclipse Ti-S，尼康仪器上海有限公司)、光照培养箱(GZX-300BS-Ⅲ，上海新苗实验设备有限公司)、循环养殖系统(Z-A-S4，上海海圣生物实验设备有限公司)。

② 容量瓶、锥形瓶、烧杯等，及其他实验室常用设备和器皿。

(2) 试剂

① 氯化钠(NaCl)，十二烷基磺酸钠(SDS)和乙二胺四乙酸二钠(EDTA-2Na)均购自南京化学试剂股份有限公司、Tris-HCl(1mol/L，南京建成生物工程研究所)、蛋白酶 K(>30U/mg，上海麦克林生化有限公司)、天然海盐购自天津中盐技术研究所、闪烁液购自英国 Meridian 生物科技有限公司、荧光 PS 微塑料(粒径 0.5μm)购自美国 Thermo Fisher 公司、^{14}C 标记的 PS 微塑料(粒径为 0.3～0.5μm，放射性比活度为 2300Bq/mg)依据文献合成[40]。除非特殊说明，实验中所用其他试剂均为分析纯或优级纯，所用水为超纯水。

② 海水青鳉种源来自国家海洋监测中心，在实验室驯化培养 3 年以上，试验所用海水青鳉为繁殖三代后获得，仔鱼为 1 月龄，体长为(0.88±0.18)cm，成鱼为 3 月龄，体长为(1.9±0.2)cm。

3. 测定步骤

(1)海水青鳉培养

① 配制人工海水：用天然海盐和纯水按照一定比例配制而成的人工海水，海水盐度为 30%，pH 为 8.2～8.4。

② 将海水青鳉喂养于有人工海水的循环养殖系统中，培养温度为 26～28℃，光照周期为光照 14h、黑暗 10h。

③ 培养期间，仔鱼每日早晚各喂鱼食一次，成鱼每日早晚各喂食孵化 24h 卤虫幼体一次，中午均喂鱼食一次。

④ 喂食结束后，及时清理残留鱼食及粪便，以免污染水质。

(2)海水青鳉摄入微塑料的定量研究

① 荧光标记法。

i. 将海水青鳉从养殖系统转移至烧杯，不喂食情况下清肠 48h。

ii. 再添加荧光 PS 微塑料至 400mL 人工海水中，将 PS 微塑料浓度设置为 50mg/L，经超声分散均匀。

iii. 分别设置摄食组和分布组，每组烧杯中加入 4 条海水青鳉成鱼。

iv. 将烧杯放置在光照培养箱中，温度设定为 27℃，光照周期为光照 14h、黑暗 10h。

v. 摄食组于培养 24h 后取样，成鱼整体称量后消解，测定摄入总量。

vi. 分布组于培养 24h 后取一半成鱼解剖测定，另一半成鱼放入干净海水中进行排出试验，在排出 72h 后取样测定。

vii. 解剖分离鱼鳃、肠道和鱼体三部分，先通过荧光倒置显微镜观察各部分荧光信号，观察结束后再分别消解测定不同部分荧光信号强度，并根据标准曲线计算 PS 微塑料含量。

② ^{14}C 同位素法。

i. 选取大小一致的仔鱼，清肠 48h 后待用。

ii. 设置低浓度组(5mg/L)和高浓度组(50mg/L)，均添加 C-14 标记的 PS 微塑料(分别为 1.2mg、12mg)于 240mL 海水中，超声分散 30min。

iii. 每个处理组中均加入仔鱼 12 条，分别在 24h、48h 和 72h 取样测定。

iv. 试验是在光照培养箱中进行，温度为 27℃，光照周期为光照 14h、黑暗 10h。

v. 取样时用一次性吸管随机将仔鱼吸出，转移至干净海水中，清洗体表可能的残留，清洗 3 次后，将仔鱼放入闪烁管中称量。

vi. 消解并测定其放射性量。

③生物体消解。

i. 配制混合消解液：计算配制 1L 消解液所需各物质的量；称取相应固体物质加入 1L 容量瓶中；再加入 1mol/L Tris-HCl 溶液 250mL，并加水定容至 1L；超声 20min 使物质充分溶解，即得混合消解溶液，其具体成分包括：Tris-HCl 溶液 400mmol/L，EDTA-2Na 溶液 60mmol/L，NaCl 溶液 105mmol/L，SDS 溶液 10g。

ii. 将成鱼解剖后的不同组织分装入离心管，鱼鳃和肠道加入 1mL 混合消解溶液，剩余鱼体部分加入 5mL 混合消解溶液，仔鱼直接放入离心管，加入 1mL 混合消解溶液；然后将离心管放在 50℃恒温水浴锅中加热 15min；再加入蛋白酶 K（0.5～3mg），升温至 60℃，继续消解 24h；消解结束后，取 200μL 组织消解溶液加入 96 孔板中，以不含生物组织的消解溶液作为空白，用荧光酶标仪测定不同样品中的荧光信号强度。

(3) 微塑料的赋存形态检测

① 选取荧光 PS 微塑料喂食海水青鳉成鱼。

② 将 PS 微塑料试验浓度调节为 50mg/L，超声 20min 至 PS 微塑料在水中完全分散。

③ 加入 4 条成鱼培养 24h（培养过程中不喂食）。

④ 培养期间观察并拍照记录。

⑤ 培养结束后，取鱼的粪便通过荧光倒置显微镜观察。

⑥ 另取少量粪便低温烘干，固定于导电胶后喷金 45s。

⑦ 通过扫描电子显微镜观察 PS 微塑料的形貌变化，工作电压设定为 10kV，灯丝电流为 171μA。

(4) ^{14}C 放射性量检测

① 将液体样品 1mL 与 3mL 闪烁液充分混合后，使用液体闪烁计数仪（liquid scintillation counting，LSC），测定样品中放射性含量。

② 生物样品需经过消解后，将消解溶液与闪烁液以体积比为 1∶3 的比例混合均匀后测定。

(5) 荧光含量检测

① 配制浓度为 1000mg/L 的荧光 PS 微塑料储备溶液，超声分散 30min。

② 再将储备溶液梯度稀释至浓度分别为 2mg/L、5mg/L、10mg/L、20mg/L、100mg/L。

③ 准确量取 200μL 加入 96 孔板中，每个浓度进行 5 个平行样品测定。

④ 以纯水作为空白，使用荧光酶标仪测定不同浓度荧光微塑料的荧光信号强度，所得荧光信号强度扣除背景信号后，根据 PS 浓度和荧光信号强度绘制标准曲线。

⑤ 样品中荧光微塑料的信号扣除背景信号后，根据标准曲线即可计算得到生物体内不同组织中微塑料的含量。

4. 数据处理及计算

数据以平均值±标准偏差（SD）形式表示；不同数据之间显著性差异分析通过

SPSS 18.0 软件进行 One-way ANOVA 分析，$P<0.05$ 即视为具有显著性差异，且采用 GraphPad Prism 5 软件绘图。

5. 注意事项

① 该方法采用较为温和的酶消解方式处理生物样品，避免了因荧光信号泄漏对试验结果的影响，通过制备得到 ^{14}C 标记 PS 微塑料，利用 ^{14}C 信号实现小粒径微塑料在低浓度下的质量浓度检测，以该实验室制备所得 ^{14}C 标记 PS 微塑料的最大比活度（8.0×10^4Bq/mg）来计算，最低检测限可达 2.5μg/L，若能够使用更高放射性比活度的 ^{14}C 标记微塑料，则可进一步降低检测限，说明 ^{14}C 同位素法是检测低浓度小粒径微塑料的有效方法。

② 该方法选择 ^{14}C 同位素示踪技术是由于仔鱼带有荧光背景，会对信号检测造成干扰，因此采用 ^{14}C 标记 PS 微塑料进行实验。

③ 该法采用蛋白酶对生物体消解时，对文献[41]的研究方法进行了一定改进，试验证明酶解过程对生物体内荧光微塑料的信号无影响。

5.7　海洋环境中放射性物质的测定

5.7.1　加速器质谱法检测海水中的 ^{129}I

1. 测定原理

加速器质谱法（accelerator mass spectrometry，AMS），不同于其他质谱方法，AMS 可将离子加速到非常高的速度，通过剥离来完全排除分子的同质素和大部分原子同质素，再进入质谱分析单元进行检测，有很高的质谱灵敏度和辨别度。多用于分离放射性同位素和其丰度高的其他同位素，尤其用于检测自然界存在的半衰期较长的同位素比。

该方法通过对加入载体的海水样品进行氧化还原处理，在加热的条件下将生成的单质碘吹出，并使用吸收装置吸收，再经阴离子交换树脂富集纯化，最后生成用于 AMS 分析的 AgI 沉淀，建立 AMS 测定海水中 ^{129}I 的气载分离制样方法[42]。

2. 仪器和试剂

1）仪器

① 加速器质谱（原美国高压工程公司生产的 HI-13 串列加速器）、离子交换柱（国产）、聚碳酸酯滤膜（Millipore，0.4μm，φ=47mm）。

② 三颈烧瓶、容量瓶、锥形瓶、烧杯等，及其他实验室常用设备和器皿。

2）试剂

（1）试剂级别

碘酸钾（KIO_3），亚硫酸钠（Na_2SO_3），浓硫酸，浓硝酸，亚硝酸钠（$NaNO_2$），

硝酸钾及硝酸银等均为分析纯、高纯氮气(国产)、树脂(Bio-Rad AG8，美国伯乐分析纯)。除非特殊说明，实验中所用其他试剂均为分析纯或优级纯，所用水为去离子水。

(2) $NaNO_2$ 溶液(0.5mol/L)的配制

称取 $NaNO_2$ 固体 17.25g，置于 1L 烧杯中；用 500mL 去离子水溶解，搅拌均匀，转入试剂瓶中备用。

(3) Na_2SO_3 溶液(0.5mol/L)的配制

称取 Na_2SO_3 固体 31.5g，置于 1L 烧杯中；用 500mL 去离子水溶解，搅拌均匀，转入试剂瓶中备用。

(4) H_2SO_4 溶液(0.1mol/L)的配制

量取约 2.72mL 浓硫酸，边搅拌边缓慢加入去离子水中，稀释至 500mL，搅拌均匀，待达到室温时转入试剂瓶中备用。

(5) HNO_3 溶液(4.0mol/L)的配制

量取约 25mL 浓硝酸溶液，用去离子水稀释至 100mL，搅拌均匀，转入试剂瓶备用。

(6) $AgNO_3$ 溶液(0.1mol/L)的配制

称取 1.70g $AgNO_3$ 固体，置于 200mL 烧杯中，用 100mL 超纯水溶解，搅拌均匀，转入棕色试剂瓶中备用。

(7) KNO_3 溶液(0.5mol/L)的配制

称取 50.6g KNO_3 固体，置于 1.5L 烧杯中，用 1L 去离子水溶解，搅拌均匀，转入试剂瓶中备用。

(8) KNO_3 溶液(2.0mol/L)的配制

称取 202.2g KNO_3 固体，置于 1.5L 烧杯中，用 1L 去离子水溶解，搅拌均匀，转入试剂瓶中备用。

(9) 20g/L 淀粉溶液(2.0mol/L)的配制

将 1g 可溶性淀粉溶于 5mL 冷去离子水中，用力搅拌均匀后，缓缓倾入 45mL 沸水中，随加随搅拌，继续加热至沸，2min 后，即得到所需溶液。

3. 测定步骤

① 样品采集：从目标海域采集不同采样点的海水样品；注明采样时间、采样站位等信息。

② 加入 KIO_3 载体：准确移取海水样品 2L 于 2.5L 烧杯中，准确称取 KIO_3 载体约 13.500mg，加入烧杯中，搅拌均匀。

③ 再用 6mol/L H_2SO_4 溶液调节溶液的 pH 小于 2。

④ 然后将溶液转入三颈烧瓶中，加入 1mL 0.5mol/L Na_2SO_3 溶液，开启鼓气装置，使溶液混合均匀，反应完全，使加入的 Na_2SO_3 将碘完全还原为 I^-。

⑤ 约 15min 后，停止鼓气。

⑥ 向三孔烧瓶中缓慢加入 1mL 0.5mol/L 的 $NaNO_2$ 溶液(过量)，使其充分地加入体系中，然后再开启鼓气装置，使溶液混合均匀，反应完全，使加入的 $NaNO_2$ 将 I^- 氧化为 I_2。

⑦ 开启水浴加热装置，通气载带出 I_2，用亚硫酸钠溶液吸收，加热 2h 后，关闭加热装置，取下吸收瓶，合并吸收液。

⑧ 将吸收液通过阴离子交换树脂，淋洗液单独收集。

⑨ 先用 100mL 0.5mol/L KNO_3 溶液淋洗离子交换柱，洗脱 NO_2^-、Cl^-、SO_4^{2-}、SO_3^{2-}，淋洗液单独收集。

⑩ 再用 200mL 2.0mol/L KNO_3 溶液淋洗离子交换柱，将树脂吸附的 I^- 洗脱下来，淋洗液单独收集，完成纯化 I^- 溶液的过程。

⑪ 然后将溶液用 4mol/L HNO_3 溶液酸化，加入 2mL 0.1mol/L $AgNO_3$ 溶液生成 AgI 沉淀，黑暗处放置过夜。

⑫ 再用聚碳酸酯膜(已知质量)抽滤，依次用 Milli-Q 水、硝酸溶液、Milli-Q 水洗涤沉淀，取下滤膜并折叠，放入塑料培养皿中，用锡箔纸包裹避光，60℃烘箱中烘干，称量，计算载体的回收率。

⑬ AgI 沉淀将用于 AMS 分析测试使用，AMS 参数设置最高端电压为 13MV，采用 Cs^+ 溅射负离子源。

4. 注意事项

① 该方法的特点是在相对密闭的体系中进行，减少了碘的损失，相对于萃取-反萃取的制样方法具有可操作性强，避免有机试剂使用等优点，可用于固态、液态和气态样品中 ^{129}I 的 AMS 分析制样，全程回收率为 50%～70%。

② 该方法的气载分离制样方法和装置应用于 AMS 测定海水中 ^{129}I 的制样切实可行，并且能够取得良好的效果，但在后续的实验中还需进一步完善实验流程，优化实验条件；设计更为合理的实验装置，缩短样品制备时间，满足吸收装置简单易更换的要求。

5.7.2 基于快速富集的 γ 能谱法测定海水中 ^{131}I

1. 测定原理

从原料亚铁氰化钾、硝酸铜及硝酸银出发，制备出亚铁氰化铜和亚铁氰化银混合(CuFC/AgFC)吸附材料并分散于聚丙烯纤维富集柱上，制源时间约为 40min，测样时间约为 12～24h，建立水环境中 ^{131}I 现场快速富集的方法[43]。

2. 仪器和试剂

(1)仪器

① 宽能 BE3830 高纯锗 γ 能谱仪(澳大利亚 Canberra 公司)、蠕动泵(上海华耀贸易公司)、滤径为 5μm 的 3.33cm 聚丙烯纤维滤芯(绿康源净水厂)、LabSOCS 无源效率刻度软件(澳大利亚 Canberra 公司)。

② 容量瓶、锥形瓶、烧杯等，及其他实验室常用设备和器皿。

(2) 试剂

① $Cu(NO_3)_2 \cdot 3H_2O$，$K_4Fe(CN)_6$，$AgNO_3$ 均为分析纯(国药集团化学试剂有限公司)、^{131}I 溶液，^{137}Cs 溶液(中国同位素上海有限公司)。除非特殊说明，实验中所用其他试剂均为分析纯或优级纯，所用水为去离子水。

② 按照实验要求，分别配制十二烷基苯磺酸钠溶液(0.3g/L)、HCl 溶液(0.5mol/L)、NaOH 溶液(0.5mol/L)、亚铁氰化钾溶液(5g/L)及 NaCl 溶液(0.1mol/L)等。

3. 测定步骤

(1) 亚铁氰化铜/亚铁氰化银(CuFC/AgFC)富集柱的制备

① 将未经处理的聚丙烯纤维滤芯置于烧杯中，60℃下，依次在 0.3g/L 十二烷基苯磺酸钠溶液、0.5mol/L HCl 溶液、0.5mol/L NaOH 溶液中浸泡 12h。

② 再将浸泡后的聚丙烯纤维滤芯用去离子水洗涤数次，直至洗涤残液 pH 为 7 左右。

③ 洗涤后将滤芯于 60℃下烘烤 12h。

④ 将烘干后的滤芯在 5g/L 亚铁氰化钾溶液中浸泡 30min。

⑤ 然后使 2L 硝酸铜(1.15g/L)和硝酸银(0.075g/L)混合溶液在流速为 12～14L/min 下与聚丙烯纤维滤芯的亚铁氰化钾充分接触，在活化后聚丙烯纤维滤芯上形成 CuFC/AgFC 颗粒，循环直至混合溶液接近清澈。

⑥ 再将制备完成的 CuFC/AgFC 富集柱取出后，在 60℃下烘干备用。

⑦ 富集柱制备完成后，取 10mL 硝酸铜和硝酸银剩余溶液，逐滴滴加 1mL 0.1mol/L 的 NaCl 溶液，观察是否有白色沉淀生成，若没有白色沉淀，则认为有 99%以上的 Ag 被负载于富集柱上。

(2) 海水预处理

① 根据实验要求，计算需要碘载体的量。

② 加入一定量的碘载体至海水中，使海水中 I^-的浓度比 Cl^-的浓度大 5.17×10^{-7} 倍。

(3) 快速富集实验

① 将水体先通过过滤装置，除去颗粒物质(图 5-5)。

② 设计富集柱高为 13cm，外径为 7cm，内径为 3cm。

③ 对加入的碘载体量(同时加入一定活度的放射性 ^{131}I)、海水循环吸附的重复次数、海水盐度、海水体积、过滤流速等条件进行优化，研究对海水中 ^{131}I 快

速吸附的影响因素。

④ 探究 CuFC/AgFC 富集柱对海水(加入一定活度的放射性 ^{137}Cs)中 ^{137}Cs 的吸附效率(注：分析中所涉及的实验误差均为测量误差)。

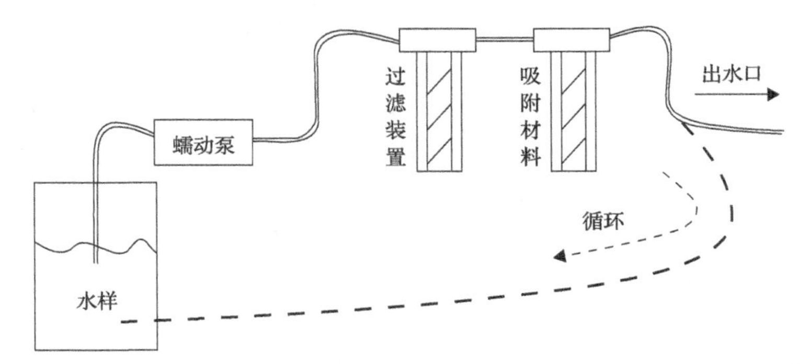

图 5-5　CuFC/AgFC 聚丙烯纤维富集柱对海水中 ^{131}I 快速吸附装置示意图[43]

(4) ^{131}I 的测定

① 选用 BE3830 超低本底高纯锗 γ 谱仪的参数为：γ 能量峰为 364 keV(分支比：81.7%)。

② 将现场富集后的 CuFC/AgFC 富集柱压制成直径为 77mm、高度为 22mm 的圆柱，放于超低本底高纯锗 γ 谱仪上测定。

③ 探测效率采用 Canberra 公司的无源效率刻度软件(LabSOCS)刻度。

(5) 现场应用

① 根据条件实验结果，最佳流速为 6.25L/min，吸附方式分别有 I^- 初始浓度为 24μmol/L 的单次吸附实验和 I^- 初始浓度为 4μmol/L 的多次循环吸附实验。

② 选用 100L 不同水域的水体进行现场应用，以验证吸附材料的富集能力以及最佳吸附条件的富集效果，达到实际应用的目标。

(6) 吸附检测限的测定

根据式(5-14)计算检测限：

$$\mathrm{LLD}=\frac{2k\sqrt{2N_{\mathrm{b}}}}{\eta bVtY} \tag{5-14}$$

式中，LLD 是最低检测限，Bq/m^3；k 是根据预定的置信度选用的因子，本研究方法置信度为 95%，k 取 1.65；Y 是吸附效率；V 是水样体积，L；N_b 是本底计数值；η 是计数效率；b 是分支比；t 是计数时间，s。

4. 注意事项

① 本方法的检测限与分析周期均低于 GB/T 13272—1991 水中 ^{131}I 的分析标

准，极大地提高了 ^{131}I 的分析时间；且可以同时分析海水中的 ^{137}Cs(^{134}Cs)，有望作为淡水和近岸环境中常规监测和应急时对关键核素 ^{131}I 和 ^{137}Cs(^{134}Cs)进行快速测定的备选方法之一。

② 在富集柱制备时，取 10mL 硝酸铜和硝酸银剩余溶液，逐滴滴加 1mL 0.1mol/L 的 NaCl 溶液，观察是否有白色沉淀生成，由于 AgCl 的溶度积(K_{sp})为 1.8×10^{-10}，若没有白色沉淀，可认为剩余溶液中 Ag^{+}的量小于 1.8×10^{-8}mol，即有 99%以上的 Ag 被负载于富集柱上。

③ 在对海水进行预处理时，由于碘与银可发生化学反应，I^{-}可被载银盐的吸附剂所富集。天然海水中 I^{-}的浓度约为 0.01～0.3μmol/L，远小于海水中 Cl^{-}浓度(盐度为 35 的海水 Cl^{-}浓度约为 0.7mol/L)。而 AgCl 和 AgI 的溶度积(K_{sp})分别为 1.8×10^{-10}、9.3×10^{-17}，当 Cl^{-}与 I^{-}共存时，银先与 Cl^{-}反应。计算可知 $c(I^{-})/c(Cl^{-})$在数值上即为 $K_{sp}(AgI)/K_{sp}(AgCl)$ (5.17×10^{-7})。因此，为使富集柱上的银优先与海水中的 I^{-}反应，在实验过程中需加入一定量的碘载体到海水中，使海水中 $c(I^{-})/c(Cl^{-})$大于 5.17×10^{-7}，具体的加入量视实验要求而定。

5.7.3　γ 能谱法检测海水中的 ^{40}K

1. 测定原理

由于海水中的 ^{40}K 具有较高的放射性水平，且样品中的有机物对 ^{40}K 特征 γ 射线的吸收可以忽略，故可采用高纯锗 γ 谱仪对海水样品中的 ^{40}K 含量进行直接测量。该方法在此基础上，借助 LabSOCs 无源效率刻度软件对测量过程中的样品量和几何外形及参数进行优化，提高样品测量的探测效率，在满足一定测量精度的前提下提高 γ 能谱分析方法的时效性[44]。

2. 仪器和试剂

(1)仪器

① BE5030 型同轴高纯锗探测器(澳大利亚 Canberra 公司)，仪器参数为：晶体直径为 80.50mm，厚度为 31.70mm，相对探测效率≥45%，能量分辨≤2.00keV FWHM@1.332MeV，峰康比≥70∶1@1.332MeV、谱分析软件为 Genie 2000。

② 容量瓶、锥形瓶、烧杯、圆柱形聚乙烯样品瓶等，及其他实验室常用设备和器皿。

(2)试剂

除非特殊说明，实验中所用试剂均为分析纯或优级纯，所用水为去离子水。

3. 测定步骤

(1)样品采集及预处理

① 从目标海域采集不同采样点的海水样品，注明采样时间、采样站位等信息。

② 采集的海水样品经酸化后静置，取 500mL 上清液封装于直径为 8cm 的圆柱形聚乙烯样品瓶中。

③ 将海水样品直接置于探头上进行 γ 谱测量。

(2) 效率刻度

① 将优级纯氯化钾置于马弗炉内 500℃灼烧 1h，放入干燥器内冷却 30min。

② 用天平准确称取以上处理过的氯化钾 25.0g，溶解于 1000mL 的容量瓶内，去离子水稀释至刻度，摇匀。

③ 计算此 ^{40}K 标准溶液密度为 1.025g/mL，放射性活度为 362.5Bq/L。

④ 取 500mL 标准溶液封装于直径为 8cm 的圆柱形聚乙烯样品瓶中待测。

(3) 样品条件的优化

① 选取 4 个目标海域或近岸海水样品各 500mL，封装于直径为 8cm 的圆柱形聚乙烯样品瓶中。

② 分别上机测量 3h、6h、12h 和 24h，并计算本底计数、样品计数及净计数的相对标准误差。

(4) 无源效率刻度软件及准确性检验

① 在 LabSOCS 定义海水密度（1.029g/mL）与氯化钾标准溶液密度（1.025g/mL）基本相同的前提下，样品形状采用圆柱形，对不同高度和直径下的标准溶液进行直接测量。

② 将标准溶液测量所得的探测效率与 LabSOCS 计算给出的探测效率进行比较。

(5) 方法验证

基于样品条件的优化结果，采用 γ 能谱法对不同活度的氯化钾标准溶液进行直接测量，以对该方法进行实验验证。

4. 数据处理及计算

(1) 计算海水中 ^{40}K 的浓度［式 (5-15)］

$$A_s = A_{标} \frac{n_s - n_b}{n_{标} - n_b} \tag{5-15}$$

式中，$A_{标}$ 为标准体源活度；n_s 为样品计数率；$n_{标}$ 为标准体源计数率；n_b 为本底计数率。

(2) 净计数率的相对标准误差［式 (5-16)］

$$\upsilon = (N_s + N_b)^{1/2}(N_s - N_b) \tag{5-16}$$

式中，N_s 为样品计数；N_b 为本底计数。

(3) 样品测量时间的计算[式(5-17)]

$$t_s = \frac{n_s + n_b}{(n_s - n_b)^2 \upsilon^2} \tag{5-17}$$

式中，t_s为样品测量时间。

(4) 方法检测限测定

用式(5-18)计算海水中 ^{40}K 的 γ 能谱测量方法检测限：

$$\text{MDL} = \frac{L_d}{t_s \times \varepsilon \times Y \times V} = \frac{4.65 \times \sqrt{t_s n_b} + 2.70}{t_s \times \varepsilon \times Y \times V} \tag{5-18}$$

式中，参数 t_b=t_s；L_d 为探测下限；t_s=10800s；n_b=0.0042/s；探测效率 ε=0.00605；分支比 Y=0.1067；样品体积 V=2L。

5. 注意事项

① 该方法检测限(MDL)为 2.43Bq/L。在现有的标准溶液活度范围内，γ 能谱法的测量结果准确、可靠，且相对偏差均在 5%以内，因此该方法可用于海水样品中 ^{40}K 的活度分析。

② 由于放射性核素 ^{40}K 特征能量不存在级联符合效应，因此无须考虑样品和探测器距离太近引发的符合加和效应。

③ 效率刻度采用氯化钾标准体源刻度法。为消除标准源与海水样品密度不同对效率刻度的影响，氯化钾标准溶液的密度应尽量接近于海水样品密度。

④ 在进行样品条件的优化时，在低水平放射性测量中，常采取所谓的等时间测量，即样品测量时间与本底测量时间相等。

⑤ 该法测量结果表明，在当前样品条件即样品量和几何外形确定的情况下，测量时间越长，测量精度越高。为满足样品测量的相对标准误差小于 10%，测量时间至少需要 24h 甚至更长，但也导致 γ 谱法对海水中 ^{40}K 的样品分析效率大大降低。

⑥ 基于本实验用无源效率刻度软件 LabSOCS，从样品量和几何形状及参数两方面对样品测量条件进行优化，以提高样品计数率，在确保测量精度的前提下应尽量缩短样品的测量时间，进而提高海水中 ^{40}K 的 γ 谱分析法的效率。

⑦ 在满足一定测量精度的前提下，提高样品计数率和降低本底计数率都将有效缩短样品测量时间，进而提高样品分析效率。

⑧ 本底主要受宇宙射线、环境辐射及高纯锗 γ 谱仪的屏蔽材料等因素影响，因此实验室环境及仪器确定的情况下，本底计数率不随样品条件的变化而变化。样品计数率则由样品量和探测效率决定。其中，仪器本身的相对探测效率一定的

情况下，探测效率与样品的几何外形和参数直接相关。

5.7.4　原子吸收分光光度法分析水中 ^{40}K

1. 测定原理

用乙炔-空气火焰原子吸收仪测定水样中元素钾。然后按公式计算 ^{40}K。在各种元素或混合物存在下测定钾，均无干扰或影响，当与钠共存时，可加入一定量的铯消除影响[45]。

2. 仪器和试剂

1）仪器

① 原子吸收分光光度计、钾空心阴极灯、波长大于 66.49nm。

② 容量瓶（50mL）若干、移液管、锥形瓶、烧杯等，及其他实验室常用设备和器皿。

2）试剂

（1）试剂级别

氯化钾为优级纯，含量大于 99.8%、浓盐酸（1.19g/mL）。除非特殊说明，实验中所用其他试剂均为分析纯或优级纯，所用水为去离子水。

（2）钾标准溶液的配制

将氯化钾在 500～550℃马弗炉中灼烧 1h 后，放入干燥器中冷却 30min；在分析天平上准确称取 1.9070g，溶于 1L 容量瓶中，用去离子水稀释至刻度，摇匀。储于塑料瓶中备用，该钾标准溶液为 1.00mg/mL。

（3）氯化铯溶液（400.0μg/mL）的配制

取 0.20g 氯化铯溶于 500mL 容量瓶中，用去离子水稀释至刻度，摇匀备用。

3. 测定步骤

（1）仪器工作条件的优化

① 吸收值与乙炔用量：钾的吸收值随乙炔用量增加而增大，至乙炔用量达 1L/min 后而降低。

② 吸收值与炬高：钾的吸收值随火炬高度增加稍有增大，一般选用 10nm。

③ 吸收值与酸度：盐酸浓度增大吸收值有降低的趋向，在 50mL 溶液中加入 0.5mL 盐酸。

（2）绘制工作曲线

① 准确量取不同体积钾标准溶液，分别置于若干 50mL 容量瓶中。

② 各加 0.5mL 浓盐酸及 1mL 氯化铯溶液（400.0μg / mL），用去离子水稀释至刻度。

③ 选择狭缝为 0.5mm，乙炔用量为 0.66L/min，空气用量为 6.6L/min，灯电

流为5mA。按上述条件进行测定，并绘制成工作曲线。

(3)样品测定

① 准确量取一定量水样于50mL容量瓶，加0.5mL浓盐酸及1mL氯化铯溶液(400.0μg/mL)，用水样稀释至刻度，按仪器工作条件进行测量。

② 从工作曲线上查出钾含量。

4. 数据处理及计算

(1) ^{40}K含量计算[式(5-19)]

$$A_r = k \cdot n \tag{5-19}$$

式中，A_r为试样中^{40}K的含量，Bq/L；k为常数，31.2；n为试样中测出的钾含量，g/L。

(2)常数k计算[式(5-20)]

$$k = \frac{\ln 2 \cdot N_A \cdot f}{M \cdot T_{1/2} \cdot \eta} \tag{5-20}$$

式中，N_A为阿伏伽德罗常数；f为^{40}K在天然钾中的丰度；M为^{40}K的原子量；$T_{1/2}$为^{40}K的半衰期；η为年换算成秒的数值。

5. 注意事项

① 该方法分析钾浓度为1.0μg/g的水样时,同一实验室的最大误差小于6.0%，不同实验室之间的最大误差小于15.0%。

② 样品测定中，如水样有悬浮物需过滤，或含有有机物，则加密度为1.42mg/mL的硝酸10.0mL和少许密度为1.84mg/mL的硫酸。将水样蒸发至干，并生成三氧化硫烟雾，重复处理一次，冷却后移入50mL容量瓶中。如水清澈不含有有机物则不必处理。

5.7.5　离子选择电极法检测水中^{40}K

1. 测定原理

试样pH在3.5～10.5范围内，钾离子电极与双液接参比电极在溶液中组成化学电池。在干扰离子存在下，不需分离纯化，可迅速准确地测出结果[45]。

2. 仪器和试剂

1)仪器

① 钾离子电极、双液接参比电极(外充液为0.1mol/L乙酸锂)，及其他实验室常用设备和器皿。

② 容量瓶(50mL，100mL，500mL，1000mL)、烧杯等，及其他实验室常用设备和器皿。

2) 试剂

(1) 试剂级别

氯化钾(优级纯，含量大于 99.8%)、氯化镁，氯化钙，氯化钠，乙二胺及乙酸锂均为分析纯、硝酸(浓度为 65.0%～68.0%，密度为 1.42g/mL)。除非特殊说明，实验中所用其他试剂均为分析纯或优级纯，所用水均为去离子水。

(2) 5%乙二胺的配制

量取 5mL 乙二胺溶液，用去离子水稀释至 100mL。

(3) 0.1mol/L 乙酸锂溶液的配制

称取 5.1g 乙酸锂，溶于 500mL 容量瓶中，用去离子水稀释至刻度。

(4) 混合离子强度缓冲溶液(10^{-2}mol/L)的配制

准确称取 2.0330g 氯化镁、1.4703g 氯化钙、0.5844g 氯化钠于 1L 容量瓶中，加去离子水溶解，并稀释至刻度。

(5) 钾储备溶液(39g/L)的配制

将氯化钾置于 500～550℃马弗炉中灼烧约 1h 后，放入干燥器中冷却 30min；在分析天平上准确称取 7.4550g，于 100mL 容量瓶中，加水溶解并稀释至刻度，摇匀，此溶液为 39g/L 钾储备溶液。

(6) 钾标准溶液的配制

将钾储备溶液用去离子水逐级稀释成 3.9g/L、3.9×10^{-1}g/L、3.9×10^{-2}g/L、3.9×10^{-3}g/L、3.9×10^{-4}g/L 的系列标准溶液。

3. 测定步骤

(1) 制作标准曲线

① 在 6 个 50mL 容量瓶中，分别准确地加入不同量的钾标准溶液，使其钾浓度分别为 3.9g/L、3.9×10^{-1}g/L、3.9×10^{-2}g/L、3.9×10^{-3}g/L、3.9×10^{-4}g/L 的标准系列。

② 再在各瓶中分别加入 25mL 混合离子强度缓冲溶液，加去离子水至刻度，摇匀，倒入 100mL 烧杯中。

③ 放入钾离子选择电极和双液接参比电极，在磁力搅拌器上搅拌 1min，静置 1min 后读取稳定电位值。

④ 用半对数坐标纸绘成标准曲线。

(2) 水样分析

① 取 25mL 试样(若有悬浮物需过滤)于 100mL 烧杯中，用酸度计测定其 pH，并用 5%乙二胺或 5%硝酸调节试样 pH 为 3.5～10.5。

② 加入 25mL 混合离子强度缓冲溶液，放入钾离子选择电极和双液接参比

电极，在磁力搅拌器上搅拌 1min，静置 1min 后读取稳定电位值。

③ 在标准曲线上查出相应的钾含量。

4. 数据处理及计算

(1) ^{40}K 含量计算[式(5-21)]

$$A_r = k \cdot n \tag{5-21}$$

式中，A_r 为试样中 ^{40}K 的含量，Bq/L；k 为常数，31.2；n 为试样中测出的钾含量，g/L。

(2) 常数 k 计算[式(5-22)]

$$k = \frac{\ln 2 \cdot N_A \cdot f}{M \cdot T_{1/2} \cdot \eta} \tag{5-22}$$

式中，N_A 为阿伏伽德罗常数；f 为 ^{40}K 在天然钾中的丰度；M 为 ^{40}K 的原子量；$T_{1/2}$ 为 ^{40}K 的半衰期；η 为年换算成秒的数值。

5. 注意事项

① 该方法钾离子浓度在 8.0×10^{-5}～3.9g/L 范围内呈线性关系。当铵离子浓度超过钾离子浓度 3 倍时，有 30%的正误差，铵离子浓度越高，误差越大。

② 该方法的精密度：分析钾浓度为 1.0μg/g 的试样时，同一实验室的最大误差小于 8.0%，不同实验室间的最大误差小于 22.0%。

5.7.6 液体闪烁计数法检测海水中的氚含量

1. 测定原理

液体闪烁计数是最常用的测量低能 β 射线的技术手段，放射性样品与液体闪烁剂混合，几何条件接近 4π，基本上可消除自吸收、散射和反射以及几何条件的影响，再对样品进行一定方法的制备处理，可准确测量样品中的同位素含量。

本方法采用常压蒸馏法，对测量时间、无氚水、闪烁液及其二者混合比例等实验条件进行优化，建立 Quantulas 1220 超低本底液闪谱仪测量海水样品中氚活度的方法[46]。

2. 仪器和试剂

(1) 仪器

① Quantulas 1220 型超低本底液闪谱仪(美国 Perkin Elmer 公司)、BT124S 型电子天平(精度 0.1mg，德国 Sartorius 公司)、47mm 滤头过滤器(美国 PALL 公司)、Unique-S15 超纯水机(18MΩ·cm，厦门锐思捷公司)、0.45μm 滤膜(直径为 47mm，

购自美国 Whatman 公司)。

② 加热套、温度计、蛇形冷凝管、带盖蒸馏瓶、磨口玻璃瓶、20mL 聚乙烯闪烁瓶、棕色玻璃瓶、烧杯等，及其他实验室常用设备和器皿。

(2) 试剂

高锰酸钾(含量≥99.5%)，无水碳酸钠均为分析纯(西陇化工股份有限公司)、铜粉(200 目，国药集团化学试剂有限公司)、放置在安瓿瓶中的氚饱和水溶液，(33.5±0.7) MBq/g，(2.0131±0.0017) g，德国 PTB 公司、闪烁液(OtpiPhase HiSafe 3 和 UItima Gold LLT，美国 Perkin Elmer 公司)。除非特殊说明，实验中所用其他试剂均为分析纯或优级纯，所用水为超纯水。

3. 测定步骤

(1) 样品采集

在目标海域采集海水样品，共采集 13 个站位的表层水。

(2) 海水脱盐处理

① 将采集的海水用 0.45μm 滤膜过滤，收集滤液，存于棕色玻璃瓶中。

② 取 100mL 滤液放入蒸馏瓶中，加入 0.4g 无水碳酸钠、高锰酸钾和铜粉各 0.2g。

③ 盖好磨口玻璃塞，并装好蛇形冷凝管，待用。

④ 加热蒸馏，将开始蒸出的几毫升蒸馏液弃去，然后将蒸馏液收集于磨口玻璃瓶中，密封保存，备用。

(3) 无氚水和闪烁液的选择实验

① 选择实验室纯净水(A)、市面上常见几种品牌的纯净水(分别为 B、C、D、E)以及采自目标海域 3200m 深海水并经过上述海水脱盐处理的方法处理后的蒸馏液(F)，进行对比测量。

② 取 24 个 20mL 聚乙烯闪烁瓶，分为 6 组，每组 4 个平行样。

③ 分别加入 A～F 这 6 种水样 8mL，之后各加入 12mL 闪烁液，盖紧瓶盖，密封保存，备用。

(4) 测量时间的选择实验

选择 4 个平行无氚水样品，避光 24h 后，分别测量 50min、100min、200min、300min、500min、800min、1000min。

(5) 水样与闪烁液比例实验

① 将氚标准溶液稀释至 92.1Bq/L，作为测量时氚水标准溶液。

② 取若干闪烁瓶，分别加入 0mL、2mL、4mL、6mL、7mL、8mL、9mL、11mL、13mL、15mL、17mL 氚水标准溶液。

③ 再加入闪烁液至样品总体积为20mL，盖紧瓶盖，密封保存，备用。

(6) 样品测量

将所测量样品摇晃混合均匀后，放入超低本底液闪谱仪腔室内，避光24h后，开始测量。

4. 数据处理及计算

(1) 仪器测量效率的计算[式(5-23)]

$$\varepsilon = \frac{\text{cpm}_{\text{st}} - \text{cpm}_{\text{bk}}}{60 \times \text{dpm}_{\text{st}}} \tag{5-23}$$

式中，ε 为仪器测量效率，%；cpm_{st} 为氚水标准溶液的总计数率，个/min；cpm_{bk} 为本底试样的计数率，个/min；dpm_{st} 为氚水溶液的标准活度，Bq。

(2) 海水中氚的浓度计算[式(5-24)]

$$A = \frac{\text{cpm}_{\text{s}} - \text{cpm}_{\text{bk}}}{K_{\text{i}} \cdot V_{\text{m}} \cdot \varepsilon} \tag{5-24}$$

式中，A 为水中氚的放射性比活度，Bq/L；V_{m} 为测量时所用水样体积，mL；cpm_{s} 为待测试样的总计数率，个/min；K_{i} 表示单位换算系数，0.06个·L/(min·Bq)。

(3) 最低检测限(LOD)计算[(式5-25)]

$$\text{LOD} = \frac{3.29 \times \sqrt{\text{cpm}_{\text{bk}}/t_{\text{bk}} - \text{cpm}_{\text{bk}}/t_{\text{s}}}}{60 \times V_{\text{m}} \times \varepsilon} \tag{5-25}$$

式中，t_{bk} 和 t_{s} 分别为本底试样和待测样品的测量时间，min。

5. 注意事项

① 该方法在优化参数后，检测海水中的氚含量检测限为1.07Bq/L；与文献值比较，本方法适用于核电厂运行后，邻近海域海水中氚的测量。

② 在进行无氚水的选择实验时，为降低LOD，计数率最小本底试样越低越好。在后续海水样品的测量中，可选择此水样作为本底试样。

③ 水是一种强猝灭剂，在测量时水样组分过多，猝灭程度就高；但如果水样组分过少，放射性强度又太低，故在测量时水样和闪烁液的比例很重要。

④ 该方法适用于受核电低放废水排放影响海域中海水样品氚的直接测量，而未受核电废水排放影响的天然海水中氚的活度相当一部分低于此方法的检测限，如果需要更加准确测量这部分海水中氚的活度，则需要在后续实验中考虑增加氚水电解浓缩步骤，可使得此方法检测限降低一个数量级，这样就能更加精准地测量海水中氚的活度，用于科学研究和环境影响评价。

5.7.7 锶特效树脂萃取-色谱耦合热电离同位素质谱法测定海水中锶同位素

1. 测定原理

锶特效树脂所含主要成分为4，4′-(5)2-3-环己基并-18-冠-6(DtBuCH$_{18}$C$_6$，冠醚)，将以正辛醇为溶剂的DtBuCH$_{18}$C$_6$溶液涂敷在惰性聚合物基质上，合成冠醚类树脂，即为锶特效树脂。基于液液萃取理论，此冠醚与锶离子可通过形成金属配合物，将无机锶离子自硝酸溶液中萃取至有机相，用来萃取分离锶离子，反应式如下：

$$Sr^{2+}_{(aq)} + Crown_{(org)} + 2NO^{-}_{3(aq)} = Sr(Crown)(NO^{-}_{3})_{2(org)}$$

本实验采用锶特效树脂，通过高浓度HNO_3(8.0mol/L)消解海水样品，将样品中的锶离子强烈吸附在锶特效树脂柱上，再以低浓度 HNO_3(0.05mol/L)洗脱，Sr被解吸；收集淋洗液，蒸干，最后采用热电离同位素质谱仪测定海水样品中的$^{87}Sr/^{86}Sr$比值，建立锶特效树脂萃取-色谱耦合热电离同位素质谱法测定海水中锶同位素的方法[47]。

2. 仪器和试剂

1)仪器

① Triton Ti表面热电离质谱仪(美国Thermo Fisher Scientific公司)、ICP-OES电感耦合等离子体-全谱直读光谱仪(美国Leeman公司)、Milli-Q超纯水仪器(美国Millipore公司)。

② 0.045mm滤膜(国产)、聚四氟乙烯烧杯、移液管、烧杯等，及其他实验室常用设备和器皿。

2)试剂及材料

(1)试剂级别

Sr同位素标准物质(NB S987，美国标准物质局)、所用HNO_3试剂为优级纯、Na、K、Ca、Mg、Ba、Rb和Sr的标准溶液均由相应硝酸盐用超纯水配制而成、Sr-Spec树脂(粒度为50～100μm，美国Eichrom Technologies公司)。除非特殊说明，实验中所用其他试剂均为分析纯或优级纯，所用水为超纯水(电阻率≥18.2MΩ·cm)。

(2)离子交换柱

氟塑料热塑管制作的交换柱(柱长为 12mm，树脂规格为 1.5cm×30cm)。0.65g Sr-Spec树脂装入此柱中。使用前以5.0mL HNO_3(8.0mol/L)平衡小柱。

3. 测定步骤

(1)化学分离方法

① 海水样品分别取自目标海水领域。

② 将海水样品经 0.045mm 滤膜过滤，再移取 5.0mL 样品置于聚四氟乙烯烧杯中，在 140℃下蒸干。

③ 再将残渣用 0.5mL HNO_3 溶液(8.0mol/L)溶解，转移至交换柱上。

④ 每次再用 1.0mL HNO_3 溶液(8.0mol/L)淋洗树脂柱，重复数次，分别收集每次流出液。

⑤ 将流出液分别适当稀释后，用 ICP-OES 测定其中基体元素(Na、K、Ca、Mg、Ba、Rb)含量。ICP-OES 测定实验参数设定为：射频 RF 为 1100W，等离子体 Ar 气流量为 18L/min，辅助气流量为 0.0L/min，雾化气流量为 35L/min，等离子体观测高度为 14mm，信号扫描模式为 1.0Hz，积分间隔为 10ms，扫描时间为 10s；元素分析线分别为：Sr(Ⅱ，421.552nm)、Ba(Ⅱ，455.403nm)、Ca(Ⅱ，315.887nm)、Mg(Ⅱ，267.716nm)、K(Ⅰ，766.491nm)、Na(Ⅰ，589.592nm)。

⑥ 再往树脂柱中加 1.0mL HNO_3(0.05mol/L)作为洗脱液，重复数次，合并洗脱液，待测。

(2) $^{87}Sr/^{86}Sr$ 比的质谱测试

① 将热电离质谱的测定参数设置为：电离带用铼带，蒸发带为钽带，信号用法拉第接收器接收。

② 将化学分离纯化好的样品用微量 HNO_3 溶液溶解，样液滴在蒸发带上，加电流缓慢升温，使样液蒸干并固定在带上。

③ 测样时仪器真空度优于 10^{-5}Pa，Sr 同位素的质量分馏校正采用 $^{88/86}Sr=8.375209$ 标准化，全过程本底为：$Rb=3\times10^{-11}$，$Sr=1.2\times10^{-10}$。

4. 注意事项

① 该方法利用锶特效树脂，可将锶与基体元素(K、Na、Mg、Ba)分离，并能有效分离同位素测定中干扰元素 Ca 和 Rb；且可消除基体干扰，提高分离效率，达到灵敏测定。

② 有机溶剂、硝酸浓度对锶特效树脂萃取效果影响较大，以正辛醇为溶剂，0.2～0.4mol/L 的 $DtBuCH_{18}C_6$ 可将 3～6mol/L 硝酸中的锶离子有效地萃取出来；而低浓度的硝酸或者水可以将锶解吸，说明 $DtBuCH_{18}C_6$/正辛醇体系对锶具有选择性。

③ 大量基体组分的存在不仅会严重影响质谱测定过程中的信号稳定性，而且对测定信号造成同质异位素干扰。特别是 Ca 和 Rb，对 Sr 同位素测定的干扰最为严重。因此，必须先利用锶特效树脂对样品进行化学分离，去除基体元素，以获得纯净的 Sr，再进行测定。

④ 该法测定海水同位素的比值与文献[48]相比无明显差别，也进一步佐证了“锶同位素比值在海洋中的分布是均一的，不受纬度、海洋盆地和水体深度的影响”这一观点。

5.7.8　基于共沉淀的液体闪烁计数仪测定水中的 ^{228}Ra

1. 测定原理

将待测水样先采用 $Pb(Ra)SO_4$ 共沉淀法富集水中的 ^{228}Ra，通过 $Ba(Ra)SO_4$ 共沉淀实现 ^{228}Ra 的分离纯化，利用原子吸收光谱法测量分离前后溶液中稳定钡的浓度，计算出回收率的大小；再将分离纯化后的 ^{228}Ra 放置约 20 天，待 ^{228}Ra 的第三代衰变子体 ^{224}Ra 衰减完全，此时 ^{228}Ra 与 ^{228}Ac 已经达到放射性平衡，与闪烁液混合后在液体闪烁计数仪（LSC）上测量；通过测量 ^{228}Ra/^{228}Ac 放射性平衡后的总计数来测定 ^{228}Ra 的活度[49]。

2. 仪器和试剂

1）仪器

① Quantulus 1220 液体闪烁探测器（美国 Perkin Elmer 公司），对 H-3 的探测效率为 25%，对 ^{14}C 的探测效率为 68%，本底计数率（全能道）为 0.06cps。

② contrAA 300 连续光源原子吸收光谱仪（德国耶拿公司），连续光源的波长从 190～900nm 全覆盖，光学分辨率达到 2pm，可进行多种元素的快速分析，速度可达到 10 个元素/min。

③ 抽滤装置（抽滤头直径为 42mm）、20mL 聚乙烯闪烁小瓶、离心管、容量瓶、锥形瓶、烧杯、离心装置等，及其他实验室常用设备和器皿。

2）试剂

（1）试剂级别

盐酸，硫酸，氨水，乙酸，EDTA 的二钠盐（$C_{10}H_{14}O_8N_2Na_2\cdot 2H_2O$）等均为分析纯（国产）、饱和硫酸钾溶液、铅载体（50mg/mL）、钡载体（50mg/mL）、标准硝酸钍溶液（6Bq/mL）、^{226}Ra 标准溶液（2.23Bq/mL）、^{133}Ba 标准溶液（4Bq/mL）、标准稳定 Ba 溶液（10mg/mL）、Ultima Gold^{TM} 闪烁液（美国 Perkin Elmer 公司）、Dowex 树脂。除非特殊说明，实验中所用其他试剂均为分析纯或优级纯，所用水为去离子水。

（2）^{228}Ra 标准溶液的制备

利用 Dowex 树脂，直接对标准硝酸钍溶液进行 Ra/Th 分离；将分离纯化后的镭放置约 20 天后，待 ^{224}Ra 及其衰变子体衰减完全，此时 ^{228}Ra 与 ^{228}Ac 已达到放射性平衡，且溶液中不存在其他干扰核素；在 γ 谱上验证无钍元素（^{232}Th 和 ^{228}Th）存在并对 ^{228}Ra 定值。

（3）碱性 EDTA 溶液的配制

称取 15g 的 EDTA 粉末，加入 40mL 氨水，并加入去离子水将 EDTA 溶解后，定容至 100mL。

3. 测定步骤

(1) 水中 ^{228}Ra 的富集

① 将样品用 32%的 HCl 酸化，加入 1mL 钡载体，随后加入 6mL 铅载体，搅拌均匀。

② 在不断搅拌下加入 5mL 浓硫酸，并加入 10mL 饱和硫酸钾溶液，形成沉淀后静置。

③ 倾倒或者虹吸上清液，将沉淀转移至离心管中。

④ 以 3500r/min 离心 5min 后，倾倒出上清液，以达到富集 ^{228}Ra 的效果。

(2) ^{228}Ra 的分离纯化与样品制备

① 在富集后的沉淀中加入 10mL 碱性 EDTA 溶液，搅拌以溶解沉淀。

② 再加入 5mL 饱和硫酸钾溶液，用乙酸调节 pH 为 4.2～4.5，使其再次发生沉淀。

③ 将沉淀转移至离心管中，以 3500r/min 离心 5min，弃去上清液。

④ 再加入 10mL 碱性 EDTA 溶液，搅拌以溶解沉淀。

⑤ 继续加入 5mL 饱和硫酸钾溶液，用乙酸调节 pH 为 4.5，再次生成沉淀。

⑥ 将沉淀转移至离心管中，以 3500r/min 离心 5min，弃去上清液，再用约 20mL 的去离子水冲洗沉淀 2 次。

⑦ 加入 8mL 碱性 EDTA 溶液，将沉淀溶解。

⑧ 将上述溶液定容至 10mL，取 1mL 稀释后，在连续原子吸收光谱仪上测量溶液中稳定 Ba 的浓度。

⑨ 同时从定容至 10mL 的溶液中取 8mL 至液闪样瓶中，并加入 12mL 闪烁液，摇匀后，在 LSC 上测量。

(3) 效率刻度

① 采用 Dowex 树脂对标准硝酸钍溶液进行 Ra/Th 分离。

② 将分离出的 Ra 瓶放置约 20 天，待 Ra 瓶中的 ^{224}Ra 及其后的衰变子体衰减完全，此时 Ra 瓶中只有 ^{224}Ra 与 ^{224}Ac，且二者已经达到放射性平衡。

③ 将上述 Ra 瓶在 γ 谱仪上检验无钍元素（^{232}Th 与 ^{228}Th）存在并对溶液定值，此时溶液为 ^{228}Ra 与 ^{228}Ac 的放射性平衡体系，短期内不会生长出其他衰变子体。

④ 从定值后的 Ra 瓶中取 8mL 已知活度的 ^{228}Ra 溶液，与 12mL 闪烁液混合后在 LSC 上测量。

(4) 制作猝灭校正曲线

① 分别取 8mL 已知活度的 $^{228}Ra/^{228}Ac$ 平衡的标准溶液（无 ^{224}Ra 存在）于 7 个液闪小瓶中。

② 再分别加入 0、0.1mL、0.2mL、0.5mL、1.0mL、1.5mL、2.0mL 四氯化碳

溶液，与 12mL 闪烁液混合，在无外 γ 射线源的情况下，在 LSC 上测量各个样品的计数率，计算得出不同猝灭水平下 LSC 对样品的探测效率。

③ 再在有外 γ 射线源的情况下，对上述样品计数，得出每个样品对应的猝灭指示参数 SQP(E)值。

④ 根据不同猝灭情况下 LSC 对 $^{228}Ra/^{228}Ac$ 探测效率的变化，绘制出猝灭矫正曲线。

(5) 确定水样品中 ^{228}Ra 的活度

① 先通过 α 能道各道的计数来确定 ^{226}Ra 的活度。

② 然后根据标准 ^{226}Ra 的 β 放射性衰变子体的 β 谱，利用剥谱法从样品谱的 β 全谱逐道剥离 ^{226}Ra 的 β 放射性衰变子体计数的影响，确定 ^{228}Ra 的活度。

4. 数据处理及计算

(1) 回收率计算

采用原子吸收光谱法，通过测量分离前后稳定 Ba 的浓度来确定回收率，按照式(5-26)计算回收率：

$$Y_{AAS} = \frac{m_1}{m_2} \tag{5-26}$$

式中，Y_{AAS} 为原子吸收光谱法测得的回收率的大小；m_1 为分离纯化后的样品中稳定钡的质量，g；m_2 为加入的稳定钡的质量，g。

(2) 探测效率计算[式(5-27)]

$$E_f = \frac{n}{2 \times A e^{-\lambda t}} \tag{5-27}$$

式中，E_f 为 $^{228}Ra/^{228}Ac$ 的探测效率；n 为 $^{228}Ra/^{228}Ac$ 的净计数率，s^{-1}；A 为 ^{228}Ra 标准源的活度，Bq；$e^{-\lambda t}$ 为 $^{228}Ra/^{228}Ac$ 的衰变修正因子，本方法中为 1。

(3) ^{228}Ra 的活度计算

依据式(5-28)，计算 ^{228}Ra 的活度：

$$A = \frac{n}{2 \times E_f Y e^{-\lambda t}} \tag{5-28}$$

式中，A 为 ^{228}Ra 标准源的活度，Bq；n 为样品的净计数率，s^{-1}；E_f 为仪器对 $^{228}Ra/^{228}Ac$ 的探测效率；Y 为 ^{228}Ra 的化学回收率；$e^{-\lambda t}$ 为 $^{228}Ra/^{228}Ac$ 的衰变修正因子，本方法中为 1。

(4) 最低检测量(MDA)的计算[式(5-29)]

$$\mathrm{MDA} = \frac{4.66\sqrt{B} + 2.71}{T \times E_{\mathrm{f}} \times Y \times V \times \mathrm{e}^{-\lambda t}} \tag{5-29}$$

式中，MDA 为最低检测量，Bq/L；T 为样品测量时间，s；B 为与样品相同测量时间内本底的总计数；E_{f} 为仪器的探测效率；Y 为方法的化学回收率；V 为水样的取样体积，L；$\mathrm{e}^{-\lambda t}$ 为衰变修正因子。

5. 注意事项

① 由于本方法测定的是水环境中 ^{228}Ra 的含量，对海水中 ^{228}Ra 含量的测定，则建议使用本书前面所述相关检测海水的内容进行样品预处理。

② 由于 β 谱图是连续的，^{228}Ra、^{228}Ac 均为 β 放射性核素，^{228}Ra 的衰变子体 ^{228}Ac 会干扰 LSC 上 ^{228}Ra 的测量；且由于 ^{228}Ra 的 β 能量较低，其平均能量 $E_{\beta\text{-Avg}}$ 为 7.2keV，而 ^{228}Acβ 能量较高，其平均能量 $E_{\beta\text{-Avg}}$ 为 370keV，故本方法通过测量 $^{228}Ra/^{228}Ac$ 放射性平衡时的总计数间接测定 ^{228}Ra 的活度，既可避免 ^{228}Ac 对 ^{228}Ra 测量的干扰，又提高探测效率。

③ 由于 ^{228}Ra 标准溶液不易获得，且 ^{228}Ra 标准溶液放置一段时间后，会生长出其第二代衰变子体 ^{228}Th（$T_{1/2}$=1.91a），虽然 ^{228}Th 为 α 放射性，但其有很多短半衰期的 β 放射性衰变子体，故 ^{228}Ra 标准溶液在使用前需要进行 Ra/Th 分离。利用 Dowex 树脂，因其官能团会与 Th^{4+}结合成稳定结构，而 Ra^{2+}不会被吸附，将分离纯化后的镭放置约 20 天后，待 ^{224}Ra 及其衰变子体衰减完全，在 γ 能谱上验证没有 ^{228}Th 存在并定值。

④ 闪烁小瓶最后用 20mL 聚乙烯闪烁小瓶，因为其相对于玻璃小瓶具有较低的本底。

⑤ 在放射化学分离测定中，需要测量回收率，对欲分离放射性核素在分离过程中损失的一个校正。

⑥ 在溶液中存在 ^{226}Ra 的情况下，需要利用剥谱法与液闪谱图结合，计算出 ^{228}Ra 的活度。

5.8　海洋环境中其他有机污染物质的测定

5.8.1　海水中挥发性卤代烃的测定

1. 测定原理

挥发性卤代烃（volatile halocarbon，VHC）是大气中一类重要的痕量温室气体和有机污染物，也是破坏臭氧层的主要物质。

吹扫-捕集气相色谱法的测定原理是：将海水样品中的目标化合物经高纯氮气吹扫后吸附于搜集管中，再将搜集管加热并以高纯氮气反吹，被热脱附出来的组分经气相色谱柱分离后，用氢火焰离子化检测器(FID)检测，根据保留时间窗进行定性，利用外标法定量[50]。

2. 仪器和试剂

(1)仪器

① Agilent 6890N 气相色谱仪、微池电子捕获检测器 μECD(^{63}Ni 源)、G2070 化学工作站，色谱柱采用弹性石英毛细管柱 Rtx-624(60m×0.32mm×1.8μm)、吹扫-捕集装置(可根据实验室条件自行设计)，内设捕集管是长为 30cm、内径为 0.4mm 的不锈钢管，装填 0.66g 60/80 目 Tenax TA(Sigma-Aldrich-Supelco 公司)，及其他实验室常用设备和器皿。

② 容量瓶(10mL)若干、移液枪(10μL～1mL)等。

(2)试剂

① 氯仿($CHCl_3$)，四氯化碳(CCl_4)，三氯乙烯(C_2HCl_3)，二氯一溴甲烷($CHBrCl_2$)，四氯乙烯(C_2Cl_4)，一氯二溴甲烷($CHBr_2Cl$)6 种 VHC 标准样品，均由国家标准物质研究中心提供、甲醇(色谱纯，Caledon Laboratories LTD.)、高纯氮气(99.9996%，青岛天源气体有限公司)。

② 空白海水取自大洋海水，静置后，通入 50mL/min 高纯氮气 1h 后，密闭保存备用。

③ 除非特殊说明，实验中所用其他试剂均为分析纯或优级纯，所用水为超纯水。

3. 测定步骤

(1)吹扫-捕集条件和气相色谱分离条件

① 吹扫-捕集条件。吹扫时间：15min；吹扫流量：100mL/min；吹扫温度：室温；捕集温度：–78℃；解吸温度：180℃；解吸时间：5min；样品用量：10mL。

② 气相色谱分离条件。采用分流进样，分流比为 48∶1；载气流量为 0.8mL/min；尾吹气流量为 48mL/min；柱起始温度为 50℃，以 10℃/min 程序升温至 100℃，再以 2℃/min 程序升温至 140℃，最后以 20℃/min 程序升温至 180℃，保持 3min。

(2)系列储备溶液的配制

① 分别准确量取 100μL 的 $CHCl_3$、CCl_4 样品溶液及各 10μL 的 $CHBrCl_2$、C_2Cl_4、$CHBr_2Cl$ 样品溶液，转移至 10mL 容量瓶，用乙醇定容作为储备溶液，置于冰箱 4℃下可保存 1 周。

② 使用时移取储备溶液，以空白海水稀释，制备不同浓度梯度的 VHC 系列

标准溶液。

(3)制作工作曲线

① 用注射器分别准确量取所配制的不同浓度梯度的 VHC 系列标准溶液 10.00mL，经水样进样口注入气提室。

② 开通气源，打开吹扫气开关阀、加热脱附开关阀和放空开关阀；标气开关阀和气提排水切换阀调至气提状态；进样切换阀调至吸附状态；吹扫气流量调节器控制吹扫气至设定流量 100mL/min；温控仪控制气提室加热套至所设温度(25℃)；吹扫至设定时间(15min)，关闭吹扫气开关阀，停止气提。

③ 在气提的同时，将捕集管放入内装制冷材料(干冰-乙醇浴)的冷阱中，溶存在海水中的挥发性卤代烃即被捕集(吸附)在 U 型不锈钢管内。气提停止，捕集完成。

④ 关闭放空开关阀、加热脱附开关阀；将捕集管移入加热盒，温控仪控制加热盒至所设解吸温度(180℃)；解吸一定时间(5min)后，设定进样分析切换阀至进样状态，待测物即进入色谱。

⑤ 进样完毕后，进样切换阀调至载气状态，色谱仪进行分析测定。

⑥ 打开水样进样口使气提室通大气、气提排水切换阀调至排水状态，待气提室中的海水排净后，关闭水样进样口，打开吹扫气开关阀，放空开关阀、加热脱附开关阀、控制加热盒的温度略高于解吸温度，吹扫气路一定时间(10min)后，即可进行下一个浓度样品的气提操作。

⑦ 按照以上步骤，可得不同浓度 VHC 的色谱图。

⑧ 将各个组分的峰面积与浓度进行线性回归，得到各个物质的标准曲线和线性回归方程以及相关系数。

(4)海水样品的测定

在上述色谱条件和吹扫-捕集条件下，测定了目标水域的海水样品。

(5)方法的精密度、回收率、检测限

① 取平行海水样品，用外标法进行定量分析，重复测定 5 次，计算相对标准偏差(RSD)。

② 回收率实验以海水为本底值，加入已知量的 VHC，重复测定 5 次，计算回收率：加标回收率=(加样后总测定量–加样前测定量)/理论加样量。

③ 当水样体积为 10.0mL 时，以 3 倍噪声作为方法的检测限。

4. 注意事项

① 该方法对 6 种 VHC 的检测限为：氯仿($CHCl_3$)0.09ng/L、四氯化碳(CCl_4)0.035ng/L、三氯乙烯(C_2HCl_3)0.013ng/L、二氯一溴甲烷($CHBrCl_2$)0.003ng/L、四氯乙烯(C_2Cl_4)0.369ng/L、一氯二溴甲烷($CHBr_2Cl$)0.160ng/L；相对标准偏差为

1.83%～3.97%；加标回收率为 98.1%～110.2%；相关系数为 0.9973～0.9998。既可用于实验室研究，也可用于现场调查。

② 本实验的影响因素主要有吹扫流量、吹扫时间、解吸温度、解吸时间等。

5.8.2 超声波振荡协助 SPME-GC-MS 联用测定海水中 2,6-二叔丁基对苯醌

1. 测定原理

2,6-二叔丁基对苯醌(2,6-di-*tert*-butyl-*p*-benzoquinone，PBQ)是橡胶、塑料中大量应用的对苯二酚或均三酚类同系物抗氧化的氧化产物。由于生物的富集作用，PBQ 在环境中广泛分布。PBQ 可氧化产生超氧阴离子自由基，可能使生物膜脂质氧化损伤细胞，引起软骨增生、变形，导致软骨营养不良，骨关节畸形，最终形成大骨节病；由 2,6-二叔丁基甲苯代谢产物产生的 PBQ 还会影响人的肝、肺功能。

采用超声波振荡萃取，可减少平衡时间，使平衡时间大大缩短。其原理是溶液在超声波作用下，产生多而微小的气泡，气泡在声压作用下反复收缩和膨胀，使气泡在液体内破裂，萃取头和基体之间的“液膜”层大大减少，传质加快。通过正交设计、优化试验条件，可建立快速测定海水中 PBQ 的分析方法[51]。

2. 仪器和试剂

1)仪器

① CQ-2 型超声波振荡器(功率为 15W，广州明珠电气有限公司)、聚丙烯酸酯(PA)SPME 萃取头(85μm)、萃取手柄(5733SPME)、PC-420 型萃取操作平台(美国 Supelco 公司)、HP6890GC-5973MSD 配电子压力控制阀(EPC)、HP-5MS 熔融石英毛细管柱(30m×0.25mm×0.25μm，5%聚苯甲氧基硅氧烷+95%聚二甲基硅氧烷，美国 HP 公司)、微型搅拌子。

② NIST 和 NBS75K 质谱库，G1701B.02.02GCMS 化学数据工作站软件包。

③ 容量瓶(50mL)若干、样品瓶(50mL)若干、萃取瓶(50mL)，及其他实验室常用设备和器皿。

2)试剂

(1)试剂级别

2,6-二叔丁基对苯醌(PBQ，Aldrich 公司)、无水硫酸钠、氢氧化钠、氯化钠、高锰酸钾均为分析纯。除非特殊说明，实验中所用其他试剂均为分析纯或优级纯，所用水为不含有机物的蒸馏水。

(2)2,6-二叔丁基对苯醌溶液的配制

称取 50mg PBQ 于 50mL 容量瓶中，以乙酸乙酯定容，作为储备溶液。使用时逐级稀释至含量为 10μg/mL，作为工作溶液，工作溶液每天配制。

(3)无水硫酸钠的制备

经350℃高温灼烧5h后，于干燥器中保存，备用。

(4)不含有机物蒸馏水的制备

将去离子水置于全玻璃蒸馏系统中，加入适量高锰酸钾和固体氢氧化钠，使其始终保持为红色碱性溶液，待反应30min后，蒸馏，制得不含有机物的蒸馏水。

(5)有机溶剂的预处理

加入经350℃灼烧的无水硫酸钠脱水处理2天后，用全玻璃仪器蒸馏，弃去前50mL和后50mL溶剂，在其沸点下收集中间馏分，备用。

3. 测定步骤

(1)气相色谱条件

进样口温度为290℃，炉温：初始温度为80℃，保持3min后，以5℃/min的速度升温至160℃，保持2min；再以30℃/min的速度升温至280℃，保持5min；高纯氦气载气，流速为1mL/min，总流量为25mL/min。无分流进样。SPME解吸时间为4min，进样口关闭4min。

(2)质谱条件

接口温度为280℃，EI离子源，电子能量为70eV，离子源温度为230℃，四极杆温度为150℃，电子倍增器电压为1500V，质量扫描范围为30～550amu。

(3)萃取瓶的硅烷化

① 将萃取瓶用铬酸洗液清洗后，用浓硫酸洗涤，使其表面的硅醇羟基充分活化，清洗2次至中性。

② 加入强硅烷化试剂*N*, *O*-双(三甲基硅)三氟乙酰胺(BSTFA，含1%三氟乙酸催化剂)约0.5mL，盖紧瓶盖密封，加热至80～90℃，保持6h以上。

③ 再用乙酸乙酯清洗干净，在60℃烘干备用。

(4)萃取方法

① 在超声波发生器中加入适量的水，使水深约3.6cm。

② 在50mL样品瓶中加入35mL样品，置于超声波发生器中，将SPME刺入取样瓶，调整萃取头位置，使其全部浸入溶液之中，固定好萃取头和萃取手柄。

③ 在超声波振荡器中萃取一定的时间，待达到平衡后，将萃取头缩回保护针管内，拔出萃取支架，立即在已准备好的GC-MS进样口解吸PBQ，进行GC-MS分析。

④ 根据色谱保留时间定性，采用选择性离子流 *m/z* 41、136、177、220，以峰面积定量。

4. 注意事项

① 该方法简便快捷，在35min可完成单次分析。方法的灵敏度高，检测限为

0.020μg/L，线性范围为 0.100～100μg/L，RSD 为 7.6%～12.1%，回收率为 84.0%～92.0%。

② 试剂、仪器均严格不与塑料、橡胶制品直接接触。实验前，所用的玻璃仪器均用自来水、不含有机物蒸馏水洗 3 次，在 350℃灼烧 5h，冷至室温，以重蒸丙酮淋洗 3 次，于干燥器中备用。

③ 萃取头影响方法的灵敏度。

5.8.3 大体积固相萃取-气相色谱法测定海水中 10 种多氯联苯

1. 测定原理

多氯联苯(polychlorinated biphenyls，PCBs)是一类氯代的联苯分子，能形成若干同系物的化合物，也是目前在世界各地的生物和非生物环境中最广泛和最顽固的 POPs 污染物。

由于高分子聚合物基质的聚苯乙烯/二乙烯基苯(Cleanert PS)具有萃取柱比表面大(大于 600m^2/g)，对非极性和极性化合物具有极高的吸附性和样品容量，且 pH 适用范围宽，抗干扰能力强等优点，可用作固相萃取柱。将大体积样品采样器与(Cleanert PS)固相萃取柱联用，可对海水中 PCBs 进行分离富集，从而建立大体积固相萃取-气相色谱法测定海水中多种 PCBs 的方法[52]。

2. 仪器和试剂

1)仪器

① Agilent 7890 型气相色谱仪(美国 Agilent 公司)，配微池电子捕获检测器(μECD)、Agilent 12 型孔固相萃取装置(美国 Agilent 公司)、Supelco 型固相萃取大体积样品采样器(德国默克公司)、XT-NSI 型全自动氮吹浓缩仪(国产)、Cleanert PS 固相萃取柱(500mg/6mL，美国赛默飞公司)。

② 容量瓶、烧杯、移液管等，及其他实验室常用设备和器皿。

2)试剂

(1)试剂级别

丙酮，正己烷为色谱纯、无水硫酸钠，氢氧化钠，盐酸为优级纯、10 种 PCBs(PCB28、PCB52、PCB155、PCB101、PCB112、PCB118、PCB138、PCB153、PCB180、PCB198)均为标准品。除非特殊说明，实验中所用其他试剂均为分析纯或优级纯，所用水为高纯水。

(2)10 种 PCBs 混合标准溶液的配制

准确称量一定量的 10 种 PCBs 标准品；以正己烷为溶剂，配制成系列混合标准溶液，质量浓度分别为 0.5μg/L、1.0μg/L、2.0μg/L、5.0μg/L、10.0μg/L。

3. 测定步骤

(1) 色谱条件优化

Agilent HP-5 石英毛细管柱(30m×0.32mm，0.25μm)；载气为高纯氮气；载气流量为 1.5mL/min，尾吹流量为 30mL/min；不分流进样，进样量为 1.0μL；进样口温度为 260℃，检测器温度为 310℃。程序升温：初始温度为 80℃，保持 8min；以 15℃/min 速率升至 250℃，保持 5min；然后以 25℃/min 速率升至 280℃，保持 2min。

(2) 固相萃取柱活化

用 5.0mL 丙酮连续淋洗 Cleanert PS 柱 3 次(注满柱 3 次)；当丙酮液面快到达底部时，用 5.0mL 水连续淋洗柱 3 次，并抽干，以去除杂质。

(3) 富集和洗脱

① 将 2L 水样置于容器中，充满固相萃取大体积样品采样器，并使之与固相萃取柱紧密连接，打开固相萃取装置阀门，以流量 5.0mL/min 过柱；过完柱后，用 5.0mL 水洗涤柱子，将水抽干，待洗脱。

② 用 5.0mL 丙酮以流量 0.5mL/min 洗脱 Cleanert PS 柱 3 次，充分解吸，洗脱液经无水硫酸钠脱水后收集于尖底浓缩吹扫瓶中，室温下用氮气吹近干，正己烷定容至 1mL，按色谱条件进行测定。

(4) 制作标准曲线

① 按色谱条件对 10 种 PCBs 系列混合标准溶液进行测定。

② 以各 PCBs 的质量浓度为横坐标，对应的峰面积为纵坐标，绘制标准曲线。

(5) 检出限测定

以 3 倍信噪比计算方法的检出限(3S/N)。

(6) 方法精密度测定

对系列混合标准溶液平行测定 7 次，得到 PCB28、PCB52、PCB155、PCB101、PCB112、PCB118、PCB153、PCB138、PCB180、PCB198 的相对标准偏差(RSD)值。

(7) 海水样品测定

按试验方法对实际海水样品进行测定，并在同一水样中分别加入 3 种浓度水平(PCBs 浓度分别为 0.5μg/L、1.5μg/L、4.0μg/L)的标准溶液，进行加标回收计算。

4. 注意事项

① 本法适用于海水中 10 种 PCBs 的测定，检出限范围为：0.0028～0.0077μg/L，RSD 为 1.7%～7.7%之间，精密度良好。

② 试验选择丙酮为洗脱剂，但考虑到对电子捕获检测器的影响，丙酮洗脱后，须挥发干，故用正己烷定容。

③ 本方法发现 pH 范围为 6.0～8.5 时，待测组分的回收率无显著差别，因此

在处理实际海水样品时不需对 pH 进行调整。

5.8.4　C_{18}膜萃取-超高效液相色谱-串联质谱法测定海水中羟基多环芳烃

1. 测定原理

多环芳烃(polycyclic aromatic hydrocarbons，PAHs)在环境中易发生微生物降解、光降解或化学氧化反应产生芳香族的衍生物，羟基多环芳烃(hydroxyl polycyclic aromatic hydrocarbons，OH-PAHs)属于衍生物中的一种。

本实验针对海水介质中的 OH-PAHs，采用 C_{18}膜萃取技术对海水样品先进行富集，再利用超高效液相色谱-质谱法(UPLC-MS/MS)的联用技术，建立测定海水中羟基多环芳烃的高灵敏度方法[53]。

2. 仪器和试剂

1)仪器

E08UPF374M 型超高效液相色谱仪(美国沃特世公司)、Finnigan TSQ Quantum Discovery MAX 三重四极杆质谱分析仪(美国热电公司)、Acquity UPLC BEH C_{18}色谱柱(1.7μm，2.1mm×50mm)，Acquity UPLC BEH-C_8色谱柱(50mm×2.1mm，1.7μm，美国沃特世公司)、Eclipse PAH 柱(2.1mm×100mm，1.8μm，美国安捷伦公司)、KQ-500DA 型超声萃取仪(上海超声波仪器厂)、Envi-C_{18}固相萃取膜(Φ=47mm，美国 Supelco 公司)、GF/F 膜(Φ=47mm，美国沃特曼公司)、0.22μm 有机相滤器(津腾实验设备公司)，及其他实验室常用设备和器皿。

2)试剂

(1)标准品

羟基多环芳烃标准试剂：2-萘酚(2-OH-nap，99.9%)，1-羟基菲(1-OH-phe，98%)，2-羟基菲(2-OH-phe，95%)，3-羟基菲(3-OH-phe，98%)，4-羟基菲(4-OH-phe，99.6%)，9-羟基菲(9-OH-phe，95%)，2-羟基芴(2-OH-fluo，99.5%)，1-羟基芘(1-OH-pyr，99.7%)，2-羟基-9,10-蒽醌(2-OH-9,10-AQ，98%)，丹蒽醌(1,8-DH-9,10-AQ，99.0%)，2-羟基-9-芴(2-OH-9-fluo，96%)、氨水(色谱纯，美国天地公司)。

(2)3 种内标物

1-萘酚 D_9(D_9-1-OH-nap，99.97%)、3-羟基菲 D_9(D_9-3-OH-phe，98%)和 1-羟基芘 D_9(D_9-1-OH-pyr，99%)。

(3)试剂级别

以上试剂均购于 J&K 百灵威公司。其他试剂均为分析纯或优级纯，实验用水由 Milli-Q 纯水仪产生。

3. 测定步骤

(1) 海水样品采集

水样取自目标水域 11 个站位的表层海水（标明采样时间），每个站位点采集 5L 水样装入棕色瓶中，24h 内运回实验室，2d 内完成分析。

(2) 样品预处理

① C_{18} 固相萃取膜的活化：向抽滤装置中加入 10mL 甲醇，打开真空泵；当甲醇流出约 1mL 后，关闭真空泵；用剩余甲醇浸泡 C_{18} 膜 30s，抽真空至残留少量甲醇时，加入 10mL 水活化；在不抽干的情况下上样。

② 水样前处理。

i. 经 GF/F 膜过滤后，准确量取 4L 水样，向其中加入 3 种 OH-PAHs 替代标准物质，摇匀。

ii. 在负压条件下，以 20～35mL/min 的流速使水样通过活化好的 C_{18} 固相萃取膜，弃掉抽滤液。

iii. 将 C_{18} 膜转移到离心管中，加入 20mL 二氯甲烷，超声提取 3min。

iv. 将提取液转移并旋蒸至近干，用乙腈准确定容至 1mL。

v. 再用 0.22μm 的滤膜在有机相滤器上过滤后，待上机测样。

(3) 色谱及质谱条件

① ACQUITY UPLC BEH C_{18} 柱（1.7μm，2.1×50mm）；流动相为乙腈–0.02% 氨水，梯度洗脱，流速为 0.3mL/min，进样量为 5μL，柱温为 30℃。流动相切换程序：0～3min，乙腈 40%；3～4min，乙腈 40%～55%；4～7min，乙腈 55%；7～8min，乙腈 55%～40%；8～11min，乙腈 40%。

② 采用电喷雾（ESI）离子源，化合物在负离子检测模式下以选择反应监测（SRM）模式检测。电喷雾电压为 4kV；离子传输毛细管温度为 350℃；鞘气为 23Arb；辅助气为 12Arb。质谱具体参数如表 5-6 所示。

表 5-6　选择反应监测模式下 12 种 OH-PAHs 及其替代内标的质谱优化条件[53]

化合物	出峰时间/min	母离子 (*m/z*)	产物离子 (*m/z*)	碰撞能/eV
2-OH-nap	1.48	143.1	115.0	27
2-/3-OH-phe	3.34	192.9	165.0	32
1-/9-OH-phe	4.00	192.9	165.0	32
4-OH-phe	4.42	192.9	165.0	32
2-OH-fluo	2.65	181.0	180.0	26
1,8-DH-9,10-AQ	4.22	239.0	211.1	29
2-OH-9,10-AQ	0.50	223.0	195.1	31
1-OH-pyr	4.68	216.9	189.1	35

续表

化合物	出峰时间/min	母离子(m/z)	产物离子(m/z)	碰撞能/eV
2-OH-9-fluo	1.42	195.1	167.1	29
D9-1-OH-nap	1.70	149.1	121.2	29
D9-3-OH-phe	3.91	201.9	174.1	33
D9-1-OH-pyr	4.61	226.0	198. 1	38

③ 质谱条件的选择：根据 OH-PAHs 的分子结构，以蠕动泵直接进样，分别采用电喷雾正离子模式或负离子模式对 1μg/mL OH-PAHs 和替代标准物质进行全扫描。对各物质的分子离子进行二级质谱扫描，最优的碰撞能由 Quantum TuneMaster 自动优化所得。

(4) C_{18} 固相萃取膜条件的优化

① OH-PAHs 属于极性化合物，根据相似相溶原理，分别将乙酸乙酯、二氯甲烷、甲醇、二氯甲烷-正己烷(1∶9，V/V)作为洗脱剂，筛选每种洗脱剂分别在 10mL、15mL、20mL、25mL 用量时超声 3min 后的洗脱效果，以洗脱剂的种类及体积与 11 种组分的平均回收率的关系作指标。

② 确定选择 20mL 二氯甲烷作为洗脱剂，超声 3min 洗脱，洗脱效果最佳。

(5) 线性关系

① 准确移取 OH-PAHs 与替代内标混合溶液，用乙腈配制质量浓度分别为 0.100ng/mL、0.200ng/mL、0.500ng/mL、1.00ng/mL、2.00ng/mL、5.00ng/mL、10.0ng/mL、20.0ng/mL、50.0ng/mL、100ng/mL 系列标准溶液。

② 进入 UPLC-MS /MS 分析。

③ 以峰面积(Y)进行定量，得到 11 种 OH-PAHs 的线性方程和相关系数。

(6) 方法检出限测定

① 取 7 份 4L 超纯水，向其中加入 11 种 OH-PAHs 混合标准溶液和 3 种替代内标混合溶液，使超纯水中各组分质量浓度为 2.50ng/L。

② 经上述前处理方法后上机检测，根据美国环保局检出限计算方法，得到 11 种 OH-PAHs 方法检出限。

(7) 精密度与回收率

采用超纯水进行加标回收实验，OH-PAHs 添加水平分别为 2.50ng/L、10.0ng/L 和 25.0ng/L，每个含量水平分别做 6 个平行实验，考察方法的准确度和精密度。

(8) 样品测定

采集目标水域的样品；应用该方法对目标区 11 个站位海水中 11 种 OH-PAHs 进行测定。

4. 注意事项

① 此方法对实验中 11 种 OH-PAHs 方法的检出限为 0.290～2.04ng/L，精密度良好。

② OH-PAHs 可能诱发比 PAHs 更高的生物毒性，是环境监测的重要对象，但因 OH-PAHs 在大气、水体等环境介质中的含量极低而检测困难，提取与富集方法成为前处理技术的关键。

③ 在测定精密度与回收率时，分析 2-OH-nap 和 1-OH-pyr 回收率低的原因，由于 2-OH-nap 是 11 种物质中沸点最低的组分，可能在旋蒸中有损失；而 1-OH-pyr 是 11 种物质中极性最小的组分，在二氯甲烷中的溶解度最小，可能因洗脱效果差而导致回收率偏低。

④ 选择质谱条件时，优化条件表明只有采用负离子模式才能找出 OH-PAHs 的分子离子峰。

5.8.5　固相微萃取-气相色谱-质谱联用测定海水与沉积物中邻苯二甲酸酯类污染物

1. 测定原理

邻苯二甲酸酯(PAEs)是塑化剂产品中使用最广泛的一类化合物。通过优化萃取时间、萃取温度等最佳实验条件，建立固相微萃取-气相色谱-质谱联用技术分析海水与沉积物中 PAEs 的方法[54]。

2. 仪器和试剂

1) 仪器

① Agilent 7890A 气相色谱配 5975C 质谱检测器(美国 Agilent 科技有限公司)、固相微萃取仪(美国 Agilent 科技有限公司)、FD-1-50 真空冷冻干燥机(北京博医康实验仪器有限公司)、24 Position N-EVAP 氮吹仪(美国 Organomation 公司)、固相微萃取探针(青岛贞正分析仪器有限公司)、Niskin 采水器(美国 General Oceanics 公司)。

② 密封顶空瓶(50mL)、玻璃样品瓶、容量瓶、锥形瓶、移液管、烧杯，及其他实验室常用设备和器皿。

2) 试剂

(1) PAEs 标准试剂

邻苯二甲酸二甲酯(DMP)，邻苯二甲酸二乙酯(DEP)，邻苯二甲酸二异丁酯(DiBP)，邻苯二甲酸二正丁酯(DBP)，邻苯二甲酸二(2-甲氧基)乙酯(DMEP)，邻苯二甲酸二(4-甲基-2-戊基)酯(BMPP)，邻苯二甲酸二乙氧基乙基酯(DEEP)，邻苯二甲酸二正戊酯(DPP)，邻苯二甲酸苄基丁酯(BBP)，邻苯二甲酸二己酯(DNHP)，邻苯二甲酸二丁氧基乙基酯(DBEP)，邻苯二甲酸二环己酯(DCHP)，邻苯二甲酸二苯酯(DPhP)，邻苯二甲酸二(2-乙基己基)酯(DEHP)，邻苯二甲酸二辛酯(DnOP)，邻苯二甲酸二异壬酯(DiNP)(混合标准溶液浓度为1000μg/mL)，内标物苯甲酸苄酯(BBZ，≥99.0%)，均购自美国Sigma-Aldrich公司、正己烷，乙酸乙酯，甲醇，二氯甲烷(色谱纯，德国Merck公司)、丙酮(农残级，美国Tedia公司)、CNWBOND Si商用固相萃取小柱(SBEQ-CA1301，以40～63μm硅胶为填料，德国CNW科技公司)、高纯氮气(>99.999%)。除非特殊说明，实验中所用其他试剂均为分析纯或色谱纯，所用水为去离子水。

(2) PAEs标准溶液的配制

准确称取一定量的PAEs标准品，以正己烷为溶剂，分别配制一定浓度的PAEs标准溶液。

3. 测定步骤

(1) 沉积物样品采集及分析步骤

① 表层沉积物使用不锈钢材质抓斗式采泥器采集。

② 将沉积物样品在–20℃下冷冻24h，再冷冻干燥48h。

③ 取出用研钵磨细，过100目筛。

④ 准确称取2.50g沉积物样品于50mL密封顶空瓶中，室温下用二氯甲烷恒温超声萃取25min(2次)，静置，以2000r/min离心30min，取上清液备用。

⑤ 分析时，取CNWBOND Si固相萃取小柱，用5mL正己烷淋洗柱子，弃去淋洗液，移取2mL上清液至层析柱，用10mL乙酸乙酯洗脱液将目标物洗脱，用氮气吹干，正己烷定容至1mL，取1μL试样进样检测。

(2) 海水样品采集及分析步骤

① 海水样品由Niskin采水器采集。

② 直接注入经浓H_2SO_4及去离子水冲洗，并在400℃下烧干的玻璃样品瓶中，冷藏保存。

③ 分析时，准确量取10mL海水样品于样品瓶中，加入已知浓度的内标物，将固相微萃取探针插入海水样品中，在35℃以500r/min搅拌萃取40min，将探针插入GC- MS进样6min，进行直接检测。

(3) 气相色谱-质谱联用分析条件

① 色谱条件：采用GC柱头自动进样方式。工作参数如下：DB-1MS色谱柱(30m×0.25mm，0.25μm)，进样口温度为260℃，程序升温条件为：初始温度为70℃，保持2min，以25℃/min升至150℃，以3℃/min升至170℃，以30℃/min升至195℃，再以60℃/min升至225℃，保持3min，最后以8℃/min升至280℃，保持4min。载气流量为1mL/min，样品采取不分流进样。

② 质谱条件：EI 工作电压为 70eV，四极杆温度为 150℃，离子源为 230℃，溶剂延迟 7min，采用 SIM 模式定性/定量离子。GC-MS 分析条件下获得邻苯二甲酸酯类标准谱图。

(4) 方法性能评价

① 精密度测定：称取 2.50g 干燥沉积物样品 6 份，定量加入两种不同浓度的 8 种 PAEs 单标标准溶液后，按照上面所述步骤进行萃取、净化、测定，计算平行加标回收结果的相对标准偏差，并在加标浓度为 0.100mg/L 时计算各 PAEs 的加标回收率。

② 加标回收率测定：对于海水样品，平行量取 10mL 事先处理的天然海水 6 份于样品瓶中，定量加入不同浓度的 PAEs 混合标准溶液，使用上面所述步骤进行萃取、测定，计算平行加标回收率的相对标准偏差，同样在加标浓度为 0.100mg/L 时计算其加标回收率。

(5) 样品分析

① 采集目标海域沉积物与海水多个站位表层海水和沉积物样品。

② 采用 8 种单标配制标准溶液外标法定量分析沉积物样品；采用 16 种混标配制标准溶液的内标法定量分析海水中 PAEs。

4. 注意事项

① 该方法测定海水与沉积物中 PAEs 检出限分别为 0.04～0.32ng/L 和 0.12～1.60μg/kg，操作简单，准确度高，大大缩减了海水萃取体积，能够应用于近岸海水与沉积物中 PAEs 含量的准确分析。

② 实验室进行 PAEs 的样品前处理、测定等环节都可能造成 PAEs 的污染，这种污染的来源极可能是试剂中的杂质、器皿及空气中的颗粒物等。为减少方法的不确定性，提高方法的准确性，必要时需进行空白实验。

③ 由于 PAEs 多为弱极性化合物，采用弱极性或非极性溶剂要好于极性溶剂。

5.8.6　高效液相色谱法测定海水中噻唑啉酮和异噻唑啉酮

1. 测定原理

噻唑啉酮和异噻唑啉酮化合物为一类海洋防污剂。基于高效液相色谱方法，以甲醇-水溶液为流动相，Eclipse XDB-C_{18}色谱柱分离，二极管阵列检测器检测，检测波长为 225nm 和 280nm，可实现有机溶剂(甲醇)样品中添加的 1,2-苯并异噻唑-3(2*H*)-酮(BIT)、3-甲基-2-苯并噻唑啉酮腙盐酸盐(MBT)水合物、5-氯-2-苯并噻唑啉酮(CBT)、6-溴-2-苯并噻唑啉酮(BBT)、2-正辛基-4-异噻唑啉-3-酮(OIT)和 4,5-二氯-2-正辛基-4-异噻唑啉-3-酮(DCOIT)6 种化合物的含量分析，建立同时分析检测 6 种化合物的高效液相色谱定量分析方法[55]。

2. 仪器和试剂

1) 仪器

① 1200 型高效液相色谱仪及 1200 型二极管阵列检测器(美国 Agilent 公司)、Academic Milli-Q 型超纯水机(美国 Millipore 公司)、AL104 型万分之一电子天平(瑞士梅特勒公司)。

② 0.22μm 滤膜(国产)、容量瓶(100mL)、锥形瓶、移液管、烧杯等,及其他实验室常用设备和器皿。

2) 试剂

(1) 试剂级别

甲醇(色谱纯),磷酸(分析纯)(国药集团化学试剂有限公司)、6 种标准品:BIT、MBT、CBT、BBT、OIT、DCOIT(分析纯,日本 TCI 公司)。除非特殊说明,实验中所用其他试剂均为分析纯或优级纯,所用水为超纯水。

(2) 6 种标准品储备溶液的配制

分别准确称取一定量的各种标准品,用甲醇溶解,定容至 100mL 容量瓶;配制成浓度为 1×10^{-3}mol/L 的储备溶液,置于 4℃冰箱中保存。

3. 测定步骤

(1) 色谱条件

Agilent Eclipse XDB-C_{18} 色谱柱(150mm×4.6mm i.d.5μm),流动相 A:双蒸水;B:甲醇;梯度:t=0min,30% B;t=30min,100% B;流速:1.0mL/min,检测波长:BIT、MBT、CBT 和 BBT 为 225nm,而 OIT 和 DCOIT 则为 280nm。柱温箱温度为 30℃,进样量为 10μL。

(2) 制作标准曲线

① 分别将标准品储备溶液用色谱纯级的甲醇稀释,配制成含有 BIT、MBT、CBT、BBT、OIT 和 DCOIT 的标准溶液,浓度分别为 1.0×10^{-6}mol/L、5.0×10^{-6}mol/L、1.0×10^{-5}mol/L、5.0×10^{-5}mol/L、1.0×10^{-4}mol/L、5.0×10^{-4}mol/L、1.0×10^{-3}mol/L 的标准溶液。

② 用 0.22μm 滤膜过滤后进液相色谱分析,每个浓度进样 3 次,取 3 次平均值,所得色谱峰的浓度和对应的峰面积绘制标准曲线。

(3) C_{18}-SPE 固相萃取小柱净化样品方法

① 将上述海水样品过滤后,用容量为 1mL 的 C_{18} SPE 小柱净化。

② 净化过程为:先用 1mL 甲醇和 1mL 超纯水冲洗柱子后可以上样,上样量为 20mL。

③ 随后再用 1mL 超纯水洗涤，最后用 2mL 纯甲醇进行洗脱收集。

④ 洗脱液置于–20℃冰箱中，可直接用于色谱分析。

(4) 方法的线性范围与检出限测定

① 在上述色谱条件下，通过制作标准曲线，确定 6 种噻唑啉酮及异噻唑啉酮物质的线性范围。

② 以 3 倍信噪比所相当的含量值为方法测得检测下限。

(5) 回收率和精密度测定

① 采用甲醇样品进行加标测定的方法计算回收率。

② 在上述色谱条件下，平行测定 3 次，确定方法的精密度。

(6) 样品测定(以测定 DCOIT 为例)

① 采集目标海域的海水为实际样本，考察其中 DCOIT 的污染情况。

② 采样后离心过滤，再采用上述所研究的前处理方法，即以 1mL C_{18} 小柱进行固相萃取，再用 1mL 甲醇和 1mL 超纯水平衡小柱后，上 20mL 的海水样品，用 1mL 双蒸水洗涤后，2mL 甲醇洗脱。

③ 在上述色谱条件下，上样检测，进行色谱分析，并计算加标回收率。

4. 注意事项

① 该方法对 BIT、MBT、CBT、BBT、OIT、DCOIT 的检测下限分别为 1.7×10^{-6}mol/L、4.1×10^{-5}mol/L、1.8×10^{-6}mol/L、1.1×10^{-6}mol/L、3.6×10^{-7}mol/L、2.5×10^{-7}mol/L，回收率为 92%～110%，RSD 为 2.6%～3.6%。

② 由于大多异噻唑啉酮水溶性较差，当以水稀释甲醇溶解的标准品时，过滤后以 HPLC 粗测其溶解浓度，它们的浓度均小于 1×10^{-5}mol/L，一些物质的浓度甚至低于检测下限。因此，要实现这些物质在水溶液中的含量分析，就必须对样品进行前处理，进行萃取富集。

5.8.7 凝固漂浮有机液滴-分散液液微萃取-高效液相色谱-串联质谱法测定海水中苯并三唑类化合物

1. 测定原理

苯并三唑类紫外线过滤剂是世界上消费量最大的一类紫外线吸收型光稳定剂。该方法基于凝固漂浮有机液滴的分散液液微萃取(dispersive liquid-liquid micro-extraction based on solidification of floating organic droplets，DLLME-SFO)技术集采样、富集、分离于一体的特点，以 20μL 的十二醇为萃取溶剂，400μL 甲醇为分散溶剂，将目标化合物经 Hypersil GOLD 色谱柱结合甲醇-水梯度洗脱分离后，用正离子多反应监测模式进行质谱分析，建立海水中 7 种苯并三唑类紫外线过滤剂的凝固漂浮有机液滴-分散液液微萃取-高效液相色谱-串联质谱分析方法[56]。

2. 仪器和试剂

1) 仪器

① Survyor 系列液相色谱仪、TSQ Quantum Access Max 三重四极杆质谱仪（配电喷雾离子源）（美国 Thermo Fisher 公司）、Hypersil GOLD 型色谱柱（150mm×2.1mm，5μm，美国 Thermo Scientific 公司）、飞鸽牌 TDL-4013 离心机（上海安亭科学仪器厂）、Vortex Genie 2 涡旋振荡器（美国 Scientific Industries）。

② 容量瓶（100mL）若干、具塞玻璃离心管（10mL）若干、锥形瓶、移液管、烧杯等，及其他实验室常用设备和器皿。

2) 试剂

(1) 试剂级别

甲醇，乙腈，丙酮（LC-MS 级，美国 Honeywell 公司）、乙醇（色谱纯，天津科密欧化学试剂有限公司）、甲酸（98%，日本 TCL 公司）、2-(2-羟基-5-甲基苯基)苯并三唑（UV-P），2-(5-叔丁基-2-羟苯基)苯并三唑（UV-PS），UV-326，UV-327，UV-328，2-(2-羟基-5-叔辛基苯基)苯并三唑（UV-329）及 2-(2*H*-苯并三唑-2-基)-4,6-二(1-甲基-1-苯乙基)苯酚（UV-234）纯度大于 98%（均购于日本东京化成工业株式会社）、十一醇，十二醇[纯度 99.5%，均购于阿拉丁试剂（中国）有限公司]。除非特殊说明，实验中所用其他试剂均为分析纯或优级纯，所用水为经 Milli-Q 净化系统制备的去离子水。

(2) 混合标准储备溶液的配制

准确称取 10mg UV-P、UV-PS、UV-326、UV-327、UV-328、UV-329 及 UV-234 于 100mL 容量瓶中，用甲醇溶解定容，得 100mg/L 苯并三唑类化合物的混合标准储备溶液。

(3) 混合标准溶液的配制

准确移取 0.50mL 混合标准储备溶液于 100mL 容量瓶中，用甲醇定容，得 0.5mg/L 混合标准溶液。

3. 测定步骤

(1) 色谱-质谱条件

① 色谱条件：采用 Hypersil GOLD 型色谱柱，流动相 A 为 0.1%甲酸水溶液，B 为 0.1%甲酸甲醇溶液。洗脱梯度：0～8min，85%B；8～22min，85%B～100%B；22～26min，100%B；26～26.5min，100%B～85%B；26.5～32min，85%B。流速为 200μL/min；进样量为 10μL，柱温为 25℃。

② 质谱条件：采用加热电喷雾离子源（H-ESI），正离子扫描，以多反应监测（MRM）模式分析。喷雾电压为 3000V，干燥气温度为 300℃，鞘气压力为 25Arb，辅助气压力为 5Arb，离子传输毛细管温度为 300℃。定量、定性离子对、碰撞能

及透镜补偿电压如表 5-7 所示。

表 5-7　目标化合物的质谱分析参数[56]

化合物名称	保留时间/min	母离子(*m/z*)	子离子(*m/z*)	碰撞能/eV	透镜补偿电压/V
UV-P	5.11	226.059	77.2	31	80
			120.1*	16	
UV-PS	8.00	268.300	57.4	23	84
			212.0*	18	
UV-329	15.77	324.198	92.2	32	92
			212.1*	23	
UV-326	19.46	316.000	107.1	26	72
			260.0*	18	
UV-234	20.17	448.273	119.2	34	94
			370.1*	19	
UV-328	22.05	352.265	212.1	29	99
			282.1*	22	
UV-327	22.24	359.065	246.3	15	86
			303.0*	22	

* 代表量化离子。

(2) 水样的萃取

① 准确量取 5.00mL 酸化后的海水(pH 为 5)，于 10mL 具塞玻璃离心管中，加入 0.4g NaCl，振荡使其溶解。

② 再将 20μL 十二醇溶于 400μL 甲醇中，然后用 1mL 注射器迅速注入离心管中，涡旋振荡 2min 后，以 4000r/min 离心 5min，萃取剂在液面成漂浮液珠。

③ 将离心管置于 0℃冰水浴中冷却 5min，萃取剂即凝成固体黏附在管壁上。

④ 倾倒出水溶液，用干净的滤纸吸干管壁上的水分。

⑤ 将十二醇固体移至离心管底部，加入 50μL 甲醇复溶，振荡均匀，再用液相色谱-串联质谱测定。

(3) 制作标准曲线

将混合标准溶液用去离子水稀释成 0.01μg/L、0.02μg/L、0.05μg/L、0.10μg/L、0.25μg/L、1μg/L、5μg/L、25μg/L 的系列混合标准溶液；分别准确移取 5.00mL，按上述水样的萃取方法进行萃取，用于标准曲线的绘制。

(4) 方法的线性范围、回收率、精密度、检出限及定量限测定

① 在优化的萃取条件下，对 5mL 苯并三唑类化合物的混合标准溶液进行凝固漂浮有机液滴-液液微萃取，然后进行 HPLC-MS/MS 测定，以峰面积(*A*)对质量浓度(*C*，μg/L)绘制校正曲线，得到 7 种目标化合物的线性回归方程、相关系数及

线性范围。

② 分别以 S/N=3 和 S/N=10 时的质量浓度确定方法的检出限和定量限。

③ 以空白海水为基质，添加高、中、低 3 个水平的混合标准溶液进行回收率测定，每个水平平行测定 3 次。

(5) 实际样品的测定

① 采集目标海域的不同采样点海水样品。

② 用建立的凝固漂浮有机液滴-分散液液微萃取-高效液相色谱-串联质谱分析方法对海水样品进行测定。

4. 注意事项

① 该方法的检出限为 0.001～0.090μg/L，定量限为 0.003～0.300μg/L；且简便、快速、环境友好、灵敏度高，可用于海水中苯并三唑类紫外线过滤剂的分析检测。

② 影响分散液液微萃取的萃取效率因素包括：萃取溶剂的种类和用量、分散溶剂的种类和用量、氯化钠用量、样品的 pH、涡旋振荡时间等，因此需要进行优化实验。

5.8.8 高效液相色谱法测定海水中的多胺

1. 测定原理

多胺(polyamines，PA)是指生物体内广泛存在的带有两个或两个以上氨基的脂肪族化合物，是一类短链脂肪胺。最常见的多胺有腐胺(putrescine，Put)、亚精胺(spermidine，Spd)、精胺(spermine，Spm)等，多胺存在于一切生物体原核或真核生物中，是一类重要的代谢调节物。

针对海水中存在的三种游离态多胺(腐胺、亚精胺和精胺)化合物，将海水样品先经高氯酸溶液酸化，再利用丹磺酰氯衍生化，由于丹磺酰氯可与伯胺或仲胺基上的活泼氢反应，脱掉一分子的 HCl 生成能产生荧光的衍生物，可通过 ODS 色谱柱分离后使用荧光检测器进行检测，从而建立海水中游离态多胺的高效液相色谱测定方法[57]。

2. 仪器和试剂

1) 仪器

① Waters e2695 高效液相色谱仪(美国 Waters 公司)、色谱柱为 C_{18}(150mm×4.6mm i.d., 5μm，美国 Agilent 公司)、Waters e2475 荧光检测器(美国 Waters 公司)、旋涡混合振荡器(德国 IKA-lab dancer)、KQ-100TDE 型超声波清洗器(昆山超声仪器有限公司)、Milli-Q 纯水机(美国 Millipore 公司)、pH 计(上海雷磁仪器厂)、数显恒温水浴锅(金坛 HH-S4 型)、0.22μm 有机针头微孔滤膜过滤器(天津津腾实验设备有限公司)、玻璃纤维滤膜(Whatman GF/F)、灭菌锅(上海

三申医疗器械有限公司)、GXZ-260C 型培养箱(宁波江南仪器厂)、生物显微镜(XSP-24N)。

② 棕色容量瓶、锥形瓶、移液管、烧杯等，及其他实验室常用设备和器皿。

2)试剂

(1)试剂级别

腐胺(≥98%)，亚精胺(≥98%)，精胺(≥97%)，丹磺酰氯(≥99%)均为色谱纯(美国 Sigma 公司)、1，6-己二胺，乙酸铵，高氯酸，氨水均为分析纯(中国国药集团化学试剂有限公司)、乙腈，丙酮均为色谱纯(美国 Honeywell，Burdick& Jackson 公司)。除非特殊说明，实验中所用其他试剂均为分析纯或优级纯，所用水为 Milli-Q 系统的超纯水。

(2)标准储备溶液的配制

① 准确称取一定量的三种多胺标准品及内标(1,6-己二胺)，用超纯水配制成 1×10^{-3}mol/L 的标准储备溶液，于–20℃冰箱冷冻储存。

② 称取适量丹磺酰氯，用丙酮配制成 6mg/mL 的储备溶液，于–20℃冰箱冷冻储存。

(3)混合标准溶液的配制

将标准储备溶液解冻，分别移取适量三种多胺标准储备溶液于棕色容量瓶中，用人工海水定容至刻度，用于工作曲线试验，测定前配制。

3. 测定步骤

(1)样品预处理及保存

将海水样品经 Whatman GF/F 滤膜过滤后，于–20℃冷冻避光保存于棕色试剂瓶中，备用待测。

(2)样品衍生

① 移取 1.0mL 待测海水样品，加入一定量 1,6-己二胺作为内标，使内标浓度为 1×10^{-7}mol/L。

② 加入 70%的高氯酸(PCA)，使高氯酸浓度达到 0.15mol/L，置于 4℃冰箱 30min。

③ 加入 45μL 2mol/L 的 NaOH 溶液，涡旋混匀，加入 70μL 的硼酸钠缓冲溶液(pH=9.18)，涡旋混匀，同时再次缓慢加入 2mol/L 的 NaOH 溶液 45μL，此时的 pH 约为 9.8 左右。

④ 再加入 1mL 丹磺酰氯(6mg/mL 丙酮)衍生剂，涡旋混匀 30s。

⑤ 放于 40℃水浴避光反应 45min。

⑥ 在衍生后每个样品中加入 25%的氨水 40μL，涡旋混匀，静置 30min。

⑦ 再加 60μL 乙腈，涡旋混匀。

⑧ 用 0.22μm 有机针头微孔滤膜过滤，滤液可直接进 HPLC 测定(衍生过程均

避光）。

（3）色谱条件

色谱柱为 C_{18}（5μm，150mm×4.6mm i.d.）；荧光检测激发波长（Ex）为 340nm，发射波长（Em）为 515nm；进样量为 50μL；柱温为 40℃；流动相 A 为乙腈，B 为 0.1mol/L 的乙酸铵；流速为 1.0mL/min；梯度洗脱程序：0min，35%A，65%B；1～10min，60%A，40%B；11～15min，80%A，20%B；16～20min，100%A，0%B；21～30min，35%A，65%B。

（4）制作标准曲线

① 使用人工海水，配制一系列含腐胺、亚精胺和精胺的混合标准溶液，使含三种多胺的溶液浓度分别为：1×10^{-9}mol/L、1×10^{-8}mol/L、2.5×10^{-8}mol/L、6×10^{-8}mol/L、1×10^{-7}mol/L。

② 按上述方法衍生反应后平行进样 2 次，取平均值计算。

③ 以标准品浓度为横坐标，标准品峰高度/内标峰高度为纵坐标，进行线性回归。

（5）方法学评价

① 精密度测定。

i. 制备浓度为 5×10^{-8}mol/L 的三种多胺混合标准溶液，衍生后连续进样 5 针，荧光检测的相对标准偏差＜2.5%。

ii. 取上述标准溶液 5 份，根据前述方法衍生，平行测定，要求峰高的相对标准偏差＜3.6%；衍生物保留时间相对标准偏差＜0.6%。

② 检测限测定。

i. 在本实验操作条件下，使多胺混合标准溶液逐渐稀释为一系列浓度（5×10^{-9}～4×10^{-10}mol/L）。

ii. 设定进样量为 50μL，按照上述方法进行分析，当色谱图的信噪比（S/N）为 3 时的浓度即为最低检测限。

③ 加标回收试验。以待测海水为基质，在不同水平下，添加三种多胺混合标准溶液，平行测定 2 次，按加标回收率=（加标试样测定值 – 试样测定值）/加标量×100%计算回收率。

④ 稳定性试验。

i. 对浓度为 5×10^{-7}mol/L 的混合标准溶液，与不同日期避光储存在–20℃冰箱里的丹磺酰氯反应，记录背景峰面积会有明显的增加，多胺衍生物的信号值有所减弱的临界时间。

ii. 对于标准储备溶液，选择–20℃冰箱里避光保存，待需要时解冻移取。

iii. 多胺衍生产物在 4℃冰箱里，可避光保存 2 天，若超过 2 天，则三种多胺衍生产物会明显分解。

(6) 海水中多胺的测定

按色谱条件，在相同实验条件下，先将仪器平衡 1h，采用前述建立的方法，测定海水样品中多胺含量，样品测定重复 2 次。

4. 注意事项

① 该方法对腐胺、亚精胺和精胺的最低检出限分别为 9.6×10^{-11}mol/L、2.8×10^{-10}mol/L 和 1.0×10^{-10}mol/L；在 $1\times10^{-9}\sim1\times10^{-7}$mol/L 范围内，三种多胺的浓度和荧光信号值均呈良好的线性关系($R>0.99$)；荧光检测的相对标准偏差<2.5%。具有选择性高，样品用量少，灵敏度好等特点，适合海水中游离态腐胺、亚精胺和精胺的痕量分析。

② 该方法中多胺衍生物不需要用有机溶剂反复提取，衍生后可直接进样分析，可避免萃取中多胺的损失。

③ 由于多胺在光照和高温环境下易分解，故海水样品经 Whatman GF/F 滤膜过滤后，需置于–20℃冷冻避光，保存于棕色试剂瓶中。

④ Whatman GF/F 滤膜使用前经马弗炉 450℃灼烧 4h 去除有机物。

⑤ 色谱流动相 B 乙酸铵需经 0.45μm 玻璃纤维滤膜过滤(Whatman)，超声波去除气泡后方可使用。

⑥ 在优化衍生条件时，影响因素包括：高氯酸的浓度、反应介质的 pH、衍生剂的浓度、衍生温度和时间选择等。

⑦ 在本实验操作条件下，如需降低检测限，可增加进样量及扩大增益，该检测限可以满足分析海水中多胺的需要。

参 考 文 献

[1] 国家环境保护总局官方网站[J]. 今日辽宁, 2015, 11(6): 115.
[2] 高峰. 触目惊心的海洋污染[J]. 防灾博览, 2013(5): 38-41.
[3] 金余娣. 对海洋环境中的主要化学污染物及其危害的分析[J]. 环境与发展, 2018, 30(03): 145-147.
[4] 徐燕, 姜起伟. 议海洋污染的来源及治理[J]. 资源节约与环保, 2015, 8: 130.
[5] 陈令新, 王巧宁, 孙西艳. 海洋环境分析监测技术[M]. 北京: 科学出版社, 2018.
[6] 苏仲毅. 环境水样中种抗生素残留的同时分析方法及其应用研究[D]. 厦门: 厦门大学, 2008.
[7] 李星. 海洋环境中多氯联苯、农药和重金属分析方法研究[D]. 保定: 河北农业大学, 2013.
[8] 360 百科. 总石油烃[OL]. https://baike.so.com/doc/24743522-25656264.html.
[9] 360 百科. 原油[OL]. https://baike.so.com/doc/5337412-5572851.html.
[10] 朱明华, 胡坪. 仪器分析[M]. 第四版. 北京: 高等教育出版社, 2011.
[11] 俞怡. 海水中关键人工放射性核素快速检测技术研究[D]. 上海: 华东师范大学, 2018.
[12] 吕露露. 海洋微塑料检测方法研究[D]. 湛江: 广东海洋大学, 2020.
[13] 李道季. 海洋微塑料污染状况及其应对措施建议[J]. 环境科学研究, 2019, 32(2): 197-202.
[14] 王姣. 触目惊心的海洋污染[J]. 世界环境, 2019(3): 55-58.

[15] 曹腾瑞, 屈艾彬, 郭会彩, 等. 微塑料毒性的研究进展[J]. 河北医科大学学报, 2021, 42(1): 107-111.

[16] 刘振中, 江文, 王金鑫, 等. 微塑料在水中的检测与鉴别方法研究[J]. 环境科学与技术, 2020, 43(3): 162-169.

[17] 高楠, 孔祥峰, 刘岩, 等. 仪器分析技术在海洋微塑料研究中的应用, 海洋环境科学[J]. 2019, 38(2): 178-186.

[18] 张向楠. 热裂解-质谱微塑料检测技术开发及应用研究[D]. 哈尔滨: 哈尔滨工业大学, 2021.

[19] 姜明宏, 王金鹏, 赵阳国. 固相萃取高效液相色谱-串联质谱法同时测定海水中 12 种抗生素[J]. 中国海洋大学学报, 2021, 51(10): 107-114.

[20] 杨姝丽, 余焘, 吴明媛, 等. 液相色谱-高分辨质谱快速筛查海水中磺胺类药物[J]. 分析试验室, 2021, 40(1): 25-29.

[21] 叶寨, 胡莹莹, 张奎文, 等. 高效液相色谱-串联质谱测定海水中氯霉素残留量[J]. 分析试验室, 2007, 26(2): 22-25.

[22] 孙晓杰, 李兆新, 董晓, 等. 固相萃取-液相色谱-串联质谱法同时检测海水中抗生素多残留[J]. 分析科学学报, 2016, 32(5): 639-643.

[23] 吴明媛, 余焘, 谢宗升, 等. 液相色谱-四极杆/静电场轨道阱高分辨质谱法快速筛查海水中大环内酯类抗生素[J]. 理化起验-化学分册, 2021, 57(5): 444-449.

[24] 石贵勇, 杨颖, 黄希哲. 海洋化学实验[M]. 广州: 中山大学出版社, 2018.

[25] 宋伟, 林姗姗, 孙广大, 等. 固相萃取气相色谱-质谱联用同时测定河水和海水中 87 种农药[J]. 色谱, 2012, 30(3): 318-326.

[26] 李权龙, 袁东星, 陈猛. 替代物和内标物在环境样品分析中的作用及应用[J]. 海洋环境科学, 2002, 21(4): 46-49.

[27] 王琳, 柴继业, 史西志, 等. 超声辅助分散液液微萃取气相色谱质谱法检测海水中 5 种除草剂[J]. 世界科技研究与发展, 2016, 38(5): 1076-1079.

[28] 刘之菊, 季铁梅, 田华, 等. 固相萃取气相色谱法测定海水中痕量有机磷农药毒死蜱[J]. 净水技术, 2016, 35(1): 83-87.

[29] 张华威, 崔艳梅, 王倩, 等. 气相色谱法同时测定海水中 13 种拟除虫菊酯类杀虫剂的残留量[J]. 中国渔业质量与标准, 2019, 9(3): 45-52.

[30] 国家质量监督检验检疫总局, 国家标准化管理委员会. GB 17378.4-2007 海洋监测规范第 4 部分: 海水分析[S]. 北京: 中国标准出版社, 2007.

[31] 褚东志, 曹煊, 汤永佐, 等. 基于荧光法检测海水中油含量的传感器研制[J]. 山东科学, 2012, 25(6): 94-97.

[32] 国家质量监督检验检疫总局, 国家标准化管理委员会. GB/T 3452.3-2005 液压气动用 O 形橡胶密封圈沟槽尺寸[S].

[33] 杜静, 宋永刚, 王彬, 等. 傅里叶变换红外显微成像系统检测近岸海水中丝状微塑料的化学成分[J]. 环境化学, 2018, 37(6): 1440-1443.

[34] 辽宁省质量技术监督局. 辽宁省地方标准: 海水中微塑料的测定, 傅立叶变换显微红外光谱法: DB21/T 2751-2017[S]. http://www.lnzj.gov.cn/subweb/jgcs/bzhc/lndfbz/201711/t20171103_3106523.html.

[35] Nandiyanto A B D, Suhendi A, Ogi T, et al. Synthesis of additive-free cationic polystyrene particles with controllable size for hollow template applications[J]. Colloids and Surfaces A: Physicochemical and Engineering Aspects, 2012, 396: 96-105.

[36] Fischer M, Scholz-Boettcher B M, Simultaneous trace identification and quantification of common types of microplastics in environmental samples by pyrolysis-gas chromatography-mass spectrometry[J]. Environmental Science & Technology, 2017, 51(9): 5052-5060.

[37] 杨思节, 冯巍巍, 蔡宗岐, 等. 基于拉曼光谱技术的海水微塑料快速识别技术研究[J]. 光谱学与光谱分析, 2021, 41(8): 2469-2473.

[38] 贺雨田, 杨颉, 隋海霞, 等. 基于显微光谱法的双壳类海洋生物中微塑料的检测方法研究[J]. 分析测试学报, 2021, 40(7): 1055-1061.

[39] 田莉莉, 文少白, 马旖旎, 等. 海水青鳉摄食微塑料的荧光和 ^{14}C 同位素法示踪定量研究[J]. 环境科学研究, 2021, 34(11): 2571-2578.

[40] Tian L L, Chen Q Q, Jiang W, et al. A carbon-14 radiotracer-based study on the phototransformation of polystyrene nanoplastics in water *versus* in air[J]. Environmental Science: Nano, 2019, 6(9): 2907-2917.

[41] Jiang X T, Tian L L, Ma Y N, et al. Quantifying the bioaccumulation of nanoplastics and PAHs in the clamworm *Perinereis aibuhitensis*[J]. Science of the Total Environment, 2019, 655: 591-597.

[42] 王荣元, 刘广山, 姜山, 等. AMS 测量海水 ^{129}I 的气载分离制样[J]. 应用海洋学学报, 2020, 39(1): 130-135.

[43] 俞怡, 王锦龙, 黄德坤, 等. 海水中 ^{131}I 的快速检测技术[J]. 核化学与放射化学, 2018, 40(5): 317-323.

[44] 魏计房, 邓春梅, 张馨星, 等. 海水中 ^{40}K 的 γ 能谱分析方法[J]. 海洋环境科学, 2018, 37(3): 438-443.

[45] 国家环境保护局. GB 11338-1989, 水中 ^{40}K 的分析方法[S]. 北京: 中国标准出版社, 1990.

[46] 林峰, 于涛. 液体闪烁计数测定海水中氚的条件优化研究[J]. 应用海洋学学报, 2016, 35(4): 579-584.

[47] 吴述超, 曹颁, 董利明, 等. 锶特效树脂萃取-色谱耦合热电离同位素质谱法测定海水中锶同位素研究[J]. 中国无机分析化学, 2015, 5(1): 15-18.

[48] Meynadier L, Gorge C, Birck J L, et al. Automated separation of Sr from natural water samples or carbonate rocks by high performance ion chromatography[J]. Chemical Geology, 2006, 227: 26-36.

[49] 夏明明. 水中 ^{228}Ra 的分析方法研究[D]. 合肥: 中国科学技术大学, 2019.

[50] 杨桂朋, 尹士序, 陆小兰, 等. 吹扫-捕集气相色谱法测定海水中挥发性卤代烃[J]. 中国海洋大学学报, 2007, 37(2): 299-304.

[51] 赵明桥, 李攻科, 陈皓, 等. 超声波振荡协助SPME-GC-MS联用测定海水中2,6-二叔丁基对苯醌[J]. 分析试验室, 2003, 22(6): 60-63.

[52] 刘静, 曾兴宇. 大体积固相萃取-气相色谱法测定海水中10种多氯联苯[J]. 理化检验(化学分册), 2015, 51(08): 1183-1186.

[53] 刘丹, 赫春香, 那广水, 等. C_{18} 膜萃取-超高效液相色谱-串联质谱法测定海水中羟基多环芳烃[J]. 分析试验室, 2018, 37(8): 884 -888.

[54] 张泽明, 张洪海, 李建龙, 等. 固相微萃取气相色谱-质谱联用测定海水与沉积物中邻苯二甲酸酯类污染物[J]. 分析化学研究报告, 2017, 45(3): 348-356.

[55] 蒋晓丹, 张祎彬, 高忠林, 等. 海水中噻唑啉酮和异噻唑啉酮的高效液相色谱测定[J]. 分析与测试, 2015, 37(3), 235-238, 249.

[56] 王金成, 张海军, 陈吉平, 等. 凝固漂浮有机液滴-分散液液微萃取-高效液相色谱-串联质谱法测定海水中苯并三唑类紫外线过滤剂[J]. 色谱, 2014, 32(9): 913-918.

[57] 付敏. 高效液相色谱法测定海水中多胺的研究[D]. 北京: 中国科学院研究生院, 2010.

第6章 展　　望

21 世纪是一个海洋世纪，海洋是人类所在的这颗蓝色星球的决定性特征，也是地球上一切生命来源的关键所在。在近几十年间，随着全球性气候、环境、资源问题的不断显现，科学家逐渐转向海洋寻求解决之法，而化学指标是与之相关的最直接证据。尤其是随着近代科学技术及分析测试水平的提升，极大地促进了海洋地球化学调查的不断深入，采集样本、取样介质逐步多元化、精细化，元素、同位素等测试分析多手段综合应用，为认识全球海洋环境状况、查明海洋资源赋存潜力、揭示多圈层相互作用等提供了全新的视野和更加可靠的证据[1]。

地球化学参数作为与气候、环境、生态、资源等关系最为密切的指标之一，尽管已在矿产资源勘查、环境保护等领域得到了充分应用，但对海洋地球化学的调查和研究工作仍缺少类似陆地地球化学填图那样系统的专项工作，对全球海洋资源、环境的评估与研究的支撑作用仍不够显著，对元素含量及同位素组成等在全球海洋中的分布趋势仍认识不足[1]。虽然国内外科学家及学者对研究海洋化学方方面面的兴趣与日俱增，新的研究方向和成果不断推出，但依然有许多尚未开发的广袤区域和没有被发现的众多谜团等待我们的发掘和揭秘。虽然对我国的海洋化学认识在一千多年前就有历史记载，但是全面的、系统的认识和发展仅经过五十年，对海洋分析化学的研究则更为滞后。

结合本书有关海洋分析化学的内容，围绕笔者认为海洋分析化学在新的历史时期的两个基本任务：对海洋分析化学课程及学科的健全、完善及系统化的建立；基于解决与海洋资源与环境问题相关的海洋分析化学研究内涵的确定。做以下展望：

第一，我国海洋分析化学课程及学科系统化的建立及完善。从丰富海洋分析化学课程的教材，到制定相应理论课与实验课的教学大纲，明确界定教学及其研究内容；同时扩充海洋分析化学的教师队伍，增强对海洋分析化学创新思维和探索的动力。通过彻底改变这些局面，建立健全海洋分析化学课程及学科体系，力争尽快使我国海洋分析化学研究进入世界先进水平国家行列。

第二，从分析化学的角度，加大对海洋中植物资源、动物资源、微生物资源及矿产资源的系统分析、开发和利用。近几十年来，随着创新性分离和检测方法技术的发展，人类已经比较系统获知了地球资源的化学成分、生物大分子组成等，但对海洋资源缺乏系统性的分析研究。比如海洋中药资源作为中药的重要组成部分，因其所具有的特殊环境及其他因素造就了其特别的功能与药效。海洋中的许多动物、植物、化石等都是很好的中药材，可治疗多种疾病。大多数海洋中药均为平性药，其寒热界线不显著，药性和缓，具有双向性，可作为长期的食疗药物，但由于海洋类中药的性味归根没有确定，也没有药性归经理论的引导，这就很大程度地限制了海洋类中药在临床上的应用[2]，很有必要从分子层面分析揭示海洋类中药中的药物活性小分子或生物大分子，辅助阐述其药理机制，为人类与医学带来福祉与发展。

第三，海洋分析化学作为一门交叉性及新型学科，其研究与发展对于人类应对资源与环境问题具有重要的指导及现实意义。借助现代科学技术比如海洋大数据智能分析系统，构建海洋领域专用大数据智能分析系统，可实现海洋大数据引接、存储、分析、可视化等功能[3]，更好辅助解决诸如如何现场进行取样并进行检测、如何进行超痕量的元素和有机物的检测、如何提高各种检测的准确性和可靠性、如何能解决无污染的检测等的海洋化学分析问题。在以全面的知识作为海洋分析化学的研究基础上，推动海洋化学分析方法有突飞猛进的进步。

此外，应该牢固树立在积极分析、开发与利用海洋资源同时，注重保护海洋生态环境的意识。海洋中具有复杂的生物链条，包括生产者以及分解者。通过食物链循环，物质经过一系列代谢活动分解成简单的无机物。其中，无机物以及有机物也经过稀释、扩散、氧化、吸附等过程得到分离及分解，将水体恢复到原有的状态。充分利用海洋的自净能力，体现海洋系统积极的生态作用。基于海洋分析化学的研究成果，提高海洋环境监测水平，建立相对完善、标准化的环境监测、研究和处置体系[4]。

我国是一个海洋大国，海洋是国家经济社会发展的重要基础和保障，是高质量发展战略要地。我国海洋生态环境保护管理体系虽然经过多年的建设与发展，经历了从无到有、从薄弱到壮大的发展历程，但我国海洋生态环境仍处于污染排放和环境风险的高峰期、生态退化和灾害频发的叠加期[5]，这也迫切需要分析化学工作者始终抱有任重道远的坚定信念，深刻认识到海水中多数元素的浓度低于“纳米尺度”，要真正快速、准确、现场试验测定其化学存在形式，需要做到：在线化(on-line)；实时化(real time)；原位化(*in situ*)；在体化(*in vivo*)和同时同步测定(synchronization)；微型化、芯片化、仿生化；智能化和信息化；高灵敏度化和高精确化；高选择化；单分子化、单原子化监测，并联合搬运和调控技术；合成、分离和分析联用技术等，建立能够给海洋科学研究带来很大影响、重大创新的一批海洋化学分析方法，这不仅对支持我国未来海洋化学的发展具有极其重要的意义，也对保护海洋生态环境是事关人类共同命运的重要议题有更好的理解，分析化学工作者必须要站在对全人类生存环境高度负责的制高点上，深度参与全球环境治理，为形成全球海洋生态环境保护和可持续发展的解决方案提供有力支持，尽可能为人类的进步做出贡献。

参 考 文 献

[1] 段晓勇, 孔祥淮, 印萍, 等. 全球海洋地球化学调查进展[J]. 海洋地质前沿, 2020, 36(7): 1-10.
[2] 龚世禹, 刘艺琳, 李世明, 等. 海洋中药的研究进展[J]. 安徽农业科学, 2020, 48(8): 26-29.
[3] 杨镇宇, 石刘, 高峰, 等. 海洋大数据智能分析系统[J]. 舰船科学技术, 2021, 43(增刊): 92-100.
[4] 肖娜. 海洋生态环境保护机制的推行现状及改进策略探索[J]. 皮革制作与环保科技, 2021, 2(11): 83-84.
[5] 关道明, 梁斌, 张志锋. 我国海洋生态环境保护: 历史、现状与未来[J]. 环境保护. 2019, 47(17): 27-31.